北京理工大学“双一流”建设精品出版工程

Energetic Cells Design Principles

含能元器件设计原理

焦清介 任 慧 聂建新 闫 石 严 楠 朱艳丽 ◎ 编著

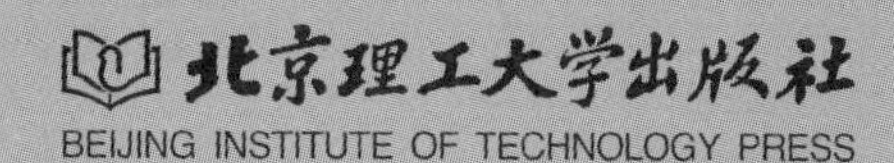

内 容 简 介

含能元器件是构成各种类火工品和含能动力装置的基础，具有高储能密度、高功率输出和高动态响应的特性，广泛应用于导弹、火箭、卫星和飞船等发射控制、飞行控制、在轨控制和终端毁伤控制系统，是武器装备发射、飞行及毁伤控制的能源和动力源。本书以含能元器件的功能、作用原理和输出特点为主线，主要介绍储能器件、换能元件、发火组件、能量传递器件、能量放大器件和输出装置的基本构成、作用原理和设计原理。以各类含能元器件的功能为切入点，按照结构及构成、工作原理、输入/输出关系、影响因素及规律、设计方法、性能测试及性能评定等逻辑脉络，循序渐进，逐步深化，使学生树立起自主设计新型含能元器件的创新意识，培养其综合运用多学科知识和技术方法解决工程实践问题的能力，为学生从事火工品及动力源装置设计打下理论与技术基础。

本书注重微爆炸理论与现代含能元器件技术的相互交融，并大量引用国内外公开发表的相关学术成果，本书的出版旨在国防特色专业学生的培养，适用于特种能源技术与工程、弹药工程与爆炸技术、爆破工程、安全工程、航空宇航推进理论与工程等国防专业学生，也可为从事火炸药、武器弹药研究的工程技术人员提供帮助和参考。

图书在版编目（CIP）数据

含能元器件设计原理 / 焦清介等编著. —北京：北京理工大学出版社，2020.3
ISBN 978-7-5682-5100-6

Ⅰ. ①含…　Ⅱ. ①焦…　Ⅲ. ①元器件–设计　Ⅳ. ①TB4

中国版本图书馆 CIP 数据核字（2017）第 316577 号

出版发行 / 北京理工大学出版社有限责任公司
社　　址 / 北京市海淀区中关村南大街 5 号
邮　　编 / 100081
电　　话 /（010）68914775（总编室）
（010）82562903（教材售后服务热线）
（010）68948351（其他图书服务热线）
网　　址 / http://www.bitpress.com.cn
经　　销 / 全国各地新华书店
印　　刷 / 三河市华骏印务包装有限公司
开　　本 / 787 毫米×1092 毫米　1/16
印　　张 / 26.5
字　　数 / 622 千字
版　　次 / 2020 年 3 月第 1 版　2020 年 3 月第 1 次印刷
定　　价 / 76.00 元

责任编辑 / 封　雪
文案编辑 / 张海丽
责任校对 / 周瑞红
责任印制 / 李志强

图书出现印装质量问题，请拨打售后服务热线，本社负责调换

作　者　序

本书的前身《火工品设计原理》属于“九五”国家级重点教材，曾荣获2002年全国普通高等学校优秀教材二等奖。自1999年出版至今一直是众多兄弟院校选用的本科生教材，也是行业内研究院所、工厂企业、部队等广泛使用的参考书。虽然近年来图书市场上出现了一些相关的著作，如《军用火工品技术》《火工品工程》《军用火工品设计技术》等，然而这些书籍都是从工程设计的角度编写的，主要针对工厂、企业以及科研单位的技术人员等读者群体，不适用于高等学校学生的专业基础教育。国外只有炸药学、含能材料学等的相关基础理论的专著，对于含能元器件设计原理介绍篇幅很少，难以满足火工品设计基础理论教学的需求。

随着火工品知识体系的更新换代，新产品、新技术、新材料的迅猛发展，火工品设计相关的技术近二十年来发生了深刻变革，沿用20世纪的旧教材已经无法满足火工品设计的基本要求，因此我们对原教材的设计思想、设计原理和设计方法进行大量的补充和完善；将火工品设计涵盖的内容划分为《含能元器件设计原理》和《火工品集成与测试》两个部分。其中《含能元器件设计原理》是设计理论和设计方法的基础。该教材关注构成复杂火工品的各类含能器件的基本作用原理，数学模型及求解；大量补充国内外21世纪新出现的新型含能元器件的设计方法；大幅删减和重组原本科生教学中简单的火工器件说明章节。新教材特色在于基础知识的扎实和创新技能的培养，更符合“双一流”大学的人才培养方针。本书既有鲜明的工程背景，又紧扣当代火工品发展的主旋律，适用于特种能源与工程、弹药与爆破工程、安全工程、航空宇航推进理论与工程等国防专业学生，也可为从事火炸药、武器装备工作的工程技术人员提供参考。

本书广泛吸收了国内外近十年来相关基础理论研究和部分工程实践成果。其中相当部分为编写组成员自主研究成果。第1、3、4、5章由焦清介编写，第2章由朱艳丽编写，第5、6章由任慧编写，第7章由严楠编写，第8章由闫石编写，第9章由聂建新编写。整书校对和审稿工作由焦清介、任慧完成。在编写过程中学科组博士生徐新春、杨贵丽、赵婉君、闫涛、李雅茹、王秋实、刘荣强以及硕士生宋海通、唐伟强、周庆、李小雷同学均承担了部分科研与编撰工作，在此对他们的辛勤劳动表示感谢。

目 录
CONTENTS

第 1 章
概　　论

含能元器件是一类具有高功率密度、高反应速率的化学能源器件，是构成各种类火工品的基本单元，广泛应用于点火、起爆和航天系统控制。含能元器件是确保武器装备安全、可靠地发挥作战效能的关键技术，也是一门多学科融汇、交叉性很强的技术，其涉及物理、化学、力学、机械、控制等基础技术领域。含能元器件通常要在高过载、极端热作用和强干扰环境下可靠工作，技术难度大，是各国武器装备竞相发展的制高点。

由各类含能元器件集成的现代火工品是武器装备发射控制、飞行控制和毁伤控制系统的终端执行机构。现代火工品通过换能元件将控制信息（或能量）转换为发火能量，经发火组件激发火工药剂化学反应，再使用传爆传火元件以及爆轰输出、燃烧输出和动力输出器件，为导弹、火箭、卫星、飞船的各类控制系统提供高能量密度化学能源和脉冲动力源[1]。

依据使用的含能元器件种类和集成方式不同，火工品的种类多种多样，各类火工品的作用和性能也取决于含能元器件的性能。因此，设计火工品必须首先设计含能元器件。

1.1　火工品的种类与特点

1.1.1　火工品种类

火工品种类繁多、大小不一、形态各异，但都有共同的要素，即：火工品由换能元、用于发火和传爆传火的火工药剂，以及实现能量传递和放大的火工序列构成，如图 1.1 所示。

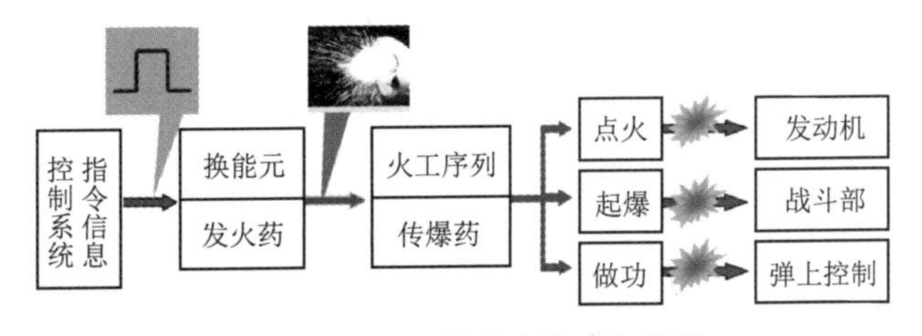

图 1.1　火工品的基本构成与作用

换能元是火工品的首发元件，它将控制系统指令信息（或能量）转换为发火能量，激发药剂化学反应而发火。在各种火工药剂中，用于接收换能元输出能量而发火的火工药剂称为发火药（包括起爆药、点火药、针刺药、击发药和特种炸药等）；用于传爆序列的火工药剂称为传爆药和传火药，包括导爆药、扩爆药等；用于传火序列的火工药剂称为传火药，包括引燃药、扩燃药、延期药等。在火工品中，各种火工药剂与换能元和火工序列一道构成发火组件、传爆（传火）器件、能量传递器件、能量放大与输出器件等[2]。

1.1.2 火工品技术内涵

1. 总体系统

总体系统主要分为发射点火系统、弹上做功系统和战斗部起爆传爆系统。总体系统技术以武器系统需求为背景，主要研究含能元器件总体设计、界面能量匹配与耦合、系统组合与集成、单元器件与输入、输出端的接口以及环境适应性等技术。

2. 换能元技术

换能元技术主要包括脉冲功率源、换能元材料与基体、嵌入式微芯片、换能元集成与封装等技术。主要研究换能元结构设计、高效敏感能量输入、能量转换、信息识别以及环境加固等技术。

3. 火工序列技术

火工序列技术主要包括传爆传火序列结构和装药、能量输出以及序列集成、加固等技术。主要研究柔性与刚性爆炸网络爆轰传播、界面能量传递、能量放大技术，光纤网络的功率传输以及电爆网络电磁兼容等。

4. 火工药剂技术

火工药剂技术主要包括起爆药、传爆药、点（传）火药、延期药等技术。主要研究单质含能化合物分子设计与合成、晶体形貌与品质控制、微纳米材料制备等技术，以及药剂结构（分子结构、晶体结构、组分结构）与感度及能量的关系等。

5. 含能元器件与火工集成、测试与评估技术

含能元器件与火工集成、测试与评估技术主要研究含能元器件和药剂的性能分析与测试技术，其评估技术主要包括含能元器件安全性、可靠性，火工品环境适应性及寿命的试验与评估。

1.1.3 在武器装备中的地位

含能元器件与火工品是武器装备的首发元件和最敏感部件，在较小的外界刺激作用下易被激发，完成作用，实现预定的功能，广泛用于火炮、发动机点火，核武器、常规武器起爆，各种火箭、导弹、飞行器、航天器的姿态控制、分离、解锁等，对保障海、陆、空、火箭军等武器装备安全、可靠地发挥作战效能至关重要。

1.1.4 主要特点

武器系统从发射到毁伤整个作用过程均是从含能元器件的首发作用开始，几乎所有的弹药都要配备一种或多种元器件。作为决定武器系统最终效能的含能元器件，其具有以下特点：

（1）功能首发性。典型的点火火工品作用过程：底火→发射药或火帽→点火具（或传火管）→增程火药；典型的起爆火工品作用过程：电点火管（火帽）→火焰雷管→导爆管→传爆管和主装药或针刺雷管（或电雷管）→导爆管→传爆管和主装药，首发器件都是换能元与发火组件。

（2）作用敏感性。含能元器件在武器系统中是最敏感的元件。其中所装填的含能材料是武器系统所用药剂中感度最高的，如在点火序列中药剂火焰感度从高到低的顺序为点火药→

延期药→发射药或推进剂；在爆炸序列中药剂的冲击波感度从高到低的顺序为起爆药→传爆药→主装药。

（3）使用广泛性。含能元器件广泛应用于常规武器弹药系统、航空航天系统及各种特殊用途系统。为有效打击各种目标，适应未来战争和作战环境，含能元器件的经典功能如点火、传火、起爆、传爆等已经无法满足日益发展的武器装备使用要求，目前已逐步拓展到可以实现定向起爆和可控点火等更高层次的用途。含能元器件的作用不仅仅体现在初始点火起爆这一环节，更全面体现在武器系统的战场生存、运载过程精确修正以及准确打击等众多环节。

（4）作用一次性。含能元器件是一次作用元件，作用功效完成后，再次接受外界刺激时产品功能无法重现。

1.2 火工品发展进程

1.2.1 古代火工品

古代火工品的发展历经上千年的历史，它是伴随黑火药的使用而逐步发展起来的，史料记载公元 808 年古人发明了由硝石、硫磺和木炭组成的火药。之后宋代《九国志》 记载公元 904 年使用“飞机发火”时采用的引线，是火工品的雏形[3]。该产品在硬纸管中装黑火药制成引火炷（信管），或用软纸包黑火药制成纸绳用作引火线（信线），基本具备了近代传火管和导火索的形态和要素。以信管和信线为代表的古代火工品极大地促进了黑火药武器的发展。直到公元 19 世纪，黑火药一直是军事和民用唯一使用的炸药，而信管和信线是必不可少的引火装置。如图 1.2 所示为中国古代常用的热兵器。

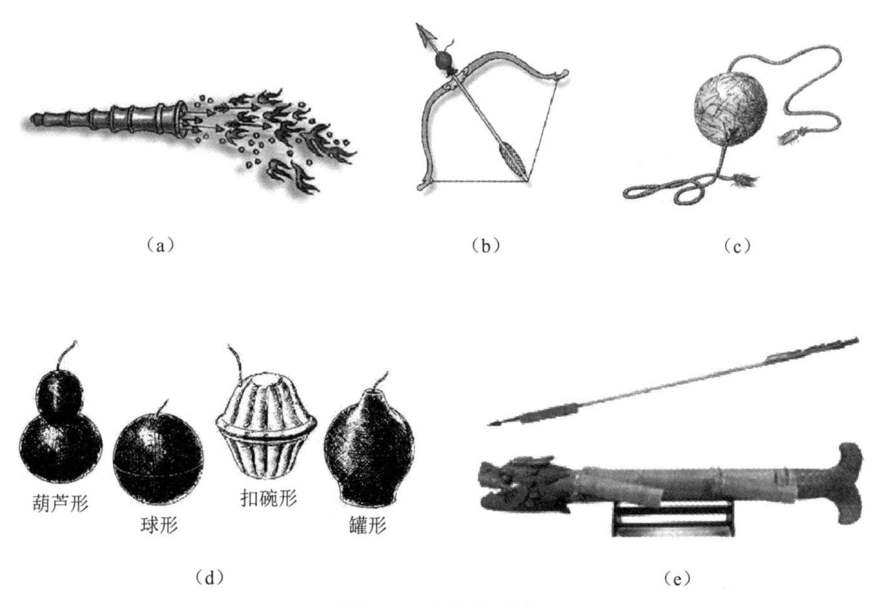

图 1.2 古代热兵器

（a）突火枪；（b）火药箭；（c）火球索；（d）震天雷；（e）火龙

1.2.2 近代火工品

长期以来，黑火药在武器系统中是唯一的火工药剂，它既是点火药也是延期药，还用作发射药。1799 年研制成功雷汞，雷汞雷管促进了近代高能炸药的发展。1807 年苏格兰人首先发明了以氯酸钾、硫、碳混合的击发药引燃发射药，并获得带有击发机构的枪械的专利。将击发药放于两张蜡纸之间黏合，在手射武器的发射机构中，由撞机冲击发火。1814 年美国首先试验将击发药装在铁盂中用于枪械。1817 年英国人采用铜盂装击发药，并称装有击发药的铜盂为火帽。1844 年法国人将硝化棉塑化制成单基发射药，1888 年诺贝尔用硝化棉吸收硝化甘油制成双基发射药。自此使用了近千年的黑火药逐步退出炸药和发射药领域，炸药和发射药开始按各自的方向发展，由此丰富和带动了火工品的发展。

近代火工品发展划时代的里程碑是 1866 年瑞典工程师 A. B. 诺贝尔发明的雷汞雷管，以及用雷管引爆炸药产生高级爆轰的技术。第一个火帽式枪械于 1817 年引入美国，1832 年成为美国军队的装备[4]。此后火帽成为手射武器引燃发射药的优良火工品，获得了迅速发展。火帽的应用对武器技术的发展有重要意义，成为后来改良武器的基础。火帽主要用于有金属壳的子弹，将其置于子弹药壳的中心，由枪机撞击发火。现代自动枪弹仍采用此结构。19 世纪末的研究将撞击火帽装入传火管，用此组合件在火炮上点燃发射药。1897 年由火帽和点火药组成的合件发展成撞击式底火后，发射点火用火工品开始形成。1831 年英国人 W. 毕克福发明了导火索，外壳用皮、布和纸制成，药芯为火药。它是我国古代信线的发展。现用导火索的药芯装药为黑火药或烟火药，外壳用棉线、纸条、玻璃纤维、塑料等包缠。1908 年法国最先制出了铅壳梯恩梯药芯导爆索。

19 世纪末 20 世纪初又相继研制成氮化铅、四氮烯、三硝基间苯二酚铅等起爆药，为火工品性能改善与品种增加提供了有利条件。1907 年德国人 L. 维列里发明了装氮化铅起爆药的雷管，代替了雷汞雷管。19 世纪初法国人发明了电火工品。1830 年美国首先将电火工品用于纽约港的爆破工程，20 世纪初开始用于海军炮。电火工品的出现促进了兵器和爆破技术的进步。图 1.3 所示为部分近代火工品。

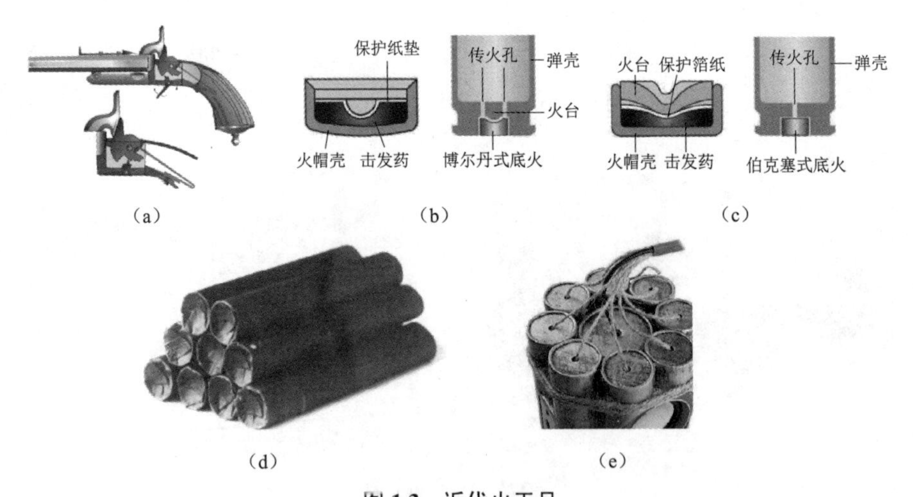

图 1.3 近代火工品

(a) 火帽枪械；(b) 博尔丹式底火；(c) 伯克塞式底火；(d) 雷汞雷管；(e) 导火索

1.2.3　现代火工品

随着现代武器不断出现，武器系统对火工品的控制方式及要求的功能不断增加。为保证其使用安全性、作用可靠性，火工品自身能量转换方式以及实现能量传递与放大的结构也不断更新。自 20 世纪初至今，火工品发展大致经历了以下四个阶段。

1. 第一阶段

第一阶段是以机械（撞击、针刺、摩擦等）方式刺激发火的引信火工品和枪炮发射点火火工品，主要有引信雷管及其传爆序列和发射点火火帽、底火及其传火序列两类。典型产品为雷管、火帽、底火、传爆药柱和传火药包等。这一阶段火工品主要用于现代兵器，在第一次世界大战中发展迅速，到第二次世界大战后基本成熟。其特征为运用机械换能元——动能/热能换能原理，使用雷汞、糊精叠氮化铅等敏感药剂，采用单点输出序列。图 1.4 所示为手枪底火。

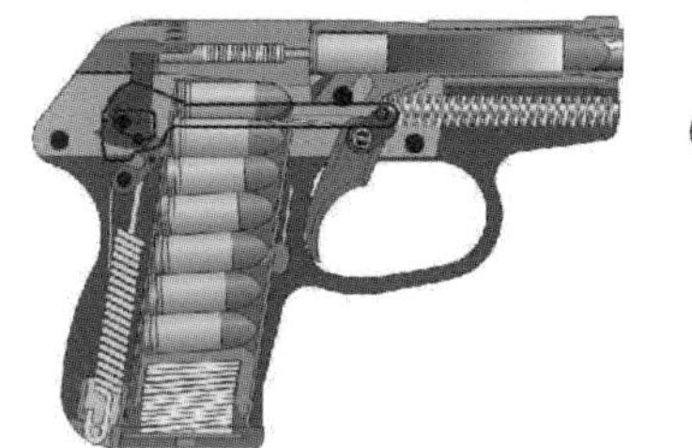

图 1.4　枪械类底火

2. 第二阶段

第二阶段是利用电能发热而激发的火工品，主要有电热桥丝、桥带和桥膜火工品，其中电热桥丝火工品最具代表性，最早应用于二战期间。由于破甲弹需要严格的炸高，对雷管的瞬发度要求极高，机械雷管已无法满足要求，出现电热桥丝雷管。二战后，随着火箭弹、导弹技术的发展，电热桥丝点火具和动力源火工品不断出现，到 20 世纪 60 年代末基本发展成熟。其特征为：运用电热换能元——电能/热能换能原理，使用叠氮化铅、斯蒂酚酸铅等敏感药剂，仍旧采用单点输出序列。图 1.5 所示为电雷管结构与实物。

3. 第三阶段

第三阶段是以电能输入，以等离子体、冲击片、激光等能量形式激发的光电火工品，主要有半导体桥火工品、爆炸桥丝火工品、冲击片火工品、激光火工品等。使用感度选择性药剂，采用网络、阵列等新型序列结构，具有多点起爆、多点点火，提高了本质安全性，加强了抗环境能力，能够更好地满足复杂武器系统的要求。典型产品是非隔断起爆与点火系统、半导体桥多点点火系统以及爆炸网络起爆系统。其特征为：运用短脉冲冲击、等离子体、激光等换能原理，使用感度选择性药剂，通过网络、阵列型非线性结构，可实现多点起爆与点火，有利于提高武器弹药的威力。图 1.6 所示为几种典型的第三代火工品。

4. 第四阶段

能适应信息化武器和微武器发展的新概念火工品，是火工品的发展方向。发达国家从 20 世纪 80 年代末开始基础研究，90 年代开始技术研究，目前仍处于应用研究阶段。主要有信息化可寻址集成式起爆系统、点火与脉冲推冲器系统、微机电（MEMS）火工系统等。

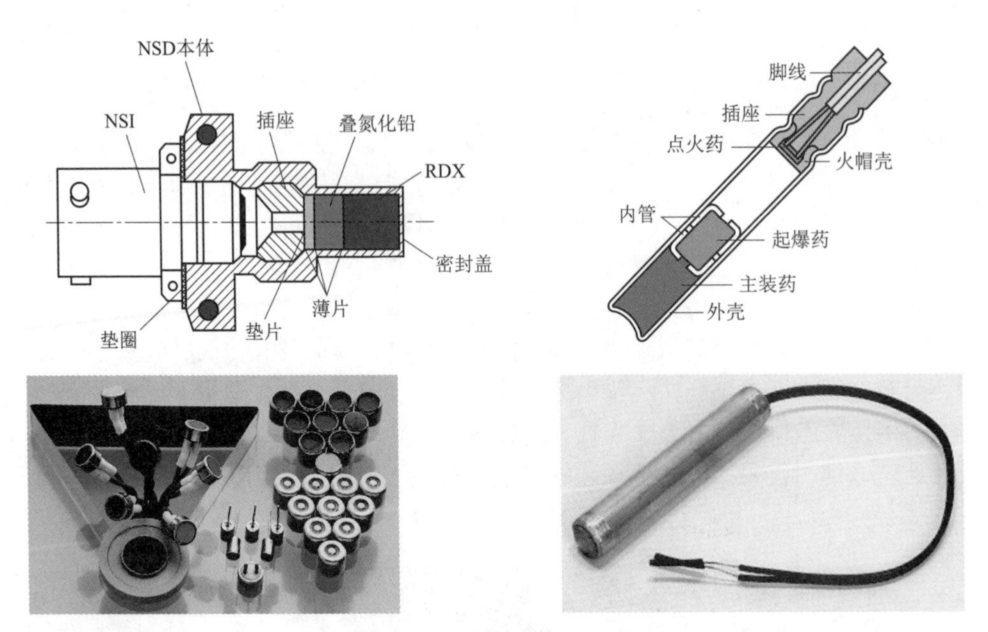

图 1.5　电雷管结构与实物

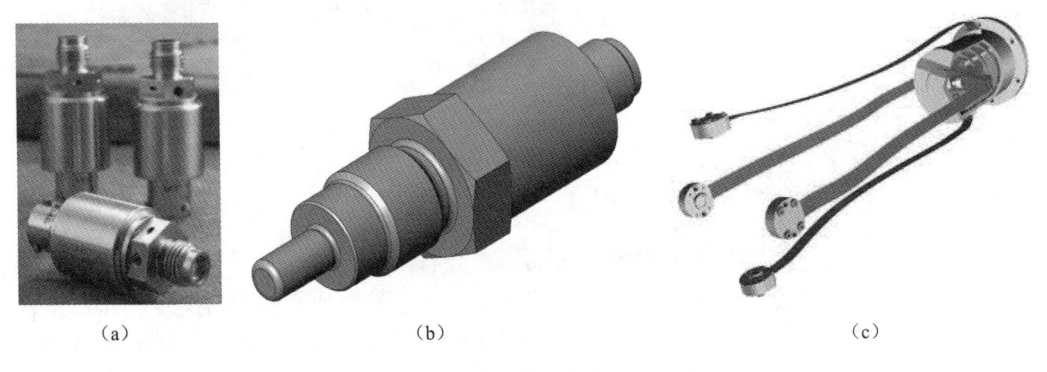

（a）　　（b）　　（c）

图 1.6　若干第三代火工品

（a）半导体桥雷管；（b）激光雷管；（c）爆炸箔起爆装置

其特征为：换能元信息化、结构微型化、系统集成化。现代火工品如图 1.7 所示。

随着科学技术的进步，必将进一步推进火工技术新思想、新概念、新应用的产生与发展。第一阶段和第二阶段的火工品也称为传统火工品，先进火工品则包括第三阶段与第四阶段的火工品。二者的区别在于先进火工品能准确识别控制信息，最大限度克服环境干扰，具有高安全、高可靠与高效能。具体区别如表 1.1 所示。

表 1.1　传统火工品与先进火工品的区别

类别	传统火工品	先进火工品
换能方式	线性换能	非线性换能
药剂种类	敏感药剂	特征感度与特征功效药剂
输出模式	单点输出	多维、多点输出

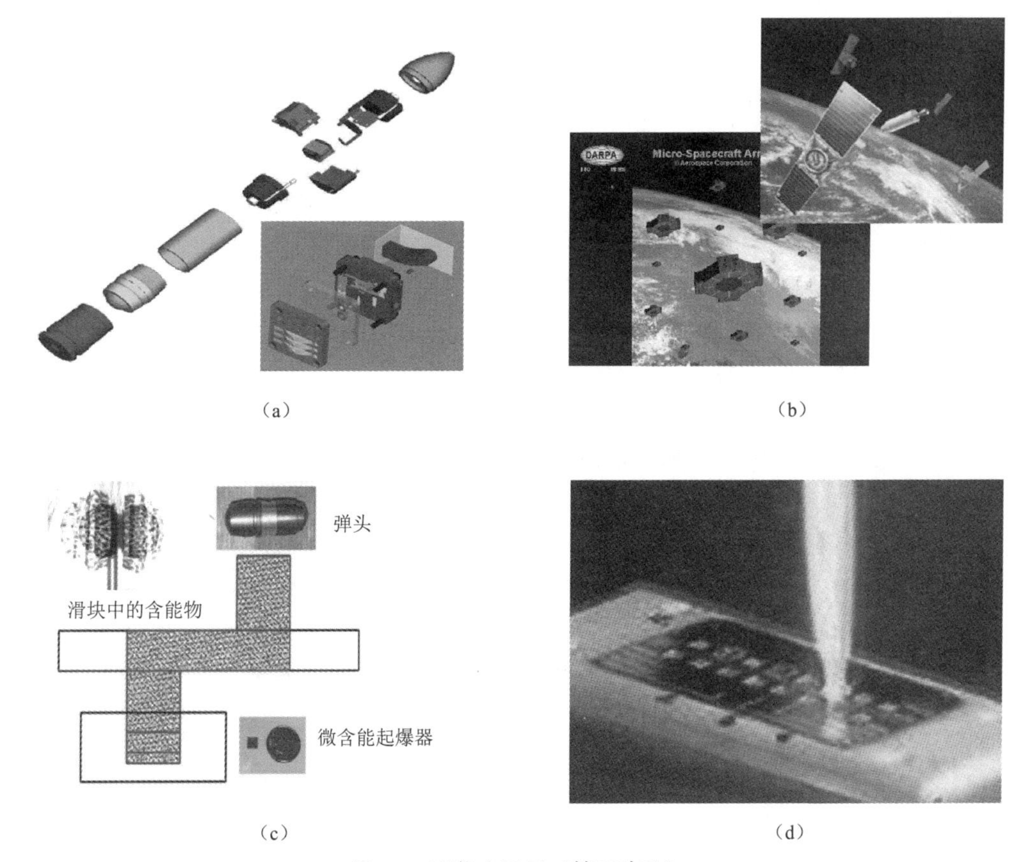

（a）　（b）　（c）　（d）

图 1.7　现代火工品（第四阶段）

（a）小口径弹药；（b）微飞行器和微卫星编队；（c）微型起爆系统；（d）微型推冲器阵列

1.3　火工品的军事用途

火工品在军用上主要是组成武器弹药的点火传火序列和引爆传爆序列。所谓序列，一般是通过一系列感度由高到低、威力由小到大的火工品组成的激发系统。它能将较小的初始冲能加以转换、放大或减弱，并控制一定的时间，最后形成一个合适的输出，适时可靠地引发弹丸装药[5]。现举例说明[6,7]：

1. 加农炮全装药杀伤榴弹

该弹上膛发射时，首先由点火系统起作用。即击针撞击 DJ－4 底火，底火发火点燃点火药，再引燃药筒内的发射药。发射药燃烧产生高压气体，把弹丸推出炮膛。弹丸到达目标后，则由榴－3 引信中火工品组成的引爆系统起作用，达到适时可靠地引爆弹丸中的猛炸药。

2. 火箭筒破甲弹

该弹扳机击发底火后，底火火焰点燃火箭筒中的发射药把火箭送出去，并点燃曳光管指示弹道。火箭发射的同时，火箭弹中的惯性点火装置使火帽发火，点燃点火具，经过一定时间的延期后点燃增程火药。增程火药燃烧生成的气体，由装在发射机头部外边的喷气孔喷出，使火箭加速并增加射程。火箭弹触及目标后，同样由引信中的引爆系统起作用从而使战斗部发挥威力。

3. 榴－2 引信

这是具有远距离解除保险的全保险型弹头着发引信，配用于 57 mm 高射炮杀伤榴弹。该引信由着发机构、隔离装置、远距离解除保险机构、自炸机构和传爆装置等组成。隔离装置中有一个 U 形转动盘座，座上装有雷管座，供装 LZ－4 雷管。雷管座在转动盘中能绕轴转动。在雷管座侧面的下方有两个凹槽，分别供装两个离心子及保险药柱与弹簧。这两个离心子平时将雷管座固定在倾斜位置上，使雷管上与击针、下与导爆药都错开一个角度，处于隔离状态。远距离解除保险机构中装有膛内点火机构，内含击针、弹簧、HZ－2 火帽及保险黑药柱。发射时，火帽受惯性力作用碰击击针发火，点燃保险药柱。药柱燃烧时间能保证弹丸飞离炮口 20 m 以外，燃完后离心子飞开，雷管座转正，引信解除保险。自炸机构内装延期药盘，其上端装有点火接力药，下端装有加强接力药与导爆药柱相接。发火时点火机构将火焰从侧面传给保险药柱，从下面传给延期药盘，经过 9～12 s 后，弹丸未触及目标即起作用使导爆药爆炸。导爆药下面接传爆药柱。由此可见，榴－2 引信内装有雷管、火帽、保险药柱、接力药、延期药盘、导爆药、传爆药等多种作用的火工品。

由上述可见，火工品在弹药中的作用主要可分为三类：

（1）作为弹药点火系统和引爆系统的元件，如火帽、雷管、导爆药、传爆药、点火药、底火、传火管等。

（2）作为引信时间控制的元件，如延期药（控制引信到达目标一定时间发火）、火药保险（控制引信机构出炮口后一定时间解除保险）和时间药盘（控制引信机构适当时间后起作用）等。

（3）作为引信机构的能源和完成特种功能，如火药推进器（产生火药气体推动引信机构动作）和曳光管（指示弹道）等。

除了组成弹丸的点火、引爆系统外，火工品还用于切割、分离、气体发生、瞬时热量供给、遥测和遥控开关闭合、座舱弹射等多种工作[8]，在军事国防和工业民用领域均发挥着重要的作用。

1.4 火工品分类及设计

1.4.1 火工品分类

根据使用要求的不同，火工品结构和形状各有差异，其输入冲能的形式和大小有差别，在输出方面也有较大的不同。

火工品分类方法大致有两种：一种是按换能元的种类划分，即分为热、机械、冲击波、电、光和其他换能方式的火工品，如针刺火帽、火焰雷管、电点火具、激光点火装置等；另一种是按输出器件的种类划分，即分为引燃类火工品（包括火帽、底火、引火头、点火具、导火索等）、引爆类火工品（包括雷管、导爆管、传爆管、导爆索等）、时间类火工品（包括延期管、时间药盘、保险药柱等）和其他火工品（包括曳光管、抛放弹、射钉弹、切割索、爆炸开关和气体发生器等）四大类。

1.4.2　含能元器件与火工品设计

1.4.2.1　设计原则

含能元器件与火工品设计和其他工程设计一样，应贯彻先进可行与经济合理的通用设计原则。根据工程设计哲学[9]，火工品的基本设计原则可归纳为六个方面。

（1）安全性原则。含能元器件与火工品是武器弹药的最敏感部分，其意外作用将引起整个武器弹药的作用而带来危害，设计时应有尽可能低的安全失效率。

（2）可靠性原则。含能元器件与火工品是武器弹药的激发系统，其作用失效将造成整个武器弹药的失效，一般均要求高的作用可靠性。设计时首先要确定可靠性要求，并贯彻冗余设计思想。

（3）协调性原则。含能元器件与火工品在武器弹药中常以爆炸序列构成激发系统，设计时除要考虑单个火工品的性能外，还要考虑序列的内在联系，以及序列和相关系统的关系，包括能量、结构、时间、尺寸和功能等参数的合理匹配。

（4）继承和创新融合性原则。含能元器件与火工品的类型和品种很多，有许多成熟的制式产品。新产品设计时应采用多种成熟技术巧妙地有机组合，或多数成熟技术和少数新技术的有机组合。

（5）最佳效费比原则。含能元器件与火工品是大量使用的消耗品，设计时应贯彻低成本原则，注意采用来源广泛的国产原材料或代用品。但也要结合生产效益，如导弹火工品的价格远高于炮弹火工品。

（6）标准化原则。在满足使用要求的前提下，尽可能结构简单，符合通用化、系列化、模块化。如含能元器件与火工品设计时尽可能采用制式药剂，爆炸序列设计时尽可能采用制式产品等。

1.4.2.2　设计要求

尽管含能元器件与火工品的品种很多，技术指标也各不相同，但从其本质出发，设计时有下列共性要求。

（1）合适的感度。对外界能量作用的敏感程度称为火工品的感度。要求合适的感度是为了保证使用安全与可靠，即设计时存在一个感度下限，以保证在制造、运输、储存及勤务处理过程中的安全；同时有一感度上限，保证使用时作用可靠。如果感度过大，危险性就大，不容易保证安全；相反，如果感度过小，则要求大的输入冲能，会给配套使用造成困难。

（2）适当的威力。火工品输出能量的大小称为火工品威力。火工品的威力是根据使用要求提出的，过大、过小都不利于使用。如引信引爆系统中的雷管，威力过小就不能引爆导爆药、传爆药，降低了引信可靠性；而威力过大，又会使引信的保险机构失去作用，降低了引信的安全性，或要求大尺寸的保险机构，给引信设计增加困难。又如用于点燃时间药盘的火帽，其输出火焰威力的大小，会直接影响时间药剂的燃速，或造成作用时间散布，难以满足延期时间的设计要求。

（3）长储安定性。含能元器件与火工品在一定条件下长期储存，不发生变化与失效的功能称为火工品的长储安定性。安定性取决于元器件中火工药剂各成分及相互之间，以及药剂与其他金属、非金属之间，在一定温度和湿度影响下是否发生化学和物理变化。长期储存和使用环境中外界的温湿度经常会发生变化，如果产品的安定性不好，就易产生变质或失效。一般军用产品规定储存期为15年，民用产品为2年，要求火工品在储存期内保证性能安定。

（4）适应环境的能力。含能元器件与火工品在制造、使用过程中将遇到各种环境力的作用。首先，其使用环境广阔，包括高空、深海、寒区和热区，光照条件、气温、气压变化范围大。其次，不仅存在静电危害，随着社会电气化的发展，射频、杂散电流等意外电能作用日益增多，还有战场条件下的高热、高冲击和大功率射频等。另外，火工品在制造、运输、使用过程中的振动、磕碰、跌落等机械作用到处存在。火工品易受环境力的诱发，不仅会产生性能衰变失效，还可能敏化引发，直接影响产品的作用可靠性和安全可靠性。设计中要采取全密封、静电泄放和防射频等措施，以保证其具有抵抗外界诱发作用的能力。

（5）小型化。含能元器件与火工品是相对独立的元器件，但又是武器系统的配套件。随着引信的小型化，其结构的尺寸设计应贯彻小型化原则，并注意与武器系统在尺寸、结构上匹配。

（6）其他特殊要求。由于使用条件的不同，可以提出一些特殊的要求，如作用时间、时间精度、体积大小等。此外，制造火工品的原材料应立足国内，且应结构简单、制造容易、成本低且易于大量生产。

1.4.2.3 设计程序

1. 方案设计

根据任务提出的技术指标，按功能和结构要求，在理论研究与论证的基础上，设计方案试验产品图，进行方案与功能摸底试验，完成产品结构设计施工图。为了确定产品结构的可靠性，方案设计阶段应对药剂及其接触材料进行相容性试验。

2. 工程设计

火工品一般分为初样机和正样机两个阶段[10]。按方案设计完成的产品施工图，制定试验大纲与试验计划，制造产品初样机，进行功能试验。在分析初样试验结果的基础上，进行工艺通关试验和设计可靠性增长试验，设计正样机产品图。按正样机产品图制造产品正样机，进行包括结构、外形、尺寸及功能可靠性、安全性试验，各项性能均达到技术指标则完成设计任务。

1.5 火工品发展趋势

随着现代战争的不断发展，现阶段武器系统呈现出许多新特点，包括信息控制权、决策优先权、积极防御、快速反应、远程投送、有序配发、精确打击、高效毁伤成为武器装备发展的新动力。信息已经成为战争机器的精神和灵魂，以信息链和信息平台为核心的 C_3ISKR（控制、指挥、通信、情报、侦察、杀伤和评估）已经形成。武器系统的这些新特点对火工品设计制造也提出了许多要求：

（1）钝感化。为了提高装备战场的安全性，含能元器件与火工品发展呈现钝感化，具有较高的环境适应性。

（2）微小型化。采用MEMS技术和微纳米技术，使换能元、装药和火工序列微小型化，并集成为具有多功能的火工装置，实现火工品的小型化，满足微小型弹药的需求。代表产品如微小型弹药起爆系统和微小型飞行器的推冲阵列系统。

（3）灵巧化。通过信息嵌入技术使火工品实现对外部信息具有一定的信息识辨能力，可接受控制中心的指令，实现选择性点火、起爆、做功等功能，提高弹药的毁伤效能和弹道修正能力。代表产品如可控延时起爆系统、多选择输出起爆及做功系统等。

（4）坚固化。火工品的坚固化，可提高其耐受极端电磁环境、极限温度环境、力学环境、自然气候环境、空间及核辐射环境等各种恶劣环境的能力。代表性产品主要有激光和爆炸箔等本质安全型火工系统，以及耐高过载、耐强电磁、耐热及温度交变等加固型火工系统。

（5）模块化。通过模块化，实现火工品的通用化、系列化、标准化，提高火工系统的设计水平，降低制造成本。

（6）集成化。随着先进制造技术快速发展，火工品发展呈现集成化。

（7）智能化。为了适应装备信息化，使火力系统更好地融入信息链，火工品发展呈现智能化（数字化）。

未来几年甚至更长的时间，火工品的发展趋势可以概括为：强安全、高可靠、耐环境、易操控、长寿命。

习题与课后思考

1. 简述含能元器件的概念与主要组成。
2. 如何从含能元器件在武器弹药中的作用来说明其重要性？
3. 含能元器件设计的基本原则有哪些？

参 考 文 献

[1] 国防科学技术工业委员会科学技术部．中国军事百科全书（火炸药、弹药分册）[M]．北京：军事科学出版社，1991．
[2] 中国大百科全书军事卷编审室．中国大百科全书（军事、枪械、火炮、坦克、弹药分册）[M]．北京：军事科学出版社，1987．
[3] 钟少异．中国古代火药火器史研究 [M]．北京：中国社会科学出版社，1995．
[4] 卡尔波夫．火工品 [M]．丁儆，等译．北京：国防工业出版社，1995．
[5] 叶迎华．火工品技术 [M]．北京：北京理工大学出版社，2007．
[6] 蔡瑞娇．火工品设计原理 [M]．北京：北京理工大学出版社，1999．
[7] 北京工业学院触发引信教研室．典型引信的构造与作用 [M]．北京工业学院，1974．
[8] 王凯民，温玉全．军用火工品设计技术 [M]．北京：北京理工大学出版社，1997．
[9] 马宝华．现代引信设计哲学[C]．普陀：中国兵工学会第 8 届引信学术会议论文集，1993．
[10] GJB 1310—1991．设计评审 [S]．国防工业技术委员会，1992．

第 2 章
储能元件基础

含能元器件设计时首先需要考虑的是能量如何输入，除第一代机械式发火件外，依靠电、光、热等作用的含能元器件均需要外界输入能量的储存和释放。储能元件大致可以分为三种类型：电容器、恒流源和激光器。本章将分别对这三种储能元件进行介绍。

2.1 电 容 器

2.1.1 电容器的定义

电容器是由两个金属电极之间夹一层绝缘电介质构成的[1]。当在两金属电极间加上电压时，电极上就会储存电荷，电压越高，储存的电荷就越多，但电荷量与电压的比值保持不变。任何两个彼此绝缘又相距很近的导体，组成一个电容器。各种无线电与电子设备电路中都有调谐、耦合、滤波、去耦、隔断直流电、通过交流电、反馈电路、旁路或与电感线圈组成振荡回路等，这些电路都需要用到电容器。常见电容器的外形如图 2.1 所示。

2.1.2 电容器的特点

电容器是一种能储存电能的元件。两块金属板相对平行地放置而不相互接触就构成一个最简单的电容器。如果把金属板的两端分别接到电池的正、负极，那么接正极的金属板上的电子就会被电池的正极吸引过去，而接负极的金属板就会从电池负极得到电子，这种现象称为电容器的“充电”，充电过程如图 2.2 所示。充电时，电路里就有电流流动。两块金属板有电荷后就产生了电压，当这个电压与电池电压相等时，就停止充电，电路中也就不再有电流

图 2.1　电容器

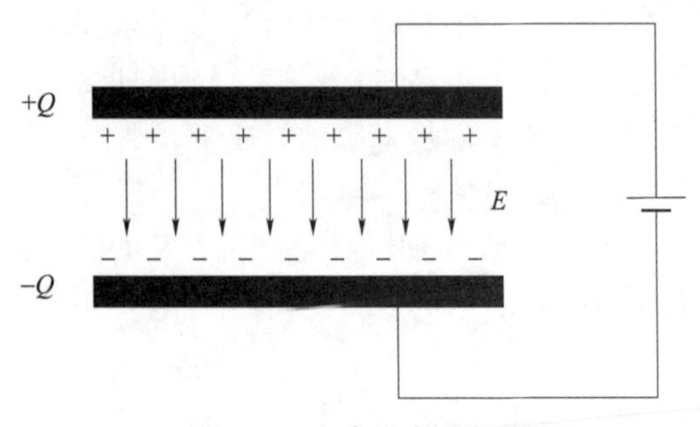

图 2.2　电容充电过程

流动，相当于开路，这就是电容器能隔断直流电的原理。如果将接在电容器上的电池断开，而用导线把电容器的两个金属板接通，则在刚接通的一瞬间，电路中便有电流流通，这个电流的方向与原充电时的电流方向相反，随着电流的流动，两金属板之间的电压也逐渐降低，直到两金属板上的正、负电荷完全消失，这种现象称为“放电”。

2.1.3　电容器的作用

最简单的电容器是由两端的极板和中间的绝缘电介质（包括空气）构成的。通电后，极板带电，形成电压（电势差），但是由于中间的绝缘物质，所以整个电容器是不导电的。不过，这样的情况是在没有超过电容器的临界电压（击穿电压）的前提条件下的。我们知道，任何物质都是相对绝缘的，当物质两端的电压加大到一定程度后，物质都是可以导电的，我们称这个电压叫击穿电压。电容器也不例外，电容器被击穿后，就不是绝缘体了。不过在中学阶段，这样的电压在电路中是见不到的，所以都是在击穿电压以下工作的，可以被当作绝缘体。但是，在交流电路中，因为电流的方向是随时间成一定的函数关系变化的，而电容器充放电的过程是有时间的，这时在极板间形成变化的电场，而这个电场也是随时间变化的函数。实际上，电流是通过电场的形式在电容器间通过的。电容器的作用包括[1]：

耦合：用在耦合电路中的电容器称为耦合电容，在阻容耦合放大器和其他电容耦合电路中大量使用这种电容电路，起隔直流通交流作用。

滤波：用在滤波电路中的电容器称为滤波电容，在电源滤波和各种滤波器电路中使用这种电容电路，滤波电容将一定频段内的信号从总信号中去除。

退耦：用在退耦电路中的电容器称为退耦电容，在多级放大器的直流电压供给电路中使用这种电容电路，退耦电容消除每级放大器之间的有害低频交联。

高频消振：用在高频消振电路中的电容器称为高频消振电容，在音频负反馈放大器中，为了消振可能出现的高频自激，采用这种电容电路，以消除放大器可能出现的高频啸叫。

谐振：用在 LC 谐振电路中的电容器称为谐振电容，LC 并联和串联谐振电路中都需要这种电容电路。

旁路：用在旁路电路中的电容器称为旁路电容，电路中如果需要从信号中去掉某一频段的信号，可以使用旁路电容电路，根据所去掉信号频率不同，有全频域（所有交流信号）旁路电容电路和高频旁路电容电路。

中和：用在中和电路中的电容器称为中和电容。在收音机高频和中频放大器、电视机高频放大器中，采用这种中和电容电路，以消除自激[1]。

定时：用在定时电路中的电容器称为定时电容。在需要通过电容充电、放电进行时间控制的电路中使用定时电容电路，电容起控制时间常数大小的作用。

积分：用在积分电路中的电容器称为积分电容。在电势场扫描的同步分离电路中，采用这种积分电容电路，可以从场复合同步信号中拾取场同步信号。

微分：用在微分电路中的电容器称为微分电容。在触发器电路中为了得到尖顶触发信号，采用这种微分电容电路，以从各类（主要是矩形脉冲）信号中得到尖顶脉冲触发信号。

补偿：用在补偿电路中的电容器称为补偿电容，在卡座的低音补偿电路中，使用这种低频补偿电容电路，以提升放音信号中的低频信号；此外，还有高频补偿电容电路。

自举：用在自举电路中的电容器称为自举电容，常用的 OTL 功率放大器输出级电路采用这种自举电容电路，以通过正反馈的方式少量提升信号的正半周幅度。

分频：在分频电路中的电容器称为分频电容，在音箱的扬声器分频电路中，使用分频电容电路，以使高频扬声器工作在高频段，中频扬声器工作在中频段，低频扬声器工作在低频段。

负载：是指与石英晶体谐振器一起决定负载谐振频率的有效外界电容。负载电容常用的标准值有 16 pF、20 pF、30 pF、50 pF 和 100 pF。负载电容可以根据具体情况作适当的调整，通过调整一般可以将谐振器的工作频率调到标称值。

2.1.4 电容器的分类

电容器的种类很多，按结构形式分有固定电容器（包括无极性固定电容器和有极性电解电容器）、可变电容器和半可变（微调）电容器。

根据所用电介质不同，电容器可以分为固体有机介质电容器、固体无机介质电容器、电解电容器和气体介质电容器等。各种电容器尽管结构不同，但基本上都是由两组金属片制成的，中间隔有绝缘介质。

1. 固定电容器

就固定电容器而言，如果按使用的绝缘介质分，则无极性的电容器有纸质电容器、油浸纸介密封电容器、金属化纸质电容器、云母电容器、有机薄膜电容器、玻璃釉电容器、陶瓷电容器等类型；而有极性的电容器的内部构造比无极性的电容器复杂，此类电容器按正极材料，可分为电解电容器和钽（或铌）电解电容器。由于有极性电解电容器的两条引线分别引出电容器的正极和负极，因此在电路中不能接错。

2. 可变电容器

可变电容器大都是以空气或有机薄膜作为绝缘介质的，有单连和双连之分。单连可变电容器由一组动片、一组定片和转轴等组成。双连可变电容器由两组动片、两组定片和转轴等组成。

3. 半可变（微调）电容器

半可变（微调）电容器的容量较小，可调范围不大，包括瓷介质、有机薄膜介质及拉线等类型。超外差式收音机的前级电路中用此类电容器较多。

下面以铝电解电容器和高频瓷介电容器为例对电容器进行简单介绍。铝电解电容器用浸有糊状电解质的吸水纸夹在两条铝箔中间卷绕而成，薄的氧化膜作介质的电容器。因为氧化膜有单向导电性质，所以电解电容器具有极性。其特点为容量大，能耐受大的脉动电流；容量误差大，泄漏电流大；普通的不适于在高频和低温下应用，不宜使用在 25 kHz 以上频率。

高频瓷介电容器由一种浓度适于喷涂的特殊混合物喷涂成薄膜而成，介质再以银层电极经烧结而成独石结构。就结构而言，高频瓷介电容器可分为箔片式和被银式。被银式电极为直接在云母片上用真空蒸发法或烧渗法镀上银层而成，由于消除了空气间隙，温度系数大为下降，电容稳定性也比箔片式高。其特点为频率特性好，Q 值高，温度系数小，但不能做成大的容量，广泛应用在高频电器中，并可用作标准电容器玻璃釉电容器。其性能可与云母电容器媲美，能耐受各种气候环境，一般可在 200 ℃或更高温度下工作，额定工作电压可达 500 V。

超级电容器

超级电容器是一种电容量可达数千法拉的极大容量电容器。根据电容器的原理，电容量取决于电极间距离和电极表面积，为了得到如此大的电容量，要尽可能缩小超级电容器电极间距离，增加电极表面积，为此，采用双电层原理和活性炭多孔化电极[2]。

超级电容器双电层介质在电容器的两个电极上施加电压时，在靠近电极的电介质界面上产生与电极所携带的电荷极性相反的电荷并被束缚在介质界面上，形成事实上的电容器的两个电极。很明显，两个电极的距离非常小，只有几纳米。同时，活性炭多孔化电极可以获得极大的电极表面积（可以达到 200 m^2/g），因而这种结构的超级电容器具有极大的电容量并可以存储很大的静电能量。就储能而言，超级电容器的这一特性介于传统电容器与电池之间。当两个电极板间的电势低于电解液的氧化还原电极电位时，电解液界面上的电荷不会脱离电解液，超级电容器处在正常工作状态（通常在 3 V 以下）；如果电容器两端电压超过电解液的氧化还原电极电位，那么电解液将分解，处于非正常状态。随着超级电容器的放电，正、负极板上的电荷被外电路泄放，电解液界面上的电荷相应减少。由此可以看出，超级电容器的充放电过程始终是物理过程，没有化学反应，因此性能是稳定的，与利用化学反应的蓄电池不同[2]。

电容器新成果

法国研究人员日前报告说，用来制造超级电容器电极的碳材料结构越不规则，超级电容器的电容量就越大，对高压的承受能力也越强。超级电容器是一种新型储能装置，具有充电时间短、输出功率高、寿命长等优点，可用于车辆制动能量回收系统等。其工作原理基于电极和电解液中正负离子间的相互作用，电极表面积越大、和正负离子间的相互作用越强，电容量就越大。

法国国家科研中心和奥尔良大学研究人员借助核磁共振光谱技术量化分析了电极和正负离子间的静电作用强弱，结果发现，碳电极材料结构越不规则，超级电容器的电容就越大，对高压的承受能力也越强。相关论文发表在《自然 • 材料》杂志网络版上。研究人员认为，这一发现有助于人们改进超级电容器性能[3]。

2.2　恒　流　源

许多电子设备，诸如音响电视装置、各种测量仪器、信号源、自动控制系统乃至电子计算机等，通常都要求它们的供电电压相当稳定。就音响电视装置而言，若供电电压波动，将造成声音图像失真，影响视听效果。对各种精密仪器，电源电压变化，将导致测量和计算误差或引起自动控制系统工作不稳定，甚至根本不能工作，因而使用“稳压电源”就显得十分必要。目前，各种交流和直流稳压电源已成为实验室和科研生产部门必备的基本设备，并且是许多电子仪器中不可缺少的重要组成部分。

恒流源输出的电流与其外部影响无关。所谓“恒流”是一种习惯的说法，并不是电流值绝对不变，只是这种变化相当小，在一个规定的工作范围内保持足够的稳定性。实际上，大多数恒流源是用电子电路实现的，而且仅当外部条件在一定的范围内变化时，才能保持输出电流基本不变。恒流源、交流恒流源、直流恒流源、电流发生器、大电流发生器又叫电流源、稳流源，是一种宽频谱、高精度交流稳流电源，具有响应速度快、恒流精度高、能长期稳定工作、适合各种性质负载（阻性、感性、容性）等优点，主要用于检测热继电器、塑壳断路器、小型短路器及需要设定额定电流、动作电流、短路保护电流等生产场合。

一个理想的直流恒流源将产生一个与其两端电压无关的恒定电流。理想直流恒流源的符号如图 2.3（a）所示，图 2.3（b）为其伏安特性。它是一条和电压轴平行的直线，并截电流轴于 I_s。理想恒流源的特征方程为

$$I=I_s \tag{2-1}$$

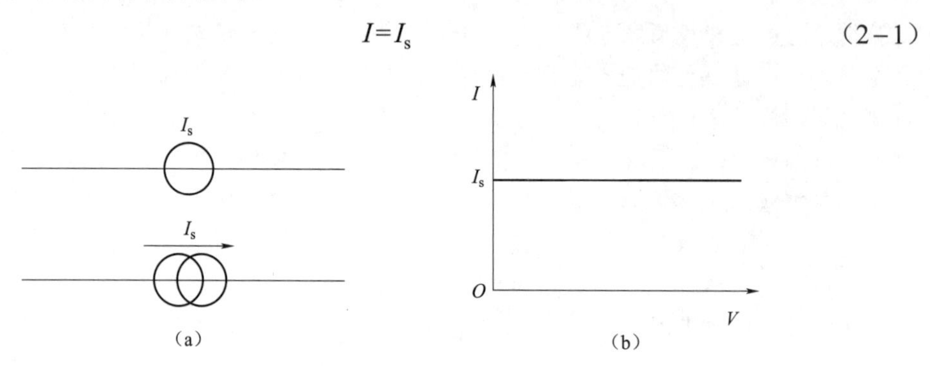

图 2.3　理想恒流源的符号和伏安特性

由图 2.3 可见，不管恒流源两端的电压数值多高，它的电流值始终固定为 I_s。因此理想恒流源的等效内阻为无穷大，或者说，它可以输出无穷大的电压。恒流源两端的电压必须是根据它所接的外电路来确定的。理想恒流源是不存在的，恒流源的设计者和制造者只能力求接近这种特性。实际恒流源内的等效内阻不可能为无穷大，其输出电压也总是有限的，即仅允许在一个规定的电压范围内作为恒流源工作。大多数实际恒流源都是用电子电路来实现的，称为“电子恒流源”或“恒流器”。如果将组成恒流器的各种电子元器件集成在一块硅片上，即“集成恒流源”。通常还把电子电路构成的、能给负载提供恒定电流的仪器称为恒流器。例如，作为专用稳定电源的电子恒流器以及在自动化仪表中用到很多的恒流给定器等。

2.2.1　恒流源的特点及基本原理

恒流源是输出电流保持恒定的电流源，理想的恒流源应该具有以下特点[4]：① 不因负载（输出电压）变化而改变；② 不因环境温度变化而改变；③ 内阻为无限大（以使其电流可以全部流出到外面）。

能够提供恒定电流的电路即恒流源电路，又称为电流反射镜电路。基本的恒流源电路主要是由输入级和输出级构成的，输入级提供参考电流，输出级输出需要的恒定电流。

1. 构成恒流源电路的基本原则

恒流源电路就是要能够提供一个稳定的电流以保证其他电路稳定工作的基础。即要求恒流源电路输出恒定电流，因此作为输出级的器件应该具有饱和输出电流的伏安特性。这可以采用工作于输出电流饱和状态的 BJT 或者 MOSFET 来实现。

为了保证输出晶体管的电流稳定，必须满足两个条件：① 其输入电压要稳定——输入级需

要是恒压源；② 输出晶体管的输出电阻尽量大（最好是无穷大）——输出级需要是恒流源。

2. 对于输入级器件的要求

因为输入级需要是恒压源，所以可以采用具有电压饱和伏安特性的器件作为输入级。一般的 PN 结二极管就具有这种特性——指数式上升的伏安特性；另外，把增强型 MOSFET 的源－漏极短接所构成的二极管，也具有类似的伏安特性——抛物线式上升的伏安特性。

在 IC 中采用二极管作为输入级器件时，一般都是利用三极管进行适当连接而成的集成二极管，因为这种二极管既能够适应 IC 工艺，又具有其特殊的优点。对于这些三极管，要求它具有一定的放大性能，这才能使得其对应的二极管具有较好的恒压性能。

3. 对于输出级器件的要求

如果采用 BJT，为了使其输出电阻增大，就需要设法减小 Early 效应（基区宽度调制效应），即要尽量提高 Early 电压。

如果采用 MOSFET，为了使其输出电阻增大，就需要设法减小其沟道长度调制效应和衬偏效应。因此，一般选用长沟道 MOSFET，而不用短沟道器件。

电路示例

图 2.4（a）是用增强型 n－MOSFET 构成的一种基本恒流源电路。为了保证输出晶体管 T_2 的栅－源电压稳定，其前面就应当设置一个恒压源。实际上，T_1 二极管在此的作用也就是为了给 T_2 提供一个稳定的栅－源电压，即起着一个恒压源的作用。因此 T_1 应该具有很小的交流电导和较高的跨导，以保证其具有较好的恒压性能。T_2 应该具有很大的输出交流电阻，为此就需要采用长沟道 MOSFET，并且要减小沟道长度调制效应等不良影响。

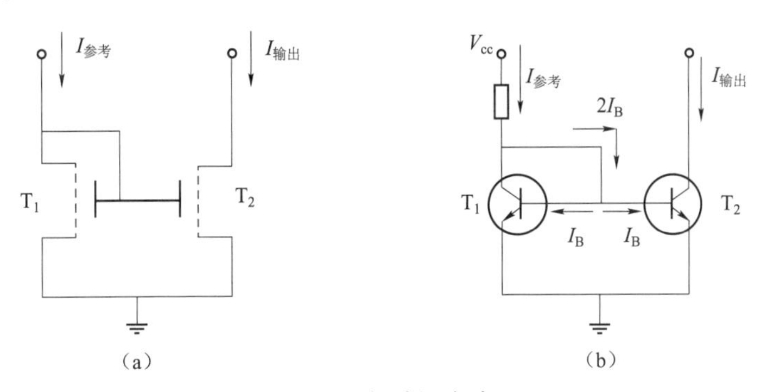

图 2.4　恒流源电路

图 2.4（b）是用 BJT 构成的一种基本恒流源电路。其中 T_2 是输出恒定电流的晶体管，晶体管 T_1 就是一个给 T_2 提供稳定基极电压的发射结二极管。当然，T_1 的电流放大系数越大、跨导越高，则其恒压性能也就越好。同时，为了输出电流恒定（即提高输出交流电阻），自然还需要尽量减小 T_2 的基区宽度调制效应（即 Early 效应）。另外，如果采用两个基极相连接的 P－N－P 晶体管构成恒流源，那么在 IC 芯片中这两个晶体管可以放置在同一个隔离区内，这将有利于减小芯片面积，但是为了获得较好的输出电流恒定的性能，即需要特别注意增大横向 P－N－P 晶体管的电流放大系数。

电路扩展

在以上基本电路的基础上，还可以扩展其功能：一方面，在二极管恒压源（T_1）的作用下，它的后面可以连接多个输出支路（与 T_2 并联的多个晶体管），从而能够获得多个稳定的输出电流；另一方面，在 T_1 和 T_2 的源极（发射极）上还可以分别串联一个电阻（设分别为 R_1 和 R_2），这样就能够得到不同大小的恒定输出电流。因为这时可有 I（输出）/I（参考）$=-R_1/-R_2$，则在这种恒流源电路中，输出的恒定电流基本上是取决于电阻以及晶体管放大系数的比值，而与电阻和放大系数的绝对大小关系不大。这种性质正好适应了集成电路制造工艺的特点，所以这种恒流源电路是模拟 IC 中的一种基本电路。

2.2.2 恒流源构成

恒流源的实质是利用器件对电流进行反馈，动态调节设备的供电状态，从而使电流趋于恒定。只要能够得到电流，就可以有效形成反馈，从而建立恒流源。

能够进行电流反馈的器件还有电流互感器，或者利用霍尔元件对电流回路上某些器件的磁场进行反馈，也可以利用回路上的发光器件（如光电耦合器、发光管等）进行反馈。这些方式都能够构成有效的恒流源，而且更适合大电流等特殊场合。

1. 用稳压源和电阻构成的恒流源

用一个稳压源和一个电阻可以构成最简单的实用恒流源，如图 2.5 所示。其中 U_s 为电池或电子稳压器的输出电压。若串联电阻 R_i 的阻值远大于负载 R_L 的阻值，则虚线框内的电路可作为一个实际恒流源，其中 R_i 看作该恒流源的内阻。

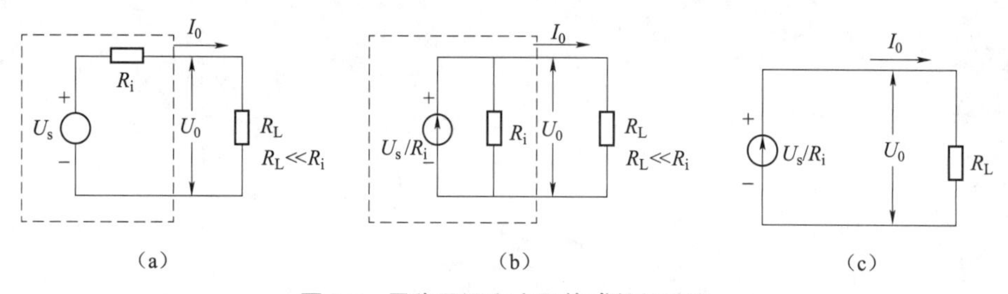

图 2.5 用稳压源和电阻构成的恒流源

当要求恒流值稍大，负载电阻变化范围较宽，且恒流精度更高时，这种简单方法就失去了其实用价值。

2. 用恒流器件构成的恒流源

用一个稳定的或非稳定的直流电压器和一个硅恒流二极管就可构成一个结构简单、性能良好的恒流源，如图 2.6 所示。和第一种方法不同，这里的供电电源可以是未经稳定的直流电压器，允许输入电压在较大的范围内变化。该恒流源的输出电流等于恒流二极管的恒定电流源，即 $I_0=I_H=$ 5 mA。当负载电阻 R_L 在 0～1 kΩ 范围内变化时，恒流精度可达到 0.4%，而这时所用的供电电压仅需 25 V。此类恒流

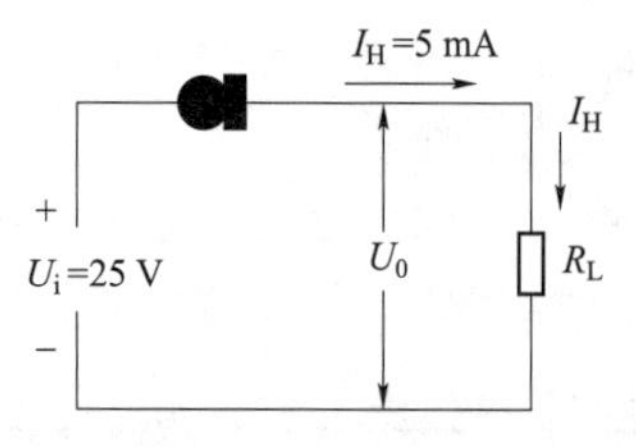

图 2.6 用恒流二极管构成的恒流源

源电路简单，使用方便，而且性能也相当好。

用负反馈放大器构成的恒流源

电流串联反馈可以提高放大器的输出阻抗，因此可采用负反馈放大器获得恒流特性。用负反馈放大器构成的恒流源中，R_L、R_f为负载电阻和负反馈电阻，U_s为稳定电压。设I_o为输出电流，则反馈电压$U_f=I_0R_f$，放大器输出电压$e_o=I_o(R_L+R_f)$，而放大器输入电压为

$$e_i=\frac{e_o}{K_A}=\frac{I_o(R_L+R_f)}{K_A}$$

K_A为放大器的电压增益。考虑到放大器输入电压和反馈电压的关系，则有

$$e_i=U_S-U_f=U_S-I_oR_f$$

求得输出电流：

$$I_o=\frac{K_AU_S}{(1+K_A)R_f+R_L}$$

这里的$(1+K_A)R_f$相当于电压为K_AU_s的一个电源的内阻。一般情况下，增益$K_A\gg 1$，即有$(1+K_A)R_f\approx K_AR_f\gg R_L$，上式简化为

$$I_o=\frac{U_S}{R_f}$$

可见，输出电流I_o和负载电阻R_L的变化无关，因而是一个恒流源电路。其中，放大器可以由电子管、晶体管构成，该电路有两个输入端、两个输出端，所以是一个四端结构的恒流源电路。当负载电阻和输入电源有一公共端点时，四端电路可以看成是三端电路。

2.2.3　恒流源分类

恒流源的基本作用是消除或削弱电源电压、负载电阻和环境温度变化对输出电流的影响。根据实际应用的需要，可以采用不同类型的恒流源电路。按照所采用的调整元件不同，恒流源可分为电真空器件恒流源、双极型晶体管恒流源、场效应器件恒流源和集成电路恒流源。按照调整方式不同，恒流源可分为直接调整型和间接调整型恒流源。后者根据调整元件的工作状态不同，又分为连续调整型、开关调整型和组合调整型恒流源等。

1. 直接调整型恒流源

这种恒流源由恒流器件和供电电源串联组成，电路结构非常简单，主要是利用了恒流器件的非线性特性对负载电流进行直接调整并使之保持稳定。作为恒流器件，早先采用镇流管。由于镇流管的恒流工作范围很窄，稳流性能也不太好，目前已很少采用。目前则广泛使用半导体恒流二极管，但是恒流二极管的最大电流只有 6 mA，限制了其使用范围。

2. 间接调整型恒流源

电子管、晶体管一般不能直接向负载提供恒定电流，但可利用它们和其他电子元件组合而成的恒流电路来实现恒流，所以称为间接调整。根据调整元件状态不同，又分为连续调整型、开关调整型和组合调整型恒流源。

连续调整型恒流源的输出电流仅由基准电压和标准电阻决定，而与电源电压和负载变化无关。开关型恒流源适用于输出容量大，但对恒流性能要求不高的场合，例如用作蓄电池的恒流充电器。在连续调整型恒流源闭环电路中，当负载电阻很小甚至短路时，输入电源电压全部加到调整管的集射极，耗散功率很大，所以，这种电路的恒流性能虽好，但输出容量不能很大。对于开关调整型恒流源，因其调整管工作在开关状态，效率明显提高，但输出波纹较大。为了克服上述矛盾，可以采用组合调整型恒流源，即在开关调整稳压电路后紧接连续调整型恒流电路。这样一来，开关电路输出的脉冲纹波经后接的连续调整电路调整后，最终输出的电流就十分稳定。组合调整型恒流源输出容量大，恒流性能好，但电路结构十分复杂，适用于大功率、高稳定性场合，例如用作光度标准灯或高稳定磁场中的恒流源。在设计恒流源时，应根据实际要求，选择合适的恒流源类型。

2.3 激 光 器

激光器是利用受激辐射的原理使光在某些受激发的物质中放大或振荡发射的器件[5]。

2.3.1 激光器的基本组成

各种激光器的基本组成都是相同的，即都由工作物质、激励（泵浦）系统和光学共振腔三个基本部分所构成。

2.3.1.1 激光工作物质

激光工作物质是组成激光器的核心部分，它是一种可以用来实现粒子数反转和产生光的受激辐射作用的物质体系，本身可以是固体（晶体、玻璃等）、气体（原子气体、离子气体、分子气体）、半导体、液体（有机或无机液体）等材料。

固体工作物质，一般是将具有适当能级结构和发光能力的金属离子，掺入晶体类或玻璃类基质材料中而成的，其中掺入的杂质金属（通常为过渡金属或稀土金属）起光的发射作用，称为产生激光的工作粒子。

气体工作物质，可以由单种气体组成，但在更多情况下则由多种气体混合组成。在后一情况下，只有一种成分的气体粒子（可以是原子、离子或分子）起粒子数反转和产生受激辐射作用；而其他成分的气体粒子，对实现和维持上述工作气体粒子的粒子数反转起着不同程度的有益的辅助作用。

半导体工作物质，可以是面结型半导体材料，也可以是单晶型块体半导体材料。在这一类材料中，是依靠一定的激励方式，在导带和价带的特定区域间，实现非平衡载流粒子数反转和产生受激辐射作用。

液体工作物质，通常包括无机液体材料和有机颜料液体材料两类。前一类是将特定的金属化合物溶于适当的溶液中，产生受激辐射作用的是所掺入的特定杂质金属离子；后一类则是将有机染料溶于适当的有机溶剂中，产生受激辐射作用的是有机染料分子。

对上述各类激光工作物质而言，均应满足一些共同的基本要求，即尽可能在其工作粒子的特定高、低能级间实现较大程度的粒子数反转，而且在实现反转后和产生受激辐射作用的过程中，使粒子数尽可能被有效地保持下去。为此，激光工作物质最好能具有以下几方面特性：

（1）有较多的工作粒子在激励方式作用下，可以有效地跃迁到一些较高激发能级之上。这种特性，可称为工作粒子易于被有效激励的特性。

（2）被激励到较高激发能级的工作粒子，容易于在一个（或少数几个）较高能级上得到积累或集居的趋势，从而可相对于某一（或某些）较低能级间实现粒子数反转。这种特性可称为工作粒子易于在激光作用高能级上得到积累或集居的特性。

（3）工作粒子在产生受激辐射作用并跃迁到激光作用的低能级后，有一定方式尽快离开这些能级的趋势，从而有利于维持高、低能级间的粒子数反转。这种特性可称为激光跃迁低能级上工作粒子易于被去空的特性。

上面提到的三种特性，是理想的工作物质在原则上应该具备的，但对任何一种实际的工作物质而言，均不能完备地同时具有这几种特性。有时为了弥补某些工作粒子在某些特性方面的不足，可采取一些辅助的措施。

2.3.1.2　激励系统

为使给定的激光工作物质处于粒子数反转状态，必须采用一定的激励方式和激励装置。根据工作物质特性和运转条件不同，可采取不同的方式和装置来达到这一目的。就已经实现激光作用的各类激光工作物质来说，经常采用的激励方式和激励装置分别有光学激励、气体放电激励、化学反应激励、热激励和核能激励等。

利用外界光源发出的光来辐照工作物质以实现粒子数反转，称为光学激励或简称为光泵。几乎所有的固体（晶体和玻璃）激光器、液体激光器以及个别的半导体和气体激光器均采用这种激励方式。在实际激光中，光学激励系统通常是由激励光源和聚光灯两部分组成的。光源一般采用发光能力较强的气体放电光源或卤–钨灯光源。这些光源的发光一般具有连续的发光光谱，或者在连续光谱背底上附加有分立的较强的发光谱线，因此适用于对具有较宽吸收谱线分布的工作物质进行激励。由于激励光源的发光是空间各向分布的，因此需采用适当形式的聚光器装置，以使光源发出的光尽可能多地进入工作物质内部。

气体放电激励是大部分常见气体激光器所普遍采用的一种激励方式。在气体放电作用下，部分气体电离后产生的自由电子在激励电场的作用下获得较大的动能，高速运动的电子在与气体工作粒子发生碰撞的过程中，可以失去自己的一部分能量而后使后者跃迁到较高的激励能级，从而有可能在工作粒子特定的能级间实现粒子数反转。在实际的气体激光器中，可根据工作物质特性和器件使用要求的不同，分别采用脉冲放电、直流放电、交流放电和高频放电等多种方式进行激励，特殊情况下，亦可采取外部电子束直接注入气体工作物质中的方法进行激励。

化学反应激励是对某些工作物质（主要是气体工作物质）所采取的一种激励方式。其原理是在一定条件下，在一定的工作物质内部发生化学反应，反应生成物的粒子可在反应过程中释放的化学能的激励作用下处于激发态。这样就有两种可能：一种是处于激发态的反应生成物的粒子，相对于它本身的特定低能级而言呈现粒子数反转，从而可能产生受激辐射作用；另一种是处于激发态的反应生成物粒子，通过共振转移作用而把它本身的激励能量传递给其他工作粒子，使后者间接地获得化学反应放出的能量而呈现出粒子数反转和产生受激辐射作用。

热激励指的是通过某种加热方式使工作物质体系温度升高，从而使较多的粒子达到高能级，然后再通过某种方式（如高温气体绝热膨胀的方式），使热弛豫时间较短的某些较低能级上的粒子迅速去空，而热弛豫时间较长的某些较高能级上的粒子得以积累保存，从而实现粒子数反转。核能激励的原理是利用核反应产生的裂变碎片、高能粒子或放射线来激励光工作物质体系。由于核材料质量轻、体积小、使用期限长，因此具有特殊的应用潜力。

2.3.1.3 光学共振腔

光学共振腔通常由具有一定几何形状和光学反射特性的两块反射镜按特定的方式组合而成。作用为：① 提供光学反馈能力，使受激辐射光子在腔内多次往返以形成相干的持续振荡；② 对腔内往返振荡光束的方向和频率进行限制，以保证输出激光具有一定的定向性和单色性。共振腔作用①，是由通常组成腔的两个反射镜的几何形状（反射面曲率半径）和相对组合方式所决定的；而作用②，则是由给定共振腔型对腔内不同行进方向和不同频率的光具有不同的选择性损耗特性所决定的。

2.3.2 激光器的种类

根据工作物质物态的不同，可把激光器分为以下几大类：

（1）固体激光器（晶体和玻璃），这类激光器所采用的工作物质是通过把能够产生受激辐射作用的金属离子掺入晶体或玻璃基质中构成发光中心而制成的。

（2）气体激光器，它们所采用的工作物质是气体，并且根据气体中真正产生受激辐射作用的工作粒子性质的不同，而进一步区分为原子气体激光器、离子气体激光器、分子气体激光器、准分子气体激光器等。

（3）液体激光器，这类激光器所采用的工作物质主要包括两类，一类是有机荧光染料溶液，另一类是含有稀土金属离子的无机化合物溶液，其中金属离子（如 Nd^{3+}）起工作粒子的作用，而无机化合物液体（如 $SeOCl_2$）则起基质的作用。

（4）半导体激光器，这类激光器是以一定的半导体材料作工作物质而产生受激辐射作用的，其原理是通过一定的激励方式（电注入、光泵或高能电子束注入），在半导体物质的能带之间或能带与杂质能级之间，通过激发非平衡载流子而实现粒子数反转，从而产生光的受激辐射作用。

（5）自由电子激光器，这是一种特殊类型的新型激光器，工作物质为在空间周期变化磁场中高速运动的定向自由电子束，只要改变自由电子束的速度就可产生可调谐的相干电磁辐射，原则上其相干辐射谱可从 X 射线波段过渡到微波区域，因此具有很诱人的前景。

在下面的章节中，我们将主要介绍固体激光器、半导体激光器和激光二极管阵列这几个方面的内容。

2.3.2.1 固体激光器

固体激光器是用固体激光材料作为工作物质的激光器。1960 年，T. H. 梅曼发明的红宝石激光器就是固体激光器。固体激光器一般由激光工作物质、激励源、聚光腔、谐振腔反射镜和电源等部分构成，结构如图 2.7 所示。

固体激光器的工作物质，由光学透明的晶体或玻璃作为基质材料，掺以激活离子或其他激活物质构成。用作晶体类基质的人工晶体主要有：刚玉（$NaAlSi_2O_6$）、钇铝石榴石（$Y_3Al_5O_{12}$）、钨酸钙（$CaWO_4$）、氟化钙（CaF_2）以及铝酸钇（$YAlO_3$）、铍酸镧（$La_2Be_2O_5$）等。用作玻璃类基质的主要是优质硅酸盐光学玻璃，例如常用的钡冕玻璃和钙冕玻璃。

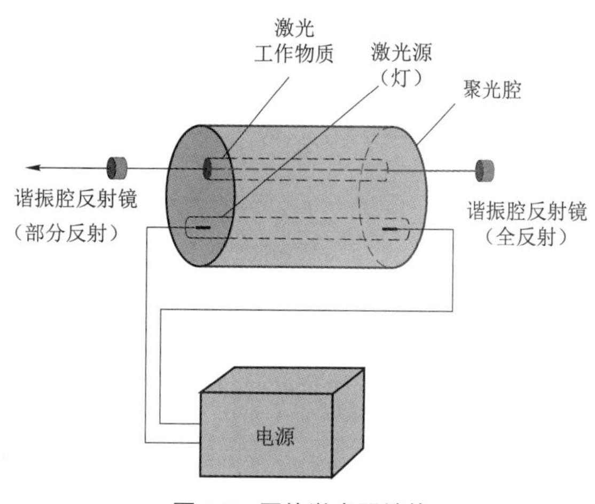

图 2.7　固体激光器结构

固体激光器以光为激励源。常用的脉冲激励源有充氙闪光灯，连续激励源有氪弧灯、碘钨灯和钾铷灯等。在小型长寿命激光器中，可用半导体发光二极管或太阳光作激励源。一些新型的固体激光器也有采用激光激励的。固体激光器可作大能量和高功率相干光源。红宝石脉冲激光器的输出能量可达千焦耳级，经调 Q 和多级放大的钕玻璃激光系统的最高脉冲功率达 10 W。钇铝石榴石连续激光器的输出功率达百瓦级，多级串接可达千瓦。

Nd^{3+}: YAG 固体激光器的输出波长为 1.064 μm，为近红外光，是常用的固体激光器之一。用于激光点火的固体激光器的工作原理如图 2.8 所示，通过电光源（氙灯）将电容器储存的能量转换成光能，再由光能泵浦激光工作物质。所以供电电路中需要 DC－DC 逆变器将低压直流电提升到高压直流电向电容器充电。在 DC－DC 逆变器提升电压的电源电流向储能电容充电后，输入安保（S&A）信号打开保险，发火信号输入，通过触发电路触发灯管。电容向灯管放电并且辐射出泵浦光，导致激光工作物质受激发光，并且辐射出激光。固体激光器样品如图 2.9 所示。

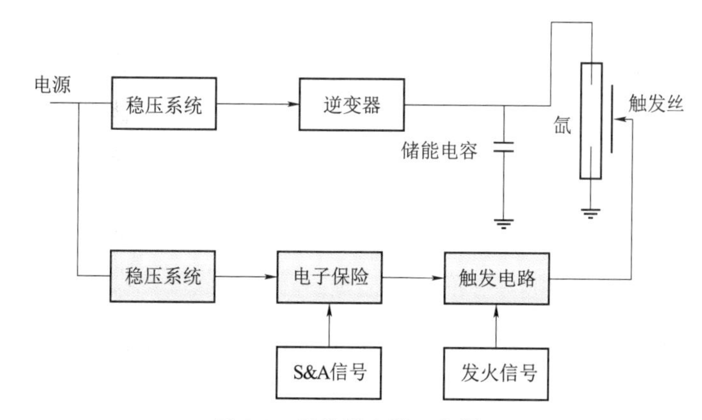

图 2.8　固体激光器工作原理

图 2.9　固体激光器

由于固体激光器能够产生较高功率或高能量密度的激光脉冲，可以实现多点同步点火或起爆，但是体积、质量和成本都比较高，不能适应战术武器的需求。

2.3.2.2 半导体激光器

二极管激光器也称半导体激光器或激光二极管，是用半导体材料作为工作物质的一类激光器，由于物质结构上的差异，产生激光的具体过程比较特殊。常用材料有砷化镓（GaAs）、硫化镉（CdS）、磷化铟（InP）、硫化锌（ZnS）等。激励方式有电注入、电子束激励和光泵浦三种形式。二极管激光器件可分为同质结、单异质结、双异质结等几种。同质结激光器和单异质结激光器室温时多为脉冲器件，而双异质结激光器室温时可实现连续工作。

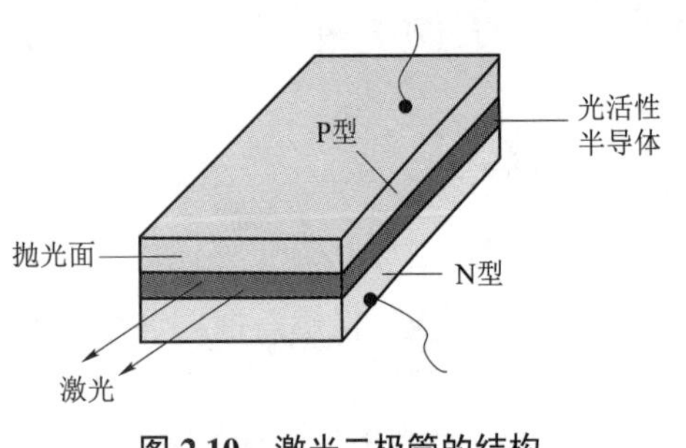

图 2.10 激光二极管的结构

二极管激光器的工作原理是激励方式，利用半导体物质（即利用电子）在能带间跃迁发光，用半导体晶体的解理面形成两个平行反射镜面作为反射镜，组成谐振腔，使光振荡、反馈、产生光的辐射放大，输出激光。二极管激光器的结构如图 2.10 所示。几种不同的二极管激光器如图 2.11 所示。

图 2.11 半导体激光器

半导体激光器的常用参数：波长、阈值电流 I_{th}、工作电流 I_{op}、垂直发散角 $\theta_{\perp}$、水平发散角 $\theta_{//}$、监控电流 I_m。

（1）波长：激光管工作波长，目前可作光电开关用的激光管波长有 635 nm、650 nm、670 nm，激光二极管 690 nm、780 nm、810 nm、860 nm、980 nm 等。

（2）阈值电流 I_{th}：激光管开始产生激光振荡的电流，对一般小功率激光管而言，其值在数十毫安，具有应变多量子阱结构的激光管阈值电流可低至 10 mA 以下。

（3）工作电流 I_{op}：激光管达到额定输出功率时的驱动电流，此值对于设计调试激光驱动电路较重要。

（4）垂直发散角 $\theta_{\perp}$：激光二极管的发光带在垂直 PN 结方向张开的角度，一般在 15°～40°。

（5）水平发散角 $\theta_{/\!/}$：激光二极管的发光带在与 PN 结平行方向所张开的角度，一般在 6°～10°。

（6）监控电流 I_m：激光管在额定输出功率时，在 PIN 管上流过的电流。

图 2.12 所示为用于为二极管激光器提供电流激励的电路。为了保证激光点火系统满足宽范围的电源工作需要和系统稳定性，在电路中设置了两个稳压器，保证两路独立的半导体激光器供电和控制器供电[6]。常用的激光二极管样品如图 2.13 所示。表 2.1 所示为激光主要的性能参数。

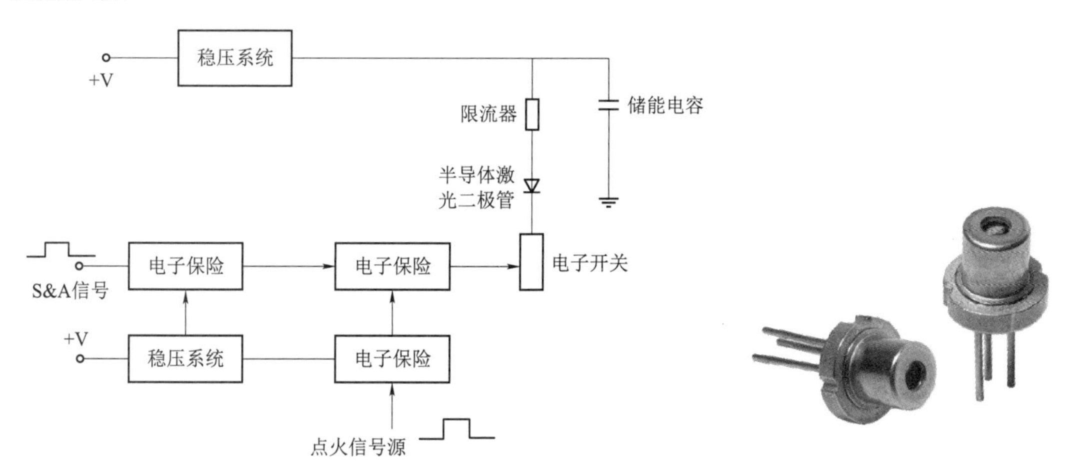

图 2.12　激光二极管工作原理框图

图 2.13　激光二极管样品

表 2.1　激光主要性能参数

波长/nm	665	690	808	830	980	1451
编号	EWCS	IKSN	401378	8301033	V2534	FPBT
最大输出功率/W	0.75	0.77	1.61	1.5	1.5	1.0
最大输出电流/A	1.36	1.30	2.20	1.8	2.1	3.7
阈值电流/A	0.53	0.44	0.48	0.17	0.45	0.49
耦合光纤芯径/μm	100	100	100	100	100	100

二极管激光器具有体积小、质量轻、运转可靠、耗电少、效率高等特点。因此，半导体激光器是激光点火与起爆系统中最有生命力的激光器，其发展非常迅速。近年来，激光二极管的体积迅速下降，性能大大提高，成本不断降低，其连续功率为 1 W 或更高。用这种激光器不仅可以对敏感火工品点火，而且可以起爆装药为黑索今（RDX）、六硝基（HNS）、奥克托金（HMX）的钝感火工品。

2.3.2.3 激光二极管阵列

将多个激光二极管集成在一个单元内，从而可以对口径较大的战斗部或发动机进行多点同步起爆或点火。图 2.14 所示为几种激光二极管阵列样品。

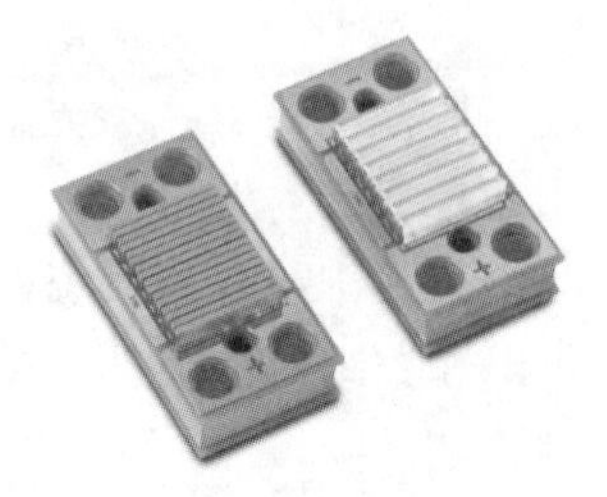

图 2.14 激光二极管阵列样品

二极管阵列的光谱特性，包括中心波长、发射线宽和波长随温度的漂移，在用于泵浦固体激光器时很重要。

> **液体激光器**
>
> 液体激光器的工作物质分为两类：一类为有机化合物液体（染料），另一类为无机化合物液体。其中染料激光器是液体激光器的典型代表。常用的有机染料有三类：吐吨类染料、香豆素类激光染料、花菁类染料。
>
> 染料激光器多采用光泵浦，主要有激光泵浦和闪光灯泵浦两种形式。
>
> 液体激光器的波长覆盖范围为紫外到红外波段（321 nm～1.168 μm），通过倍频技术还可以将波长范围扩展至真空紫外波段。激光波长连续可调是染料激光器最重要的输出特性。器件特点是结构简单、价格低廉。染料溶液的稳定性比较差，是这类器件的不足。
>
> 染料激光器主要应用于科学研究、医学等领域，如激光光谱光、光化学、同位素分离、光生物学等方面。

习题与课后思考

1. 试说明电容器的作用。
2. 举例说明有效的恒流源的构成。
3. 试说明固体激光器工作原理。

参 考 文 献

[1] 天津大学无线电材料与元件教研室. 电容器［M］. 北京：技术标准出版社，1981.
[2] 米勒. 超级电容器的应用［M］. 韩晓娟，等译. 北京：机械工业出版社，2014.

［3］黄涵．超级电容器性能由碳电极材料结构决定［EB/OL］．http：//news.xinhuanet.com/coal/2013－02/19/c_124363402.htm，2013－02－19/2017－3－13．
［4］陈凯良，竺树声．恒流源及其应用电路［M］．杭州：浙江科学技术出版社，1992．
［5］雷世湛，等．激光器设计原理［M］．上海：上海科学技术出版社，1979．
［6］张小英．激光单点点火系统技术研究［D］．南京：南京理工大学，2006．

第3章 换 能 元 件

换能元件是火工品的首发元件，其作用是将控制信息（或能量）转换为发火能量，激发发火药剂发火。按照结构的不同，换能元件可以分为 5 种类型，即金属桥丝换能元、金属桥带（metal bridge strip）换能元、半导体桥（semiconductor bridge，SCB）换能元、爆炸箔（exploding foil）换能元、激光换能元。

3.1 金属桥丝换能元

金属桥丝也称灼热桥丝（hot wire bridge），简称桥丝，是一种将电能转换为焦耳热的换能元件，是电热换能元的一种。桥丝换能元主要由桥丝、电极的基体构成，桥丝材料选择高熔点和高电阻率的金属或金属合金材料，作用是将电能转化为热能；电极材料选择具有高导电率的金属，作用是输入电能；基体主要有塑料、玻璃和陶瓷等绝缘材料，结构多是圆柱型和平面型，作用是支撑和保护桥丝和电极。桥丝换能元结构如图 3.1 所示。

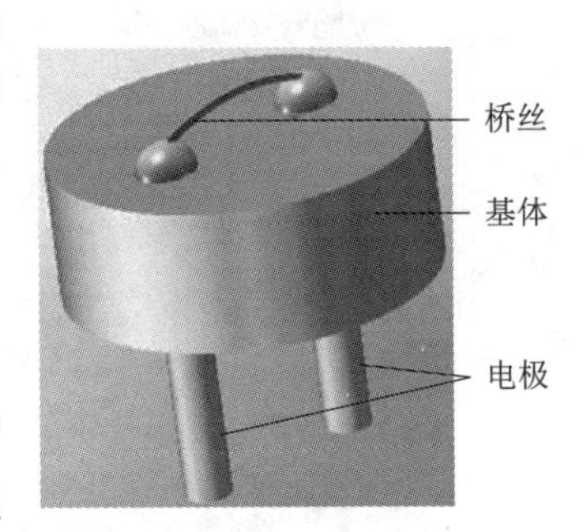

图 3.1 桥丝换能元结构

3.1.1 桥丝换能原理

金属桥丝换能元的主要工作过程：电流流过电阻性桥丝时产生焦耳热，部分能量散失于基体和电极，另一部分能量使桥丝电热升温。当桥丝温度达到桥丝材料的熔点时，桥丝熔断，换能过程结束。

桥丝换能原理主要包括桥丝在电热换能过程中温度随时间的变化、桥丝所能达到的最高温度，及其与加载电流和换能元结构与材料性能的关系。这是桥丝换能元设计的依据，也是桥丝换能元激励发火药可靠发火的关键。

桥丝换能元的电能输入主要有恒流源加载和电容放电加载两种方式，见图 3.2 和图 3.3。以下分别介绍这两种加载情况下桥丝换能元的换能原理。

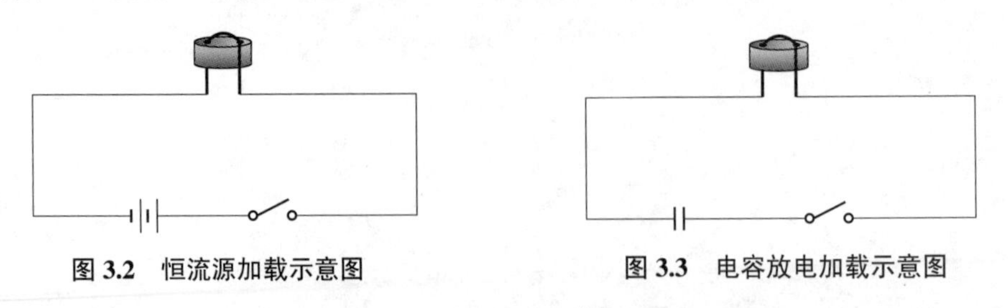
图 3.2 恒流源加载示意图　　图 3.3 电容放电加载示意图

3.1.1.1　恒流源加载换能模型

1. 基本假设

桥丝换能元的结构和恒流源加载方式如图 3.1、图 3.2 所示。在恒流源加载下，桥丝将电能转化为焦耳热，除了使自身温度升高外，还将部分热量散失到金属电极、基体和空气中。为了使问题得到简化，需作如下假设：

（1）在桥丝换能元结构中，桥丝仅与电极连接，不与基体接触。

（2）由于桥丝直径一般在 20 μm 左右，因而忽略桥丝径向的温度分布。

（3）恒流源加载过程中桥丝与电极都产生焦耳热，忽略桥丝向电极的传热，桥丝向空气中散热符合牛顿散热定律。

（4）除了考虑电阻随温度的变化外，桥丝的其他物理化学性质在整个升温过程中保持不变。

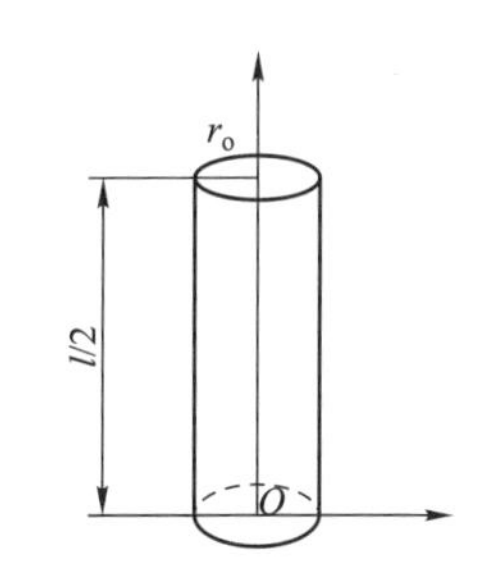

图 3.4　桥丝换能元坐标系

2. 数学方程

通过上述假设，可以建立如图 3.4 所示的一维坐标系。由能量守恒方程可知，在恒流源加载方式下单位时间内转换的热能一部分从桥丝的表面向空气中散失，另一部分则全部用于加热桥丝。根据对称性，只需考虑桥丝长度的一半即可，故在图 3.4 所示的坐标系下桥丝的温度方程可描述如下：

$$\begin{cases}\rho_b c_b V_b \dfrac{\partial T}{\partial t} = \lambda_b \left(\dfrac{\partial^2 T}{\partial t^2} + \dfrac{1}{r}\dfrac{\partial T}{\partial t}\right) + P_{in} + P_{out} \\ P_{in} = I^2 R_0[1+\alpha(T-T_a)] \\ P_{out} = -h_b A_b (T-T_a)\end{cases} \tag{3-1}$$

式中，T 为桥丝温度；T_a 为环境温度（K）；V_b 为桥丝的体积（m^3）；A_b 为桥丝的横截面积（m^2）；r 为桥丝半径；l 为桥丝长度（m）；ρ_b 为桥丝密度（kg/m^3）；c_b 为热容（J/kg • K）；λ_b 为桥丝的散热系数（W •（m • K））；h_b 为桥丝与空气的换热系数（W •（m^2 • K））；P_{in} 为桥丝生热功率（W）；P_{out} 为桥丝散热功率（W）；I 为加载电流（A）；R_0 为桥丝常温电阻（Ω）；α 为电阻温度系数。

3. 桥丝升温方程

由于假设（3）忽略了桥丝向电极的传热，因此温度沿轴向没有变化，即 $\mathrm{d}T/\mathrm{d}r = 0$，方程组（3-1）变为

$$\begin{cases}\rho_b c_b V_b \dfrac{\mathrm{d}T}{\mathrm{d}t} = I^2 R_0[1+\alpha(T-T_a)] - h_b A_b (T-T_a) \\ t=0, T=T_a\end{cases} \tag{3-2}$$

令 $\theta = T - T_a$，$\tau = \rho_b c_b V_b / (\alpha I^2 R_0 - h_b V_b)$，积分方程（3-2）得到桥丝的温升方程。

当 $\alpha I^2 R_0 - h_b V_b > 0$ 时，

$$T - T_a = \frac{I^2 R_0}{\alpha I^2 R_0 - h_b V_b}\left(1 - \mathrm{e}^{\frac{-t}{\tau}}\right) \tag{3-3}$$

当 $\alpha I^2 R_0 - h_b V_b < 0$ 时，

$$T-T_{\mathrm{a}}=\frac{I^2R_0}{\alpha I^2R_0-h_{\mathrm{b}}V_{\mathrm{b}}}\left(1-\mathrm{e}^{\frac{-t}{\tau}}\right) \tag{3-4}$$

式（3－4）意味着温度会随时间不断上升，温度趋于无穷，所以没有物理意义。

由式（3－3）可知，恒流源加载下桥丝的温度随时间以负指数形式上升，在时间趋于无穷大时，桥丝的温升达到最大值。

令 $T_{\mathrm{b,max}}$ 为任一加载电流下桥丝升温的最大值，则式（3－3）得到桥丝最大温升与加载电流之间的关系式：

$$T_{\mathrm{b,max}}-T_{\mathrm{a}}=\frac{I^2R_0}{\alpha I^2R_0-h_{\mathrm{b}}V_{\mathrm{b}}} \tag{3-5}$$

实验表明，当桥丝温度达到桥丝的熔点时，桥丝就会熔断。根据式（3－5）就可以得出使桥丝发生熔断的临界熔断电流 I_{c} 的表达式为

$$I_{\mathrm{c}}=\frac{h_{\mathrm{b}}V_{\mathrm{b}}}{R_0[\alpha(T_{\mathrm{b,melt}}-T_{\mathrm{a}})-1]} \tag{3-6}$$

式中，$\theta_{\mathrm{b,mel}}=T_{\mathrm{b,melt}}-T_{\mathrm{a}}$，$T_{\mathrm{b,melt}}$ 为桥丝材料的熔点。

3.1.1.2　电容放电加载换能模型

1. 基本假设

桥丝换能元的结构和电容放电加载方式如图 3.1 和图 3.3 所示，在电容放电加载下，桥丝换能元在放电瞬间将电能转化为热能，使自身温度升高，同时将热量传递给金属电极和基体。为了使问题得到简化，作如下假设：

（1）由于桥丝换能元中桥丝直径都非常小，最大在 20 μm 左右，忽略桥丝径向的温度分布。

（2）电容放电过程非常短暂，而传热是一个相对较慢的过程，所以忽略桥丝轴向热分布，忽略桥丝向基体、电极的传热。

（3）忽略桥丝材料的电阻温度系数，桥丝的其他物理化学性质在整个升温过程中保持不变。

2. 数学方程

通过上述假设，电容放电方式下桥丝换能元的电热过程可以描述为：单位时间内通入桥丝的电能一部分散失到空气中，一部分使桥丝升温。故桥丝的温度方程可描述如下：

$$\begin{cases}\rho cv\dfrac{\mathrm{d}T}{\mathrm{d}t}=P(t)-hA(T-T_{\mathrm{a}})\\ t=0,\quad T=T_{\mathrm{a}}\end{cases} \tag{3-7}$$

式中，ρ 为桥丝材料的密度（kg/m³）；c 为桥丝材料的热容（J/（kg·K））。

3. 理论求解

求解方程（3－7）：

$$T_{\mathrm{m}}=T_{\mathrm{a}}+\frac{CU^2}{(hAR_0C-2\rho cv)}\left[\left(\frac{hAR_0C}{2\rho cv}\right)^{-\frac{2\rho cv}{hAR_0C-2\rho cv}}-\left(\frac{hAR_0C}{2\rho cv}\right)^{-\frac{hAR_0C}{hAR_0C-2\rho cv}}\right] \tag{3-8}$$

式中，C 为输电容器电容（F）。

电容放电加载方式下，取桥丝材料的汽化点 T_{v} 为桥丝换能元的临界爆发温度，根据式（3-9），可由桥丝的汽化点温度求出桥丝换能元的临界爆发电压表达式：

$$\left\{\begin{aligned} U &= \sqrt{\frac{2\rho cv(T_{\mathrm{g}}-T_{\mathrm{a}})(\gamma-1)}{C\left[(\gamma)^{-\frac{1}{\gamma-1}}-(\gamma)^{-\frac{\gamma}{\gamma-1}}\right]}} \\ \gamma &= \frac{hAR_0 C}{2\rho cv} \end{aligned}\right. \tag{3-9}$$

3.1.2　金属桥丝换能实验

3.1.2.1　临界熔断电流实验

1. 实验样品

为了验证方程（3-3），本书对桥丝（Ni80/Cr20）直径为 9 μm、12 μm、16 μm、20 μm 和 25 μm，基体材料为塑料和玻璃，基体直径分别为 4.7 mm 和 4.4 mm 的两种桥丝换能元进行实验，样品具体形状和尺寸如图 3.5 和表 3.1 所示。

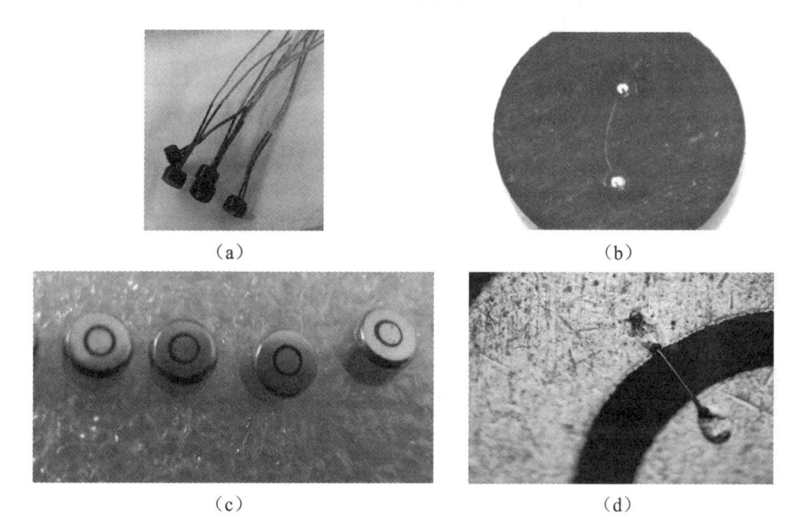

图 3.5　桥丝换能元件结构

（a）双电极塑料基体桥丝换能元外形；（b）双电极塑料基体桥丝换能元俯视图；（c）单电极玻璃基体桥丝换能元外形；（d）单电极玻璃基体桥丝换能元俯视图

表 3.1　桥丝换能元参数

编号	桥丝直径/μm	桥丝长度/μm	电阻/Ω	基体材料	基体直径/mm
1#	9	565	7.12±0.71	塑料	4.7
2#	12	566	4.61±0.80		
3#	16	600	3.1.41±0.53		
4#	20	617	2.41±0.30		
5#	25	548	1.30±0.14		

续表

编号	桥丝直径/μm	桥丝长度/μm	电阻/Ω	基体材料	基体直径/mm
6#	9	447	5.50±0.39	玻璃	4.4
7#	12	457	3.16±0.14		
8#	16	396	2.19±0.18		
9#	20	410	1.41±0.18		
10#	25	381	0.90±0.09		

2. 实验方法

主要的感度实验方法有升降法、兰利法、步进法和 OSTR 法等。升降法是火工品和火炸药界应用最广的感度实验方法。这种方法操作简单，但是 GJB 337—1987 指出使用升降法时要首先确定样本量、初始刺激量和步长，而初始刺激量和步长的选择依赖于对期望值和标准差的某种先验知识；兰利法的实验程序规定了一种按当前的响应与否的实验条件，分析从实验开始至当前所获得的数据，确定下一个刺激量的规则，它虽然克服了升降法的上述缺点，但没有成熟的计算标准误差的方法；步进法一般需要用 8 个以上的刺激量做实验，且每个刺激量下实验样本量至少 25 发才能得到比较好的参数估计值，这样需要的样本量就太大了。

1989 年 Neyer 根据 D–最优化设计理论，提出了 Neyer D–最优化感度实验方法，把实验安排、数据处理、似然函数方程以及下一个刺激量的选择统一考虑，使得在每个刺激量上获得的数据含有最大的信息，减少了实验次数。该方法根据实验目的和数据分析来选择实验点，不仅使得在每个实验点上获得的数据含有最大的信息量从而减少实验次数，而且使数据的统计分析具有一些较好的性质。该方法从测试样品的数据中获取最充分的统计信息，并能利用前面全部的测试结果来计算下一个刺激水平，但它需要利用计算机进行详细的计算以得出刺激水平。为了用最少的样本量得到最好的期望估计和标准差估计，本书选择 D–最优化法进行实验。

实验测试设备如图 3.6 所示，包括 Agilent E3634A 恒流稳压源、TEK TDS7104 示波器、TCPA300 放大器、TCP312 电流探头、1 Ω 标准电阻等。测试装置如图 3.7 所示。实验时首先将单刀双掷开关 1 扳到 a 侧，将标准电阻 *R* 接入电路形成闭合回路，调整恒流源的输出电流，调到合适的值之后，按下“output off”按钮，然后再将开关 1 扳到 b 侧，将换能元件 2 接入电路，按下恒流源上的“output on”按钮，形成闭合回路，为换能元件通电 5 min，同时示波

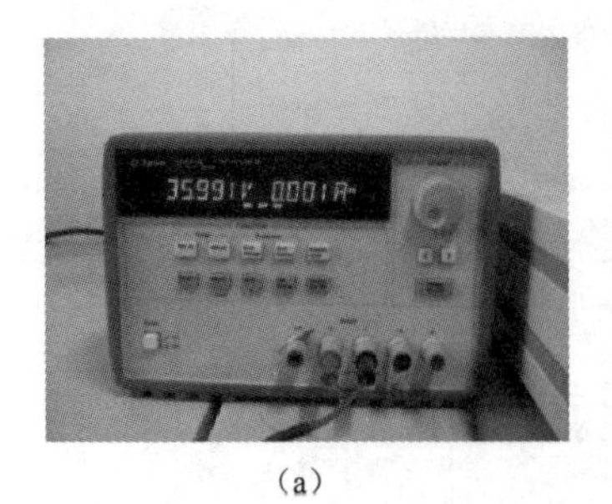

（a）

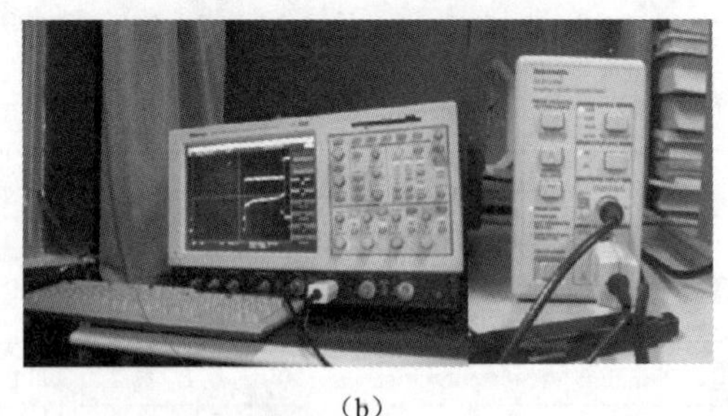

（b）

图 3.6　实验测试设备

（a）恒流稳压源；（b）信号采集设备

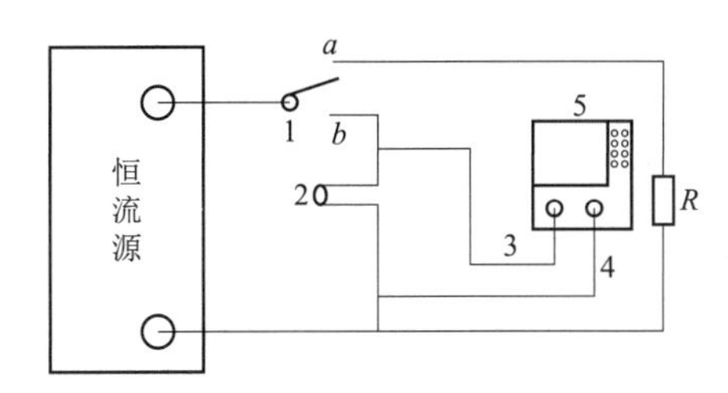

图 3.7 桥丝换能元临界熔断电流测试实验电路

1—单刀双掷开关；2—换能元件；3—电流探头；4—电压探头；5—示波器；R—1 Ω 标准电阻

器 5 通过电压探头 4 和电流探头 3 记录换能元两端的电压和电路中的电流。5 min 后判断换能元件是否熔断，然后根据 D–最优化法程序给出的下一发刺激量，再次接通标准电阻回路，重新调整恒流源的输出电流并换样品，依此类推，直至实验结束。

3. 实验结果

本实验将电流变为“0”视为熔断，按照 D–最优化法程序可得出不同桥丝换能元的 50%熔断电流 $\hat{\mu}_0$ 和标准差 $\hat{\sigma}_0$，然后经过计算得出 99.9%熔断电流和 0.1%熔断电流，如表 3.2 所示。就换能元实验而言，在均值附近，样品临界刺激水平常被认为服从正态分布。所以计算 99.9%熔断电流的公式为：$\hat{x}_{0.999}=\hat{\mu}_0+u_{\mathrm{p}}\hat{\sigma}_0$；计算 0.1%熔断电流的公式为：$\hat{x}_{0.001}=\hat{\mu}_0-u_{\mathrm{p}}\hat{\sigma}_0$。其中，$u_{0.999}=3.09$。此外，本书中定义 99.9%熔断的电流为全熔断电流，0.1%熔断的电流为全不熔断电流。

表 3.2 桥丝换能元临界熔断电流实验结果

编号	实验样本量	$\hat{\mu}_0$ /mA	$\hat{\sigma}_0$ /mA	全不熔断电流/mA	全熔断电流/mA
1#	15	108.42	1.28	104.58	112.26
2#	15	136.76	5.7	119.66	153.1.86
3#	15	205.93	6.91	185.1	226.66
4#	15	290.83	9.45	262.48	319.18
5#	15	470.75	0.97	467.84	472.66
6#	15	102.2	1.7	97.17	107.13
7#	15	175.6	2	169.73	181.43
8#	15	287.4	2.3	282.45	291.37
9#	15	405	5.9	387.3	422.7
10#	15	644.2	2.9	635.47	652.87

4. 实验与理论计算对比

按照式（3–3）计算实验所用的 Ni80/Cr20 桥丝换能元件的临界熔断电流，并将理论计算值与实验所得值进行对比（计算中所用到的参数见表 3.3），结果如表 3.4 所示。

表 3.3　Ni80/Cr20 材料参数

密度/（g·cm^{-3}）	比容/（J·kg^{-1}·K^{-1}）	电阻温度系数/℃$^{-1}$	表面传热系数/（W·m^{-2}·K^{-1}）	熔点/℃	气化点/℃	导热系数/（W·m^{-1}·K^{-1}）
8.4	440	0.000 35	10	1 400	2 700	16.75

从表 3.4 可以看出，桥丝换能元临界熔断电流的理论计算值与实验值的误差都在 15%以内，所以由式（3-4）来计算桥丝换能元的临界熔断电流是可行的；同一种桥丝直径下，玻璃基体桥丝换能元的临界熔断电流比塑料基体的大，这是由于玻璃的导热性比塑料好。

表 3.4　桥丝换能元临界熔断电流实验与理论计算对比

编号	桥丝直径/μm	桥丝长度/μm	电阻/Ω	实验值/mA	理论计算值/mA	误差/%
2#	12	566	4.61±0.80	136.76	125.1	−8.53
3#	16	600	3.1.41±0.53	205.93	188.2	−8.61
4#	20	617	2.41±0.30	290.83	275.8	−5.17
5#	25	548	1.30±0.14	470.75	497.7	5.71
6#	9	447	5.50±0.39	102.2	96.6	−5.48
7#	12	457	3.16±0.14	175.6	167.9	−4.38
8#	16	396	2.19±0.18	287.4	288.6	0.42
9#	20	410	1.41±0.18	405	441.8	9.09
10#	25	381	0.90±0.09	644.2	716.9	11.29

3.1.2.2　临界爆发电压实验

针对桥丝换能元在电容放电加载下的临界爆发电压实验，同样选择了 10 种不同的样品分别进行实验，实验样品的具体参数如表 3.1 所示。

1. 实验方法

实验采用 D-最优化法，所用仪器主要包括 ALG-CM 储能放电起爆仪（图 3.8）、信号采集设备［TEK TDS7104 示波器、TCPA300 放大器、TCP312 电流探头、电压探头，见图 3.6（b）］、47 μF 钽电容等，测试装置如图 3.9 所示。实验时首先将换能元件 2 接入电路，然后闭合开关 a，接通充电回路，对钽电容 1 进行充电。当充到所需要的电压值时断开开关 a，闭合开关 b，接通放电电路，对桥丝换能元 2 进行放电，同时示波器 5 记录电路中的电流和桥丝换能元 2 两端的电压。根据示波器上记录的电压、电流信号以及换能元有无火花判断桥丝换能元是否爆发。当电流信号变为“0”，电压信号不再变化，同时桥丝换能元上观察到火花时，即认为桥丝爆发了，否则没有爆发。然后断开开关 b，换另一发样品，依此类推，直至完成 D-最优化法的实验量。

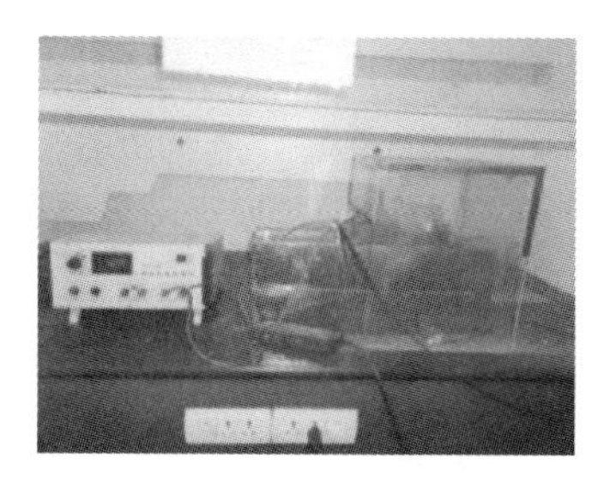

图 3.8　储能放电起爆仪

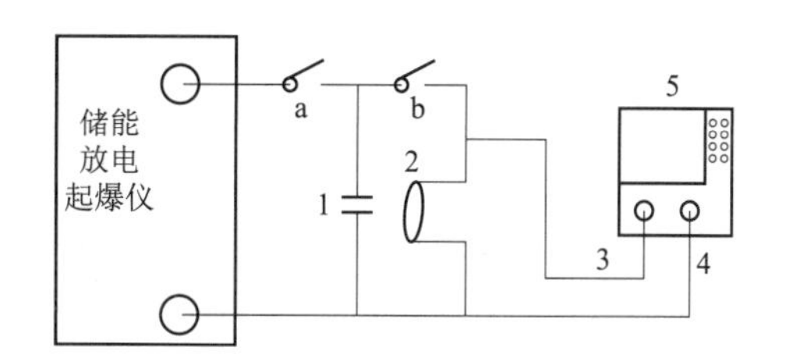

图 3.9　换能元件临界爆发电压测试实验电路

1—47 μF 钽电容；2—换能元件；3—电流探头；4—电压探头；5—示波器

2. 实验结果

本实验将电流变为“0”，电压不再发生变化看作桥丝在电容放电加载下的爆发判据，如图 3.10 所示。

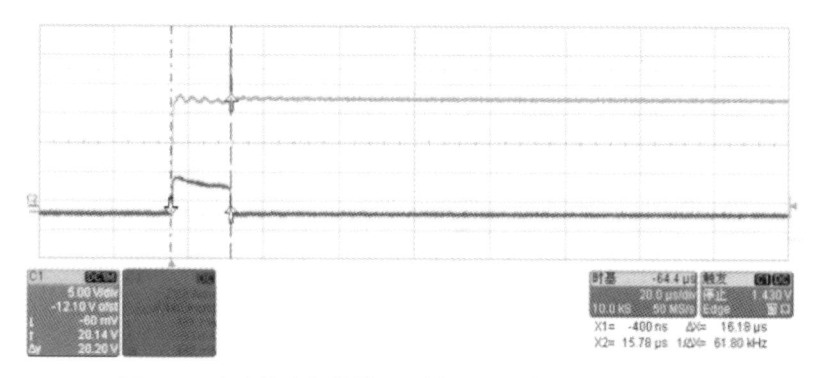

图 3.10　电容放电加载情况下桥丝爆发时示波器上的信号

按照 D–最优化法测试出 10 种桥丝换能元的临界爆发电压 $\hat{\mu}_0$ 和标准误差 $\hat{\sigma}_0$，然后按照正态分布模型计算出 99.9%爆发电压和 0.1%爆发电压，如表 3.5 所示。本章定义 99.9%爆发的电压为全爆发电压，0.1%爆发的电压为全不爆发电压。

表 3.5　桥丝换能元临界爆发电压实验结果

编号	实验样本量	$\hat{\mu}_0$ /V	$\hat{\sigma}_0$ /V	全不爆发电压/V	全爆发电压/V
1#	15	4.82	0.04	4.7	4.94
2#	15	6.08	0.12	5.72	6.44
3#	15	7.63	0.04	7.51	7.75
4#	15	9.28	0.05	9.13	9.43
5#	15	12.36	0.1	12.06	12.66
6#	15	3.1.95	0.06	3.1.77	4.13
7#	15	4.59	0.03	4.5	4.68
8#	15	6.33	0.04	6.21	6.45
9#	15	8.65	0.08	8.41	8.89
10#	15	10.25	0.19	9.68	10.82

3. 实验与理论计算对比

按照式（3–9）计算桥丝换能元件的临界爆发电压，并将理论值与实验值对比，结果如表 3.6 所示，计算所用到的参数见表 3.3。

表 3.6　桥丝换能元临界爆发电压实验与理论计算值对比

编号	桥丝直径/μm	桥丝长度/μm	电阻/Ω	实验值/V	理论计算值/V	误差/%
2#	12	566	4.61±0.80	6.08	5.22	–14.14
3#	16	600	3.1.41±0.53	7.63	7.17	–6.03
4#	20	617	2.41±0.30	9.28	9.08	–2.16
5#	25	548	1.30±0.14	12.36	10.7	–13.1.43
6#	9	447	5.50±0.39	3.1.95	3.1.48	–11.9
7#	12	457	3.16±0.14	4.59	4.69	2.18
8#	16	396	2.19±0.18	6.33	5.82	–8.06
9#	20	410	1.41±0.18	8.65	7.4	–14.45
10#	25	381	0.90±0.09	10.25	8.92	–12.98

从表 3.6 可以看出，样品爆发电压的理论计算值与实验值的误差都在 15%以内，所以由式（3–9）来设计满足某一爆发电压的桥丝换能元的尺寸是可行的；同一直径下，塑料基体桥丝换能元的临界爆发电压比玻璃的高，这是因为同一直径下，塑料基体换能元的桥丝较长，电阻较大，所以所需的电压较高。

3.2　金属桥带换能元

3.2.1　换能模型

3.2.1.1　基本假设

金属桥带换能元简称桥带换能元，其结构与桥丝换能元基本一致，为了增加散热性，用桥带替换桥丝。桥带的结构如图 3.11 所示，由于钝感性能的要求，桥区的总面积（散热面积）一般设计得很大，而发火的可靠性又要求电流通过发火区时有一定的电流密度，所以在桥带的设计中发火区的面积相对于桥区的总面积要小得多。这样就可以将发火区看作一个热点，塞子看成一个半球体，类似于半导体桥换能模型的处理。

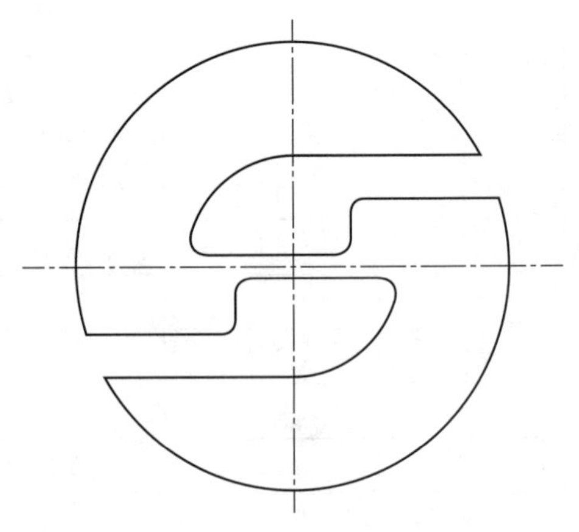

图 3.11　S 形桥带结构示意图

为了使模型简化，还需作如下假设：

（1）忽略桥带和塞子接触面之间的接触热阻和热容，即交界面处二者温度相等。

（2）桥带以均匀的热流密度向塞子传递热量，并且只存在热传导这一种传热方式，不考虑桥和塞子之间辐射形式的散热。

（3）假设桥带和塞子都是均匀且各向同性的物质。

（4）在整个过程中，桥和塞子的导热系数、密度、比热容等均不随时间变化。

3.2.1.2　换能模型

根据上述假设，金属桥带的换能问题可以归结为一维球体的非稳态导热问题，这样换能元的传热方程和定解条件就可以表述如下：

$$\begin{cases} \rho_s c_s \dfrac{\partial T_s}{\partial t} = \dfrac{1}{r^2}\dfrac{\partial}{\partial r}\left(\lambda_s r^2 \dfrac{\partial T_s}{\partial r}\right) + q_v \\ r = 0, \rho_s c_s v \dfrac{\partial T_s}{\partial t} = \lambda_s A \dfrac{\partial T_s}{\partial r} + P \\ t = 0, T_s = T_a \end{cases} \tag{3-10}$$

式中，ρ_s 为桥带密度（kg/m^3）；c_s 为桥带的比热容（J/（kg • K））；λ_s 为桥带导热系数（W/（m •K））；r 为半球系统半径（m）；q_v 为单位体积的内热源热量，$q_v=P/v$，其中 $P=I^2R$，v 为桥带总体积；A 为桥带总面积（m^2）。

方程（3－10）的第一个表达式可以化简如下：

$$\rho_s c_s \frac{\partial T_s}{\partial t} = \frac{2\lambda_s}{r}\frac{\partial T_s}{\partial r} + \lambda_s \frac{\partial^2 T_s}{\partial r^2} + q_v \tag{3-11}$$

由于方程的复杂性，下面采用差分的方法进行求解。传热方程可离散如下：

$$T_{s,i}^{n+1} = \frac{2\lambda dt}{\rho_s c_s i(dr)^2}\left(T_{s,i+1}^n - T_{s,i}^n\right) + \frac{\lambda dt}{\rho_s c_s (dr)^2}\left(T_{s,i+1}^n - 2T_{s,i}^n + T_{s,i-1}^n\right) + \frac{q_v dt}{\rho_s c_s} + T_{s,i}^n \tag{3-12}$$

边界条件可离散如下：

$$T_{s,1}^{n+1} = \frac{P dt}{\rho_s c_s} + \frac{\lambda A dt}{\rho_s c_s v}\frac{T_{s,2}^n - T_{s,1}^m}{dr} + T_{s,1}^n \tag{3-13}$$

初始条件可离散如下：

$$T_{s,1}^1 = T_a \tag{3-14}$$

由式（3－12）～式（3－14）的差分表达式，利用 MATLAB 软件就可以计算给定激励电流值和作用时间的金属桥带换能元的温度分布情况，进而求得临界爆发电流值。

3.2.2　换能元换能实验

为了验证上述换能模型，本章针对金属桥带电火工品经常使用的能量加载方式，对不同的金属桥带换能元分别进行 5 min 恒流激励实验和 50 ms 恒流激励实验。

3.2.2.1　5 min 恒流激励实验

1. 实验样品

为了研究金属桥带形状、散热面积对恒流激励下熔断电流的影响，本章选择两种不同尺寸的金属桥带换能元进行实验，具体形状如图 3.12 所示，尺寸如表 3.7 所示。

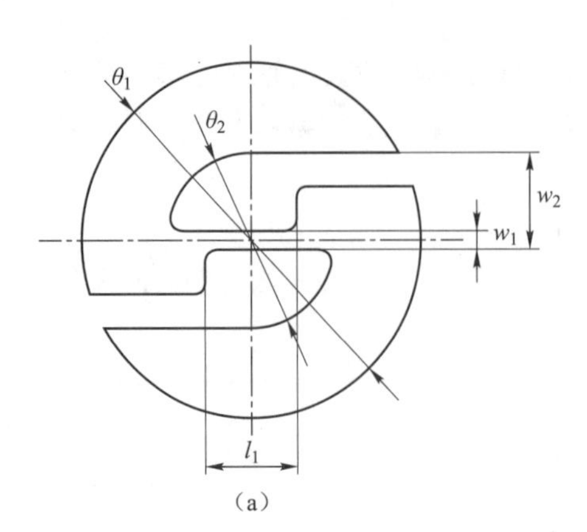

（a）

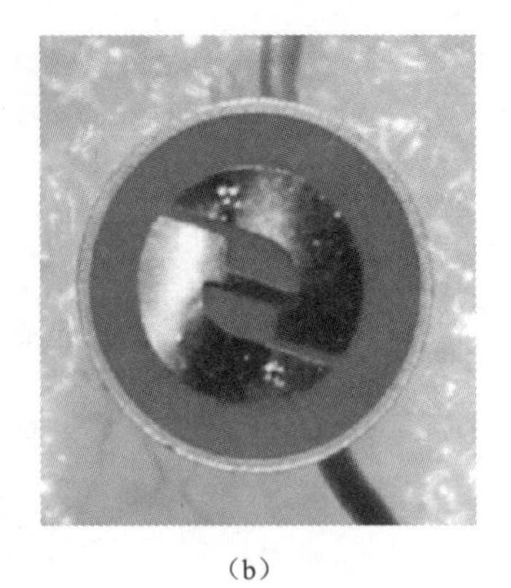

（b）

图 3.12　实验用金属桥带

（a）S 形桥带结构示意图；（b）S 形桥带样品

表 3.7　S 形桥带尺寸

编号	电极直径/mm	电极中心距/mm	塞径/mm	塞子材料	Φ_1/mm	Φ_2/mm	倒圆角/（°）	l_1/mm	w_1/mm²	w_2/mm²	总面积/mm²	发火区面积/mm²
1#	1	4.2	9.2	玻璃	5.3	2.6	0.2	1.4	0.3	0.95	24.71	0.42
2#	1	4	6.45	玻璃	5.6	2.5	0.2	1.7	0.3	1.0	25.41	0.51

2. 实验方法和结果

实验方法采用的是 D–最优化法，实验所用的仪器设备和实验电路图同 3.1.2.2 节。本实验取电流变为“0”，电压不再发生变化看作恒流激励情况下桥带熔断的判据，如图 3.13 所示。

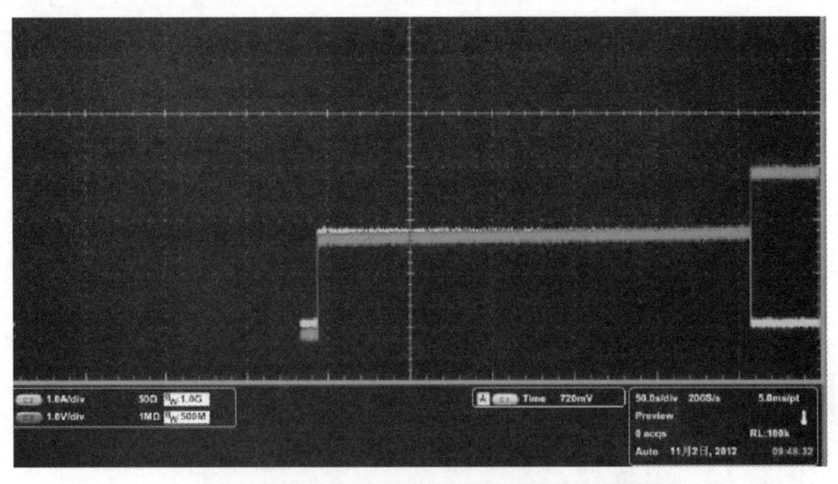

图 3.13　恒流激励下桥带熔断时示波器上的信号

按照 D–最优化法和上述判据测试出桥带换能元的临界熔断电流 $\hat{\mu}_0$ 和标准误差 $\hat{\sigma}_0$，然后按照正态分布模型计算出 99.9%熔断电流和 0.1%熔断电流，如表 3.8 所示。本章定义 99.9%熔断的电流为全熔断电流，0.1%熔断的电流为全不熔断电流。

表 3.8 5 min 恒流激励时金属桥带的临界熔断电流实验结果

样品编号	样本量	50%熔断电流实验值/A	标准差/A	全不熔断电流/A	全熔断电流/A
1#	15	1.669	0.025 6	1.592 2	1.745 8
2#	10	1.80	0.04	1.68	1.92

3. 实验与理论对比

按照式（3-9）及式（3-10）的差分表达式，利用 MATLAB 软件计算桥带的临界熔断电流值，并将其与实验结果进行对比，如表 3.10 所示。计算所用的桥带的参数如表 3.7 所示，玻璃塞子的参数如表 3.9 所示，桥带的熔化温度取其熔点。

表 3.9 玻璃材料的物化参数

材料	密度 ρ /（$kg \cdot m^{-3}$）	比热容 c/（$J \cdot kg^{-1} \cdot K^{-1}$）	导热系数 λ/（$W \cdot m^{-1} \cdot K^{-1}$）	表面传热系数 h/（$W \cdot m^{-2} \cdot K^{-1}$）
玻璃	2 500	966（SiO_2）	1	6

表 3.10 5 min 恒流激励时桥带临界熔断电流的理论计算值与实验值对比

样品编号	桥带总面积 A_Z/mm²	发火区面积 A_f/mm²	R_0/Ω	50%熔断电流实验值 I_{50}/A	计算值 I_{ec}/A	偏差/%
1#	24.71	0.42	1.0	1.669	1.58	−5.33
2#	25.41	0.51	1.0	1.80	1.74	−3.3

由表 3.10 可知，临界熔断电流的理论计算值与实验值的误差在 6%以内，两者非常吻合，所以用上述方法来计算金属桥带的临界熔断电流值是比较合理的，这为金属桥带换能元的设计提供了一定的理论指导。

3.2.2.2 50 ms 恒流激励实验

实验样品和方法同 3.2.2.1 节，实验所用设备如图 3.14 所示。

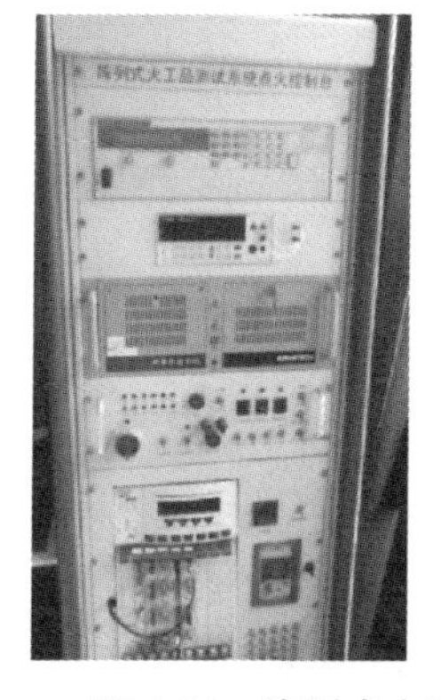

图 3.14 阵列式火工品测试系统点火控制台与光靶

D-最优化法测试金属桥带在 50 ms 恒流激励情况下的临界爆发电流和标准差，按照 3.2.2.1 节中的方法计算全不爆发电流和全爆发电流，结果如表 3.11 所示。

表 3.11 50 ms 恒流激励下金属桥带的临界爆发电流实验结果

样品	样本量	50%爆发电流实验值/A	标准差/A	全不爆发电流/A	全爆发电流/A
1#	15	2.13	0.06	1.95	2.31
2#	10	2.307	0.118	1.953	2.661

按照式（3-9）及式（3-10）的差分表达式，利用 MATLAB 软件计算 50 ms 恒流激励时金属桥带的临界爆发电流值，并将其与实验结果进行对比，如表 3.12 所示。计算中用到的桥带爆发点取桥带的汽化温度。

表 3.12 50 ms 恒流激励时桥带的临界爆发电流的理论计算值与实验值对比

样品编号	桥带总面积 A_Z/mm^2	发火区面积 A_f/mm^2	R_0/Ω	50%熔断电流实验值 I_{50}/A	计算值 I_{ec}/A	偏差/%
1#	24.71	0.42	1.0	2.13	2.05	-3.76
2#	25.41	0.51	1.0	2.307	2.25	-2.47

由表 3.12 可知，50 ms 临界爆发电流的理论计算值与实验值的误差在 5%以内，两者非常吻合，所以可以用上述方法计算金属桥带的 50 ms 临界爆发电流。

3.3 半导体桥换能元

半导体桥（SCB）换能元是利用半导体作为换能材料的换能元，主要由半导体桥、电极和基体构成，其中半导体桥分为桥膜和衬底。按照桥膜的半导体材料可分为掺杂磷的 N 型多晶硅和掺杂硼的 P 型多晶硅两种[6]，按照桥膜形状可分为双 V 形和 H 形两种，如图 3.15 所示。衬底主要有蓝宝石上外延硅（SOS）和硅片上外延多晶硅（POLY）两种，另外在衬底上还镀有金属膜，通过金丝或铝丝与电极相连，其结构如图 3.16 所示。

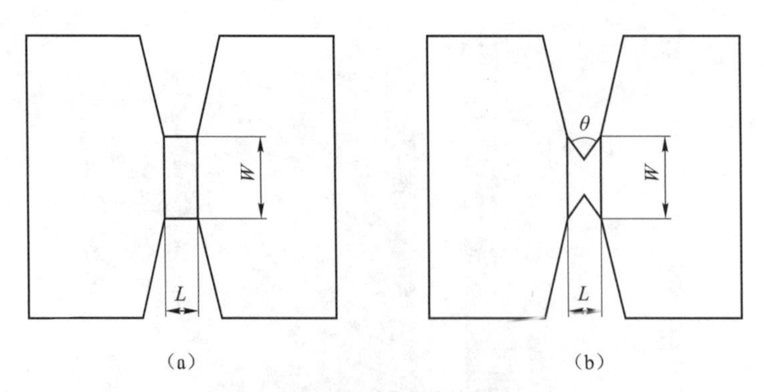

图 3.15 SCB 桥膜结构示意图

(a) H 形桥膜；(b) 双 V 形桥膜

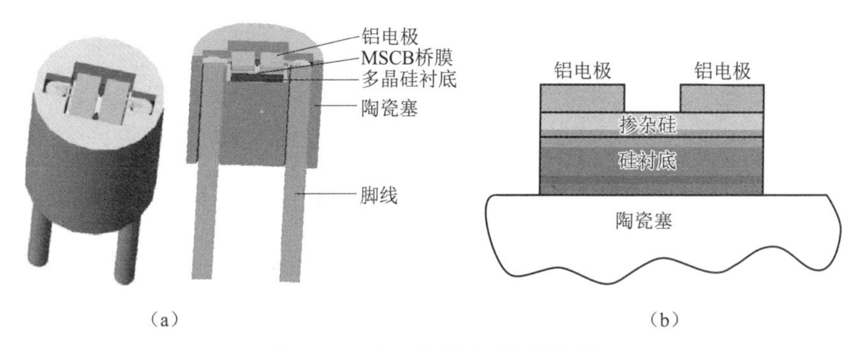

图 3.16　SCB 换能元结构示意图

（a）SCB 换能元立体结构示意图；（b）SCB 换能元主视图

具体的加工工艺如图 3.17 所示。SOS 型半导体桥的加工工艺步骤如下：

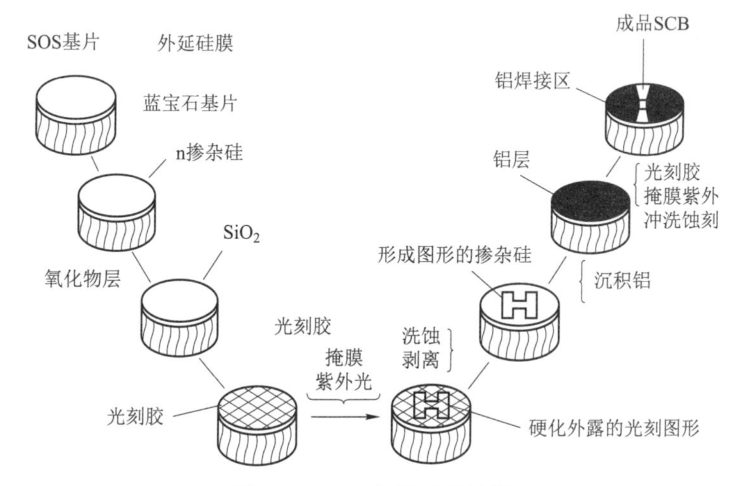

图 3.17　SCB 加工工艺流程

（1）用三氯化磷扩散的磷将硅掺杂至所需浓度（10^{19}～10^{20}/cm^3 个磷原子）。

（2）用计算机控制掩膜和光刻工艺形成所需要的硅图形。

（3）将铝淀积在全部有图形的表面上，再用计算机控制掩膜和光刻工艺限定焊接区。

（4）将加工好的基片划线分割成芯片成品。

其中，掺杂厚度一般为 1～4 μm，最佳厚度为 2 μm，硅基片为 0.022 in①，硅图形决定桥的宽度 w，铝电极之间的距离决定桥的长度 l，用真空蒸发淀积铝层的厚度 d≈1 μm。一个基片可以制造数百个 SCB 芯片。POLY 型的制作工艺与 SOS 型类似，区别是基片改用硅片，而掺杂层是多晶硅。

SCB 换能元优点

（1）SCB 换能元属于非线性换能，换能元输入与输出能量间存在的临界性和突变性，既能保证对起爆信息敏感，又能不同程度地抑制和消除环境干扰，因此具有较高的可靠性

① 1 in = 25.4 mm。

和安全性。

（2）与采用电热换能等线性换能的传统电桥丝式火工品相比，具有体积小（约为桥丝的 1/30）、能耗低（仅为桥丝的 1/10）、反应快速（几微秒）等优点[7]。

（3）采用现代微电子设计与制造工艺，可与复杂数字电路组合，连接计算机或者逻辑电路，接受特定编码信号的控制[8]。

（4）自动化大批量生产，一致性好，制造成本低[9]。

SCB 类型

名称	典型结构	特点
常规型[10]	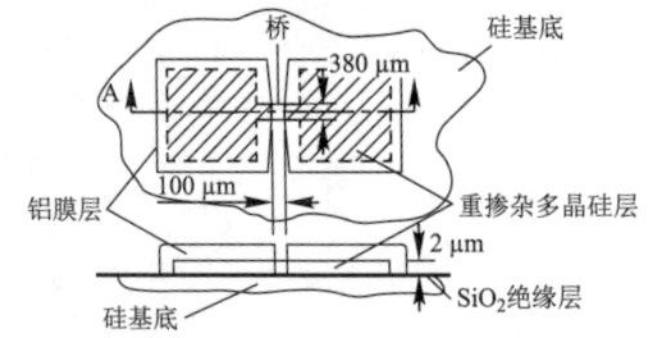	发火能量小，发火时间短
结型[11]	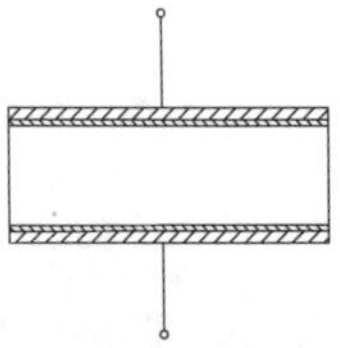	电容式，防静电和射频能力强
电阻型[12]	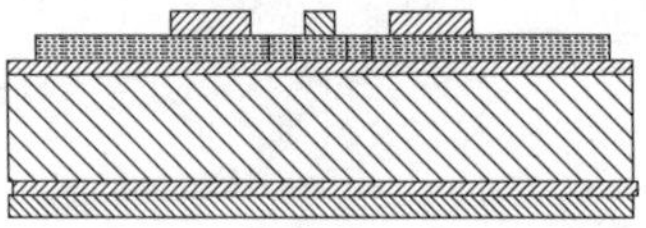	利用 Ti/Ni/Au 三层物质的差异实现防静电和射频
可反应型[13]	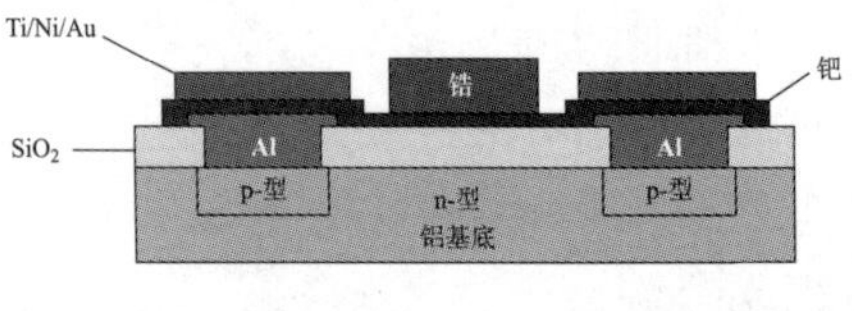	安全性高，发火能量低
复合型[14]	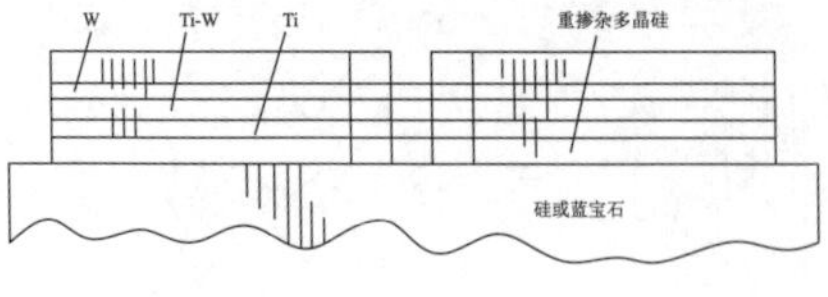	发火可靠性高，发火时间短，结构复杂，成本高

3.3.1 工作原理

SCB 的能量加载方式主要有恒流激励和电容放电激励两种，这两种模式下的电路原理如图 3.18 所示。恒流激励模式下，当激励电流为全爆发电流时，随着电流的作用，SCB 会产生焦耳热，并且产生焦耳热的速率会大于热量散失的速率，这样 SCB 会不断升温、熔化，最后断开；当激励电流高于全爆发电流时，随着电流的作用，SCB 桥面先后经历熔化、汽化，最后爆发形成等离子体。电容放电激励模型下，SCB 的变化也存在两种情况：SCB 在很短的时间内经历了固态温升、液态温升和爆发三个阶段，但是不产生等离子体；SCB 在很短的时间内经历了熔化、汽化、爆发并产生等离子体。

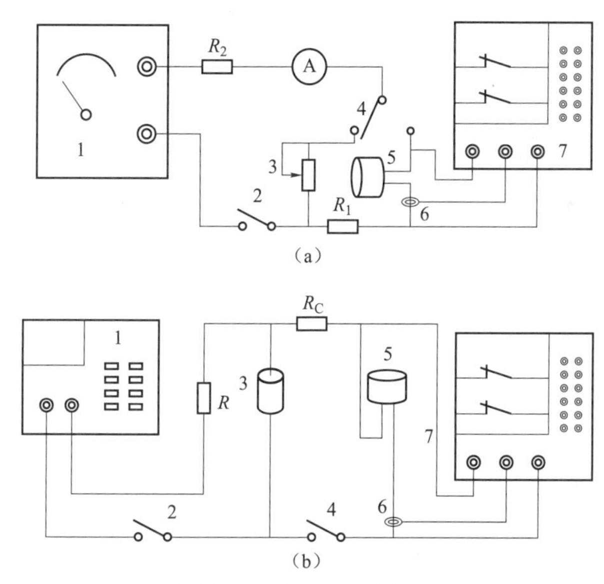

图 3.18　SCB 电压原理图

(a) 恒流激励时 SCB 电路原理图

1—恒流源；2、4—开关；3—滑动变阻器；5—SCB；6—示波器电流探头；7—示波器电压探头

(b) 电容放电激励时 SCB 电路原理图

1—稳压源；2—充电开关；3—钽电容；4—放电开关；5—SCB；6—示波器电流探头；7—示波器电压探头

不同激励下 SCB 桥面现象

高电压激励时的现象如图 3.19 所示。

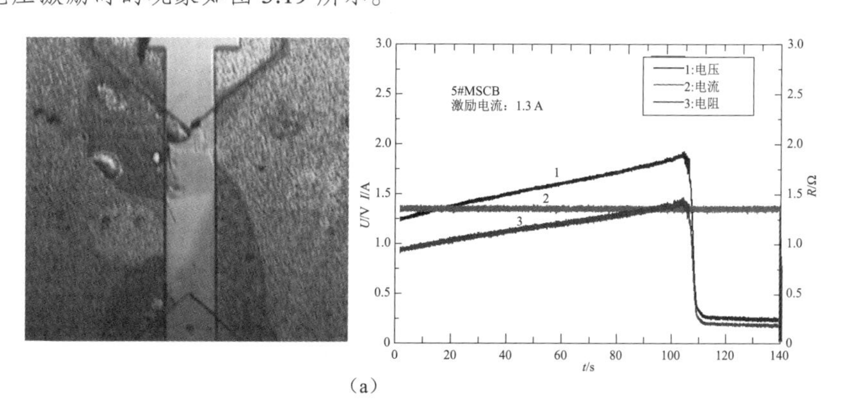

图 3.19　高电压激励时的现象

(a) 临界电流激励不爆发时桥面状况及电特性波形

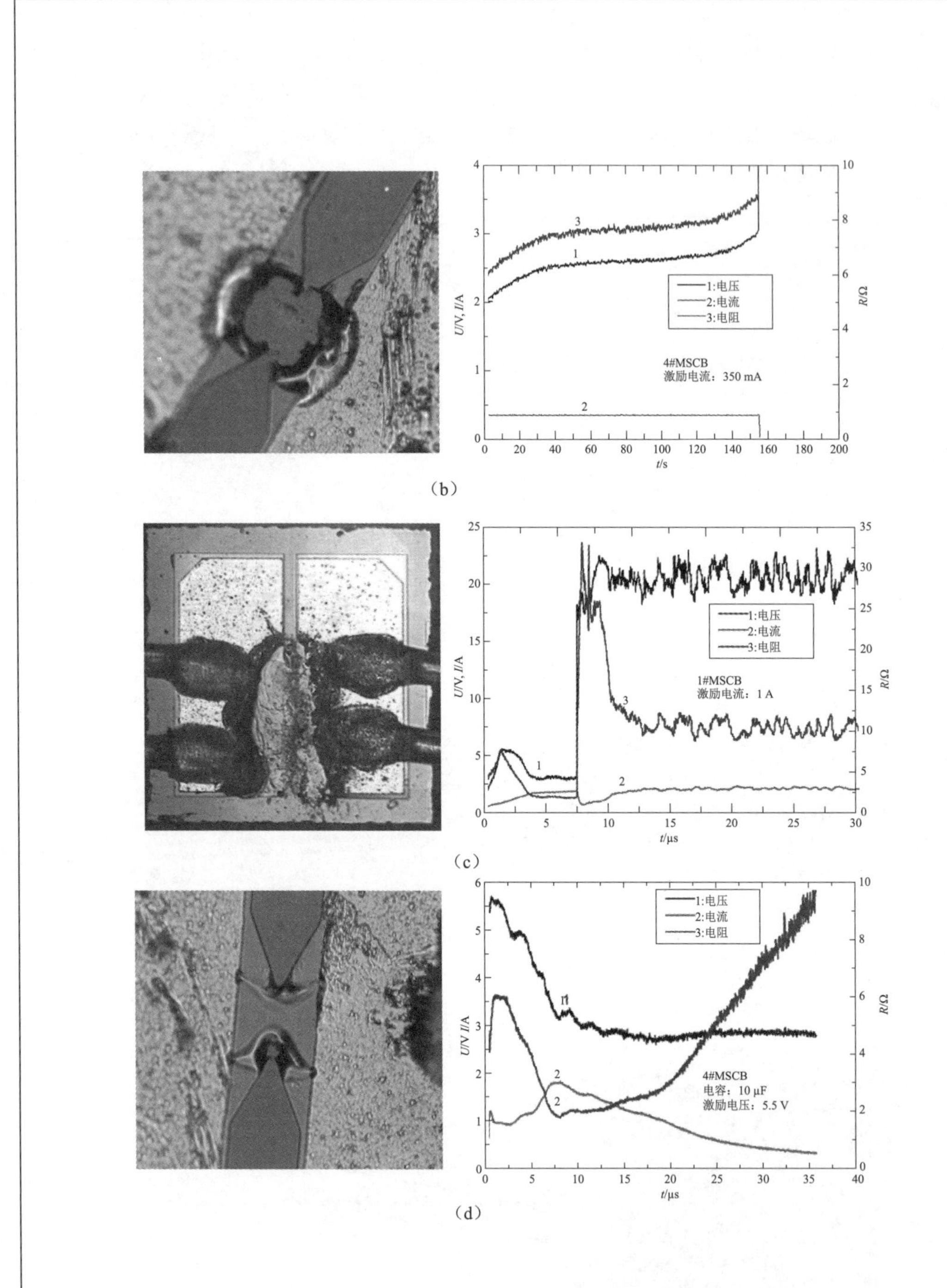

图 3.19　高电压激励时的现象（续）

（b）临界电流激励爆发时桥面状况及电特性波形；（c）高电流激励时桥面状况及电特性曲线；（d）低电压激励不爆发时桥面状况及电特性曲线

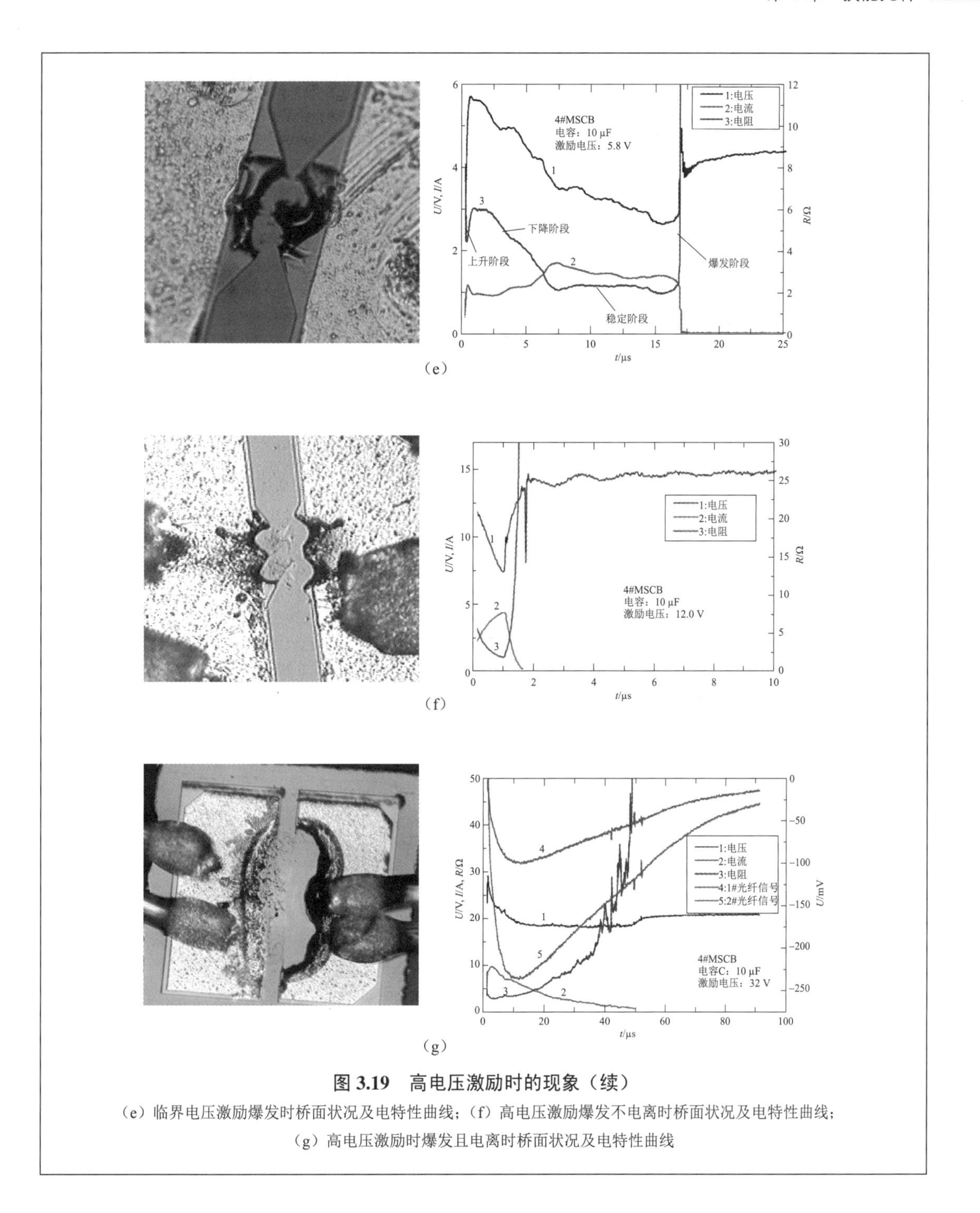

图 3.19　高电压激励时的现象（续）

（e）临界电压激励爆发时桥面状况及电特性曲线；（f）高电压激励爆发不电离时桥面状况及电特性曲线；（g）高电压激励时爆发且电离时桥面状况及电特性曲线

3.3.2　电阻理论计算

3.3.2.1　计算模型

电流流经 SCB 的过程如图 3.20 所示，当脉冲电流经过两端的引线流入 SCB 时，SCB 将

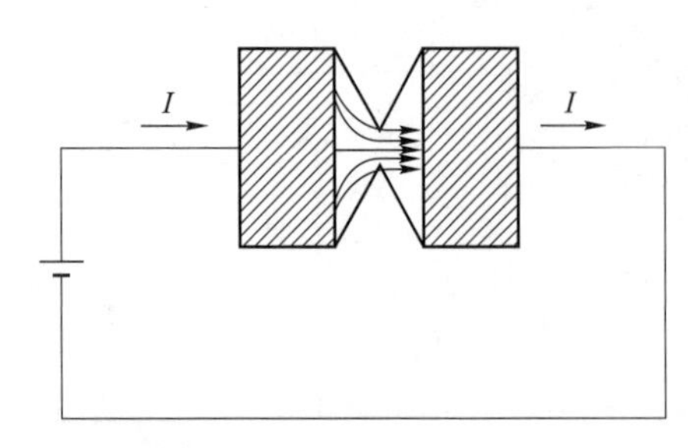

图 3.20　电流流经 SCB 的过程

电能转换为引发含能材料作用的其他能量，其中 SCB 的电阻起了主要作用，由于铝电极与掺杂硅之间采用大面积接触，降低了接触电阻。所以换能元电阻的核心由桥区部分决定，为了计算 SCB 的静态电阻，还需要作如下假设：

（1）垂直于电流方向的任一截面的电流密度均匀。

（2）忽略电极与焊点之间的接触电阻，以及两端引线的电阻。

3.3.2.2　数学表达

导体的电阻值取决于导体的材料性质和几何尺寸，对于截面积恒定的导体，其电阻与长度 l 成正比，与截面积 s 成反比，可表示为[15]

$$R=\rho\frac{l}{s} \tag{3-15}$$

式中，l 为导体的长度（cm）；s 为导体的截面积（cm^2）；ρ为与材料特性有关的常数，称为电阻率（Ω·cm），是电导率σ的倒数。

对于 SCB 而言，一定温度下，掺杂浓度 N_D 又决定了 SCB 的电阻率ρ，即 $R=R(l,\ w,\ \delta,\ \theta,\ \rho)$。

以 SCB 桥区的长度方向为 x 轴，宽度方向为 y 轴，左边界中点为坐标原点建立直角坐标系，如图 3.21 所示，分别对Ⅰ、Ⅱ两部分积分求电阻。沿 x 轴 SCB 桥区的横截面积可表示为

$$s(x)=\begin{cases}\delta\left(w-2x\cot\dfrac{\theta}{2}\right), & 0\leqslant x\leqslant\dfrac{l}{2}\\ \delta\left[w-2(l-x)\cot\dfrac{\theta}{2}\right], & \dfrac{l}{2}<x\leqslant l\end{cases} \tag{3-16}$$

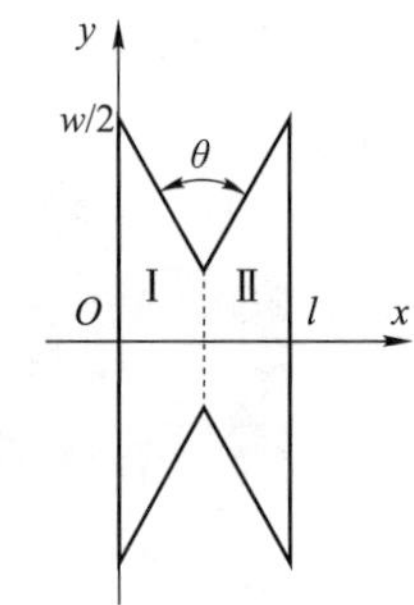

图 3.21　SCB 阻值计算坐标图

根据电阻计算式（3-1），可得

$$\frac{dR}{dx}=\frac{d}{dx}\left(\rho\frac{x}{s(x)}\right) \tag{3-17}$$

当$0\leqslant x\leqslant\dfrac{l}{2}$时，将式（3-16）代入式（3-17）得Ⅰ部分电阻随长度的变化率为

$$\frac{dR}{dx}=\frac{d}{dx}\left(\rho\frac{x}{\delta[w-2x\cot(\theta/2)]}\right)=\frac{\rho}{\delta}\frac{w}{[w-2x\cot(\theta/2)]^2} \tag{3-18}$$

当$\dfrac{l}{2}<x\leqslant l$时，将式（3-13）代入式（3-14）得Ⅱ部分电阻随长度的变化率为

$$\frac{dR}{dx}=\frac{d}{dx}\left(\rho\frac{x-l/2}{\delta[w-2(l-x)\cot(\theta/2)]}\right)=\frac{\rho}{\delta}\frac{w-l\cot(\theta/2)}{(2x\cot(\theta/2)+w-2l\cot(\theta/2))^2} \tag{3-19}$$

分别对式（3－15）、式（3－16）积分并求和得电阻表达式：

$$R = \frac{\rho}{\delta}\frac{l[2w - l\cot(\theta/2)]}{2w[w - l\cot(\theta/2)]} \tag{3-20}$$

式中，$\frac{\rho}{\delta} = R_s$，为薄膜的膜电阻或方阻。令 $\omega = \frac{l}{w}$，称为长宽比，则式（3－20）可简化为

$$R = \frac{R_s\omega}{2}\left[1 + \frac{1}{1 - \omega\cot(\theta/2)}\right] \tag{3-21}$$

式（3－21）即双 V 形 SCB 电阻的理论计算式。通过上式可知，当方阻确定时，SCB 的电阻只与长宽比 ω 和 V 形角 θ 有关，ω 越大，电阻 R 越大，V 形角 θ 的设计需满足一定范围，即 $2\arctan\omega < \theta \leqslant \pi$。当 $\theta = \pi$ 时，为方形桥，R 为最小值，$R = R_s\omega$；当 $\theta = 2\arctan\omega$ 时，R 的阻值为无穷大。

3.3.2.3　电阻率 ρ 随温度的变化

对于半导体材料，导带中的电子和价带中的空穴两种载流子均参与导电，对于 N 型半导体，电子浓度远远大于空穴浓度，空穴对电流的贡献可以忽略[16]。所以 N 型硅电阻率的理论计算公式可表示为[17]

$$\rho = \frac{1}{nq\mu_n} \tag{3-22}$$

式中，$q = 1.6\times10^{-19}$，为载流子（电子）电量；n 为载流子（电子）浓度；μ_n 为载流子（电子）迁移率。载流子浓度和迁移率均与硅中杂质浓度和温度有关，即 SCB 电阻率随杂质浓度和温度而异。

在不同温度区域，固态 SCB 载流子浓度的表达式为

$$n = \begin{cases} N_D, & T_0 \leqslant T \leqslant T_b \\ N_D + n_i^2/N_D, & T > T_b \end{cases} \tag{3-23}$$

式中，T_b 为饱和电离区温度上限。

液态硅的电阻率比固态硅电阻率低 1 个数量级，可达到 10^{-4} Ω·cm 的数量级，这样的导电水平类似于一些金属，如水银。这是因为液态硅的 4 个价电子都能参与导电，从而液态硅的电子密度为

$$n = 4N_{Si} = 2.0\times10^{23}\,\text{cm}^{-3}$$

式中，$N_{Si} = 5\times10^{22}\,\text{cm}^{-3}$ 为硅原子密度。文献［18］把液态半导体电阻率当作金属处理：

$$\rho = \frac{1}{\sigma(T_{melt}) - 2.7(T - T_{melt})} \tag{3-24}$$

式中，$\sigma(T_{melt}) = 12\,300$（Ω·cm）$^{-1}$；$T_{melt}$ 为 SCB 的熔点（1 684 K[19]）。

综上所述，电阻率可以表示如下：

$$\rho=\begin{cases}\dfrac{1}{N_{\mathrm{D}}q\mu_{\mathrm{n}}}, & 300\leqslant T\leqslant T_{\mathrm{b}}\\ \dfrac{1}{(N_{\mathrm{D}}+n_{\mathrm{i}}^2/N_{\mathrm{D}})q\mu_{\mathrm{n}}}, & T_{\mathrm{b}}<T\leqslant T_{\mathrm{melt}}\\ \dfrac{1}{\sigma(T_{\mathrm{melt}})-2.7(T-T_{\mathrm{melt}})}, & T_{\mathrm{melt}}<T<T_{\mathrm{g}}\end{cases} \tag{3-25}$$

式中，$T_{\mathrm{g}}=2\,880$ K 为 SCB 的汽化点。

载流子浓度 n

对于 N 型半导体，其载流子浓度 n 一般由杂质电离产生的电子 n_{D}^{+} 和半导体本征激发产生的载流子 p_0 组成。即

$$n=n_{\mathrm{D}}^{+}+p_0$$

对于重掺杂的 N 型 SCB，根据磷杂质的不同电离程度，载流子浓度随温度的变化从低到高主要分为三个区域：杂质弱电离区、杂质饱和电离区、本征激发区。

通常所说的室温下杂质全部电离，实际上忽略了杂质浓度的限制，当超过某一杂质浓度时，杂质不能全部电离，但是对于高掺杂浓度的情形，考虑电离能会逐渐降低为零这一事实。假设在室温 $T_0=300$ K 时，磷杂质已经完全电离，进入饱和电离区，此时本征激发还不明显[20]。所以载流子浓度为

$$n_{\mathrm{D}}^{+}=N_{\mathrm{D}},p_0=0$$

当温度继续升高，导带增加的电子主要来自价带激发，此时进入本征激发区。载流子浓度可表示为

$$n_{\mathrm{D}}^{+}=N_{\mathrm{D}},p_0=n_{\mathrm{i}}^2/N_{\mathrm{D}}$$

n_{i} 为本征载流子浓度，其表达式为[21]

$$n_{\mathrm{i}}=4.82\times10^{15}\left(\frac{m_{\mathrm{n}}^{*}m_{\mathrm{p}}^{*}}{m_0^2}\right)^{3/4}T^{3/2}\exp\left(-\frac{E_{\mathrm{g}}(T)}{2k_0T}\right)$$

式中，$m_{\mathrm{n}}^{*}=1.08m_0$，为电子有效质量；$m_{\mathrm{p}}^{*}=0.59m_0$，为空穴有效质量；$m_0=9.108\times10^{-31}$，为电子惯性质量；$k_0$ 为玻耳兹曼常数；$E_{\mathrm{g}}(T)$ 为温度为 T 时的禁带宽度，$E_{\mathrm{g}}(T)=E_{\mathrm{g}}(0)-\alpha T^2/(T+\beta)$，已知 $E_{\mathrm{g}}(0)=1.17$ eV，$\alpha=4.73\times10^{-4}$ eV/K，$\beta=636\ K$。

将饱和电离区与本征激发区交界处的温度定义为饱和电离区温度上限 T_{b}，在交界处杂质已经全部电离，假定本征激发可以忽略的条件为 $n_{\mathrm{i}}\leqslant\dfrac{1}{10}N_{\mathrm{D}}$[22]，则

$$4.82\times10^{16}\left(\frac{m_{\mathrm{n}}^{*}m_{\mathrm{p}}^{*}}{m_0^2}\right)^{3/4}T^{3/2}\exp\left(-\frac{E_{\mathrm{g}}(T)}{2k_0T}\right)\leqslant N_{\mathrm{D}}$$

根据上式计算可得掺杂浓度与饱和电离区温度上限 T_{b} 的关系，如表 3.13 所示。

表 3.13　掺杂浓度与饱和电离区温度上限 T_b 的关系

N_D/cm^{-3}	5×10^{18}	8×10^{18}	10^{19}	3×10^{19}	5×10^{19}	7.7×10^{19}	10^{20}	3×10^{20}
T_b/K	970	1 020	1 050	1 200	1 280	1 360	1 420	1 680

根据以上分析，在不同温度区域，固态 SCB 载流子浓度的表达式为

$$n=\begin{cases}N_D, & T_0\leqslant T\leqslant T_b\\ N_D+n_i^2/N_D, & T>T_b\end{cases}$$

式中，$T_0=300$ K；T_b 为饱和电离区温度上限。

载流子迁移率μ_n的表达式

载流子迁移率不但受温度影响，而且也和掺杂浓度有关，计算比较复杂，常采用经验公式计算电子的迁移率[22,23]，其中，$T_n=T/300$。

$$\mu_n=88.0T_n^{-0.57}+\frac{7.4\times10^8T^{-2.33}}{1+[N_D/(1.26\times10^{17}T_n^{2.4})]0.88T_n^{-0.146}}$$

利用式（3－25）计算可得电阻率与温度和掺杂浓度之间的关系曲线，如图 3.22 所示。

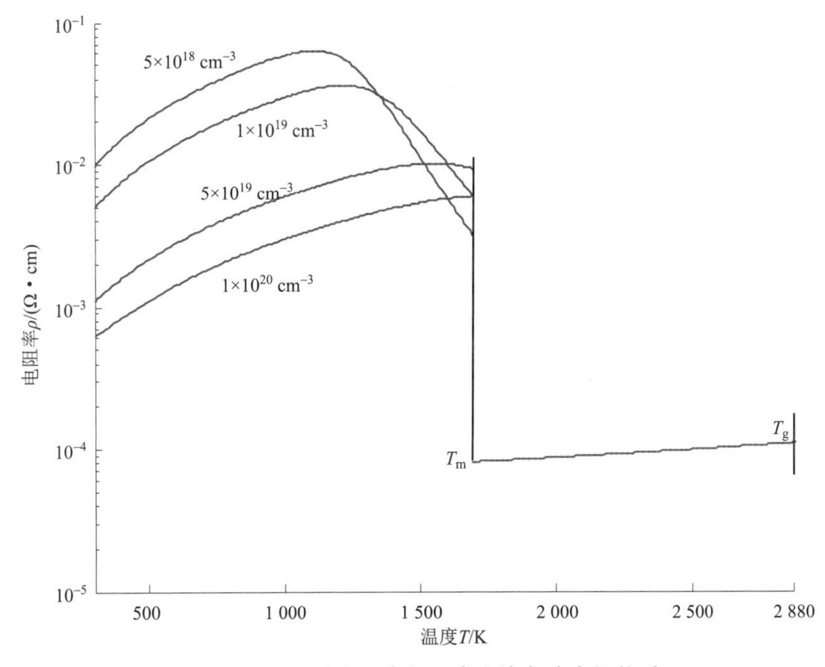

图 3.22　N 型硅电阻率与温度和掺杂浓度的关系

3.3.2.4　电阻率的简化

为了简化电阻率函数表达式，在转变温度 T_b 处将固态硅电阻率表达式分为两段，第一段用线性函数表示，第二段用二次函数表示。

当$T_0 \leqslant T \leqslant T_b$时，将函数拟合可得电阻率与温度之间的线性函数表达式为

$$\rho=\rho_0[1.05+\gamma_1(T-T_0)] \tag{3-26}$$

式中，ρ_0为温度$T_0=300$ K时的电阻率；γ_1定义为电阻温度系数，$\gamma_1=1.1\times10^{-3}$。

当$T_t < T \leqslant T_{melt}$时，将函数拟合可得电阻率与温度之间的二次函数表达式为

$$\rho=\rho_1[1-\gamma_2(T-T_t)^2] \tag{3-27}$$

式中，$\rho_1=\rho_0\left[1.05+\gamma_1(T_t-T_0)\right]$；$\gamma_2=2.8\times10^{-6}$。

简化后的计算结果如图3.23所示。通过对比可知，简化后的计算结果与理论计算结果一致性较好。

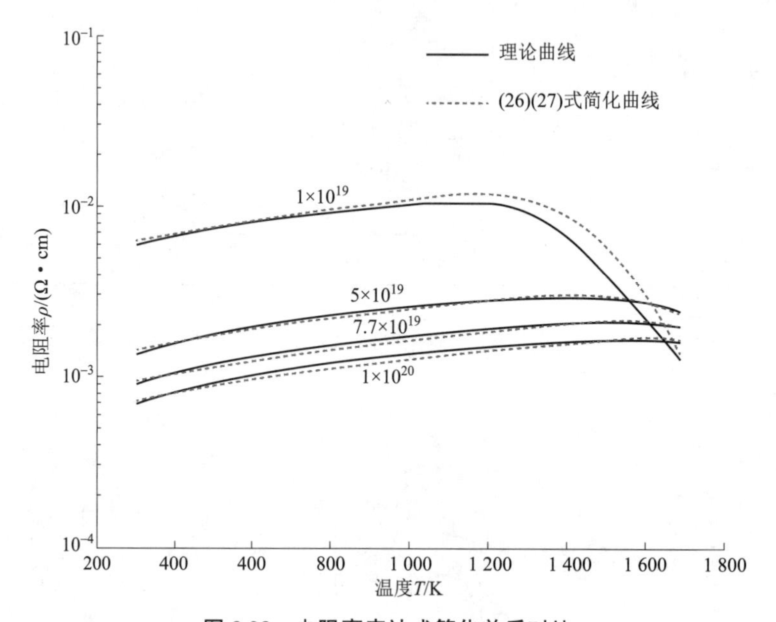

图3.23　电阻率表达式简化前后对比

根据方阻与电阻率之间的关系，可得SCB方阻的简化表达式为

$$R_s=\begin{cases}\dfrac{\rho_0}{\delta}[1.05+\gamma_1(T-T_0)], & T_0\leqslant T\leqslant T_t\\ \dfrac{\rho_0}{\delta}[1.05+\gamma_1(T_t-T_0)][1-\gamma_2(T-T_t)^2], & T_t<T\leqslant T_{melt}\\ \dfrac{1}{\delta\left[\sigma(T_{melt})-2.7(T-T_{melt})\right]}, & T_{melt}<T<T_g\end{cases} \tag{3-28}$$

SCB作用过程中电阻发生变化，主要是因为方阻随着温度发生变化，通过电阻与方阻之间的关系，可知电阻随温度的变化规律为

$$R(T)=\begin{cases}R_0[1.05+\gamma_1(T-T_0)], & T_0\leqslant T\leqslant T_t\\ R_0[1.05+\gamma_1(T_t-T_0)][1-\gamma_2(T-T_t)^2], & T_t<T\leqslant T_{melt}\\ \dfrac{R_0}{\left[\sigma(T_{melt})-2.7(T-T_{melt})\right]\rho_0}, & T_{melt}<T<T_g\end{cases} \tag{3-29}$$

式中，R_0为 SCB 的初始电阻。

转变温度

将电阻率具有随温度升高而增大的规律称作材料具有正温度系数，将电阻率随温度升高而减小称作材料具有负温度系数，定义电阻率由正温度系数转变为负温度系数时的温度为转变温度 T_b，低于转变温度时，电阻率随温度上升而增大，高于转变温度时，电阻率随温度上升而减小。

例 3.1 已知某双 V 形半导体桥换能元，桥膜结构的尺寸为 l=26 μm，w=90.5 μm，θ=40°，掺杂厚度δ=2 μm，掺杂浓度 $N_D=7.7\times10^{19}$ 个原子/cm³，试计算该换能元的初始电阻及温度为 1 600 K 和 2 000 K 时的电阻。

解：（1）由式（3－20）知初始电阻的表达式如下：

$$R_0=\frac{\rho_0}{\delta}\frac{l[2w-l\cot(\theta/2)]}{2w[w-l\cot(\theta/2)]}$$

将 T=300 K 代入式（3－25）和载流子浓度的表达式中，可以得出初始电阻率的表达式如下：

$$\rho_0=\frac{1}{1.4\times10^{-17}N_D+30.7}$$

由题意知，掺杂浓度 $N_D=7.7\times10^{19}$，代入上式

$$\begin{aligned}\rho_0&=\frac{1}{1.4\times10^{-17}N_D+30.7}\\&=\frac{1}{1.4\times10^{-17}\times7.7\times10^{19}+30.7}\\&=9.02\times10^{-4}(\Omega\cdot\text{cm})\end{aligned}$$

将ρ_0，l，w，θ，δ代入初始电阻表达式即可计算初始电阻：

$$\begin{aligned}R_0&=\frac{\rho_0}{\delta}\frac{l[2w-l\cot(\theta/2)]}{2w[w-l\cot(\theta/2)]}\\&=\frac{9.02\times10^{-4}}{2\times10^{-4}}\frac{26\times[2\times90.5-26\times\cot(20\pi/180)]}{2\times90.5\times[90.5-26\times\cot(20\pi/180)]}\\&=3.72(\Omega)\end{aligned}$$

（2）由式（3－29）知，电阻与温度的关系如下：

$$R(T)=\begin{cases}R_0[1.05+\gamma_1(T-T_0)], & T_0\leqslant T\leqslant T_t\\R_0[1.05+\gamma_1(T_t-T_0)][1-\gamma_2(T-T_t)^2], & T_t<T\leqslant T_{melt}\\\dfrac{R_0}{[\sigma(T_{melt})-2.7(T-T_{melt})]\rho_0}, & T_{melt}<T<T_g\end{cases}$$

由于硅的熔点为 1 684 K，汽化点为 2 880 K，掺杂浓度为 7.7×10^{19} 时电阻转折温度为 T_t=1 510 K，所以温度为 1 600 K 时电阻的计算应该用式（3－29）中的第二个表达式，而温度为 2 000 K 时电阻的计算应该用第三个表达式，故

$$
\begin{aligned}
R(1\,600\text{K}) &= R_0[1.05+\gamma_1(T_t-T_0)][1-\gamma_2(T-T_t)^2] \\
&= 3.72\times[1.05+1.1\times10^{-3}\times(1\,510-300)\times(1-2.8\times10^{-6}\times(1\,600-1\,510)^2)] \\
&= 8.745(\Omega)
\end{aligned}
$$

$$
\begin{aligned}
R(2\,000\text{ K}) &= \frac{R_0}{[\sigma(T_{\text{melt}})-2.7(T-T_{\text{melt}})]\rho_0} \\
&= \frac{3.72}{[12\,300-2.7\times(2\,000-1\,684)]\times9.02\times10^{-4}} \\
&= 0.36(\Omega)
\end{aligned}
$$

3.3.3 换能模型

SCB 电火工品的能量加载方式主要有恒流激励和电容放电激励两种，下面分别介绍在这两种情况下 SCB 换能元的换能模型。

3.3.3.1 恒流激励

1. 基本假设

SCB 结构如图 3.24 所示，在恒流激励下，SCB 换能元属于电热换能，即将电能转化为焦耳热使自身温度升高外，同时将热量传递给金属电极、衬底和陶瓷塞。当输入电流低于某一临界值时，SCB 温度经历了先上升然后趋于稳定的过程，最终保持热平衡态。SCB 热平衡态是指得热和散热相等的一种平衡状态，平衡态的临界性分析目的是获得 SCB 的临界爆发电流。为了得到解析解，必须使模型简化，需作如下假设：

（1）将 SCB 看作半径为 r_0 温度分布均匀的热点，选取以 SCB 为中心的半球形塞子为研究对象，将塞子的半径作为半球的外径，如图 3.25 所示。只考虑塞子半球表面的散热，忽略桥向空气的直接散热。

（2）SCB 与塞子的物化性质相同，SCB 衬底与塞子紧密接触，忽略交界面间的接触热阻和热容。

（3）桥以均匀的热流密度只沿塞子的径向传递热量，只考虑热传导这一种传热方式。

（4）在整个响应过程中，塞子的导热系数、密度、比热容等均不随温度变化。

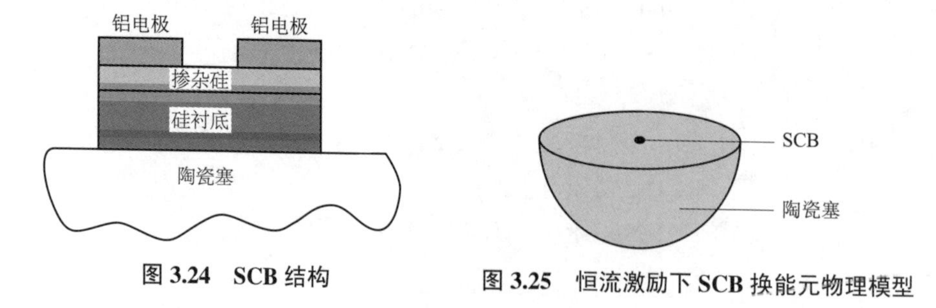

图 3.24　SCB 结构　　图 3.25　恒流激励下 SCB 换能元物理模型

2. 数学方程

当 SCB 进入热平衡态后系统温度不再随时间改变，满足 $\dfrac{\partial T_s}{\partial t}=0$。基于以上假设，塞子的导热可归结为一维球体稳态导热问题，且具有第三类边界条件[24,25]。根据能量守恒原理，以热点（SCB）中心为坐标原点建立球坐标系，桥塞系统的导热微分方程和定解条件可描述为

$$\begin{cases}\dfrac{1}{r^2}\dfrac{\mathrm{d}}{\mathrm{d}r}\left(k_s r^2\dfrac{\mathrm{d}T_s}{\mathrm{d}r}\right)=0\\ r=r_0,-\lambda_s A\dfrac{\mathrm{d}T_s}{\mathrm{d}r}=I^2R(T_s)\\ r=r_{s\infty},-\lambda_s\dfrac{\mathrm{d}T_s}{\mathrm{d}r}=h_s(T_s-T_a)\end{cases}\tag{3-30}$$

式中，k_s为塞子的热扩散率，$k_s=\lambda_s/(\rho_s c_s)$；$\rho_s$为塞子密度（kg/m^3）；$\lambda_s$为塞子导热系数（W/（m·K））；$c_s$为塞子的比热容（J/（kg·K））；$h_s$为塞子的表面传热系数（W/（m^2·K））；$r_{s\infty}$为塞子的等效半径（m）；$A$为SCB面积（m^2），$A=l\left(w-\dfrac{l}{2}\cot\dfrac{\theta}{2}\right)$。SCB电阻$R$与温度$T$之间的关系见式（3-29）。

式（3-30）中第一个表达式为系统的温度控制方程，不含内热源；第二个表达式为衬底与SCB桥膜接触的边界，表示传入半球的热量等于桥膜产生的焦耳热；第三个表达式为塞子与空气接触的边界，表示传出半球的热量等于塞子散失到空气中的热量，满足牛顿冷却定律。

桥的等效半径 r_0

将桥等效为一个球体，那么半球内桥的面积

$$A=2\pi r_0^2$$

所以

$$r_0=\sqrt{\frac{A}{2\pi}}$$

3. 理论求解

方程（3-30）为二阶常微分方程，可以求解析解，积分得

$$T_s(r)=k\left(\frac{1}{r_0}-\frac{1}{r}\right)+b\tag{3-31}$$

式中，k，b为常数。

对于SCB换能元，假设稳态时桥膜的温度$T_s(r_0)=T_m$，则$b=T_m$，将边界条件代入得

$$-\lambda_s A\frac{k}{r_0^2}=I^2R(T_m)\tag{3-32}$$

$$-\lambda_s\frac{k}{r_\infty^2}=h_s\left[k\left(\frac{1}{r_0}-\frac{1}{r_\infty}\right)+T_m-T_a\right]\tag{3-33}$$

由式（3-32）、式（3-33）两式可得激励电流I与桥膜温度T_m之间的关系为

$$I=\left(\frac{\lambda_{s}A(T_{m}-T_{a})}{R(T_{m})r_{0}^{2}}\right)^{1/2}\left(\left(\frac{1}{r_{0}}-\frac{1}{r_{\infty}}\right)+\frac{\lambda_{s}}{h_{s}r_{\infty}^{2}}\right)^{-1/2} \tag{3-34}$$

桥膜温度 T_m 恰好达到爆发点 T_r 时所对应的电流为临界爆发电流 I_{ec}，由式（3-34）可知当激励电流大于临界爆发电流时，T_m 大于 T_r，SCB 爆发；当激励电流低于临界爆发电流时，T_m 小于 T_r，SCB 处于安全状态，不会爆发。

恒流激励时爆发点的选取

通过大量的实验分析（见图 3.17（b））可知，当 SCB 临界爆发时，恰好达到熔化状态，所以桥的熔点 T_{melt} 可作为临界爆发点。

由于硅的熔点为 1 684 K，高于电阻温度转折点 T_t，所以可以将式（3-29）中接近液态时固态电阻代入式（3-34），可得临界爆发电流 I_{ec} 表达式为

$$I_{ec}=\left(\frac{2\pi\lambda_{s}(T_{r}-T_{a})}{R_{0}[1.05+\gamma_{1}(T_{t}-T_{a})][1-\gamma_{2}(T_{r}-T_{t})^{2}]}\right)^{1/2}\left(\left(\frac{1}{\sqrt{A/(2\pi)}}-\frac{1}{r_{\infty}}\right)+\frac{\lambda_{s}}{h_{s}r_{\infty}^{2}}\right)^{-1/2} \tag{3-35}$$

由式（3-35）可知，SCB 的临界爆发电流主要受电阻、桥面积和塞子半径影响。临界爆发电流与 SCB 电阻的平方根成反比，与面积的 1/4 次方近似成正比。因为陶瓷塞的体积远远大于 SCB 的体积，所以计算临界爆发电流时取陶瓷的导热系数。陶瓷的物化参数[19]如表 3.14 所示。

表 3.14　陶瓷的物化参数

材料	密度ρ/（$kg\cdot m^{-3}$）	比热容 c/（$J\cdot kg^{-1}\cdot K^{-1}$）	导热系数λ/（$W\cdot m^{-1}\cdot K^{-1}$）	表面传热系数 h/（$W\cdot m^{-2}\cdot K^{-1}$）
陶瓷	3 920	880	24.7	35

例 3.2　求解例 3.1 中的半导体桥换能元的临界爆发电流，其中基体为圆柱形陶瓷，基体直径为 4.4 mm。

解：由式（3-24）可知，临界爆发电流的计算公式为

$$I_{ec}=\left(\frac{2\pi\lambda_{s}(T_{r}-T_{a})}{R_{0}[1.05+\gamma_{1}(T_{t}-T_{a})][1-\gamma_{2}(T_{r}-T_{t})^{2}]}\right)^{1/2}\left(\left(\frac{1}{\sqrt{A/(2\pi)}}-\frac{1}{r_{\infty}}\right)+\frac{\lambda_{s}}{h_{s}r_{\infty}^{2}}\right)^{-1/2}$$

由例 3.1 知换能元的初始电阻 R_0=3.72 Ω，T_t=1 510 K，r_∞=4.4/2=2.2 mm，面积

$$\begin{aligned}A&=l\left(w-\frac{l}{2}\cot\frac{\theta}{2}\right)\\&=26\times\left(90.5-\frac{26}{2}\times\cot\left(\frac{40}{2\times180}\times\pi\right)\right)\\&=1.424\,4\times10^{3}(\mu m^{2})\\&=1.424\,4\times10^{-9}(m^{2})\end{aligned}$$

基体为陶瓷材料，所以基体的参数可以取表3.14中的数据，将上述已知参数代入临界爆发电流的表达式中

$$I_{ec}=\left(\frac{2\pi\lambda_s(T_r-T_a)}{R_0[1.05+\gamma_1(T_t-T_a)][1-\gamma_2(T_r-T_t)^2]}\right)^{1/2}\left(\left(\frac{1}{\sqrt{A/(2\pi)}}-\frac{1}{r_\infty}\right)+\frac{\lambda_s}{h_s r_\infty^2}\right)^{-1/2}$$

$$=\left(\frac{2\pi\times24.7\times(1\,684-300)}{3.72\times[1.05+1.1\times10^{-3}\times(1\,510-300)]\times[1-2.8\times10^{-6}\times(1\,684-1\,510)^2]}\right)^{1/2}\times$$

$$=\left[\left(\frac{1}{\sqrt{1.424\,4\times10^{-9}/(2\pi)}}-\frac{1}{2.2\times10^{-3}}\right)+\frac{24.7}{35\times(2.2\times10^{-3})^2}\right]$$

$$=0.358\,1\text{（A）}$$

3.3.3.2 电容放电激励

1. 基本假设

在电容放电激励下，SCB换能机理属于电爆等离子体换能，即凝聚态SCB桥膜产生的焦耳热，加热半导体材料至汽化温度以上，使半导体材料汽化并电离，产生等离子体。为了使研究问题简化，需做如下假设：① 由于电容放电速度极快，桥膜产生的热量全部以热传导的方式沿垂直于桥面的方向传递给衬底和塞子，忽略向空气的散热；② 将桥膜、衬底和塞子看作物化性质相同的一体，称为桥—塞系统，响应过程中，导热系数、密度、比热容为恒值；③ 将桥膜看作桥—塞系统的一个发热边界，并且将桥—塞系统看作半无限厚平板；④ 忽略相变所吸收的能量；⑤ 响应过程中，SCB电阻看作恒值。

模型简化后的桥—塞系统物理图像如图3.26所示。

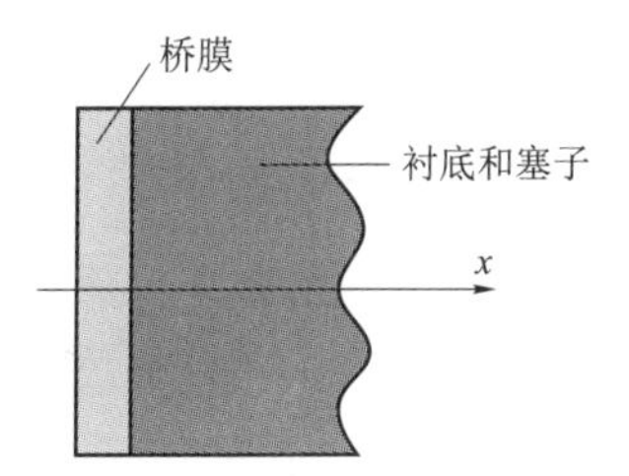

图3.26 SCB－塞子系统

2. 数学方程

基于以上假设，桥—塞系统的导热可归结为一维平板无内热源非稳态导热问题，且具有第二类边界条件。选取桥的中心为坐标原点，垂直桥面的方向为x轴建立直角坐标系，桥—塞系统的导热微分方程和定解条件可描述为

$$\begin{cases}\dfrac{\partial T_s}{\partial t}=k_s\dfrac{\partial^2 T_s}{\partial x^2}\\ t=0,T_s=T_a\\ x=0,-\lambda_s A\dfrac{\partial T_s}{\partial x}=P(t)\end{cases}\tag{3-36}$$

式中，k_s为SCB的热扩散率，$k_s=\lambda_s/(\rho_s c_s)$，$\rho_s$为SCB密度（kg/m^3），$\lambda_s$为SCB导热系数（W/（m·K）），$c_s$为SCB的比热容（J/（kg·K））；$A$为SCB的面积（m^2），$A=l\left(w-\dfrac{l}{2}\cot\dfrac{\theta}{2}\right)$；$P(t)=\dfrac{U^2}{\bar{R}}\mathrm{e}^{-\frac{2t}{RC}}$，$\bar{R}$为SCB响应过程中的时间平均电阻，$\bar{R}=\bar{R}(R_{min},R_{max})$。

根据式（3-36）可知

$$\begin{cases} R_{\max} = R_0\left[1.05 + \gamma_1(T_b - T_0)\right] \\ R_{\min} = \dfrac{R_0}{\sigma(T_{\text{melt}})\rho_0} \end{cases} \tag{3-37}$$

式（3-25）称为 SCB 的换能模型，第一个表达式为温度控制方程，表示内部温度的变化；第二个表达式为初始条件，表示加热的初始时刻，系统保持环境温度；第三个表达式为边界条件，表示传入系统界面的热量等于桥膜产生的焦耳热。导热微分方程具备了定解条件，可以求出该导热问题唯一的确定解。

3. 理论求解

利用拉氏变换法[26]对方程组（3-25）进行求解。令 $\theta_s = T_s - T_a$，桥塞的导热微分方程和定解条件式（3-36）可表示为

$$\begin{cases} \dfrac{\partial \theta_s}{\partial t} = k_s \dfrac{\partial^2 \theta_s}{\partial x^2} \\ t = 0, \theta_s = 0 \\ -\lambda_s A \dfrac{\partial \theta_s}{\partial x}\bigg|_{x=0} = P(t) \end{cases} \tag{3-38}$$

对桥塞导热微分方程（3-38）中的变量 t 取拉氏变换，记

$$\begin{cases} s\overline{\theta_s}(x,s) - \theta_s(x,0) = k_s \dfrac{\mathrm{d}^2 \overline{\theta_s}}{\mathrm{d}x^2} \\ \theta_s(x,0) = 0 \\ -\lambda_s A \dfrac{\mathrm{d}\overline{\theta}_s}{\mathrm{d}x}\bigg|_{x=0} = \overline{P}(s) \end{cases} \tag{3-39}$$

解方程得塞子温度响应方程的拉氏变换可表示为

$$\overline{\theta_s}(x,s) = \frac{\overline{P}(s)}{\lambda_s A}\sqrt{\frac{k_s}{s}}\exp\left(-x\sqrt{\frac{s}{k_s}}\right) \tag{3-40}$$

令 $F(s) = \sqrt{\dfrac{k_s}{s}}\exp\left(-x\sqrt{\dfrac{s}{k_s}}\right)$，分别对 $\overline{P}(s)$、$F(s)$ 取拉氏逆变换，由拉氏变换表知

$$f(t) = L^{-1}[F(s)] = \sqrt{\frac{k_s}{\pi t}}\exp\left(-\frac{x^2}{4k_s t}\right) \tag{3-41}$$

$$P(t) = L^{-1}[\overline{P}(s)] = \frac{U^2}{\overline{R}}\mathrm{e}^{-\frac{2t}{\overline{R}C}} \tag{3-42}$$

利用卷积定理可得

$$\theta_s(x,t) = \frac{1}{\lambda_s A}(P(t) * f(t)) = \frac{1}{\lambda_s A}\int_0^t P(t-\tau) f(\tau)\mathrm{d}\tau \tag{3-43}$$

或

$$\theta_s(x,t) = \frac{1}{\lambda_s A}(P(t) * f(t)) = \frac{1}{\lambda_s A}\int_0^t P(\tau) f(t-\tau)\mathrm{d}\tau \tag{3-44}$$

将式（3–30）、式（3–31）代入式（3–32）得

$$T_s(x,t)=\frac{U^2}{\lambda_s A\bar{R}}e^{-\frac{2t}{\bar{R}C}}\int_0^t e^{\frac{2\tau}{\bar{R}C}}\sqrt{\frac{k_s}{\pi\tau}}\exp\left(-\frac{x^2}{4k_s\tau}\right)d\tau+T_a \tag{3–45}$$

取 $x=0$ 代入式（3–34）可得桥塞系统边界（桥膜）的温度变化为

$$T_s(0,t)=T_{MSCB}(t)=\frac{U^2}{\lambda_S A\bar{R}}e^{-\frac{2t}{\bar{R}C}}\int_0^t e^{\frac{2\tau}{\bar{R}C}}\sqrt{\frac{k_s}{\pi\tau}}d\tau+T_a \tag{3–46}$$

对式（3–46）中的 $e^{\frac{2\tau}{\bar{R}C}}$ 在 $\tau=0$ 点进行泰勒级数展开，取一次项，简化后进行积分得 SCB 桥膜的温度变化表达式为

$$T_{MSCB}(t)=\frac{2U^2}{\lambda_s A\bar{R}}\sqrt{\frac{k_s t}{\pi}}e^{-\frac{2t}{\bar{R}C}}\left(1+\frac{2}{3\bar{R}C}t\right)+T_a \tag{3–47}$$

根据实验现象中临界爆发电压时固态温升阶段和液态温升阶段的持续时间，取 $\bar{R}=0.15R_{max}+0.85R_{min}$。因为电容放电激励是一个强瞬态过程，热量主要在衬底内传递，塞子对作用过程的影响较小，所以计算时取多晶硅的物化参数[19]，如表 3.15 所示。将 $l=20.5\ \mu m$，$w=70.5\ \mu m$，$\theta=40°$，$R_0=3.88\ \Omega$ 做基准计算，由式（3–24）得 $\bar{R}=1.69\ \Omega$。放电电容选用 10 μF，根据式（3–36）计算得不同激励电压时 SCB 桥面温度随时间的变化规律如图 3.27 所示。由图可知，SCB 的温度先急剧上升，达到最大值后呈现缓慢下降的趋势，最终恢复环境温度，达到最高温度所用的时间与激励电压无关。

表 3.15　硅的物化参数

材料	密度 ρ/（kg · m^{-3}）	比热容 c/（J · kg^{-1} · K^{-1}）	导热系数 λ/（W · m^{-1} · K^{-1}）	热扩散系数 k/（m^2 · s）
硅	2 323	669	82.93	53.4×10^{-6}

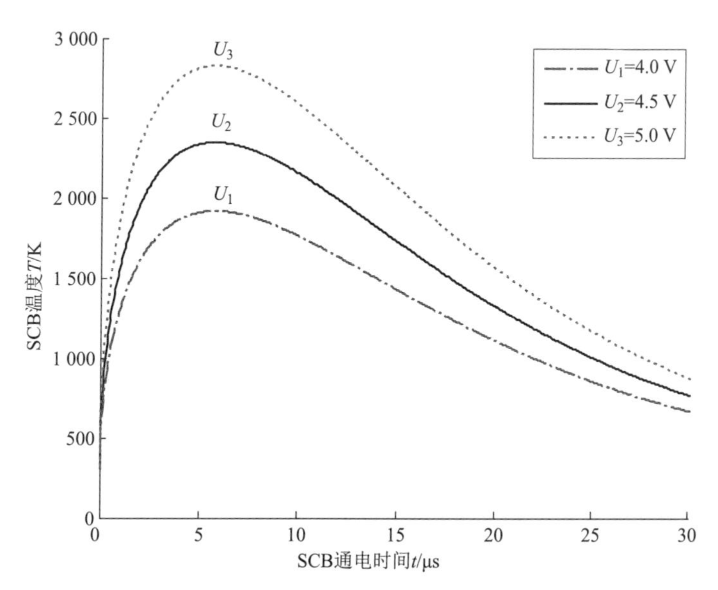

图 3.27　SCB 温度随时间的变化规律

令式（3-47）关于 t 的导数为零，可得 $t=\frac{1}{3}\overline{R}C$，代入式（3-46）得 SCB 可达到的最高温度为

$$T_{\max}=T_{\mathrm{MSCB}}\left(\frac{1}{3}\overline{R}C\right)=\frac{3U^2}{4\lambda_s A\overline{R}}\sqrt{\frac{k_s\overline{R}C}{\pi}}+T_a \tag{3-48}$$

定义 $\frac{1}{3}\overline{R}C$ 为加热时间常数，在加热时间常数之内，若 SCB 的最高温度低于其爆发点，不能爆发，若 $t=\frac{1}{3}\overline{R}C$ 时 SCB 的温度恰好升至其爆发点，则可以爆发。将 SCB 的爆发点 T_r 代入式（3-48）可得临界爆发电压表达式：

$$U_{ec}=2\sqrt{\frac{\lambda_s(T_r-T_a)}{3}}\left(\frac{\pi\overline{R}}{k_s C}\right)^{\frac{1}{4}}A^{\frac{1}{2}} \tag{3-49}$$

由式（3-49）可知，临界爆发电压分别与 SCB 面积的平方根和阻值 $\overline{R}$ 的 1/4 次方成正比。

电容放电激励时爆发点的选取

临界爆发时只有部分桥面被汽化，所以可以取 SCB 的临界爆发温度：

$$T_r=T_{\mathrm{melt}}\times(1-S_0/A)+T_g\times S_0/A$$

其中，T_{melt} 为硅的熔点 1 684 K；T_g 为多晶硅的沸点 2 880 K；S_0 定义为 SCB 的有效面积，$S_0=l\left(w-l\cot\frac{\theta}{2}\right)$，见图 3.28。

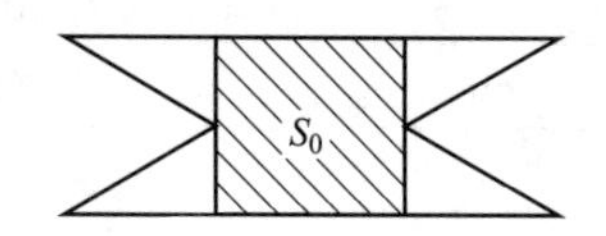

图 3.28　SCB 的有效爆发面积

将电阻和面积的表达式代入式（3-49），可得临界爆发电压的另一种表达式：

$$\begin{cases} U_{ec}=2\sqrt{\dfrac{\lambda_s(T_r-T_a)}{3}}\left(\dfrac{\pi\overline{R}}{k_s C}\right)^{\frac{1}{4}}\sqrt{l\left(w-\dfrac{l}{2}\cot\dfrac{\theta}{2}\right)} \\ \overline{R}=R_s\left\{0.15[1.05+\gamma_1(T_b-T_0)]+\dfrac{0.85}{\sigma(T_{\mathrm{melt}})\rho_0}\right\}\dfrac{l[2w-l\cot(\theta/2)]}{2w[w-l\cot(\theta/2)]} \\ T_r=\dfrac{T_{\mathrm{meilt}}\times\dfrac{l}{2}\cot\dfrac{\theta}{2}+T_g\times\left(w-l\cot\dfrac{\theta}{2}\right)}{w-\dfrac{l}{2}\cot\dfrac{\theta}{2}} \end{cases} \tag{3-50}$$

例 3.3　当充电电容为 10 μF 时求解例 3.2 中半导体桥换能元的临界爆发电压值。

解：由式（3−50）知，半导体桥换能元临界爆发电压的计算公式为

$$\begin{cases} U_{ec}=2\sqrt{\dfrac{\lambda_s(T_r-T_a)}{3}}\left(\dfrac{\pi\overline{R}}{k_sC}\right)^{\frac{1}{4}}\sqrt{l\left(w-\dfrac{l}{2}\cot\dfrac{\theta}{2}\right)} \\ \overline{R}=R_s\left\{0.15[1.05+\gamma_1(T_b-T_0)]+\dfrac{0.85}{\sigma(T_{melt})\rho_0}\right\}\dfrac{l[2w-l\cot(\theta/2)]}{2w[w-l\cot(\theta/2)]} \\ T_r=\dfrac{T_{meilt}\times\dfrac{l}{2}\cot\dfrac{\theta}{2}+T_g\times\left(w-l\cot\dfrac{\theta}{2}\right)}{w-\dfrac{l}{2}\cot\dfrac{\theta}{2}} \end{cases}$$

由例 3.1 的求解可知

$$R_s=\frac{\rho_0}{\delta}=\frac{9.02\times10^{-4}}{2\times10^{-4}}=4.51$$

所以，

$$\begin{aligned}\overline{R}&=R_s\left\{0.15[1.05+\gamma_1(T_t-T_0)]+\frac{0.85}{\sigma(T_{melt})\rho_0}\right\}\frac{l[2w-l\cot(\theta/2)]}{2w[w-l\cot(\theta/2)]}\\&=4.51\times\left\{0.15\times[1.05+1.1\times10^{-3}\times(1\,510-300)]+\frac{0.85}{12\,300\times9.02\times10^{-4}}\right\}\times\\&\quad\frac{26\times[2\times90.5-26\times\cot(20/180\times\pi)]}{2\times90.5\times[90.5-26\times\cot(20/180\times\pi)]}\\&=1.614\,9(\Omega)\end{aligned}$$

$$\begin{aligned}T_r&=\frac{T_{meilt}\times\dfrac{l}{2}\cot\dfrac{\theta}{2}+T_g\times\left(w-l\cot\dfrac{\theta}{2}\right)}{w-\dfrac{l}{2}\cot\dfrac{\theta}{2}}\\&=\frac{1\,684\times\dfrac{26}{2}\times\cot(20\pi/180)+2\,880\times(90.5-26\times\cot(20\pi/180))}{90.5-26/2\times\cot(20\pi/180)}\\&=2\,100.3(\mathrm{K})\end{aligned}$$

将 T_r 和 $\overline{R}$ 代入式（3−50）的第一个表达式，可得临界爆发电压为

$$\begin{aligned}U_{ec}&=2\sqrt{\frac{\lambda_s(T_r-T_a)}{3}}\left(\frac{\pi\overline{R}}{k_sC}\right)^{\frac{1}{4}}\sqrt{l\left(w-\frac{l}{2}\cot\frac{\theta}{2}\right)}\\&=2\times\sqrt{\frac{24.7\times(2\,100.3-300)}{3}\times\left(\frac{1.614\,9\,\pi}{53.4\times10^{-6}\times10\times10^{-6}}\right)^{\frac{1}{4}}}\times\\&\quad\sqrt{26\times10^{-6}\times\left(90.5\times10^{-6}-\frac{26}{2}\times10^{-6}\times\cot\left(\frac{20\pi}{180}\right)\right)}\\&=2.87(\mathrm{V})\end{aligned}$$

3.4 爆炸箔冲击片换能元

爆炸箔冲击片换能元是通过金属箔电爆炸驱动冲击片，利用冲击片高速运动的动能起爆钝感炸药，其组合如图 3.29 所示。

3.4.1 工作原理

爆炸箔冲击片换能元主要由爆炸箔、冲击片和基体加速膛构成。其作用过程：爆炸箔接收脉冲高电压，金属箔爆炸产生等离子体，等离子体膨胀驱动冲击片，冲击片撞击炸药导致炸药的起爆，如图 3.30 所示。

图 3.29 爆炸箔冲击片组合示意图

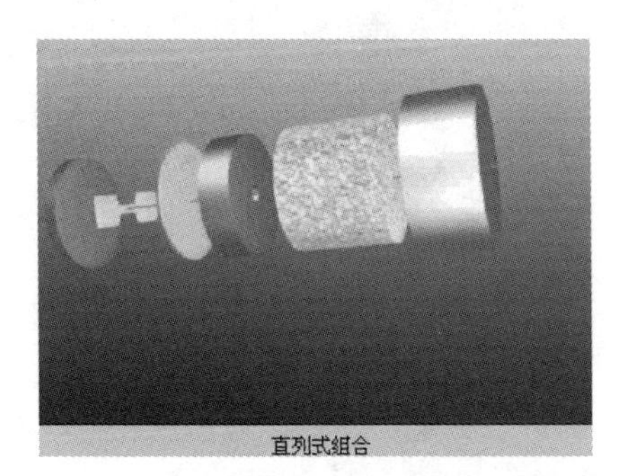

图 3.30 爆炸箔冲击片作用原理示意图

起爆线路

起爆线路的设计应使所有连接线路具有尽可能低的电感，以减小桥箔爆炸时的电能损失，整个线路的电感值不大于 100 nH。在采用低电感电容器和低电感快速开关时，回路采用扁平状电缆。

爆炸箔

爆炸箔是核心元件。因为驱动冲击片所需最小能量与桥箔面积、连接部面积以及桥箔厚度成正比，冲击片速度与箔桥厚度成正比。爆炸箔尺寸的选择必须考虑驱动冲击片所需最小能量以及形成冲击片的速度。

冲击片

冲击片材料主要有聚酯薄膜、聚酰亚胺薄膜等，通常选用聚酰亚胺薄膜。冲击片的厚度决定作用在炸药柱上的冲击脉冲的持续时间，一般选为爆炸桥箔厚度的 5～10 倍。冲击片速度的大小决定了作用在炸药柱上压力的大小。

加速膛

加速膛的主要作用是在爆炸箔的作用下将冲击片沿加速膛内径边缘剪切成冲击片，并在膛内加速前进；同时消除方形桥箔四个角上出现的棱角，提高冲击片撞击到炸药上的动能。材料可以选择陶瓷、塑料、宝石、有机玻璃等。

加速膛的材料多用蓝宝石，因为它具有很高的硬度，用蓝宝石加工成的加速膛口部规则、锋利，能够均匀剪切冲击片。加速膛的长度对于获得冲击片的最大速度起着重要的作用，其长度要保证冲击片能够加速到最大速度的 90%以上，最佳长度应该为箔桥厚度的 50～100 倍。

基体

爆炸箔冲击片的基体，也称为反射片，其作用有三个：一是支撑桥箔的装配；二是防止桥箔爆炸时产生的膨胀气体进入自由空间而造成能量损失，从而保证能量尽可能多地用于形成和驱动冲击片；三是在桥箔爆炸，气体迅速膨胀而形成的冲击波所含的大部分能量在反射片表面反射，以利于提高冲击片速度。

反射片的材料选择致密的绝缘材料，表面粗糙度较小，厚度和面积要远大于桥箔的厚度和面积。

其能量转换的过程：脉冲电能转换为金属爆炸能量，爆炸能量转换为冲击片运动能量，冲击片动能转换为冲击波能量，冲击波起爆炸药。因此爆炸箔冲击片是复合换能元，包含多种能量转换过程。

3.4.2　金属导体电爆炸现象

导体电爆炸是指导体中通过高密度电流（$j \geqslant 10^6$ A/cm^2）时，其内部剧烈放热而产生的金属物理状态的急剧变化，它可导致金属导电性的破坏并伴随有冲击波和电磁辐射的发生。导体被快速加热，速度达 $\dot{T} > 10^7$ K/s，短时间达到高温 $T > 10^4$ K。

根据金属密度的变化可将导体电爆炸过程分成两个阶段：第一个阶段是开始加热到汽化之前，由于加热速度比较快，在金属惯性作用下金属体积变化很小；第二个阶段是从汽化到等离子体生成，此时导体剧烈膨胀（$\rho_0 / \rho \geqslant 2$），欧姆电阻增长几个数量级（$R / R_0 \sim 100$）。液态铜的密度减少 1.5～2 倍，电阻率增加近一个数量级。图 3.31 所示为快速电爆炸发生电流、电压以及金属丝直径随时间的变化关系。

电路对爆炸导体电阻急剧增大的反应是放电间隙形成电压脉冲，通常幅值超过储能电容器初始电压若干倍，铝箔过电压系数可达 2～10 倍，铜丝最大可达 20 倍。

导体电爆炸根据其发生发展过程分为缓慢导体电爆炸和快速导体电爆炸。以不稳定发展时间和金属导电性破坏时间之间的关系来衡量。

不稳定性发展的时间常数 τ_H（爆炸导体形状发生变化的时间）和金属物理状态变化时金属导电性破坏的时间 τ_P 的比较可作为导体电爆炸分类的基础。据此，将导体电爆炸区分为慢、快和超快速状态。如果用电流脉冲加热导体时金属从液态向气态相变引起导电性破坏所需要的时间 τ_P 大于不稳定发展的时间常数 τ_H，即 $\tau_P \gg \tau_H$，则导体欧姆电阻的增大由不稳定性发展引起的金属离散决定。在这种情况下，导体开始损坏之前只有较小部分先汽化，其余大部分以金属液滴形式溅射，这些液滴随后靠液滴间电弧放出的能量汽化，这就是所谓的缓慢导体电爆炸。

如果 $\tau_P \ll \tau_H$，导体形状的变化在金属从液态向气态（或等离子态）转化过程剧烈进行的背景下来不及明显显现，这种情况称为快速导体电爆炸。

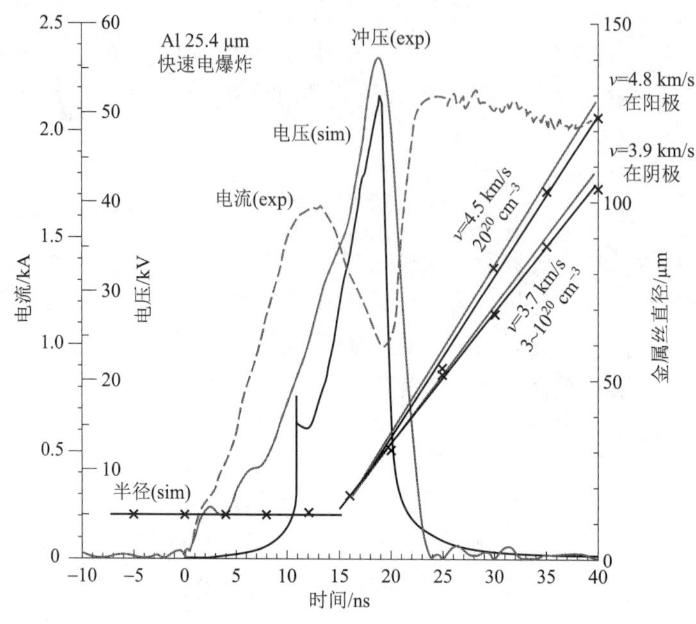

图 3.31　快速电爆炸

如果导体中流动电流的增长时间小于趋肤时间，导体中能量释放速度不超过磁场沿表面扩散速度，这种导体电爆炸状态称为超快速电爆炸或爆炸烧蚀。在这种情况下，导体电爆炸沿导体体积不均匀地发展：只有能量释放集中的导体表面层持续地爆炸，而导体的芯部仍可能是比较冷的。表 3.16 所示为铜的趋肤深度与电流频率的关系。

表 3.16　铜的趋肤深度和交流电频率的关系（AD－A214－981）

ω /MHz	T_{period}/ns	h/μm
1	6 280	167
10	628	53
100	63	17
1 000	6	5

本研究主要针对铜箔厚度在 5～10 μm，电流周期在 500～1 000 ns 的电爆炸进行研究。根据表 3.16，趋肤效应可以忽略，即超快速电爆可以不考虑。

金属箔电爆炸初始阶段的特点

导体电爆炸初始阶段是指从导体开始加热到导体电阻显著增长的阶段。这一阶段主要具有以下特点：

（1）金属膨胀不明显，也就是说其物理状态的变化在可接受精度下可以只用一个热力学变量——温度或比焓来描述。

（2）当没有表面电弧时，爆炸导体和周围介质相互作用的能量损失（由于热交换和金属热膨胀时克服外部压力）可以忽略不计。通常在高熔点金属试件实验中或在稀薄介质中进行爆炸时，在导体电爆炸的初始阶段可以观测到表面电弧的产生。

（3）在初始阶段假定不稳定性、热传导、趋肤效应以及在初始阶段调节导体中能量释放空间分布的其他因素的影响不明显。因为只有在这种条件下一定质量导体内部释放的能量才能与金属的比内能或焓等同起来。在导体快爆炸的情况下，是满足此条件的。

（4）固体聚集态的改变通常从自由表面开始，熔化效应可以被解释为由于固态金属体内液相芽核的出现，或者由于芽核在表面不同点不同时地出现，因此熔化波既可沿径向传播，也可沿轴向传播。导体熔化的这种特点可能是由于表面上存在不均匀氧化薄膜而造成的，在表面形成液相芽核时该薄膜可引起势垒的出现。

金属箔电爆炸本征阶段的特点

导体电爆炸的本征阶段是从导体电阻显著增大到导体发生爆炸的阶段，这一阶段的特点是：

（1）爆炸导体物质比容急剧且显著增大，电阻增长主要受膨胀过程的制约。在较密实的介质中爆炸导体物质的膨胀在很大程度上受到限制，因此在等效导体中释放能量相等时，物质的平均密度越高，电导率越大，则阻碍膨胀的反压力就越大。

（2）本征爆炸阶段，导体的欧姆电阻不是由比输入能量单值地确定，还与输入能量的比功率和周围介质特性有关。图3.32所示为在外界压力不同的情况下，铜丝电爆炸的情况。从图3.32中也可以看出，电压峰值处也是产生强烈等离子体辐射的地方。

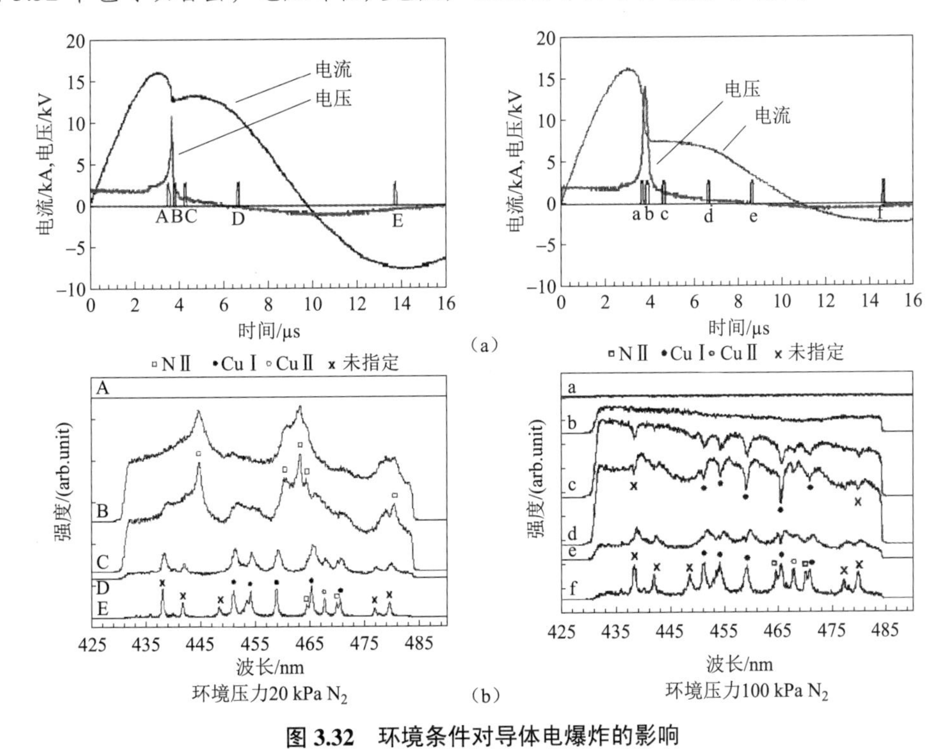

图3.32　环境条件对导体电爆炸的影响

（3）在导体电爆炸特征条件下，液态金属的强脉冲加热呈现出一系列或多或少不同于拟定常加热的特征，这意味着液相金属亚稳态的存在。也就是说金属在达到沸点时并不能汽化，而是出现了液态金属的过热。

（4）箔片较长情况下，在第一个电流脉冲之后接着就是实际上电流为零和电阻很大的间歇；箔片较短情况下，爆炸时电流曲线会出现拐点，之后转入电流很大和电阻弱变化的准间歇，并紧接着转入零电流和大电阻的间歇。

（5）当导体汽化时其电阻趋于无限，即电阻在汽化过程中的变化具有奇异性。放电回路对放电间隙电阻增大的反应是放电电流的跌落和爆炸箔上电压的增大。

（6）第一个电流脉冲前沿基本上由接有导体的电路参数、导体的尺寸和物理特性确定。对给定电流脉冲前沿的形成有强烈影响的是发生爆炸的周围介质的物理特性。

（7）金属蒸气在电流的继续作用下，发生电离，形成等离子体，电阻开始降低。在放电电流最大值附近，其固有磁场的压力将大于气动压力，从而引起等离子体壳的箍紧，这时其外边界先停止膨胀，之后转为向中心轴线运动。在达到最大值后，放电电流下降，等离子体又开始离开放电轴线运动。

金属箔电爆炸过程的伴随效应

1. 边缘效应

边缘效应是指箔片边缘不均匀处的微爆炸、电晕放电等。由于在箔片边缘不均匀，会有凹槽，必然导致在狭窄处的热释放局部化，并进而导致其内部温度增长速度的提高和金属汽化条件的形成。与此同时，其相邻区域可能还是较冷的。狭窄处的汽化引起导体电阻的急剧增大，从而引起能量从放电回路电感元件向狭窄处雪崩式大量涌入和金属汽化强度的提高。蒸气层的膨胀导致其截面增大及其紧邻的金属未汽化部分变密实，因而其内部焦耳加热有些减少。由于纵向电场强度增大，蒸气层中通常发生电弧放电，因此放电总电流不致中断。在放电电弧发展时，变密实的导体部分在电流间歇形成前来不及完全汽化。在这种情况下，随着电流增长速度的提高，狭窄处的发展速度也在提高。导体破坏之前只有较小部分来得及汽化，大部分物质以液滴形式四处迸溅，而且输入导体能量的相当部分消耗在传递至液滴的动能上。在电流密度足够大（$j \geqslant 10^7$ A/cm^2）的情况下，任何类型不稳定性的发展在导体电爆炸中只起着有限作用，因为由金属大功率焦耳加热决定的过程提到了首位，然后才是等离子体。

2. 局部放电

在电爆炸结构中，如果爆炸箔比较短，由于金属电介质周围有气体电介质，在这种情况下，容易发生沿着两种电介质交界面放电的现象，这种放电称为沿面放电。影响沿面放电电压的因素主要有：电场的均匀程度、介质表面介电系数的差异程度、表面污秽的程度、两极间的放电距离。本课题研究的桥箔就属于这种情况。

为了避免沿面放电，使电源的能量最大限度地作用于桥箔，应保持桥箔表面的清洁，桥箔两电极间距离即桥箔的长度应在合理范围内，桥箔过短，就会产生沿面放电。

3. 趋肤效应

当交流电通过导体时，导体截面上各处电流分布不均匀，中心处电流密度小，而越靠近表面电流密度越大，这种电流分布不均匀的现象称为趋肤效应。电流的上升速率与趋肤深度成反比，表3.16列出了趋肤深度与频率的关系。这主要是由于导体表层附近运行的阻力要比在内部小得多。趋肤效应使导体的有效电阻增加。电流频率越高，导电性能越好的导体，趋肤效应越显著。当频率很高的电流通过导体时，可以认为电流只在导体表面上很薄的一层中流过，这等效于导体的截面减小，电阻增大。

如果桥箔厚度相对较大，趋肤效应就会很显著，这样由于瞬间大电流只在导体表面层通过，桥箔就不会发生爆炸，出现爆炸烧蚀现象。为了避免这种情况的发生，桥箔的厚度不能太大；另外，电源参数对桥箔尺寸的匹配也很重要。本课题研究条件下，不存在趋肤效应。

4. 电流间歇

一定条件下，在导体电爆炸过程中会出现电流间歇阶段，它的特点是在某个时间段里放电电流变化微弱且电流不大。由于发生时间很短，体现在计算及测量结果上是会在爆炸时出现一个电流的降低，而后又上升的阶段。电流间歇是由金属向弱导电的汽化状态，部分或完全相变引起的。如果储能源中的能量在第一个电流脉冲期间未完全放出，则经过若干时间后放电又重新开始，因为膨胀的爆炸产物中可形成有利于碰撞电离开始的条件。因此，当爆炸产物密度减小到放电间隙两端的剩余电压已可以引起其击穿时，放电电流在等离子体导电为主的条件下开始增长。

5. 冲击波和电磁辐射

导体电爆炸进行中伴随有冲击波和电磁辐射的产生。在导体电爆炸初始阶段，导体在焦耳加热的同时发生线性膨胀，其速度相对较小。在本征爆炸阶段导体爆炸物质膨胀以$(1\sim5)\times10^3$ m/s的速度进行，并在周围介质中引起可形成首次或主冲击波的扰动。此外，在实验中可以观察到由导体电爆炸产物或周围介质中强流放电发展形成的一组冲击波，其中强流放电的发展是由于输入放电通道中的能量急剧增大和所形成等离子体的快速膨胀而引起的。导体电爆炸过程中形成的蒸气飞散时出现的反作用反脉冲可在导体未汽化部分中激发向内传播的会聚冲击波。在该冲击波阵面后方和中央区域形成密度下降区，在该区内可发生能导电的击穿。

导体电爆炸的强辐射脉冲在爆炸导体电压脉冲形成期间产生，辐射的起始时间大致对应于电压峰值。强流放电之后发展的等离子体辐射强度随着放电电流而变化，其持续时间由放电回路参数、爆炸导体的尺寸和材料决定，如图3.32实验结果所示。

综上所述，电爆炸过程伴随复杂的物理效应，它不仅与爆炸箔的材料有关，同时与提供的能量密度有关，所以在研究爆炸箔起爆系统时，必须考虑桥箔与能量的匹配，以减少不利于桥箔爆炸的因素。

3.4.3　金属电爆炸模型

3.4.3.1　一维电爆炸模型

图3.33所示为桥箔起爆电路的电路图，由火花隙开关、电容和桥箔组成，是一个典型的电容放电回路，由基尔霍夫定理得到回路方程为

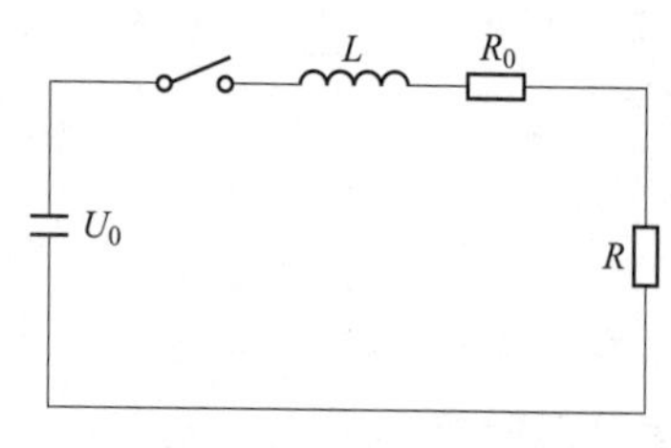

图 3.33　桥箔发火电路图

$$L\frac{\mathrm{d}I}{\mathrm{d}t}+RI+R_0I=\frac{Q_0}{C}-\frac{1}{C}\int_0^t I\mathrm{d}t \tag{3-51}$$

式中，R_0 和 L 分别表示整个放电回路的分布电阻和电感；Q_0 表示储能电容器上开始放电时的初始电荷；R 是箔桥电阻，随温度变化为非线性关系。初始条件 $Q(0)=CU_0$，$(\mathrm{d}I/\mathrm{d}t)_0=U_0/L$，其中 C、U_0、L 分别为系统电容、充电电压和回路电感。

金属箔电爆炸过程是在导体通过电流后，迅速被加热到熔点，转变为液体。由于惯性和磁力约束的作用，它仍保持一定的形状；此后，过热的液态金属更快地被加热达到沸点，热能使原子激发，破坏材料的化学键后，开始汽化，汽化波首先从导体的表面向中心运动，汽化的金属蒸气具有高压力，以致在外电场和晶格固有电场综合作用下使电子运动受阻。其电阻不断增加，当导体全部汽化时，导体电阻陡然增加，电流突然下降。在汽化开始后，金属蒸气同时不断向外部膨胀，其内压力降低和密度减小或形成等离子体时，蒸气导体恢复导电。只有当向导体输入的能量大于或等于导体汽化所需要的能量时，导体才会发生爆炸，否则导体会像普通保险丝那样熔化。导体电爆炸过程呈现一个明显的非线性电阻，它对电流脉冲有着重要的影响，即回路中的电流脉冲在很大程度上是由导体爆炸过程决定的。图 3.34 所示为俄罗斯研究人员通过实验获得的相对电阻与比输入能量的关系曲线，也说明了上述过程。

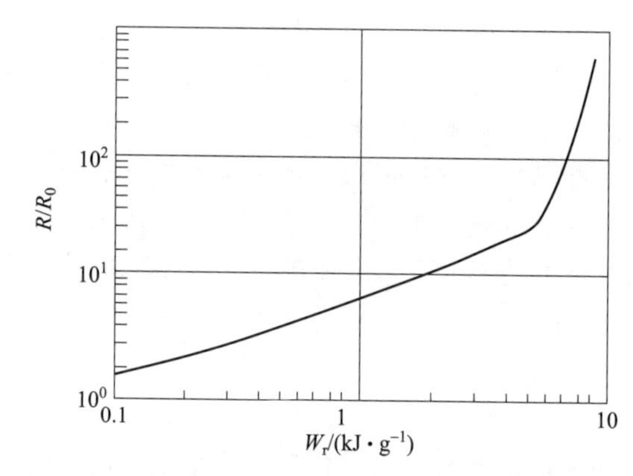

图 3.34　铝箔相对电阻与比输入能量的实验关系曲线

从上面的分析可以看出，桥箔加热过程的动态电阻强烈地依赖于温度和导体的密度，所以得到整个金属爆炸扩展过程中电阻率的理想模型是非常复杂的。为了使计算简便，Ronald S. Lee 对于大尺寸导体在大电容放电条件下的金属电爆炸进行数值模拟。编制了程序 FIRESET[27]，利用它模拟的结果与实验结果具有较好的一致性。下面进行详细介绍。

从导体电爆炸的分类可知，通过导体的电流密度决定了导体爆炸的情况。电流密度对时间的积分定义为比作用量

$$g=\int_0^t j(t)^2\,\mathrm{d}t \tag{3-52}$$

由于 $j(t)$ 比较容易测量，同时大量的实验也表明，到爆炸时刻 t_b 比作用量 g_0 的值近似是一个常数，与桥箔截面和电流波形没有具体关系，因此如果 $j(t)$ 可以计算，那么就可以预估爆发时间和电流。不过电流密度必须达到金属电爆炸的强度，这个关系式才有意义。

$$g_0=\int_0^{t_b} j(t)^2\,\mathrm{d}t \tag{3-53}$$

由于实验 $R(g)$ 有一峰值，同时爆炸后，电阻率比较大且基本为常数，为此 Ronald S. Lee 选用高斯函数作为电阻率表达式。

$$\rho(g)=A\left[1-\sec h\left(\frac{g}{g_0}\right)\right]+B\exp\left[-\left(\frac{g-g_0}{S}\right)^2\right] \tag{3-54}$$

式中，A 为爆炸后的电阻率；B 为电阻率峰值；S 为电阻率峰的宽度；g_0 为爆炸时刻的比作用量。这样就保证了电阻率爆炸前后的连续性，则

$$R(g)=\frac{l}{C_s}\rho(g) \tag{3-55}$$

通过比作用与初始电流取对数作图，能够满足直线关系，所以，

$$g_0=G_0(U_c/(KL))^P,\quad S=S_0(U_c/(KL))^P \tag{3-56}$$

通过实验数据可以确定 K、P 和 G_0。通过大量实验，得到 $K=2\times10^{11}\ \mathrm{A/S}$，$P=0.19$，计算结果表明，计算结果对 P 的选择不敏感。其他参数对铜 $A=100\ \Omega\cdot\mathrm{cm}$，$B=200\ \Omega\cdot\mathrm{cm}$，$G_0=2.5\times10^9\ \mathrm{A^2s/cm^4}$，$S_0=2.5\times10^8\ \mathrm{A^2s/cm^4}$。如果令

$$\begin{cases} y_1=g(t) \\ y_2=\int_0^t i\mathrm{d}t \\ y_3=i \end{cases} \tag{3-57}$$

微分上式得

$$\begin{cases} y_1'=\dfrac{1}{C_s^2}y_3^2 \\ y_2'=y_3 \\ y_3'=\left(V_0-y_3(R_0+R(t)-\dfrac{1}{C}y_2\right)/L \end{cases} \tag{3-58}$$

式中，C_s 为导体横截面积。对上式积分可以求出电流和比作用量，以及桥箔上的电压和桥箔上的功率。利用 $\eta=\frac{1}{2}CU_0^2/\left(\int_0^{t_b}IU\mathrm{d}t\right)$ 可以求出加热桥箔的能量利用率，U 是桥箔两端的电压。

3.4.3.2　二维金属箔电爆炸数学模型

上一节介绍的 FIRESET 模型比较简单，充分利用在爆炸参数一定范围内，爆发时刻的比作用量基本保持不变的特性，建立起了电阻率与比作用量的关系，通过实验数据修正关系式中的参数。虽然它的计算结果与实验数据具有比较好的一致性，为电爆炸桥箔的设计提供了一个简单的预估方法。但是实验也发现桥箔形状的改变会影响到爆发特性，影响多大？需要建立二维模型来考虑，即要考虑桥箔长和宽对爆发特性的影响。

1. 基本假设

（1）趋肤效应可以忽略：由于桥箔厚度只有 5 μm 左右，而脉冲功率源短路放电周期为 600 ns 左右，由表 3.16 可知，趋肤深度远大于所研究的桥箔厚度，因此趋肤效应可以忽略。

（2）桥箔厚度同桥箔长和宽相比要小得多，所以在不考虑趋肤效应的情况下，认为在厚度方向上温度是均匀的。

（3）桥箔密度在爆发前为常数，此时密度的作用主要体现在计算箔桥质量及形成金属蒸气的压力上，爆发后密度变化。

（4）热容 C_V 与温度的关系熔化前由实验确定，熔化时由 Grover 液态金属状态方程计算得到，温度更高时，由考虑电子贡献的理想气体定律计算得到。

（5）假设加热过程在等容条件下进行，由于本书研究的桥箔爆炸时间小于 0.4 μs，熔化到爆炸的时间间隔小于 0.2 μs，因此在这样一个相对短的时间范围内，定容的假设在物理上是合理的。

（6）忽略热传导和热辐射。

2. 金属箔电爆炸过程的数学模型

在 FIRESET 模型中，没有考虑桥箔长宽的影响，电流为集总电流。而对于考虑长宽变化时，由于电流分布不均匀，导致桥箔温度不均匀，从而会出现桥箔某一点首先爆炸。因此必须考虑电位分布，以确定给定时刻的电流分布。根据实际情况，桥箔是由两端等腰梯形的“地”和中间方形的“桥”两部分组成，如图 3.35 所示。

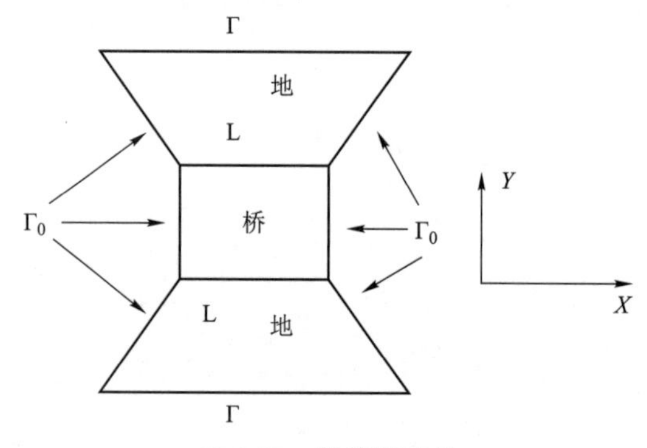

图 3.35　桥箔的形状

把桥箔在 Y 方向上的电位归一化，归一化电位由如下方程定义：

$$-\mathrm{grad}\,\varphi = E \tag{3-59}$$

式中，E 为导体中电场的强度；φ 为归一化电位。归一化电位在桥箔区域上满足第二类椭圆型偏微分方程：

$$\mathrm{div}(\sigma\,\mathrm{grad}\,\varphi)=0 \tag{3-60}$$

式中，σ 为金属桥箔的电导率。式（3-59）在桥箔区域上可以改写为

$$\frac{\partial}{\partial x}\left(\sigma\frac{\partial\varphi}{\partial x}\right)+\frac{\partial}{\partial y}\left(\sigma\frac{\partial\varphi}{\partial y}\right)=0 \tag{3-61}$$

边界条件：

$$\text{L：}\left(\sigma\frac{\partial\varphi}{\partial v}\right)^{-}=\left(\sigma\frac{\partial\varphi}{\partial v}\right)^{+}=0 \tag{3-62}$$

$$\Gamma_0:\ \frac{\partial\varphi}{\partial v}=0 \tag{3-63}$$

$$\Gamma:\ \varphi_{y=0}=0,\ \varphi_{y=1}=1 \tag{3-64}$$

式中，v 为边界 Γ_0 的外法线方向。

通过求解归一化电位，可以进一步求解在归一化下的电流密度 $\vec{j}$ 和回路电流 $\vec{I}$ 。在归一化下的电流密度为

$$\vec{j}=\sigma\mathrm{grad}\,\varphi \tag{3-65}$$

在归一化下的回路电流为

$$\vec{I}(t)=d\int_0^w j^x\mathrm{d}y \tag{3-66}$$

非线性电阻元件的电阻为

$$R=\frac{1}{\vec{I}(t)} \tag{3-67}$$

回路电流由以下差分方程：

$$L\frac{I^{n+1}-I^n}{\Delta t}+RI^{n+1}+R_0I^{n+1}=\frac{1}{C}\left(Q^n-\frac{1}{2}(I^{n+1}+I^n)\bullet\Delta t\right) \tag{3-68}$$

得到，由此求出第 $n+1$ 时刻的电流 I^{n+1} 。在初始时刻 $n=0$，$I=0$，$Q=Q_0$。

加在桥箔上的瞬时电压为

$$U(t)=I(t)R(t) \tag{3-69}$$

桥箔上的瞬时功率为

$$P(t)=I(t)U(t) \tag{3-70}$$

实际的电流密度为

$$J=[I(t)/\vec{I}(t)]\vec{j} \tag{3-71}$$

桥箔的比作用量为

$$g(t)=\int_0^t\frac{1}{A^2}I^2(\tau)\mathrm{d}\tau \tag{3-72}$$

式中，A 为导体的横截面积。

温度随时间的变化率为

$$\mathrm{d}T/\mathrm{d}t=\frac{1}{C_\mathrm{V}(t)\rho(t)\sigma(t)}J^2(t) \tag{3-73}$$

式中，C_V 为定容热容；ρ 为桥箔的密度；σ 为电导率。求解上述方程组可以得到在桥箔不同位置温度分布和爆发点的位置。

3. 金属箔电爆炸过程电导率

在上一节模型中 C_V、ρ、σ 是重要的物理参量，其中电导率在桥箔的加热过程中随着金

属相态的变化也发生着剧烈变化。在数值模拟过程中，研究电导率随温度变化的关系就尤为重要。下面将对电阻率的变化进行详细分析。

1）桥箔加热初始阶段电阻率随温度的变化

所有金属的电导率在一定的温度范围内都随温度的升高而降低。研究表明，几乎所有金属导体的电导率都与温度之间近似地有如下关系：

$$\sigma = \sigma_0[1+\alpha(T-T_0)]^{-1} \tag{3-74}$$

即电阻率与温度成非线性关系。其中 σ_0 是在温度 T_0 时的电导率，α 是电阻率随温度的变化率。常用的桥箔材料是 Cu、Al、Au，它们的这三个常数值见表 3.17。

表 3.17　常用桥箔材料常数

材 料	σ_0 /（$\times 10^8\ \Omega^{-1}\cdot m^{-1}$）	T_0/K	α
铜（Cu）	0.8	250	0.005 4
铝（Al）	0.4	275	0.005 0
金（Au）	0.5	300	0.008 0

例如，在此阶段铜的电导率为

$$\sigma = \frac{10^8}{1.25+0.006\,75(T-250)} \tag{3-75}$$

对铜和铝的电导率实验和计算表明，当温度 T<3 000 K 时，其电导率与温度的关系可以与式（3−74）很好地近似。

2）桥箔本征爆炸阶段

强电流脉冲加热铜箔或铝箔金属使温度从 3 000 K 上升到约 8 000 K 的过程中，对应金属从汽化的亚稳态向平衡两相态的剧烈转变，该相变伴随着由密度的热力学涨落增强而引起金属导电性急剧降低。这个过程中金属的电导率可按式（3−75）估计：

$$\sigma = \frac{n_e}{n_a^2\cdot\gamma_v\cdot z\cdot T} \tag{3-76}$$

式中，n_e 为电子浓度，由下式确定：

$$n_e = \frac{\sqrt{2}}{\pi^2}vT^{\frac{3}{2}}F_{1/2}\left(\frac{\mu}{kT}\right) \tag{3-77}$$

式中，v 表示比容，在此阶段金属膨胀的影响比较明显，假定比容在汽化开始后随温度成线性膨胀，即

$$v = \beta(T-T_1)+v_0 \tag{3-78}$$

对铜来说，β 的估算值为 2.55×10^{-6}，T_1 为 3 000 K，v_0 为铜在常态下的比容 0.11 cm^3/g。T 表示温度。$F_{1/2}\left(\frac{\mu}{KT}\right)$ 是费米−狄拉克（Fermi−Dirac）函数，即

$$F_j\left(\frac{\mu}{KT}\right) = \int_0^\infty \frac{t^j\,dt}{1+\exp(t-\mu/(KT))} \tag{3-79}$$

式中，μ 为金属的化学势，铜的化学势为

$$\mu = \mu_0\left(1 - \frac{\pi^2}{12}\left(\frac{KT}{\mu_0}\right)^2\right) \tag{3-80}$$

式中，K 为玻耳兹曼常量；μ_0 为铜在零温度时的化学势，即 $\mu_0 = 7.04\ \text{eV}$。

n_a 为原子浓度，由下式确定：

$$n_a = 3.0 \cdot (2.0\pi \cdot T)^{1/2} \cdot k / (5 \cdot \pi \cdot a_0^2 \cdot n_e) \tag{3-81}$$

k 为修正系数，对铜估算值为 $234.0\ \Omega^{-1} \cdot \text{m}^{-1}$；$a_0$ 为波尔半径，即

$$a_0 = \frac{h^2}{m_e e^2} \tag{3-82}$$

式中，h 表示普朗克常量；m_e 表示电子质量；e 表示基本电荷。

γ_v 为金属体积膨胀系数，对于铜 $\gamma_v = 6.8 \times 10^{-4}\ \text{g/J}$；$z$ 为离子等效电荷。

利用上述各变量代入式（3－75）就能求出不同温度下桥箔的电导率。

3）等离子体阶段

在强电流脉冲迅速加热情况下，桥箔迅速汽化而膨胀，当密度降到一定程度时，在强电场的作用下，部分气体开始电离，形成的有自由电子气简并部分电离的稠密等离子体，为此采用适合固态、凝聚态、稠密等离子的 Lee－More 模型[28]，其形式为

$$\sigma = (n_e e^2 \tau / m_e) A^{\alpha} (\mu / (KT)) \tag{3-83}$$

式中，n_e 为电子浓度。根据 Saha 电离平衡方程和自由电子态密度 $8\pi p^2 \text{d}p / h^2$，考虑费米－狄拉克分布后，最终确定此阶段电子浓度 n_e 表达式为

$$n_e = 4\pi\left(\frac{2m_e kT}{h^2}\right)^{3/2} F_{1/2}\left(\frac{\mu}{kT}\right) \tag{3-84}$$

e 为电子电量，τ 为电子能量弛豫时间，对部分电离等离子体要考虑简并效应，于是

$$\tau = \frac{3\sqrt{m_e}(kT)^{3/2}}{2\sqrt{2}\pi e^4 Z^2 n_i \ln \Lambda}\left[1 + \exp\left(-\frac{\mu}{KT}\right)\right] F_{1/2}\left(\frac{\mu}{KT}\right) \tag{3-85}$$

式中，n_i 为离子数密度；$\ln \Lambda$ 是库仑对数。

$$\ln \Lambda = \frac{1}{2}\ln\left(1 + \frac{b_{max}}{b_{min}}\right) \tag{3-86}$$

b_{max} 和 b_{min} 分别为最大和最小碰撞参数，形式为

$$b_{max} = \lambda_{DH} \tag{3-87}$$

$$\frac{1}{\lambda_{DH}^2} = \frac{4\pi e^2}{k}\left[\frac{n_e}{T_e}\left(1 + \frac{T_F^2}{T^2}\right)^{-1/2} + \frac{Z^2 n_i}{T}\right] \tag{3-88}$$

$$b_{min} = \max\left[\frac{Ze^2}{m_e v}, \frac{h}{2m_e v}\right] \tag{3-89}$$

式中，T_F 是费米温度：

$$T_F = E_F / k \tag{3-90}$$

$$E_F = \frac{h^2}{2m_e}\left(\frac{3n_e}{8\pi}\right)^{2/3} \tag{3-91}$$

对于铜箔来说，b_{min} 应取后者，即

$$b_{min} = \frac{h}{2m_e v} \tag{3-92}$$

系数 A^α 可由费米–狄拉克积分来表示：

$$A^\alpha\left(\frac{\mu}{kT}\right) = \frac{4}{3}\frac{F_3}{[1+\exp(-\mu/(kT))](F_{1/2})^2} \tag{3-93}$$

将上述关系式整理化简后得

$$\sigma = \frac{32.8\times10^{22}T^3(1+\exp(-\mu/(kT)))F_{1/2}F_3}{n_e\left(51.635-\frac{1}{12}\ln n_e\right)} \tag{3-94}$$

综上所述，铜的电导率与温度的关系可归纳为以下三个式子：

$$\sigma = \begin{cases} \dfrac{10^8}{1.25+0.006\,75(T-250)}, & 300\text{K} \leqslant T \leqslant 3\,000\text{K} \\ \dfrac{n_e}{n_a^2 \cdot \gamma_v \cdot z \cdot T}, & 3\,000\text{K} \leqslant T \leqslant 8\,000\text{K} \\ \dfrac{32.8\times10^{22}T^3(1+\exp(-\mu/(KT)))F_{1/2}F_3}{n_e\left(51.635-\frac{1}{12}\ln n_e\right)}, & T > 8\,000\text{K} \end{cases} \tag{3-95}$$

图 3.36 表示铜的电导率随温度的变化关系，随着温度的升高，电导率迅速下降，当下降到某一值时，电导率开始增加，其分别对应于固态加热、熔化和等离子态电导率随温度的变化关系。

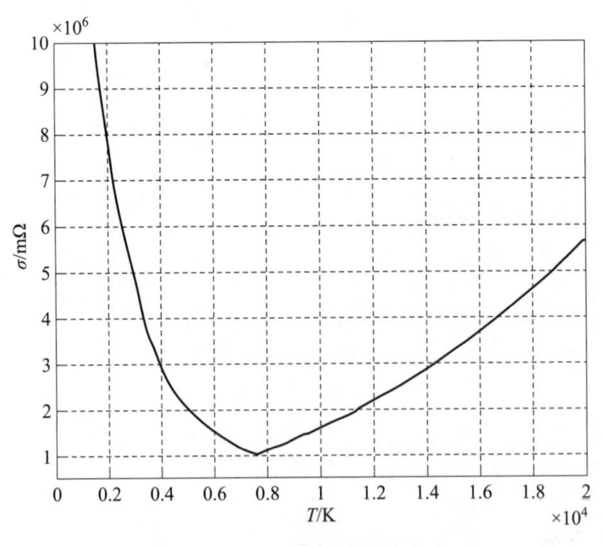

图 3.36　电导率随温度的变化关系

3.4.3.3　金属电爆炸数值模拟实验结果的对比分析

1. 铜材料的实验与数值模拟结果分析

利用已建立的二维数学模型，对文献中有实验条件的实验进行了数值模拟，比较数值模拟结果和实验结果的差别，并与 FIRESET 计算结果进行了对比，以判断两个模型的模拟准确度和使用条件。FIRESET 是目前模拟冲击片雷管预爆发阶段性能所普遍使用的一个软件，它的主要优点是数学模型简单易懂，模拟过程方便、快捷。本研究所采用的模型相对复杂，那么在保证模拟结果准确度的情况下，尽可能使用简单模型，以方便工程设计中的应用。

图 3.37～图 3.40 和表 3.18 是一组实验参数与用本章模型和 FIRESET 模型计算得到数据的比较。电路参数：电压 7.3 kV，电容 0.25 μF，电感 215 nH，线路电阻 0.323 Ω。桥箔尺寸：A 为 0.4 mm×0.4 mm×5 μm；B 为 0.8 mm×0.8 mm×5 μm；C 为 1.0 mm×1.0 mm×5 μm；D 为 1.17 mm×1.17 mm×5 μm。

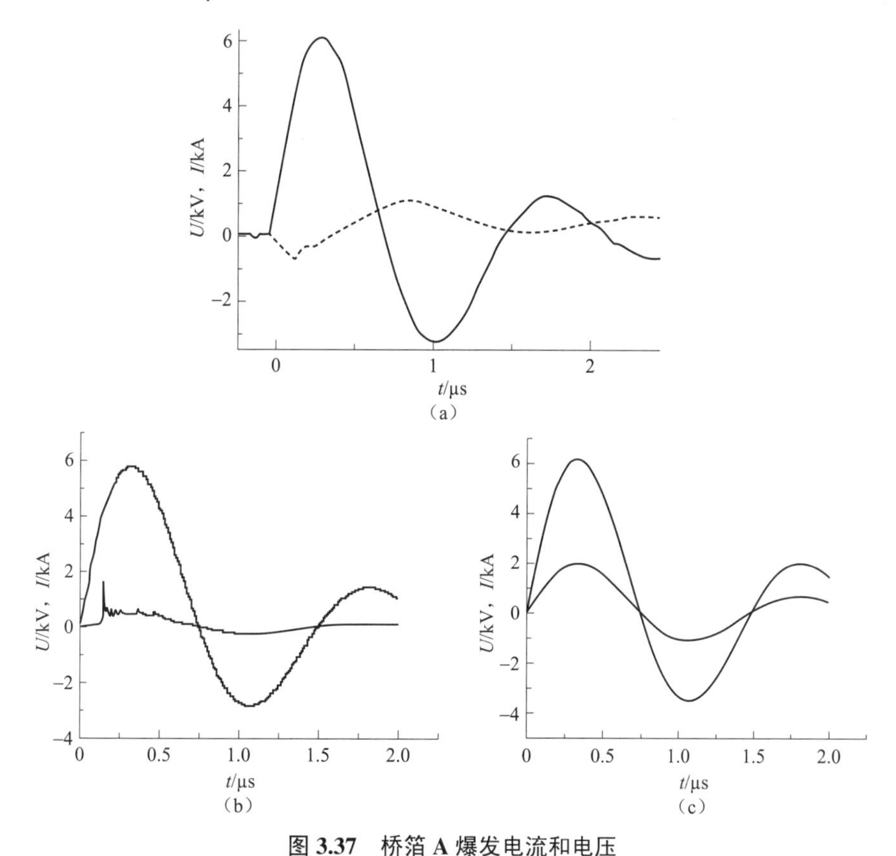

图 3.37　桥箔 A 爆发电流和电压

（a）桥箔 A 的电流－电压曲线实验值；（b）本书模型计算结果；（c）FIRESET 计算结果

从图 3.37～图 3.40 可以看出，二维模型与实验曲线在爆炸点附近电压曲线都有一个尖峰，二维模型更能够反映爆炸箔的爆发特性；而 FIRESET 计算得到的电压曲线比较平滑，没有尖峰的出现，不能够很好地反映出爆发点的位置。

表 3.18 和表 3.19 是 A、B、C、D 四个尺寸的桥箔实验与两个模型计算数据的比较。I_{b1} 为爆炸时电流实验值，I_{b2} 为爆炸时电流计算值，V_{b1} 为爆炸时电压实验值，V_{b2} 为爆炸时电压

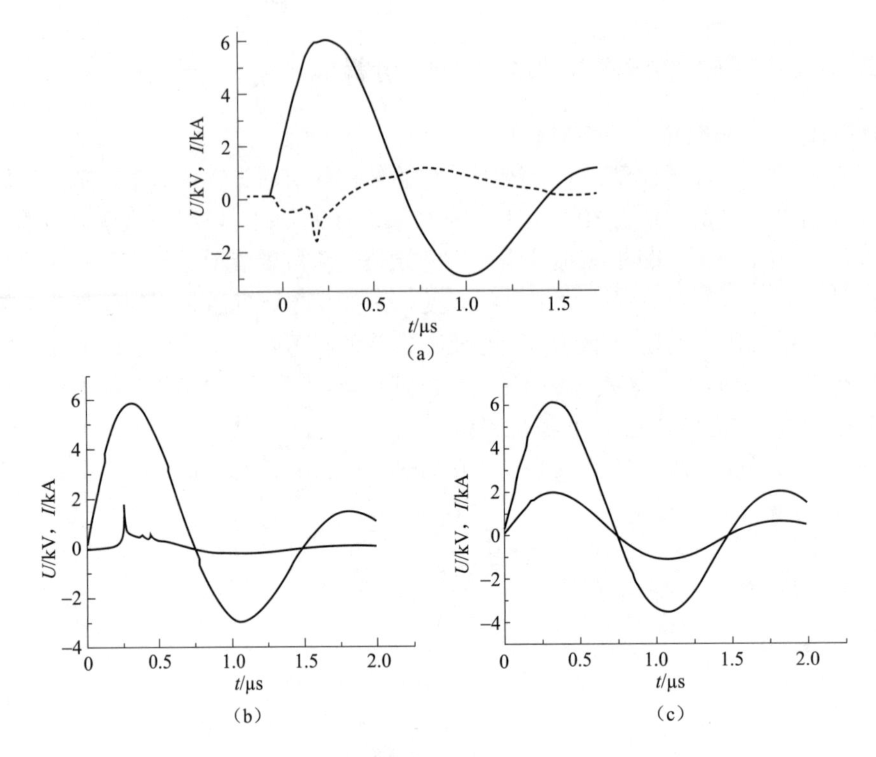

图 3.38　桥箔 B 爆发电流和电压

(a) 爆发电流 – 电压曲线实验值；(b) 桥箔 B 本书计算结果；(c) 桥箔 B FIRESET 计算结果

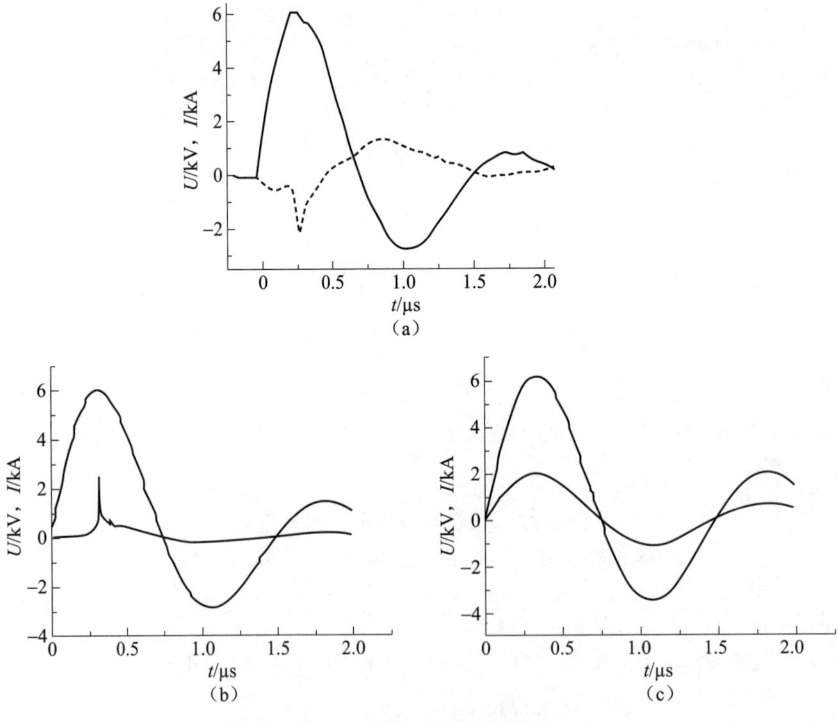

图 3.39　桥箔 C 爆发电流和电压

(a) 桥箔 C 的电流 – 电压曲线实验值；(b) 桥箔 C 本书计算结果；(c) 桥箔 C FIRESET 计算结果

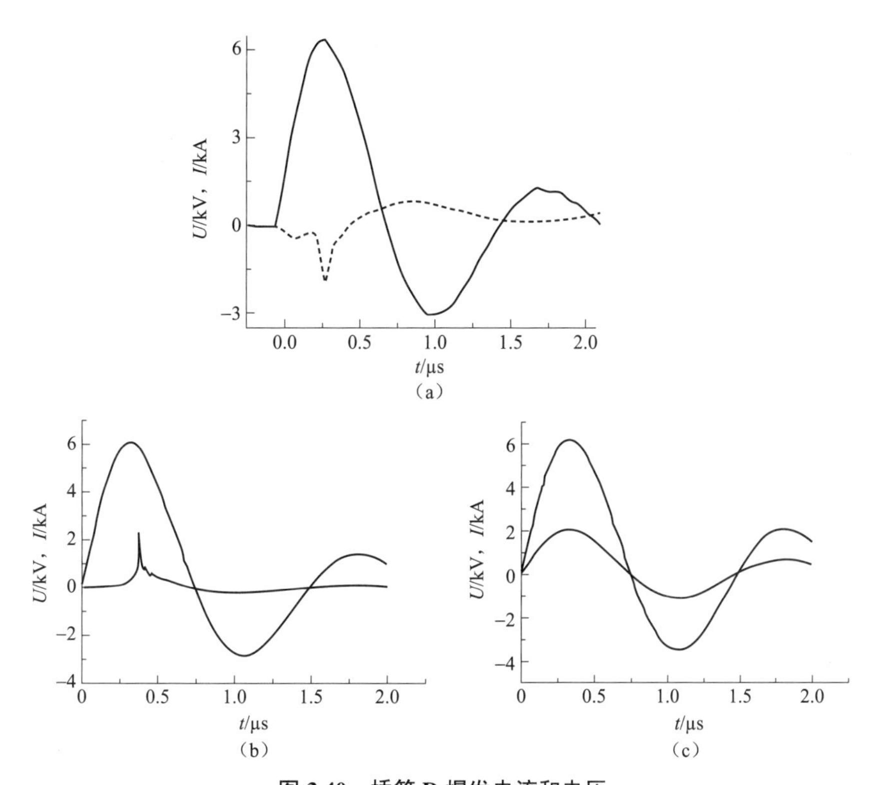

图 3.40 桥箔 D 爆发电流和电压

（a）桥箔 D 的电流 – 电压曲线实验值；（b）桥箔 D 本书计算结果；（c）桥箔 D FIRESET 计算结果

计算值，t_{b1} 为爆发时刻实验值，t_{b2} 为爆发时刻计算值，I_1 为峰值电流实验值，I_2 为峰值电流计算值，t_1 代表峰值时刻实验值，t_2 为峰值时刻计算值。

表 3.18 不同尺寸桥箔条件下模拟计算与实验值的比较

桥箔类型	I_{b1}/kA	I_{b2}/kA	V_{b1}/kV	V_{b2}/kV	t_{b1}/ns	t_{b2}/ns	I_1/kA	I_2/kA	t_1/ns	t_2/ns
A	4.08	4.17	1.47	1.63	152	149	6.13	5.80	334	322
B	5.82	5.68	2.13	2.26	246	253	6.10	5.82	298	315
C	6.20	5.95	2.45	2.44	301	317	6.34	5.98	295	304
D	6.40	5.81	2.40	2.31	350	371	6.60	6.04	330	317

表 3.19 不同尺寸桥箔条件下 FIRESET 模型与实验值的比较

桥箔类型	I_{b1}/kA	I_{b2}/kA	V_{b1}/kV	V_{b2}/kV	t_{b1}/ns	t_{b2}/ns	I_1/kA	I_2/kA	t_1/ns	t_2/ns
A	4.08	6.15	1.47	2.00	152	328	6.13	6.15	334	328
B	5.82	6.15	2.13	2.00	246	329	6.10	6.15	298	328
C	6.20	6.15	2.45	2.00	301	330	6.34	6.15	295	329
D	6.40	6.15	2.40	2.01	350	320	6.60	6.15	330	328

表 3.20　两种模型的误差分析

桥箔类型	爆发电流	爆发电流 FIRESET	爆发电压	爆发电压 FIRESET	爆发时间	爆发时间 FIRESET
A	0.022	0.5	0.11	0.36	0.02	1.15
B	0.024	0.057	0.06	0.06	0.028	0.34
C	0.04	0.008	0.004	0.18	0.053	0.096
D	0.092	0.039	0.037	0.16	0.06	0.086

从表 3.19 和表 3.20 中的数据可以看出，在厚度及电路参数不变的情况下，由于 FIRESET 假定比作用量不随桥箔尺寸变化，而比作用量又是电阻率、电流密度的函数，因此导致当正方形的桥箔从 0.4 mm 到 1.17 mm 变化时，爆发电流、时间、电压变化不大，整个计算的误差也比较大，不能很好地反映实际情况。

3.5　激光换能元

3.5.1　典型的激光换能元

激光换能元由光纤、光热含能材料和密封体构成。密封体由金属壳体支撑和约束光纤、含能材料和药剂，保证激光火工品的作用可靠性和安全性。但是一些激光发火试验装置也常常采用无约束结构。

（1）无约束结构：激光－聚焦透镜－药剂式，结构示意图如图 3.41 所示。

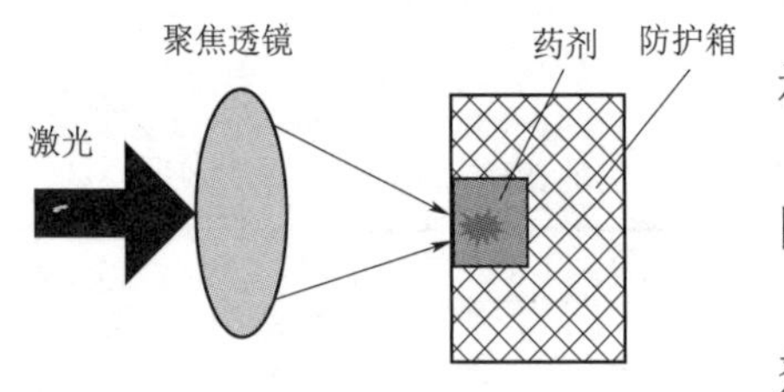

图 3.41　无约束激光换能元的结构

（2）有约束结构，可分为以下五种，结构示意图如图 3.42 所示。

① 激光－光纤－药剂式：激光通过光纤直接作用药剂，作用后光纤连接器会因高温高压的燃烧产物而受到不同程度的损伤，不能重复使用。

② 激光－光纤－光窗－药剂式，激光通过光纤，经过透光率很高的光窗作用药剂，光窗密封了药剂，同时也保护光纤不受损伤。

③ 激光－光纤－自聚焦透镜－光窗－药剂式：由于光纤输出有发散角，用自聚焦透镜可以将光纤输出的发散光聚焦到药剂表面，提高激光功率密度，提高激光换能效率。

④ 激光－光纤－光窗－介质薄膜－药剂式：介质薄膜分为绝热介质膜和功能介质膜。绝热介质膜是有机介质膜，如米拉膜，在光窗和药剂之间形成绝热层，可有效减少光热转换时的热散失，降低激光点火阈值能量。功能介质膜是金属薄膜，如铝或铜，膜层厚度范围为 0.8～1.0 μm，在高能激光作用下产生高速、高温等离子体，快速引燃或引爆药剂。

⑤ 激光－光纤－光窗－飞片－加速膛－药剂式：飞片结构包括发射层、能量截止层、飞片三层结构。飞片的作用是吸收、转化激光能量并向能量截止层单向泄放，可以采用铝、铜等材料。

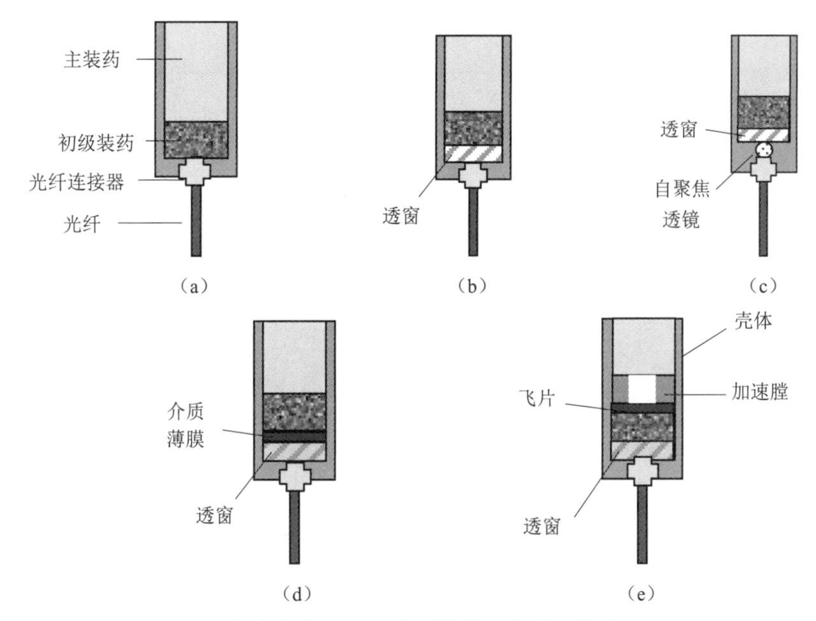

图 3.42　约束条件下五种典型的激光换能元结构示意图

(a) 激光–光纤–药剂；(b) 激光–光纤–透窗–药剂式；(c) 激光–光纤–自聚焦透镜–透窗–药剂式；(d) 激光–光纤–透窗–介质薄膜–药剂式；(e) 激光–光纤–透窗–飞片–加速膛–药剂式

其中，激光–光纤–药剂式简称为光纤式换能元，激光–光纤–透窗–药剂式简称为光窗式换能元。激光换能元的实物如图 3.43 所示。

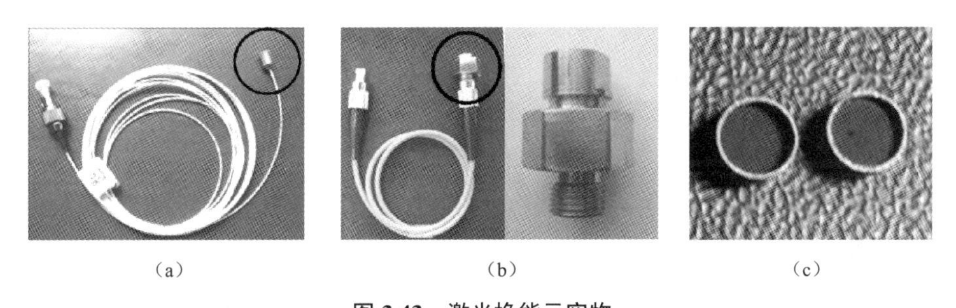

图 3.43　激光换能元实物

(a) 光纤式；(b) 光窗式；(c) 无约束式

3.5.2　激光能量传输规律研究

3.5.2.1　温度对光缆的耦合传输效率影响

1. 温度对光缆器件的耦合传输效率影响

激光火工品光能传输与隔断原理研究用半导体激光器和固体激光器的输出光束是多模、大功率、高能量激光，对国内外光纤生产厂家的产品进行技术调研，激光火工品系统通常采用的光纤规格、牌号如表 3.21 所示。美国、德国的光纤厂家产品的几何尺寸偏差小、质量稳定、性能可靠，但价格较高；国产ϕ100/140、NA0.275、渐变光纤生产工艺较为成熟，传输损耗低，其他 5 种阶跃光纤为国内新研制产品，性能与国外同类产品相当，价格较低。

表 3.21　激光火工品常用光纤一览表

序号	规格/μm	数值孔径/NA	折射类型	生产厂商	备注
1	ϕ62.5/125	0.275	渐变	美国 Corning 公司	
2	ϕ100/125	0.220	渐变	美国 Corning 公司	
3	ϕ100/140	0.220	渐变	美国 Corning 公司	
4	ϕ100/140	0.294	渐变	美国 Corning 公司	
5	ϕ100/140	0.365	阶跃	美国 3M 公司	
6	ϕ100/140	0.275	渐变	国产	
7	ϕ105/125	0.220	阶跃	国产	
8	ϕ200/240	0.220	阶跃	美国 3M 公司	
9	ϕ200/480	0.220	阶跃	德国	
10	ϕ250/275	0.220	阶跃	国产	
11	ϕ280/308	0.220	阶跃	国产	
12	ϕ360/396	0.220	阶跃	国产	
13	ϕ400/440	0.220	阶跃	国产	
14	ϕ400/480	0.220	阶跃	德国	
15	ϕ600/750	0.160	阶跃	美国 3M 公司	
16	ϕ200/240	0.220	阶跃	美国 Thorlabs 公司	

光缆接头通常选用 FC/PC 标准接头和 SMA 标准接头。以下定义几种光缆：A 型光缆——用国产ϕ100/140、NA0.275、渐变光纤，FC/PC 标准接头制成的光缆；B 型光缆——用国产ϕ105/125、NA0.220、阶跃光纤，FC/PC 标准接头制成的光缆；C 型光缆——用 Thorlabs 公司ϕ105/125、NA0.220、阶跃光纤，FC/PC 标准接头制成的光缆；D 型光缆——用国产ϕ280/308、NA0.220、阶跃光纤，SMA905 标准接头制成的光缆。

在－45～65 ℃环境条件下，进行了温度对 A 型光缆传输损耗的影响试验，将取得的试验数据做成温度与耦合效率关系曲线如图 3.42 所示。

从图 3.44 看出，在－10～65 ℃温度范围内，光缆的耦合传输效率基本不变。低于－10 ℃后，耦合传输效率明显下降。经分析主要原因是光缆的光纤芯、成缆包覆材料以及光缆接头的收缩率不同，由于光纤芯收缩率低，护套管收缩率高，在温度应力作用下，引起光纤芯微弯曲增多，导致传输效率下降。加之 FC/PC 光缆接头各零部件之间相对位移，使光纤芯同轴性、光纤端面接触面积、光纤端面之间的间隙发生变化，使光缆耦合效率下降。

用图 3.42 的试验数据，经数学处理，得到 A 型光缆的在温度－45～65 ℃范围内对耦合传输效率影响的半经验公式为

$$\eta_{\mathrm{T(A)}} = f(T) = \frac{98.4667 + 2.7302T + 0.0168T^2}{1 + 0.0261T + 0.0002T^2} \tag{3-96}$$

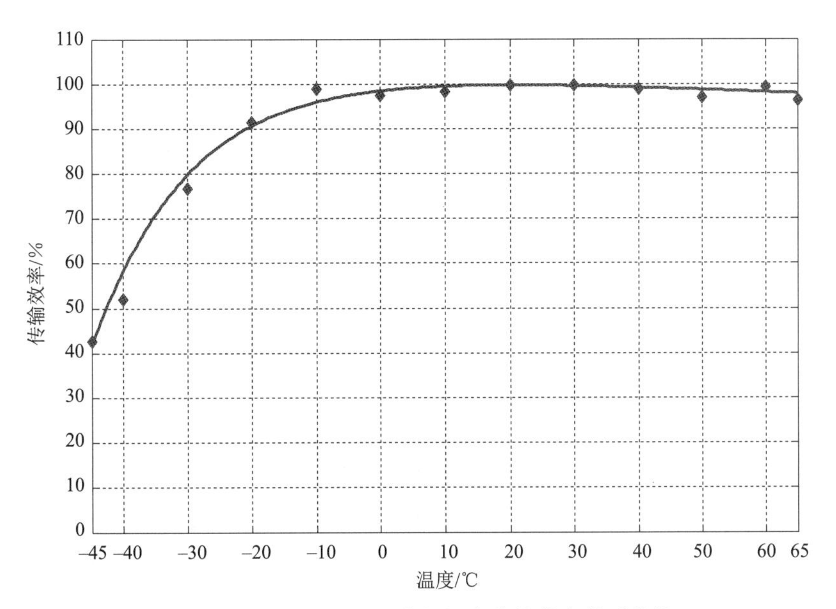

图 3.44　A 型光缆的温度与耦合传输效率关系曲线

经分析，用不同规格、不同厂家的光纤制成的光缆，在低温下耦合传输效率会有不同的变化。对 A 型光缆、B 型光缆和 C 型光缆，在低温 −45～20 ℃下进行了耦合传输试验，考核对象包括光缆和接头，取得试验结果见图 3.45。

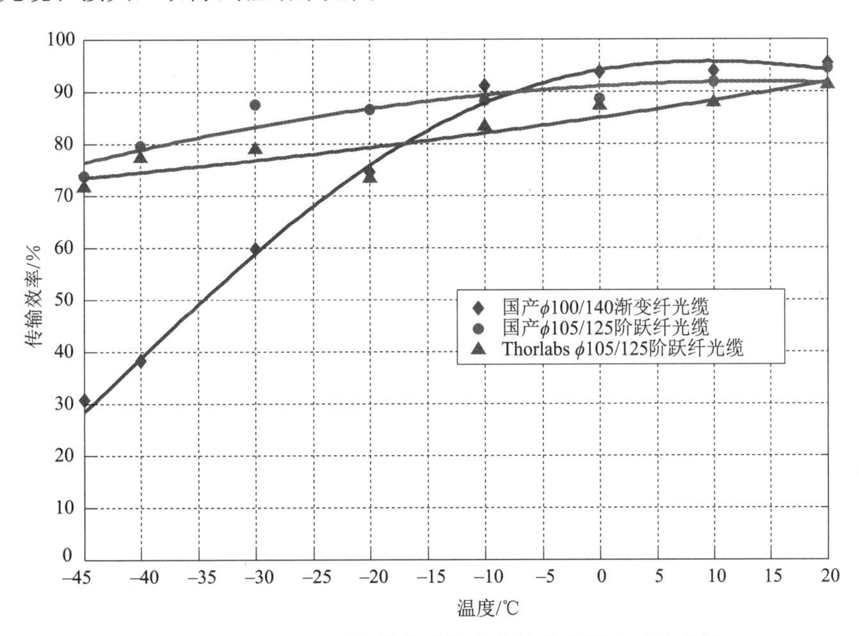

图 3.45　低温对三种规格光缆耦合传输效率影响对比曲线

从图 3.43 看出，B 型光缆与 C 型光缆性能相近，在 −45～20 ℃温度范围内，光纤耦合传输效率下降了约 20%。而渐变光缆在此温度范围内的耦合传输效率下降了 65%，温度对耦合传输效率影响显著。

用图 3.45 的试验数据，经数学处理，得到低温对三种规格光缆耦合传输效率影响半经验

公式为

$$\eta_{T(A)} = f(T) = \frac{94.0019 + 1.5617T}{1 + 0.0126T + 0.0002T^2} \tag{3-97}$$

$$\eta_{T(B)} = f(T) = \frac{89.17420407 + 4.424374416T + 0.059260529T^2}{1 + 0.047246944T + 0.000516072T^2 - 0.00000024T^3} \tag{3-98}$$

$$\eta_{T(C)} = f(T) = \frac{84.9279 - 0.0861T}{1 - 0.0047T} \tag{3-99}$$

2. 温度对光缆线的耦合传输效率影响

从上述试验看出，温度对带接头的光缆耦合传输效率有一定影响，接头装配工艺与所使用的材料在低温下的变化，导致耦合效率下降。为了进一步研究光缆的组成部件在低温下的性能变化，在−45～20 ℃环境条件下，进行了温度对 A 型渐变光纤、B 型和 C 型阶跃光纤制成的光缆线传输损耗的影响试验。温度试验的考核对象为由光纤芯、芳纶缓冲层和外护套管组成的光缆线，但不包括接头。取得试验结果见图 3.44。

从图 3.44 看出，三种规格的光缆线在−20 ℃以后，耦合传输效率出现了不同程度的下降。其中 B 型阶跃纤光缆线传输效率下降了约 8%，C 型阶跃纤光缆线传输效率下降了约 20%，而 A 型渐变纤光缆线在此温度范围内的耦合传输效率下降了约 30%，温度对光缆线耦合传输效率影响显著。经分析，主要原因是外护套管在低温下收缩导致光纤芯弯曲，造成传输损耗增大。

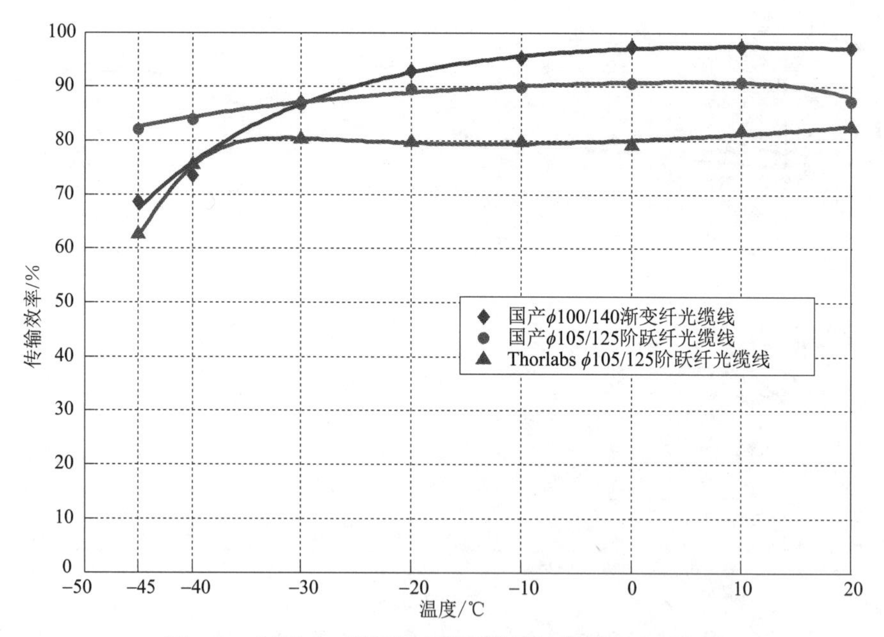

图 3.46 低温对三种规格光缆线传输效率影响对比曲线

用图 3.46 的试验数据，经数学处理，得到低温对三种规格光缆线耦合传输效率影响半经验公式为

$$\eta'_{T(A)} = f(T) = \frac{97.0530 + 1.5840T}{1 + 0.0155T + 0.0004T^2} \tag{3-100}$$

$$\eta'_{\mathrm{T(B)}} = f(T) = \frac{90.792\,2 - 2.300\,9T - 0.044\,243T^2}{1 - 0.025\,8T - 0.000\,44T^2} \tag{3-101}$$

$$\eta'_{\mathrm{T(C)}} = f(T) = \frac{80.096\,619 + 3.300\,942T + 0.035\,292T^2}{1 + 0.040\,08T + 0.000\,365T^2 - 0.000\,000\,124T^3} \tag{3-102}$$

3. 温度对光缆接头的耦合传输效率影响

从图 3.45 与图 3.46 对比看出，在低温下，接头对光缆的耦合传输效率影响明显，为了进一步分析研究接头对光缆耦合传输效率的影响，进行了光缆的大斜面 FC/PC 接头、SMA905 接头低温对比试验，试验结果见图 3.47。

从图 3.47 看出，接头种类不同，在低温条件下对光缆的耦合效率有不同程度的影响。B 型阶跃光纤、大斜面 FC/PC 接头在低温条件下，耦合效率变化不大，减小了约 20%；C 型阶跃光纤、大斜面 FC/PC 接头在低温条件下，耦合效率变化较小，减小了约 10%；SMA905 接头在低温条件下，耦合效率变化较大，减小了约 40%。

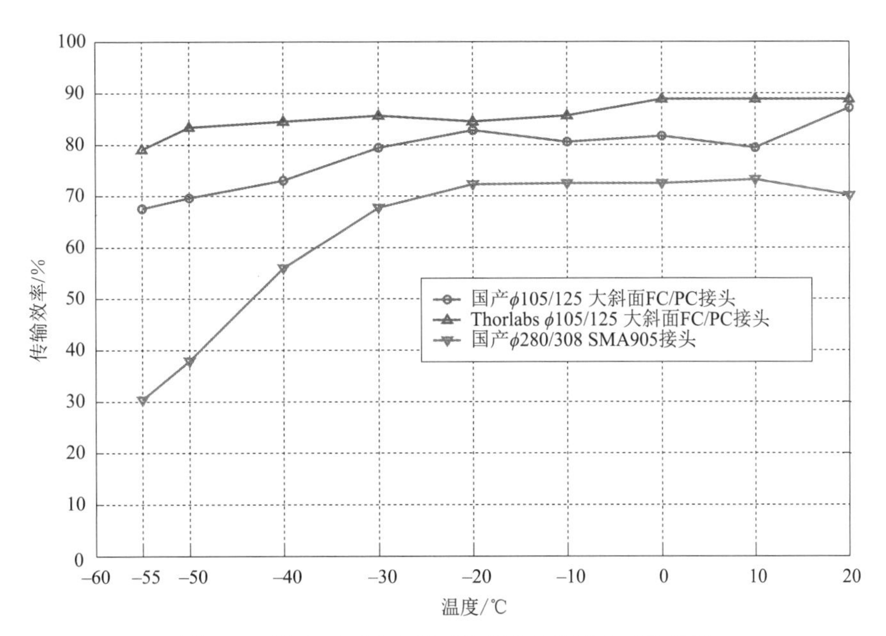

图 3.47 温度对三种光缆接头耦合效率影响对比曲线

4. 温度对裸纤的耦合传输效率影响

为了进一步分析在低温条件下芳纶缓冲层和外护套管对光缆线传输效率的影响，进行了 A 型渐变光纤、B 型阶跃光纤、C 型阶跃光纤和 3M ϕ100/140 NA0.365 阶跃光纤 4 种规格裸纤的低温传输试验，取得的试验结果如图 3.48 所示。

从图 3.46 看出，在低温下，裸纤的传输效率比较稳定。说明光缆的外护套管和接头对光缆的传输效率影响较大，应根据军品元器件的使用条件，设计研制军品专用光缆组件。

5. 温度对优化设计光缆的耦合传输效率影响

采用军品器件制作工艺，优化设计研制出 A 型、B 型、D 型光缆，在 −55～70 ℃温度范围内，进行了光缆的传输耦合试验，取得的结果如图 3.49 所示。

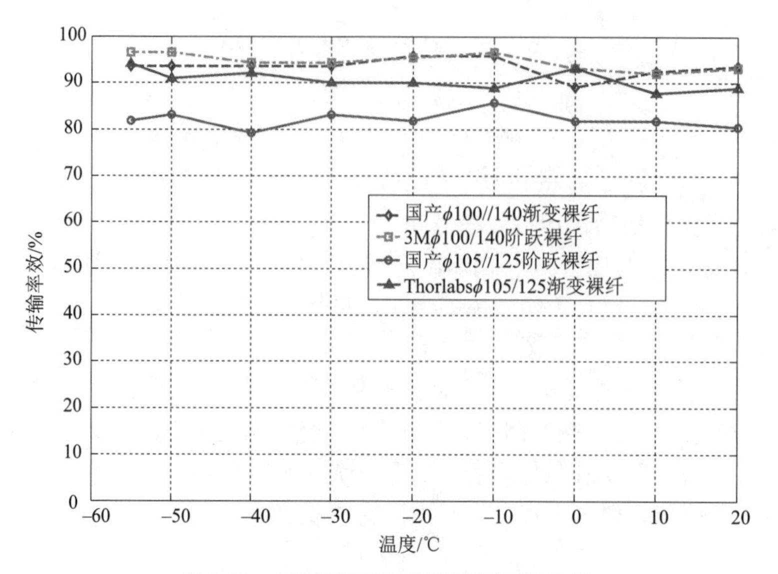

图 3.48　4 种裸纤低温传输损耗变化曲线

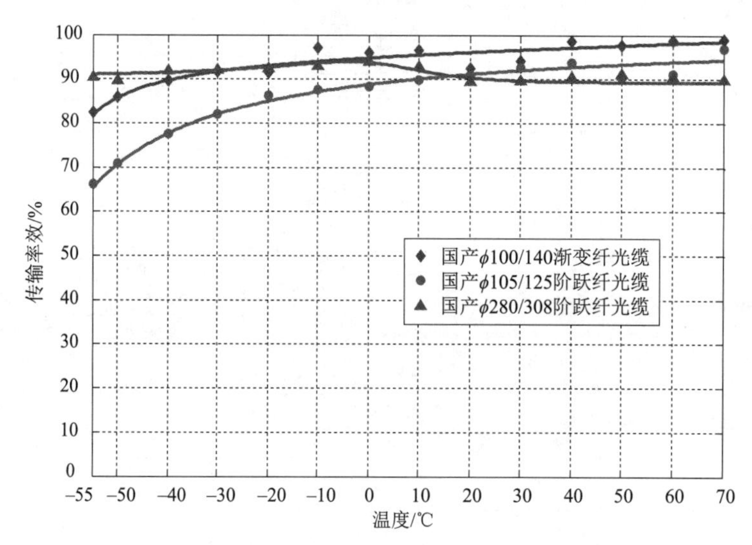

图 3.49　优化改进光缆的高低温传输试验结果

从图 3.49 的试验结果看出，经过优化设计后：

（1）A 型渐变光缆器件，可以满足 −40～70 ℃环境温度范围的使用要求。

（2）B 型阶跃光缆器件，可以满足 −20～70 ℃环境温度范围的使用要求。

（3）D 型阶跃光缆器件，可以满足 −55～70 ℃环境温度范围的使用要求。

用图 3.49 的试验数据，经数学处理，得到温度对三种规格优化改进光缆耦合传输效率影响半经验公式为

$$\eta_{\mathrm{T(AJ)}} = f(T) = (94.81 + 1.434T)/(1 + 0.014T) \tag{3-103}$$

$$\eta_{\mathrm{T(BJ)}} = f(T) = (88.813 + 1.211T)/(1 + 0.012T) \tag{3-104}$$

$$\eta_{\mathrm{T(DJ)}} = f(T) = \frac{65.346 - 1.034T + 0.174T^2}{1 - 0.014T + 0.003T^2} \tag{3-105}$$

3.5.2.2　光纤弯曲对激光能量传输效率的影响

光纤弯曲引起的能量损耗也是不可忽视的。随着光纤曲率的增大，光线在纤芯和包层界面上发生全反射的条件将难以满足，激光在光纤中传播时的散射和透射将越强，即能量损耗越大。

对于激光火工品系统中常用的阶跃折射光纤，通过光纤中心轴的平面都称为子午面，位于子午面内的光线则称为子午光线。根据光的反射定律，光线在光纤的纤芯–包层分界面反射时，其分界面法线就是纤芯的半径。因此，子午光线的入射光线、反射光线和分界面的法线三者均在子午面内，这是子午光线传播的特点，如图 3.50（a）所示。图中 n_1、n_2 分别为纤芯和包层的折射率，n_0 为光纤周围媒质的折射率，a 为纤芯半径，根据图 3.50（a），子午光线在光纤内传播时，单位长度内的光路长 L' 和全反射次数 q 分别为

$$L' = \frac{1}{\cos\theta} = \frac{1}{\sin\psi} \tag{3-106}$$

$$q = \frac{\tan\theta}{2a} = \frac{1}{2a\tan\psi} \tag{3-107}$$

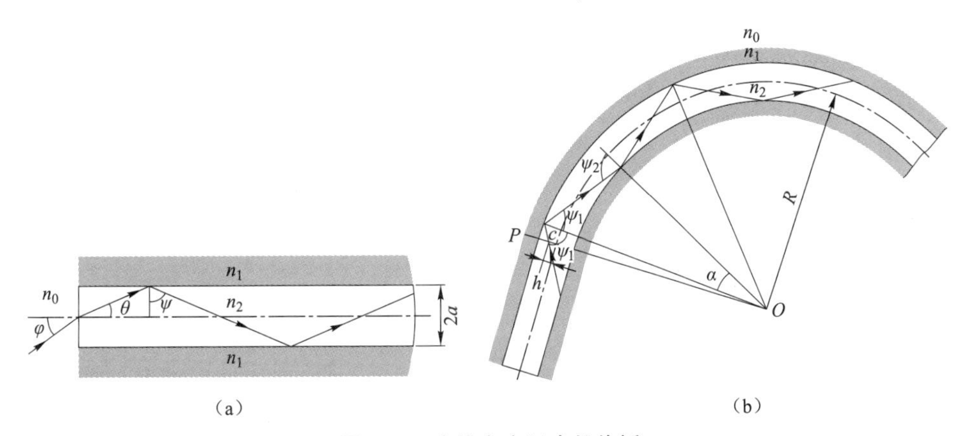

图 3.50　光线在光纤中的传播

（a）光线直线传播；（b）光线弯曲传播

实际使用中，光纤经常处于弯曲状态，这时其光路长度、数值孔径等诸参量都会发生变化，图 3.50（b）是光纤弯曲时光线的传播情况。设光纤在 P 处发生弯曲，光线在离中心轴 h 处的 c 点进入弯曲区域，两次全反射点之间的距离为 AB。利用图中的几何关系可得

$$L_0' = \frac{\sin\alpha}{\alpha}\left[1 - \frac{a}{R}\right]L' \tag{3-108}$$

式中，R 为光纤弯曲半径；L_0' 为光纤弯曲时单位光纤长度上子午光线的光路长度。由于 $\sin a / R < 1,\ a / R < 1$，因而有 $L_0' < L'$。这说明光纤弯曲时子午光线的光路长度减小了。与此相应，其单位长度的反射次数也变少了，即 $q_0 < q$。q_0 的具体表达式为

$$q_0 = \frac{1}{\dfrac{1}{\eta} + \alpha a} \tag{3-109}$$

利用图中的几何关系，还可求出光纤弯曲时孔径角ϕ_0的表达式为[29]

$$\sin\phi_0 = \frac{1}{n_0}\left[n_1^2 - n_2^2\left(\frac{R+a}{R+h}\right)^2\right]^{1/2} \tag{3-110}$$

由此可见，光纤弯曲时其入射端面上各点的孔径角不相同，沿光纤弯曲方向由大变小。

由上述分析可知，光纤弯曲时，由于全反射条件不满足，其透光率会下降。这时既要计算子午光线的全反射条件，又要推导斜光线（光纤中不在子午面内的光线）的全反射条件，才能求出光纤弯曲时透光量和弯曲半径之间的关系。相关研究表明，对于阶跃折射光纤缆而言，当$R/2a<50$时，透光量已开始下降；$R/2a\approx 20$时，透光量明显下降，说明大量光子已从光纤包层逸出，造成耦合传输效率明显下降。

3.5.2.3 光纤轴偏离对耦合效率的影响

1. 阶跃光纤耦合效率

对于阶跃光纤，光纤端面的激光能量分布基本是均匀的，所以存在轴偏离问题时，激光能量的耦合传输效率η_{step}可由入射光纤与接收光纤的重合面积与入射光纤的通光面积之比获得[30]，即

$$\eta_{\text{step}} = \frac{A_{\text{comn}}}{\pi a^2} \tag{3-111}$$

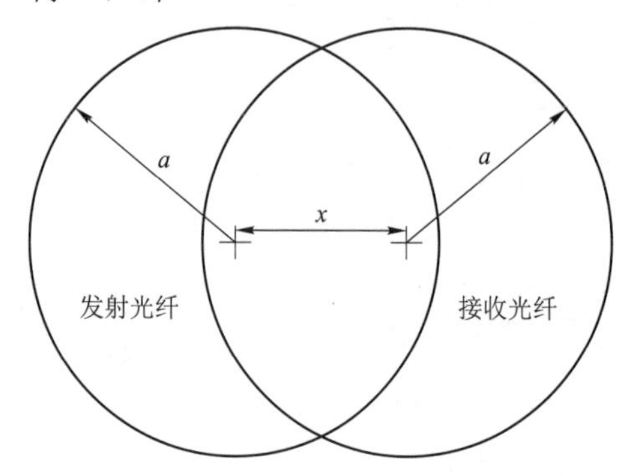

图 3.51　阶跃折射光纤轴偏离示意图

设入射光纤与接收光纤的规格相同，光纤芯半径为a，两光纤轴偏离为x（对于渐变折射光纤，这些假设一样），如图3.51所示。

接收光纤的通光面积为

$$A_{\text{comn}} = 2a^2\arccos\frac{x}{2a} - x\cdot\left[a^2 - \left(\frac{x}{2}\right)^2\right]^{1/2} \tag{3-112}$$

阶跃折射光纤轴偏离情况下的耦合效率为[30]

$$\eta_{\text{step}} = \frac{2}{\pi}\arccos\left(\frac{x}{2a}\right) - \frac{x}{\pi a}\left[1-\left(\frac{x}{2a}\right)^2\right]^{1/2} \tag{3-113}$$

假设光纤在等模式激励、等模式衰减下传输，发射光纤的光功率P_{t}则均匀地分布在各个模式光场中，当它与另一根光纤端面对接时，从发射光纤耦合到接收光纤中的光功率P_{h}便可能发生变化，根据GJB 1427A－99定义光纤耦合损耗L为

$$L = -10\lg\frac{P_{\text{h}}}{P_{\text{t}}} \tag{3-114}$$

根据几何光学知识，轴偏离情况下，阶跃光纤的耦合损耗为

$$L = -10\lg\frac{P_{\text{h}}}{P_{\text{t}}} = -10\lg\frac{A_{\text{comn}}}{\pi a^2} = -10\lg\left(\frac{2}{\pi}\arccos\left(\frac{x}{2a}\right) - \frac{x}{\pi a}\left[1-\left(\frac{x}{2a}\right)^2\right]^{1/2}\right) \tag{3-115}$$

2. 渐变光纤耦合效率

对于渐变折射光纤，以平方律光纤为例，根据几何光学原理，光纤端面的激光能量分布规律为

$$e(r)=e(0)\left[1-\left(\frac{r}{a}\right)^2\right] \tag{3-116}$$

式中，$e(0)$为光纤中心处的激光能量密度；$e(r)$为距光纤中心为r处的激光能量密度。

$$E=\int_0^{2\pi}\int_0^a e(r)r\mathrm{d}r\mathrm{d}\theta=\frac{\pi a^2}{2}\mathrm{e}(0) \tag{3-117}$$

对于图3.52所示的渐变折射光纤轴偏离问题，可分别计算重合部分A_1与A_2的激光能量耦合情况。

在A_1中，耦合传输激光能量为

$$E_1=\iint_{A_1}e(r)r\mathrm{d}r\mathrm{d}\theta=\iint_{A_1}e(0)\left[1-\left(\frac{r}{a}\right)^2\right]r\mathrm{d}r\mathrm{d}\theta \tag{3-118}$$

在A_2中，耦合传输激光能量为

$$E_2=\int_0^{\theta_1}\int_{r_1}^a e(r)r\mathrm{d}r\mathrm{d}\theta=2e(0)\int_0^{\theta_1}\int_{r_1}^a\left[1-\left(\frac{r}{a}\right)^2\right]r\mathrm{d}r\mathrm{d}\theta \tag{3-119}$$

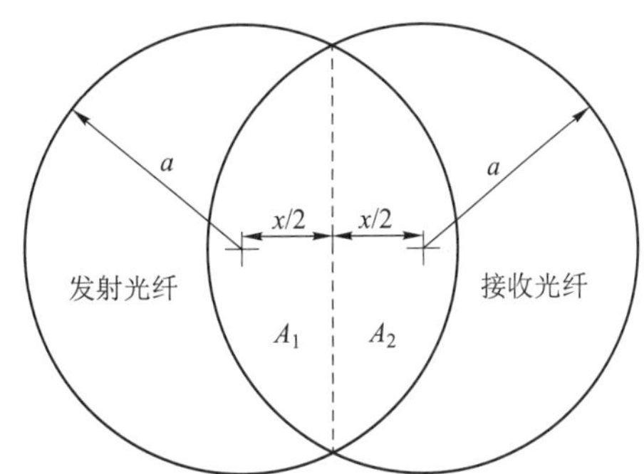

图3.52　渐变折射光纤轴偏离示意图

式中，$r_1=\dfrac{x}{2\cos\theta}$，$\theta_1=\arccos\dfrac{x}{2a}$，则

$$E_2=\frac{a^2}{2}e(0)\left\{\arccos\frac{x}{2a}-\left[1-\left(\frac{x}{2a}\right)^2\right]^{1/2}\frac{x}{6a}\left(5-\frac{x^2}{2a^2}\right)\right\} \tag{3-120}$$

渐变折射光纤轴偏离情况下的耦合效率为

$$\eta_{\text{grad}}=\frac{\iint_{A_1}e(0)\left[1-\left(\frac{r}{a}\right)^2\right]r\mathrm{d}r\mathrm{d}\theta}{\frac{\pi a^2}{2}e(0)}+\frac{2}{\pi}\left\{\arccos\frac{x}{2a}-\left[1-\left(\frac{x}{2a}\right)^2\right]^{1/2}\frac{x}{6a}\left(5-\frac{d^2}{2a^2}\right)\right\} \tag{3-121}$$

3.5.2.4　激光波长对光缆耦合效率的影响

用A型、B型、C型和D型光缆，对808 nm、980 nm、1 064 nm三种波长的激光能量传输效率进行了试验，取得的试验结果见表3.22。

表 3.22　不同规格光缆对三种波长激光耦合传输效率试验结果

规　格	传输效率/%		
	808 nm	980 nm	1 064 nm
ϕ100/140、NA0.275 渐变光纤	99.4	99.9	95.9
ϕ105/125、NA0.220 阶跃光纤	97.3	93.3	99.9
THORLABSϕ105/125、NA0.220 阶跃光纤	96.2	94.3	91.3
ϕ280/308、NA0.220 阶跃光纤	67.5	73.5	69.1

从表 3.22 试验结果看出，激光波长对耦合传输效率的影响不明显，但随着波长的增加耦合传输效率有下降趋势。

3.5.2.5　光纤端面角度对耦合效率的影响

光纤端面与其中心轴不垂直时，将引起光束发生偏折，这是研究工作中应注意的一个实际问题。图 3.53 所示为入射端面倾斜的情况，γ 是端面的倾斜角，α和α'是端面倾斜时光线的入射角和折射角。由图中几何关系得

$$\sin\gamma=\left[1-\left(\frac{n_0\sin\alpha}{n_1}\right)^2\right]^{1/2}\left[1-\left(\frac{n_2}{n_1}\right)^2\right]^{1/2}-\frac{n_0n_2}{n_1^2}\sin\alpha \tag{3-122}$$

上式说明，当 n_1，n_2，n_0 不变时，倾斜角 γ 越大，接收角α就越小。所以光纤入射端面倾斜后，要接收入射角为α的光线，所需孔径角要大于正常端面的孔径角。而光纤规格选定后，其孔径角为一固定值。端面有一定倾斜角的光缆比垂直端面光缆能够接收到的光线少，所以耦合传输效率降低。

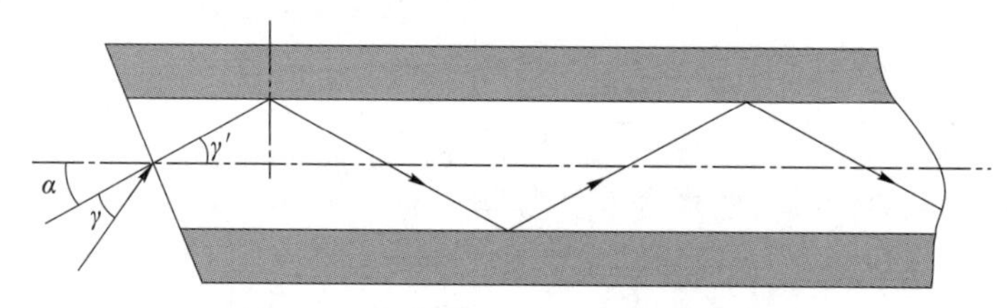

图 3.53　入射端面倾斜时光纤中的光路

用 B 型光纤，分别加工成 2°、4°、6°、8°、10°、12°斜面插针接头光缆。进行了光纤插针端面角度对耦合效率的影响试验，取得试验结果见图 3.54。其中试验 1 输入光缆采用 B 型光纤，其光纤插针端面为平面；试验 2 输入光缆采用 A 型光纤，其光纤插针端面为平面。

从图 3.54 试验结果看出，随着端面角度的增大，光缆的耦合传输效率总体上呈现下降趋势。用图 3.54 的试验数据，经数学处理，得到光纤端面倾斜角度对耦合传输效率影响的半经验公式如下：

与 A 型光纤耦合时：

$$\eta_{\gamma(A)}=f(\gamma)=82.758+4.033\cos\left(\frac{0.296(\gamma-2)\pi}{180}\right)-2.173\sin\left(\frac{0.296(\gamma-2)\pi}{180}\right)-$$
$$3.658\cos 2\left(\frac{0.296(\gamma-2)\pi}{180}\right)-1.068\sin 2\left(\frac{0.296(\gamma-2)\pi}{180}\right) \tag{3-123}$$

与 B 型光纤耦合时：

$$\eta_{\gamma(B)}=f(\gamma)=76.792+9.064\cos\left(\frac{0.296(\gamma-2)\pi}{180}\right)+1.069\sin\left(\frac{0.296(\gamma-2)\pi}{180}\right)+$$
$$0.258\cos 2\left(\frac{0.296(\gamma-2)\pi}{180}\right)-9.427\sin 2\left(\frac{0.296(\gamma-2)\pi}{180}\right) \tag{3-124}$$

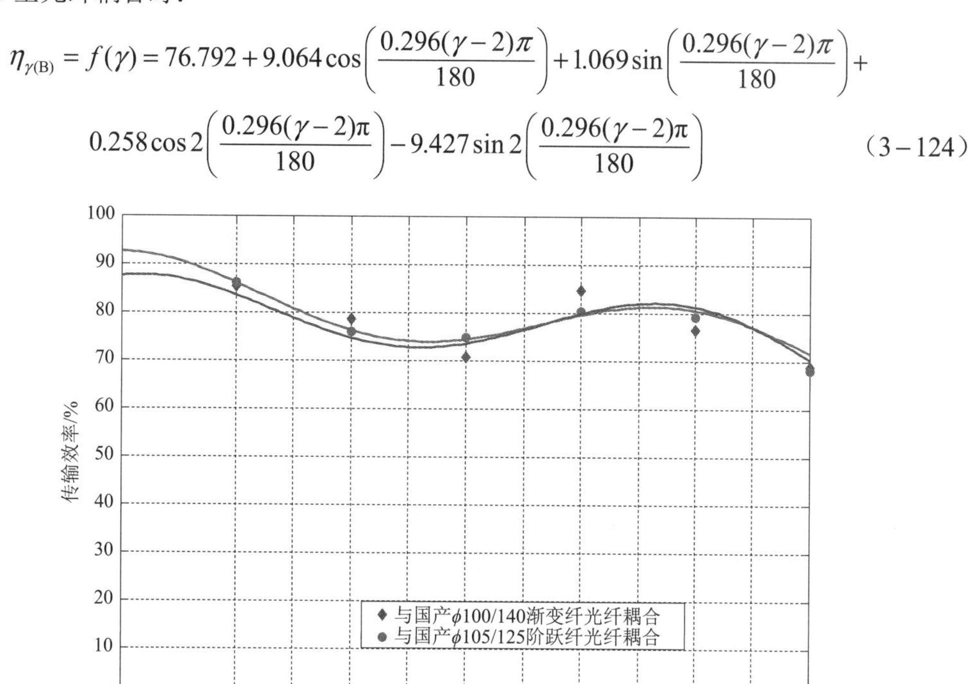

图 3.54　光缆端面斜度对耦合效率的影响

3.5.2.6　光纤端面间隙对耦合效率的影响

由于加工误差或制造工艺等因素的影响，相连接的两光纤端面间沿轴线方向可能会出现间隙，而在与光纤轴线垂直的方向即横向是对准的。相关文献给出了存在端面间隙情况下，两光纤对接的耦合效率为

$$\eta_z=f(z)\approx\frac{16n^2}{(1+n)^4}\left[1-\left(\frac{z}{4a}\right)n(2\varDelta)^{1/2}\right] \tag{3-125}$$

式中，假设光功率在光纤截面上的分布是均匀的，光强的角分布和偏振分布是均匀的，光纤的折射率分布也是均匀的。

其中，z 为端面间隙；$n=n_1/n_0$，n_1 是纤芯的折射率，n_0 是周围介质的折射率，若在光纤两端面之间加了匹配液 $n=1$，光纤两端面处于空气中时 $n=1.46$；$\varDelta=(n_1-n_2)/n_1$ 是芯包折射率差，n_2 是光纤包层的折射率；a 是光纤芯的半径。

根据式（3－125），随着两光纤端面间隙 z 的增大，两者间的耦合效率 η_z 是线性下降的。所以可以通过改变两光纤端面间隙 z 量值的方法，来实现对光纤传输系统的激光能量定量调节。

但是，由于式（3－125）是讨论通信用光纤的连接损耗时提出的，所以 z 的适用范围较小。若取 $n=1.46$，$\Delta=0.7\%$，$a=50\ \mu\text{m}$，那么按式（3－125），当 $z=\dfrac{4a}{n(2\Delta)^{1/2}}=\dfrac{4\times50}{1.46\times(2\times0.007)^{1/2}}=1\,083(\mu\text{m})$ 时，耦合效率 η_z 为 0。这显然是不可能的，因为两光纤是轴向对准的，沿光纤轴线传播的光线总是可以入射到接收光纤中。因此，需要针对激光火工品系统光纤能量传输情况，建立光纤端面间隙耦合效率计算新模型。

首先假设光功率在光纤截面上的分布是均匀的，光强的角分布和偏振分布是均匀的，光纤的折射率分布也是均匀的，且两光纤的规格相同。对于图 3.55 所示的一对光纤接头，端面间隙为 z，入射光纤输出端面的激光能量为 E，光束半径为 a，则激光能量密度为 $W_1=\dfrac{E}{\pi a^2}$。此光束到达接收光纤的输入端面时，光束半径扩大为 $a+z\tan\theta_a$，此时激光能量密度为 $W_2=\dfrac{E}{\pi(a+z\tan\theta_a)^2}$。其中，$\theta_a$ 为孔径角。

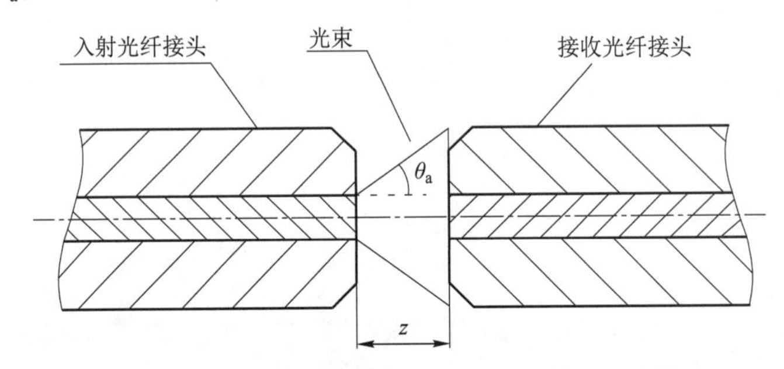

图 3.55　光纤接头端面间存在间隙时的对接情况

由于两光纤的规格相同，根据几何光学光路可逆性原理，接收光纤可接收入射到其端面部分的光束。两光纤间的耦合效率为

$$\eta_z=f(z)=\frac{a^2}{(a+z\tan\theta_a)^2} \tag{3-126}$$

由式（3－126）可知，当端面间隙 z 逐渐增大时，两光纤间耦合效率 η_z 逐渐降低，且 $z\to\infty$ 时，耦合效率 $\eta_z\to0$，这与实际情况相吻合。

采用 A 型光纤和 B 型光纤，进行了光纤端面间隙对耦合效率的影响试验，取得结果如图 3.56 所示。

从图 3.56 可以看出，随着光纤端面间隙的增大，其耦合传输效率逐渐趋近 0。所以在光缆对接时，应仔细检查法兰盘连接情况，确保两光纤端面可靠接触。

定义

$$\operatorname{erfc}(x)=\frac{2}{\sqrt{\pi}}\int_x^{\infty}\mathrm{e}^{-u^2}\mathrm{d}u \tag{3-127}$$

用图 3.54 的试验数据，经数学处理，可以得到光纤端面距离对耦合传输效率影响的半经验公式分别为

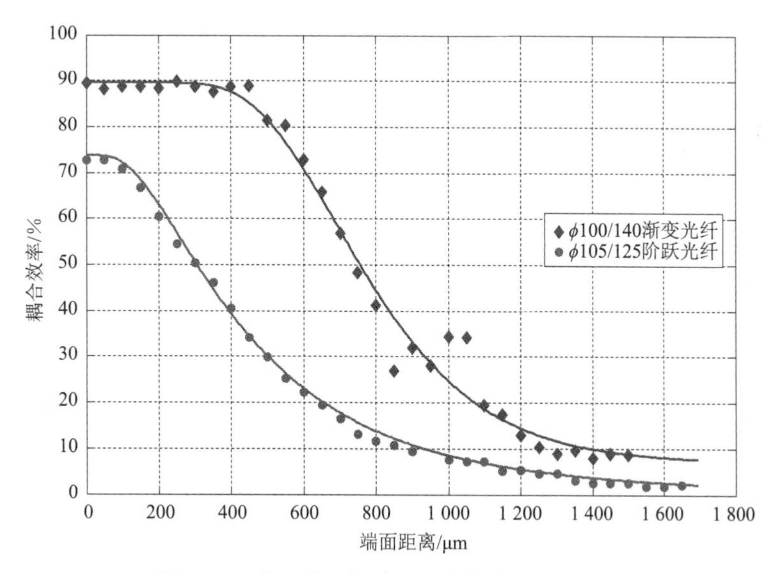

图 3.56 光纤端面间隙对耦合效率的影响曲线

$$\eta_{z(A)} = f(z) = 6.945 + \frac{82.670}{2}\mathrm{erfc}\left[\frac{-\ln\left(\frac{z}{769.616}\right)}{-0.332\sqrt{2}}\right] \tag{3-128}$$

$$\eta_{z(B)} = f(z) = 0.390 + \frac{73.378}{2}\mathrm{erfc}\left[\frac{-\ln\left(\frac{z}{421.9}\right)}{-0.707\sqrt{2}}\right] \tag{3-129}$$

3.5.2.7 光纤端面的污染损耗规律

在装配过程中的任意环节都有可能对光纤端面造成污染，污染物在光纤端面的发光界面上犹如一道屏障，降低输出激光的透光率从而引起失效，将由污染物引入的损耗称为污染损耗。这些污染物都是可清洁的，对光纤端面没有造成永久性损伤。

污染来源可能是手、光纤帽、光纤适配器、脏光纤端面的“污染”、地面、空气等。因为对光纤的绝大部分操作，如切割、研磨和连接都要用到手，所以手是最有可能对光纤端面造成污染的源头之一，而手上覆盖一层油脂，表 3.23 中序号 2 就是手接触光纤端面后得到的图像。在套光纤帽时不小心让光纤端面接触到光纤帽边缘，则有可能使光纤帽边缘的脏东西沾到光纤端面上，或使用光纤适配器时也可能碰到金属结构，虽然这样的污染不一定会发生，但是一旦发生就可能导致很大的颗粒附着在端面上。当光纤与光纤连接时，脏的光纤端面会污染原本干净的端面。当光纤端面裸露在空气中时，空气中的微小灰尘颗粒因为空气流动与光纤端面接触后会附着在上面造成污染，见表 3.23 中序号 1 的图像。

污染不易定量分析，对每种污染图像对应的 808 nm 发火光和 650 nm 检测光损耗进行对比分析，见表 3.23。在图 3.57 中，两种波长的污染损耗之间成负指数函数关系，表示为

$$L_{\mathrm{dirty808}} = 0.08\exp(L_{\mathrm{dirty650}} / 0.4) - 0.1 \tag{3-130}$$

表 3.23 不同的光纤端面污染对应的 650 nm 损耗和 808 nm 损耗

序号	端面污染图像	污染源	650 nm 损耗/dB	808 nm 损耗/dB
1		空气	0.041	−0.009
2		手	0.094	−0.002
3		脏桌面	0.207	0.034
4		可燃颗粒	0.504	0.176

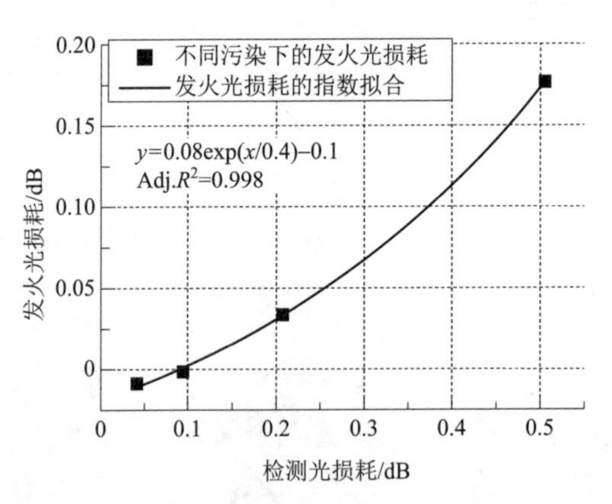

图 3.57 检测光和发火光下光纤污染损耗的关系

3.5.2.8 光纤端面的划痕损耗规律

当光纤端面有划痕时，容易在光纤端面产生漫反射，并且光透射率下降从而引起失效，将由划痕引入的损耗称为划痕损耗。划痕产生的原因主要是在光纤端面有硬度很高的污染颗粒，施加外力和其他端面摩擦时造成的。光纤端面的划痕可用粗糙度来衡量，为研究不同量级的划痕对激光传输效率的影响，将经过研磨抛光后的光纤端面在不同粗糙度的研磨纸上制造划痕，对划痕粗糙度 1 μm、3 μm、6 μm 和 15 μm 下分别进行 650 nm 检测光和 808 nm 发火光的损耗对比，见表 3.24。在图 3.58 中，这两种波长的划痕损耗 L_{nick} 之间成负指数函数关系，表示为

$$L_{\text{nick}808} = 0.02\exp(L_{\text{nick}650} / 0.13) + 0.03 \tag{3-131}$$

表 3.24　不同粗糙度划痕的光纤端面对应的 650 nm 损耗和 808 nm 损耗

划痕粗糙度/μm	端面划痕图像	650 nm 损耗/dB	808 nm 损耗/dB
15		0.434	0.653
6		0.218	0.146
3		0.117	0.089
1		0.107	0.072

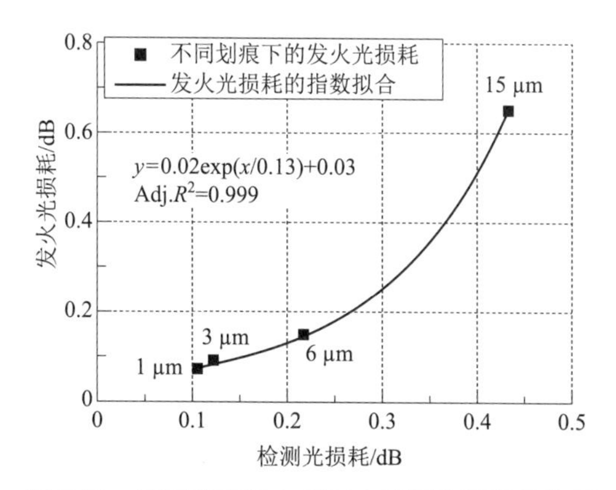

图 3.58　检测光和发火光下光纤划痕损耗的关系

3.5.2.9 光纤端面的烧蚀损耗规律

早在 1991 年 F－16 战斗机乘员逃逸系统的研制中，就指出光纤端面的烧蚀会引起激光能量传输效率降低。尽管并没有像高能量密度的固体激光点火系统中，烧蚀主要发生在铜质光纤连接器与石英光纤纤芯之间的黏合剂区域，但是对于半导体激光点火系统而言，输出功率密度在 10^3～10^4 W/cm^2 量级，光纤端面的污染物也同样会吸收激光脉冲，造成大量热量积累，使得污染物和光纤端面一同烧蚀。烧蚀产物将污染光纤的镜面端面，形成阻碍光透过的沉积膜层，降低光透过率，从而导致失效。虽然半导体激光点火系统中的烧蚀主要是由污染物引起的，但也是有条件的，即在污染处于一根光纤的端面，再用光纤适配器将这根光纤和另一根光纤对接，污染物在光纤适配器相对密闭的环境中，热量更容易积累，促使烧蚀产生。当受污染的光纤端面露置在空气中，即使输入很高的激光功率，也不会产生烧蚀现象，说明由污染物积累的热量很快在空气中散失，无法达到产生烧蚀的阈值温度。将各种烧蚀后的光纤分别进行 650 nm 检测光和 808 nm 发火光的损耗对比，见表 3.25。在图 3.59 中，这两种波长的烧蚀损耗 L_{ablation} 之间成线性函数关系，表示为

$$L_{\text{ablation808}} = 0.45L_{\text{ablation650}} + 0.016 \tag{3-132}$$

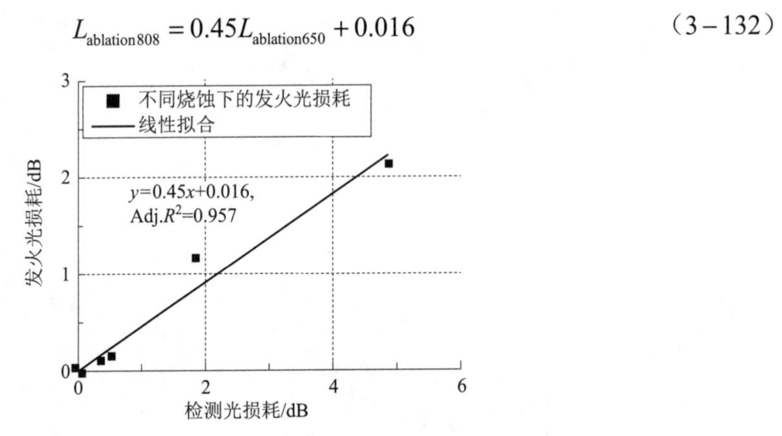

图 3.59　检测光和发火光下光纤烧蚀损耗的关系

表 3.25　不同程度烧蚀的光纤端面对应的 650 nm 损耗和 808 nm 损耗

序号	烧蚀图像	650 nm 损耗/dB	808 nm 损耗/dB
1		0.062	－0.029
2		0.359	0.109

续表

序号	烧蚀图像	650 nm 损耗/dB	808 nm 损耗/dB
3	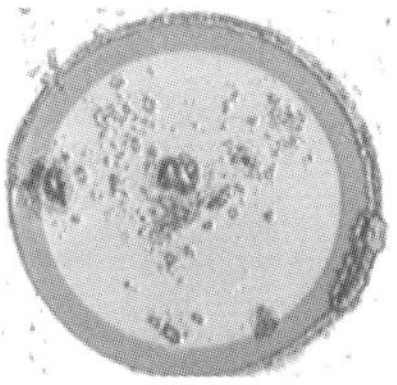	0.539	0.149
4	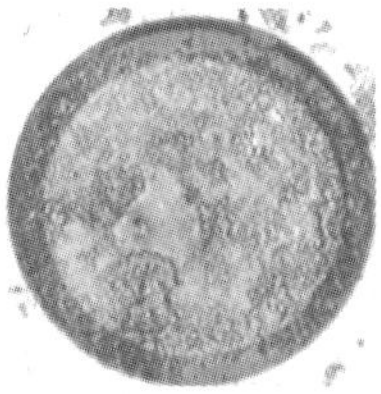	1.843	1.160
5	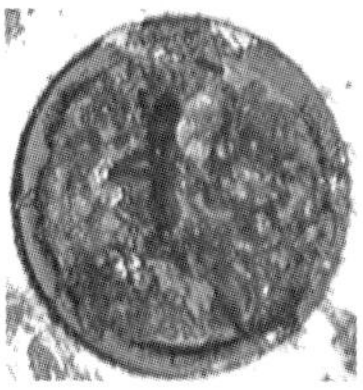	4.880	2.125

3.5.2.10　光纤的折断损耗规律

光纤折断后进行功率测量，808 nm 发火光和 650 nm 检测光的测量结果均为 0，说明一旦 650 nm 检测光的输出功率为 0，则在发火光路上肯定存在光纤折断的故障。这是双光纤自检系统所具备的最基本，也是最重要的一个检测功能。

习题与课后思考

1. 简述半导体桥换能元的临界爆发电压和临界爆发电流的定义。
2. 简述半导体桥换能元的组成和作用。
3. 简述半导体桥换能元的优缺点。
4. 计算题

已知某双 V 形半导体桥换能元，桥膜结构的尺寸为 $l=20\ \mu m$，$w=50\ \mu m$，$\theta=60°$，方阻 $R_s=3.5\ \Omega$，陶瓷基体为直径 5 mm 的圆柱，充电电容为 10 μF，试计算：

① 该换能元在温度为 1 600 K 时的电阻；

② 临界爆发电流、临界爆发电压；

③ 装药为 LTNR 时的发火电流。其中电阻转折温度 $T_b=1\ 510$ K，电阻温度系数 $\gamma_1=1.1\times10^{-3}$，$\gamma_2=2.8\times10^{-6}$，计算中所用到的其余参数如下表：

材料	密度ρ/（$kg \cdot m^{-3}$）	比热容 c/（$J \cdot kg^{-1} \cdot K^{-1}$）	导热系数λ/（$W \cdot m^{-1} \cdot K^{-1}$）	表面传热系数 h/（$W \cdot m^{-2} \cdot K^{-1}$）
硅	2 323	669	82.93	—
陶瓷	3 920	880	24.7	35
LTNR	3 020	959	5.0	100

5. 双 V 形半导体桥具有低发火能量、高安全性等特点。现指标要求桥膜的电阻为 0.8 Ω，临界爆发电流为 1 A，临界爆发电压为 18 V（充电电容为 10 μF），试设计该换能元件的尺寸（长、宽和角度）。其中陶瓷塞子的直径为 6 mm，半导体桥膜的方阻为 3.5 Ω，电阻温度转折点 T_b=1 580 K，其余参数见下表：

材料	密度ρ/（$kg \cdot m^{-3}$）	比热容 c/（$J \cdot kg^{-1} \cdot K^{-1}$）	导热系数λ/（$W \cdot m^{-1} \cdot K^{-1}$）	表面传热系数 h/（$W \cdot m^{-2} \cdot K^{-1}$）	电阻温度系数
硅	2 323	669	82.93	—	1.1×10^{-3}
陶瓷	3 920	880	24.7	35	2.8×10^{-6}

参 考 文 献

[1] 刘宝光．敏感性数据分析与可靠性评定［M］．北京：国防工业出版社，1995．

[2] Barry T Neyer. Sensitivity testing and analysis［C］. The 16th International Pyrotechnics Seminar，1991：87－106．

[3] 周利东，温玉全，汪佩兰，等．Neyer D_最优化法感度试验的计算机模拟［J］．含能材料，2009，17（2）：152－156

[4] 徐义根，魏光辉，刘尚合．一种新的感度试验与分析方法［J］．火炸药学报，1997，2：53－55．

[5] 中国国家标准化管理委员会．GB/T 1234—2009［S］．2011．

[6] Kye－Nam Lee，Myung－II Park，Sung－Ho Choi，et al．Characteristics of plasma generated by polysilicon semiconductor bridge（SCB）［J］. Sensors and Actuators A 96，2002：252－257．

[7] Benson D A，Larsen M E，Renlund A M，et al．Semiconductor Bridge：A Plasma Generator for the Ignition of Explosives［J］．Journal Appl Phys，1987，62（5）：1622－1632．

[8] Craig J Boucher and David B Novotney Ensign－Bickford Aerospace & Defense Company Simsbury. Connecticut Performance evaluation of an addressable integrated ordnance system［J］．AIAA, 2001－3636．

[9] Bickes R W. Jr. Semiconductor Bridge（SCB）Development Technology Transfer Symposium［P］．美国专利：5309841，1987．

[10] Bick Jr，Alfred C. Schwarz Semiconductor Bridge（SCB）Igniter［P］．美国专利：4708060，24 November 1987．

［11］Baginski T A，Auburn，Ala．Electro－explosive device［P］．美国专利：US5085146，1992．
［12］Baginski T A．Radio frequency and electrostatic discharge insensitive ectro－explosive devices having non－linear［P］．美国专利：US5847309，1998．
［13］Bernardo Martinez－Tovar，John A．Montoya．Semiconductor Bridge Device and Method of Making the Same［P］．国际专利：WO 97/42462A1，1997－05－02．
［14］Baginski T A，Fahey W D．The reactive bridge：a novel solid－state low energy initiator［M］．PN，2001．
［15］包兴．电子器件导论［M］．北京：北京理工大学出版社，2003．
［16］周蓉，岳素格，秦卉芊，等．半导体桥的研究［J］．半导体学报，1998（11）：857－860．
［17］刘恩科，朱秉升．半导体物理学［M］．4 版．北京：国防工业出版社，1994．
［18］Glazov D W，Chizbevskaya S N．Liquid semiconductors［M］．New York：Plenum Press，1969．
［19］W．M．罗森诺，等．传热学基础手册（上册）［M］．北京：科学出版社，1992．
［20］叶良修．半导体物理学（上册）［M］．北京：高等教育出版社，2007．
［21］Roulstone D J．Bipolar semiconductor devices［M］．New York：McGraw－Hill，1990．
［22］季振国．半导体物理［M］．杭州：浙江大学出版社，2005．
［23］Arora N D，Hauser J R，Roulston D J．Electron and hole mobilities in silicon as a function of concentration and temperature［J］．IEEE Trans．Electron Devices，1982，ED－29：284－291．
［24］陶文铨．传热学［M］．西安：西北工业大学出版社，2006．
［25］张兴中，黄文，刘庆国．传热学［M］．北京：机械工业出版社，2005．
［26］沈永欢，梁在中，等．实用数学手册［M］．北京：科学出版社，1992．
［27］Lee R S．Fireset［R］．UCID－21322，1988．
［28］Lee Y T，More R M．An electron conductivity model for densen plasrna［J］．Phy Fluids，1984，27（5）：1273－1286．
［29］惠宁利，鲁建存，贺爱锋，等．光缆弯曲对激光能量传输效率的影响［J］．光子学报，2008（12）：2439－2442．
［30］贺爱锋，鲁建存，刘举鹏，等．光纤轴偏离对激光能量传输的影响［J］．火工品，2008（6）：43－45．

第4章

发 火 组 件

发火组件是火工品最重要的器件，由换能元、发火装药和约束件构成。按照输出方式不同可分为两类：燃烧型发火组件和爆炸型发火组件；按照换能元不同可分为五种：桥丝发火组件、桥带发火组件、半导体桥发火组件、爆炸箔发火组件和激光发火组件。本章将对这五种发火组件的作用特点、工作原理等分别进行介绍。

4.1 桥丝发火组件

4.1.1 桥丝发火组件发火原理

4.1.1.1 发火模型

图 4.1 所示为桥丝发火组件简化示意图。假设：① 桥丝的物理化学性质在整个升温过程中保持不变；② 桥丝和药剂的接触面为理想接触面，忽略接触热阻和热容；③ 桥丝径向方向的上下面都是药剂。

4.1.1.2 数理模型

根据上述模型假设，可以将桥丝和药剂系统看成是含内热源的一维圆柱传热问题，建立如图 4.1 所示的坐标系，则系统的传热方程可表述如下：

$$\rho c\frac{\partial T}{\partial t}=\lambda\left(\frac{\partial^2 T}{\partial r^2}+\frac{1}{r}\frac{\partial T}{\partial r}\right)+q_{\mathrm{v}} \qquad (4-1)$$

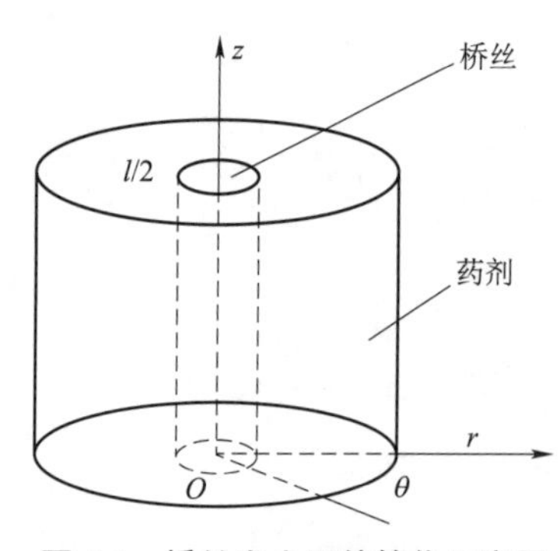

图 4.1 桥丝发火组件简化示意图

式中，λ 为导热系数（W/（m·K））；q_{v} 为内热源。

在桥丝区域，内热源为桥丝产生的焦耳热，所以当激励模式为电压放电时，内热源的表达式如下：

$$q_{\mathrm{v}}=\frac{P(t)}{v}=\frac{U^2\mathrm{e}^{-2t/(RC)}}{Rv} \qquad (4-2)$$

式中，U 为桥丝两端的电压（V）；R 为桥丝电阻（Ω）；v 为桥丝体积（m^3）；C 为充电电容（F）。

当激励模式为恒流激励时，内热源的表达式如下：

$$q_{\mathrm{v}}=\frac{P(t)}{v}=\frac{I^2R}{v} \tag{4-3}$$

式中，I 为流过桥丝发火件的电流（A），其余同上。

在药剂区域，内热源为药剂的化学反应放热，表达式如下：

$$q_{\mathrm{v}}=\frac{\rho_{\mathrm{e}}qZ\mathrm{e}^{-E/(R_0T)}}{v} \tag{4-4}$$

式中，ρ_{e} 为药剂的密度（$\mathrm{kg/m^3}$）；q 为单位质量药剂的放热量（J/kg）；Z 为指前因子；E 为药剂活化能（J/mol）；R_0 为普适气体常数，$R_0=8.314$ J/（mol·K）；T 为药剂温度（K）；其余同上。

4.1.1.3　边界条件和初始条件

初始时刻系统的温度为环境温度，所以初始条件为

$$t=0, T=T_{\mathrm{a}} \tag{4-5}$$

根据发火件模型可知，桥丝中心处的温度最高，桥药界面上桥丝向药剂传热的热流密度和药剂向桥丝传热的热流密度是相等的，所以边界条件为

$$\begin{cases} r=0, \dfrac{\partial T}{\partial r}=0 \\ r=r_0, \lambda_{\mathrm{s}}\dfrac{\partial T_{\mathrm{s}}}{\partial r}=\lambda_{\mathrm{e}}\dfrac{\partial T_{\mathrm{e}}}{\partial r}=q \end{cases} \tag{4-6}$$

式中，λ_{s} 为桥丝的导热系数（W/（m·K））；λ_{e} 为药剂的导热系数（W/（m·K））；T_{s} 为桥丝的温度（K）；T_{e} 为药剂的温度（K）；q 为桥丝和药剂之间的热流密度。

4.1.1.4　方程求解

由于方程比较复杂，没有解析解，求解时可采用差分的方法。桥丝区域的差分离散方程如下：

电容放电激励：

$$T_i^{n+1}=T_i^n+\frac{\lambda_{\mathrm{s}}\mathrm{d}t}{\rho_{\mathrm{s}}c_{\mathrm{s}}}\left[\frac{T_{i+1}^n-T_{i-1}^n}{2r\Delta r}+\frac{T_{i+1}^n-2T_i^n+T_{i-1}^n}{(\Delta r)^2}\right]+\frac{U^2\mathrm{e}^{-2nd t}\mathrm{d}t}{\rho_{\mathrm{s}}c_{\mathrm{s}}Rv} \tag{4-7}$$

恒流激励：

$$T_i^{n+1}=T_i^n+\frac{\lambda_{\mathrm{s}}\mathrm{d}t}{\rho_{\mathrm{s}}c_{\mathrm{s}}}\left[\frac{T_{i+1}^n-T_{i-1}^n}{2r\Delta r}+\frac{T_{i+1}^n-2T_i^n+T_{i-1}^n}{(\Delta r)^2}\right]+\frac{I^2R\mathrm{d}t}{\rho_{\mathrm{s}}c_{\mathrm{s}}v} \tag{4-8}$$

药剂区域的差分离散方程为

$$T_i^{n+1}=T_i^n+\frac{\lambda_{\mathrm{e}}\mathrm{d}t}{\rho_{\mathrm{e}}c_{\mathrm{e}}}\left[\frac{T_{i+1}^n-T_{i-1}^n}{2r\Delta r}+\frac{T_{i+1}^n-2T_i^n+T_{i-1}^n}{(\Delta r)^2}\right]+\frac{qZ\mathrm{e}^{-E/(R_0T_i^n)}}{c_{\mathrm{e}}v} \tag{4-9}$$

式中，ρ_{s} 为桥丝密度（$\mathrm{kg/m^3}$）；c_{s} 为桥丝的比热容（J/（kg·K））；ρ_{e} 为药剂密度（$\mathrm{kg/m^3}$）；c_{e} 为药剂的比热容（J/（kg·K））。

在差分过程中，$r=0$ 的边界条件做如下处理：

$$r=0,\frac{\partial T}{\partial r}=0,\text{即}\rho_s c_s\frac{\partial T}{\partial t}=\lambda_s\frac{\partial^2 T}{\partial r^2}+q_v$$

另外，系统关于 $r=0$ 对称，所以电容放电模式时边界条件可差分如下：

$$\begin{aligned}T_1^{n+1}&=T_1^n+\frac{\lambda_s \mathrm{d}t}{\rho_s c_s}\left[\frac{T_2^n-2T_1^n+T_0^n}{(\Delta r)^2}\right]+\frac{U^2\mathrm{e}^{-2nd t}\mathrm{d}t}{\rho_s c_s Rv}\\&=T_1^n+\frac{2\lambda_s \mathrm{d}t}{\rho_s c_s}\left[\frac{T_2^n-T_1^n}{(\Delta r)^2}\right]+\frac{U^2\mathrm{e}^{-2nd t}\mathrm{d}t}{\rho_s c_s Rv}\end{aligned}\tag{4-10}$$

同理，恒流模式时边界条件可差分如下：

$$\begin{aligned}T_1^{n+1}&=T_1^n+\frac{\lambda_s \mathrm{d}t}{\rho_s c_s}\left[\frac{T_2^n-2T_1^n+T_0^n}{(\Delta r)^2}\right]+\frac{I^2R\mathrm{d}t}{\rho_s c_s v}\\&=T_1^n+\frac{2\lambda_s \mathrm{d}t}{\rho_s c_s}\left[\frac{T_2^n-T_1^n}{(\Delta r)^2}\right]+\frac{I^2R\mathrm{d}t}{\rho_s c_s v}\end{aligned}\tag{4-11}$$

$r=r_0$，桥药界面的边界条件分桥丝和药剂两部分两种情况进行如下处理：

桥药界面上桥丝部分的边界条件做如下处理：

$$\lambda_s\frac{T_{J-1}^n-T_J^n}{h}+q=\rho_s c_s\frac{h}{2}\frac{T_J^{n+1}-T_J^n}{\tau}\tag{4-12}$$

式中，T_J^n 为桥药界面上第 n 时刻的温度（K）；h 为差分过程中径向方向的空间步长（m）；τ 为差分过程中的时间步长（s）。

桥药界面上药剂部分的边界条件做如下处理：

$$\lambda_e\frac{T_{J+1}^n-T_J^n}{h}-q=\rho_e c_e\frac{h}{2}\frac{T_J^{n+1}-T_J^n}{\tau}\tag{4-13}$$

由式（4-12）和式（4-13）可以得出

$$T_J^{n+1}=\frac{\dfrac{2\lambda_s}{h}T_{J-1}^n+\dfrac{2\lambda_e}{h}T_{J+1}^n+\left(\rho_s c_s\dfrac{h}{\tau}+\rho_e c_e\dfrac{h}{\tau}-\dfrac{2\lambda_s}{h}-\dfrac{2\lambda_e}{h}\right)T_J^n}{\rho_s c_s\dfrac{h}{\tau}+\rho_e c_e\dfrac{h}{\tau}}\tag{4-14}$$

根据上述分析，由式（4-7）～式（4-14）用 MATLAB 就可以求解给定电容、电压或电流下桥丝和药剂的温度分布了。

以 3#样品为计算基准，计算所用到的参数如表 3.3 和表 4.1 所示，利用式（4-7）～式（4-14）计算恒流激励下桥丝和药剂的温度分布曲线，如图 4.2 和图 4.3 所示，其中时间步长取 $\mathrm{d}t=7\times10^{-8}$ s，空间步长取 $\mathrm{d}r=2\times10^{-6}$ m，计算时间 $\tau=56$ ms。

表 4.1　点火药的参数

材料	密度ρ/（$\mathrm{kg\cdot m^{-3}}$）	比热容 c/（$\mathrm{J\cdot kg^{-1}\cdot K^{-1}}$）	导热系数λ/（$\mathrm{W\cdot m^{-1}\cdot K^{-1}}$）	表面传热系数 h/（$\mathrm{W\cdot m^{-2}\cdot K^{-1}}$）	5 s 爆发点/℃
LTNR	1 500	686[1]	0.1[2]	10	295[1]
PbN_6[3]	3 620	460	0.7	10	315～330

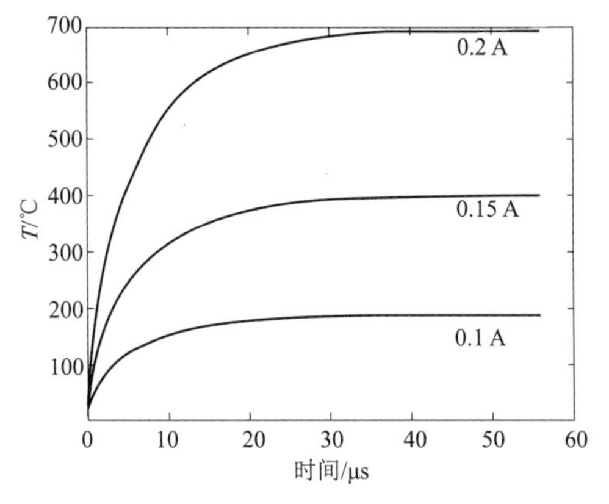

图 4.2　恒流激励下桥丝的温度变化曲线

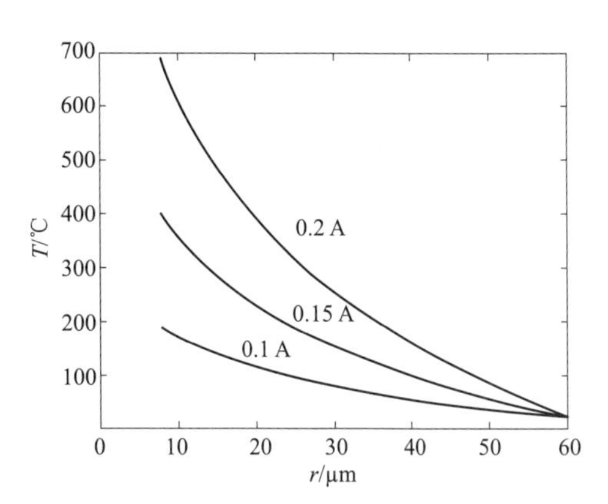

图 4.3　恒流激励下距桥丝中心不同距离处药剂的温度分布曲线

由图 4.2 可以看出，不同通电电流下，桥丝的温度变化曲线形状是一致的：桥丝温度先是逐渐升高，到一定值时达到稳定状态而保持不变；另外，桥丝温度随着通电电流的增大而升高。由图 4.3 可以看出，距离桥丝中心不同位置处药剂的温度随着与桥丝中心距离的增大而逐渐降低，最外层药剂的温度与环境温度一致；不同通电电流下，同一位置处药剂的温度也不同，通电电流越大，同一位置处药剂的温度越高。

同样以 3#样品为计算基准，利用式（4－7）～式（4－14）计算电容放电激励下桥丝和药剂的温度分布曲线，如图 4.4 和图 4.5 所示，其中时间步长取 $dt=2\times10^{-8}$ s，空间步长取 $dr=1\times10^{-6}$ m，计算时间 $\tau=1$ ms。

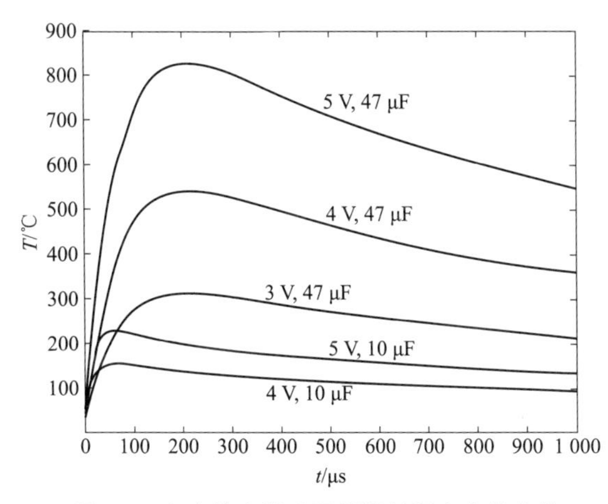

图 4.4　电容放电激励下桥丝的温度变化曲线

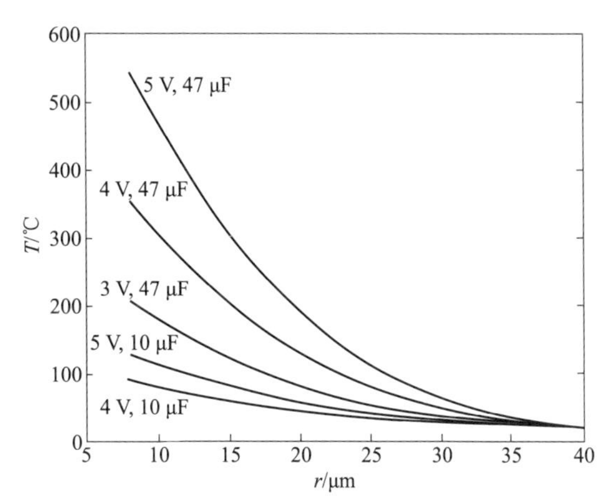

图 4.5　电容放电激励下距桥丝中心不同距离处药剂的温度分布曲线

由图 4.4 可以看出，桥丝温度随着放电电压和放电电容的增大而升高；对于同一种样品，最高温度出现的时间只与放电电容有关，而与放电电压无关，电容越大，最高温度出现的时间越迟，这是由放电时间常数 $\tau=RC$ 决定的。由图 4.5 可以看出，距离桥丝中心不同位置处药剂的温度随着与桥丝中心距离的增大而逐渐降低，最外层药剂的温度与环境温度一致；不同放电电压和放电电容下，同一位置处药剂的温度也不同，它与放电电压和放电电容成正比。

4.1.2 桥丝发火影响因素分析

4.1.2.1 药剂导热系数的影响

以 3#样品为计算基准，利用式（4-7）～式（4-14）计算恒流和电容放电激励下不同药剂导热系数下桥丝和药剂的温度分布，如图 4.6 和图 4.7 所示，其中恒流激励下时间步长取 $dt=7\times10^{-8}$ s，空间步长取 $dr=2\times10^{-6}$ m，计算时间 $\tau=56$ ms，通电电流 $I=0.2$ A；电容放电激励下时间步长取 $dt=2\times10^{-8}$ s，空间步长取 $dr=1\times10^{-6}$ m，计算时间 $\tau=1$ ms，放电电压 $U=4$ V，放电电容 $C=47$ μF。

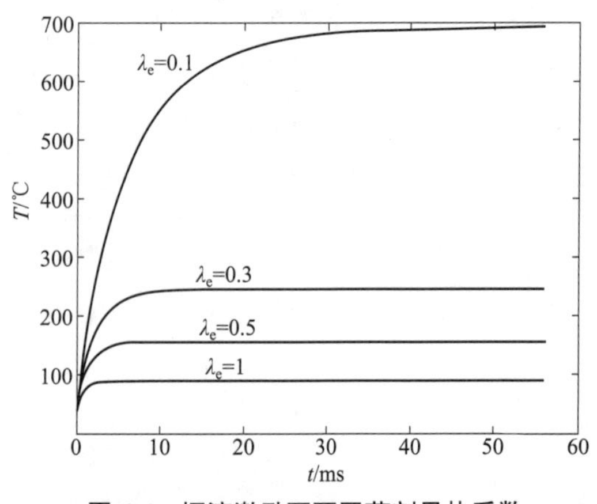

图 4.6 恒流激励下不同药剂导热系数下桥丝温度分布

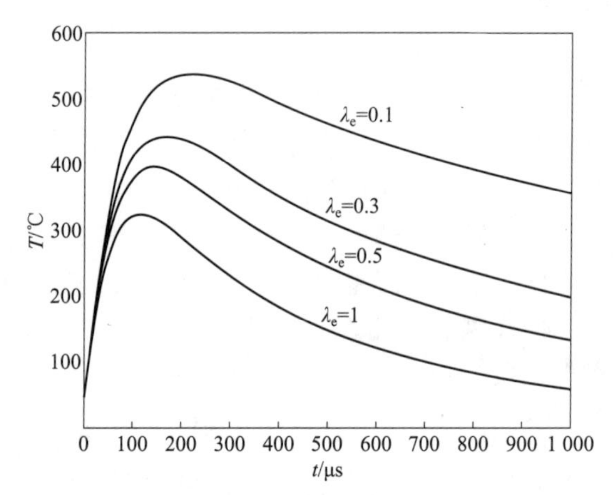

图 4.7 电容放电激励下不同药剂导热系数时桥丝的温度分布

由图 4.6 和图 4.7 可以看出，随着导热系数的增大，桥丝升温速率逐渐减小，桥丝的最高温度也会降低。这是由于一定的输入能量下，当药剂的导热系数大时，桥丝向药剂的散热多，用于使桥丝自身升温的热量就少，所以桥丝的最高温度就低。所以为了保证较高的安全电流应该选择导热系数较大的药剂作为发火药剂，但是一般情况下又要求电火工品容易发火，发火能量要低，综合考虑来看发火药剂的导热系数应该有一个最优值。

4.1.2.2 桥丝直径的影响

图 4.8 和图 4.9 所示为桥长 $L=600$ μm，桥径不同时，桥丝中心的温度分布曲线。计算所用的电流 $I=0.2$ A，电压 $U=4$ V，放电电容 $C=47$ μF，桥丝的电阻率为$\rho_b=109\times10^{-8}\ \Omega\cdot$m，发火药剂为斯蒂芬酸铅（LTNR），具体参数如表 4.1 所示。

从图 4.8 和图 4.9 可以看出，当桥丝的长度和激励方式一定时，不同桥径的桥丝温度分布曲线形状是一致的；输入能量一致时，桥丝升温速率和最高温度随着桥丝直径的增加而降低。在电火工品的设计中要求较低的发火电压和较高的安全电流，所以综合来看桥丝直径也应该有一个最优值，这为桥丝式电火工品的设计提供了理论依据。

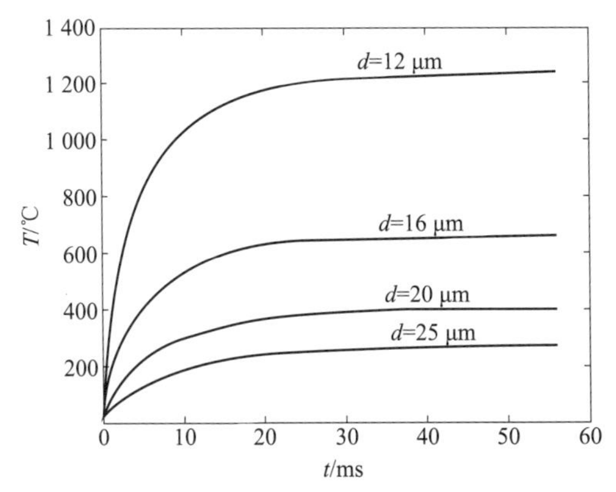

图 4.8　恒流激励下不同直径桥丝中心温度分布

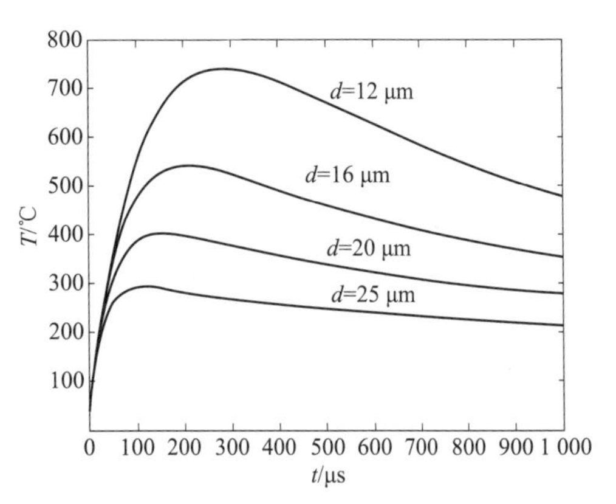

图 4.9　电容放电激励下不同直径桥丝中心温度分布

4.1.2.3　桥丝长度的影响

图 4.10 所示为桥丝直径 $d=16$ μm，桥丝长度不同时桥丝中心的温度分布曲线。计算所用的电压 $U=4$ V，放电电容 $C=47$ μF，桥丝的电阻率为$\rho_b=109\times10^{-8}\,\Omega\cdot\text{m}$，发火药剂为斯蒂芬酸铅（LTNR），具体参数如表 4.1 所示。

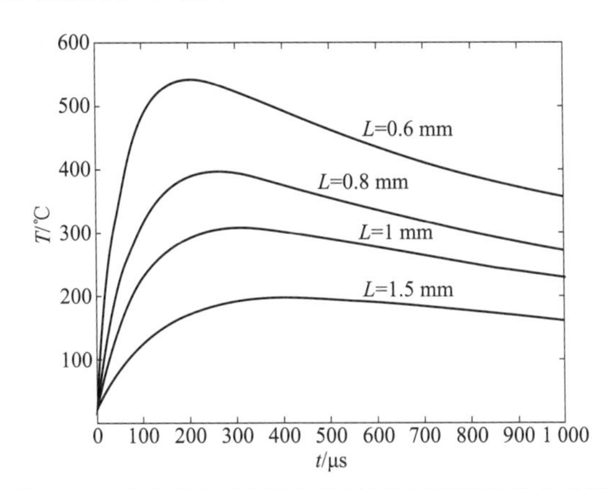

图 4.10　电容放电激励下不同长度桥丝温度分布曲线

由图 4.10 可以看出，电容放电激励下，当输入能量和桥丝直径一定时，桥丝长度越长，桥丝能达到的最高温度越低，升温速率也越慢。但是在恒流激励下，输入能量一定时，桥丝长度对桥丝稳态时的温度基本没有影响。所以设计桥丝式电火工品时，在基体尺寸和静电等条件允许的情况下，桥丝长度应该要尽量短。

4.1.3　临界发火电流实验

4.1.3.1　实验样品

实验所用的换能元与 3.1.2.1 节相同，药剂选用南京理工大学研制的细化的 LTNR，对桥丝换能元与这种药剂组成的发火件进行研究，装药参数如表 4.2 所示。

表 4.2 装药参数

名称	装药方式	装药压力/MPa	装药量/mg	粒度/μm	压药厚度/mm
LTNR	压装	10	20	15	1.5

4.1.3.2 实验方法和结果

实验方法依然选用 D−最优化法，实验所用的仪器设备和实验电路图同 3.1.2.1 节。本实验把看到火花，听到轻微的“啪”的一声作为发火条件发火的一个判据，另外在示波器上观察到电流变为“0”，电压不再发生变化看作是桥丝在恒流激励情况下发火的判据。

按照 D−最优化法测试出 10 种桥丝发火件的临界发火电流 $\hat{\mu}_0$ 和标准误差 $\hat{\sigma}_0$，然后按照正态分布模型计算出 99.9%发火电流和 0.1%发火电流，如表 4.3 所示。本节中定义 99.9%发火的电流为全发火电流，0.1%发火电流为安全电流。

表 4.3 桥丝发火件临界发火电流实验结果

编号	实验样本量	$\hat{\mu}_0$/mA	$\hat{\sigma}_0$/mA	安全电流/mA	全发火电流/mA
1#	15	41.39	1.01	38.36	44.42
2#	15	116.08	1.48	111.64	120.52
3#	15	175.7	2.61	164.87	186.53
4#	15	244.85	1.02	241.79	247.91
5#	15	335.9	6.59	316.13	355.67
6#	15	66.65	0.72	64.49	68.81
7#	15	112.75	1.37	109.64	117.86
8#	15	167.08	5.1	151.78	182.38
9#	15	278.81	1.31	274.88	282.74
10#	15	397.93	5.76	380.65	415.21

4.1.4 临界发火电压实验

实验样品同 4.1.3 节，实验方法和实验所用的仪器设备同 3.1.2.2 节。实验发火条件的判断同 4.1.3 节。按照 D−最优化法测试出 10 种桥丝发火件的临界发火电压 $\hat{\mu}_0$ 和标准误差 $\hat{\sigma}_0$，然后计算 99.9%发火电压和 0.1%发火电压，结果如表 4.4 所示。本书中定义 99.9%发火的电压为全发火电压，0.1%发火的电压为全不发火电压。

表 4.4　桥丝式换能元临界发火电压实验结果

编号	实验样本量	$\hat{\mu}_0$/V	$\hat{\sigma}_0$/V	全不发火电压/V	全发火电压/V
1#	15	2.28	0.11	1.95	2.61
2#	15	3.42	0.13	3.03	3.81
3#	15	4.49	0.05	4.34	4.64
4#	15	5.64	0.13	5.25	6.03
5#	15	6.49	0.1	6.19	6.79
6#	15	2.4	0.03	2.31	2.49
7#	15	3.28	0.05	3.13	3.43
8#	15	3.68	0.08	3.44	3.92
9#	15	4.45	0.03	4.36	4.54
10#	15	5.75	0.11	5.42	6.08

4.1.5　实验与理论计算对比

1. 临界发火电流验证

通过对实验结果的分析，本书将恒流激励时发火件发火的条件定义为：温度稳定后，径向方向距桥丝中心 2.7 倍的桥丝半径处的药剂温度达到药剂发火点时，发火件发火。根据这个条件，按照式（4−7）～式（4−14）对实验所用的桥丝样品的临界发火电流进行计算，计算中所用的桥丝参数如表 3.3 所示，药剂参数如表 4.1 中的 LTNR，则临界发火电流的计算结果如表 4.5 所示。

表 4.5　桥丝发火件临界发火电流实验与理论计算对比

编号	桥丝直径/μm	桥丝长度/μm	电阻/Ω	实验值/mA	理论计算值/mA	误差/%
2#	12	566	4.61±0.80	116.08	104.1	−10.34
3#	16	600	3.41±0.53	175.7	182	3.59
4#	20	617	2.41±0.30	244.85	249.2	1.76
5#	25	548	1.30±0.14	335.9	329.7	−1.85
6#	9	447	5.50±0.39	66.65	63.5	−4.80
7#	12	457	3.16±0.14	112.75	112.9	0.09
8#	16	396	2.19±0.18	167.08	185.2	10.83
9#	20	410	1.41±0.18	278.81	265.6	−4.73
10#	25	381	0.90±0.09	397.93	340.6	−14.40

从表 4.5 可以看出，样品临界发火电流的理论计算值与实验值的误差都在 15%以内，计算结果比较可靠，所以可以用这种理论方法来对桥丝发火件的临界发火电流进行预估。

2. 临界发火电压验证

通过对实验结果的分析，本书将电容放电激励时发火件发火的条件定义为：径向方向距桥丝中心 1.5 倍桥丝半径处的药剂温度达到药剂发火点时，发火件发火。根据这个条件，按照式（4–7）～式（4–14）对实验所用的桥丝样品的临界发火电压进行计算，计算中所用的桥丝参数如表 3.3 所示，药剂参数如表 4.1 中的 LTNR，则临界发火电流的计算结果如表 4.6 所示。

表 4.6　桥丝发火件临界发火电压实验与理论计算对比

编号	桥丝直径/μm	桥丝长度/μm	电阻/Ω	实验值/V	理论计算值/V	误差/%
1#	9	565	7.12±0.71	2.28	2.4	5.26
2#	12	566	4.61±0.80	3.42	3.64	6.43
3#	16	600	3.41±0.53	4.49	4.31	−4.01
4#	20	617	2.41±0.30	5.64	5.59	−0.89
5#	25	548	1.30±0.14	6.49	5.84	−10.02
6#	9	447	5.50±0.39	2.4	2.09	−12.9
7#	12	457	3.16±0.14	3.28	3.24	−1.22
8#	16	396	2.19±0.18	3.68	3.49	−5.16
9#	20	410	1.41±0.18	4.45	4.56	2.47
10#	25	381	0.90±0.09	5.75	4.88	−15.13

由表 4.6 可知，样品临界发火电压的理论计算值和实验值的误差都在 15%以内，理论计算值和实验值的一致性较好，所以可以用这种理论计算方法来对桥丝发火件的发火电压进行预估，此外还能对满足某一发火条件的桥丝发火件的设计提供理论指导。

桥丝电发火器件设计

桥丝电火工品发火器件主要包括发火药剂、电阻丝、塞子、脚线等。由第 2 章的介绍可知，影响桥丝电火工品发火的因素有塞子的材料、桥丝的长度、直径以及点火药的参数等，本章在此基础上来设计桥丝电火工品发火器件。

1. 桥丝材料设计

由于桥丝的直径一般是在 20 μm 左右，所以就要求桥丝材料具有良好的延展性，并且有一定的强度。另外，由于桥丝与脚线之间是通过焊接方式连接在一起的，而脚线直径一般在 0.2～0.5 mm，所以就要求桥丝具有良好的可焊接性。常见的电阻丝材料有 W、Cr、Cu、Al、Fe、Pt、Ni–Cr 等，但是 Al 和 Fe 不可焊接。此外材料性质影响桥丝的电阻和热容，一般选 $c\rho/\rho'$ 值小的材料作桥丝，因为它对提高能量利用率及桥丝升温有利。桥丝材料的参数如表 4.7 所示。

表 4.7 桥丝材料参数

材料	密度ρ/（g·cm^{-3}）	比定压比热容c/(J·g^{-1}·℃$^{-1}$)	电阻率ρ'/（μΩ·cm）	$c\rho/\rho'$
Ni80－Cr20	8.40	0.440	109	0.033 9
W	19.35	0.134	4.9	0.529 2
Cu	8.92	0.394 4	1.6	2.198 8
Pt	21.45	0.133	9.81	0.290 8
Ni	8.9	0.441 5	6.2	0.633 8
Cr	7.20	0.45	12.7	0.255 1
Al	2.7	0.9	2.5	0.972 0
Fe	7.86	0.487 5	8.9	0.430 5

由表4.7以及上述分析可见，Ni80－Cr20是比较好的选择，而常用的也是这种材料。

2. 桥丝尺寸设计

由4.1.2节的分析可知，输入能量一致时，桥丝升温速率和最高温度随着桥丝直径的增加而降低；由4.1.3节和4.1.4节的实验数据可知，桥丝直径越大，所需要的临界发火电流和临界发火电压就越高。在电火工品的设计中要求较低的发火电压和较高的安全电流，所以桥丝直径应该有一个最优值以同时满足发火电压和发火电流的要求，一般情况下桥丝的直径在9～25 μm。

由4.1.2节的分析还可以看出，电容放电激励下，桥丝长度越长，桥丝能达到的最高温度越低，升温速率也越慢；而在恒流激励下，桥丝长度对桥丝稳态时的温度基本没有影响。这样在设计桥丝长度时就可以尽量短，但是又不能使焊点之间相互接触。

3. 发火药剂设计

在电火工品点火中，所用药剂主要有火工药剂和烟火药，其中烟火药主要是混合药剂，而火工药剂有单质和混合药剂之分。在选择药剂时，一般要满足爆发点低，发火能量低，发火延迟期短，安定性、流散性和耐压性好等条件。而在含能材料中，起爆药相对其他类药剂感度更高，更容易点火，所以为了实现桥丝电火工品的低电压发火，应首选起爆药。常用起爆药的物理化学性质如表4.8所示。而在装药形式上，有蘸药（或涂药）和压药两种方式，根据文献所述，桥－界面接触特性对点火可靠性有着重大影响，其中包括药剂粒度、装药密度和约束状况。

表 4.8 起爆药的物理化学性质[4]

项目	相对分子质量	假密度/（g·cm^{-3}）	密度/（g·cm^{-3}）	与金属作用	安定性	流散性	耐压性	使用压力/（kg·cm^{-2}）
氮化铅	291	1.30	4.80	铜	安定	好	很好	500～700
斯蒂芬酸铅	468	1.0～1.6	3.08	无	安定	好	好	1 000～1 200
四氮烯	188	0.45	1.46	无	安定	不好	不好	＜500

Ewick David W 等[5]、祝明水等[6]和马鹏等[7]通过试验得出压药压力对发火能量的影响并不大，但是发火时间在一定电压范围内会随着压药压力的增大而缩短；而发火能量和发火时间会随着药剂粒度的减小而降低。所以在工艺条件允许的范围内，应该选择粒径小的药剂和较大的压药压力。

徐禄等[8]通过在粒度 300 目下、压药压力 60 MPa、药量 20 mg、电容 47 μF 情况下，对 SCB 起爆 LTNR、NHN、NHA、LA 四种起爆药的发火能量的试验得出这四种起爆药发火能量的顺序为：LTNR＜NHA＜NHN＜LA。其中 LTNR 的最小点火能量为 1.07 mJ（47 μF 电容），而国外能做到的最小值是 0.078 mJ（20 μF），所以一般情况下，LTNR 是比较合适的选择。表 4.9 给出了 LTNR 和 LA 在不同压力下的密度。

表 4.9　火工品常用药剂不同压力下的密度[9]

药剂类型	压药压力/MPa					结晶密度/（$g\cdot cm^{-3}$）
	36.5	73.0	87.6	110	146.0	
LTNR	2.23	2.43	2.47	2.57	2.63	3.10
LA	2.69	2.95	3.05	3.16	3.28	4.68

4. 安全电流和发火电压设计

安全电流是指发火件的最大不发火电流，其参数是理论上的临界发火电流。发火电压是指发火件的最小全发火电压，其参数是理论上的临界发火电压。由于制作过程中存在尺寸、均匀性等诸多工艺偏差，导致了临界发火电压电流存在一个分布，这种分布是各种工艺参数工艺偏差分布的一个综合结果。因此，即使多数工艺偏差符合正态分布，综合到发火件产品上，也不一定符合正态分布，但是分布的中值应该接近或者等于理论值（或称名义值），即 50%发火的值，见图 4.11。

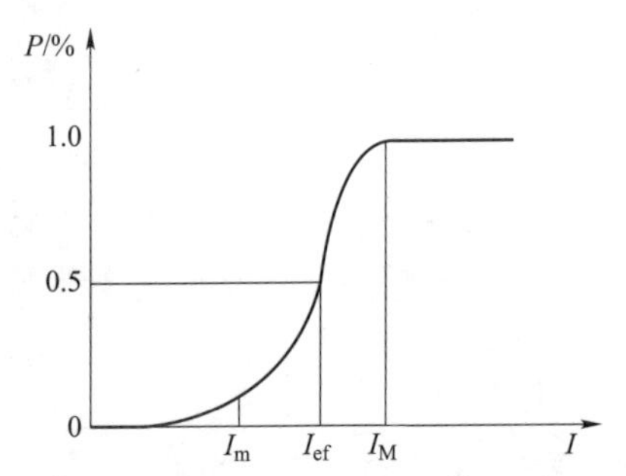

图 4.11　临界发火电压–电流理论分布示意图

所以设计安全电流和发火电压，首先需要计算临界发火电流 I_{ef} 和临界发火电压 U_{ef}，然后根据 3σ 预估计算安全电流 I_m 和发火电压 U_M。σ 取自同发产品的对应值作参考值，如果是首件产品，或者产品缺乏相关数值，则必须给定。

5. 临界发火电压电流（50%发火）设计

根据 4.1.1 节的研究结果可知，由式（4–7）～式（4–14）就可以计算出恒流激励条件下临界发火电流的值和电容放电激励条件下临界发火电压的值。

6. 标准偏差的估计

在缺乏先验数据和工程经验的情况下，本设计方法采用由工艺误差的理论累积计算出来的极限偏差估计标准偏差 σ 的值，所以本设计方法给出的标准偏差是理论计算的偏差，而非实际测试中的标准偏差。

（1）由工程经验和加工精度来确定桥丝和塞子尺寸的偏差。

（2）将有利于提高临界发火电压电流的参数取上限，如桥丝直径等，其他对临界发火电压电流没有影响的参数固定，这样计算所得到的临界发火电压电流作为上限临界发火电压电流，将有利于降低临界发火电压电流的参数取上限，其他参数固定，计算得到的临界发火电压电流为下限临界发火电压电流；上限临界发火电压就是计算的发火电压，而下限的发火电流也就是安全电流。

（3）将临界发火电压电流的上下限的差作为 6σ，由此即可计算出标准偏差的值了。这里是将发火电压电流的分布看作正态分布模型，临界发火电压电流看作 50%发火电压电流，也就是正态分布的中值来计算的。

4.2 金属桥带发火组件

4.2.1 金属桥带发火组件工作原理

1. 发火模型

由于发火件发火区相对于药剂和塞子而言非常小，所以可以将发火区看作一个热点，而将药剂和塞子看成两个半球体，其中药剂半球的半径取与塞子半径相等的值。为了使模型简化，需作如下假设：① 忽略电桥和药剂以及电桥和塞子接触面之间的接触热阻和热容，即交界面处三者的温度相等；② 忽略药剂的化学反应放热，即认为药剂为惰性物质；③ 电桥以均匀的热流密度向药剂和塞子传递热量，并且只存在热传导这一种传热方式，不考虑桥和药剂以及塞子之间辐射形式的散热；④ 假设桥带、药剂和塞子都是均匀且各向同性的物质，并且桥带和塞子的性质相同；⑤ 在整个过程中，桥、药剂和塞子的导热系数、密度、比热容等均不随时间变化。

2. 数理模型

根据上述假设，桥带－药剂－塞子系统的传热问题可以归结为一维球体非稳态导热问题，由于桥带－药剂半球和桥带－塞子半球是对称的，这样可以先选择桥带－药剂半球为研究对象，传热方程与定解条件可表述如下：

$$\begin{cases} \rho_e c_e \dfrac{\partial T_e}{\partial t} = \dfrac{1}{r^2}\dfrac{\partial}{\partial r}\left(\lambda_e r^2 \dfrac{\partial T_e}{\partial r}\right) + q_v \\ r = 0, \rho_e c_e v \dfrac{\partial T_e}{\partial t} = \lambda_e A_1 \dfrac{\partial T_e}{\partial r} + P \\ r = r_0, T_e = T_s = T_f \\ t = 0, T_e = T_a \end{cases} \tag{4-15}$$

式中，T_e 为药剂温度（K）；T_s 为塞子温度（K）；T_f 为桥带温度（K）；ρ_e 为桥带密度（kg/m^3）；c_e 为桥带的比热容（J/（kg · K））；λ_e 为桥带导热系数（W/（m · K））；r 为半球系统半径（m）；A_1 为桥带总面积（m^2）；q_v 为单位体积的内热源热量，在桥带区域（$0 \leqslant r \leqslant r_0$），内热源为桥带产生的焦耳热：

$$q_{\mathrm{v}}=\frac{I^2R}{v} \tag{4-16a}$$

式中，v 为桥带发火区的体积（m^3）。

在药剂区域（$r>r_0$），内热源为药剂的化学反应放热，但是由于这部分热量非常小，可忽略不计，即

$$q_{\mathrm{v}}=0 \tag{4-16b}$$

由对称性可得桥带–药剂系统的传热方程和定解条件如下：

$$\begin{cases}\rho_{\mathrm{s}}c_{\mathrm{s}}\dfrac{\partial T_{\mathrm{s}}}{\partial t}=\dfrac{1}{r^2}\dfrac{\partial}{\partial r}\left(\lambda_{\mathrm{s}}r^2\dfrac{\partial T_{\mathrm{s}}}{\partial r}\right)+q_{\mathrm{v}}\\ r=0,\rho_{\mathrm{s}}c_{\mathrm{s}}v\dfrac{\partial T_{\mathrm{s}}}{\partial t}=\lambda_{\mathrm{s}}A_1\dfrac{\partial T_{\mathrm{s}}}{\partial r}+P\\ r=r_0,T_{\mathrm{e}}=T_{\mathrm{s}}=T_{\mathrm{f}}\\ t=0,T_{\mathrm{s}}=T_{\mathrm{a}}\end{cases} \tag{4-17}$$

由式（4–15）～式（4–17）即可求出药剂–桥带–塞子系统的温度分布。由于方程比较复杂，没有解析解，可采用差分的方法进行求解。

4.2.2 发火组件发火实验

为了验证上述发火模型的正确性，本章选择两种不同的金属桥带发火件分别进行 5 min 恒流激励实验和 50 ms 恒流激励实验。

4.2.2.1 5 min 恒流激励实验

1. 实验条件

实验所用的换能元同 3.2.2.1 节，所用的药剂为 $KClO_4$/Zr，装药条件如表 4.10 所示。

表 4.10 装药条件

药剂	装药方式	装药密度/（g·cm^{-3}）	装药量/mg	装药高度/mm	装药直径/mm	压药压力/kg	药剂粒度/μm
1#$KClO_4$/Zr	压装	2.55	15	1.2	2.5	33	67
2#$KClO_4$/Zr	压装	2.55	15	1.5	2.2	33	67

2. 实验方法和结果

实验电路图和所用仪器设备同 3.1.2.2 节，另外由于要测发火时间，所以实验设备还包括一个光靶。按照 D–最优化法测试出金属桥带发火件的 50%发火电流和标准差，然后按照正态分布模型计算出安全电流和全发火电流，如表 4.11 所示。

表 4.11 5 min 恒流激励时金属桥带的临界发火电流实验结果

样品	样本量	50%发火电流实验值/A	标准差/A	安全电流/A	全发火电流/A
1#/Zr/$KClO_4$	15	1.590	0.019 3	1.532 1	1.647 9
2#/Zr/$KClO_4$	15	1.518	0.049 8	1.368 6	1.667 4

实验中观察到在各组实验中都存在发火件发火而桥带没有断的情况，如图 4.12 所示。这说明发火件的发火是由于桥带产生的焦耳热使药剂升温到发火点而引起的药剂发火，也就是说在 5 min 恒流激励情况下金属桥带发火件的发火方式属于电热发火。

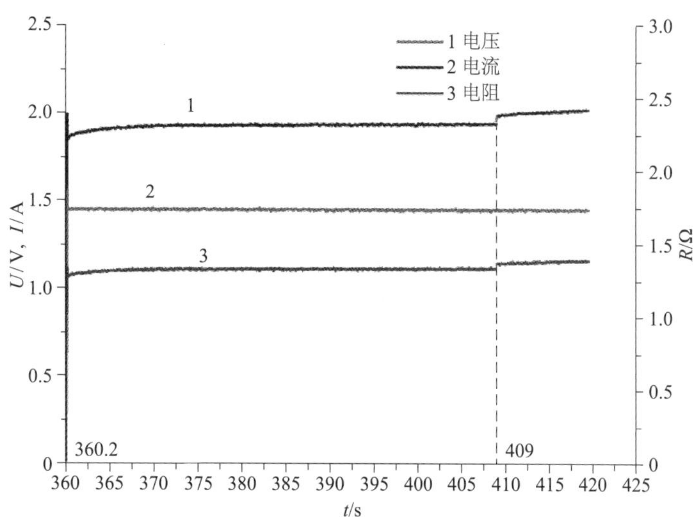

图 4.12　2#样品/Zr/$KClO_4$ 激励电流 1.44 A 药剂发火，而桥未断

3. 实验与理论对比

由实验现象的分析可知，在恒流激励情况下，发火件的发火方式属于电热发火方式，所以本书将金属桥带发火件恒流激励模式下的发火条件定义如下：紧贴桥带表面的一层药剂的温度达到药剂发火点时，发火件发火。按照上述定义和式（4-15）～式（4-17）的差分表达式，利用 MATLAB 软件就可以计算 5 min 恒流激励时的临界发火电流，将计算结果与实验结果进行对比，结果如表 4.13 所示（计算所用的药剂参数如表 4.12 所示）。

表 4.12　药剂参数

材料	密度/（$g \cdot cm^{-3}$）	比热容/（$J \cdot kg^{-1} \cdot K^{-1}$）	导热系数/（$W \cdot m^{-1} \cdot K^{-1}$）	5 s 爆发点/℃
$KClO_4$	2.52	811.5	—	—
Zr	6.49	280	22.7	—
Zr/$KClO_4$	2.55	466.03	14.76	400

表 4.13　5 min 恒流激励时桥带发火件的临界发火电流的理论计算值与实验值对比

样品编号	桥带总面积 A_Z/mm^2	发火区面积 A_f/mm^2	R_0/Ω	50%发火电流实验值 I_{50}/A	计算值 I_{ec}/A	偏差/%
1#/Zr/$KClO_4$	24.71	0.42	1.0	1.590	1.75	10
2#/Zr/$KClO_4$	25.41	0.51	1.0	1.518	1.625	7

从表 4.13 可知，桥带发火件的临界发火电流的理论计算值与实验值的误差在 10%以内，理论计算结果与实验值的一致性很好，所以上述模型和计算方法可以用来计算桥带发火件的临界发火电流。

4.2.2.2 50 ms 恒流激励实验

1. 实验方法和结果

实验样品和方法同 4.2.2.1 节，实验所用设备同 4.1.2.2 节，实验结果如表 4.14 所示。

表 4.14 50 ms 恒流激励时金属桥带发火件临界发火电流实验结果

样品	样本量	50%发火电流实验值/A	标准差/A	安全电流/A	全发火电流/A
1#/Zr/$KClO_4$	11	3.73	0.06	3.55	3.91
2#/Zr/$KClO_4$	12	3.56	0.05	3.41	3.71

实验中发现当激励电流在临界电流附近时，发火件发火和桥断是同时的，如图 4.13 所示；当激励电流高于临界电流时，桥带断在先，而药剂发火在后，如图 4.14 所示。这说明在 50 ms 恒流激励的情况下，发火件的发火是由于金属桥带爆发产生的高温高压的气体侵入药剂而引起药剂发火的，即这种情况下发火件的发火方式是电爆发火。

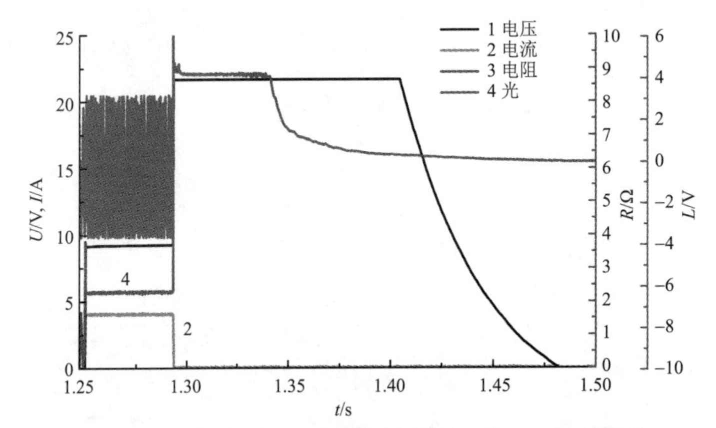

图 4.13 2#样品/Zr/$KClO_4$ 激励电流 4 A 发火，同时桥断

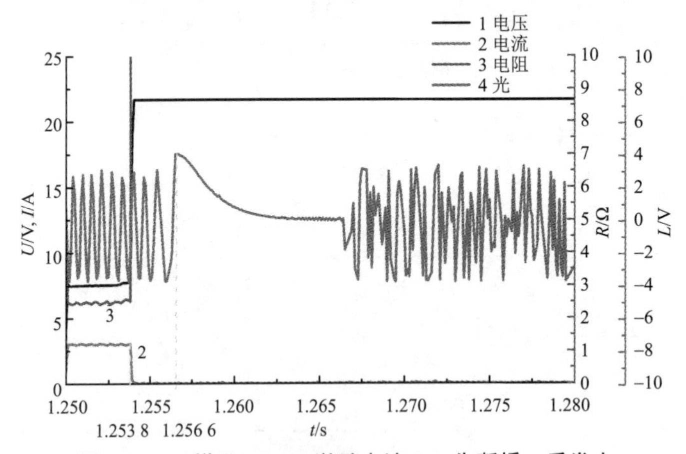

图 4.14 2#样品/BNCP 激励电流 3 A 先断桥，后发火

2. 实验与理论对比

由实验现象分析可知，50 ms 恒流激励情况下，发火件的发火属于电爆发火方式，所以本书

将金属桥带发火件 50 ms 恒流激励模式下的发火条件作如下定义：金属桥带的温度达到其爆发点（熔点）时，发火件发火。根据这个定义，按照式（4−6）～式（4−8）的差分表达式，利用 MATLAB 软件计算 50 ms 恒流激励时的临界发火电流，并将其与实验结果进行对比，如表 4.15 所示。

表 4.15　50 ms 恒流激励时桥带发火件临界发火电流的理论计算值与实验值对比

样品编号	桥带总面积 A_Z/mm^2	发火区面积 A_f/mm^2	R_0/Ω	50%发火电流实验值 I_{50}/A	计算值 I_{ec}/A	偏差/%
1#/Zr/$KClO_4$	24.71	0.42	1.0	3.73	3.313	−11.18
2#/Zr/$KClO_4$	25.41	0.51	1.0	3.56	3.063	−13.96

从表 4.15 可知，发火件的临界发火电流的计算值与实验值的误差都在 15%以内，两者比较接近，所以可以用这种方法来估算 50 ms 恒流激励下金属桥带发火件的临界发火电流的值。

4.2.3　金属桥带发火组件影响因素分析

4.2.3.1　发火区面积对发火件发火的影响

图 4.15 所示为在桥带总面积一定，发火区面积 A_f 不同时，桥带温度分布图。计算所用电流 I=1 A，时间 t=50 ms，桥带总面积 A_Z=25 mm^2，桥带电阻 R=1 Ω，桥带厚度 h=12 μm，环境温度 T_a=20 ℃，时间步长 dt=1×10^{-6} s，空间步长 dr=46×10^{-6} m，桥带和药剂的参数如表 3.3 和表 4.9 所示。

从图 4.15 可以看出，发火区面积不同时桥带的温度分布曲线形状是一致的，随着时间的变化，升温速率逐渐减小，最后温度达到恒定值；发火区面积越小，通入电流初期，桥带升温速率越快，最终达到的最高温度越高，即发火件发火所需要的能量越低，临界发火电流越小。

4.2.3.2　桥带总面积对发火件发火的影响

图 4.16 所示为在桥带发火区面积一定，总面积 A_Z 不同时，桥带的温度分布图。计算所用电流 I=2 A，时间 t=50 ms，发火区面积 A_f=0.5 mm^2，桥带电阻 R=1 Ω，桥带厚度 h=12 μm，环境温度 T_a=20 ℃，时间步长 dt=1×10^{-6} s，空间步长 dr=46×10^{-6} m，桥带和药剂的参数如

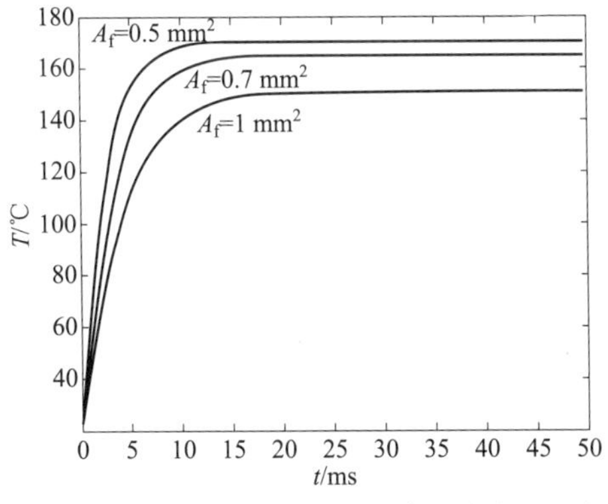

图 4.15　桥带总面积一定，发火区面积不同时桥带的温度分布

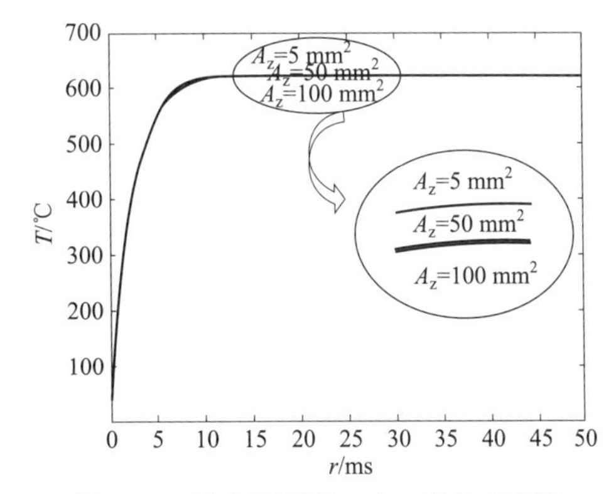

图 4.16　发火区面积一定，桥带总面积不同时桥带的温度分布

表 3.3 和表 4.9 所示。

从图 4.16 可知，发火区面积一定，桥带总面积不同时，桥带的温度分布大致相同，总面积大的桥带能达到的最高温度稍低；随着总面积的增大，桥带能达到的最高温度的变化越来越小。所以，在发火区面积一定时，通过改变桥带总面积的方法来提高安全电流是不可行的。

金属桥带电发火器件设计

金属桥带电火工品发火器件主要包括发火药剂、金属桥带、陶瓷或玻璃电极塞、装药室和脚线等。下面对它们的设计分别进行介绍。

1. 桥带材料设计

桥带材料的性质决定着桥带的电阻和热容，一般选择电流发热特征系数较小的材料作桥带，从而提高发火能量的利用率，降低桥带升温，进而降低产品的感度。根据经验，桥带材料一般选择电阻率较高、电阻温度系数小、特征值较小、力学性能和轧制加工性能好、熔点高、比热容大、与药剂有良好相容性的桥带，不仅有利于长储，而且可耐各种环境试验。因此通常选用 Ni80/Cr20（6J20）作桥带材料。

2. 桥带结构设计

桥带电火工品是一种钝感电火工品，它的主要技术指标是发火电流。而从上述分析知，桥带材料一般与桥丝材料一样，所以为了保证较高的发火电流就要增大桥带的散热面积。但是均匀的带状桥发火区和散热区能量密度相同，对散热和发火都不利，所以在设计中应该尽量增大散热面积，同时减小发火区的发火面积。目前使用较多的是 S 形或 S 形的变型，如图 4.17 所示。在保证桥带 1 Ω 电阻的前提下，对于同一种塞径的火工品，S 形桥带的散热面积明显要比哑铃状的散热面积大，所需的发火能量也要高，安全性也更好。

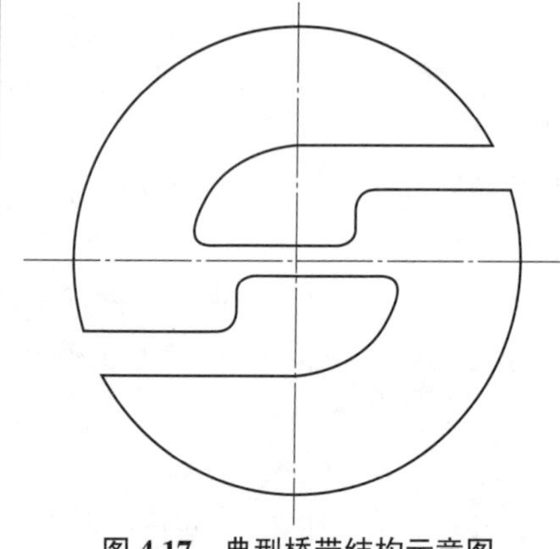

图 4.17　典型桥带结构示意图

3. 电极塞材料设计

电极塞材料应选用导热性能好、绝缘强度高、机械强度大的材料，这样有利于桥区通过电极塞的径向散热。目前电极塞选用的材料主要有塑料、玻璃和陶瓷三种，其中塑料的导热性能比较差，而陶瓷的成本又比较高，现在使用较多的是玻璃烧结的电极塞。它的热导率大、绝缘强度高、加工方便、成本低，同时还可以烧结成各种形状。

4. 发火药剂设计

由于桥带电火工品是一种钝感电火工品，而要实现钝感除了要增大桥带的散热面积外，还要选择钝感的药剂作为发火药，如 $KClO_4$/Zr 等烟火药。药剂的粒度不能大于桥区最窄处的宽度，也就是说桥区最窄处要至少能容纳一个药剂颗粒。

5. 安全电流设计

按照前两种电火工品的设计思路，桥带发火件安全电流重点还是临界发火电流的设计，其计算可以利用式（4-6）～式（4-8）来进行，标准偏差的计算方法与桥丝电火工品发火件标准偏差的计算方法一样。

4.3　SCB 发火组件

4.3.1　SCB 发火组件发火模型

SCB 电火工品的能量加载方式主要有恒流激励和电容放电两种，在恒流激励下 SCB 的发火方式为电热发火方式（发火件的发火是由于发火药剂达到发火温度而引起的），而在电容放电激励下 SCB 的发火方式有两种：电热发火和电爆发火（电爆发火是由于 SCB 的爆发而引起发火件的发火，它也分为两种，一种是 SCB 爆发产生等离子体，称为等离子体发火；另一种是 SCB 爆发但是没有产生等离子体，称为电爆发火）。本节针对 SCB 发火件在恒流激励和电容放电这两种常见情况下的发火模型进行介绍。

4.3.1.1　恒流激励下 SCB 发火件的发火模型

1. 模型假设

SCB 的结构如图 4.18 所示，由于 SCB 相对于药剂和塞子而言非常小，所以可以将 SCB 看作一个热点，而将药剂和塞子看成两个半球体，其中药剂半球的半径取与塞子的半径相等，如图 4.19 所示。为了使模型简化，需作如下假设：① 忽略电桥和药剂，以及电桥和塞子接触面之间的接触热阻和热容，即交界面处三者的温度相等；② 忽略药剂的化学反应放热，即认为药剂为惰性物质；③ 电桥以均匀的热流密度向药剂和塞子传递热量，并且只存在热传导这一种传热方式，不考虑桥和药剂以及塞子之间辐射形式的散热；④ 假设 SCB、药剂和塞子都是均匀且各向同性的物质，并且 SCB 和塞子的性质相同；⑤ 在整个过程中，桥、药剂和塞子的导热系数、密度、比热容等均不随时间变化。

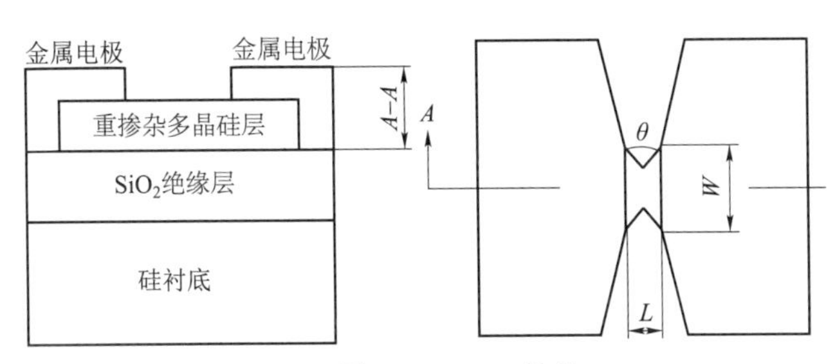

图 4.18　SCB 结构

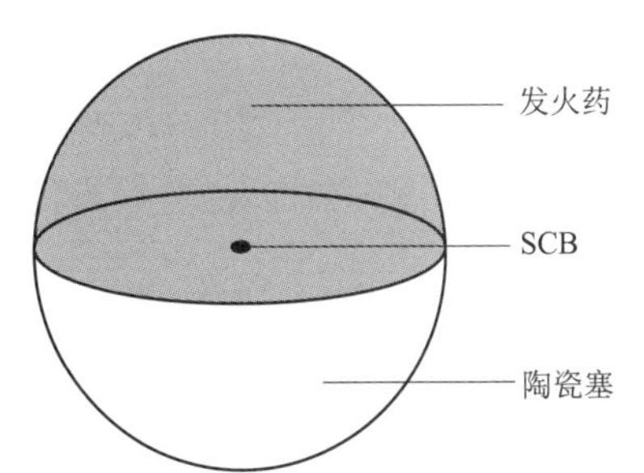

图 4.19　SCB 发火件简化模型

2. 数理模型

恒流激励时，电桥－药剂－塞子系统最终会进入稳定状态，所以由上述假设可知，电桥－药剂－塞子系统的传热问题可以归结为一维球体稳态导热问题，由于电桥－药剂半球和电桥－塞子半球是对称的，本章首先选择电桥－药剂半球为研究对象，这样电桥－药剂半球的传热方程与定解条件可表述如下：

$$\begin{cases} \dfrac{1}{r^2}\dfrac{\mathrm{d}}{\mathrm{d}r}\left(r^2\dfrac{\mathrm{d}T_e}{\mathrm{d}r}\right)=0 \\ r=r_{e\infty},-\lambda_e\dfrac{\mathrm{d}T_e}{\mathrm{d}r}=h_e(T_e-T_a) \end{cases} \tag{4-18}$$

式中，r 为药剂与桥片中心的距离（m）；T_e 为药剂的温度（K）；$r_{e\infty}$ 为药剂的厚度（m）；λ_e 为药剂的导热系数（W/（m·K））；h_e 为药剂的表面散热系数（W/（m^2·K））；T_a 为环境温度（K）。

假设 SCB 的半径为 r_0，三者接触处的温度为 T_m，那么由式（4-18）可得

$$T_e(r)=T_m+C_e\left(\frac{1}{r_0}-\frac{1}{r}\right) \tag{4-19}$$

将式（4-19）代入式（4-18），求得

$$C_e=-\frac{h_e(T_m-T_a)}{\dfrac{\lambda_e}{r_{e\infty}^2}+h_e\left(\dfrac{1}{r_0}-\dfrac{1}{r_{eso}}\right)} \tag{4-20}$$

同理可得塞子温度与 T_m 的关系为

$$T_s(r)=T_m+C_s\left(\frac{1}{r_0}-\frac{1}{r}\right)$$

$$C_s=-\frac{h_s(T_m-T_a)}{\dfrac{\lambda_s}{r_{s\infty}^2}+h_s\left(\dfrac{1}{r_0}-\dfrac{1}{r_{s\infty}}\right)}$$

单位时间内流过电桥-药剂半球的热量等于单位时间内电桥传递给药剂的热量，即

$$\frac{dQ_e}{dt}=2\pi r^2 q_e=-2\pi r^2\lambda_e\frac{d}{dr}T_e(r)=-2\pi\lambda_e C_e=\zeta_1\int_{T_a}^{T_m}I^2R(T)dT/(T_m-T_a) \tag{4-21}$$

式中，ζ_1 为常数，它表示电桥传递给药剂的热量与电桥产生的热量的比值。

由式（4-21）可得

$$\zeta_1=\frac{-2\pi\lambda_e C_e}{\int_{T_a}^{T_m}I^2R(T)dT/(T_m-T_a)} \tag{4-22}$$

同理，单位时间内流过电桥-塞子的热量等于单位时间内电桥传递给塞子的热量，即

$$\frac{dQ_s}{dt}=2\pi r^2 q_s=-2\pi r^2\lambda_s\frac{d}{dr}T_s(r)=-2\pi\lambda_s C_s=\zeta_2\int_{T_a}^{T_m}I^2R(T)dT/(T_m-T_a) \tag{4-23}$$

式中，ζ_2 为常数，它表示电桥传递给塞子的热量与电桥产生的热量的比值。

由式（4-23）可得

$$\zeta_2=\frac{-2\pi\lambda_s C_s}{\int_{T_a}^{T_m}I^2R(T)dT/(T_m-T_a)} \tag{4-24}$$

由于 $\zeta_1+\zeta_2=1$，因此可以由式（4-22）和式（4-23）求得发火电流的表达式：

$$I=\sqrt{\frac{-2\pi(\lambda_s C_s+\lambda_e C_e)}{\int_{T_a}^{T_m}R(T)dT/(T_m-T_a)}} \tag{4-25}$$

由式（4-19）和式（4-20）可以求得距电桥中心 r 处的药剂温度与电桥表面温度的关系为

$$T_m - T_a = \frac{\lambda_e + h_e r_{e\infty}^2 \left(\frac{1}{\sqrt{A/2\pi}} - \frac{1}{r_{e\infty}} \right)}{\lambda_e + h_e r_{e\infty}^2 \left(\frac{1}{r} - \frac{1}{r_{e\infty}} \right)} (T_e - T_a) \tag{4-26}$$

文献［10］中恒流激励下 SCB 发火件发火条件的定义为：距离电桥中心一倍的药剂粒径处的药剂温度达到药剂的发火点时，药剂发火。这个判据只适用于微型桥（MSCB），对于标准桥和较大的桥则不适用。为了将上述公式扩展到标准桥和大桥，本章对恒流激励下的发火条件做如下定义：对于微型桥，定义临界发火电流为恒流激励 5 min 能使距电桥中心 $2r_0$ 处的药剂温度达到发火点时的电流；对于标准桥和较大的半导体桥，则定义为恒流激励 5 min 能使距电桥中心 $5r_0$ 处的药剂温度达到发火点时的电流。利用式（4−25）和式（4−26）可以求出恒流激励下 SCB 发火件的临界发火电流。

4.3.1.2　电容放电激励下 SCB 发火件的发火模型

由于电容放电速度非常快，在数十微秒级，热量只能在药剂和塞子内部很小一部分区域内传递，所以在电容放电激励下，本章选取电桥及其上下同等面积的药剂和塞子为研究对象对其发火的数理模型进行研究，如图 4.20 所示。

1. 模型假设

为了使模型简化，需作如下假设：① 忽略电桥和药剂，以及电桥和塞子接触面之间的接触热阻和热容，即认为电桥−药剂−塞子交界面处三者的温度相等；② 忽略药剂的化学反应放热，即认为药剂为惰性物质，系统内没有内热源；③ 只考虑热传导这一种传热方式，不考虑电桥和药剂以及塞子之间对流、辐射形式的散热；④ 在整个电容放电过程中，电桥、药剂和塞子的物化参数等均不随时间变化。

2. 数理模型

由上述假设可以将药剂的导热归结为一维平板无内热源非稳态导热问题，且具有第二类边界条件。以电桥的中心为坐标原点，垂直于 SCB 与药剂接触面的方向为 x 轴建立直角坐标系，如图 4.21 所示。由于电桥−药剂系统和电桥−塞子系统是对称的，本章首先选择药剂−电桥系统为研究对象，则药剂的导热微分方程和定解条件可描述为

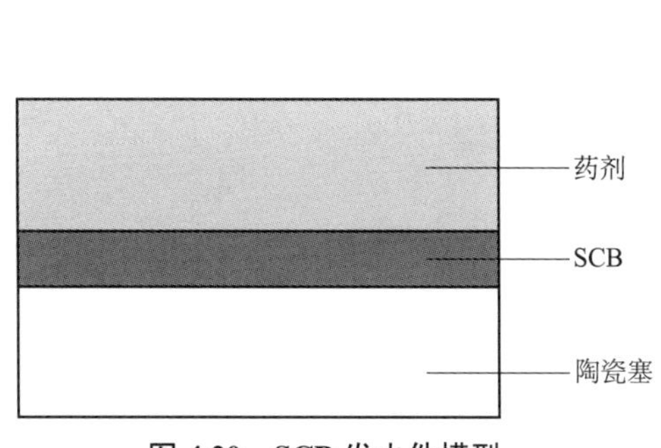

图 4.20　SCB 发火件模型

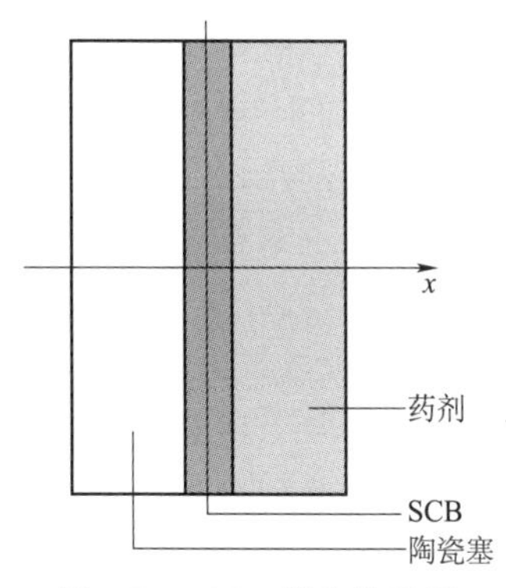

图 4.21　SCB 发火件坐标

$$\begin{cases}\dfrac{\partial T_e}{\partial t}=k_e\dfrac{\partial^2 T_e}{\partial x^2}\\ t=0,T_e(x,t)=T_a\\ x=0,-\lambda_e\dfrac{\partial T_e}{\partial x}=q_e\end{cases}\tag{4-27}$$

式中，k_e 为药剂的热扩散率，$k_e=\lambda_e/\rho_e c_e$，ρ_e 为药剂密度（kg/m^3）；λ_e 为药剂导热系数（W/（m·K））；c_e 为药剂的比热容（J/（kg·K））；q_e 为药剂与 MSCB 交界面处的热流密度；T_a 为环境温度（K）。

根据塞子和药剂的对称性，塞子的导热微分方程和定解条件为

$$\begin{cases}\dfrac{\partial T_s}{\partial t}=k_s\dfrac{\partial^2 T_s}{\partial x^2}\\ t=0,T_s=T_a\\ x=0,-\lambda_s A\dfrac{\partial T_s}{\partial x}=P(t)-q_e A\end{cases}\tag{4-28}$$

式中，k_s 为塞子的热扩散率，$k_s=\lambda_s/\rho_s c_s$，ρ_s 为塞子密度（kg/m^3）；λ_s 为塞子导热系数（W/（m·K））；c_s 为塞子的比热容（J/（kg·K））。电容放电激励时，$P(t)=\dfrac{U^2}{\bar{R}}e^{-\frac{2t}{\bar{R}C}}$，$U$ 为激励电压（V）；$\bar{R}$ 为作用过程中 SCB 的平均电阻（Ω）；C 为放电电容（F），其余同式（4-27）。

解上述方程可以得到距桥面任一距离 x 处药剂温度随时间变化的方程[10]：

$$T_e(x,t)=\frac{U^2\sqrt{k_s}e^{\frac{2t}{\bar{R}C}}}{A\bar{R}(\lambda_s\sqrt{k_e}+\lambda_e\sqrt{k_s})}\int_0^t e^{\frac{2\tau}{\bar{R}C}}\sqrt{\frac{k_e}{\pi\tau}}\exp\left(-\frac{x^2}{4k_e\tau}\right)d\tau+T_a\tag{4-29}$$

通过实验现象分析可知，在电容放电激励模式下存在两种发火方式：电热发火和电爆发火。文献［10］对这两种不同的发火方式下的临界发火电压采用不同的计算方法：

1）电热发火方式下临界发火电压的计算方法

电热发火时发火件的发火是由于距离桥片中心一定距离处的药剂达到发火点而引起的，这种情况下临界发火电压具体计算方法是：

（1）确定装药的发火层厚度，得到药剂爆炸延迟期与温度的关系。

（2）应用式（4-29）绘制某一激励电压 V_1 下的 T_e（0，t）和 T_e（δ，t），并获得 99%最高温度 T_e 及对应的持续时间 τ_e。

（3）判断药剂是否发火。

（4）若不能发生热爆炸，则取 $V_2>V_1$，重新计算；若能发生热爆炸，但高温持续时间大于热爆炸延迟期，则取 $V_3<V_1$，重新计算。

2）电爆发火方式下临界发火电压的计算方法

电爆发火时发火件的发火是由 SCB 的爆发引起的，这种情况下临界发火电压就是使桥爆发的电压，而桥爆发的判据为桥的最高温度达到其爆发点时认为桥爆发。由文献［10］知爆发点的计算公式可表述如下：

$$T_r=T_{melt}\times(1-S_0/A)+T_g\times S_0/A$$

式中，T_{melt} 为硅的熔点 1 684 K；T_g 为多晶硅的沸点 2 880 K；S_0 定义为 SCB 的有效面积，

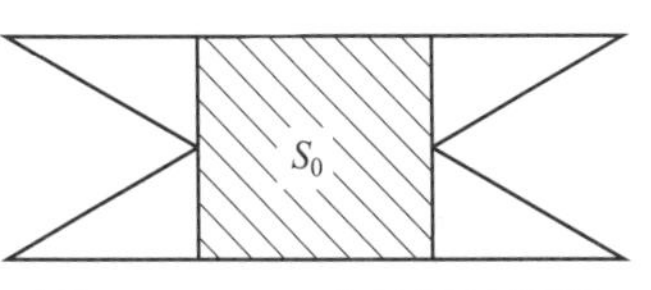

图 4.22 SCB 有效爆发面积

$S_0 = l\left(w - l\cot\dfrac{\theta}{2}\right)$，如图 4.22 所示。

由式（4–29）可以求得 SCB 的最高温度 T_m，则电爆发火时 SCB 的临界发火电压的计算公式可表述如下：

$$U_{fc} = 2\left(\frac{T_m - T_a}{3}\right)^{\frac{1}{2}}\left(\frac{\lambda_s\sqrt{k_e} + \lambda_e\sqrt{k_s}}{\sqrt{k_e k_s}}\right)^{\frac{1}{2}}\left(\frac{\pi\bar{R}}{C}\right)^{\frac{1}{4}} A^{\frac{1}{2}} \tag{4-30}$$

4.3.2 SCB 发火组件发火实验

本节实验主要包括临界发火电流实验、临界发火电压实验和发火时间实验三个部分，下面分别进行介绍。

4.3.2.1 临界发火电流实验

1. 实验样品

为了研究不同尺寸的 SCB 换能元对临界发火电流的影响，本次实验选择了 4 种不同的 SCB 换能元，具体参数如表 4.16 所示。实验所用的药剂为南京理工大学研制的细化中性斯蒂芬酸铅（LTNR）和叠氮化铅（PbN_6），如图 4.23 所示，装药方式采用两层压装的方式，首先将 PbN_6 装到管壳中，然后将 LTNR 覆盖在 PbN_6 上面，最后再把 SCB 换能元装到管壳中。装药参数如表 4.17 所示，SCB 发火组件的结构示意图如图 4.24 所示。

表 4.16 SCB 换能元参数

样品编号	l/μm	w/μm	θ/（°）	掺杂浓度 /cm^{-3}	掺杂厚度 /μm	R_0/Ω	A/$μm^2$	m/ × 10^{-8} g	塞径 /mm
1#	15	80	60	7.0×10^{19}	2	1.09	1 005	0.4670	4.4
2#	35	190	60	7.0×10^{19}	2	1.03	5 589	2.596 6	4.4
3#	70	380	60	7.0×10^{19}	2	1.15	22 356	10.387	6
4#	100	550	60	7.0×10^{19}	2	0.99	46 340	21.53	6

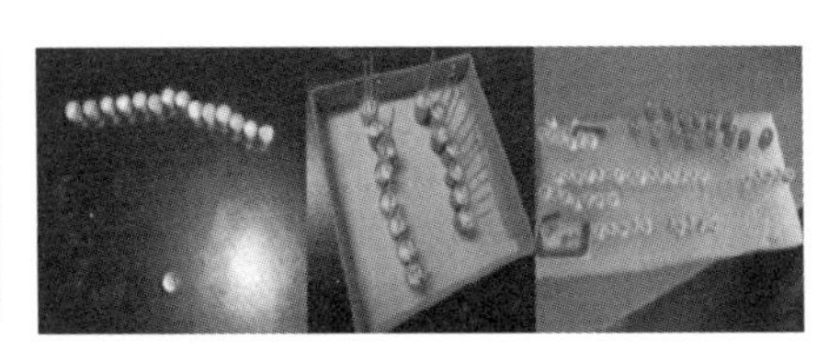

图 4.23 实验样品

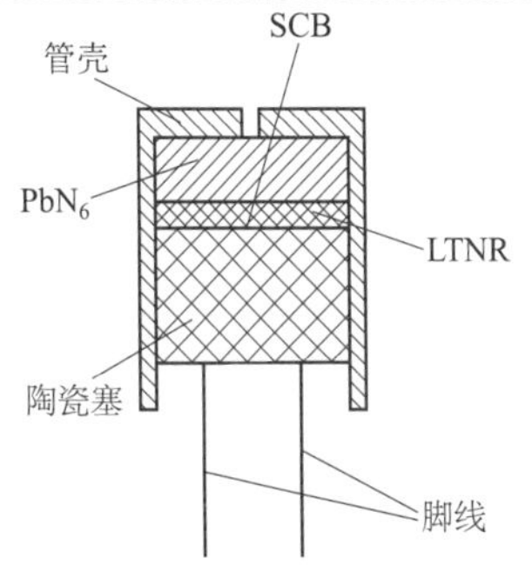

图 4.24 SCB 发火组件结构示意图

表 4.17　SCB 装药参数

名称	装药方式	装药压力/MPa	装药量/mg	粒度/μm
LTNR + PbN_6	压装	15	LTNR：4 PbN_6：16	LTNR：18 PbN_6：45

2. 实验方法

实验方法采用 D－最优化法，实验所用设备、测试电路图和实验步骤同 3.1.2.1 节。

3. 实验结果

本次实验把看到火花、听到响亮的“啪”的一声以及示波器上电流信号突然降低为“0”这三个条件作为 SCB 发火件发火的判据。按照这个标准，用 D－最优化法测试出实验所用的 4 种 SCB 发火件的临界发火电流 $\hat{\mu}_0$ 和标准误差 $\hat{\sigma}_0$，然后按照正态分布模型计算出 99.9%发火电流（本书中定义为全发火电流）和 0.1%发火电流（本书中定义为安全电流），结果如表 4.18 所示。

表 4.18　SCB 发火件的临界发火电流实验值

样品编号	l/μm	w/μm	θ/（°）	R_0/Ω	临界发火电流 $\hat{\mu}_0$/mA	标准偏差 $\hat{\sigma}_0$/mA	安全电流/mA	全发火电流/mA
1#	15	80	60	1.09	705	105	390	1 020
2#	35	190	60	1.03	683	5	668	698
3#	70	380	60	1.15	1 134	39.47	1 016	1 252
4#	100	550	60	0.99	1 259	23.79	1 188	1 330

用式（4－25）计算实验所用的 4 种样品的临界发火电流的理论值，并将理论计算值与实验值进行对比，结果如表 4.20 所示，计算中用到的药剂参数如表 4.1 所示，其他参数如表 4.19 所示。

表 4.19　硅的物化参数

材料	密度ρ/（kg·m^{-3}）	比热容 c/（J·kg^{-1}·K^{-1}）	导热系数λ/（W·m^{-1}·K^{-1}）
硅	2 323	669	82.93
陶瓷	3 920	880	24.7

表 4.20　SCB 发火件的临界发火电流实验值与理论值对比

样品编号	l/μm	w/μm	θ/（°）	R_0/Ω	塞径/mm	50%发火电流实验值 I_{50}/mA	计算值 I_f/mA	偏差/%
2#	35	190	60	1.03	4.4	683	578	－15.37
3#	70	380	60	1.15	6	1 134	996.01	－12.17

续表

样品编号	l/μm	w/μm	θ/（°）	R_0/Ω	塞径/mm	50%发火电流实验值 I_{50}/mA	计算值 I_f/mA	偏差/%
4#	100	550	60	0.99	6	1 259	1 086.77	−13.68
5#	21	50.5	60	4.27	4.4	264[10]	245.24	−7.11
6#	20.5	70.5	40	3.88	4.4	282[10]	263.3	−6.63
7#	26	90.5	40	3.76	4.4	324[10]	278.72	−13.98
8#	30.5	75.5	60	3.97	4.4	320[10]	272.27	−14.92

从表 4.20 中的 2#～4#样品实验值与理论计算值的对比可以看出，两者的误差均在 15%以内，说明用式（4−25）和本章定义的恒流激励时发火条件的判据来计算大桥的临界发火电流是可行的。为了验证本章定义的恒流激励时发火条件的判据对微型桥是否适用，本书还验证了文献［10］中的 4 种微型桥的临界发火电流值，结果如表 4.19 中的 5#～8#。从偏差值可以看出，用本章给出的临界发火电流的理论计算公式和发火判据来计算 SCB 发火件的临界发火电流是比较合理的。这样就可以将式（4−25）作为设计满足某一临界发火电流的 SCB 发火件的理论依据。

4.3.2.2　临界发火电压实验

1. 实验样品和方法

实验样品同 4.3.2.1 节，实验方法采用 D−最优化法，实验设备、实验电路图和实验步骤同 3.1.2.2 节。

2. 实验结果

本实验按照 D−最优化法程序对 4 种 SCB 发火件在 10 μF 储能电容放电激励时的临界发火电压进行测试，每种样品的样本量为 15 发，得出不同 SCB 的 50%发火电压 $\hat{\mu}_0$ 和标准误差 $\hat{\sigma}_0$，然后按照正态分布模型计算 99.9%发火电压（全发火电压）和 0.1%发火电压（全不发火电压），实验结果如表 4.21 所示。

表 4.21　SCB 发火件临界发火电压实验值

样品编号	l/μm	w/μm	θ/（°）	R_0/Ω	临界发火电流 $\hat{\mu}_0$/V	标准偏差 $\hat{\sigma}_0$/V	全不发火电压/V	全发火电压/V
1#	15	80	60	1.09	4.41	0.61	2.58	6.24
2#	35	190	60	1.03	9.23	0.33	8.24	10.22
3#	70	380	60	1.15	11.9	1.65	6.54	16.44
4#	100	550	60	0.99	29.34	1.36	25.26	33.42

通过对实验现象的分析得知 1#、2#和 4#样品中发火的发火件都是桥先爆发，而后引起的药剂发火，也就是说发火方式为电爆发火，而 3#样品中发火的发火件都是药剂先发火而后桥才爆发，表明发火方式为电热发火。另外，1#样品的标准偏差为 0.61 V，偏差较大，这是由于 1#桥片尺寸较小，加工出来样品的分布较大，造成样品一致性不好，所以在后续的工作中应该重新加工一批一致性较好的桥片，重新进行实验。

利用电热发火电压的计算方法计算 3#样品的临界发火电压，其中放电电容为 10 μF，药剂发火层厚度取 3%的药剂粒度，然后利用式（4－30）电爆发火的临界发火电压公式计算 1#、2#和 4#样品的临界发火电压，并将理论计算值与实验值进行对比，结果如表 4.22 所示。

表 4.22 SCB 发火件临界发火电压实验值与理论值对比

样品编号	l/μm	w/μm	θ/（°）	R_0/Ω	塞径/mm	50%发火电压实验值 U_{50}/V	计算值 U_f/V	偏差/%
1#	15	80	60	1.09	4.4	4.41	3.77	－14.51
2#	35	190	60	1.03	4.4	9.23	8.75	－5.2
3#	70	380	60	1.15	6	11.9	13.5	13.45
4#	100	550	60	0.99	6	29.34	25	－14.79

从表 4.22 可以看出，不管 SCB 发火件的发火方式是电热还是电爆，计算出来的临界发火电压的理论值与实验值的误差都在 15%以内，两者的一致性还是比较好的，所以利用这个理论来设计满足某一发火电压的 SCB 发火件是可行的。

4.3.2.3 发火时间实验

1. 实验样品和方法

实验样品同上，实验设备除了 3.1.2.2 节所列的设备外，还包括一根光电靶，用于记录发火时间。发火时间是指从能量输入到 SCB 开始，到发火件中的发火装药输出火焰，也就是光电靶探测到光信号时为止的这段时间。具体的实验电路图如图 4.25 所示，实验基本步骤同 3.1.2.2 节。

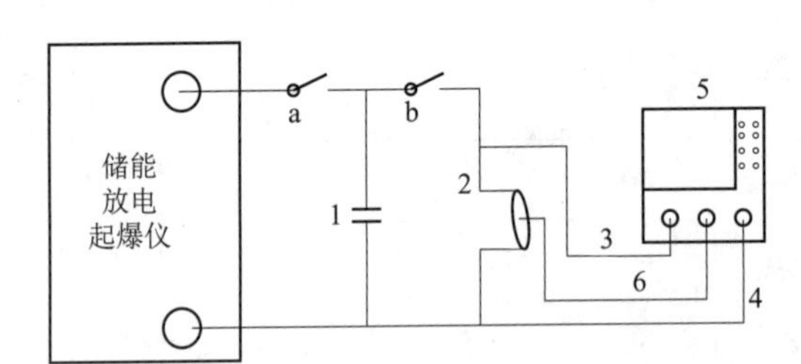

图 4.25 电容放电激励下 SCB 发火时间测试电路图

a，b—开关

1—电容；2—换能●（SCB）；3—电流探头；4—光电探头；5—示波器；6—电压探头

2. 实验结果

本次实验将从放电开始到示波器上的光信号出现下降趋势为止的这段时间作为发火件的发火时间，不同激励电压下，SCB/LTNR/PbN_6 的发火时间如表 4.23 和图 4.26 所示。

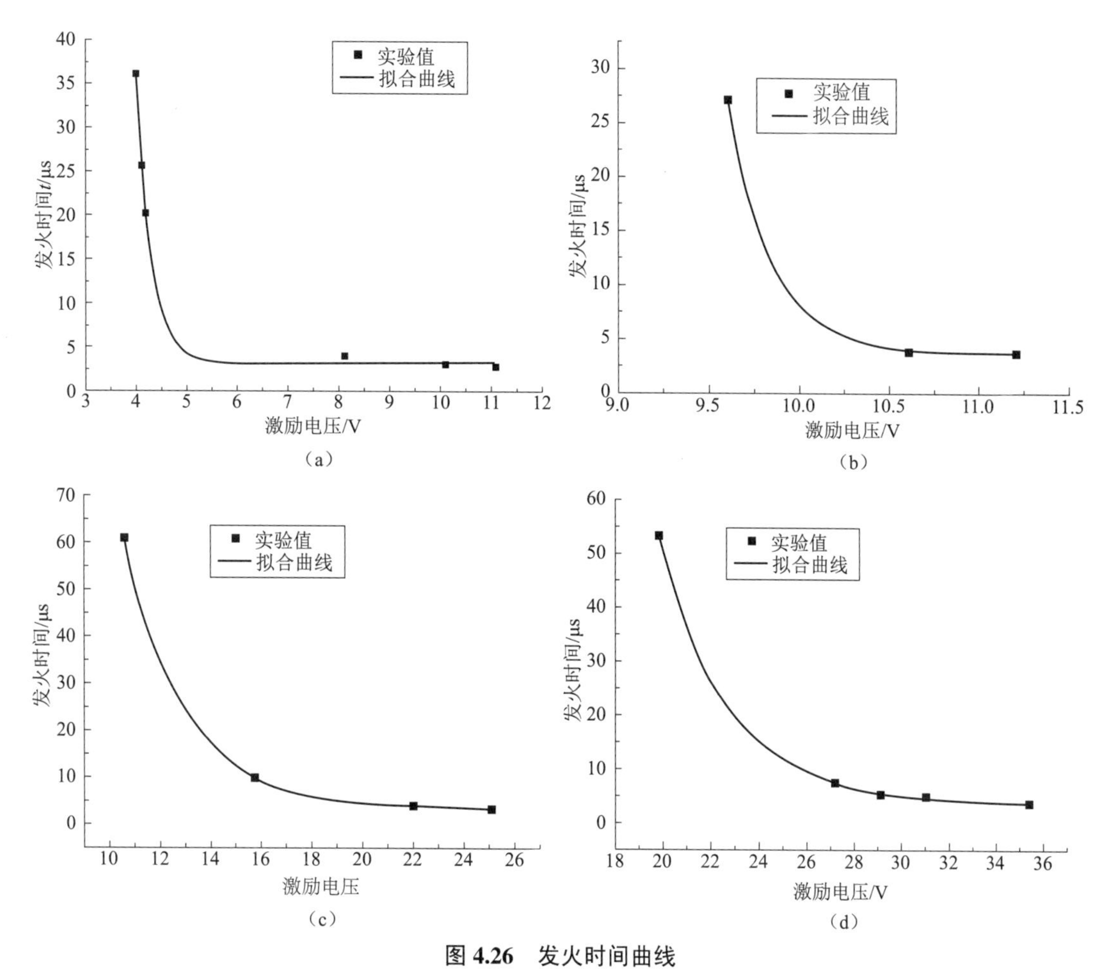

图 4.26　发火时间曲线

（a）1#发火件发火时间曲线；（b）2#发火件发火时间曲线；（c）3#发火件发火时间曲线；（d）4#发火件发火时间曲线

由图 4.26 可以看出，发火时间随着刺激电压的增大而缩短，而且缩短的速率逐渐减小，最终趋于一个稳定值。将表 4.23 中的发火时间与文献［10］中 MSCB/LTNR 的发火时间相比可以发现，本书中的发火时间要短很多。这是因为两者的装药不同，本书中选择的是 LTNR/PbN_6 的两层装药，其中 LTNR 只有 4 mg，PbN_6 有 16 mg，而文献［10］中的装药为 20 mg 纯 LTNR。PbN_6 容易发生燃烧转爆轰（DDT），但是发火能量却很高，而 LTNR 虽然比较容易发火，但是却很难达到爆轰水平，而本书利用 LTNR 的容易发火和 PbN_6 燃烧转爆轰的速度以及爆速快的特点，选择 LTNR/PbN_6 的两层装药形式就同时解决了发火时间和发火能量这两个相互矛盾的问题。

表 4.23　SCB 发火时间实验数据

样品编号	电阻 R_0/Ω	激励电压/V	发火时间/μs
1#	1.09	4.0	36.1
		4.1	25.74
		4.2	20.02
		8.1	4.00
		10.1	2.96
		11.1	2.70
2#	1.12	9.3	28.9
		9.6	27.16
		10.6	4.00
		11.2	3.62
3#	1.15	10.6	61
		15.7	9.86
		22	3.84
		25.1	3.32
4#	0.99	19.8	53.2
		27.2	7.3
		29.2	5.46
		31	5.18
		35.4	3.62

4.3.3　SCB 发火组件发火的影响因素分析

为了研究半导体桥发火件的发火规律，除了要建立发火件的发火模型外，还需要研究发火件发火的影响因素。下面根据上述发火件的发火模型和实验来分析影响其发火的因素。

4.3.3.1　SCB 的影响

1. 面积和电阻的影响

首先从表 4.18 和表 4.21 来看，SCB 的面积越大，发火件的临界发火电流和临界发火电压就越高，也就是说发火件的临界发火电流和临界发火电压与半导体桥的面积成正比；从发火件的发火模型这方面进行分析，利用式（4－25）来计算不同面积的 SCB 发火件的临界发火电流与电阻的关系，如图 4.27 所示，利用式（4－30）计算不同面积的 SCB 发火件的临界发火电压与电阻的关系，如图 4.28 所示。计算中用到的参数如表 4.1 和表 4.19 所示。

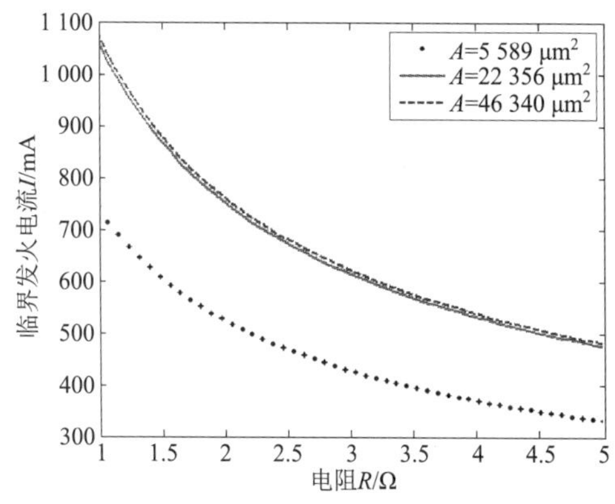

图 4.27　临界发火电流与面积和电阻的关系

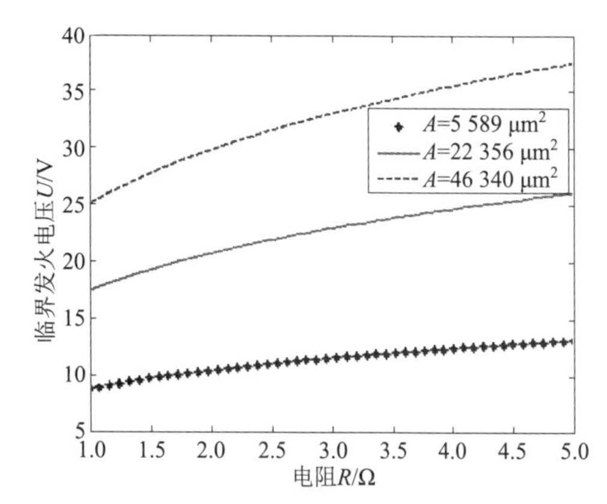

图 4.28　临界发火电压与面积和电阻的关系

由图 4.27 可知，临界发火电流与 SCB 的电阻成反比，与 SCB 的面积成正比；由图 4.28 可知，临界发火电压与 SCB 的电阻和面积都成正比。一般在设计 SCB 电火工品时要求安全电流高，而发火电压相对较低，这样在设计过程中就可以通过降低 SCB 的电阻来实现这个目标；而在电阻固定的情况下，通过改变 SCB 的面积，就会造成发火电压和安全电流其中一方无法达到合适的值，这种情况下 SCB 的面积就存在一个最优值域，SCB 的设计就是要找到这样的最优值域。

2. SCB V 形角的影响

以 2#样品的尺寸和电阻为例，通过改变 V 形角的角度来分析 SCB 角度对发火规律的影响。利用式（4－25）计算 SCB 发火件的临界发火电流与电阻的关系，利用式（4－30）计算临界发火电压与电阻的关系，如图 4.29 所示。计算中用到的参数如表 4.1 和表 4.19 所示。

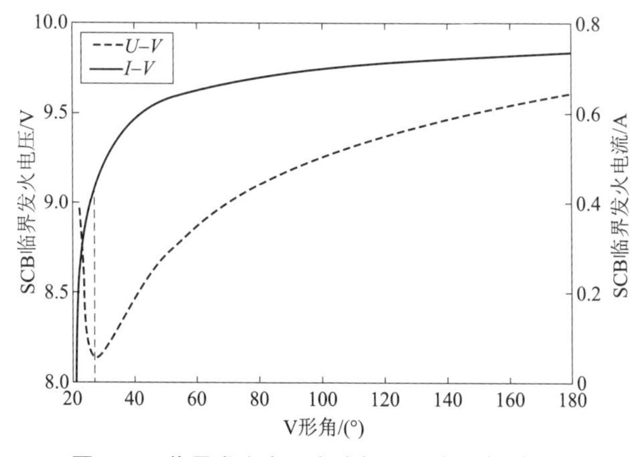

图 4.29　临界发火电压电流与 V 形角的关系

由图 4.29 可知，临界发火电流随着 V 形角的增大而增大，但是增大的速率在不断变缓；临界发火电压随着 V 形角的增大先是迅速降低，然后缓慢升高，即存在一个使临界发火电压最小的 V 形角的值，对于 2#样品而言，这个值为 27.3°。

4.3.3.2 发火药剂的影响

1. 发火药剂导热系数的影响

以 2#样品为例，利用式（4–25）、式（4–30）和表 4.1、表 4.19 中的参数计算 SCB 发火件的临界发火电流和临界发火电压与药剂的导热系数的关系，如图 4.30 所示。由图可知，发火件的临界发火电压电流与药剂的导热系数均成正比，说明药剂的导热性能越好，所需要的发火电压和电流就越高。

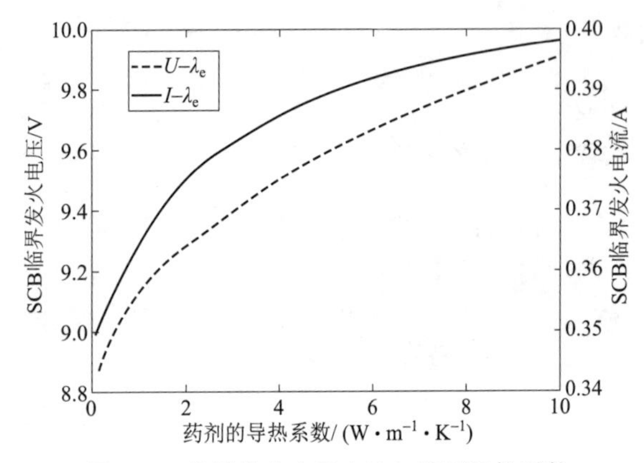

图 4.30 临界发火电压电流与药剂导热系数

2. 发火药剂比热容的影响

以 2#样品为例，利用式（4–25）、式（4–30）和表 4.1、表 4.19 中的参数计算 SCB 发火件的临界发火电流和临界发火电压与药剂的比热容的关系，如图 4.31 所示。由图可知，发火件的临界发火电压与药剂的比热容成正比，但是临界发火电流的大小却与药剂的比热容无关。

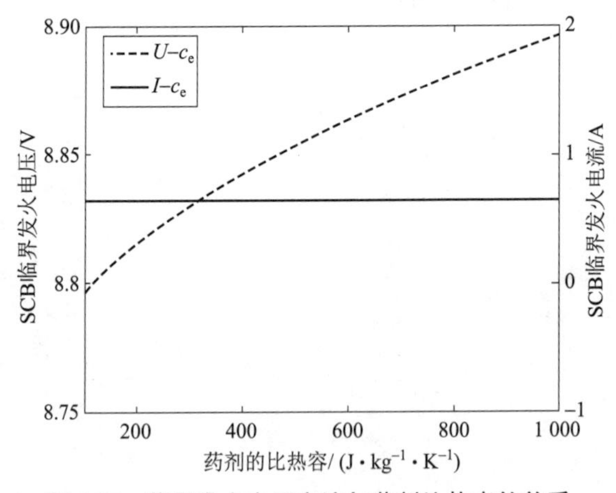

图 4.31 临界发火电压电流与药剂比热容的关系

3. 装药密度的影响

以 2#样品为例，利用式（4－25）、式（4－30）和表 4.1、表 4.19 中的参数计算 SCB 发火件的临界发火电流和临界发火电压与装药密度的关系，如图 4.32 所示。由图可知，发火件的临界发火电压与装药密度成正比，装药密度越大，发火件的临界发火电压越高，但是临界发火电流的大小与装药密度无关。实际中当装药密度过大时，会出现压死现象，上述分析只是针对能发火的情况进行的。

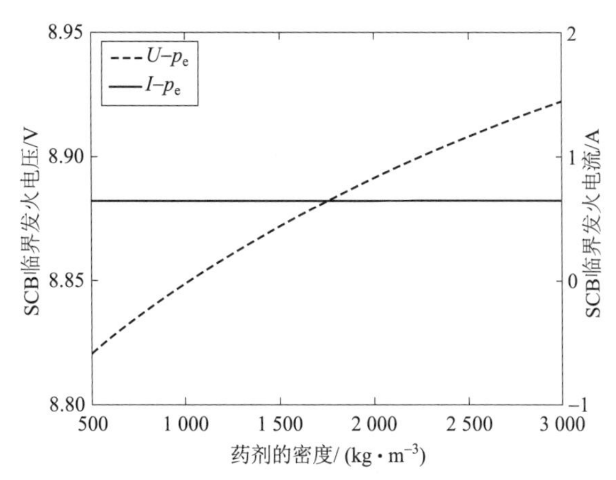

图 4.32　临界发火电压电流与装药密度的关系

半导体桥电发火器件设计

半导体桥电火工品发火器件主要包括发火药剂、半导体桥芯片、陶瓷电极塞和脚线等。由 4.3.3 节的介绍可知，影响半导体桥电火工品发火的因素有半导体桥片的结构、尺寸以及点火药的参数等，本章在此基础上设计半导体桥电火工品发火器件。

1. 半导体桥结构设计

图 4.33 所示为所选的具有代表意义的 SCB 的结构示意图。由文献［9］和文献［11］的分析可知，这 4 种形状的 SCB 的发火能量依次为：（c）＜（b）＜（d）＜（a），其中（c）的发火能量最低，这是因为通电时在缺口处电流比较集中，缺口处桥的温度也较高，汽化容易从这里开始。实际中使用的半导体桥形状也基本都是图 4.33（c）形。

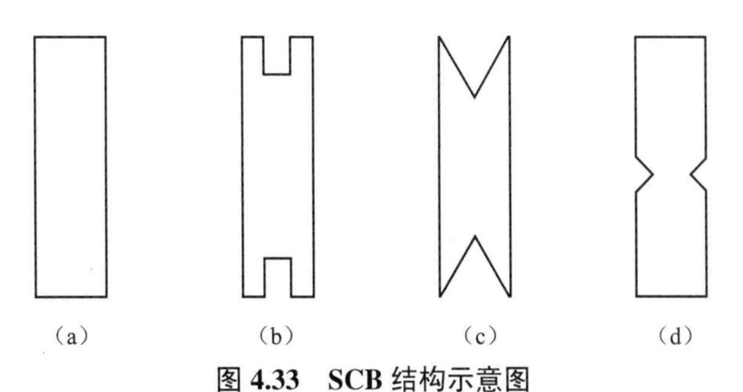

图 4.33　SCB 结构示意图

2. 半导体桥尺寸和电阻设计

半导体桥尺寸是半导体桥设计中的关键之一，它不仅影响桥的质量和发火面积，还影响桥的电阻，进而对发火性能造成影响。实验证明半导体桥厚度增加有利于点火，但太厚时会产生龟裂现象，所以一般厚度取 2 μm 为宜，而掺杂浓度为 1.05×10^{20} 个原子/cm^3。因为一般指标都要求发火件要满足 1 A/1 W 不发火的条件，所以就要求半导体桥的电阻在 1 Ω 左右。而半导体桥的电阻与桥的长、宽和角度都有关系，如式（4–31）所示。这样就可以利用这个计算公式对半导体桥的尺寸进行设计。

$$R_0=\begin{cases}\dfrac{R_s\omega}{2}\left[1+\dfrac{1}{1-\omega\cot(\theta/2)}\right]\\ \omega=l/w\\ R_s=\rho_0/d\\ \rho_0=\dfrac{1}{1.4\times10^{-17}N_D+30.7}\end{cases} \tag{4-31}$$

式中，ω 为长宽比；θ为 V 形角的大小；d 为掺杂厚度；R_s 为方阻；ρ_0 为电阻率；N_D 为掺杂浓度。

3. 发火药剂设计

一般半导体桥电火工品要求发火时间短，发火能量低，所以在选择发火药剂时，应该选择敏感的结晶 LTNR、$Pb(N_3)_2$、叠氮肼镍（NHA）和硝酸肼镍（NHN）。由文献［5］可知，发火能量随着药剂粒度的减小而降低，但是为了使发火件具有发火稳定性，应确保半导体桥核心区至少能容纳一个完整的发火药颗粒，即桥的最小尺寸至少应与药剂的平均粒径相同[9]。所以在桥的尺寸固定时，药剂的最大平均粒径应该有上限，在工艺条件允许的情况下，为了降低发火能量，应该选择粒径尽量小的药剂作为发火药剂。

装药方式有压药和涂药两种。由文献［5—7］可知，发火时间会随着压药压力的增大而缩短，所以压药时在保证可靠点火和不损坏装置的同时尽量提高压药压力。一般而言，涂药比压药具有更好的接触及牢固性，所以一般发火件点火也更可靠。

对于直径较小的火工品而言，由于散热面积小，需要靠药剂来承受一定的热量，所以在 SCB 芯片涂 LTNR 时，要对黏合剂进行选择。表 4.24 是 SCB 涂结晶 LTNR 时不同黏结剂的实验结果。从表中可以看出，添加硝棉漆和硝基漆的样品在 1 A/1 W 5 min 实验后的 5 A 电流实验存在瞎火现象，这是因为在进行 1 A/1 W 5 min 实验时，SCB 产生的热量使桥区温度达到黏结剂的炭化温度（190 ℃），黏结剂反应并且在表面出现黑色炭化层，该炭化层实际上是 SCB 桥面和 LTNR 药粒表面之间形成一层隔热炭膜，它会使热量不能有效传递给 LTNR 药剂。

对于直径较大的火工品而言，由于散热面积较大，使用硝棉漆、硝基漆或聚醋酸乙烯酯漆均可保证安全性和可靠性，但硝棉漆作黏结剂时，安全裕度较小；聚醋酸乙烯酯漆作黏结剂时平均作用时间较长，且极差较大。所以，硝基漆是比较合适的选择方案[9]。

表 4.24　SCB 涂覆细结晶 LTNR 时不同黏结剂的试验结果

药剂/黏结剂	1A/1W 5 min 实验	5 A 下发火率（1 A/1 W 5 min 实验后）
LTNR/硝棉漆	通过	9 发发火，1 发瞎火
LTNR/硝基漆	通过	8 发发火，2 发瞎火
LTNR/聚醋酸乙烯酯漆	通过	10 发均发火，作用时间为 83～426 μs

4. 安全电流设计

SCB 发火件安全电流的设计思路与桥丝发火件安全电流的设计思路是相同的，也是将与临界发火电流成正比的参数取下限，将与临界发火电流成反比的参数取上限，然后按照计算临界发火电流的方法计算出来的电流就是安全电流。所以，关键还是临界发火电流的设计。

根据 4.3.1.1 节研究结果可知，临界发火电流与 SCB 和发火药剂性能参数的关系为

$$
\begin{cases}
I=\sqrt{\dfrac{-2\pi(\lambda_s C_s+\lambda_e C_e)}{\int_{T_a}^{T_m} R(T)\mathrm{d}T/(T_m-T_a)}} \\
C_e=-\dfrac{h_e(T_m-T_a)}{\dfrac{\lambda_e}{r_{e\infty}^2}+h_e\left(\dfrac{1}{r_0}-\dfrac{1}{r_{e\infty}}\right)} \\
C_s=-\dfrac{h_s(T_m-T_a)}{\dfrac{\lambda_s}{r_{s\infty}^2}+h_s\left(\dfrac{1}{r_0}-\dfrac{1}{r_{s\infty}}\right)} \\
T_m-T_a=\dfrac{\lambda_e+h_e r_{e\infty}^2\left(\dfrac{1}{\sqrt{A/2\pi}}-\dfrac{1}{r_{e\infty}}\right)}{\lambda_e+h_e r_{e\infty}^2\left(\dfrac{1}{r}-\dfrac{1}{r_{e\infty}}\right)}(T_e-T_a)
\end{cases}
\tag{4-32}
$$

式中，r 为药剂与桥片中心的距离（m）；T_m 为桥药界面处的温度（K）；$r_{e\infty}$为药剂的厚度（m）；λ_e为药剂的导热系数（W/（m·K））；h_e为药剂的表面散热系数（W/（m^2·K））；T_a为环境温度（K）；T_e为药剂的 5 s 爆发点（K）。

5. 发火电压设计

通过 4.1.1 节的分析知，SCB 发火件发火电压有两种：电热发火电压和电爆发火电压。不过两者的设计思路与安全电流的设计思路是相似的，也是将与临界发火电压成正比的参数取上限，将与临界发火电压成反比的参数取下限，然后按照计算临界发火电压的方法计算出来的电压就是发火电压。所以，关键还是临界发火电压的设计。

根据 4.3.1.2 节研究结果可知，电爆发火临界发火电压与 SCB 和发火药剂的性能参数关系为

$$
U_{fc}=2\left(\frac{T_m-T_a}{3}\right)^{\frac{1}{2}}\left(\frac{\lambda_s\sqrt{k_e}+\lambda_e\sqrt{k_s}}{\sqrt{k_e k_s}}\right)^{\frac{1}{2}}\left(\frac{\pi\bar{R}}{C}\right)^{\frac{1}{4}}
\tag{4-33}
$$

电热发火临界发火电压的计算方法如下：

（1）确定装药的发火层厚度，得到药剂爆炸延迟期与温度的关系。

（2）应用式（4-29）绘制某一激励电压 V_1 下的 T_e（0，t）和 T_e（δ，t），并获得 99%最高温度 T_e及对应的持续时间 τ_e。

（3）判断药剂是否发火。

（4）若不能发生热爆炸，则取 $V_2>V_1$，重新计算；若能发生热爆炸，但高温持续时间大于热爆炸延迟期，则取 $V_3<V_1$，重新计算。

4.4 爆炸箔发火组件

4.4.1 爆炸箔驱动飞片模型

在冲击片雷管的设计中，飞片速度是一个重要参量。飞片速度历程的研究一直是爆炸箔起爆系统研究的重要内容之一，掌握了飞片速度历程与爆炸箔之间的关系，就能科学地设计冲击片雷管的各个参数。由于飞片比较小，实验测试有一定难度且费用较高，因此数值计算或模拟就成为重要的手段。

4.4.1.1 电 Gurney 能模型

电爆炸金属箔蒸气驱动飞片运动的物理过程非常复杂，在计算飞片速度的研究中，Gurney 能方法是研究最多的方法，也是简单实用的方法，它是根据能量守恒和动量守恒计算炸药驱动飞片速度的一种一维近似方法。在爆炸箔驱动飞片的过程中，将爆炸箔当成一种炸药，桥箔吸收的能量转换成动能的那部分称为 Gurney 能。在借鉴国外研究基础上，为扩大此方法的适用性，中国工程物理研究院的王治平等人做了大量工作。

为了简化计算，在建立模型时作了如下假设：① 爆炸金属蒸气为理想气体，其质点速度随距离呈线性分布；② 各处爆炸蒸气密度均匀；③ 飞片、背板可视为刚体，飞片作一维运动；④ 背板质量远远大于飞片和爆炸箔的质量，设背板速度为零。

用格尼分析方法导出来的飞片终态速度表达式为[12]

$$u_f = \left\{ \frac{2E_{eg}}{1/3+R} \left[1 - \left(\frac{r_a}{r_f} \right)^{\phi} \right] \right\}^{1/2} \tag{4-34}$$

$$\Phi = \frac{2(R+1/3)}{3R} \tag{4-35}$$

对于电爆炸箔，R 是飞片与桥箔单位面积质量比，r_a 就是桥箔的厚度，r_f 是飞片的飞行距离，E_{eg} 是电格尼能，通过实验确定。E_{eg} 与桥箔的爆炸电流密度 J_b 之间存在如下近似关系：

$$E_{eg} = KJ_b^n \tag{4-36}$$

当 $r_f \gg r_a$，即当飞片的飞行距离远大于桥箔的厚度时，飞片速度可近似表示成

$$u_f = \left\{ \frac{2KJ_b^n}{1/3+R} \right\}^{1/2} \tag{4-37}$$

式中，K 和 n 是与桥箔材料有关的常数，通常称之为电格尼常数，是从大量的飞片速度实验数据中确定的。部分金属的电格尼常数见表 4.25。

表 4.25　电格尼常数

金属	K	n
Al	6.58×10^{-3}	1.41
Mg	6.8×10^{-3}	1.4
Cu	4.2×10^{-2}	0.85

（注：使用上表示时 E_{eg} 的单位为 MJ/kg，J_b 的单位为 GA/m²）

在没有飞片速度实验数据的情况下，文献［13］指出电格尼能可表示为单位质量的电爆炸箔从电路吸收的能量 E_d 与转换效率 η 之积，即

$$E_{eg}=\frac{\eta\cdot E_d}{\rho_0\cdot V_T} \tag{4-38}$$

式中，ρ_0 为桥箔初始密度；V_T 为桥箔体积；E_d 是放电回路的功率积分，即

$$E_d=\int_0^{t_b} I^2(t)\cdot R_b(t)\mathrm{d}t \tag{4-39}$$

式中，t_b 为桥箔爆炸时刻；$R_b(t)$ 为桥箔非线性电阻。

在桥箔面积较大时，用式（4－37）计算的飞片终态速度与实验结果符合得很好，但计算飞片速度的变化历程时误差很大。考虑到飞片直径对飞片速度的影响，王治平等[14]给出了电爆炸箔推动聚酯膜飞片运动的速度经验公式：

$$u_f=\left[2K(d)J_b^{n(d)}\Big/\left(\frac{1}{3}+R\right)\right]^{1/2}[(2-r_f/r_{fm})r_f/r_{fm}]^m \tag{4-40}$$

通过对实验数据的分析，发现电格尼常数 $K(d)$ 和 $n(d)$ 不仅与飞片材料有关，还与飞片直径 d 之间有如下经验关系：

$$\begin{cases}K=\dfrac{a_1}{1-b_1/d}\\[2ex] n=\dfrac{a_2}{1+b_2/d}\end{cases} \tag{4-41}$$

式中，a_1，b_1，a_2 和 b_2 是与具体实验参数有关的常数，对于铜箔 a_1=1.213×10⁻⁹，a_2=1.285，b_1=0.618，b_2=1.108；r_f 为某时刻飞片的位移；r_{fm} 为飞片的最大位移；m 为用来调节速度曲线形状的经验参数，对于固定的放电回路基本上是一常数。

此模型不但可以计算飞片的最终速度，而且可以计算飞片速度随飞行距离的变化。对实验结果的计算误差在 10%以内。但是此模型给出的电格尼常数 K（d）与直径 d 的关系不适合计算飞片直径很小的情况，因为直径很小时 K（d）为负值。

文献［15］利用飞片速度 u_f 与爆炸电流密度 J_b 间的指数关系，在 $\lg u_f-\lg J_b$ 坐标系中对已有的大量实验结果进行了处理，用最小二乘法拟合数据点，求出了不同飞片直径下的电格尼常数 n 和 K 值。再将 n 和 K 值分别在 $n-d$ 和 $\lg K-d$ 坐标系中作图，采用简单的二次多项式拟合，通过对国内外 40 余组实验数据的分析，得到关系表达式为

$$\begin{aligned} n &= 1.188\,5 + 0.043\,6d - 0.103\,6d^2 \\ \lg k &= -8.922\,0 - 0.003\,1d + 0.726\,1d^2 \end{aligned} \quad (4-42)$$

用此经验关系计算小直径飞片速度非常有效，误差基本上在 8%以内。此方法简单方便，可以充分利用爆发点的实验或模拟数据。

4.4.1.2 半经验动力学模型

Schmidt[16]和耿春余[17]采用数值和解析两种方法推导了飞片速度公式。其基本的假设条件与上述 Gurney 能模型相同。建立的物理模型示意图如图 4.34 所示。

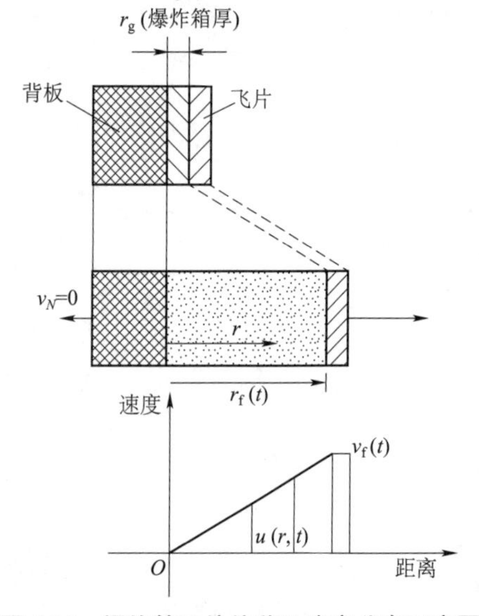

图 4.34 爆炸箔飞片位移及速度分布示意图

根据能量守恒和牛顿第二定律得到如下方程组：

$$\begin{cases} u_f(t) = \dfrac{dr_f(t)}{dt} \\ \dfrac{du_f(t)}{dt} = \dfrac{1}{3Rr_f(t)}\left[-\left(\dfrac{1}{3}+R\right)u_f^2(t) + 2Q(t)\right] \\ \dfrac{dQ(t)}{dt} = P(t) \cdot \eta(t) \\ t = 0, u_f(0) = 0, r_f(0) = r_g, Q(0) = 0, \text{初始条件} \end{cases} \quad (4-43)$$

式中，$u_f(t)$ 为飞片速度；$r_f(t)$ 为爆炸蒸气与飞片界面位置；r_g 为桥箔厚度；$R=\dfrac{m_f}{m_e}$，为飞片与爆炸箔单位面积质量比；$P(t)$为实测功率曲线，从箔爆炸时间 t_b 开始计算；$\eta(t)$是与时间相关的修正因子。通过数值求解即可得到飞片速度。

将上述方程整理后得

$$u_f^2(t) = \frac{6}{1+3R}\left[Q(t_f) - Q(t_b)\left(\frac{r_g}{r_f(t)}\right)^{\frac{2(1+3R)}{9R}}\right] \quad (4-44)$$

根据上式，只要测到爆炸箔吸收能量和飞片飞行 $r_f(t)$时吸收的能量就可以计算出飞片的速度。本方法也是以实测数据为前提的，可以计算飞片在任意距离的速度。在目前的测量精度下，计算精度在近距离时都比经验模型高。但是这两种方法不能判断飞片飞行到什么位置速度最高。这样可以和格尼法联合使用，用格尼法计算最高速度，然后用这种方法确定飞片飞行的距离，这样可以为设计冲击片雷管提供依据。

上述两种方法比较简单，但是必须利用实测的功率曲线或比作用量，才能够较好地预估飞片速度。尽管如此，这对于工程设计是比较有用的。其缺点还是不能很好地反映等离子体驱动飞片的历程，这需要采用流体力学的方法来解决。

4.4.2 一维流体力学模型

流体力学模拟方法可以给出更详细的飞片飞行信息以及桥箔与飞片相互作用的机理，梁龙河和胡晓棉在此方面做了大量的工作[18,19]。对于一维流体力学模型的研究已经比较成熟，将流体力学模型应用到电爆等离子体驱动飞片工程的模拟中，关键是要解决桥箔爆炸后能量转化问题，即使飞片速度模拟结果不再完全依赖于实验数据。

4.4.2.1　流体力学模型的建立

桥箔爆炸形成的高温高压气体推动飞片，在加速膛的约束下，飞片中心部分在微秒量级的加速时间内可以考虑成一维运动。模型假设如下：① 爆炸箔从电路中吸取能量，在箔的薄层空间中可近似认为按质量均匀分布，仅随时间 t 而变化；② 背板质量远大于桥箔飞片质量；③ 飞片在高压气体作用下可忽略其强度，在短暂加速的快运动过程中，可忽略热传导及二维旁侧效应，认为呈理想流体状态，作一维平面不定常可压流运动。可以看出，上述假定条件前两项与经验模型是相同的，所不同的是爆炸蒸气密度在各点位置是不同的，飞片作一维平面不定常可压流运动。

根据上述假定对所述问题可采用拉氏一维平面不定常可压缩流体力学方程组描述：

质量守恒方程：

$$V = V_0 \frac{\partial x}{\partial x_0} \tag{4-45}$$

动量守恒方程：

$$\frac{\mathrm{d}u}{\mathrm{d}t} = -V \frac{\partial(p+q)}{\partial x} \tag{4-46}$$

能量守恒方程：

$$\frac{\mathrm{d}e}{\mathrm{d}t} = -(p+q)\frac{\mathrm{d}V}{\mathrm{d}t} + \frac{\mathrm{d}Q}{\mathrm{d}t} \tag{4-47}$$

运动方程：

$$\frac{\mathrm{d}x}{\mathrm{d}t} = u \tag{4-48}$$

电能方程：

$$\frac{\mathrm{d}Q}{\mathrm{d}t} = PP(t) \tag{4-49}$$

状态方程：

$$P = C_0^2\left(\frac{1}{V} - \frac{1}{V_0}\right) + (\gamma - 1)\frac{e}{V} \tag{4-50}$$

式中，p、V、e、q、u 和 x 分别为压力、体积、总能量、人为黏性、速度、位置；γ 为绝热指数；C_0 为声速。当电功率 PP（t）给定后，上述 6 个方程能封闭求解 6 个未知量。电功率 PP（t）由桥箔爆发电流和电压的模拟曲线得到。

在一维非定常流体力学方程中的功率 PP 的单位是 MW/mg。爆炸箔吸收的电能并不能完全转化为飞片的动能，很大一部分能量通过光辐射等耗散掉。因此在根据上述基本方程计算飞片速度之前，必须对桥箔吸收的能量进行修正，也是说只考虑有多少能量用于驱动飞片。为简化复杂过程，采取转换的公式如下：

$$pp(t)=\frac{\beta P(t)}{m_b+m_f} \tag{4-51}$$

式中，m_b 和 m_f 分别为箔桥质量和飞片质量；β 为转换系数，在一定实验参数范围内，它可以近似为常数，可由实验来确定。由此，用此模型不但可以计算出整个飞片速度随时间的变化曲线，还可以根据不同的边界条件组合计算出飞片内外边界网格中速度随时间的变化情况。另外，飞片层中的内能、压力和密度在不同时刻随网格的分布也可以很好地表示出。所以此模型描述的结果更加接近实际情况。利用差分方法可以求解上述方程组。

4.4.2.2 飞片速度的实验与数值模拟结果

采用上述一维非定常可压缩流体力学模型对文献［20］中所提供的实验结果进行模拟。图 4.35～图 4.38 模拟速度分别对应表 4.26 和表 4.27 所示参数。

表 4.26 电路参数

序号	U/V	L/nH	C/μF	R/Ω
1	2 000	49.1	0.446	0.18
2	2 500	49.1	0.446	0.18
3	3 000	49.1	0.446	0.18
4	3 500	49.1	0.446	0.18

表 4.27 雷管参数

序号	桥箔参数		飞片参数	
	尺寸/ mm×mm×mm	密度/（g·cm^{-3}）	尺寸/mm	密度/（g·cm^{-3}）
1	0.4×0.4×0.004	8.93	ϕ0.5×0.025	1.414
2	0.4×0.4×0.004	8.93	ϕ0.5×0.025	1.414
3	0.4×0.4×0.004	8.93	ϕ0.5×0.025	1.414
4	0.4×0.4×0.004	8.93	ϕ0.5×0.025	1.414

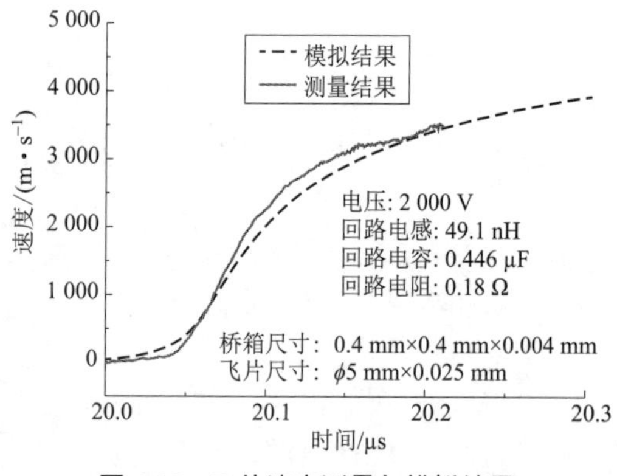

图 4.35 飞片速度测量与模拟结果

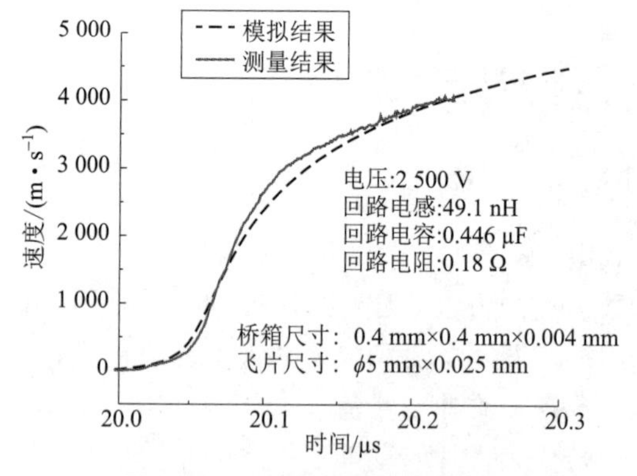

图 4.36 飞片速度测量与模拟结果

图 4.39 是图 4.35 实验条件下，飞片飞行时间与飞行距离的模拟结果，从两个图的对比可以看出，实验测试飞片飞行距离约 0.4 mm，在这个区间内，飞片速度实验结果略大于模拟结

果，相对趋势基本是一致的。

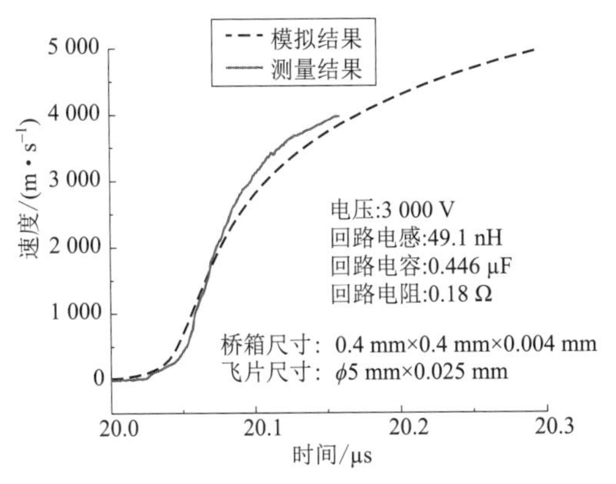

图 4.37　飞片速度测量与模拟结果

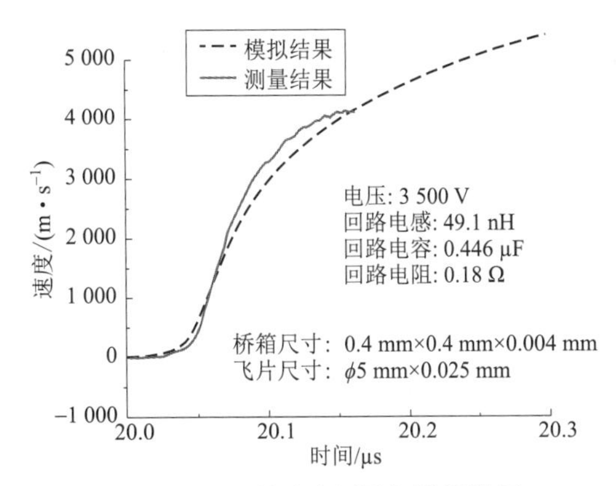

图 4.38　飞片速度测量与模拟结果

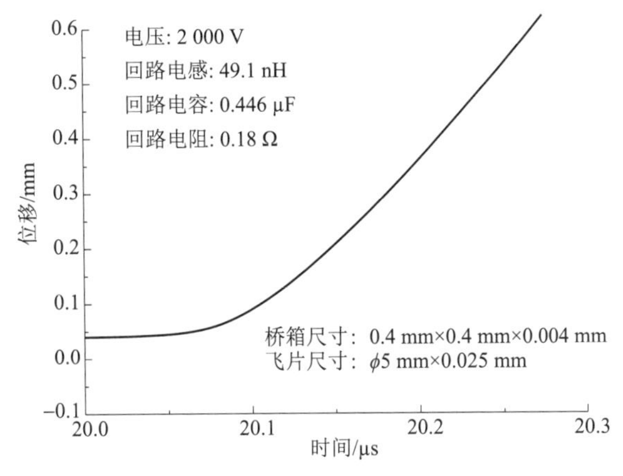

图 4.39　飞片位移曲线

图 4.40～图 4.44 是对应表 4.28 和表 4.29 4 种参数情况下的试验和模拟结果。

表 4.28　回路电参数

序号	U/V	L/nH	C/μF	R/Ω
1	2 000	49.1	0.446	0.18
2	2 500	49.1	0.446	0.18
3	3 000	49.1	0.446	0.18
4	3 500	49.1	0.446	0.18

表 4.29　雷管参数

序号	桥箔		飞片	
	尺寸/mm×mm×mm	密度/（g·cm^{-3}）	尺寸/mm	密度/（g·cm^{-3}）
1	0.6×0.6×0.004	8.93	ϕ0.7×0.025	1.414
2	0.6×0.6×0.004	8.93	ϕ0.7×0.025	1.414
3	0.6×0.6×0.004	8.93	ϕ0.7×0.025	1.414
4	0.6×0.6×0.004	8.93	ϕ0.6×0.025	1.414

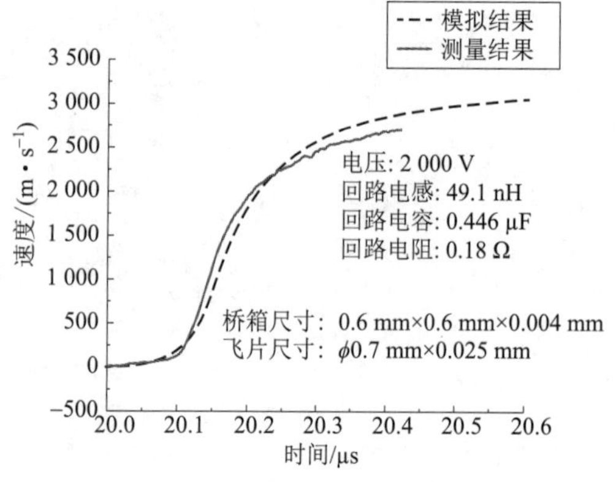

图 4.40　飞片速度测量与模拟结果

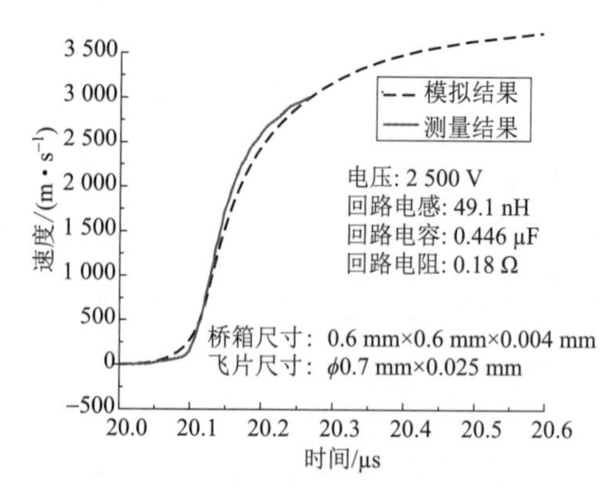

图 4.41　飞片速度测量与模拟结果

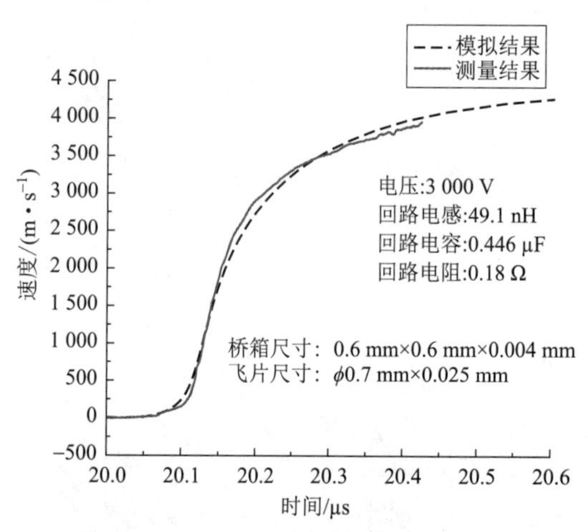

图 4.42　飞片速度测量与模拟结果

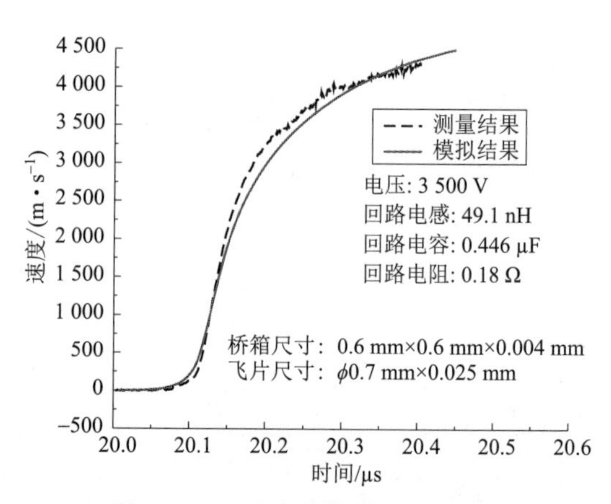

图 4.43　飞片速度测量与模拟结果

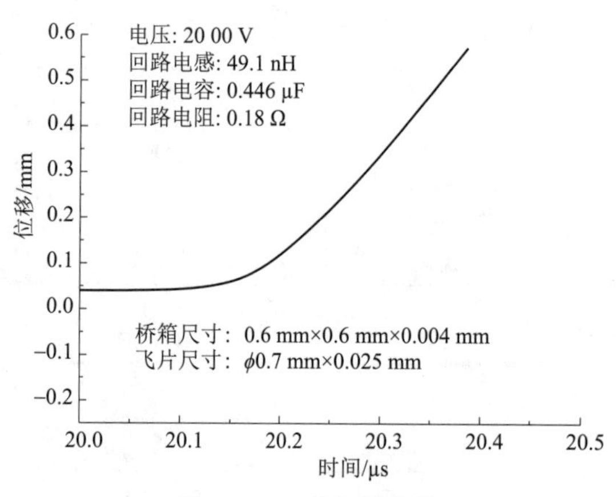

图 4.44　飞片位移曲线

从上面的模拟结果看，飞片速度模拟的结果也与测量结果基本吻合。需要进一步改进的是飞片前期驱动模型。

在飞片飞行 0.3 mm 处飞片速度与电压呈直线关系，如图 4.45 所示，这与文献值是一致的。在同样电路和桥箔参数下，随着飞片质量的增加，飞片速度也明显下降。表 4.30 是能量转换效率的情况，从表中可以看出随着电压的升高，桥箔吸收的能量增大，飞片吸收的能量也增大，但能量利用率降低。尽管如此，如果电容耐压允许，应该尽可能提高电压，以增大飞片速度。

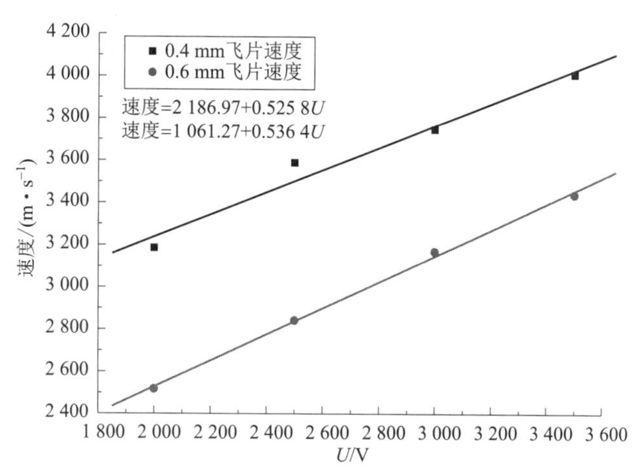

图 4.45　飞片速度与电压的关系

表 4.30　能量转换关系

飞片直径/mm	电压/V	总能量/J	箔吸收能量/J	箔占总能比率	飞片速度/（m·s^{-1}）	飞片动能/J	飞片占箔吸收能比率
0.4	2 000	0.892	0.434	0.487	3 186	0.035	0.08
	2 500	1.394	0.603	0.433	3 589	0.044	0.073
	3 000	2.007	0.772	0.385	3 747	0.048	0.062
	3 500	2.732	0.922	0.337	4 009	0.055	0.06
0.6	2 000	0.892	0.436	0.489	2 518	0.043	0.099
	2 500	1.394	0.655	0.470	2 842	0.055	0.084
	3 000	2.007	0.869	0.433	3 170	0.068	0.078
	3 500	2.732	1.081	0.396	3 440	0.074	0.068

4.4.2.3　数值模拟结果

对爆炸箔冲击片换能元和发火药柱装配成的发火组件进行数值模拟计算。图 4.46 为片速度，表 4.31 为实验参数。从图中可以看出，飞片速度可以达到 2 500 m/s 以上。

表 4.31　回路电参数与桥箔、飞片参数

电路				桥箔		飞片	
U/V	L/nH	C/μF	R/Ω	尺寸/mm×mm×mm	密度/（g·cm^{-3}）	尺寸/mm	密度/（g·cm^{-3}）
2 500	95	0.29	0.09	0.3×0.3×0.005 93	8.93	ϕ0.4×0.05	1.34

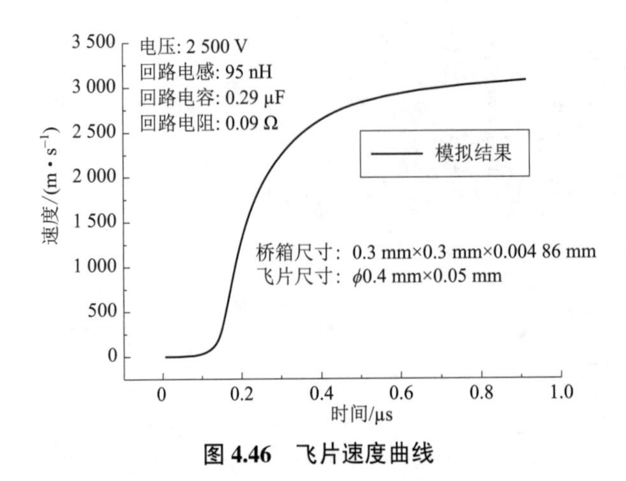

图 4.46　飞片速度曲线

通过上面模型的介绍和分析，可以得到这样的结论，即对于一定桥箔尺寸范围内，可以利用电格尼能方法进行飞片速度的预估。对考虑飞片飞行的详细时间历程可以采用流体力学方法。流体力学模拟结果与实验结果具有很好的一致性，数值模拟结果和实验结果表明，在其他条件不变的情况下，飞片速度与充电电压成正比。飞片动能约占总能量的 3%。

4.4.3　爆炸箔冲击片冲击试验方法

4.4.3.1　测试方案

爆炸箔起爆器 EFI 的作用原理决定了其性能参数测定的特殊性。一般爆炸箔起爆器中金属箔发生电爆炸的条件是 $dI/dt=2\ 000\ A/0.1\times10^{-6}\ s=2\times10^{10}\ A/s$。爆炸箔爆炸产生等离子体推动并加速塑料冲击片速度 V_f 达到 2～4 km/s 直接冲击起爆装药引发爆轰。爆炸箔起爆器发火试验装置必须控制 dI/dt 和 V_f，而发火装置的标定必须测试 dI/dt 和 V_f。为此美国专门在 20 世纪 70 年代研究了测定 V_f 的激光多普勒干涉测速仪 VISAR，以及测定 dI/dt 的高频测压探头和专门的罗果夫斯基原理电流传感器。

爆炸箔冲击片冲击起爆加载试验装置应包括高压源单元、高压起爆单元、冲击片发生单元、测试单元四部分，并且对其中主要参数能够进行定量表征。其方案框图见图 4.47，各部分主要功能如下：

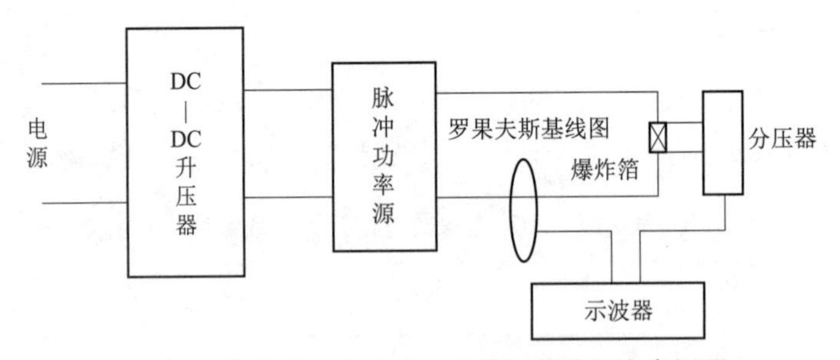

图 4.47　爆炸箔冲击片冲击起爆加载装置方案框图

1. 高压源单元

高压源系统由高压发生器、预制电压控制、充电时间控制器、触发输出控制器、自动复位等单元组成。高压发生器可分别产生两路高压，其中一路作为起爆装置中储能电容器的充电电源；另一路作为起爆装置中高压真空开关的触发电源。

2. 高压起爆单元

高压起爆系统主要包括发火电容器和高压开关，考虑到爆炸箔冲击片冲击起爆研究的需要，电容器选择 0.1～0.4 μF，高压触发开关选择 1.2～5 kV。

3. 冲击片发生单元

装置中采用的冲击片发生单元应能够产生稳定冲击片参数，且重复性及一致性较好。设计的冲击片发火系统指标如下：桥区尺寸：≤1.0 mm×1.0 mm×0.010 mm，加速膛尺寸：≤ϕ1.2 mm，冲击片材料：≤75 μm 厚聚酰亚胺薄膜。

4. 测试单元

5 kV 高压监测系统（带 LC 补偿装置，保证与电流传感器记录在同一时间轴上同相）。电流测试系统：响应时间≤10 ns，响应范围为 1～10 kA，误差为±1%。

4.4.3.2　测试装置

爆炸箔冲击片发火试验装置如图 4.48 所示。

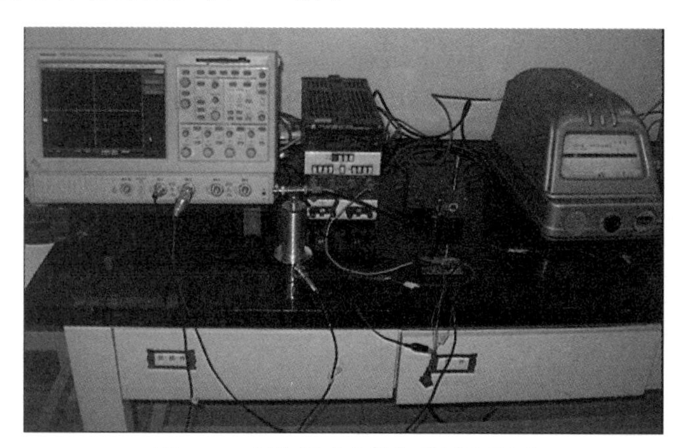

图 4.48　爆炸箔冲击片加载试验装置

1. 高压源单元

高压源单元由高压发生器、预置电压控制、充电时间控制器、触发输出控制器、自动复位等组成。高压发生器可分别产生 0～6 kV 和 4 kV 的高压，其中 0～6 kV 作为起爆装置中储能电容器的充电电源；4 kV 作为起爆装置中高压真空开关的触发电源。仪器框图如图 4.49 所示。

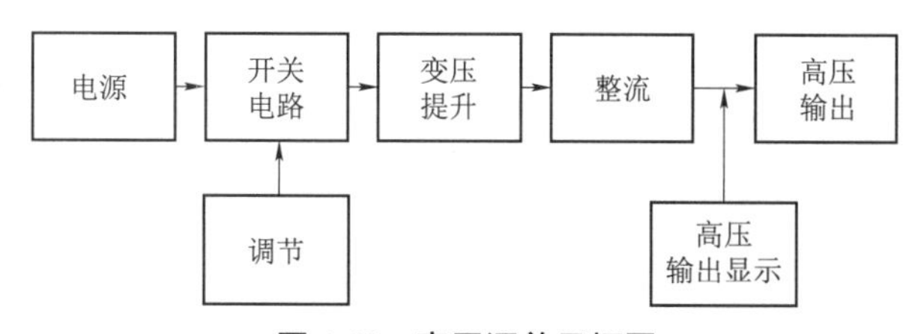

图 4.49　高压源单元框图

2. 高压起爆单元

高压起爆单元如图 4.50 所示，各系统主要参数见表 4.32。

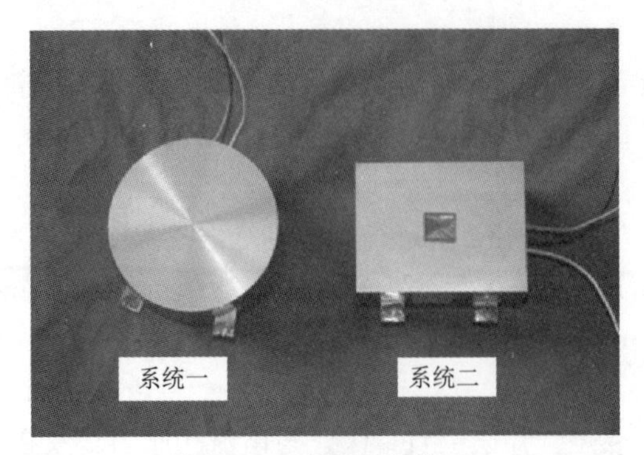

图 4.50　高压起爆单元

表 4.32　起爆系统主要参数

序号	内容	起爆系统一	起爆系统二
1	主要参数	电容：0.22 μF 触发开关：<8 kV	电容：0.15 μF 触发开关：≤3.5 kV
2	电感/nH	77	97
3	工作电压范围/kV	2.6～5.0	1.6～3.2
4	爆发电流范围/kA	3.9～5.3	2.0～4.2

3. 冲击片发生单元

主要参数：

桥区尺寸：≤1.0 mm×1.0 mm×0.010 mm；加速膛尺寸：ϕ0.6 mm≤d≤ϕ1.2 mm；冲击片材料：≤75 μm 厚聚酰亚胺薄膜。

4.4.3.3　测试内容

1. 爆发电流测试

采用非接触式感应线圈即罗果夫斯基线圈作为爆发电流测试装置，传输被测电流的导体从线圈中心孔穿过，实现了无损耗检测，试验所用罗果夫斯基线圈电压/电流系数为 0.63 V/kA。图 4.51 所示为罗果夫斯基线圈实物。

图 4.51　罗果夫斯基线圈

2. 爆发电压测试

爆发电压测量系统采用的分压比（理论值）为 199，上升时间≤10 ns。其中高压臂电阻由 15 个 820 Ω/2W 电阻组成，采用五并联后三串联结构，最终为 492 Ω/30 W；低压臂电阻由 10 个 51 Ω/1 W 电阻并联组成，最终为 5.1 Ω/10 W。图 4.52 所示为爆发电压分压测试装置，电阻分压器内部结构如图 4.53 所示。

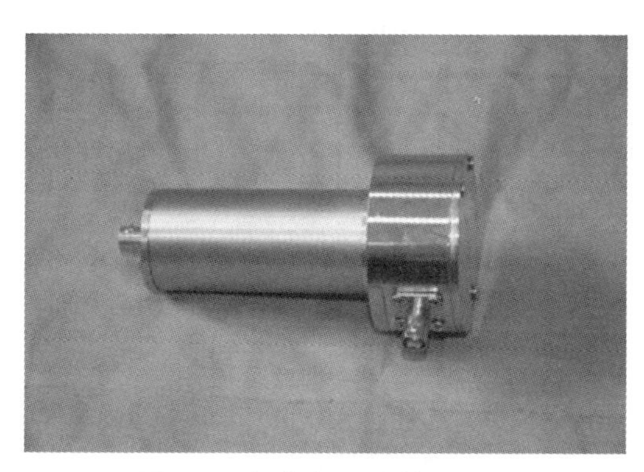

图 **4.52**　爆发电压测试分压器

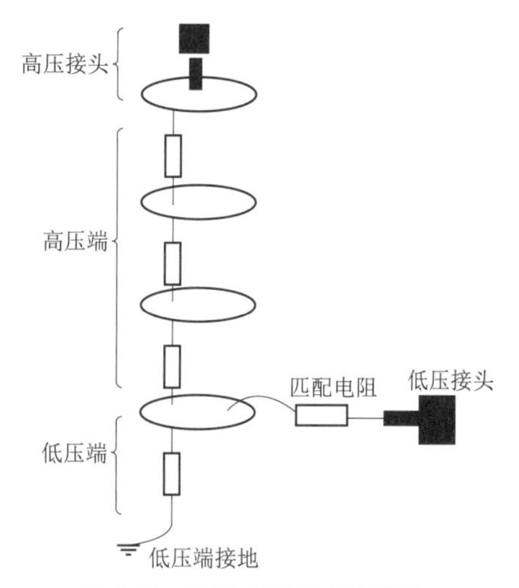

图 **4.53**　电阻分压器内部结构

几个典型的测试如图 4.54 所示，试验结果见表 4.33。

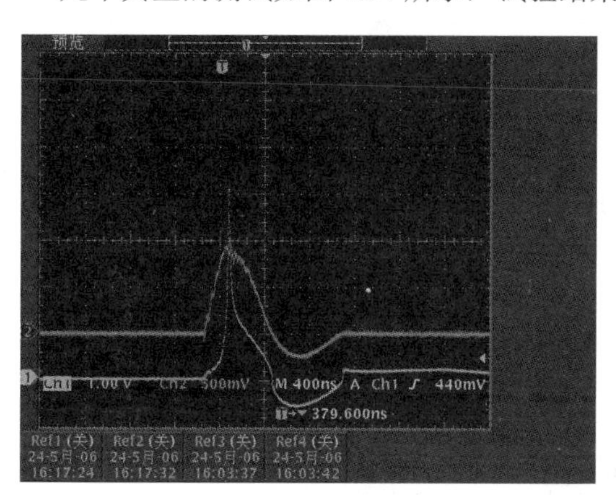

(a)

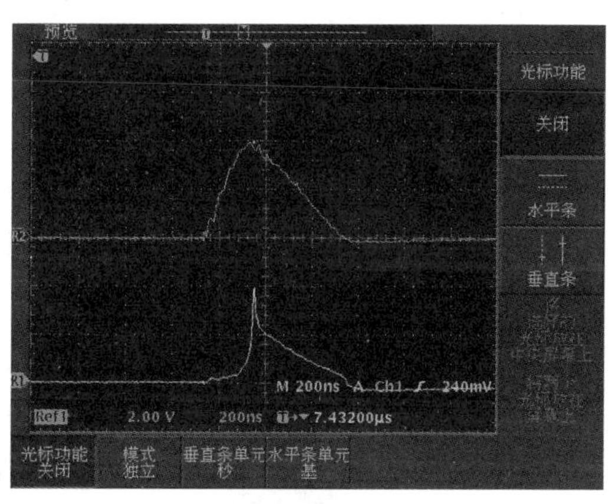

(b)

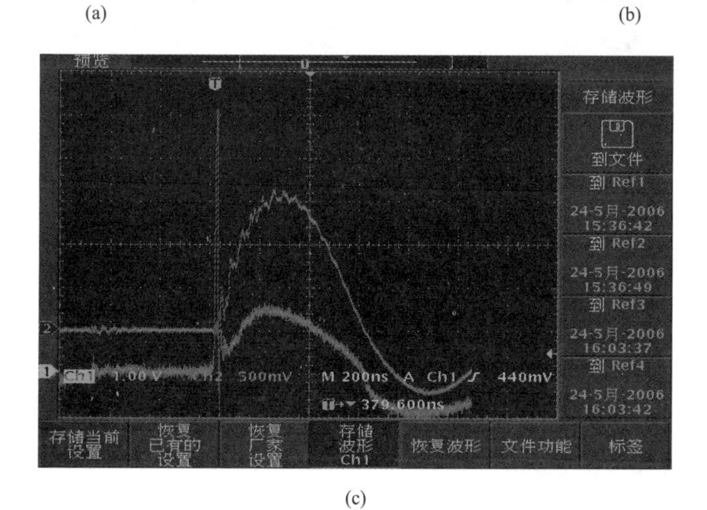

(c)

图 **4.54**　爆发电流、爆发电压测试

表 4.33　爆发电流、爆发电压测试数据

序号	表头读数	示波器读数	测量换算值	图号
1	1 kV	4.10 V	815.90 V（4.10×199）	图 4.54（a）
		980 mV	1.56 kA（0.98÷0.63）	
2	1 kV	4.00 V	796.00 V	图 4.54（b）
		940 mV	1.49 kA	
3	1.5 kV	6.15 V	1 223.85 V	图 4.54（c）
	1.5 kV	1 560 mV	2.48 kA	

4.5　激光发火组件

激光发火件是激光火工品关键部件。光纤在输出端通过连接器将光能耦合到激光发火件中，常用的耦合方式主要有两种：一是光纤直接置入式，即通过连接器直接将光纤封接在药剂中，直接进行能量转换；二是窗口式，即采用光学透窗耦合含能材料装药，典型的介质主要是光学透窗（包括光导纤维）和镀金属膜或贴聚合物膜的复合介质。其激光进行能量转换的示意图如图 4.55 所示。

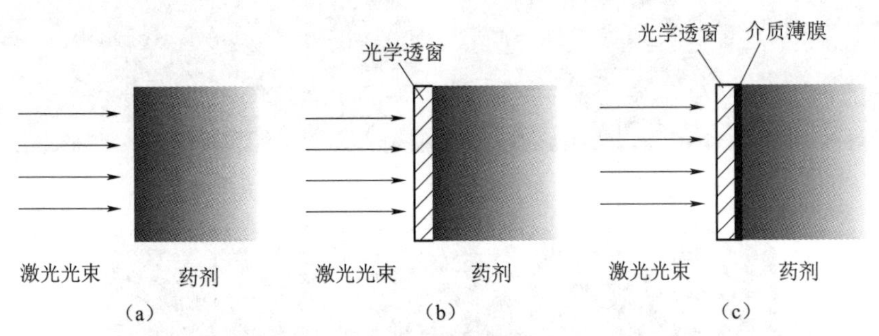

图 4.55　激光能量转换途径原理

（a）激光－装药；（b）激光－透窗－装药；（c）激光－透窗－介质薄膜－装药

激光直接对含能材料的能量转换和激光通过介质进行能量转换是激光换能元的两种基本能量转换方式。

4.5.1　激光作用于含能材料的能量转换

4.5.1.1　基本现象与实验规律

激光－含能材料的能量转换是激光直接辐射到含能材料表面，激光与含能材料相互作用实现激光能量的转换。

1. 激光能量转换现象和特征

含能材料的激光点火过程本质上是激光与物质相互作用的过程，与一般物质所不同的是，含能材料在高功率密度激光的作用下将会发生化学反应。反应过程中释放出的能量使反应速度进一步加快，形成高温高压，当体系达到一定温度时，体系发生快速反应即燃烧或者爆炸。

激光与含能材料的能量转换过程如图 4.56 所示，激光能量转换过程分为加热阶段、熔化阶段、汽化阶段、烧蚀阶段、等离子体阶段和自持燃烧阶段。

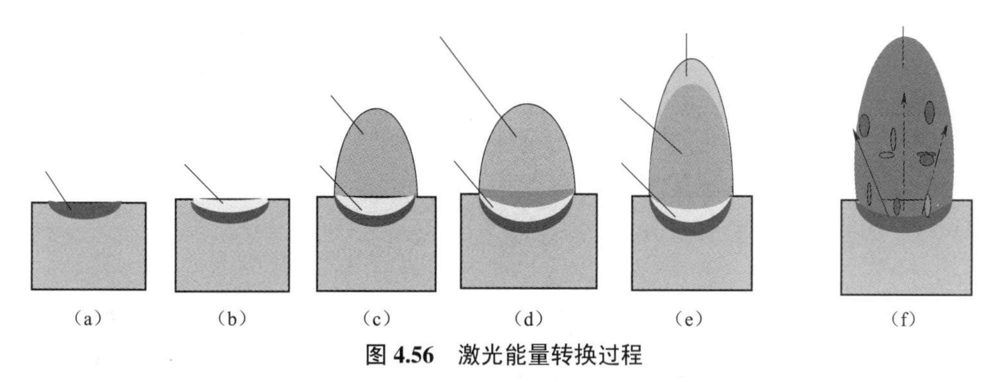

图 4.56　激光能量转换过程

（a）加热；（b）熔化；（c）汽化；（d）烧蚀解离；（e）等离子体及冲击波；（f）粒子溅射及燃烧

图 4.57 所示为激光与含能材料相互作用有可能发生的效应，包括光热效应、激光化学反应、凝聚相热化学反应、熔化和汽化相变、烧蚀、激光等离子体效应、激光冲击波效应。

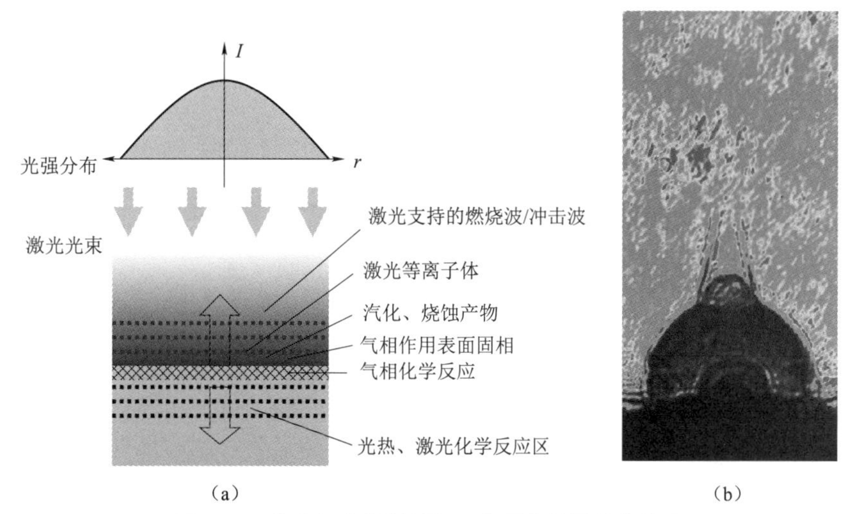

图 4.57　激光与含能材料相互作用的能量转换效应

（a）能量转换过程中的效应；（b）激光作用表面处的冲击波效应

图 4.58 所示为低功率激光对 B－KNO_3（33－67，wt%）含能材料点火的高速图像，其中激光为半导体激光器 0.9 W，脉宽 30 ms，波长 808 nm，光斑直径 230 μm。点火过程中只出现一次燃烧现象。

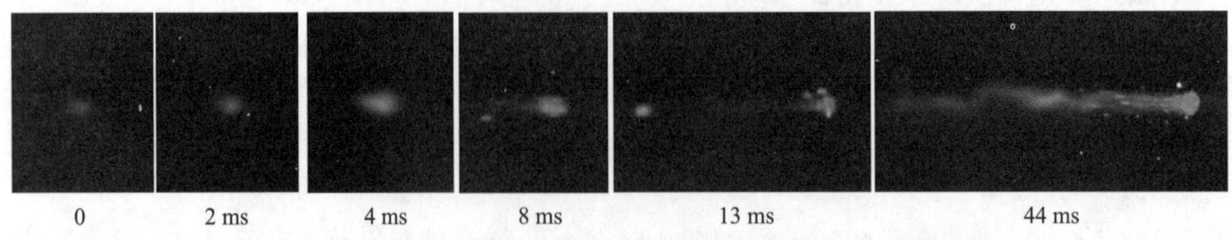

图 4.58　B – KNO_3 的低能激光点火过程高速图像（2 000 fps）

低能激光能量转换过程中主要发生的效应有光热效应、光化学反应和热化学反应，能量转换阶段分为加热阶段和自持燃烧阶段两个阶段，宏观上表现出能量转换过程中只发生一次燃烧现象。

图 4.59 和图 4.60 所示为采用高能半导体激光器的激光对 B – KNO_3（33 – 67，wt%）含能材料点火的高速图像和光辐射信号，其中激光采用 Nd: YAG 固体激光器输出的脉宽为 100 μs、波长 1.06 μm 的激光。

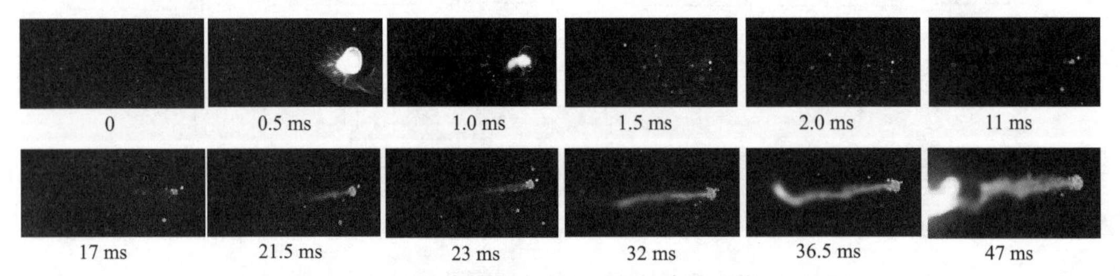

图 4.59　B – KNO_3 的高能激光点火过程的高速图像（2 000 fps）

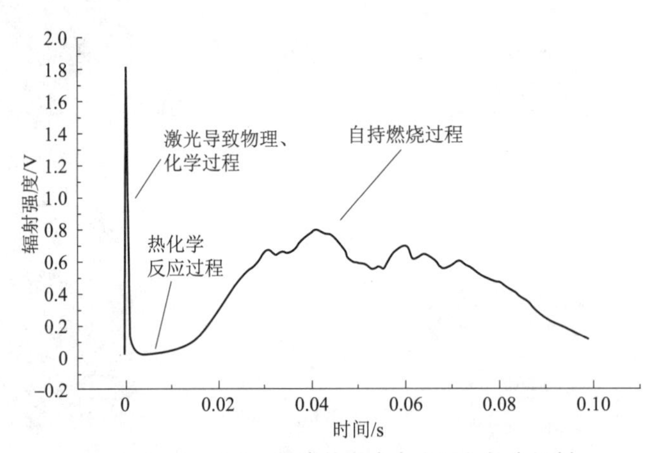

图 4.60　B – KNO_3 的高能激光点火过程的光辐射

高能激光能量转换过程中主要发生的效应有光热效应、光化学反应和热化学反应、烧蚀、等离子体化和激光冲击波等效应，高能量激光 – 含能材料的能量转换机理分为三个阶段：第 1 阶段：激光与含能材料装药相互作用的激光物理和化学阶段；第 2 阶段：热化学反应导致的热积累阶段（或热爆炸阶段）；第 3 阶段：自持燃烧阶段。宏观上表现出能量转换过程中的二次燃烧现象。

图 4.61 所示为高能激光能量转换过程的表面烧蚀现象。烧蚀现象是高能激光能量转换的普遍现象，烧蚀形成的产物会离开含能材料表面，带走部分凝聚相的能量和质量，对能量转换效率产生一定影响。

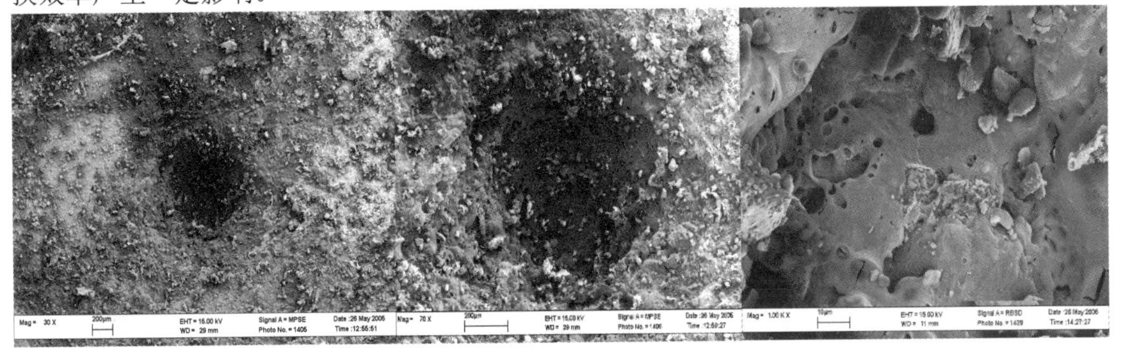

图 4.61 HMX－2%炭黑装药被激光烧蚀的表面的扫描电镜图

图 4.62 所示为含能材料在较高激光能量点火时的点火延迟时间与激光能量的关系。由于烧蚀效应，当激光能量达到某一水平时，点火延迟时间趋于恒定值。

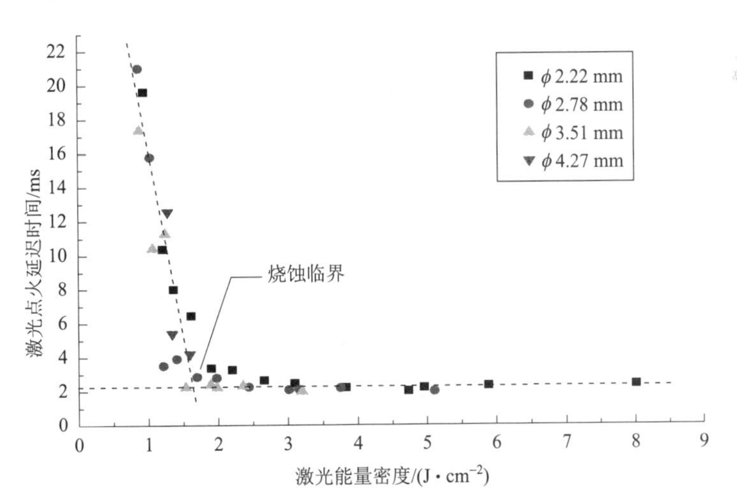

图 4.62 B－KNO_3 药剂的激光点火延迟时间与作用的激光能量密度的关系

高能激光能量转换过程的另一重要现象是激光等离子体现象。激光辐射在含能材料装药表面上导致含能材料解离成导电离子和自由电子。采用 523 nm 脉冲激光起爆 PETN 和 RDX 时，由于多光子解离作用或采用调 Q 模式 1 064 nm 的脉冲激光点燃 B－KNO_3，在紫外光区呈现了明显的等离子体光谱特征，如图 4.63 所示。

针对典型的 B－KNO_3，采用 106 μs 脉宽的 1 064 nm 的 Nd：YAG，激光解离 B－KNO_3 形成等离子体的临界能量密度见表 4.34。酚醛树脂将降低 B－KNO_3 解离的临界能量，并且会提高含能材料的激光点火感度。

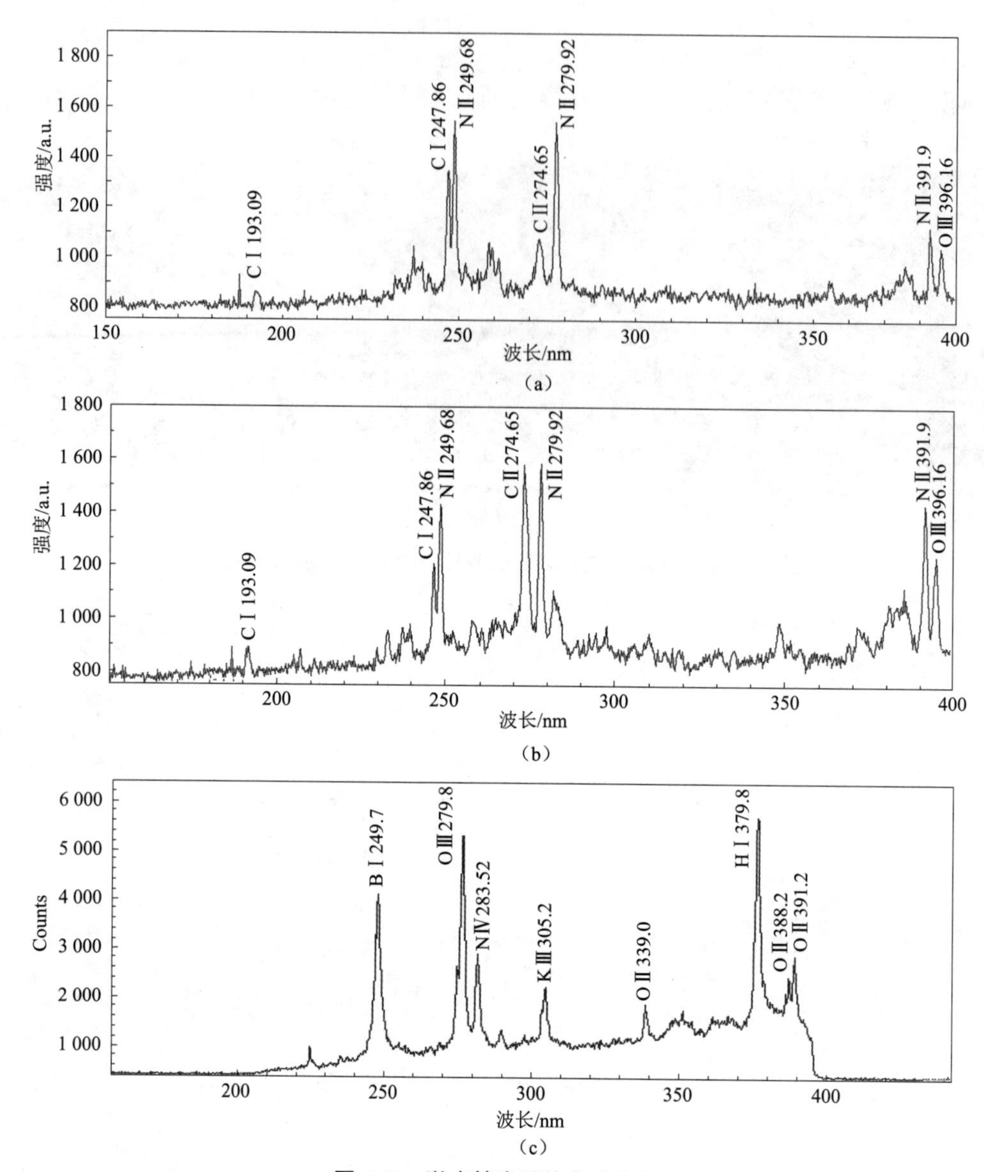

图 4.63　激光等离子体光谱特征

（a）PETN 紫外波长区等离子体发射光谱；（b）RDX 紫外波长区等离子体发射光谱；

（c）调 Q 激光作用下 B－KNO_3（30～70）的等离子体光谱

表 4.34　激光解离 B－KNO_3 的临界值

药剂	B–KNO_3（40–60）	B–KNO_3–酚醛树脂（40–60–0.5）
激光解离临界值/（$J\cdot cm^{-2}$）	34.07±8.06	28.56±2.62

激光烧蚀形成等离子体的时间如图 4.64 所示。

B－KNO_3 和 B－KNO_3－酚醛树脂的等离子体点火延迟时间的关系式为

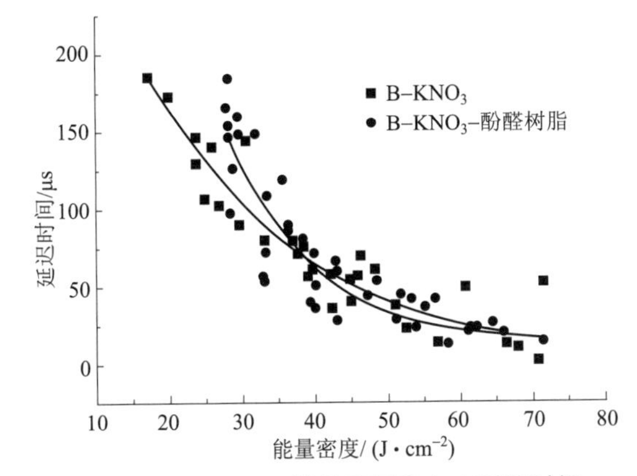

图 4.64 B－KNO_3的等离子体点火延迟时间

$$B-KNO_3: \ t = 409.32\exp\left(-\frac{E}{21.75}\right) \tag{4-52}$$

$$B-KNO_3-酚醛树脂: \ t = 13.3 + 1\,542.81\exp\left(-\frac{E}{11.56}\right) \tag{4-53}$$

式中，t 的单位为 μs，E 的单位为 J/cm^2。

解离的离子流强度可以由电荷通量和离子的动能来表征。B－KNO_3 的激光等离子体参数见表 4.35。

表 4.35 B－KNO_3的激光等离子体电荷通量和动能

药剂	激光辐射强度/（$J\cdot cm^{-2}$）	电荷通量/（$C\cdot mm^{-2}\cdot s^{-1}$）	离子平均动能/ $\times10^3$ eV
B－KNO_3	62.05	1.817×10^{-5}	10.852
	42.03	1.022×10^{-5}	6.170
B－KNO_3－酚醛树脂	60.80	2.286×10^{-5}	13.612
	29.97	1.160×10^{-5}	7.920

激光辐射强度越高，形成的等离子体电荷通量和动能越大。酚醛树脂有助于含能材料的解离，提高解离产物的电荷密度和动能，最终导致含能材料的激光感度提高。此外，酚醛树脂的加入还能提高凝聚相分解放热量并阻止烧蚀导致的凝聚相的质量和能量损失。

激光烧蚀含能材料，并且导致等离子体的形成，这种烧蚀产物和等离子体不会对入射激光造成显著的吸收和屏蔽。实验表明，穿过烧蚀流场的激光能量与未穿过流场的激光能量基本相同，如图 4.65 所示。

2. 激光发火组件的特性和规律

激光发火的特征量体现在激光对药剂的点火能量阈值（或 50%发火感度）和点火延迟时间（或发火时间）。激光与药剂之间能量转换的特征量与激光能量密度或功率密度、激光波长、

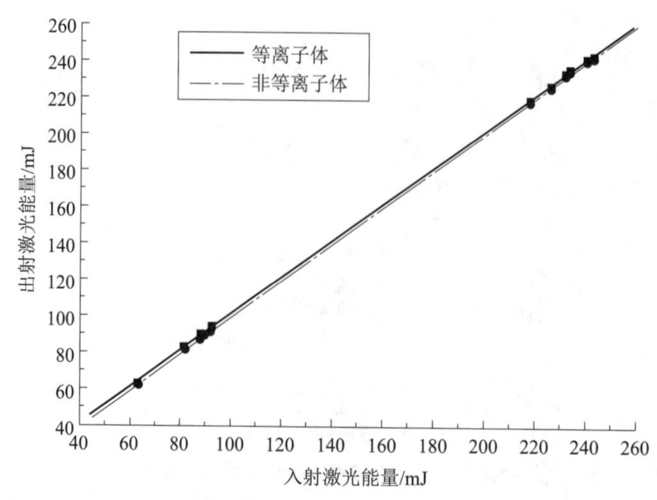

图 4.65 入射烧蚀流场的激光能量与穿过烧蚀流场的激光能量比较

药剂粒度、药剂密度和药剂配比密切相关。根据应用中所选择的激光类型，除了特别说明，研究中选择了 808 nm 波长的半导体激光器和 1.06 μm 波长的 Nd：YAG 固体激光器两种类型。

1）换能元结构对发火组件的影响规律

换能元结构是影响激光感度和发火时间的重要因素。选择了光纤–药剂式结构、光纤–光窗–药剂式结构、光纤–自聚焦透镜–光窗–药剂式结构和光纤–双胶合透镜–药剂式结构四种换能元结构开展研究，其中除光纤–双胶合透镜–药剂式换能元结构为无约束体系外，其他结构对于点火过程均为封闭式体系。

不同换能元结构的激光感度和发火时间测试结果见表 4.36 和表 4.37，其中激光器为 808 nm 波长的半导体激光器。

表 4.36 不同换能元结构的药剂激光点火感度

药剂	换能元结构	功率阈值/W	标准偏差/W	功率密度阈值/（W·cm^{-2}）	感度排序
B–KNO_3	光纤–药剂式	0.159	0.029	2.03×10^3	1
	光纤–光窗–药剂式	0.623	0.038	1.27×10^3	4
	光纤–自聚焦透镜–光窗–药剂式	0.219	0.045	1.79×10^3	2
	光纤–双胶合透镜–药剂式（无约束体系）	0.324	0.014	0.78×10^3	3
Zr–$KClO_4$	光纤–药剂式	0.182	0.105	2.32×10^3	1
	光纤–光窗–药剂式	0.214	0.055	—	2
	光纤–双胶合透镜–药剂式（无约束体系）	0.570	0.05	—	3

表 4.37　不同换能元结构的发火时间

药剂品种	换能元结构	发火功率/W	平均发火时间/ms	标准偏差/ms
B－KNO_3	光纤－药剂式	1.40	3.51	0.56
	光纤－光窗－药剂式	1.30	10.87	1.39
	光纤－双胶合透镜－药剂式（无约束体系）	0.76	35.60	1.29
Zr－$KClO_4$	光纤－药剂式	99.9%	1.37	0.65
	光纤－光窗－药剂式	1.30	2.73	1.19
	光纤－双胶合透镜－药剂式（无约束体系）	0.76	28.10	1.17

实验表明，无约束体系和封闭体系的换能元的激光感度和发火时间存在显著差异，特别是发火时间差异更大。

不同换能元结构的激光感度排序为：光纤式＞光窗式＞双胶合透镜式；发火时间的测试，药剂－光纤式换能元最短，光窗式次之，无约束换能元最长；激光感度取值范围，B/KNO_3 换能元平均功率阈值为 0.219～0.623 W；Zr－$KClO_4$ 换能元平均功率阈值为 0.182～0.570 W。发火时间取值范围，B－KNO_3 换能元为 3.51～35.60 ms；Zr－$KClO_4$ 为 1.37～28.10 ms。Zr－$KClO_4$ 发火时间比较短，可达到 1 ms 量级，适合作为要求发火时间短的换能元设计。

2）激光波长对发火组件的影响规律

波长的影响主要来自光化学反应对特定波长的选择性，选用 6 种不同波长的半导体激光器进行激光感度和发火时间的测定，如表 4.38、图 4.66 和图 4.67 所示。实验条件：半导体激光器，脉宽 30 ms，多模光纤，芯径 100 μm，配比 33/67，粒度 0.8/36 μm，装药压力 20 MPa。

表 4.38　不同波长的 B－KNO_3 换能元的激光感度

激光波长/nm	功率阈值/W	标准偏差/W	功率密度阈值/（$W \cdot cm^{-2}$）	感度排序	备注
665	0.133	0.037	1 693	1	封闭体系 光纤－药剂式 半导体激光器 脉宽 30 ms 多模光纤 芯径 100 μm 配比 33:67 粒度 0.8/36 μm 压药压力 20 MPa
690	0.151	0.052	1 922	2	
808	0.159	0.029	2 024	3	
830	0.188	0.072	2 393	4	
980	0.234	0.031	2 979	5	
1 450	0.682	0.031	8 682	6	
665	0.167	0.028	402	2	无约束体系 光纤－双胶合透镜－药剂式 其他同上
690	0.099	0.009	238	1	
808	0.324	0.014	780	4	
830	0.381	0.083	917	5	
980	0.264	0.027	635	3	

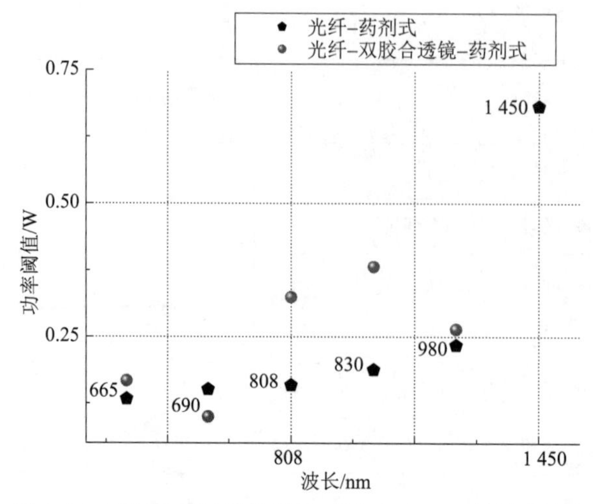

图 4.66 不同换能元结构的波长对 B–KNO_3 的激光感度

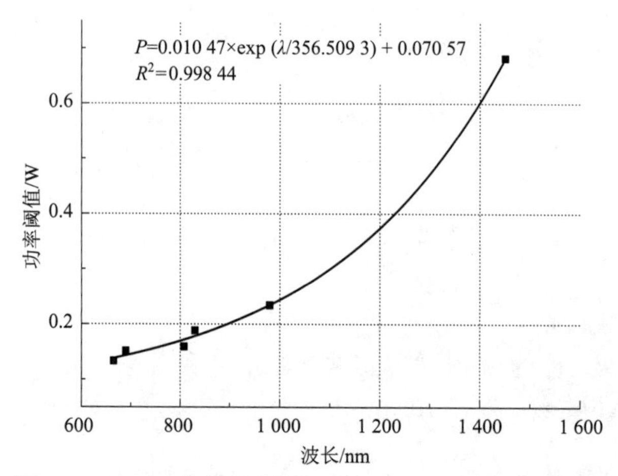

图 4.67 光纤–药剂式结构的波长对 B–KNO_3 的激光感度

波长对两种换能元结构的激光感度存在一定的规律性，即波长较短，激光感度较高，有约束体系比无约束体系的规律性要好，点火功率阈值随波长的增加呈指数增长趋势。

光纤耦合药剂的激光点火感度与波长的关系：

$$P = 0.01\exp(\lambda / 356.51) + 0.07 \tag{4-54}$$

激光感度用 50%发火可靠度的激光功率密度表示。根据兰利感度试验法得到 6 种激光波长下的 B–KNO_3 和 Zr–$KClO_4$ 的功率阈值密度等数据，见表 4.39。

表 4.39 不同波长下 B–KNO_3 和 Zr–$KClO_4$ 光纤式点火器激光感度的测定

激光波长/nm	B–KNO_3				Zr–$KClO_4$			
	功率阈值密度/（kW·cm^{-2}）	数量/发	功率阈值/W	标准偏差/W	功率阈值密度/（kW·cm^{-2}）	数量/发	功率阈值/W	标准偏差/W
665	1.54	15	0.133	0.037	2.04	18	0.177	0.017
690	1.74	16	0.151	0.052	2.01	21	0.174	0.027

续表

激光波长/nm	B–KNO_3				Zr–$KClO_4$			
	功率阈值密度/（$kW \cdot cm^{-2}$）	数量/发	功率阈值/W	标准偏差/W	功率阈值密度/（$kW \cdot cm^{-2}$）	数量/发	功率阈值/W	标准偏差/W
808	1.84	18	0.158	0.029	2.10	17	0.182	0.105
830	2.17	17	0.188	0.072	3.01	16	0.261	0.106
980	3.05	18	0.234	0.031	3.12	18	0.270	0.046
1 450	5.60	17	0.485	0.092	6.41	17	0.555	0.123

对表 4.49 的数据进一步分析，如图 4.68 所示，表明不同波长对 B–KNO_3 和 Zr–$KClO_4$ 药剂激光感度的影响，有着相似的规律：

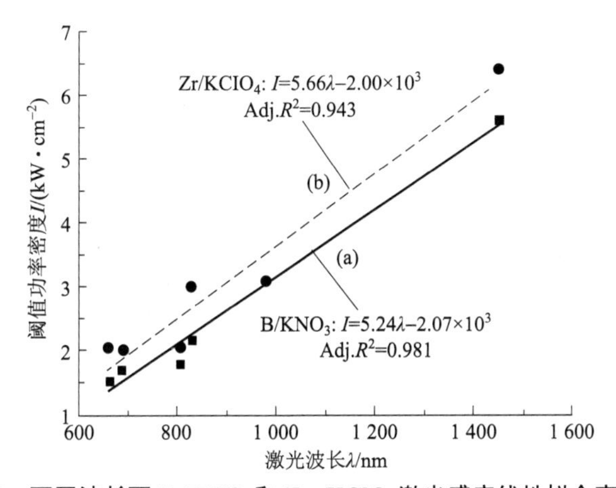

图 4.68　不同波长下 B–KNO_3 和 Zr–$KClO_4$ 激光感度线性拟合变化规律

（1）在选定波长范围内，随着激光波长的增大，药剂的激光功率密度阈值增大，激光感度降低。665 nm、690 nm 的激光感度最敏感，1 450 nm 的激光感度最钝感，前者约是后者的 3 倍。

（2）对于光纤式激光换能元，激光功率密度阈值 Q_0 和波长 λ 之间呈线性关系：

B–KNO_3：$Q_0 = 5.24\lambda - 2.07 \times 10^3, \text{Adj.}R^2 = 0.981$

Zr–$KClO_4$：$Q_0 = 5.66\lambda - 2.00 \times 10^3, \text{Adj.}R^2 = 0.943$

通过研究得知，完全相同的装药条件，阈值激光功率密度却随着波长增加而增大，表明波长是感度的又一个影响因素，用爱因斯坦的光子假设解释这一现象，假设光是一束以光速 c 运动的由众多光子构成的光子流，则入射光的强弱意味着光子数量的多少，即激光功率密度 Q_0 正比于光子数 n_c：

$$Q_0 \propto n_c \tag{4–55}$$

每一粒光子的能量为

$$E = h \cdot v = h \cdot c / \lambda \tag{4–56}$$

式中，h 为普朗克常量；v 为光束的频率；λ 为激光波长。其中 h 和 c 都是常量，说明光子能量 E 和激光波长 λ 成反比，即激光波长 λ 越短，光子能量 E 越大：

$$E \propto 1/\lambda \tag{4-57}$$

假设所有光子能量相等，则由式（4-55）和式（4-56）得，光束的总能量 E_0 表示为

$$E_0 = n_c \cdot E = n_c \cdot h \cdot c/\lambda \tag{4-58}$$

用紫外光谱仪测定 $B-KNO_3$ 的光谱图结果分析发现，在本书研究的波长 665～800 nm 范围内 $B-KNO_3$ 对激光的吸收能力很弱，因此假定药剂的光热转换系数 η 和波长无关，设药剂吸收的光能转换成热分解反应的能量为 E_1，有

$$E_1 = \eta \cdot E_0 \tag{4-59}$$

在给定的装药条件下，若药剂反应所需的临界能量 E_1 和 η 一定，则 E_0 一定，所以代入式（4-58）中，得

$$n_c = \frac{E_0}{h \cdot c} \cdot \lambda，\quad n_c \propto \lambda \tag{4-60}$$

由式（4-55）和式（4-59）得

$$Q_0 \propto \lambda \tag{4-61}$$

式（4-61）表明在临界点火状态下，激光功率密度和激光波长成正比，即功率阈值密度随波长呈线性增大规律，至此爱因斯坦的光子假设圆满解释了由实验得到的结论。

3）装药密度对发火组件的影响规律

装药密度是发火组件设计的重要参数。密度对换能元感度和发火时间的影响主要表现在热导率、热容和表面反射率；另外，密度对初始点火成长影响较为显著。以 $B-KNO_3$ 为例，选择了激光点火药实际可能遇到的压药压力范围，测定装药密度对激光感度和发火时间的影响规律。

实验表明，压药压力或装药密度对激光感度的影响无明显规律性，大体趋势是装药密度小，激光感度较高，尤其是在封闭体系下；在选定压药压力范围，装药密度不是激光感度的显著影响因素。

装药密度对发火时间的影响还与换能元结构有关，如图 4.69 所示。图 4.69（a）对光纤-药剂式换能元，发火时间随密度呈负指数减小，当装药密度低于 1.27 g/cm^3 时，发火时间随密度减小而显著增大；当密度高于 1.36 g/cm^3 时，密度影响变小。图 4.69（b）对光纤-光窗-药剂式换能元，当密度低于 1.10 g/cm^3 时，发火时间随密度减小而明显增大；当密度高于 1.46 g/cm^3 时，发火时间随密度增加而显著增大，并且散布也增大，瞎火概率也增加。图 4.69（c）对无约束体系换能元，装药密度对发火时间无显著影响；无约束体系换能元的发火时间比封闭体系明显偏长，壳体密封弱的换能元发火时间比壳体密封强的明显偏长。

光纤-$B-KNO_3$ 换能元的平均发火时间随装药密度关系为[21]

$$t_i = 2.17 + 1.03 \times 10^3 \exp(-\rho/0.19) \tag{4-62}$$

实验还表明，$Zr-KClO_4$ 换能元也存在与 $B-KNO_3$ 换能元类似的规律性。$Zr-KClO_4$ 换能元的平均发火时间随装药密度的关系为[22]

$$t_i = 0.42 + 1.5 \times 10^4 \exp(-\rho/0.12) \tag{4-63}$$

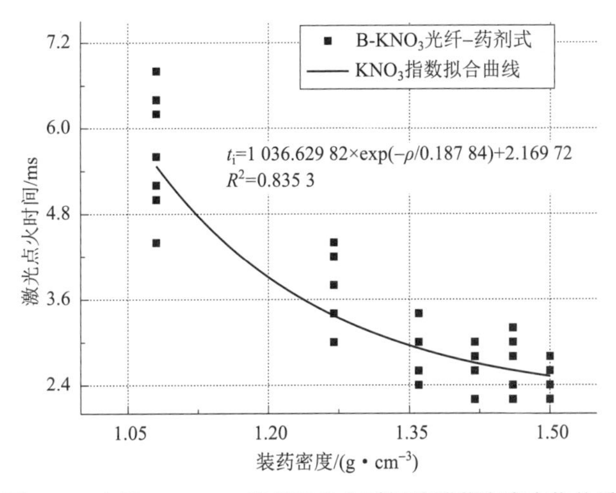

图 4.69　光纤－B/KNO_3 换能元发火时间随装药密度变化关系

4）功率密度对换能元性能的影响规律研究

功率或功率密度是决定换能元激光输入速率的重要因素。通常能量输入速率越快，能量损失越小，感度增加，发火时间越短，如图 4.70 所示。针对光纤－B－KNO_3 药剂换能元，改变发火功率 0.276～1.588 W，试验表明，在大于功率阈值情况下，发火时间（t_i）随发火功率密度（P）或功率增加均呈指数规律减小。其拟合公式为

$$t_i = 3.215 + 18.515\exp(-P/4168.518) \tag{4-64}$$

试验表明，光纤－Zr－$KClO_4$ 换能元也存在与 B－KNO_3 类似的规律性。点火延迟时间和激光功率密度的关系为[23]

$$t_i = 0.426 + 7.70\exp(-P/0.376) \tag{4-65}$$

当激光功率密度超过 10^3 W/cm^2 后，药剂表面会产生“开坑”现象，如图 4.71 所示。解释为激光加热药剂至熔点、汽化温度，汽化的烧蚀产物经由缝隙泄放到压力较低的环境中，带走了部分能量。说明当激光功率密度超过某个临界值后，含能材料的凝聚相所获得的激光功率就不再变化，仅与临界点处激光注入功率相等，剩余的能量被烧蚀产物带离凝聚相表面。因此激光功率密度超过临界值时，点火延迟时间不会随着激光功率密度的增大而减小，而是

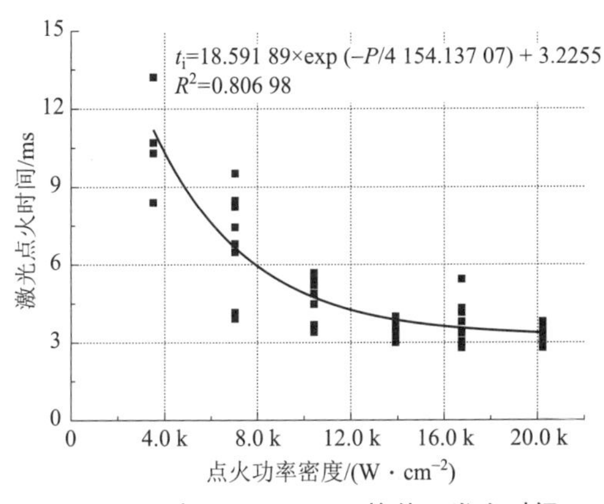

图 4.70　光纤－B－KNO_3 换能元发火时间

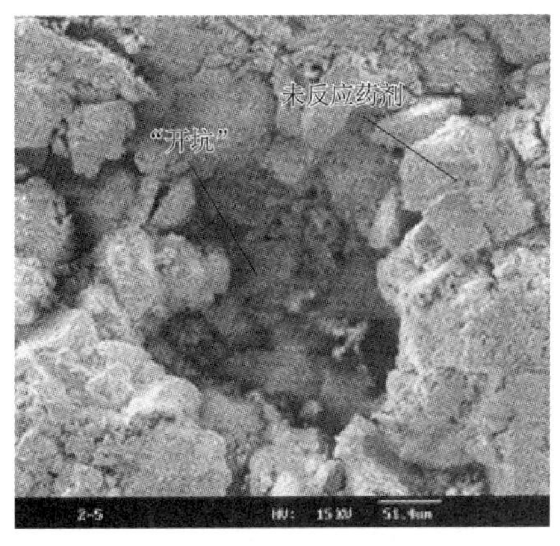

图 4.71　B－KNO_3“开坑”现象扫描电镜分析（200×）

趋于稳定。

功率密度对激光发火时间的影响规律，国外已有很多文献报道，得出的结论都一致，即增加功率密度，发火时间减小。本研究对于两种药剂 B－KNO_3 和 Zr－$KClO_4$ 都得出更精确的结论："发火时间随功率密度增加，呈负指数衰减规律"，和以机械点火、电点火的负指数规律一致，说明尽管能量刺激源不同，但是和点火延迟时间的规律相同。

5）密封强度对发火组件的影响规律研究

研究激光发火组件输出端密封强度对激光点火功率阈值的影响，将有、无密封条件下实验结果进行对比，发现在相同的压药压力下，有密封比无密封下的功率阈值要减少 24%～38%，说明密封强度越大，功率阈值越小，激光感度越高，如图 4.72 和图 4.73 所示。

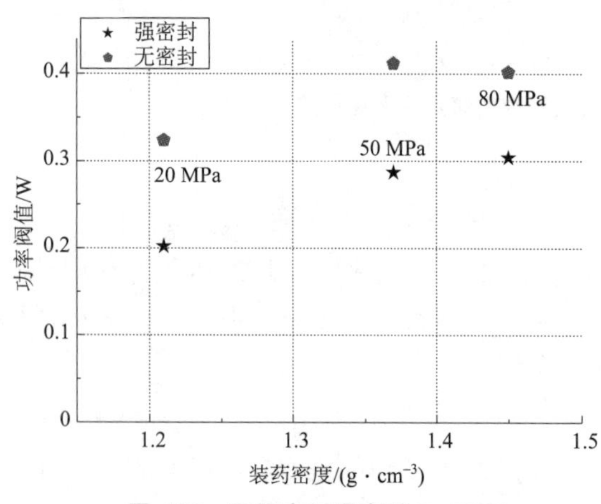

图 4.72　不同密封强度下 B－KNO_3 换能元激光感度的变化规律

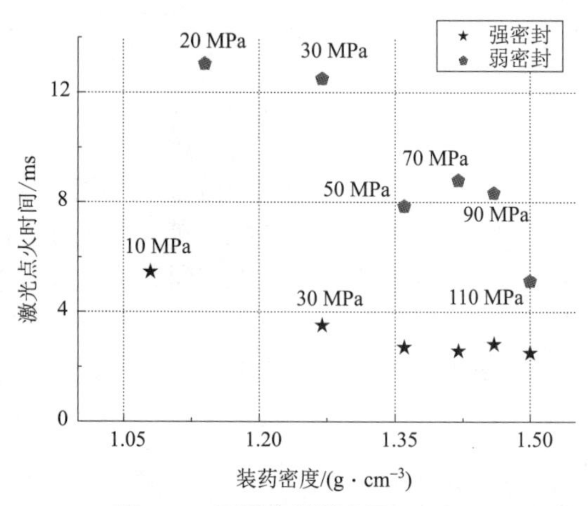

图 4.73　不同密封强度下 B－KNO_3 换能元发火时间的变化规律

研究密封强度对激光点火延迟时间的影响，分析发现管壳约束对 B－KNO_3 激光点火延迟时间具有显著影响，减少点火延迟时间 50%～72%。说明管壳约束越强，点火延迟时间越短，而且误差也越小；在密度 1.1～1.27 g/cm^3 范围内，表现出密度越大，管壳的约束影响越显著；在密度 1.42～1.50 g/cm^3 范围内，表现出密度越大，管壳的约束影响有减弱趋势，如图 4.73 所示。

分析原因：约束有助于热点的成长。第一，在约束较强的高能混合药剂系统中，因为体系与环境之间没有物质的交换，避免了反应产生的气体产物进入环境而带走相当一部分热量，使点火后反应物的温度上升相当迅速。而根据阿累尼乌斯定理，反应速率随着体系温度的升高而呈指数关系增长。因此反应速率出现急剧上升，释放出更多的热量使温度进一步提高从而又加快了反应，直至发生点火。第二，在密闭系统中，所生成的气体产物能够使压力积累达到很高的数值，该压力将使燃烧气体产物进入未反应药剂中，从而导致反应加速传播。

6）光纤芯径对换能元性能的影响规律

减少光斑尺寸或光纤芯径，可显著增加激光感度，如光纤芯径由 100 μm 减小至 62.5 μm，对光纤－药剂式结构换能元可降低功率阈值 13%，对光纤－光窗－药剂式可降低功率阈值 30%，见表 4.40 和图 4.74；光纤芯径对换能元性能的影响，国外已有很多文献报道，得出的结论都一致，即随着光纤芯径的增加，激光功率密度减小，激光功率阈值会增大，激光感度会降低。

表 4.40 不同光纤芯径的 B－KNO_3 换能元激光感度的测定

换能元结构	光纤芯径/μm	功率阈值/W	标准偏差/W	功率密度阈值/（W·cm^{-2}）	功率阈值降低程度	备注
光纤－药剂式	100	0.201	0.042	2 559	—	半导体激光器：脉宽 30 ms，波长 808 nm。配比 33:67 压药压力 20 MPa
光纤－药剂式	62.5	0.175	0.033	5 703	13%	
光纤－光窗－药剂式	100	0.777	0.132	1 870	—	
光纤－光窗－药剂式	62.5	0.546	0.052	4 167	30%	

7）光窗厚度对发火组件的影响规律

采用光纤－光学透窗－药剂的能量传递序列，不同 K9 光学透窗厚度对激光点火感度的影响规律如表 4.41 和图 4.75 所示。

光纤输出的激光具有发散特性，通过透窗的折射和传递，到达药剂装药表面的光辐射面积增大。透窗越厚，光传递的路径也越长，到达药剂表面的光斑面积也越大，能量密度或功率密度降低。药剂的感度一定，考虑到透窗因素，激光换能元的点火感度降低。

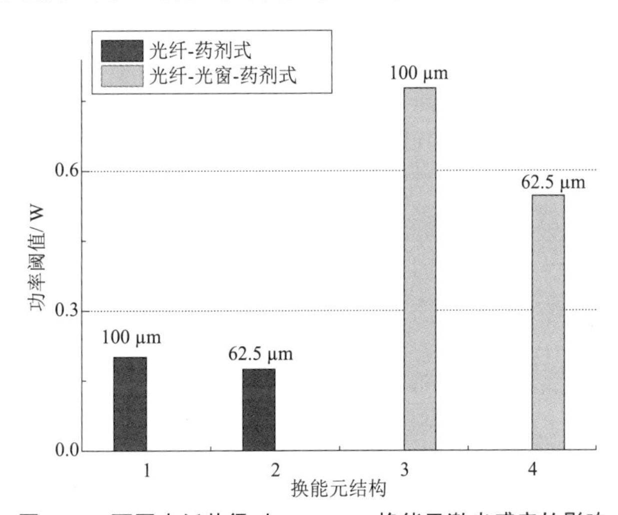

图 4.74 不同光纤芯径对 B－KNO_3 换能元激光感度的影响

表 4.41 不同光窗厚度的 B－KNO_3 换能元激光感度的测定

换能元结构	光窗厚度/mm	试验数量/发	功率阈值/W	标准偏差/W	备注
光纤－光窗－药剂式	0.4	14	0.542	0.059	半导体激光器 波长 808 nm 芯径 100 μm 粒度 0.8 μm/36 μm 脉宽 30 ms 压药压力 20 MPa
	0.6	15	0.777	0.133	

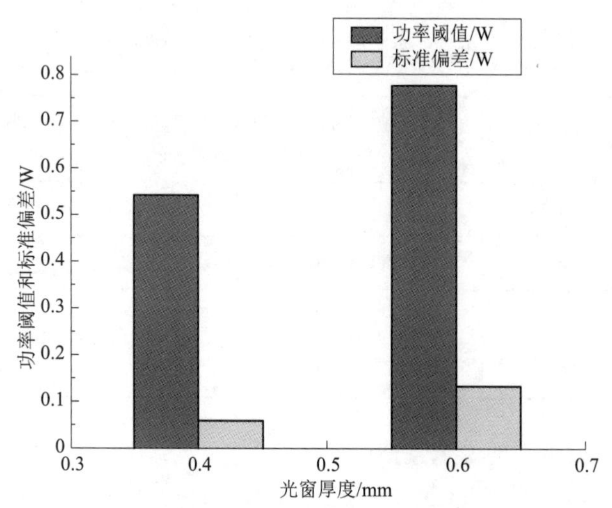

图 4.75 不同光窗厚度对 B－KNO_3 换能元激光感度的影响

8）不同配比下 B－KNO_3 的激光点火规律

药剂氧化剂和可燃剂的配比不同，会影响反应物的化学反应热和反应速度以及光吸收效率，因而能够影响药剂的激光点火感度和点火延迟时间。

采用 808 nm 波长半导体激光器，100 μm 光纤芯径直接与 B－KNO_3 药剂耦合，获得的激光点火感度和发火时间分别如表 4.42、表 4.43 和图 4.76 所示。

表 4.42 不同配比的 B－KNO_3 换能元激光感度

换能元结构	配比/w%	功率阈值/W	标准偏差/W	备注
光纤－药剂式	24:76	0.19	0.037	半导体激光器 波长 808 nm 芯径 100 μm 粒度 0.8 μm/20 μm 脉宽 20 ms 压药压力 100 MPa
	33:67	0.21	0.08	
	43:57	0.25	1.85	

表 4.43 不同配比的 B－KNO_3 换能元发火时间的测定

换能元结构	配比/wt%	发火时间/ms	标准偏差/ms	备注
光纤－药剂式	24:76	6.8	4.23	半导体激光器 波长 808 nm 芯径 100 μm 粒度 0.8 μm/20 μm 脉宽 20 ms 压药压力 100 MPa 发火功率 1.22 W
	33:67	3.4	1.03	
	43:57	4.4	1.01	

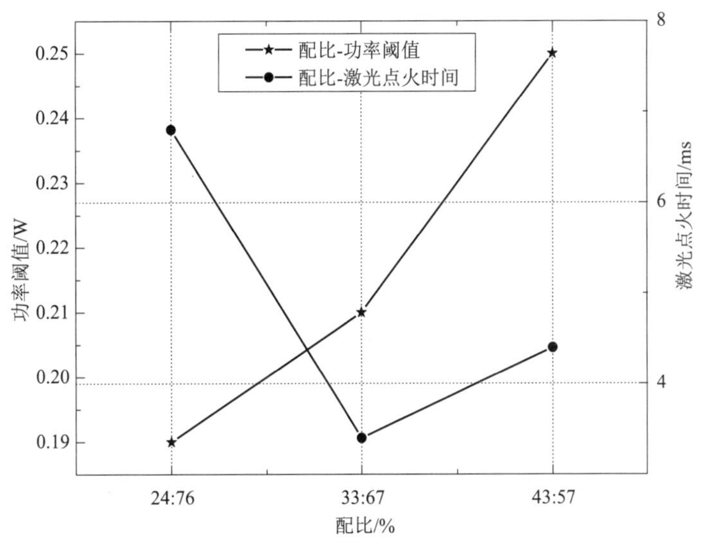

图 4.76　不同配比对 B－KNO_3 换能元激光感度和发火时间的影响

随着 B 含量的增加，药剂的功率阈值增大，以配比为 24:76 时的阈值最低，与文献所得 B－KNO_3 混合物配比在 20%～30%时具有反应热的最大值和 B－KNO_3 混合物的燃速随 B 含量增大的变化关系是先增大后减小的结论相一致。

采用 1.06 μm 波长的脉冲 Nd:YAG 固体激光器研究高能激光直接辐射含能材料的点火特性。表 4.44 所示为不同配比下 B－KNO_3 和 B－KNO_3－酚醛树脂的激光点火感度。

表 4.44　B－KNO_3 的激光点火感度

药剂	感度/mJ	药剂	感度/mJ
B－KNO_3（30－70）	42.73	B－KNO_3－酚醛树脂（30－70－5）	13.13
B－KNO_3（40－60）	7.70	B－KNO_3－酚醛树脂（40－60－5）	4.05
B－KNO_3（50－50）	7.60	B－KNO_3－酚醛树脂（50－50－5）	5.79
B－KNO_3（60－40）	9.60	B－KNO_3－酚醛树脂（60－40－5）	6.06
B－KNO_3（70－30）	19.40	B－KNO_3－酚醛树脂（70－30－5）	9.40

注：表中数据的获得是依据升降法感度试验。

激光点火延迟时间很大程度上取决于凝聚相热化学反应。不同配比的 B－KNO_3 的激光点火延迟时间如图 4.77 所示。

含能材料装药的感度与药剂的吸光率和化学反应性密切相关。综合因素导致最高的激光感度对应于一个最佳药剂配比。

以酚醛树脂、硝棉漆、锆粉、炭黑作为掺杂物，获得了光纤－药剂结构的 B－KNO_3 换能元的激光点火阈值能量和点火时间的影响规律，如表 4.45、表 4.46、图 4.78 和图 4.79 所示。

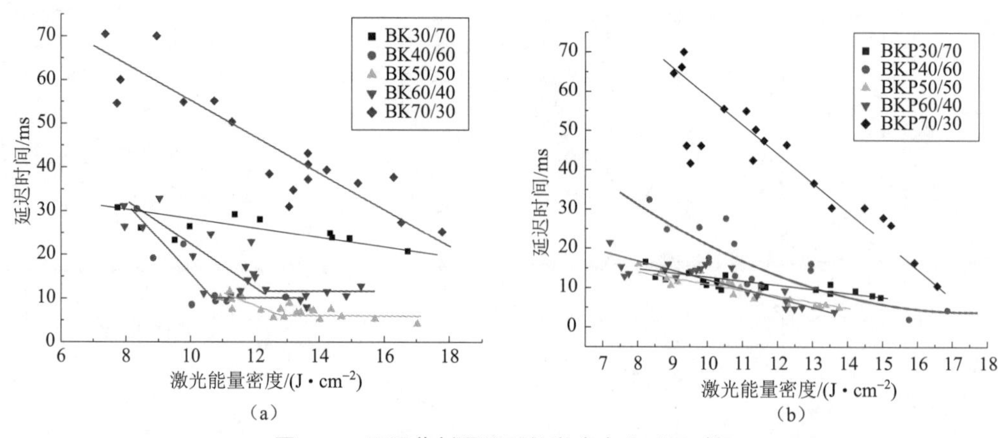

图 4.77 不同药剂配比下的激光点火延迟时间

(a) B－KNO_3 (b) B－KNO_3－酚醛树脂

对光纤－药剂式换能元，掺杂少量炭黑、石墨如 1%对增加 B－KNO_3 换能元激光感度敏化作用显著，最多可降低功率阈值约 30%，过多掺杂如 3%反而会起负作用。掺杂深色物质可降低 B－KNO_3 换能元激光点火功率阈值，即提高激光感度，掺杂炭黑比石墨影响更显著。掺杂黏性物质可降低 B－KNO_3 换能元激光点火功率阈值，掺杂少量酚醛树脂如 4%～8%，可降低功率阈值约 30%；掺杂 4%硝棉漆，可降低功率阈值约 9%；掺杂深色活性金属粉 Zr 粉，未发现激光敏化作用。

表 4.45 不同掺杂条件的 B－KNO_3 换能元激光感度的测定

掺杂	功率阈值/W	标准偏差/W	功率密度阈值/(W·cm^{-2})	降低功率阈值	备注
B/KNO_3	0.158	0.029	2 011	—	光纤－药剂式 半导体激光器 波长 808 nm 脉宽 30 ms 光纤芯径 100 μm 配比 33:67 压药压力 20 MPa
B－KNO_3＋1%炭黑	0.105	0.006	1 337	33%	
B－KNO_3＋2%炭黑	0.132	0.012	1 680	16%	
B－KNO_3＋3%炭黑	0.161	0.012	2 050	–2%	
B－KNO_3＋1%石墨	0.128	0.006	1 630	19%	
B－KNO_3＋3%石墨	0.159	0.044	2 024	–1%	
B－KNO_3	0.623	0.038	1 499	—	光纤－光窗－药剂式 其他同上
B－KNO_3＋8%酚醛树脂	0.408	0.279	9 82	34%	
B－KNO_3＋4%酚醛树脂	0.451	0.325	1 085	28%	
B－KNO_3＋4%硝棉漆	0.566	0.166	1 362	9%	
B－KNO_3＋4%锆粉	0.701	0.229	1 687	–13%	

续表

掺杂	功率阈值/W	标准偏差/W	功率密度阈值/（W·cm^{-2}）	降低功率阈值	备注
$B-KNO_3$	0.31	0.082	—	—	光纤–光窗–米拉膜–药剂式 其他同上
$B-KNO_3$+8%酚醛树脂	0.295	0.059	—	4%	
$B-KNO_3$+4%酚醛树脂	0.285	0.035	—	8%	
$B-KNO_3$+4%锆粉	0.303	0.08	—	2%	

表 4.46　不同掺杂条件的 $B-KNO_3$ 换能元发火时间的测定

药剂品种	平均发火时间/ms	标准偏差/ms	备注
$B-KNO_3$	15.68	2.49	光纤–药剂式；无管壳盖片 半导体激光器：波长 808 nm，脉宽 30 ms 多模光纤，芯径 100 μm 配比 33:67 压药压力 20 MPa 全发火功率
$B-KNO_3$+1%炭黑	12.72	1.06	
$B-KNO_3$+2%炭黑	10.60	0.61	
$B-KNO_3$+3%炭黑	10.83	2.24	
$B-KNO_3$+1%石墨	11.34	2.06	
$B-KNO_3$+3%石墨	13.78	1.93	

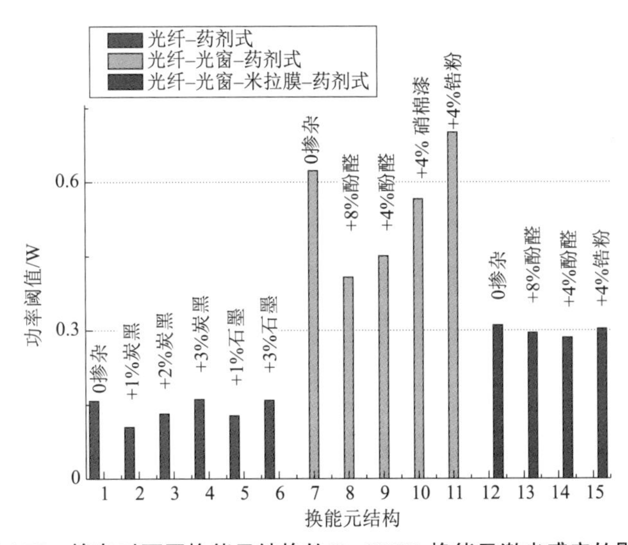

图 4.78　掺杂对不同换能元结构的 $B-KNO_3$ 换能元激光感度的影响

9）不同配比下 $Zr-KClO_4$ 的激光点火规律

采用 1.06 μm 波长的脉冲 Nd:YAG 固体激光器研究高能激光直接辐射含能材料的点火特性。表 4.47 是不同配比下 $Zr-KClO_4$ 的激光点火感度。$Zr-KClO_4$ 的激光点火特性与 $B-KNO_3$ 相似，在配比上存在一个最佳的氧化剂和燃料比，这个配比下激光点火感度最高。

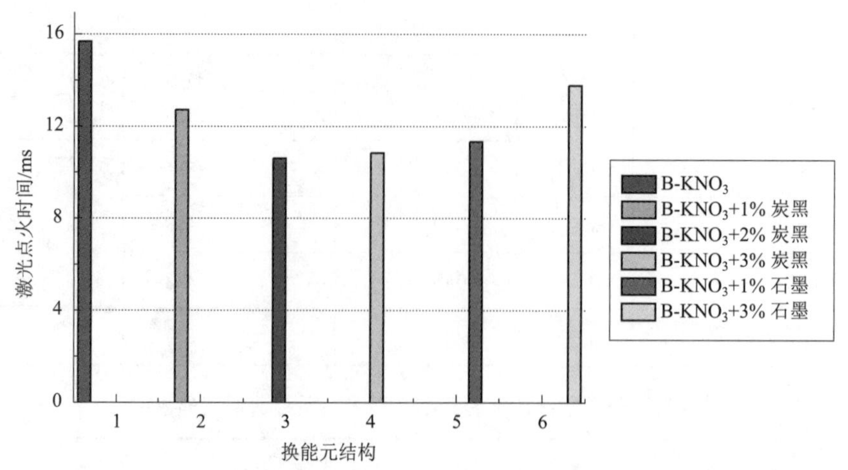

图 4.79　不同掺杂对光纤－药剂结构 B－KNO_3 换能元发火时间的影响

表 4.47　药剂的点火感度

药剂	感度/mJ	实验样品数
Zr－$KClO_4$（0.6:1）	12.30	30
Zr－$KClO_4$（0.8:1）	8.86	30
Zr－$KClO_4$（1.0:1）	3.80	30
Zr－$KClO_4$（1.2:1）	6.12	30

Zr－$KClO_4$ 的激光点火延迟时间如图 4.80 所示。

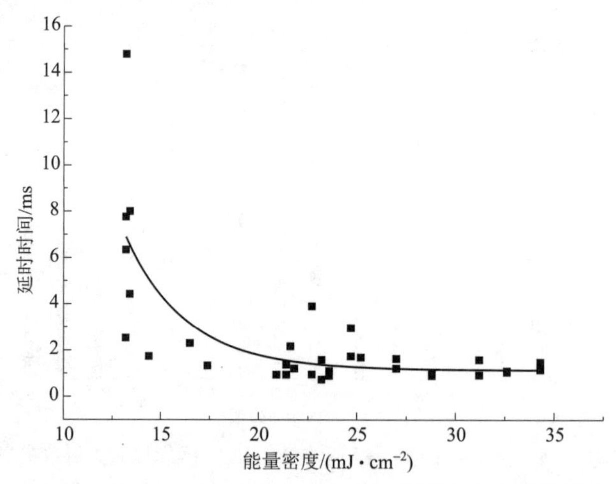

图 4.80　Zr－$KClO_4$（50－50，wt%）的激光点火延迟时间

4.5.1.2　物理模型与数学方程

1. 药剂激光点火过程的数理模型

激光－含能材料装药的能量转换机理主要是光热机理和化学反应机理。以光热效应和凝聚相化学反应为基础的能量转换模型基本反映了激光直接对含能材料装药进行能量转换的主要过程。

物理模型：① 能量转换过程由光热效应和凝聚相化学反应控制；② 药剂是均匀和各向同性的物质；③ 考虑药剂表面的热对流，但是无激光辐射的表面为绝热边界；④ 在整个过程中，热物理参数及化学动力学参数均不随时间变化；⑤ 不考虑药剂的相变和烧蚀；⑥ 激光分布为高斯分布。

目前激光点火采用的激光功率密度较小，激光的作用主要表现为热效应，因此通常的热传导方程仍可用来描述激光点火过程，在上述假设条件下，凝聚相能量守恒方程考虑了热传导、光热效应和凝聚相化学反应，二维柱坐标系下的凝聚相能量守恒方程和定解条件为

$$\begin{cases}\rho c\dfrac{\partial T}{\partial t}=\lambda\left(\dfrac{\partial^2 T}{\partial r^2}+\dfrac{\partial T}{r\partial r}+\dfrac{\partial^2 T}{\partial z^2}\right)+(1-f_r)^n\rho QA\mathrm{e}^{-\frac{E}{RT}}+(1-ref)\beta I(r,t)\mathrm{e}^{-\beta z}\\ T(r,z,t)|_{t=0}=T_0\\ \lambda\dfrac{\partial T}{\partial z}|_{z=0}=k_0(T-T_0)\\ \dfrac{\partial T}{\partial r}=0\\ \dfrac{\partial T}{\partial z}=0\end{cases} \tag{4-66}$$

能量守恒方程中右边一项表示热传导过程导致的热能增率，第二项表示炸药热分解时释放的化学反应热，第三项表示激光在药柱内部的传播。激光辐射面和空气存在对流换热，其他界面均为绝热边界。

凝聚相生成物的质量分数方程：

$$\frac{\mathrm{d}f_r}{\mathrm{d}t}=(1-f_r)^n A\mathrm{e}^{-\frac{E}{RT}} \tag{4-67}$$

激光能量服从高斯分布：

$$I(r,t)=I_0\exp\left(-\frac{r^2}{w^2}\right)\Phi(t) \tag{4-68}$$

$$\Phi(t)=\begin{cases}1,\ 0<t\leqslant\tau\\ 0,\ t>\tau\end{cases} \tag{4-69}$$

式中，w 为光斑半径；τ 为激光脉宽。

以上各式中，ρ 为密度，c 为热容，λ为热传导系数，Q 为含能材料单位质量的化学反应热，A 为反应的频率因子，E 为化学反应活化能，n 为化学反应级数，ref 为含能材料装药表面的激光反射率，β为含能材料装药的光吸收系数，f_r 为生成物的质量分数，k_0 为表面的热对流系数，T_0 为含能材料的初始温度。

所建立的基于光热转换机理和热化学反应机理的模型基本能够反映激光能量转换过程，并且数值模拟结果与实验数据基本一致，如表 4.48 所示。

表 4.48　B－KNO_3（40－60）的激光点火感度计算值和实验值比较

理论值/mJ	50%发火的实验值/mJ
8.0	7.70
	9.06

注：表 4.58 中实验数据来自不同时期和不同原材料批次测定得到的数据。

2. 不同激光能量密度下 B－KNO_3 的点火延迟时间规律

图 4.81 和图 4.82 所示为不同激光能量密度下 B－KNO_3（40－60）激光点火延迟时间。

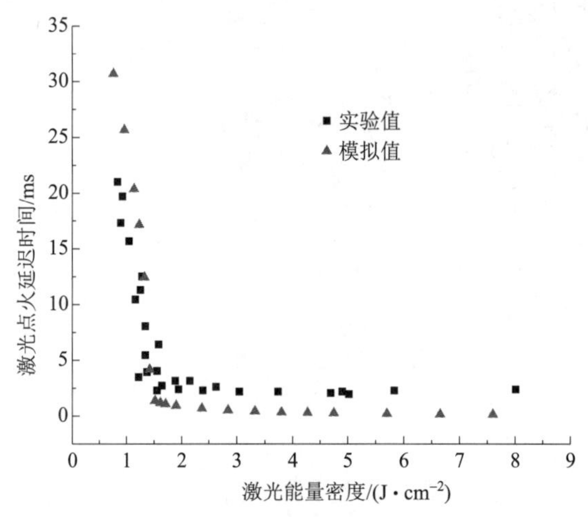

图 4.81　激光直接辐射 B－KNO_3 的点火延迟时间

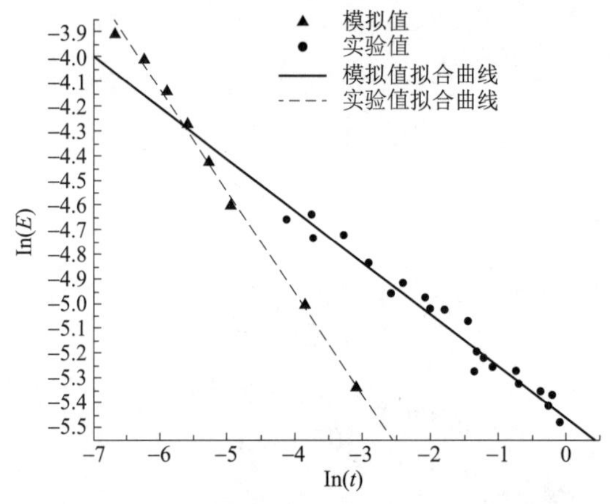

图 4.82　激光能量与激光点火延迟时间的关系

实验值拟合：
$$E = 0.0043t^{-0.21} \tag{4-70}$$

模拟值拟合：
$$E = 0.0014t^{-0.41} \tag{4-71}$$

式中，能量单位为 J，时间单位为 ms。

3. 表面温度分布规律

图 4.83 所示为激光直接辐射含能材料的表面温度分布规律。高温区集中在药剂表面

20 μm 厚的区域内，当超过这个厚度以后药剂的温度变化很小。药剂升温厚度与激光吸收深度（β）有关，通过计算可以看出，$\beta = 1.2 \times 10^5\ m^{-1}$，深度为 20 μm 时衰减为 90%左右。在轴向上温度升高主要是在激光光斑区域内（＜100 μm）。因此可以认为参与反应的体积是小于 106 μm^3，说明点火现象主要是在表面进行的。

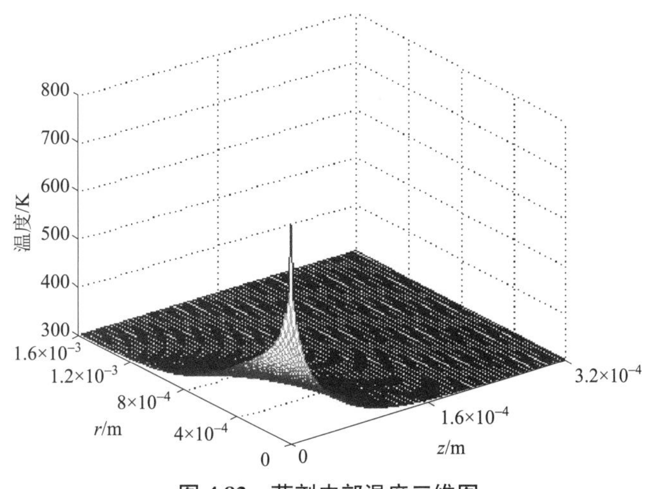

图 4.83　药剂内部温度三维图

4. 化学反应级数对能量转换的影响规律

图 4.84 所示为凝聚相化学反应级数对激光点火的影响规律。理论分析得出化学反应级数并不显著，在理论分析中假设反应为零级反应是正确的。

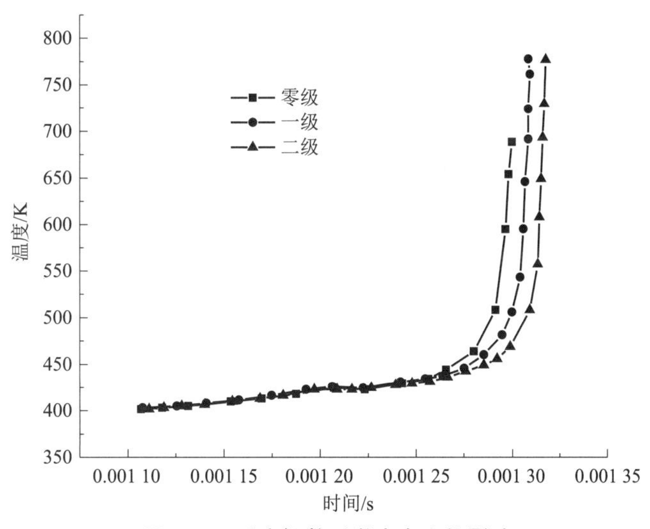

图 4.84　反应级数对激光点火的影响

5. 不同热传导系数下含能材料装药的热积累规律

图 4.85 所示为 27 mJ 激光能量下不同热传导系数的含能材料装药的表面温度变化规律。提高药剂的热传导系数，点火延期时间增长。

图 4.86 所示为掺杂石墨的 B－KNO_3（40－60，wt%）的点火延迟时间变化规律。石墨是

一种良导热体，石墨的加入导致药剂的热传导系数提高，点火延迟时间变长，与理论分析结论一致。

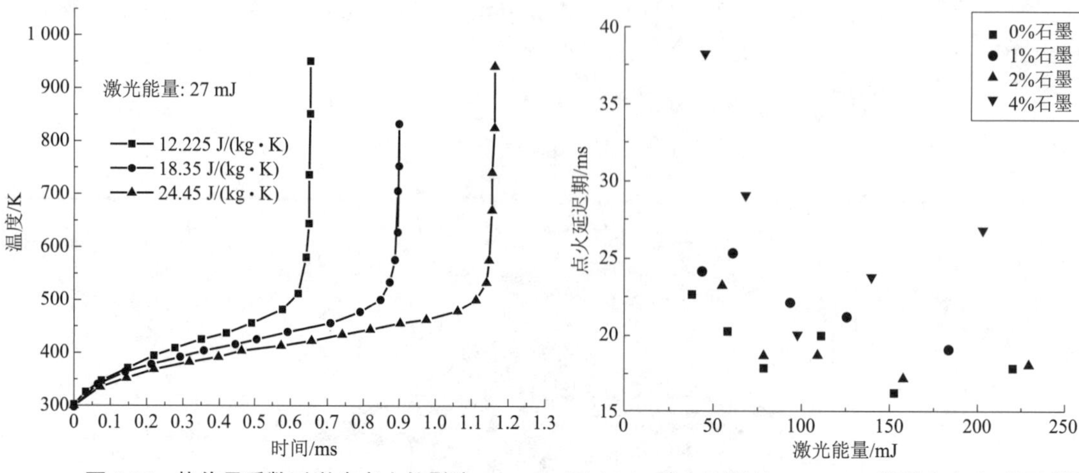

图 4.85　热传导系数对激光点火的影响

图 4.86　掺杂石墨的 B – KNO_3 的激光点火延迟时间

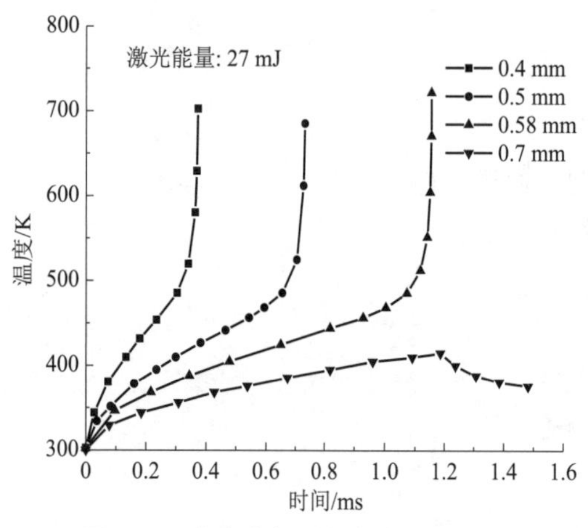

图 4.87　光斑直径对激光点火的影响

6. 不同激光光束直径下含能材料的点火规律

图 4.87 所示为在相同激光能量 27 mJ 下，不同光斑直径药剂的表面温度变化规律。激光作用的光斑直径越大，激光能量密度越小，点火延滞期越长。对于相同的激光能量密度，点火延迟期基本相同。

7. 不同激光脉冲宽度下含能材料的激光点火阈值变化规律

图 4.88 所示为不同激光脉冲时间下含能材料装药的激光点火能量临界值变化规律。激光脉冲增长，激光点火的能量阈值增高，功率阈值降低。

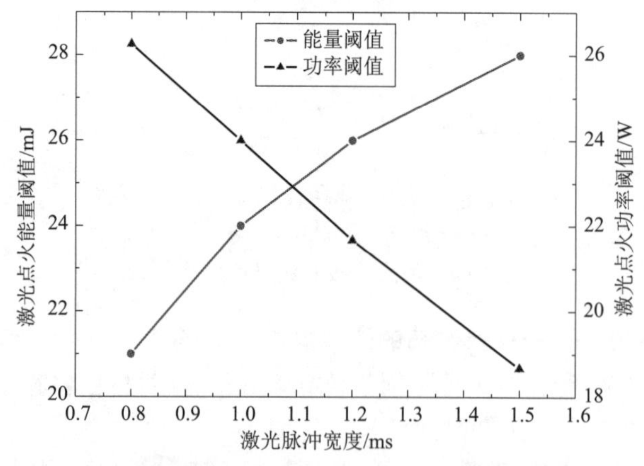

图 4.88　不同激光脉冲宽度下激光点火阈值的变化规律

8. 含能材料装药表面熔化对激光点火特性的影响规律

图 4.89 所示为含熔化和不含有熔化模型的激光点火延滞期的比较，可以看出熔化过程延长了点火延滞期。但是变化不是很大，而且在激光能量小于 18 mJ 时，几乎没有变化。

考虑熔化因素的模型计算 B–KNO_3（40–60，wt%）的激光点火阈值约为 14 mJ，而不含熔化模型的感度是 8 mJ 左右。

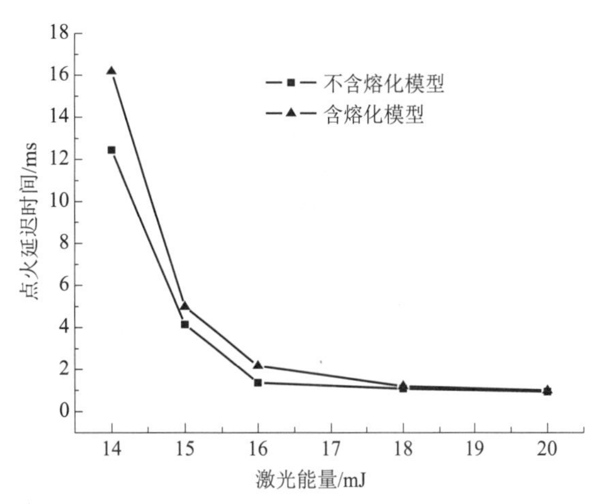

图 4.89 熔化模型和不含熔化模型点火延滞期比较

9. 含能材料装药表面烧蚀对激光点火特性的影响规律

图 4.90 所示为不同激光能量下表面温度的变化规律。比较可以发现 B–KNO_3 的点火感度为 10～11 mJ，与不含烧蚀项的模型模拟的结果 7～8 mJ 相比略有提高。

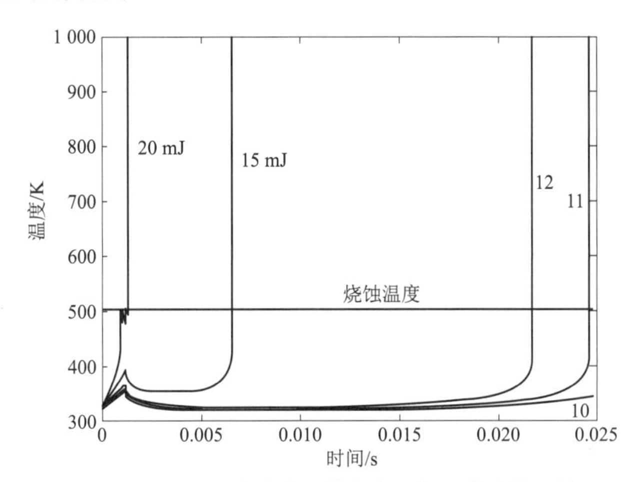

图 4.90 不同激光能量下药剂表面的温度变化规律

4.5.2 激光–介质–含能材料序列的换能原理

4.5.2.1 基本现象与实验规律

1. 激光能量转换现象和特征

高能激光–介质–含能材料序列的能量转换原理包括两种类型，一种是采用光学透窗耦合含能材料装药，另一种是通过透窗和介质薄膜耦合含能材料装药。典型的介质主要是光学透窗（包括光导纤维）和镀金属膜或贴聚合物膜的复合介质，其激光通过介质进行能量转换的示意图如图 4.91 所示。

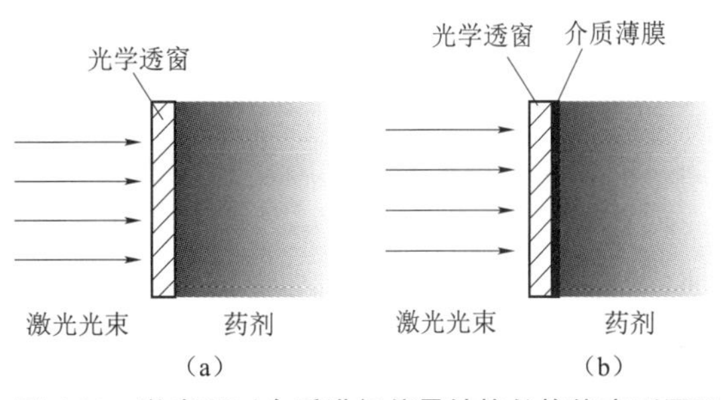

图 4.91 激光通过介质进行能量转换的换能序列原理

（a）激光–透窗–装药；（b）激光–透窗–介质薄膜–装药

2. 激光–介质–含能材料装药能量转换的振荡燃烧现象

激光–介质–含能材料装药相互作用存在多次振荡燃烧现象。图 4.92 所示为 B–KNO_3 在 K9 透窗约束下三次燃烧现象的高速图像，其中激光器为脉冲宽度为 106 μs、波长为 1.06 μm 的 Nd:YAG 激光器，拍摄帧数为 2 000 fps。

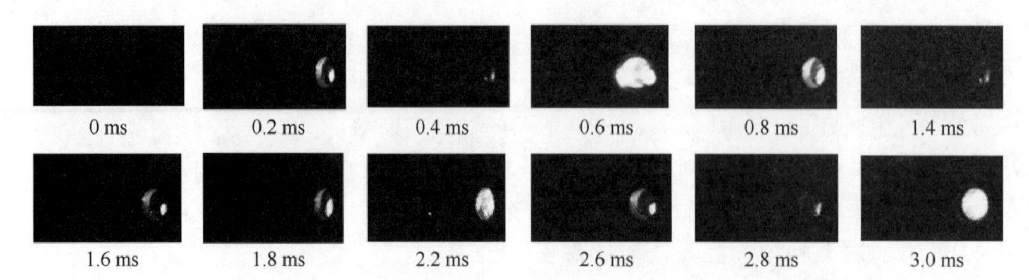

图 4.92　在 K9 透窗约束下 B–KNO_3 激光点火过程的高速图像

图 4.93 所示为有透窗约束下 B–KNO_3 激光点火过程的光辐射变化特性。这一特性也反映了有透窗约束下的多次燃烧现象。

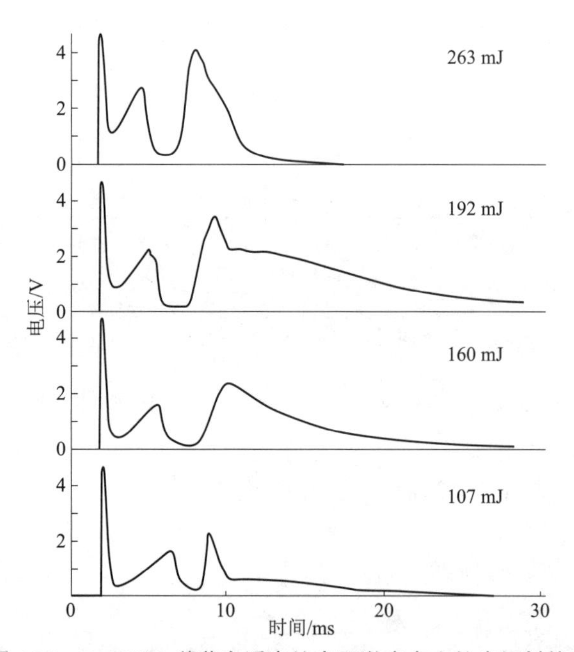

图 4.93　B–KNO_3 装药在透窗约束下激光点火的光辐射信号

3. 镀膜透窗的金属膜激光解离现象

表 4.49 所示为镀有铜或铝金属膜的光学透窗的被激光解离的高速图像。激光解离透窗基片上的金属膜，形成等离子体和高温金属粒子流。

表 4.49　Al 膜、Cu 膜透窗的激光烧蚀高速图像

时间/ms	Al 膜，自由振荡 254.8 mJ	Al 膜，调 Q 165 mJ	Cu 膜，自由振荡 254.8 mJ	Cu 膜，调 Q 165 mJ
0				
0.2				
0.4			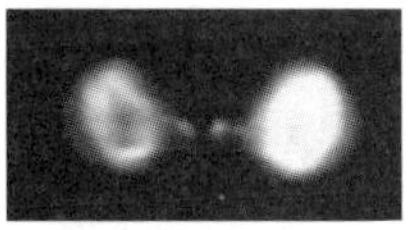	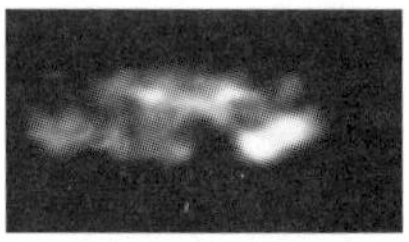
0.6	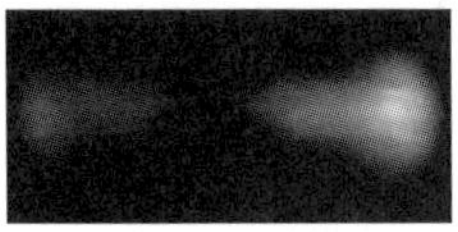			

注：在左侧形成对称的镜像是透窗表面的成像原理所致。

表 4.50 所示为激光烧蚀金属膜形成烧蚀流场的 M–Z 干涉高速图像。激光解离透窗上的金属膜将形成激光等离子体，随后冷凝成较高温度的凝聚态金属离子流。

表 4.50　镀膜透窗在激光烧蚀下烧蚀流场的 M–Z 干涉图

Cu 膜自由振荡 0.4 ms	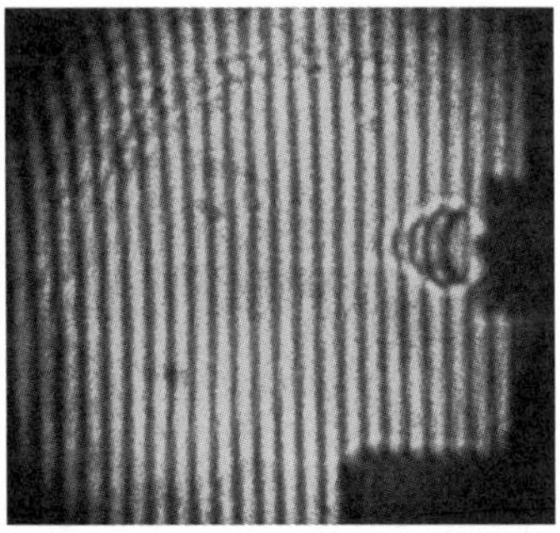	Cu 膜调 Q 0.4 ms	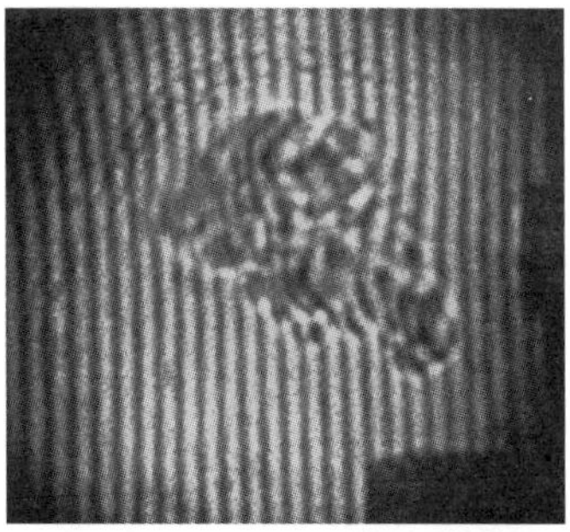
Al 膜自由振荡 0.4 ms	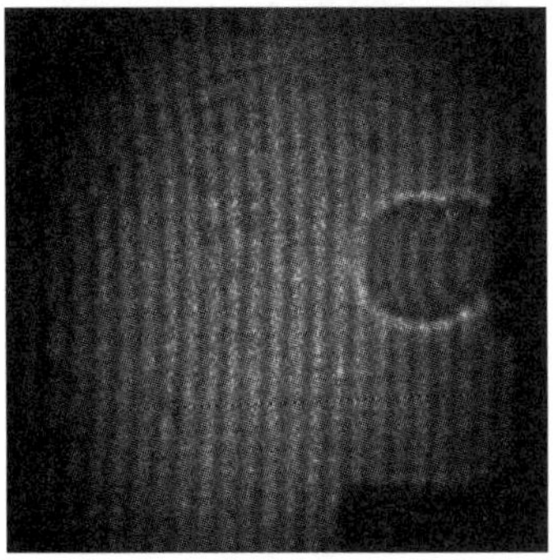	Al 膜调 Q 0.4 ms	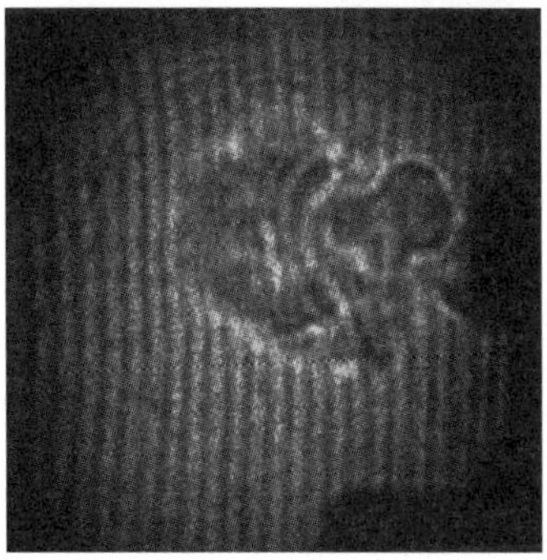

4. 激光烧蚀金属膜的等离子体特性

激光有两种入射方式与透窗上的金属膜相互作用：直接辐射到金属膜表面，由于烧蚀产物未被约束，称为未约束状态；激光入射到未镀膜的透窗面，穿过透窗介质辐射到金属膜上，由于烧蚀产物约束在膜和透窗基片之间，称为约束状态。

1）约束状态下的激光等离子体特性

图 4.94 所示为约束状态下，铜原子和铜离子的谱线强度随时间的变化规律。

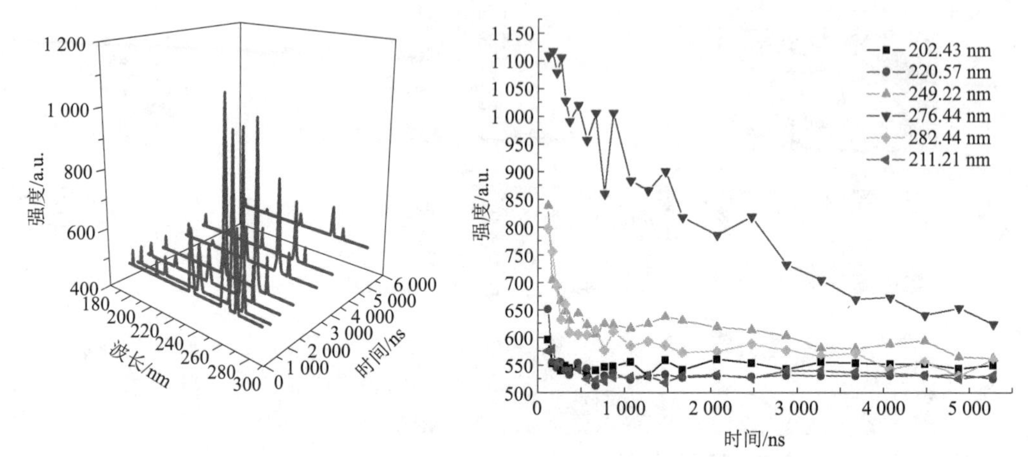

图 4.94　约束状态下铜原子和离子发光谱线强度随时间的变化规律

图 4.95 所示为约束状态下激光烧蚀的铜原子和离子谱线强度随入射激光能量密度的变化规律。

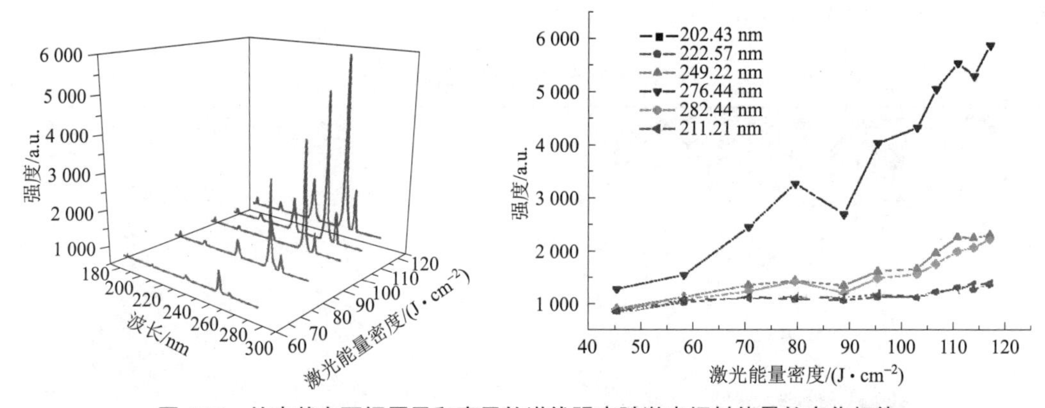

图 4.95　约束状态下铜原子和离子的谱线强度随激光辐射能量的变化规律

约束状态下，激光等离子体谱线强度随时间指数衰减，激光谱线强度随着激光辐射强度的提高而增强，其中 276.44 nm 的紫外谱线最强，激光能量密度对 276.44 nm 谱线影响显著。激光烧蚀形成了强的等离子体。

2）未约束状态下的激光等离子体特性

图 4.96 所示为未约束状态下，铜原子和铜离子的谱线强度随时间的变化规律。

谱线强度随时间指数衰减，但是与约束状态下的谱线分布不同的是各紫外谱线的强度均相近。图 4.97 所示为约束状态下激光烧蚀的铜原子和铜离子谱线强度。激光强度对未约束等离子体的强度影响不大。

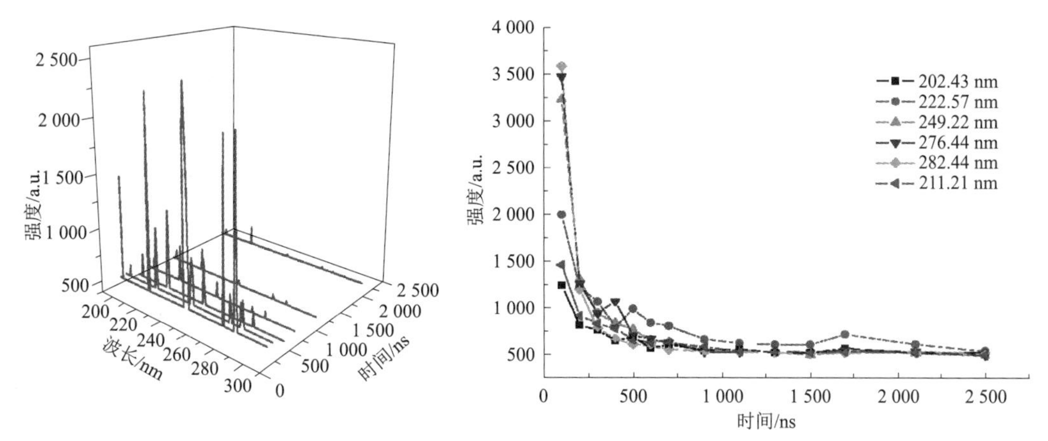

图 4.96　未约束状态下铜原子和离子发光谱线强度随时间的变化规律

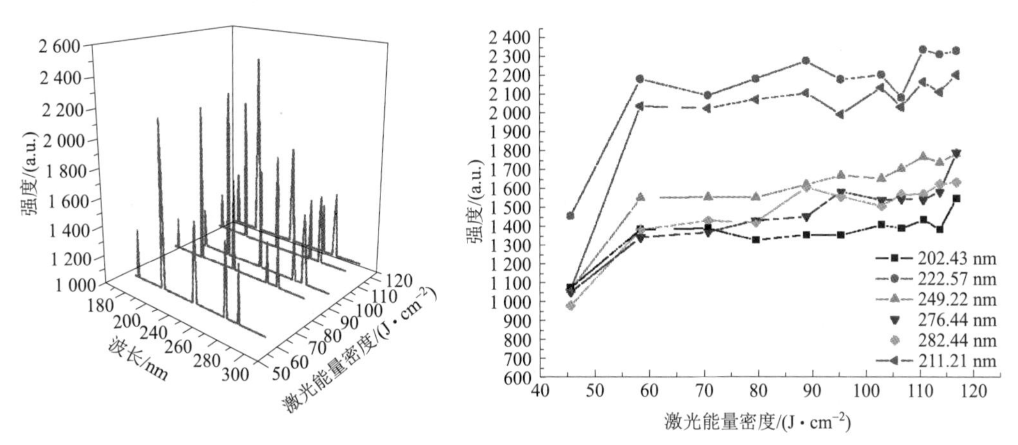

图 4.97　未约束状态下铜原子和离子谱线强度随激光辐射能量密度的变化规律

实验研究表明，激光从未镀膜的透窗一侧入射到金属膜上能够形成比直接作用到金属膜上更强的等离子体。

5. 激光烧蚀金属膜的等离子体温度和电子密度

图 4.98 所示为激光烧蚀镀铜膜透窗的电子温度和电子密度随时间的变化规律。图 4.99 所示为在不同辐射能量密度下激光烧蚀镀铜膜透窗的电子温度和电子密度的变化规律。

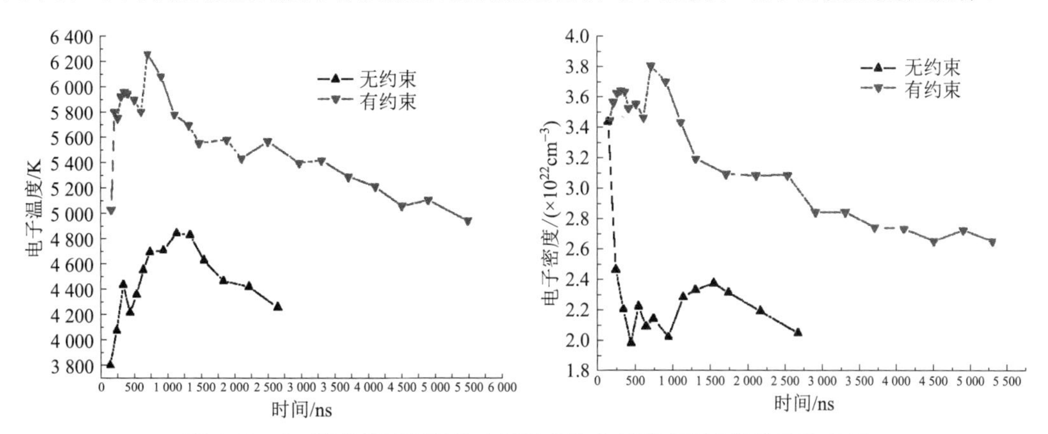

图 4.98　Cu 激光等离子体的电子温度和电子密度随时间的变化规律

从电子温度和电子密度的特性得知，约束状态下的铜等离子体电子温度和电子密度均高于未约束状态，其中在相同作用条件下约束状态的电子温度可以达到 6 300 K，而非约束状态下的电子温度只能达到 4 800 K。随着作用的激光能量密度增强，约束状态下铜等离子体的电子温度和密度也增强，但是未约束状态下的铜等离子体电子温度和电子密度变化不显著。

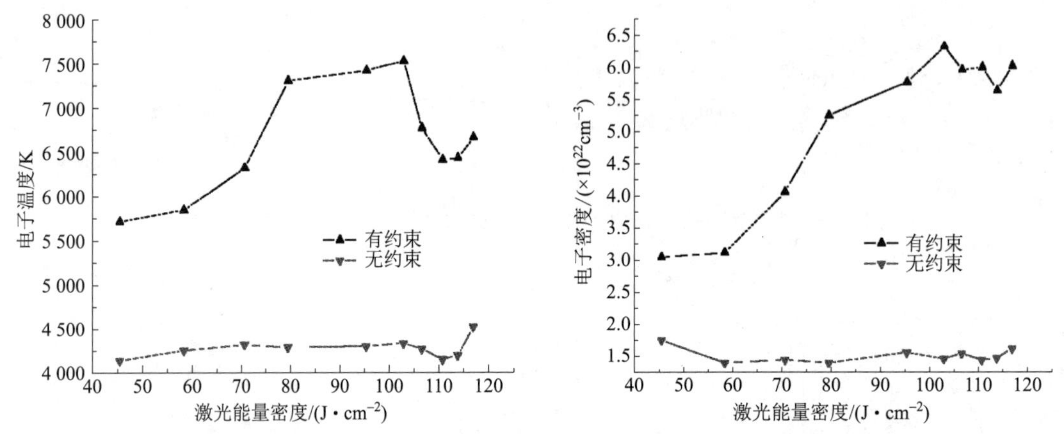

图 4.99　Cu 激光等离子体的电子温度和电子密度随激光能量密度的变化规律

6. 激光烧蚀流场的温度分布规律

图4.100和图4.101所示分别为约束状态下自由振荡激光烧蚀铜膜和铝膜形成的烧蚀流场在 0.4 ms 时的温度分布。根据干涉条纹计算得到自由振荡激光作用时，0.4 ms 时铜膜烧蚀流场的温度最高达 897 K，铝膜烧蚀流场的温度最高达 1 512 K。烧蚀物质主要是金属固体粒子或金属液滴。

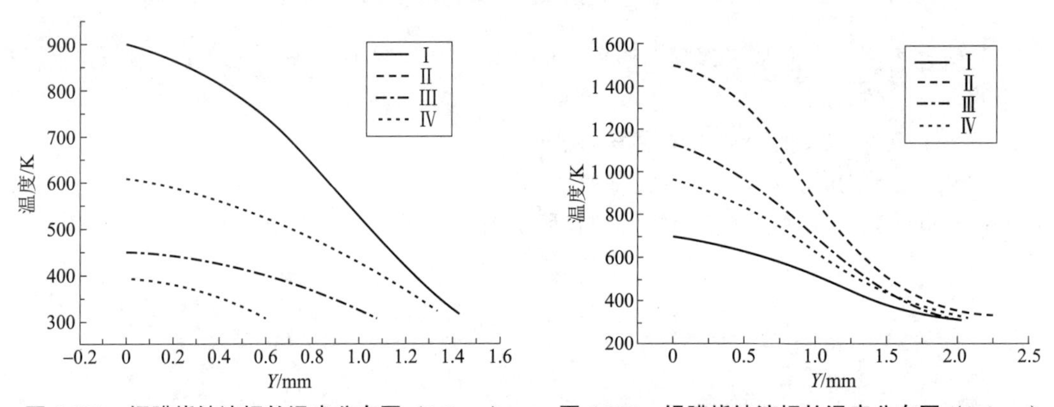

图 4.100　铜膜烧蚀流场的温度分布图（0.4 ms）　　**图 4.101　铝膜烧蚀流场的温度分布图（0.4 ms）**

4.5.2.2　激光能量转换的特性和规律

激光通过介质进行能量传递和转换表现在介质对激光能量的吸收或透射，介质约束下药剂的激光点火或起爆特性。研究所采用的激光器包括 808 nm 波长的半导体激光器和 Nd:YAG 固体激光器两种类型。

1. 不同激光强度下镀铜膜透窗的透过率规律

图 4.102 和图 4.103 所示分别是在 532 nm Nd:YAG 激光作用下 K9 镀铜膜透窗的激光透过率。

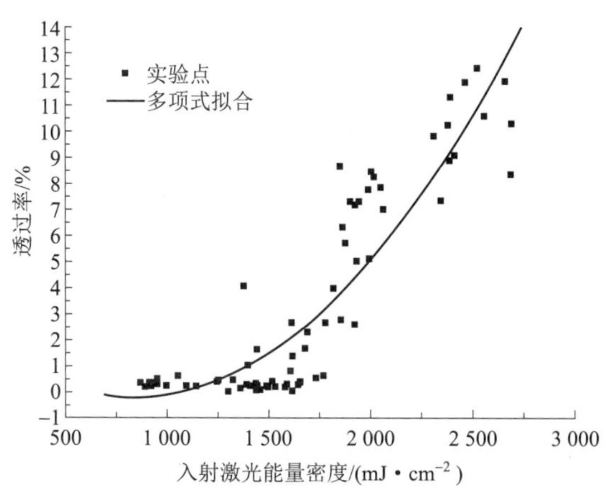

图 4.102　激光直接烧蚀 Cu 膜能量透射率

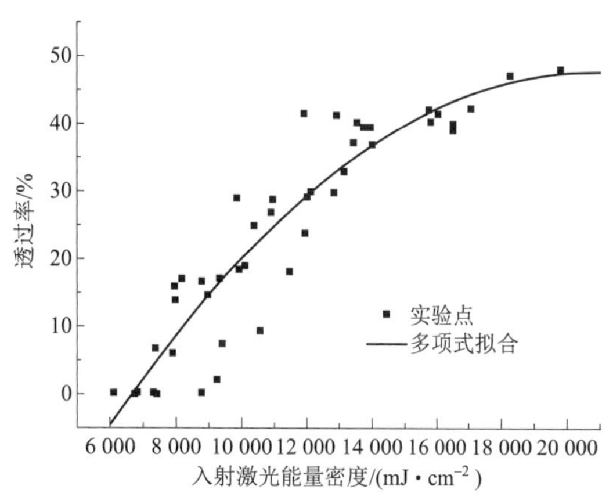

图 4.103　激光间接烧蚀 Cu 膜能量透射率

2. K9 玻璃透窗的激光透过率

表 4.51 是 2.0 mm 厚的 K9 玻璃透窗的 1.06 μm 激光透过率，其中自由振荡模式和调 Q 模式的脉冲宽度分别为 106 μs 和 43 ns。

表 4.51　K9 玻璃透窗的 1.06 μm 激光透射率

激光模式	激光聚焦的焦点位置	透射率	表达式	入射激光能量范围/mJ
自由振荡	透窗外	0.75	$Y=0.049\,79+0.749\,1X$	$0.172\leqslant X\leqslant 17.0$
		0.90	$Y=-6.565\,58+0.897\,44X$	$17.0< X\leqslant 581.33$
自由振荡	透窗内	0.88	$Y=0.000\,95+0.876\,93X$	$0.172\leqslant X\leqslant 10.2$
		0.95	$Y=-5.412\,29+0.950\,99X$	$10.2< X\leqslant 581.33$
调 Q	透窗外	0.77	$Y=0.086\,34+0.766\,09X$	$0.425\leqslant X\leqslant 5.63$
		0.84	$Y=-2.226\,2+0.835\,71X$	$5.63< X\leqslant 345$
调 Q	透窗内	0.86	$Y=0.092\,04+0.855\,68X$	$0.425\leqslant X\leqslant 19.67$
		0.37	$Y=16.754\,87+0.370\,67X$	$19.67< X\leqslant 345$

注：Y 为透射激光的能量/mJ，X 为入射激光的能量/mJ。

3. 蓝宝石透窗的激光透过率

表 4.52 所示为 2 mm 厚的蓝宝石透窗的 1.06 μm 激光透过率，其中自由振荡模式和调 Q 模式的脉冲宽度分别为 106 μs 和 43 ns。

表 4.52　蓝宝石透窗的 1.06 μm 激光透过率

激光模式	透射率	表达式	入射激光能量范围/mJ
自由振荡	0.73	$Y=0.025\ 49+0.728\ 72X$	$0.172\leqslant X\leqslant 5.54$
	0.86	$Y=-4.317\ 57+0.857\ 69X$	$5.54<X\leqslant 581.33$
调 Q	0.80	$Y=0.144\ 6+0.799\ 39X$	$0.425\leqslant X\leqslant 19.67$
	0.34	$Y=10.716\ 71+0.336\ 84X$	$19.67<X\leqslant 345$

注：Y 为透射激光的能量/mJ，X 为入射激光的能量/mJ。

4. 镀膜 K9 透窗的激光透过率

表 4.53 所示为 2.0 mm 厚的 K9 镀膜透窗的 1.06 μm 自由振荡激光的透过率，其中激光脉冲宽度为 106 μs。

表 4.53　镀膜透窗的 1.06 μm 激光透过率

膜材料	透射率	表达式	入射激光能量范围/mJ
铝膜	变量	$Y=0.041\ 9\exp(X/3.482\ 57)-0.027\ 67$	$3.3\leqslant X\leqslant 14.4$
	0.65	$Y=-18.264\ 88+0.652\ 58X$	$14.4<X\leqslant 560$
铜膜	变量	$Y=0.103\ 47\exp(X/12.653\ 32)-0.019\ 31$	$4.69\leqslant X\leqslant 42.1$
	0.71	$Y=-37.2+0.708\ 7X$	$42.1<X\leqslant 550$

注：Y 为透射激光的能量/mJ，X 为入射激光的能量/mJ。

5. 不同介质透窗的激光透过率

表 4.54 所示为不同透窗材料对 808 nm 波长激光的透射率。根据光窗透射率测量，换能元选用不同光窗材料的光能透射率排序为：有机玻璃＞云母片＞蓝宝石＞米拉膜＞赛璐珞。

表 4.54　不同光窗材料的透射率测量值

窗口材料	数量	透射率/%	透射率 dB 值
有机玻璃	6	99.9	0.005
云母片	6	93.8	0.28
蓝宝石	6	93.7	0.28
米拉膜	6	92.7	0.32
赛璐珞片	6	81.1	0.91

6. K9 透窗约束下 B－KNO_3 的激光点火规律

表 4.55 所示为 2.5 mm 厚的 K9 透窗约束和 1.06 μm 激光下 B－KNO_3 的激光点火感度。透窗存在将降低含能材料的点火感度，调 Q 模式的激光点火感度低于同等条件下自由振荡模

式的激光点火感度。

表 4.55　B－KNO_3（40－60，wt%）的激光点火感度

透窗状态	膜材料	激光工作方式	50%点火能量/mJ
无	—	自由振荡	13.9
无	—	调 Q	点不着
K9	无	自由振荡	26.3
K9	无	调 Q	68.5
K9	Cu	自由振荡	174.3
K9	Cu	调 Q	100.9
K9	Al	自由振荡	26.8
K9	Al	调 Q	45.7

注：激光能量为输入透窗的能量，表中数据的获得是依据升降法感度试验。

图 4.104～图 4.109 所示为 K9 和 K9 镀膜透窗约束下 B－KNO_3（40－60，wt%）的激光点火延迟时间。透窗约束下的点火延迟时间小于无透窗约束的点火延迟时间近 10 倍。

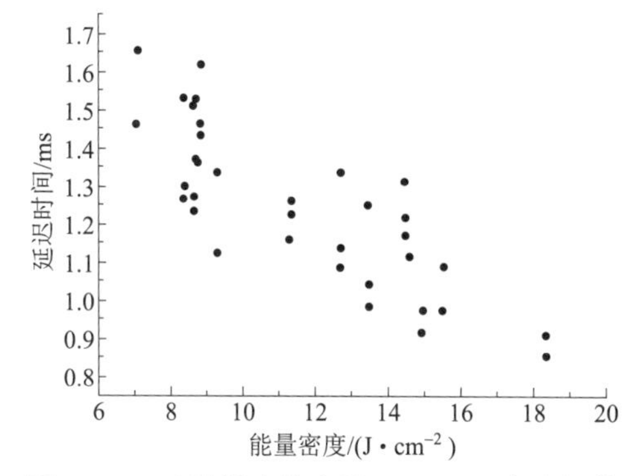

图 4.104　玻璃透窗约束的 B－KNO_3 自由振荡激光的点火延迟时间

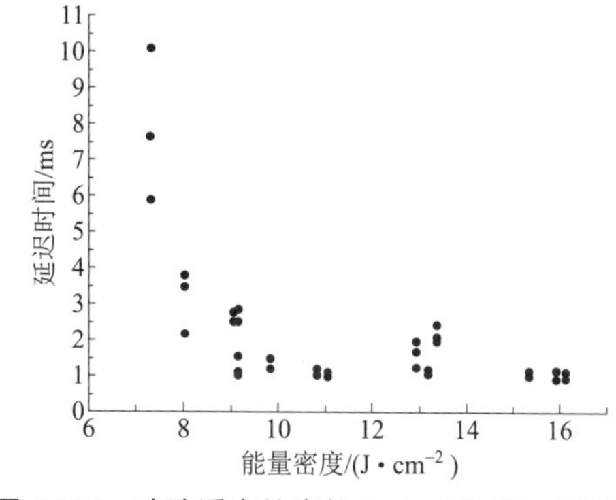

图 4.105　玻璃透窗约束的 B－KNO_3 调 Q 激光的点火延迟时间

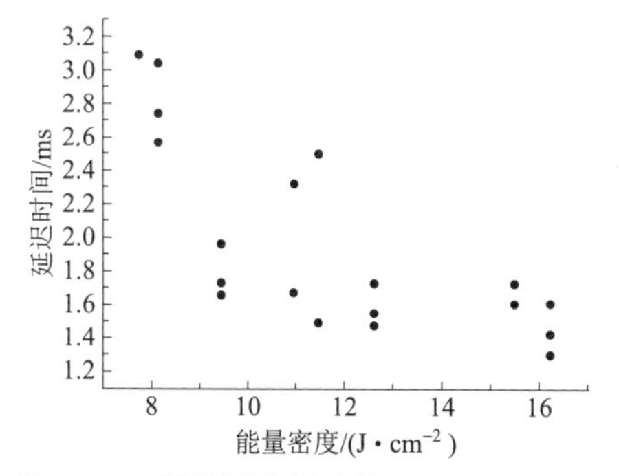

图 4.106　镀铜透窗约束的 B－KNO_3 的自由振荡激光点火延迟时间

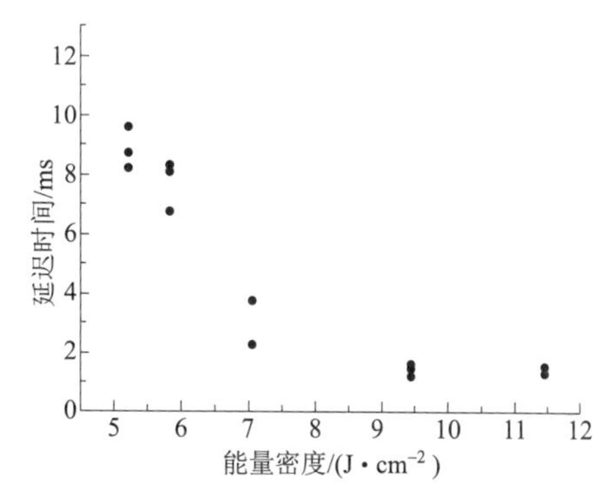

图 4.107　镀铜透窗约束的 B－KNO_3 的调 Q 激光点火延迟时间

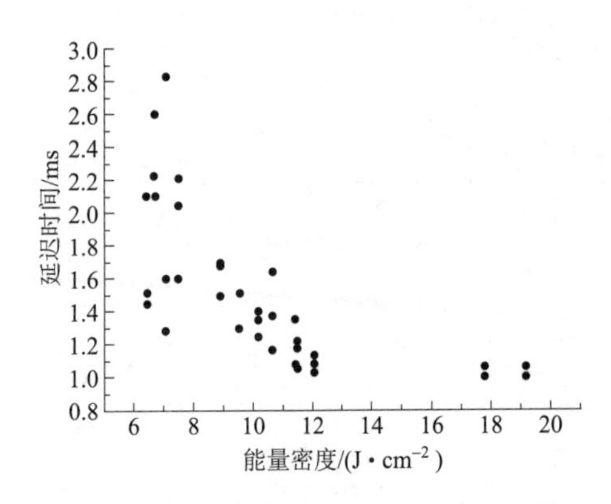

图 4.108　镀铝透窗约束的 B–KNO_3 的自由振荡激光点火延迟时间

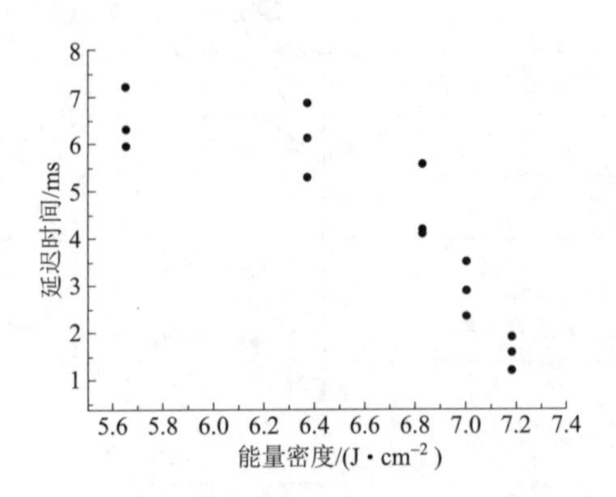

图 4.109　镀铝透窗约束的 B–KNO_3 的调 Q 激光点火延迟时间

实验研究也表明，激光照射下镀铝膜比镀铜膜的点火延滞期短，点火感度高，这与铝烧蚀后产物的高温特性有关。

7. 聚酯薄膜约束下 B–KNO_3 的激光点火规律

表 4.56 所示为聚酯聚合物膜约束下 B–KNO_3 的激光点火感度，其中 B–KNO_3（40–60，wt%）和 B–KNO_3–酚醛树脂（40–60–0.5，wt%），透窗为 0.2 mm 厚度的复印聚酯膜，激光器为 1.06 μm 波长的自由振荡激光器。

表 4.56　聚酯膜约束的 B–KNO_3 激光点火感度

药剂	约束状态	*点火感度/mJ	点火感度/mJ
B–KNO_3	无	14.74	14.74
B–KNO_3	有	17.54	19.06
B–KNO_3–酚醛树脂	无	7.97	7.97
B–KNO_3–酚醛树脂	有	8.37	9.10

*：已经扣除聚酯膜对光的吸收，表中数据的获得是依据升降法感度试验。

图 4.110 所示为 B–KNO_3 的激光点火延迟时间。聚酯片将导致激光点火感度下降，激光点火延迟时间与无聚酯片的时间相当。

8. 介质膜约束下 B–KNO_3 的激光点火感度数据

光纤–介质膜–药剂换能元中，采用 808 nm 半导体激光器，由不同材料介质膜和 B–KNO_3 组成换能元的激光感度排序为：碳膜＞米拉膜＞赛璐珞片＞云母片＞蓝宝石，见表 4.57。

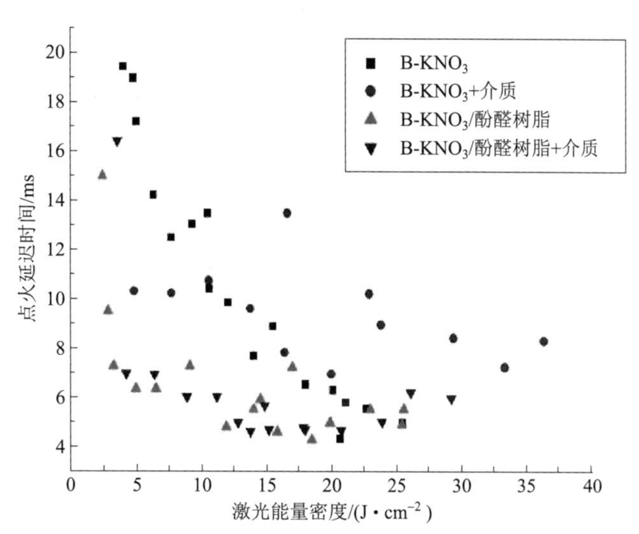

图 4.110　聚合物介质膜约束的 B－KNO_3 激光点火延迟时间

表 4.57　不同光窗材料组成换能元的 B－KNO_3 的激光点火感度

窗口材料	激光功率阈值/W	标准偏差/W	提高换能效率/%
光窗＋碳膜	0.262	0.020	58
光窗＋米拉膜	0.310	0.082	50
光窗＋赛璐珞片	0.378	0.014	39
光窗＋云母片	0.577	0.134	7
蓝宝石光窗	0.623	0.040	—
光窗＋铝介质	点火未成功		

注：换能效率提高＝（无介质膜感度－介质膜感度）/无介质膜感度×100%。

换能效率分析得出：不同介质膜的光能透射率排序为：有机玻璃＞云母片＞蓝宝石＞米拉膜＞赛璐珞片；不同介质膜的激光感度排序为：碳膜＞米拉膜＞赛璐珞片＞云母片＞蓝宝石。激光感度试验表明，换能效率不一定与介质膜的透射率排序一致，这说明换能效率除了与介质膜的透射率有关外，还与介质膜的热导率、反射率、光吸收率、光束发散性有关。

9. 透窗约束下炸药的激光起爆规律

表 4.58 所示为 K9 透窗约束下，HMX、RDX 和 PETN 的激光起爆感度，其中透窗厚度为 2 mm 和采用 1.06 μm 波长的 Nd:YAG 激光，数据的获得是依据升降法感度试验。

表 4.58　K9 玻璃透窗约束下炸药的激光起爆感度

药剂	自由振荡激光能量/mJ		调 Q 激光能量/mJ	
	透窗前能量密度/（mJ • mm^{-2}）	透窗后能量密度/（mJ • mm^{-2}）	透窗前能量密度/（mJ • mm^{-2}）	透窗后能量密度/（mJ • mm^{-2}）
HMX/C（100/0）	—	—	—	—
HMX/C（99/1）	93.43/109.92	83.44/98.16	281.05/111.09	240.58/96.23
HMX/C（99/2）	208.91/161.95	193.26/149.81	254.24/101.70	217.64/87.06
RDX/C（100/0）	—	—	193.84/129.23（半爆）	165.96/110.64（半爆）
RDX/C（100/1）	48.68/107.70	40.88/90.44	117.94/110.22	101.01/94.40
RDX/C（100/2）	236.45/160.85	219.45/147.29	146.56/112.74	125.50/96.54
PETN/C（100/0）	—	—	247.48/98.99	211.85/84.74
PETN/C（100/1）	74.05/127.67	65.01/112.09	23.96/59.90	20.59/51.48
PETN/C（100/2）	121.18/114.32	109.83/103.6	99.73/106.10	85.43/90.88
HNS/C（100/0）	—	—	—	—
HNS（100/1）	—	—	—	—
HNS（100/2）	—	—	—	—

注：标注“—”的炸药未起爆；表中数据：激光能量（mJ）/激光能量密度（mJ • mm^{-2}）。

表 4.59 所示为蓝宝石透窗约束 HMX、RDX 和 PETN 的激光起爆感度，其中透窗厚度为 2 mm 和采用 1.06 μm 波长的 Nd:YAG 激光，数据的获得是依据升降法感度试验。

表 4.59　蓝宝石玻璃透窗约束下炸药的激光起爆感度

药剂	自由振荡模式		调 Q 模式	
	透窗前能量密度/（mJ • mm^{-2}）	透窗后能量密度/（mJ • mm^{-2}）	透窗前能量密度/（mJ • mm^{-2}）	透窗后能量密度/（mJ • mm^{-2}）
HMX/C（100/0）	—	—	202.98/139.98（半爆）	79.09/54.54
HMX/C（99/1）	267.76/159.38	225.34/134.13	199.55/137.62	77.93/53.74
HMX/C（99/2）	117.92/111.24	96.82/91.34	185.96/120.75	73.35/47.63
RDX/C（100/0）	421.57/190.75（半爆）	357.25/161.65（半爆）	191.36/127.57（半爆）	75.17/50.11（半爆）
RDX/C（100/1）	63.51/115.47	50.15/91.18	156.11/115.64	63.30/46.44
RDX/C（100/2）	92.30/106.09	74.85/86.03	175.92/114.23	69.97/45.44

续表

药剂	自由振荡模式		调 Q 模式	
	透窗前能量密度/（mJ・mm^{-2}）	透窗后能量密度/（mJ・mm^{-2}）	透窗前能量密度/（mJ・mm^{-2}）	透窗后能量密度/（mJ・mm^{-2}）
PETN/C（100/0）	—	—	143.88/119.9	59.90/43.17
PETN/C（100/1）	93.94/112.57	79.69/91.60	45.07/75.12	25.90/43.17
PETN/C（100/2）	163.57/143.48	135.98/119.28	68.35/102.01	33.74/50.36
HNS/C（100/0）	—	—	—	—
HNS（100/1）	—	—	—	—
HNS（100/2）	—	—	—	—

注：标注“—”的炸药未起爆；表中数据：激光能量（mJ）/激光能量密度（mJ/mm^2）。

在密闭状态下，添加有炭黑作为掺杂物的药剂均比纯药剂起爆能量低，说明在药剂中添加炭黑能提高激光起爆感度。但是添加炭黑量对不同炸药的激光起爆感度的影响也不同。总的趋势是激光感度随炭黑掺杂量的增加而提高。

图 4.111 所示为在透窗约束下 HMX、RDX 和 PETN 的激光起爆延迟时间，其中激光器采用 1.06 μm 波长自由振荡 Nd:YAG 激光。

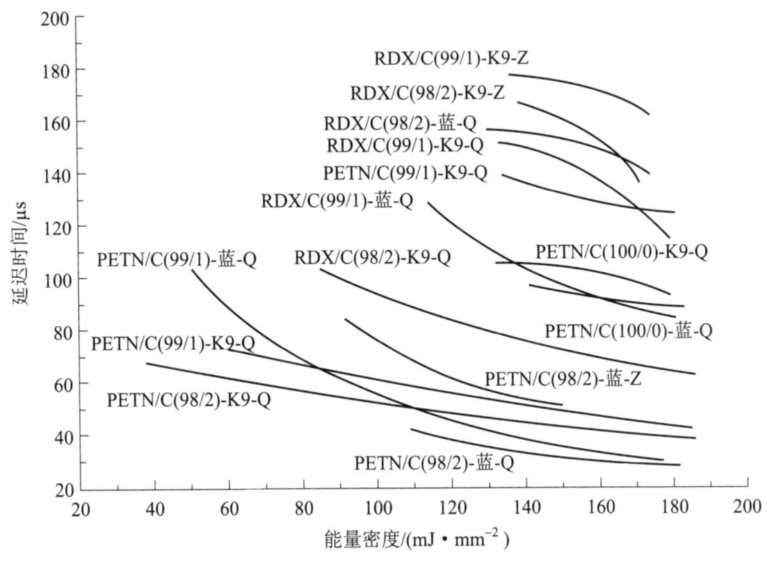

图 4.111　炸药的激光起爆延迟时间拟合曲线分布图

在不同密闭介质、不同激光脉宽、不同炭黑掺杂量下炸药的激光起爆特性及规律，研究表明：

（1）密闭透窗能够提高激光起爆感度，其中蓝宝石玻璃为密闭透窗时，激光起爆感度能较大幅度提高。

（2）不同脉宽激光作用下激光起爆感度不同，其中调 Q 激光作用下的起爆能量较低，试样易起爆。

（3）在药剂中添加炭黑能提高激光起爆感度，炭黑掺杂量对激光起爆感度有影响；RDX和PETN均在掺杂1%炭黑时，以蓝宝石玻璃为密闭透窗，调Q激光作用时起爆能量最低。

（4）炸药激光点火的延滞期较短，在微秒量级；在以蓝宝石玻璃为密闭透窗，炭黑掺杂量为2%的情况下激光点火延滞期最短。

4.5.2.3 物理模型与数学方程

1. 激光–无镀膜透窗–装药能量转换的模型和方程

为了简化数学模型，需作如下假设：① 药剂均匀且各向同性；② 考虑药剂表面的热对流，无激光照射的表面为绝热边界；③ 在整个过程中，热物理参数及化学动力学参数均不随时间变化；④ 不考虑药剂的相变；⑤ 忽略药剂的径向热损失，只考虑轴向热损失；⑥ 点火过程中发生的化学反应为零级反应；⑦ 透窗与装药的能量输运是热传导过程。

1）区域Ⅰ：光学透窗

所采用的光学透窗对于波长1 064 nm的光是透明的，在此区域中不考虑激光能量的吸收，唯一的能量损失是玻璃每一面对光的反射。此区域中能量守恒方程为

$$\rho_{\mathrm{I}} C_{\mathrm{I}} \frac{\partial T_{\mathrm{I}}}{\partial t} = \lambda_{\mathrm{I}} \frac{\partial^2 T_{\mathrm{I}}}{\partial x^2} \tag{4-72}$$

式中，ρ_{I}为透窗的密度（kg/m^3）；C_{I}是玻璃的比热容（J • kg^{-1} • K^{-1}）；λ_{I}为玻璃的热传导系数（W • m^{-1} • K^{-1}）。

2）区域Ⅱ药剂

能量守恒方程：

$$\rho_{\mathrm{II}} C_{\mathrm{II}} \frac{\partial T_{\mathrm{II}}}{\partial t} = \lambda_{\mathrm{II}} \frac{\partial^2 T_{\mathrm{II}}}{\partial x^2} + (1 - ref)\beta I \exp(-\beta x) + \rho_{\mathrm{II}} Q A \exp(-E / RT_{\mathrm{II}}) \tag{4-73}$$

式中，ρ_{II}为药剂的密度（kg/m^3）；C_{II}为药剂的比热容（J • kg^{-1} • K^{-1}）；λ_{II}为药剂的热传导系数（W • m^{-1} • K^{-1}）；ref为药剂的激光反射率；β为药剂对激光吸收系数（m^{-1}）；I为激光强度（W/m^2）；Q为药剂化学反应热/（J/kg）；A为频率因子（s^{-1}）；E为药剂的活化能（J/mol）。

式（4–73）右边第一项表示热传导，第二项表示激光能量在药剂内部的空间分布，第三项表示化学反应释放的热量。

2. 激光–镀膜透窗能量转换的模型和方程

物理模型：① 被加热的材料是均匀且各向同性的物质；② 材料的光学特性和热力学参数与温度无关；③ 忽略热传导过程中的辐射和对流，只考虑材料表面向内的热传导；④ 作用于靶材表面的激光功率密度在时间上恒定不变，在空间上分布均匀；⑥ 忽略径向热损失，只考虑轴向热损失。

数学方程：

$$\frac{\partial^2 T}{\partial z^2} - \frac{\rho c}{\lambda_{\mathrm{t}}} \frac{\partial^2 T}{\partial t^2} = 0 \tag{4-74}$$

设P_{s}为作用于靶材表面的激光功率密度，α_{A}为靶材表面对激光的吸收率，则边界条件可写为

$$
\begin{cases}
-\lambda_{\mathrm{t}} \dfrac{\partial T}{\partial z} = \alpha_{\mathrm{A}} P_{\mathrm{s}}(t), & z = 0 \\
T = 0, & t = 0, z = \infty
\end{cases}
\tag{4-75}
$$

t_{n} 是激光使材料 $z_{\max}$ 深度处达到熔融状态所需的时间，有

$$
t_{\mathrm{n}} = \frac{\rho z_{\max}[c(T_{\mathrm{n}} - T_0) + L_{\mathrm{t}}]}{\alpha_{\mathrm{A}} P_{\mathrm{s0}}}
\tag{4-76}
$$

式中，$z_{\max}$ 为熔融深度；c 为比热容；T_{n} 为熔化温度；T_0 为环境温度。

边界条件为

$$
-\lambda_{\mathrm{t}} \frac{\partial T}{\partial z} = \alpha_{\mathrm{A}} P_{\mathrm{s}}, \quad z = z(t), t > 0
\tag{4-77}
$$

靶面蒸发速度为

$$
\frac{\mathrm{d}z(t)}{\mathrm{d}t} = v = \frac{a P_{\mathrm{s}}}{\rho(L_{\mathrm{v}} + L_{\mathrm{t}} + c(T_{\mathrm{c}} - T_{\mathrm{n}}))}
\tag{4-78}
$$

式中，L_{v}、L_{t} 以及 $c(T_{\mathrm{c}} - T_{\mathrm{n}})$ 分别指汽化潜热、熔化潜热以及温度从熔点上升到沸点时表面所吸收的热量；T_{c} 为稳定表面温度，即汽化温度；a 为调整系数；$P_{\mathrm{s}} = \alpha_{\mathrm{A}} P_{\mathrm{s0}}$。因而汽化深度为

$$
z_{\max} = v(t - t_{\mathrm{n}})
\tag{4-79}
$$

式中，t 为激光脉宽。

采用 Crank–Nicolson 差分格式求解。

介质相差分方程为

$$
-f_{\mathrm{I}} t_{i-1}^{j+1} + 2(1 + f_{\mathrm{I}}) t_i^{j+1} - f_{\mathrm{I}} t_{i+1}^{j+1} = f_{\mathrm{I}} t_{i-1}^{j} + 2(1 - f_{\mathrm{I}}) t_i^{p} + f_{\mathrm{I}} t_{t+1}^{j}
\tag{4-80}
$$

药剂相差分方程为

$$
\begin{aligned}
-f_{\mathrm{II}} t_{i-1}^{j+1} + 2(1 + f_{\mathrm{II}}) t_i^{j+1} - f_{\mathrm{II}} t_{i+1}^{j+1} = f_{\mathrm{II}} t_{i-1}^{j} + 2(1 - f_{\mathrm{II}}) t_i^{j} + f_{\mathrm{II}} t_{i+1}^{j} + \\
\frac{2\Delta t}{\rho_{\mathrm{II}} C_{\mathrm{II}}} (1 - ref) \beta q e^{-\beta(j-1)\Delta x} + \frac{2\Delta t}{C_{\mathrm{II}}} Q A \mathrm{e}^{-\frac{E}{RT}}
\end{aligned}
\tag{4-81}
$$

式中，$f_{\mathrm{I}} = \dfrac{\lambda \Delta t}{\rho_{\mathrm{I}} C_{\mathrm{I}} (\Delta x)^2}$，$f_{\mathrm{II}} = \dfrac{\lambda \Delta t}{\rho_{\mathrm{II}} C_{\mathrm{II}} (\Delta x)^2}$，其截断误差是 $O[(\Delta t)^2 + (\Delta x)^2]$。

差分格式的稳定条件为

$$
\frac{\lambda \Delta t}{\rho c (\Delta x)^2} \leqslant \frac{1}{2}
\tag{4-82}
$$

习题与课后思考

1. 试简述灼热桥丝和金属桥带发火件的发火原理。
2. 影响 SCB 发火性能的因素有哪些？它们是如何影响的？
3. 简述激光与含能材料的能量转换过程。

参考文献

[1] 钟一鹏，胡雅达，江宏志．国外炸药性能手册［M］．北京：兵器工业出版社，1990．

[2] 冯红艳．半导体桥等离子体与药剂作用机理研究［D］．南京：南京理工大学，2011．

[3] 蔡瑞娇．火工品设计原理［M］．北京：北京理工大学出版社，1997．

[4] 王凯民，温玉全．军用火工品设计技术［M］．北京：国防工业出版社，2006．

[5] Ewick David W，Walsh Brendan M．Optimization of the bridge/powder interface for a low energy SCB device［R］．97－2831，1997．

[6] 祝明水，何碧，费三国，等．关于降低 SCB 发火能量的理论探讨［J］．火工品，2007（1）：35－37．

[7] 马鹏，朱顺官，张琳，等．叠氮肼镍半导体桥点火研究［J］．含能材料，2010，18（2）：213－216．

[8] 徐禄，张琳，冯红艳，等．降低药剂 SCB 点火能量的研究进展［J］．含能材料，2008，16（5）：639－646．

[9] 王凯民，张学舜．火工品工程设计与试验［M］．北京：国防工业出版社，2010．

[10] 杨贵丽．微型半导体桥换能及发火规律研究［D］．北京：北京理工大学，2010．

[11] 祝迎春，秦志春，陈西武，等．半导体桥的设计分析［J］．爆破器材，2004，33（2）：22－25．

[12] Tucker T J，Stanton P L．Electrical Gurney energy：a new concept in modeling of energy transfer form electrically exploded conductor［R］．SAND75－0244，1975．

[13] 曾庆轩，袁士伟，罗承沐，等．爆炸箔起爆系统初始电阻对爆发电流和飞片速度影响的数值模拟［J］．火工品，2002（1）：43－45．

[14] 王治平，彭德志，张希林．估算飞片速度的一个经验方法［J］．爆炸与冲击，1983（2）：86－89．

[15] 陈军，王治平，李涛．小尺寸电爆炸箔推动飞片运动速度的经验计算［C］//全国含能材料发展与应用学术研讨会，2004：463－466．

[16] Schmidt S C，Seitz W L，Wackerie J．An Empirical Model to Compute the Velocity Histories of Flyers Driven by Electrically Exploding Foils［J］．Bruker Corporation，1977，（6）：16－19．

[17] 耿春余．电爆炸箔加速塑料片速度分析［J］．含能材料，1995（2）：37－43．

[18] 梁龙河，范中波，胡晓棉．电爆炸箔加速飞片的数值模拟研究［J］．兵工学报，1999，20（2）：102－107．

[19] 胡晓棉，电爆炸箔起爆系统的设计优化、数值模拟和安全性［D］．北京：北京理工大学，1998．

[20] 王桂吉，蒋吉昊，邓向阳，等．电爆炸驱动小尺寸冲击片实验与数值计算研究［J］．兵工学报，2008，29（6）：657－661．

[21] 严楠，曾雅琴，杨藤．B－KNO_3装药密度对激光点火延迟时间的影响［J］．应用激光，2009，29（1）：50－53，60．

[22] 严楠，曾雅琴，傅宏，等．Zr－$KClO_4$激光点火延迟时间与装药密度的关系研究［J］．含能材料，2008，16（5）：487－489．

第5章
传 爆 元 件

传爆元件是指传送爆炸信息和能量的含能元器件，是火工品爆炸线路中的重要组成部分，主要包括爆轰传播元件和爆炸能量传递元件。

5.1 爆轰传播元件

爆轰传播元件是一种能够在小尺寸下以爆轰波形式传播爆炸能量的微小型炸药装药，也称炸药微装药。本节主要介绍直线装药、拐角装药和弯曲装药三部分内容。

5.1.1 直线装药

直线装药，是指炸药微装传爆路径为直线的装药。

5.1.1.1 小尺寸装药的直径效应

爆轰波在炸药中能稳定传播的原因在于化学反应能供给能量，维持爆轰波毫无衰减地传播下去。如果这个能量受到损失，爆轰波就会因缺乏能量而衰减。20世纪40年代，Khariton[1]首先量化地描述了直径效应对爆轰波速度和临界直径的影响。他利用从侧面侵入反应区的稀疏波引起的能量损失来解释直径效应，提出的定律可以表示为

$$d_c \sim 2C\tau \quad (5-1)$$

式中，C为爆轰产物中的平均声速；τ为爆轰反应区内的化学反应时间。

对于$d_c<d<d_L$（d_c为临界直径，d_L为极限直径）的有限尺寸装药，爆炸化学反应及爆轰波阵面如图5.1所示。图中，对截面为圆形的沟槽，则d为装药直径；对截面为正方形的沟槽，d为沟槽的边长。

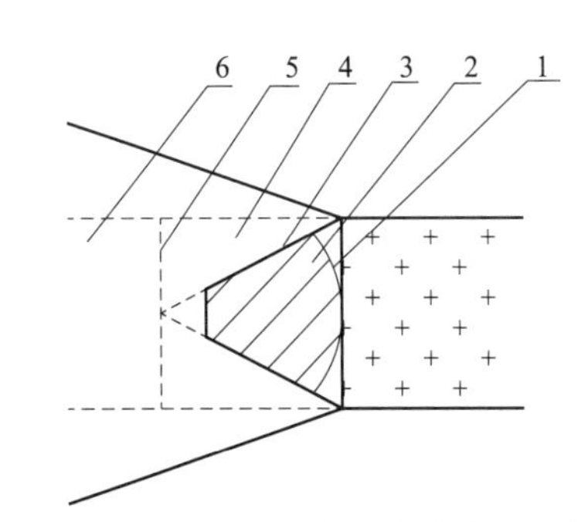

图5.1 有限尺寸装药爆轰波阵面示意图

1—弯曲波阵面；2—未受膨胀波影响的反应区；3—径向稀疏波阵面；4—受膨胀波影响的反应区；5—C-J面；6—爆轰反应产物

假设爆轰波反应区内完成化学反应所需的时间为t_1，膨胀波从装药侧面到达轴线的时间为t_2，如图5.1中2区的虚线所示，此时$t_1>t_2$，反应区化学反应还未完，膨胀波已经到达轴线处，结果使得反应区支持爆轰波的有效能量减少，整个波阵面的爆速低于极限爆速。装药尺寸越小，反应区受膨胀波影响区域就越大，

爆速就越低，当装药尺寸小于 d_c 时，爆轰将熄灭，这种现象就称为小尺寸装药的直径效应，d_c 称为小尺寸装药的临界尺寸。同理，当装药尺寸 $d \geqslant d_L$ 时，爆轰波反应区内完成化学反应所需的时间 t_1 小于膨胀波从装药侧面到达轴线的时间 t_2，此时爆轰波反应区内的化学反应能提供足够的能量支持爆轰波，使爆轰波以恒定的速度传播，d_L 就称为小尺寸装药的极限尺寸。

1949 年，Eyring[2]通过对小直径装药爆轰波阵面的曲率进行研究，提出了爆速直径效应的流体力学理论模型，通过理论推导并结合大量的实验数据得到了直径效应的半经验公式，把爆速亏损（即有限直径的药柱中定态爆速相对于理想爆速的减少量）同爆轰反应区厚度 a 联系起来。

无外壳装药时：

$$\frac{D_j}{D_J}=1-\frac{a}{d} \tag{5-2}$$

有限厚度外壳装药时：

$$\frac{D_j}{D_J}=1-8.68\frac{(a/d)^2}{W_c/W_e} \tag{5-3}$$

无限厚度外壳装药时：

$$\frac{D_j}{D_J}=1-1.76\frac{a}{d}\sin\phi \tag{5-4}$$

式中，W_c 和 W_e 分别为外壳和装药的质量；ϕ 为药柱边部爆轰波阵面法向与侧面的夹角。事实上，在 Eyring 公式中 a 的作用是一个经验参数，或者反过来从直径效应的实验数据可以给出关于 a 的估计。

5.1.1.2 流管理论

为了减弱侧向稀疏波对微装药爆轰波传播的影响，微装药多为带壳装药。图 5.2（a）所示为带壳微装药爆轰波传播原理示意图。爆轰波以稳定爆速 D_j 传播，受到侧向稀疏波的影响，反应区能量对前沿冲击波的支持比理想爆轰弱，前沿冲击波和反应结束面呈曲面，是典型的二维定常爆轰波传播问题。

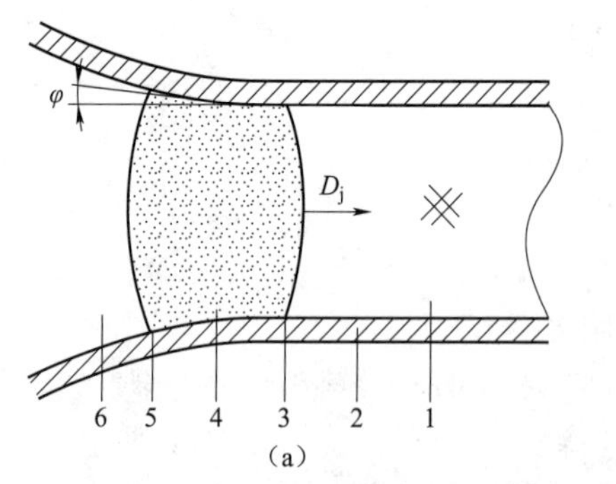

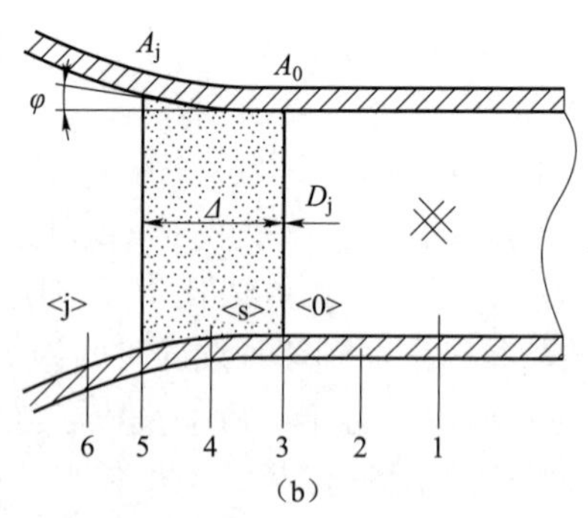

图 5.2 带壳微装药爆轰波传播原理示意图

（a）带壳微装药爆轰波传播示意图；（b）准一维定常爆轰传播模型示意图

1—微小尺度装药；2—壳体；3—爆轰波前沿；4—反应区；5—反应结束面；6—爆轰产物

Jones[3]的流管理论将爆轰波阵面的弯曲转化为爆轰反应区的扩张（图 5.1 中为了标注方便，并未按比例画出），作出了以下假设：① 将曲线爆轰波近似为平面爆轰波；② 化学反应结束面 A_j 也是爆轰产物的声速面；③ 在反应区内，A 的变化只与横坐标 x 有关；④ 在 A_0 与 A_j 之间的任何截面上，物理量不随径向改变。

以上假设将二维定常爆轰问题简化为一维定常爆轰问题。在相对于爆轰波的静止坐标内，爆轰波的流动示意图见图 5.2（b）。

令 e 分别表示介质内能，A 表示流管的截面积，下标 0 表示炸药区状态，s 表示前沿冲击波后的状态，j 表示反应结束状态，D_j 表示微装药非理想爆轰的爆速，D_J 表示不考虑直径效应的理想爆速。

得到的 D_j 与 D_J 的关系式为[4]

$$\left(\frac{D_J}{D_j}\right)^2 = 1+\gamma^2\left(\frac{A_j}{A_0}\right)^2\left\{1+\frac{1}{2}\frac{\gamma}{\gamma+1}\left[\left(\frac{A_0}{A_j}\right)^2-1\right]\right\}^2-\gamma^2 \tag{5-5}$$

由于 $A_0=\pi r^2$，$A_j=\pi(\Delta\tan\varphi+r)^2$，则

$$\frac{A_j}{A_0}=\left(1+\frac{\Delta\tan\varphi}{r}\right)^2=\left(1+\frac{2\Delta\tan\varphi}{d}\right)^2 \tag{5-6}$$

式中，r 为装药半径；d 为装药直径；Δ 为反应区厚度；φ为反应区内爆轰产物膨胀角。

5.1.1.3　爆速－直径变化关系

令$\beta=c\tan\varphi$为约束强度，$\eta=\Delta/d$ 为反应区相对厚度，则有

$$\frac{\eta}{\beta}=\frac{\Delta}{d}\tan\varphi \tag{5-7}$$

代入式（5－6）有

$$\frac{A_j}{A_0}=\left(1+2\frac{\eta}{\beta}\right)^2 \tag{5-8}$$

将式（5－8）代入式（5－5），化简得到

$$\frac{D_j}{D_J}=\left[1+\frac{8\gamma^2}{\gamma+1}\left(\frac{\eta}{\beta}+3\frac{\eta^2}{\beta^2}+4\frac{\eta^3}{\beta^3}+2\frac{\eta^4}{\beta^4}\right)\right]^{-\frac{1}{2}} \tag{5-9}$$

当$\eta/\beta\ll 1$ 时，在η/β零点处进行两次泰勒级数展开，取一阶项得

$$\frac{D_j}{D_J}=1-\frac{4\gamma^2}{\gamma+1}\frac{\eta}{\beta} \tag{5-10}$$

由图 5.3 可知，约束强度的倒数 $1/\beta$的表达式为

$$\frac{1}{\beta}=\tan\varphi=\frac{u_m}{D_j} \tag{5-11}$$

式中，u_m 为装药与壳体界面处的粒子速度。

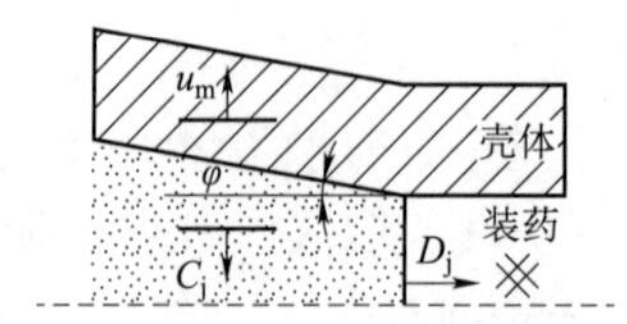

图 5.3 微装药壳体受压侧向膨胀示意图

微装药的外壳受压膨胀初期，在反应区内的高压作用下，界面产生向壳体径向传播的冲击波，同时沿径向向反应区发出一簇径向稀疏波。

假设：① 反应区内的状态近似为反应结束面的状态；② 反应区内压力对壳体的高压作用近似为正冲击作用；③ 将反射稀疏波簇近似看成一道弱冲击波。

根据动量守恒定律有

壳体冲击波：
$$p_m = \rho_{m0} D_m u_m \tag{5-12}$$

对爆轰产物：
$$p_r - p_j = -\rho_j C_j u_r \tag{5-13}$$

界面连续条件：
$$p_m = p_r,\quad u_m = u_r \tag{5-14}$$

式中，p_r 为界面处爆轰产物的压力；u_r 为产物径向膨胀速度；C_j 为壳体向反应区反射的弱冲击波速度；ρ_{m0} 为壳体材料的初始密度。

联立式（5－12）、式（5－13）和式（5－14），得到

$$u_m = \frac{p_j}{\rho_{m0} D_m + \rho_j C_j} \tag{5-15}$$

令 $p_j \approx \frac{1}{\gamma+1}\rho_0 D_j^2$，$\rho_j \approx \frac{\gamma+1}{\gamma}\rho_0$，$C_j = \frac{\gamma}{\gamma+1}D_j$，则有

$$\rho_j C_j = \rho_0 D_j \tag{5-16}$$

得到
$$\frac{u_m}{D_j} = \frac{1}{\gamma+1}\frac{\rho_0 D_j}{\rho_{m0} D_m + \rho_0 D_j} = \frac{1}{(\gamma+1)(\Gamma+1)} \tag{5-17}$$

式中，$\Gamma = \frac{\rho_{m0} D_m}{\rho_0 D_j}$ 为约束材料与炸药冲击阻抗比。

因此，
$$\frac{1}{\beta} = \tan\varphi = \frac{1}{(\gamma+1)(\Gamma+1)}$$

$$\frac{\eta}{\beta} = \frac{1}{(\gamma+1)(\Gamma+1)}\frac{\Delta}{d} \tag{5-18}$$

将式（5－18）代入式（5－10）得

$$\frac{D_j}{D_J} = 1 - \frac{4\gamma^2}{(\gamma+1)^2(\Gamma+1)}\frac{\Delta}{d} \tag{5-19}$$

令 $z = \frac{D_J - D_j}{D_J}$ 表示微装药爆速的直线亏损，则有

$$z = \frac{4\gamma^2}{(\gamma+1)^2(\Gamma+1)}\frac{\Delta}{d} \tag{5-20}$$

图 5.4 所示为 D_j-d 曲线图。当装药直径增加时，爆速逐渐接近 D_J，即接近理想爆轰的爆速。在实际应用中，取 $D_j=$（98%～99%）D_J 为极限爆速，对应的直径为极限直径 d_L。式（5－16）中的 D_j 取为临界爆速 D_c 时，对应的装药直径即临界直径 d_c，假设 $D_c=\zeta D_J$，显然，无量纲量 ζ 的取值应在 0～1。

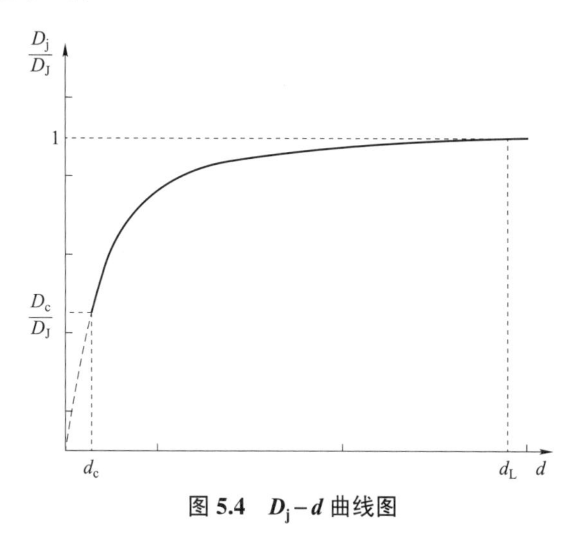

图 5.4　D_j-d 曲线图

5.1.1.4　爆压－直径变化关系

理想爆轰参数 p_J 与 D_J 之间存在关系：

$$p_J=\frac{\rho_0}{\gamma+1}D_J^2 \tag{5-21}$$

对于微装药爆压 p_j 的理论计算公式，假设 p_j、D_j 与 p_J、D_J 之间满足如下关系：

$$p_j=p_J\left(m\frac{D_j}{D_J}\right)^n \tag{5-22}$$

式中，m 和 n 均为与 Γ 有关的无量纲量。

将式（5－20）中 D_j 的数学表达式代入式（5－22）中可得

$$p_j=p_J\left[m\left(1-\frac{4\gamma^2}{(\gamma+1)^2(\Gamma+1)}\frac{\Delta}{d}\right)\right]^n \tag{5-23}$$

从式（5－23）的表达形式可以看出，在刚性约束下，即 Γ 为无穷大时，微装药的爆轰应为理想爆轰，此时 m 和 n 应分别等于 1 和 2，因此可以假设 m 和 n 有如下数学表达形式：

$$m=1+\frac{A_1}{\Gamma+B_1},\quad n=2+\frac{A_2}{\Gamma+B_2}$$

式中，A_1、B_1、A_2 和 B_2 为待定系数，均为量纲为 1 的量。实验数据回归可得

$A_1=0.135$，$B_1=1.75$；$A_2=-7.5$，$B_2=-4.25$

此计算公式的适用条件：$0\leqslant\Gamma<3.25$；当计算结果 $p_j>p_J$ 时，取 $p_j=p_J$。

图 5.5 为利用式（5－19）得到的四种不同约束条件下微装药爆压随装药直径的变化规律。

四条曲线的约束条件从左至右分别为：45 钢约束、铝约束、有机玻璃约束和无约束。从图中可以看出，在相同装药直径下，微装药的爆压随着约束强度的增大而增大，说明计算微装药爆压的式（5-19）不仅能够反映装药直径对爆压的影响，也能反映约束条件对爆压的影响。

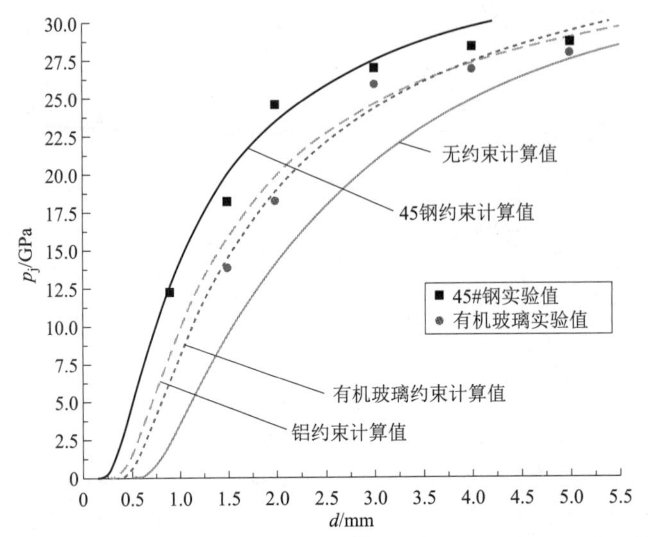

图 5.5　四种不同约束条件下的微装药爆压随装药直径的变化规律

5.1.2　拐角装药

拐角装药，是指装药在传爆路径上存在夹角的装药。

5.1.2.1　拐角效应

当爆轰波从小尺寸装药向大尺寸装药传播时，由于离散而使爆轰波在部分区域内产生偏离正常爆轰的状态，在拐角处发生绕射，产生一个不稳定的爆轰区，这一区域内有不爆区和弱爆区，称拐角效应。其临界特性表现为一定装药尺寸下的拐角角度和一定角度下的装药尺寸。

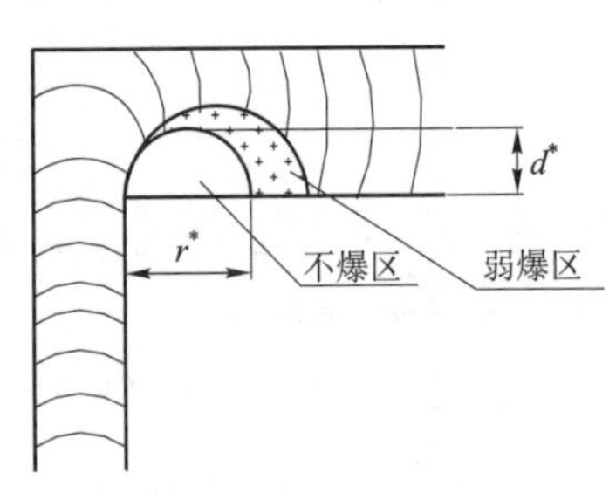

图 5.6　拐角效应示意图

图 5.6 中，r^*称为拐角半径，d^*为拐角距离。当装药尺寸 $d < d_c + d^*$ 时，爆轰波不能拐过拐角传播；当 $d > d_c + d^*$ 时，爆轰波可以传播，但需经过 r^*长度后才能达到正常爆轰，这种现象称为拐角效应，拐角效应存在延迟爆轰现象。令 $d_{cc} = d_c + d^*$ 为临界尺寸，则 $d > d_{cc}$ 是拐角传播的装药条件。拐角装药爆轰波传播临界特性研究包括两个内容：一个是研究在一定拐角角度下，爆轰波沿拐角传播的最小尺寸；另一个是研究在一定装药尺寸条件下，爆轰波能拐过的最大角度。在爆炸网络技术研究中，一般采用等沟槽尺寸设计爆炸逻辑网络，且沟槽的最大拐角一般也不会超过 90°，因此在拐角装药爆轰波传播临界尺寸研究中，主要研究爆轰波拐过直角时的最小装药尺寸。

5.1.2.2　拐角装药临界尺寸研究

分别设计加工了沟槽尺寸为 0.7 mm × 0.7 mm、0.6 mm × 0.6 mm、0.5 mm × 0.5 mm、0.4 mm × 0.4 mm 的试验基板，在设计装药密度为 1.77 g/cm^3 的条件下研究其拐角装药爆轰波传播的临界尺寸，典型测定装置如图 5.7 所示。其中，每一块基板中含有 18 个拐角，沟槽间距最小为 5 mm，最大为 15 mm，最短直线沟槽长度为 15 mm。

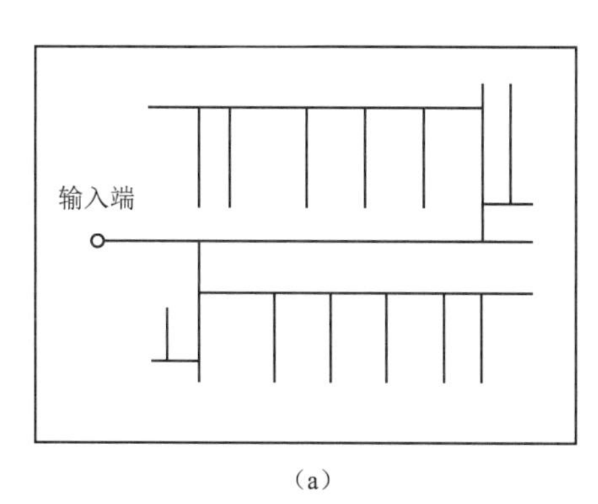

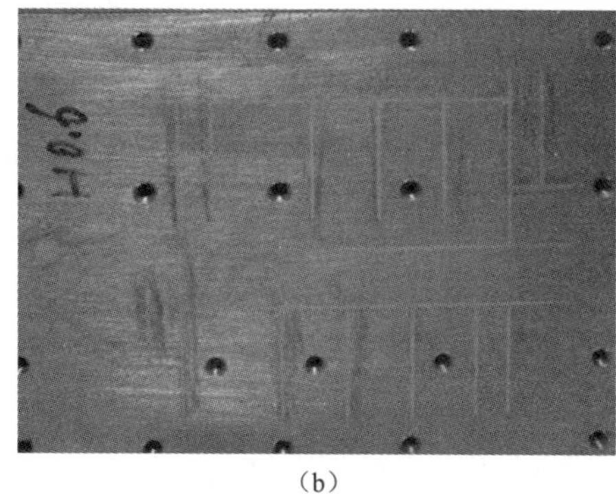

（a）　　　　　　　　　　（b）

图 5.7　小尺寸装药爆轰波拐角传播临界尺寸测定装置

（a）测定装置示意图；（b）沟槽尺寸为 0.6 mm × 0.6 mm 测定装置实物

按所设计的约束条件及试验环境温度，分别用 LD－14B 雷管从输入端起爆测定装置，观察爆轰波在沟槽中的传播情况，试验装置爆炸效果图如图 5.8、图 5.9 所示，试验结果见表 5.1。

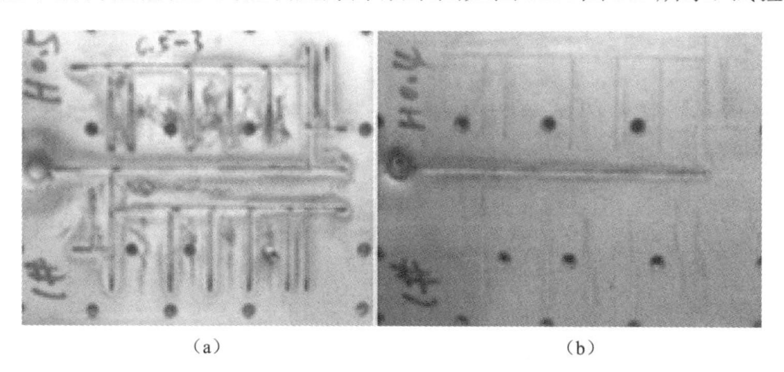

（a）　　　　　　　　　　（b）

图 5.8　全约束条件下试验基板爆炸效果图

（a）沟槽宽和深 0.5 mm；（b）沟槽宽和深 0.4 mm

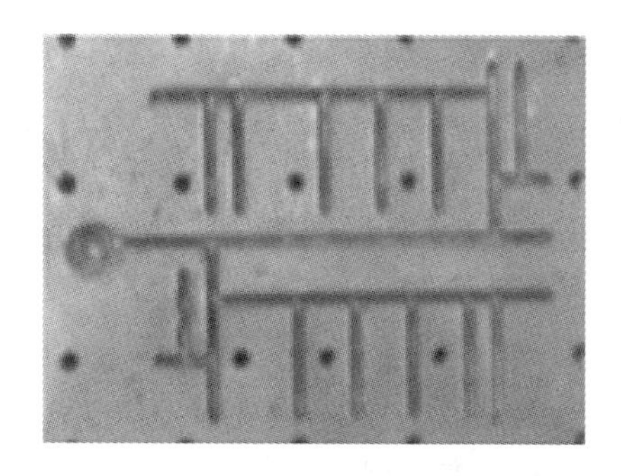

图 5.9　无盖板约束试验基板爆炸效果图

表 5.1 爆炸逻辑网络沟槽拐直角装药临界尺寸爆轰试验结果

约束条件	试验温度/K	沟槽尺寸/mm × mm	试验拐角数量/个	成功数量/个	成功率/%
全约束	298	0.4 × 0.4	180	0	0
		0.5 × 0.5	180	180	100
		0.6 × 0.6	180	180	100
		0.7 × 0.7	180	180	100
	218	0.5 × 0.5	90	90	100
		0.6 × 0.6	90	90	100
		0.7 × 0.7	90	90	100
无盖板约束	218	0.5 × 0.5	90	90	100
		0.6 × 0.6	90	90	100
		0.7 × 0.7	90	90	100

由表 5.1 可知，在装药密度为 1.77 g/cm^3 时，所研究炸药在小尺寸沟槽装药条件下拐直角传播的临界尺寸约为 0.5 mm × 0.5 mm。对于超细化 HMX，装药密度对小尺寸装药爆轰波拐角传播的临界尺寸影响较大，提高装药密度，爆轰波传播的临界尺寸明显减小。此外，环境温度对临界尺寸基本没有影响，沟槽装药在常温及低温下均能可靠传爆。理论上，约束条件对拐角装药爆轰波传播的临界尺寸会有影响，无盖板约束条件下的临界尺寸应大于全约束条件下的临界尺寸，但试验结果表明盖板约束条件对临界尺寸无明显影响。因此，综合分析表 5.1 中的试验数据可知，在全约束条件下该沟槽装药拐直角传播的临界尺寸不会大于 0.5 mm × 0.5 mm，以此沟槽尺寸为依据，采取裕度设计的方法设计爆炸逻辑网络。

5.1.2.3 小尺寸拐角装药爆轰延迟现象物理模型与数学方程

由于拐角效应，小尺寸非直线装药爆轰波在通过拐角时，存在一段非稳态爆轰区或引爆点偏离拐角点的延迟引爆现象，由此造成爆轰波延迟传播现象[5~7]。

王树山通过高速摄影实验[8]，对某挠性炸药的小尺寸拐角装药爆轰波传播特性进行了研究，证实了爆轰波通过小尺寸装药拐角时存在一段非稳态爆轰区，其长度与装药尺寸和拐角角度有关。他还通过对不同拐角角度、不同装药尺寸下爆轰波传播时间的测量，发现装药尺寸越小，拐角角度越大，爆轰延迟时间越长，当拐角大于某一角度时，甚至可能造成熄爆，据此给出所研究炸药的爆轰延迟时间与拐角角度的经验关系式。

小尺寸拐角装药爆轰延迟时间现象的理论基础就是小尺寸装药的拐角效应现象，爆轰波在通过拐角时，存在一段非稳态爆轰区或引爆点偏离拐角点的延迟引爆现象，由此造成爆轰波延迟传播。非稳态爆轰区越长，爆轰延迟时间越长。因此，小尺寸拐角装药爆轰延迟现象的物理模型与拐角效应现象的物理模型相同，如图 5.6 所示，其中不爆区与弱爆区的长度就是延迟引爆距离。

爆轰波从直线向拐角传播方向的示意图如图 5.10 所示。

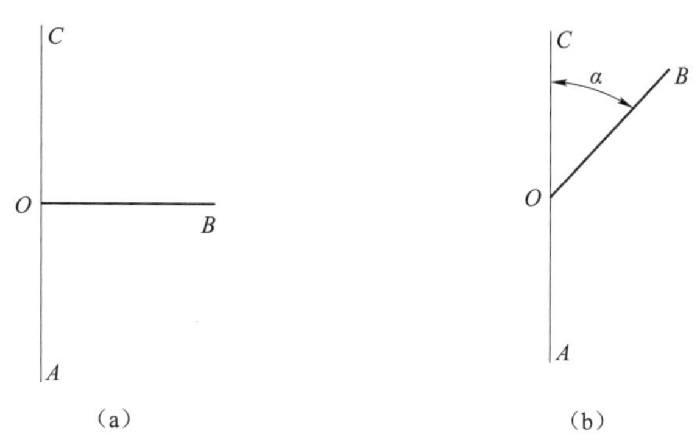

（a）　　　　　　（b）

图 5.10　小尺寸装药爆轰波拐角传播示意图

（a）垂直三通；（b）α 拐角

图 5.10 中，在 $OC=OB$ 情况下，爆轰波沿拐角传播的时间 t_{OB} 大于沿直线传播的时间 t_{OC}，即 $t_{AB}>t_{AC}$，$\delta t=t_{AB}-t_{AC}$ 称为延迟时间，δt 是表达延迟现象的特征量，称为拐角装药爆轰延迟时间，单位为 ns。通常情况下，α 在 0～π 之间变化，$\alpha=\pi/2$ 则更常见。

影响小尺寸爆轰传递的主要参数：

爆炸网络基板的几何及性能参数：沟槽尺寸（等宽深）d、基板密度 ρ_s、声速 a_s、拐角角度 α。

沟槽装药的性能参数：装药密度 ρ、反应区特征厚度 $\varDelta$、爆速 D、爆轰产物膨胀系数 β。

介质的初始状态：如压强 P_0，由于空气冲击波压强比 P_0 大得多，故可忽略 P_0 的影响。再者，在爆轰试验的瞬间，由于基板与盖板用螺钉紧固，对沟槽装药形成强约束，外界环境对爆轰波的传播几乎无影响。

此外，结合拐角效应的物理模型（图 5.4）分析可知，含拐角装药的沟槽尺寸 d 越小，爆轰波通过拐角绕射并趋于稳定所经历的弱爆区会越长，拐角爆轰延迟时间越长。当 d 小于临界尺寸 d_{cc} 时，拐角爆轰延迟时间将趋于无穷大，出现熄爆；当 d 大于极限尺寸 d_L 时，几乎不产生爆轰延迟现象。因此，d 的取值范围为 $d_{cc}\leqslant d\leqslant d_L$。

当爆轰波经拐角发生绕射时，其爆轰延迟时间 δt 可表述为

$$\delta t=f(d,\rho_s,a_s,\alpha;\rho,\varDelta,D,\beta) \tag{5-24}$$

在基板材料和装药品种以及装药工艺一定的情况下，以上分析的各物理量中，除爆速 D 以外都是独立自变量。爆速 D 在一定范围内随着装药尺寸的变化而变化，但考虑到它与极限爆速 D_J 之间存在 $\dfrac{D}{D_J}=1-\left(\dfrac{\varDelta'}{d}\right)^n$ 的关系，即 D 是 D_J 与 d 的函数，在已经列出物理量 d 的情况下，可以考虑用 D_J 替代 D 进行分析。因此式（5－24）可写为

$$\delta t=f(d,\rho_s,a_s,\alpha;\rho,\varDelta,D_J,\beta) \tag{5-25}$$

取 $\varDelta$、ρ、D_J 为基本参量，对式（5－25）进行无量纲化可得

$$\frac{\delta t}{\varDelta/D_J}=f\left(\frac{\varDelta}{d},\alpha;\frac{\rho_s}{\rho},\frac{a_s}{D_J},\beta\right) \tag{5-26}$$

在给定装药条件下，上式右端后三个无量纲量可以视为常数，隐含在函数 $f_1(\alpha)$ 和参数 m 中，则表达式可进一步简化为

$$\frac{\delta t}{\Delta / D_{\mathrm{J}}}=\left(\frac{\Delta}{d}\right)^{m} f_{1}(\alpha) \tag{5-27}$$

即

$$\delta t=\frac{\Delta}{D_{\mathrm{J}}}\left(\frac{\Delta}{d}\right)^{m} f_{1}(\alpha) \tag{5-28}$$

随着拐角角度α的不断增大，最终会出现熄爆现象，取α_{c}表示出现爆轰波熄爆的最小拐角角度，称为临界拐角角度，则当$\alpha \geqslant \alpha_{\mathrm{c}}$时出现熄爆，即$f_{1}(\alpha) \rightarrow \infty$。因此拐角角度$\alpha$的取值范围为$0<\alpha<\alpha_{\mathrm{c}}$。分析$\alpha$对$\delta t$的影响，还应有$f_{1}(0)=0$，当$\alpha$不断向 0° 趋近时需满足$\lim\limits_{\alpha \rightarrow 0} \frac{f_{1}(\alpha)}{\alpha}$收敛。

结合上述边界条件和收敛性要求，假设函数$f_{1}(\alpha)=\frac{b \alpha}{\left(\alpha_{\mathrm{c}}-\alpha\right)^{n}}$，则式（5-28）可写为

$$\delta t=\frac{\Delta}{D_{\mathrm{J}}}\left(\frac{\Delta}{d}\right)^{m} \frac{b \alpha}{\left(\alpha_{\mathrm{c}}-\alpha\right)^{n}} \tag{5-29}$$

显然，$b=b\left(\frac{\rho_{\mathrm{s}}}{\rho}, \frac{a_{\mathrm{s}}}{D_{\mathrm{J}}}, \beta\right)$，$m=m\left(\frac{\rho_{\mathrm{s}}}{\rho}, \frac{a_{\mathrm{s}}}{D_{\mathrm{J}}}, \beta\right)$，$n=n\left(\frac{\rho_{\mathrm{s}}}{\rho}, \frac{a_{\mathrm{s}}}{D_{\mathrm{J}}}, \beta\right)$。临界拐角角度随装药尺寸的增大而增大，其极限值为$\pi$，方便起见，本研究取$\alpha_{\mathrm{c}}=\pi$进行讨论，即$f_{1}(\pi) \rightarrow \infty$。则上式可写为

$$\delta t=\frac{\Delta}{D_{\mathrm{J}}}\left(\frac{\Delta}{d}\right)^{m} \frac{b \alpha}{(\pi-\alpha)^{n}}=\frac{k_{0}}{d^{m}} \frac{\alpha}{(\pi-\alpha)^{n}} \tag{5-30}$$

如果给定α，那么，$\delta t \propto \frac{1}{d^{m}}$的比例系数为$\frac{\Delta^{m+1}}{D_{\mathrm{J}}} \frac{b \alpha}{(\pi-\alpha)^{n}}$。若$\alpha=\frac{\pi}{2}$，则$\delta t \propto \frac{1}{d^{m}}$的比例系数为$\frac{\Delta^{m+1} b}{D_{\mathrm{J}}}=k_{0}$。这样，决定$\delta t \propto \frac{1}{d^{m}}$关系的经验参数有三个：$k_{0}$、$m$、$n$。

式（5-30）就是拐角延迟时间的理论表达式，设计不同装药尺寸不同拐角角度的网络基板进行试验，通过对数据的拟合可得待定参数k_{0}、m及n，并最终获得$\delta t \sim d \sim \alpha$三者之间的普适关系式。

5.1.2.4 小尺寸拐角装药爆轰延迟时间的试验研究

1. 小尺寸拐角装药爆轰延迟时间测试方法

采用薄膜探针法测量拐角装药爆轰延迟时间[9]，探针安装原理如图 5.11 所示。试验中采用 5 个探针，探针 1 作为触发探针，安装在沟槽装药分岔点之前，探针 2～5 作为测试探针，安装在以沟槽装药拐角中心为圆心的两段等距圆弧上，两段圆弧的半径分别为 15 mm、30 mm。试验基板起爆后，第一个探针接通，触发测试仪计时，当爆轰波传播到第 2、3、4、5 探针时，各传感器分别记录下爆轰波到达的时间，即 t_2、t_3、t_4、t_5。分别对所记录的时间按$\Delta t_{24}=t_{4}-t_{2}$，$\Delta t_{35}=t_{5}-t_{3}$进行处理，就可以得到爆轰波通过拐角时的延迟时间。

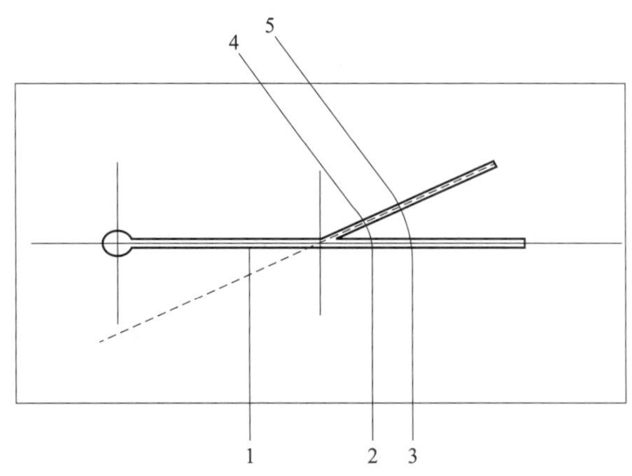

图 5.11　拐角装药爆轰延迟测试原理

2. 试验结果与分析

确定式（5－25）中的每一个参数，获得普适的半经验关系式需要大量的实验数据支持。根据直线装药爆速测试结果及小尺寸装药临界尺寸试验研究结果，采用细颗粒 JO－9C 传爆药，在平均装药密度为 $\rho=1.77\ \text{g/cm}^3$ 时，沟槽装药极限尺寸 $d_L=1.2$ mm，拐直角传播临界尺寸 $d_{cc}=0.50$ mm，根据上述推导过程可知该表达式的适用范围应为 $0.50\ \text{mm}\leqslant d\leqslant 1.2\ \text{mm}$。设计爆炸逻辑网络装药沟槽尺寸为 0.8 mm×0.8 mm，由于爆炸逻辑网络设计中拐角角度一般不超过 120°，加工拐角角度分别为 30°、45°、60°、90°、120° 的拐角试验基板进行测试。基板装药效果图如图 5.12 所示。

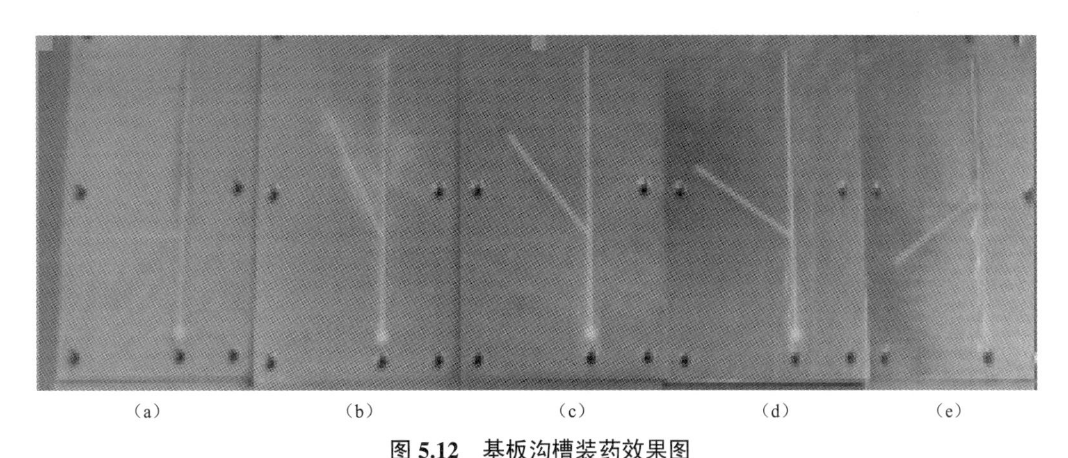

（a）　（b）　（c）　（d）　（e）

图 5.12　基板沟槽装药效果图

（a）90°；（b）30°；（c）45°；（d）60°；（e）120°

按图 5.11 所示的原理安装薄膜电极传感器，进行拐角装药爆轰延迟时间测试，安装薄膜电极传感器后的基板如图 5.13 所示。基板沟槽尺寸为 0.8 mm×0.8 mm 时，拐角装药爆轰延迟时间测试结果见表 5.2。其中，采取了从示波器直接读取直线和拐角间爆轰波传播时间差的方法确定拐角装药爆轰延迟时间 Δt_{24}、Δt_{35}。

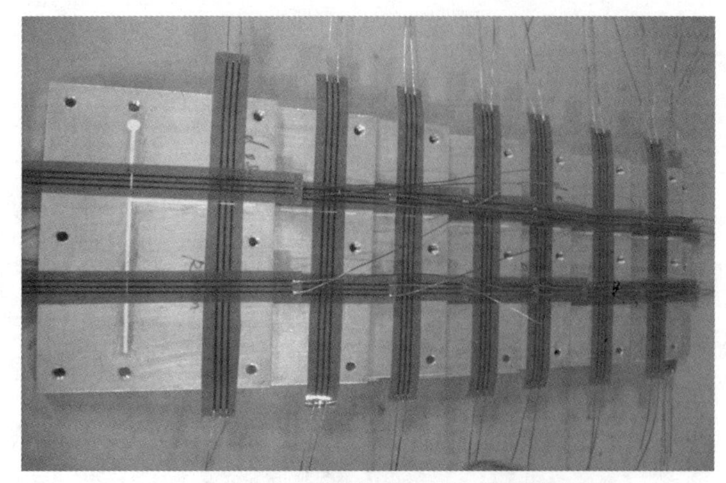

图 5.13　拐直角沟槽装药薄膜电极传感器装配图

表 5.2　沟槽尺寸为 0.8 mm×0.8 mm 时拐角装药爆轰延迟时间测定结果

拐角角度/（°）	试件编号	Δt_{24}/ns	Δt_{35}/ns	Δt/ns	$\Delta\overline{t}$ （δt）/ns
30	1	20.13	48.75	34.44	37.60
	2	50.92	39.51	45.22	
	3	44.74	21.56	33.15	
45	7	44.60	63.52	54.06	41.46
	8	65.11	21.10	43.11	
	9	40.15	14.25	27.20	
60	15	55.01	52.14	53.58	50.56
	16	46.27	50.13	48.20	
	17	45.54	54.26	49.90	
90	20	120.0	112.5	116.2	88.77
	21	70.41	72.95	71.68	
	22	75.35	81.44	78.40	
120	25	130.2	156.1	143.2	105.7
	26	81.05	112.1	96.59	
	27	71.45	83.14	77.30	

由表 5.2 可知，随着拐角角度增大，爆轰波拐角延迟时间增大，通过数据处理，依据最小二乘法原理，按式（5－30）进行拟合，得到 k_0、m 和 n 分别为：$k_0=62$，$m=0.6$，$n=0.5$。即得到沟槽尺寸为 0.8 mm×0.8 mm 时拐角装药爆轰延迟时间与拐角角度关系的半经验关系式：

$$\delta t_{0.8}=\frac{62}{0.8^{0.6}}\frac{\alpha}{(\pi-\alpha)^{0.5}}\text{ns} \tag{5-31}$$

利用半经验关系式（5－31）计算所得延迟时间和对应角度的延迟时间测试值如表 5.3 所示，拟合曲线如图 5.14 所示。

表 5.3　装药尺寸为 0.8 mm×0.8 mm 时拐角装药爆轰延迟测试与计算对比

拐角角度	延迟时间/ns	
	测试结果	计算结果
π / 6	37.60	22.94
π / 4	41.46	36.27
π / 3	50.56	51.29
π / 2	88.77	88.84
2π / 3	105.7	145.1

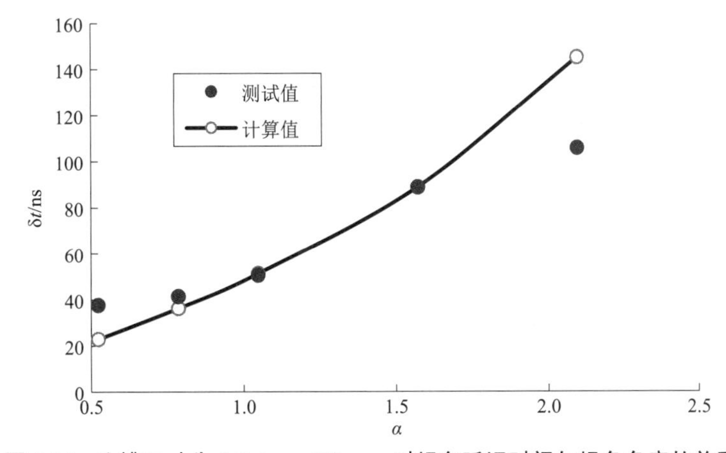

图 5.14　沟槽尺寸为 0.8 mm×0.8 mm 时拐角延迟时间与拐角角度的关系

从图 5.14 中不难看出，测试结果与利用式（5－31）计算所得结果变化趋势基本吻合，说明利用此半经验关系式计算出的拐角延迟时间与试验结果基本一致。为了验证此研究方法及拟合过程所得参数的合理性，本研究还设计了装药尺寸为 $d=0.6$ mm，拐角角度分别为 45°、60°、90°、120° 的拐角网络基板。同样采用细颗粒 JO－9C 传爆药，在平均装药密度为 $\rho=1.77$ g/cm^3 时，沟槽装药极限尺寸 $d_L=1.2$ mm，拐直角传播临界尺寸 $d_{cc}=0.50$ mm，装药尺寸 $d=0.6$ mm 符合使用要求，测试结果如表 5.4 所示。

表 5.4　沟槽尺寸为 0.6 mm×0.6 mm 时拐角装药爆轰延迟时间测定结果

拐角角度/（°）	试件编号	Δt_{24}/ns	Δt_{35}/ns	Δt/ns	$\Delta\bar{t}$ （δt）/ns
30	1	43.49	57.55	50.52	43.25
	2	33.52	26.95	30.24	
	3	47.69	50.30	49.00	

续表

拐角角度/（°）	试件编号	Δt_{24}/ns	Δt_{35}/ns	Δt/ns	$\Delta\bar{t}$（δt）/ns
45	7	39.37	41.93	40.65	44.24
	8	33.94	40.59	37.27	
	9	45.74	63.86	54.80	
60	15	62.40	12.50	37.45	55.45
	16	73.67	64.46	69.07	
	17	42.00	77.68	59.84	
90	20	132.2	101.4	116.8	104.3
	21	69.57	119.3	94.42	
	22	90.72	112.5	101.6	
120	25	侧路未实现爆轰传递			/
	26				
	27				

从表 5.4 中的数据可以看出，随着拐角角度的增大，爆轰波拐角延迟时间增大，且在 $\alpha = 2\pi/3$ 时爆轰波未能拐过拐角，出现熄爆现象。

将 $d = 0.6$ mm，$k_0 = 62$，$m = 0.6$，$n = 0.5$ 代入式（5－30），可得拐角装药爆轰延迟时间与拐角角度的关系式：

$$\delta t_{0.6} = \frac{62}{0.6^{0.6}} \frac{\alpha}{(\pi - \alpha)^{0.5}} \text{ns} \tag{5-32}$$

由表 5.4 试验测试结果及由式（5－32）计算得出的拐角装药爆轰延迟时间与拐角角度关系的对比见表 5.5，建立的拐角装药爆轰延迟时间与拐角角度的关系如图 5.15 所示。

表 5.5　装药尺寸为 0.6 mm × 0.6 mm 时拐角装药爆轰延迟测试与计算对比

拐角角度	延迟时间/ns	
	测试结果	计算结果
π/6	43.21	27.96
π/4	44.07	42.28
π/3	55.45	58.72
π/2	104.3	103.0
2π/3	—	180.5

从图 5.15 可以看出，在沟槽尺寸为 0.6 mm × 0.6 mm 时，拐角装药存在明显的爆轰延迟现象，且随拐角角度增加，爆轰延迟时间增大。理论值与实验值相近，拐角延迟时间随拐角角度的变化趋势相符，说明式（5－30）的理论推导具有合理性。

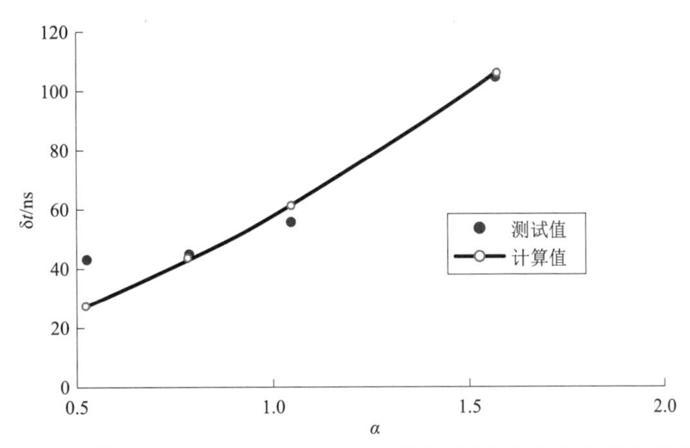

图 5.15　沟槽尺寸为 0.6 mm×0.6 mm 时拐角延迟时间与拐角角度的关系

对比表 5.2 和表 5.4 的测试结果可知，与 $d=0.8$ mm 的网络基板相比，在相同拐角角度下，$d=0.6$ mm 时的拐角爆轰延迟时间普遍较大，甚至在 $\alpha=2\pi/3$ 时还不能传爆，说明装药尺寸的减小导致了拐角熄爆现象的临界角度提前出现，此结果符合物理模型。

分别将 $k_0=62$，$m=0.6$，$n=0.5$ 代入式（5−30），可计算出不同装药尺寸下的拐角延迟时间，计算结果如表 5.6 所示，曲线如图 5.16 所示。

表 5.6　不同装药尺寸下的拐角装药爆轰延迟

α \ δt \ d	0.5	0.6	0.8	1.0	1.2
0	0	0	0	0	0
$\pi/6$	30.44	27.28	22.96	20.08	18.00
$\pi/4$	48.05	43.08	36.25	31.70	28.42
$\pi/3$	68.00	60.95	51.29	44.86	40.21
$\pi/2$	117.8	105.6	88.86	77.72	69.67
$2\pi/3$	192.3	172.3	145.0	126.9	113.7

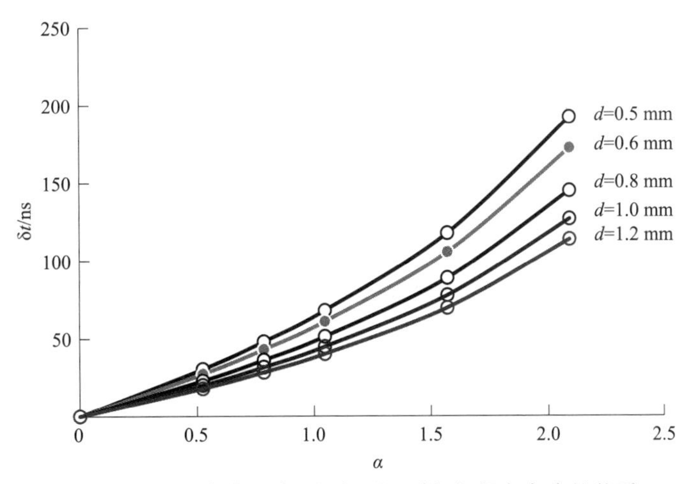

图 5.16　不同装药尺寸下拐角延迟时间与拐角角度的关系

图 5.16 预报了临界尺度 $d_{cr}=0.5$ mm、极限尺度 $d_L=1.2$ mm 等的延迟时间 δt 随 α 变化的曲线。由式（5－32）的推导过程可知，该公式的适用范围为 $d_{cc}<d<d_L$，即在 d_{cc} 邻域 δt 发生强间断，当 $d\to 0.5$ mm 时 $\delta t\to \max$，在 $d<0.5$ mm 时 $\delta t\to\infty$。从图中可以看出，多种不同装药尺寸下拐角延迟时间均随拐角角度的增大而增大，在相同的拐角角度下拐角延迟时间随装药尺寸的增大而减小，符合一般的物理规律，说明本研究的分析过程及所得半经验公式是合理的。由此所得的半经验关系式在爆炸逻辑网络及其他导爆、传爆装置的设计过程中有一定的工程实用意义。

5.1.3 弯曲装药

弯曲装药是指在传爆路径上存在弯曲的装药。当装药的曲率半径小于某值时，弯曲装药的爆速小于直线装药的爆速，并且爆速亏损与装药曲率半径之间存在着一定的关系。

5.1.3.1 小尺寸弯曲装药爆速亏损现象物理模型与数学方程

弯曲装药的爆轰波传播，其传播方向根据装药边界或装药形状时刻在变化，其实质仍属于爆轰波的绕射问题。因此对于圆弧装药的稳定爆轰，可抽象为爆轰波的连续拐角绕射，圆弧装药爆轰波传播的物理模型如图 5.17 所示。其中，假设爆轰波在单位时间 Δt 内传播单位弧长 Δs 由 a 到达 b 位置，相当于通过小装药拐角 $\Delta\theta=\Delta s/R$，R 为装药的曲率半径。由拐角效应现象可知，爆轰波通过装药拐角，拐角扰动使拐角附近的爆速低于该尺寸下的直线爆速。所以，圆弧装药的爆速低于直线装药的爆速，圆弧装药相对于直线装药存在爆速亏损现象[54,55,111,112]。

根据以上分析，可以利用拐角装药爆轰延迟时间的理论，将弯曲装药爆轰波传播问题转换为爆轰波沿拐角传播的问题，从而从理论上解决弯曲装药爆速亏损的计算。理论分析中，假定爆轰波由 A 向 B 传播，其传播示意图如图 5.18 所示，曲率半径为 R。

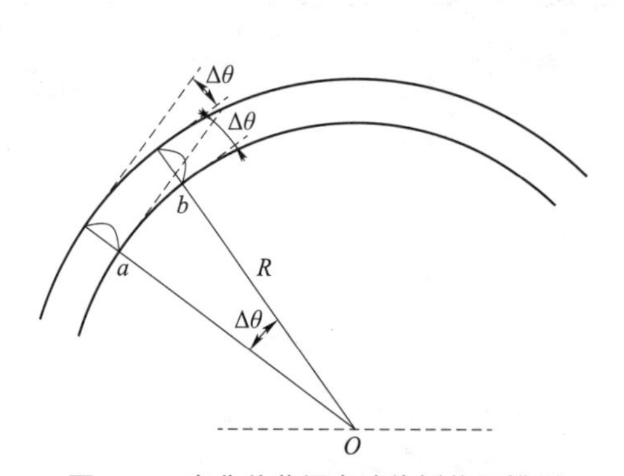

图 5.17 弯曲装药爆轰波传播物理模型

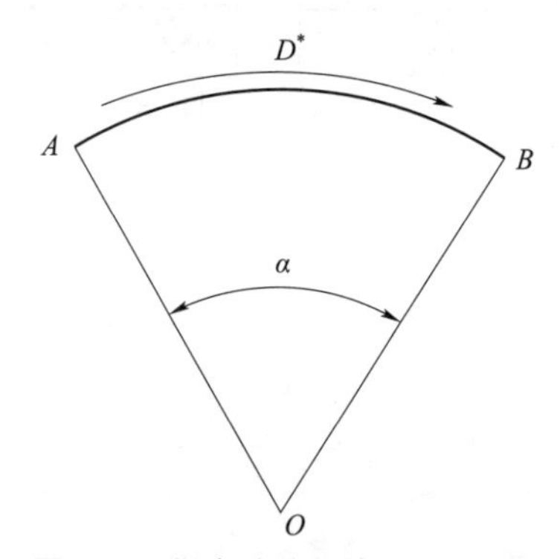

图 5.18 爆轰波沿弧线传播示意图

设圆弧装药爆速为 D^*，直线爆速为 D，则如图 5.18 所示，爆轰波沿由 A 向 B 传播时，在 $\overset{\frown}{AB}$ 间的传播时间为

$$t=\frac{\overset{\frown}{AB}}{D^*}=\frac{\alpha R}{D^*} \tag{5-33}$$

将 AB 分为 N 份，每份弧长用弦长取代，则爆轰波沿弦传播时间为

$$t' = \frac{NR\sin\alpha_N}{D} + N(\delta t)_N \tag{5-34}$$

式中，$N = \frac{\alpha}{\alpha_N}$；$(\delta t)_N = \frac{\varDelta}{D_\mathrm{J}}\left(\frac{\varDelta}{d}\right)^m \frac{b\alpha_N}{(\alpha_\mathrm{c} - \alpha_N)^n} = \frac{k_0}{d^m}\frac{\alpha_N}{(\alpha_\mathrm{c} - \alpha_N)^n}$；

$$t' = \frac{\alpha R\sin\alpha_N}{D\alpha_N} + N\frac{k_0}{d^m}\frac{\alpha_N}{(\alpha_\mathrm{c} - \alpha_N)^n} = \frac{\alpha R\sin\alpha_N}{D\alpha_N} + \frac{k_0}{d^m}\frac{N\alpha_N}{(\alpha_\mathrm{c} - \alpha_N)^n} \tag{5-35}$$

$$t = \lim_{\alpha_N \to 0} t' = \frac{\alpha R}{D}\left[1 + \frac{D}{R}\frac{k_0}{d^m}\frac{1}{\alpha_\mathrm{c}^n}\right] \tag{5-36}$$

考察式（5－36）可知，如果不满足极限条件“$\lim\limits_{\alpha\to 0}\frac{f_1(\alpha)}{\alpha}$收敛”，极限$\lim\limits_{\alpha\to 0} t'$将不存在，亦即小拐角的爆轰传播时间不存在。这当然是不符合实际的荒谬结论。因此，极限条件“$\lim\limits_{\alpha\to 0}\frac{f_1(\alpha)}{\alpha}$收敛”必定成立。

若用ΔD表示相同装药尺寸下直线爆速与弯曲装药爆速之差，则$D-\Delta D$为该装药尺寸下弯曲装药的平均爆速，可得

$$t = \frac{\alpha R}{D - \Delta D} \tag{5-37}$$

联立式（5－36）与式（5－37）可得

$$\frac{D}{D - \Delta D} = 1 + \frac{k_0 D}{R d^m \alpha_\mathrm{c}^n} \tag{5-38}$$

经泰勒级数展开并剔除高阶项，得

$$\frac{\Delta D}{D} = \frac{k_0 D}{R d^m \alpha_\mathrm{c}^n} = \frac{b}{\alpha_\mathrm{c}^n}\frac{D}{D_\mathrm{J}}\frac{\varDelta}{R}\left(\frac{\varDelta}{d}\right)^m \tag{5-39}$$

令$\psi = \frac{\Delta D}{D}$为爆速亏损，上式即爆速亏损的数学表达式，该式表明，爆速亏损ψ与$\frac{D}{D_\mathrm{J}}\left(\frac{\varDelta}{d}\right)^m\frac{\varDelta}{R}$成比例，其中$\frac{\varDelta}{d}$是爆轰反应区尺度与沟槽尺度之比，$\frac{\varDelta}{R}$是爆轰反应区尺度与圆弧曲率半径之比，$\frac{D}{D_\mathrm{J}}$是尺度$d$直线沟槽装药的爆速与C－J爆速之比。

上式可进一步简化为

$$\psi = \frac{D}{D_\mathrm{J}}\frac{k}{R d^m} \tag{5-40}$$

根据拐角延迟时间的研究结果，式（5－40）中$m = 0.6$。比例系数为$k = \frac{b}{\alpha_\mathrm{c}^n}\varDelta^{m+1}$，该系数可通过测定不同曲率条件下的爆速，并对测试结果进行线性回归而得到。该式的物理意义为：ψ与R成反比；当$R \to \infty$时，$\psi = 0$，$D^* = D$，为直线爆轰；当$R \to 0$时，$\psi \to \infty$，$D^* \to 0$，理论上不能传爆。

5.1.3.2　小尺寸弯曲装药爆速亏损的试验研究

理论研究表明，炸药性质不同、约束材料及约束条件不同，爆轰延迟时间不同，其爆速亏损也应不同，因此在研究中选定炸药为HMX含量为96.00%～96.50%的超细化钝感HMX，HMX的平均粒径为587.3 nm。装药方法采用精密压装[11]，设计平均装药密度为1.77 g/cm³，基板材料选定为LZ12。为了分析所研究的传爆药在小尺寸条件下的爆速亏损现象及其变化规律，研究中分别设计加工了沟槽尺寸为0.6 mm×0.6 mm、0.8 mm×0.8 mm，弯曲曲率半径分别为5 mm、10 mm、15 mm、20 mm的试验基板，基板平均装药密度为1.77 g/cm³，基板装药效果如图5.19所示。

图5.19　不同曲率半径弯曲装药在同一网络基板上的压装效果

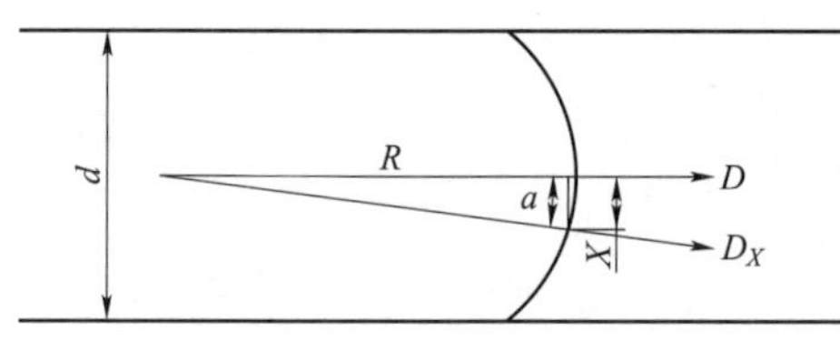

图5.20　小尺寸装药弯曲波阵面示意图

弯曲装药爆轰延迟时间测试原理与直线装药爆速测试原理相同，采用薄膜探针法测量。在小尺寸装药条件下，由于爆轰波阵面不是平面，而是弯曲的曲面，如图5.11所示。图中d是装药尺寸，R是爆轰波阵面的曲率半径，a为距轴线X处的夹角，D为轴线爆速，D_X为距轴线X处的爆速。从图5.20可以看出，装药尺寸越小，爆轰波阵面的曲率半径将越小，距离轴线X处爆速D_X与轴线上的爆速D偏差也将越大。

按爆轰稳定传播的条件，由几何关系可得出

$$D_X = D\cos a = D\left(1-\frac{X^2}{R^2}\right)^{1/2} \tag{5-41}$$

在进行小尺寸装药爆速测定时，传感器的安装将对测试精度产生影响，应将薄膜探针安装在沟槽的中心位置。在每个测试件的沟槽中安装两个薄膜电极传感器，每个传感器包含两对电极，图5.21（a）中1、2、3、4分别表示四对电极的切口，同一传感器上两对电极切口中心的直线距离为3 mm，利用测试仪器记录爆轰波通过各个切口的时刻，可获得两组对电极导通的时间差Δt_{12}、Δt_{34}，通过该时间差及两传感器间的弧线距离l可计算爆速。传感器安装后的测试件如图5.21（b）所示，弯曲装药爆速计算结果如表5.7所示。

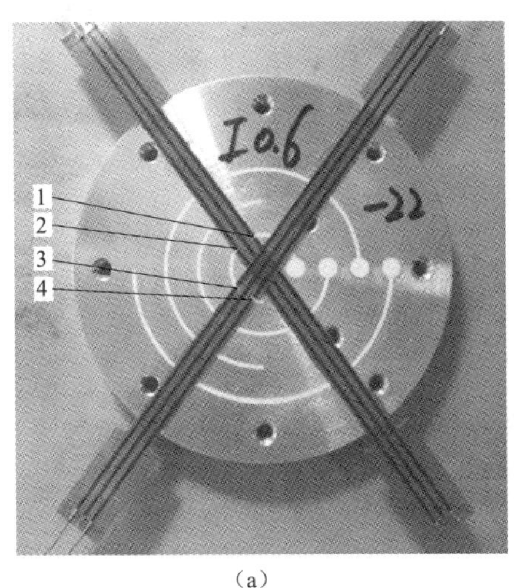

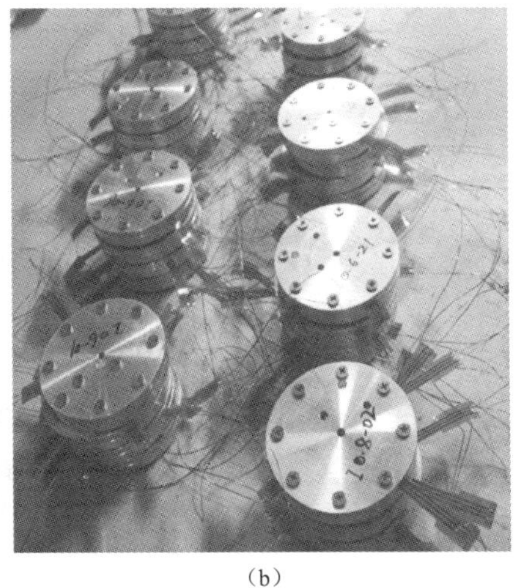

（a）　　　　　　　　　　（b）

图 5.21　弯曲装药爆速亏损测试件

（a）薄膜电极安装图；（b）测试件封装图

表 5.7　设计平均装药密度为 1.77 g/cm³ 时弯曲装药爆速计算结果

沟槽尺寸/mm×mm	曲率半径/mm	试件编号	Δt_{12}/μs	Δt_{34}/μs	弧长/mm	D_1/(mm·μs^{-1})	D_2/(mm·μs^{-1})	D^*/(mm·μs^{-1})
0.6×0.6	5	1	0.514	0.472	3.047	5.93	6.45	6.15
		3	0.481	0.501	3.047	6.34	6.08	
		4	0.490	0.520	3.047	6.22	5.86	
	10	5	0.471	0.419	3.011	6.40	7.18	6.77
		6	0.442	0.449	3.011	6.81	6.70	
		7	0.455	0.435	3.011	6.62	6.92	
	15	8	0.431	0.417	3.005	6.97	7.20	6.91
		11	0.423	0.434	3.005	7.11	6.92	
		12	0.444	0.462	3.005	6.77	6.51	
	20	14	0.404	0.397	3.003	7.43	7.56	7.44
		15	0.410	0.403	3.003	7.32	7.45	
		16	0.407	0.401	3.003	7.38	7.49	

表 5.7 中，D_1 为测试点 1、2 间爆轰波沿弧线传播的平均速度；D_2 为测试点 3、4 间爆轰波沿弧线传播的平均速度。令 D^* 为弯曲装药爆速，则 $D^* = D - \Delta D$，取同一装药尺寸同一曲率下多组测试件所得 D_1 与 D_2 的均值，结果如表 5.7 所示。在直线装药爆速与装药尺寸关系的

研究中，得到在沟槽尺寸为 0.6 mm×0.6 mm 时，该装药密度下直线装药的爆速为 $D=7.49$ mm/μs。从表 5.7 的试验数据可以看出，各种曲率半径下所测爆速均小于直线装药爆速，说明在弯曲装药的条件下，确定存在着爆速亏损现象，装药尺寸相同时，曲率半径越小，爆速亏损越大。

根据爆速亏损的定义，对表 5.7 中的试验数据进行处理，得到装药尺寸为 0.6 mm×0.6 mm 时，爆速亏损与装药曲率半径的关系，如表 5.8 所示。

表 5.8 装药尺寸为 0.6 mm×0.6 mm 时爆速亏损与装药曲率半径关系

曲率半径/mm	弯曲装药爆速 mm/μs	直线装药爆速 mm/μs	爆速亏损
5	6.15	7.49	0.179
10	6.77		0.096
15	6.91		0.077
20	7.44		0.007
∞	7.49		0

将 $D=7.49$ mm/μs，$D_{\mathrm{J}}=8.56$ mm/μs，$m=0.6$ 和 $d=0.6$ mm 代入式（5-40），并结合表 5.8 中的实验数据进行线性回归，得到 $k=0.753$。爆速亏损的表达式为

$$\psi\big|_{d=0.6}=\frac{D\big|_{d=0.6}}{D_{\mathrm{J}}}\frac{0.753}{Rd^{0.6}} \tag{5-42}$$

分别将爆速亏损的测试数据与由式（5-42）得到的计算数据作图，就可以得到装药曲率半径的倒数与爆速亏损之间的关系，如图 5.22 所示。

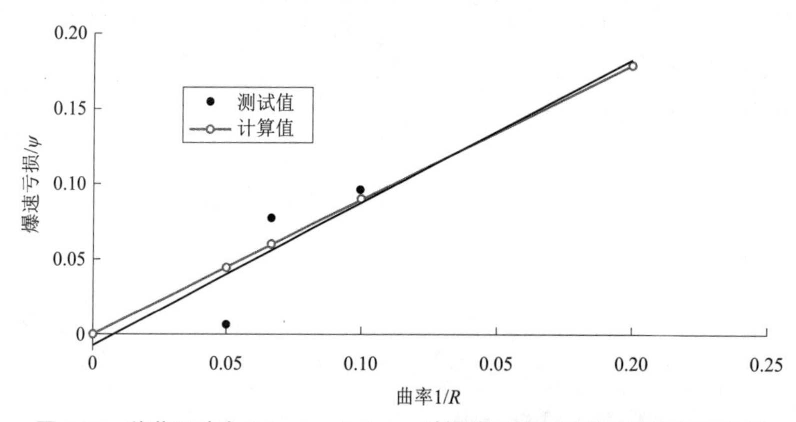

图 5.22 装药尺寸为 0.6 mm×0.6 mm 时爆速亏损与装药曲率之间的关系

从图 5.22 可以看出，计算结果和测试结果的变化趋势一致，两条曲线吻合较好。为了进一步验证理论推导的合理性，还设计加工了沟槽尺寸为 0.8 mm×0.8 mm，弯曲曲率半径分别为 5 mm、10 mm、15 mm、20 mm 的试验基板进行试验，采用同样的压装工艺对基板实施装药，平均装药密度为 1.77 g/cm^3。按前述测试方法测得不同曲率半径下的爆速，如表 5.9 所示。

表 5.9　设计平均装药密度为 1.77 g/cm³ 时弯曲装药爆速计算结果

沟槽尺寸/ mm×mm	曲率半径/ mm	试件编号	Δt_{12} / μs	Δt_{34} / μs	弧长/ mm	D_1/ (mm·μs⁻¹)	D_2/ (mm·μs⁻¹)	D^* / (mm·μs⁻¹)
0.8×0.8	5	17	0.478	0.465	3.047	6.37	6.55	7.14
		18	0.385	0.390	3.047	7.91	7.81	
		20	0.445	0.416	3.047	6.85	7.33	
	10	21	0.410	0.407	3.011	7.34	7.40	7.38
		23	0.436	0.386	3.011	6.91	7.80	
		26	0.413	0.398	3.011	7.29	7.57	
	15	27	0.400	0.387	3.005	7.51	7.77	7.78
		28	0.376	0.386	3.005	7.99	7.79	
		29	0.392	0.379	3.005	7.67	7.93	
	20	31	0.399	0.387	3.003	7.53	7.76	7.83
		32	0.371	0.377	3.003	8.09	7.97	
		33	0.385	0.383	3.003	7.80	7.84	

根据爆速亏损的定义，对表 5.9 中的试验数据进行处理，得到装药尺寸为 0.8 mm×0.8 mm 时，不同曲率半径下的爆速亏损，如表 5.10 所示。

表 5.10　装药尺寸为 0.8 mm×0.8 mm 时爆速亏损与装药曲率半径的关系

曲率半径/mm	弯曲装药爆速/（mm·μs⁻¹）	直线装药爆速/（mm·μs⁻¹）	爆速亏损
5	7.14	8.31	0.140
10	7.38		0.111
15	7.78		0.064
20	7.83		0.057
∞	8.31		0

该尺寸下的直线爆速可由公式计算得 $D=8.306$ mm/μs，将 $D=8.31$ mm/μs，$D_J=8.56$ mm/μs，$m=0.6$ 和 $d=0.8$ mm 代入式（5-40），并结合表 5.10 中的实验数据进行线性回归，得到 $k'=0.734$。爆速亏损的表达式为

$$\psi_{d=0.8}=\frac{D|_{d=0.8}}{D_J}\frac{0.734}{Rd^{0.6}} \tag{5-43}$$

分别将爆速亏损的测试数据与由式（5-43）得到的计算数据作图，就可以得到装药曲率半径的倒数与爆速亏损之间的关系，如图 5.23 所示。

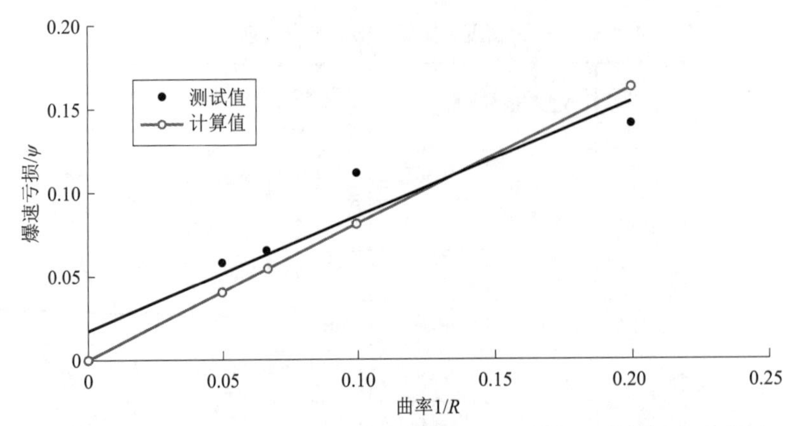

图 5.23　装药尺寸为 0.8 mm×0.8 mm 时爆速亏损与装药曲率之间的关系

对比图中的测试结果曲线和计算结果曲线可以看出，二者均为线性关系，且变化趋势基本相同。比较式（5–42）与式（5–43），待定系数分别为 $k=0.753$，$k'=0.734$，其偏差约为 2.5%。出现偏差的原因可能包括：① 测试误差；② 拟合的待定系数内含不确定的边界条件 α_c。如果进一步考察 α_c 的影响，大沟槽的 α_c 比小沟槽的 α_c 大，那么，两式分母的差别会更小，即当把表达式（5–40）改为

$$\psi=\frac{D}{D_J}\frac{K}{\alpha_c^n R d^{0.6}} \tag{5-44}$$

则所得待定系数有可能更为接近。以上分析结果可以说明该两种装药尺寸下的爆速亏损均基本符合式（5–40），亦即理论推导是合理的。

利用公式计算不同尺寸下的直线爆速，并取 k、k' 的平均值作为式（5–40）的待定系数计算各装药尺寸下不同曲率半径所对应爆速亏损，计算结果如表 5.11 所示，相应曲线如图 5.24 所示。

表 5.11　不同装药尺寸下爆速亏损与装药曲率半径的关系

d/mm \ D/mm	0.6	0.8	1.0	1.2
Ψ/（cm·μs^{-1}） \ R	7.49	8.31	8.48	8.53
5	0.177	0.165	0.147	0.133
10	0.088	0.082	0.074	0.066
15	0.059	0.055	0.049	0.044
20	0.044	0.041	0.037	0.033
∞	0	0	0	0

从图 5.24 可以看出，相同装药尺寸下的爆速亏损随曲率半径的增大而减小，相同曲率半径下的爆速亏损随装药尺寸的减小而增大，符合基本的物理规律，说明式（5–40）是一个比较理想的爆速亏损表达式。

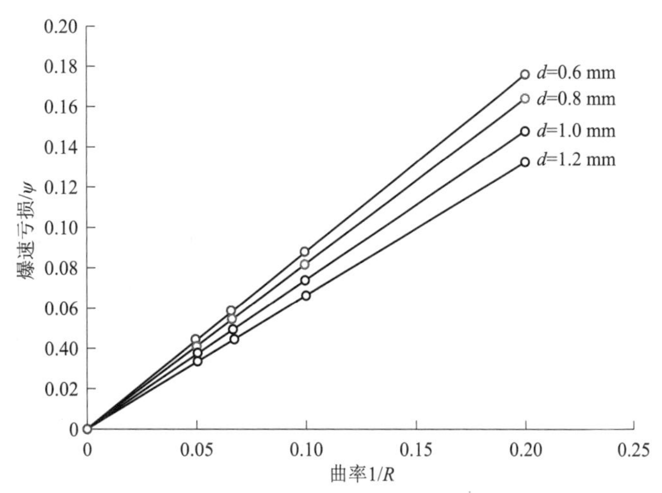

图 5.24 不同装药尺寸下爆速亏损与装药曲率之间的关系

5.2 爆炸传递元件

爆炸传递元件，也称爆炸能量传递元件，指炸药微装药的爆炸能量传递至另一个微装药的元件。主要有空腔、隔板和飞片三种，下面将进行详细介绍。

5.2.1 空腔

空腔是指炸药微装药与被发微装药之间设置的空气间隙，是以爆轰产物为介质传递爆炸能量的元件。空腔起爆的能量输出方式包括爆轰产物与空气作用产生的空气冲击波以及爆轰产物的高速膨胀。空气中冲击波的远区作用主要依赖于炸药爆炸的能量和介质中波的传播特性，与产物的飞散运动细节无关；但是近区爆炸冲击波的初始参数计算，依赖于产物前沿也就是产物与空气界面的运动。经典爆轰理论对于爆轰产物的流动均建立在真空假设的基础上，虽然理论比较成熟，但实际应用的传爆序列中的空腔不可能为真空状态，而是充满空气，所以该理论不适用于爆轰产物在空气中流动的情况。典型的空腔传爆结构如图 5.25 所示。

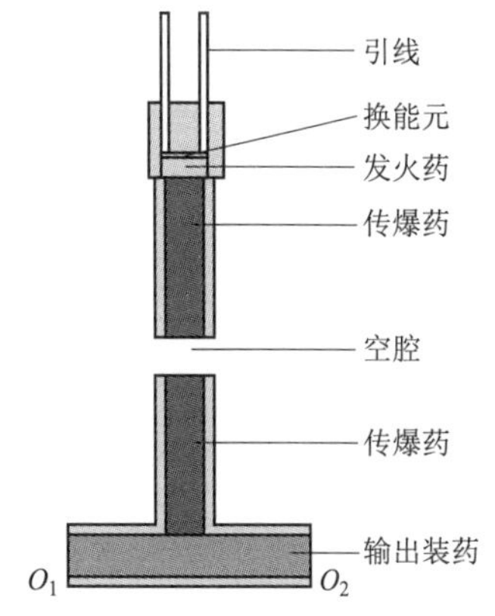

图 5.25 典型的空腔传爆结构

学者们对于空腔中爆轰能量的传递规律多利用爆炸相似律对远距离处空气冲击波的超压变化规律进行研究，而本节研究施主装药爆轰输出在短距离空腔内，空气冲击波与爆轰产物连在一起，且爆轰产物的压力大于空气冲击波的压力。本章中，小装药为施主，空腔后的装药为受主，施主装药爆轰后以爆轰产物为载体在空腔中传播能量，在空腔与受主装药界面处向受主装药入射冲击波实现能量传递，因此施主装药空腔能量传递问题包括施主装药与空腔界面能量传递、爆轰产物在空腔中的传播和在空腔与受主装药界面的能量传递问题。本节将针对这种施主装药爆轰输出对近距离处受主装药的作用原理进行分析，并给出相应的计算方法。

5.2.1.1　空腔中爆轰产物的初始参数计算

爆轰产物向空气中的飞散受到空气初始压力的限制，在膨胀过程中能量向空气中逐渐转移，在空气中形成多个逐步衰减的空气冲击波。

1. 物理模型

如图 5.26 所示，当施主装药从左端起爆后，爆轰波传播到与空气相接触的右端后，由于爆轰产物处于高压状态，从而向右侧的空腔中剧烈膨胀。假设：① 由于施主装药的装药长度远大于空腔长度，施主装药爆轰波后的稀疏效应可以忽略；② 忽略施主装药爆轰产物在空腔中膨胀过程的侧向稀疏效应。这样，施主装药爆轰产物在空腔中的膨胀就简化为半无限长施主装药的一维膨胀。

在产物与空气的界面处，产物向空气中传出一道很强的冲击波，同时空气向产物中反射回一束稀疏波，因此，在冲击波和稀疏波后之间的流场中存在着一个产物和空气的分界面，如图 5.26 所示。

图 5.27 中，（0）区为原始施主装药，（a0）区为静止空气，（p0）区为爆轰波后未膨胀的爆轰产物，（a）区为冲击波后被压缩的空气，（p）区为膨胀波区后的爆轰产物，（a）区和（p）区之间的虚线表示空气与爆轰产物的分界面。

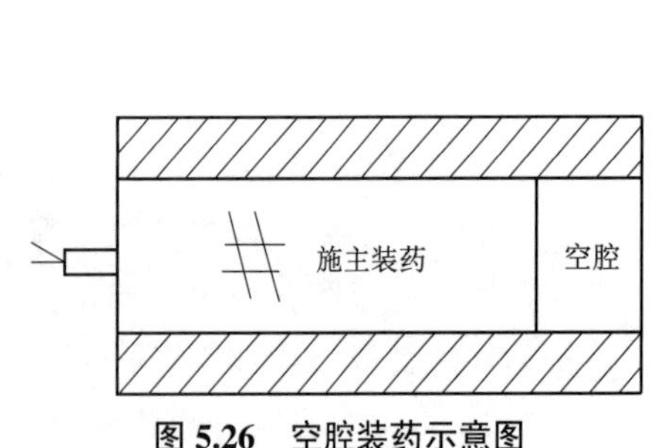

图 5.26　空腔装药示意图

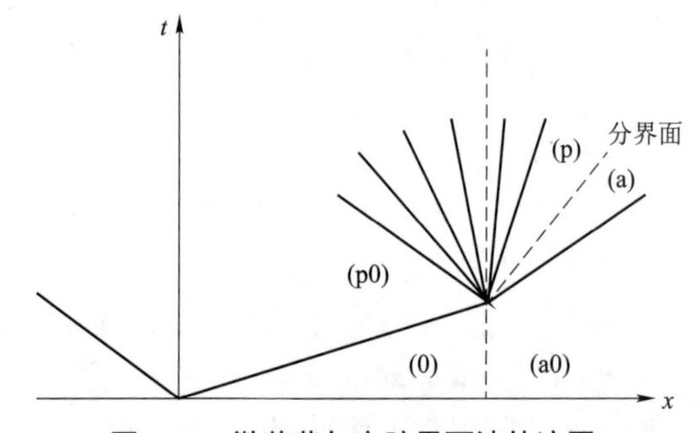

图 5.27　微装药与空腔界面波轨迹图

2. 数学方程及理论求解

对于（a）区，由于向空气中传出的初始空气冲击波很强，所以该区的参数变化符合强冲击波关系[10]：

$$u_a = \frac{2}{k+1} D_a \tag{5-45}$$

$$p_a = \frac{2}{k+1} \rho_{a0} D_a^2 \tag{5-46}$$

式中，ρ，p，u 分别为密度、压力、粒子速度；D_a 为初始空气冲击波的速度；k 为空气的等熵绝热指数，其值可以取 1.2～1.4，本章在计算中取 1.2。下标 a 和 a0 分别代表（a）区和（a0）区参数。

联立式（5-45）和式（5-46），消去 D_a，可得

$$u_a = \sqrt{\frac{2}{k+1} \frac{p_a}{\rho_{a0}}} \tag{5-47}$$

对于（p）区，施主装药的爆轰产物由（p0）区膨胀至（p）区，其压力的变化很大，对于压力为 10^9 Pa 以上的产物，等熵指数 $\gamma \approx 3$，当压力降至 10^7 Pa 以下时，等熵指数采用空气的等熵指数 k。因此，在爆轰产物压力从（p0）区至（p）区的不断下降过程中，等熵指数从3到1.2不断变化。为了方便计算，将产物的膨胀过程近似分为两个阶段，取两个阶段分界点的压力为 $p_k = 0.3$ GPa，在压力大于 p_k 时，等熵指数取为 γ；压力小于 p_k 时，等熵指数取为 k。因此，利用等熵膨胀关系：

当 $p \geqslant p_k$ 时，

$$\frac{C_k}{C_j} = \left(\frac{p_k}{p_j}\right)^{\frac{\gamma-1}{2\gamma}} = \left(\frac{\rho_k}{\rho_j}\right)^{\frac{\gamma-1}{2}} \tag{5-48}$$

当 $p < p_k$ 时，

$$\frac{C_p}{C_k} = \left(\frac{p_p}{p_k}\right)^{\frac{k-1}{2k}} = \left(\frac{\rho_p}{\rho_k}\right)^{\frac{k-1}{2}} \tag{5-49}$$

式中，C 为声速；下标 p 代表（p）区参数，下标 k 和 j 分别代表分界点参数和膨胀角模型理论下的装药爆轰参数。

由左传膨胀波前后的状态变化关系：

$$\Delta u = -\frac{2}{k(\gamma)-1}\Delta C \tag{5-50}$$

对于爆轰产物两个阶段的膨胀过程，有

$$u_k - u_j = -\frac{2}{\gamma-1}(C_k - C_j) \tag{5-51}$$

$$u_p - u_k = -\frac{2}{k-1}(C_p - C_k) \tag{5-52}$$

消去 u_k，得到

$$u_p - u_j = \frac{2C_j}{\gamma-1}\left(1-\frac{C_k}{C_j}\right) + \frac{2C_k}{k-1}\left(1-\frac{C_p}{C_k}\right) \tag{5-53}$$

将等熵关系式（5-48）和式（5-49）代入上式，可得

$$u_p - u_j = \frac{2C_j}{\gamma-1}\left[1-\left(\frac{p_k}{p_j}\right)^{\frac{\gamma-1}{2\gamma}}\right] + \frac{2C_k}{k-1}\left[1-\left(\frac{p_p}{p_k}\right)^{\frac{k-1}{2k}}\right] \tag{5-54}$$

设施主装药爆轰参数 u_j 和 C_j 满足理想爆轰关系：

$$u_j \approx \frac{1}{\gamma+1}D_j,\quad C_j \approx \frac{\gamma}{\gamma+1}D_j$$

将以上两式和式（5-49）代入式（5-53），得到

$$u_p = \frac{D_j}{\gamma+1}\left\{1+\frac{2\gamma}{\gamma-1}\left[1-\left(\frac{p_k}{p_j}\right)^{\frac{\gamma-1}{2\gamma}}\right] + \frac{2\gamma}{k-1}\left(\frac{p_k}{p_j}\right)^{\frac{\gamma-1}{2\gamma}}\left[1-\left(\frac{p_p}{p_k}\right)^{\frac{k-1}{2k}}\right]\right\} \tag{5-55}$$

根据界面连续条件：

$$\begin{cases}u_{\mathrm{p}}=u_{\mathrm{a}}\\p_{\mathrm{p}}=p_{\mathrm{a}}\end{cases}\tag{5-56}$$

将以上两式和式（5-47）、式（5-55）联立，即可得到求解爆轰产物与空气界面处的压力 p_{p} 的计算公式：

$$\sqrt{\frac{2}{k+1}\frac{p_{\mathrm{p}}}{\rho_{\mathrm{a0}}}}=\frac{D_{\mathrm{j}}}{\gamma+1}\left\{1+\frac{2\gamma}{\gamma-1}\left[1-\left(\frac{p_{\mathrm{k}}}{p_{\mathrm{j}}}\right)^{\frac{\gamma-1}{2\gamma}}\right]+\frac{2\gamma}{k-1}\left(\frac{p_{\mathrm{k}}}{p_{\mathrm{j}}}\right)^{\frac{\gamma-1}{2\gamma}}\left[1-\left(\frac{p_{\mathrm{p}}}{p_{\mathrm{k}}}\right)^{\frac{k-1}{2k}}\right]\right\}\tag{5-57}$$

式（5-55）中只有一个未知量 p_{p}，利用图解法即可求解，将得到的 p_{p} 代入式（5-52）即可求得界面粒子速度 u_{p}。

5.2.1.2 爆轰产物冲击受主装药产生的压力计算

1. 物理模型

爆轰产物经空腔传播后与受主装药相撞，由于产物的阻抗低于炸药阻抗，在相撞的一瞬间向炸药内部传入一道很强的冲击波，同时炸药向产物中反射回一道冲击波，因此，在两道冲击波后的流场中存在着一个产物和炸药的分界面，如图 5.28 所示。

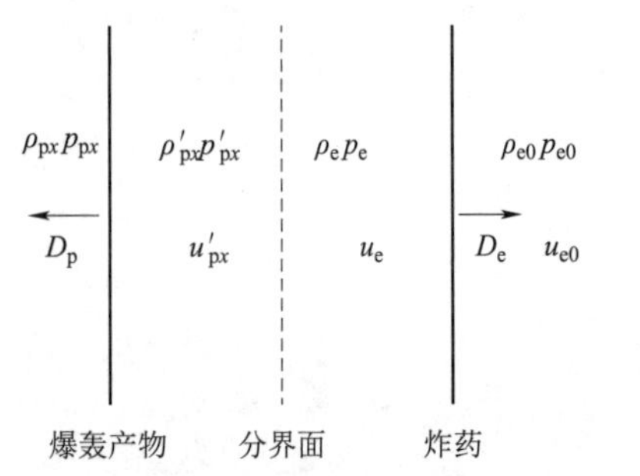

图 5.28　爆轰产物与受主装药界面波系图

图中，ρ，p，u 分别为密度、压力、粒子速度，D_{e} 为向受主装药内入射的冲击波波速，D_{p} 为向爆轰产物内反射的冲击波波速，下标 px 表示空腔中距产物和空气初始界面 x 处的产物参数，上标“′”表示反射冲击波过后产物的参数，下标 e0 表示受主装药的初始参数，下标 e 表示入射冲击波过后受主装药的参数。

2. 数学方程及理论求解

对于爆轰产物，由冲击波关系：

$$\Delta u=u'_{\mathrm{p}x}-u_{\mathrm{p}x}=\sqrt{(p'_{\mathrm{p}x}-p_{\mathrm{p}x})(v_{\mathrm{p}x}-v'_{\mathrm{p}x})}\tag{5-58}$$

$$\frac{v'_{\mathrm{p}x}}{v_{\mathrm{p}x}}=\frac{p'_{\mathrm{p}x}+\left(1+\dfrac{2}{\gamma-1}\right)p_{\mathrm{p}x}}{p_{\mathrm{p}x}+\left(1+\dfrac{2}{\gamma-1}\right)p'_{\mathrm{p}x}}\tag{5-59}$$

式中，v 表示比容，等于密度的倒数。

将式（5-59）代入式（5-58），可得

$$u'_{\mathrm{p}x}=u_{\mathrm{p}x}+\sqrt{p_{\mathrm{p}x}v_{\mathrm{p}x}\left(\frac{p'_{\mathrm{p}x}}{p_{\mathrm{p}x}}-1\right)\left[1-\frac{(\gamma+1)+(\gamma-1)\dfrac{p'_{\mathrm{p}x}}{p_{\mathrm{p}x}}}{(\gamma-1)+(\gamma+1)\dfrac{p'_{\mathrm{p}x}}{p_{\mathrm{p}x}}}\right]}\tag{5-60}$$

假设爆轰产物在空腔内的膨胀过程中满足等熵膨胀，且等熵指数 γ 保持不变，则有

$$v_{px} = v_p \left(\frac{p_{px}}{p_p} \right)^{-\frac{1}{\gamma}} \tag{5-61}$$

将式（5-61）代入式（5-60），可得

$$u'_{px} = u_{px} + \sqrt{\frac{p_{px}}{\rho_p} \left(\frac{p_{px}}{p_p} \right)^{-\frac{1}{\gamma}} \left(\frac{p'_{px}}{p_{px}} - 1 \right) \left[1 - \frac{(\gamma+1) + (\gamma-1)\dfrac{p'_{px}}{p_{px}}}{(\gamma-1) + (\gamma+1)\dfrac{p'_{px}}{p_{px}}} \right]} \tag{5-62}$$

对于受主装药，由动量守恒方程：

$$p_e = \rho_{e0} D_e (u_e - u_{e0}) \tag{5-63}$$

由受主装药的冲击雨贡纽关系：

$$D_e = a_e + b_e u_e \tag{5-64}$$

设受主装药的初始速度 $u_{e0}=0$，并将式（5-64）代入式（5-63），可得

$$p_e = \rho_{e0} (a_e + b_e u_e) u_e \tag{5-65}$$

根据界面连续条件：

$$u'_{px} = u_e \tag{5-66}$$

$$p'_{px} = p_e \tag{5-67}$$

联立式（5-62）、式（5-65）、式（5-66）和式（5-67），共有四个关系式和六个未知参量——u'_{px}、u_e、p'_{px}、p_e、u_{px} 和 ρ_p，其中 u_{px} 和 ρ_p 可以通过以下方式求得：

对于 u_{px}，由于本章研究的空腔长度很短，假设爆轰产物粒子在空腔中的运动过程中不变，其能量的衰减仅通过压力的衰减来体现，则有

$$u_{px} = u_p \tag{5-68}$$

对于 ρ_p，可以根据等熵关系式（5-48）和式（5-49），假设 ρ_j 仍满足理想爆轰下的关系：

$$\rho_j \approx \frac{\gamma+1}{\gamma} \rho_0 \tag{5-69}$$

至此，在空腔中膨胀后的爆轰产物冲击受主装药产生的压力 p_e 和粒子速度 u_e 即可通过上述计算方法求得。

5.2.1.3　空腔中爆轰产物压力衰减实验研究

1. 测试原理及测试系统

测试原理：本实验采用锰铜压阻法测试施主装药爆轰输出经不同厚度空腔衰减后的冲击波峰值压力。实验中利用示波器采集传感器在微装药爆轰输出经不同厚度空腔衰减后的作用下的电压变化曲线，即可得到 $\Delta V/V_0$ 值，将其代入传感器的标定曲线表达式可以计算出空腔与隔板界面处有机玻璃保护介质中的初始冲击波压力峰值大小。

通过改变装药直径 d 和空腔厚度 x，利用锰铜压阻法测试 p_{mx} 值，利用数据处理软件拟合即可得到衰减系数 α。

本实验的测试系统主要包括：TDS654C 型数字式示波器、MH4E 型 4 通道脉冲恒流源和小型爆炸容器。小型爆炸容器内的试件安装如图 5.29 所示，其主要工作原理为：利用脉冲恒流源起爆 8#工业电雷管，从而引爆施主装药，同时电雷管的下端安装漆包线制成的触发探针因爆轰波的传播而导通，从而保证脉冲恒流源为微型锰铜压阻传感器供电和示波器触发的同步性，施主装药爆轰输出经不同厚度空腔衰减后的压力作用被微型锰铜压阻传感器感应并由示波器记录。

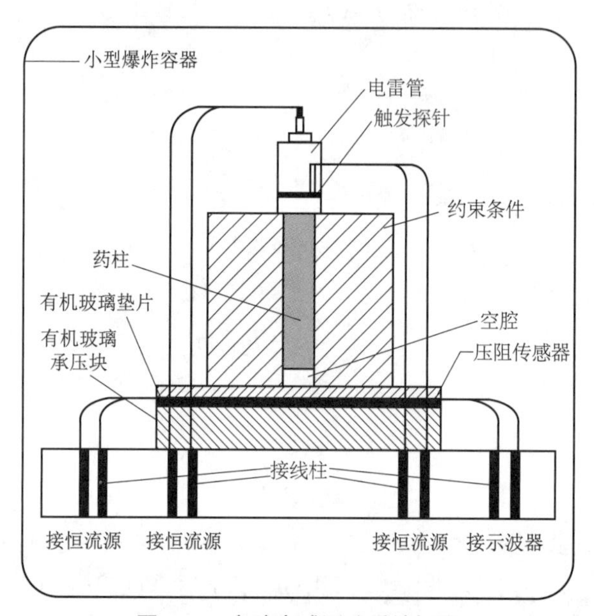

图 5.29　空腔衰减测试系统框图

2. 测试条件及测试结果

表 5.12　45 钢约束空腔衰减测试参数和实验结果

装药直径/mm	空腔厚度/mm	$\Delta V/V_0$	p_{mx}/GPa	p_{m0}/GPa
5	0	0.488	19.19	22.91
	0.2	0.455	18.03	21.52
	0.5	0.415	16.62	19.84
	1	0.366	14.89	17.77
3	0	0.397	15.98	21.74
	0.2	0.355	14.50	19.72
	0.5	0.298	12.49	16.99
	1	0.249	10.76	14.64
1.5	0	0.183	8.43	14.23
	0.2	0.163	7.73	13.04
	0.5	0.108	5.75	9.69
	1	0.084	4.47	7.54

实验所用传爆药为某大学研制的 JO－9C（Ⅲ）型细颗粒传爆药，药剂造型粉粒度为 40～100 目，装药约束套筒材料为 45 钢和有机玻璃，套筒外径为 20 mm，药筒高度为 38 mm，装药内径为 1.5 mm、3 mm 和 5 mm。装药密度为（1.707±0.005）g/cm^3（90%理论密度），为保证压药密度并避免密度梯度，采用定位压药的方法分多次将施主装药压制成型。空腔厚度为 0.2 mm、0.5 mm 和 1 mm。实验中约束条件包括 45 钢和有机玻璃两种，装药直径包括 1.5 mm、3 mm 和 5 mm 三种，空腔厚度包括 0.2 mm、0.5 mm 和 1 mm，实验结果见表 5.12 和表 5.13。

表 5.13　有机玻璃约束空腔衰减测试参数和实验结果

装药直径/mm	空腔厚度/mm	$\Delta V/V_0$	p_{mx}/GPa	p_{m0}/GPa
5	0	0.451	17.89	22.17
	0.2	0.403	16.20	20.07
	0.5	0.361	14.71	18.23
	1	0.324	13.41	16.61
3	0	0.348	14.26	20.74
	0.2	0.288	12.14	17.66
	0.5	0.232	10.16	14.79
	1	0.18	8.33	12.12
1.5	0	0.105	5.59	10.42
	0.2	0.102	5.43	10.12
	0.5	0.07	3.73	6.95
	1	0.048	2.55	4.76

5.2.1.4　空腔中爆轰产物压力衰减理论计算

施主装药爆轰经短空腔后对介质的主要作用并非空气冲击波，而应是爆轰产物高速运动对介质的撞击。对于空气中爆轰产物的压力衰减计算，还未有成熟的理论计算方法，本章将利用实验数据拟合得到爆轰产物压力在空气中衰减规律的经验表达式。

空气作为一种稀疏介质，假设空气中爆轰产物的压力衰减规律满足类似密实介质中的冲击波压力衰减的指数型衰减规律：

$$p_{px} = p_p e^{-\alpha_a(d)x^{\psi}} \tag{5-70}$$

式中，p_p 为产物与空气界面处的初始压力（GPa）；p_{px} 为在空腔中距产物和空气初始界面 x 处的产物压力（GPa）；α_a 为爆轰产物压力在空气中的衰减系数（$mm^{-\psi}$）；ψ 为稀疏介质中爆轰产物压力衰减的修正系数。

根据 5.2.1 节已讲过的施主装药爆轰参数计算方法和爆轰产物与空气界面初始参数（表 5.14）的计算方法，得到不同装药条件下的 p_p 值，见表 5.15。根据 5.2.1 节建立的爆轰产物冲击受主装药产生的压力计算方法，通过测量不同装药条件下的 p_e 值，可以反算得到 p_x 的值，将实验中采用微型锰铜压阻传感器测量施主装药爆轰产物压力在空腔中衰减后与有机

玻璃作用的压力 p_{m0} 代替 p_e，将受主装药的雨贡纽参数用有机玻璃的雨贡纽参数代替，可以求得 p_{px}，见表 5.15。

表 5.14　爆轰产物与空气作用的初始参数

约束条件	装药直径/mm	γ	k	D_j 计算值/（mm·μs^{-1}）	p_j 计算值/GPa	p_p/GPa
45 钢	5	2.67	1.2	7.873	30.38	0.122 3
45 钢	3	2.67	1.2	7.736	27.53	0.119 7
45 钢	1.5	2.67	1.2	7.402	19.91	0.114
有机玻璃	5	2.67	1.2	7.562	29.41	0.115 9
有机玻璃	3	2.67	1.2	7.218	24.4	0.109 5
有机玻璃	1.5	2.67	1.2	6.358	14.68	0.094 8

表 5.15　爆轰产物与有机玻璃作用衰减后的压力

约束条件	装药直径 d/mm	空腔厚度 x/mm	p_{px}/GPa
45 钢	5	0.2	0.062 8
45 钢	5	0.5	0.046 4
45 钢	5	1	0.031
45 钢	3	0.2	0.044 5
45 钢	3	0.5	0.025 8
45 钢	3	1	0.015 2
45 钢	1.5	0.2	0.008 57
45 钢	1.5	0.5	0.003 11
45 钢	1.5	1	0.001 36
有机玻璃	5	0.2	0.056 6
有机玻璃	5	0.5	0.039 7
有机玻璃	5	1	0.028 2
有机玻璃	3	0.2	0.035 6
有机玻璃	3	0.5	0.018 7
有机玻璃	3	1	0.009 28
有机玻璃	1.5	0.2	0.001 85
有机玻璃	1.5	0.5	0.000 684
有机玻璃	1.5	1	0.000 209

根据式（5－70）的函数关系，利用 Origin 数学分析软件对 p_{px}/p_p 和 x 进行拟合，得到相应条件下的 α_a 和 ψ 值列于表 5.16 中。

从表 5.16 中的结果可以看出，衰减系数 α_a 随着装药直径的增大而减小，并且同一装药直径下，45 钢约束下的衰减系数比有机玻璃约束下小，将两种约束下的衰减系数随装药直径的变化规律拟合成如图 5.30 所示的曲线；修正系数 ψ 随装药直径的变化不明显，且相差不大，可以将修正系数近似取为不同条件下的平均值，经计算得平均值为 0.38。

表 5.16 爆轰产物在空腔中的衰减系数

约束条件	装药直径 d/mm	$\alpha_a/mm^{-\psi}$	ψ
45 钢	5	1.349	0.391 3
45 钢	3	1.932	0.376 6
45 钢	1.5	4.662	0.382 6
有机玻璃	5	1.371	0.379 1
有机玻璃	3	2.213	0.376 2
有机玻璃	1.5	6.961	0.375 5

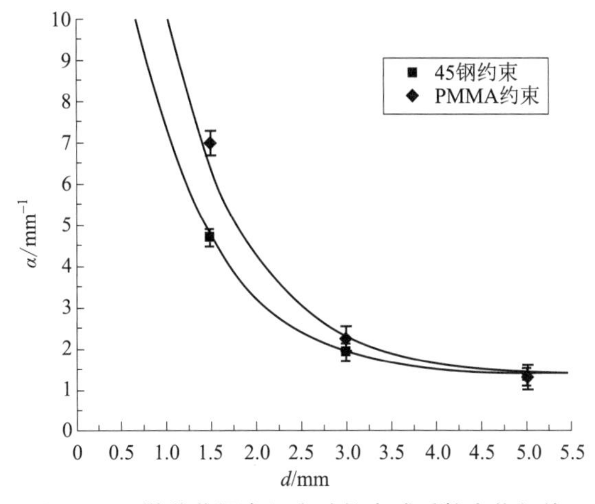

图 5.30 微装药爆轰经空腔的衰减系数变化规律

施主装药爆轰产物经空腔的衰减系数 α_a 的表达式为

对于 45 钢约束：

$$\alpha_a = 1.310\ 9 + 19.317\ 7e^{-\frac{d}{0.861\ 8}} \tag{5-71}$$

对于有机玻璃约束：

$$\alpha_a = 1.322\ 3 + 26.967\ 6e^{-\frac{d}{0.900\ 6}} \tag{5-72}$$

至此，空气中爆轰产物的压力衰减规律为

$$p_{px} = p_p e^{-\alpha_a(d)x^{0.38}} \tag{5-73}$$

其中，对于 45 钢约束：$\alpha_a = 1.310\ 9 + 19.317\ 7e^{-\frac{d}{0.861\ 8}}$；对于有机玻璃约束：$\alpha_a = 1.322\ 3 + 26.967\ 6e^{-\frac{d}{0.900\ 6}}$。

5.2.2 隔板

隔板是指在炸药微装药与其他微装药之间设置的非爆炸性材料和结构，以冲击波形式传递爆炸能量的元件。

隔板传爆元件的能量传输问题包括施主装药与隔板界面的能量传递、隔板中冲击波的传播和隔板与受主装药界面的能量传递问题。本小节以高阻抗 45 钢隔板和低阻抗有机玻璃隔板为例研究施主装药输出冲击波经隔板衰减后的压力，研究两种隔板中的冲击波衰减系数随装药直径的变化规律。

5.2.2.1 隔板冲击波初始参数计算

1. 物理模型

施主装药中的爆轰波以稳定的速度沿轴向传播，但波阵面呈曲面形状，已经偏离了理想爆轰的一维平面假设，是二维定常爆轰波传播问题。这种爆轰波入射到隔板的冲击波也是曲面，如图 5.31 所示。

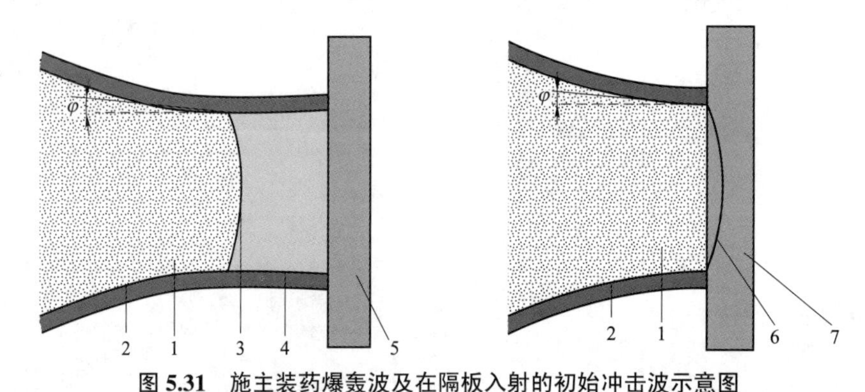

图 5.31 施主装药爆轰波及在隔板入射的初始冲击波示意图

1—爆轰产物；2—壳体；3—爆轰波阵面；4—施主装药；5—隔板；6—施主装药与隔板界面；7—入射冲击波

为使问题得到简化，以获得近似的解析解，需要作以下几点假设：① 装药带有足够约束强度的壳体，爆轰波后的初始膨胀角较小；② 装药直径远大于反应区的厚度，反应区内的能量损失忽略不计；③ 爆轰波阵面在轴心附近的区域近似平面，爆轰参数可以应用经典爆轰理论。

根据上述物理模型假设，在图 5.31 所示的二维定常爆轰波传播可以近似为一维定常传播的非理想爆轰波传播。根据膨胀角模型爆轰理论，施主装药爆速和中心区域的爆压可以表示为

$$\begin{cases} D_{\mathrm{j}}=D_{\mathrm{J}}\left(1-\dfrac{4\gamma^2}{(\gamma+1)^2(\Gamma+1)}\dfrac{\Delta}{d}\right) \\ p_{\mathrm{j}}=p_{\mathrm{J}}\left[m\left(1-\dfrac{4\gamma^2}{(\gamma+1)^2(\Gamma+1)}\dfrac{\Delta}{d}\right)\right]^n \end{cases} \tag{5-74}$$

式中，D_{j} 和 p_{j} 为装药直径 d 的爆速和爆压；D_{J} 和 p_{J} 为该药剂的理想爆速和爆压；Γ 为壳体材料与炸药的冲击阻抗比；Δ 为炸药的反应区厚度；γ 为爆轰产物等熵指数。

2. 数学方程及理论求解

1）施主装药与高阻抗隔板界面的初始冲击波参数

（1）界面波系图。

大多数金属隔板材料的冲击波阻抗均大于炸药的冲击波阻抗，当爆轰波传播到界面时，向隔板入射冲击波并向爆轰产物反射一道冲击波。取施主装药与隔板的中心部分作为考察对象，则界面处的波系图见图 5.32 和图 5.33。

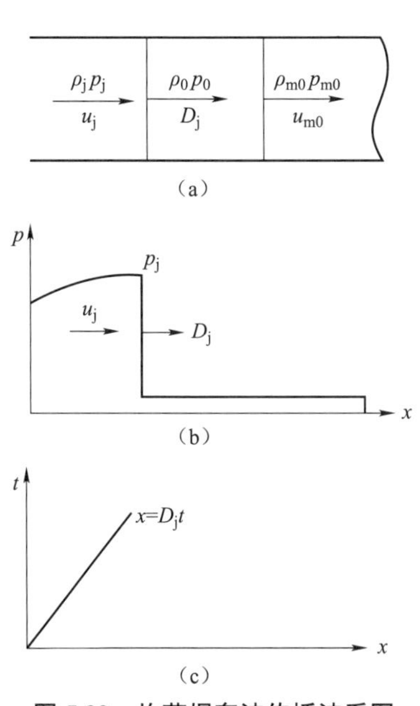

图 5.32　炸药爆轰波传播波系图

（a）波系图；（b）波参数图；（c）波轨迹图

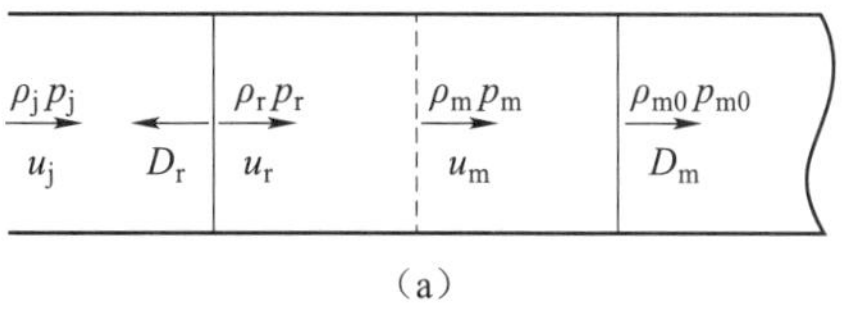

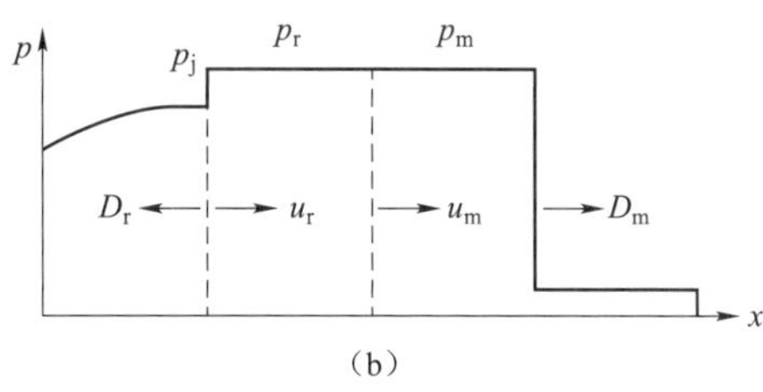

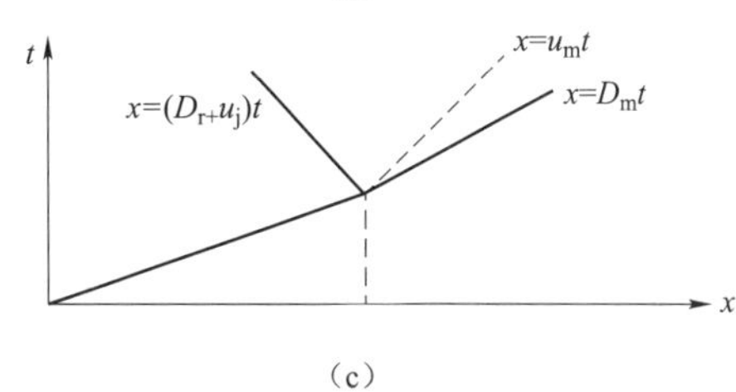

图 5.33　界面入射与反射波系图

（a）波系图；（b）波参数图；（c）波轨迹图

图中，0 区为未反应施主装药区，j 区为爆轰产物区，m0 区为隔板区，m 区为隔板波后区，r 区为爆轰产物反射波后区。ρ，p，u 分别为密度、压力、粒子速度，D_j 为施主装药爆速。

（2）隔板冲击波压力与冲击波阻抗的关系。

运用质量和动量守恒方程，可以给出隔板入射冲击波和产物中反射冲击波前后的参数关系。以运动的波阵面为参照系，则入射波和反射波两面的参数分别如图 5.34 所示。

D_m-u_m ← | ← D_m
ρ_m, p_m | ρ_{m0}, p_{m0}

（a）

D_r+u_j → | → D_r+u_r
ρ_j, p_j | ρ_r, p_r

（b）

图 5.34　入射和反射冲击波面两面的参数

（a）入射冲击波；（b）反射冲击波

对 m0 区，$u_{m0}=0$，$p_{m0}=10^5\ \text{Pa}=10^{-4}\ \text{GPa}\approx 0\ \text{GPa}$，因此对于隔板入射冲击波，

$$\begin{cases}\rho_{m0}D_m=\rho_m(D_m-u_m)\\ p_m=\rho_{m0}D_m u_m\end{cases}\tag{5-75}$$

对向爆轰产物的反射冲击波，

$$\begin{cases}\rho_j(D_r+u_j)=\rho_r(D_r+u_r)\\ p_r-p_j=\rho_j(D_r+u_j)(u_j-u_r)\end{cases} \tag{5-76}$$

根据界面连续条件

$$\begin{cases}p_r=p_m\\ u_r=u_m\end{cases} \tag{5-77}$$

代入式（5-76）的第二式，得

$$p_m-p_j=\rho_j(D_r+u_j)(u_j-u_m) \tag{5-78}$$

由爆轰波和冲击波动量方程，有

$$\begin{cases}u_j=\dfrac{p_j}{\rho_0 D_j}\\ u_m=\dfrac{p_m}{\rho_{m0}D_m}\end{cases} \tag{5-79}$$

将式（5-79）代入式（5-78），得

$$\frac{p_m}{p_j}=\frac{\rho_{m0}D_m[\rho_0 D_j+\rho_j(D_r+u_j)]}{\rho_0 D_j[\rho_0 D_m+\rho_j(D_r+u_j)]} \tag{5-80}$$

式中，p_j、D_j、ρ_j、u_j是施主装药的爆轰参数，视为已知量；p_m、D_m、D_r是未知量。

（3）压力与波阻抗的近似关系。

为了得到p_m与D_m之间的关系，还应对式（5-78）进行简化。对于施主装药爆轰波，有

$$\begin{cases}\rho_j=\dfrac{\gamma+1}{\gamma}\rho_0\\ u_j=\dfrac{1}{\gamma+1}D_j\end{cases} \tag{5-81}$$

则有

$$\rho_j(D_r+u_j)=\rho_0 D_j+\frac{\rho_0}{\gamma}[(\gamma+1)D_r-(\gamma-1)D_j]$$

当$\dfrac{D_r}{D_j}\approx\dfrac{\gamma-1}{\gamma+1}$时，

$$\rho_0 D_j=\rho_j(D_r+u_j) \tag{5-82}$$

代入式（5-80），得

$$\frac{p_m}{p_j}=\frac{2\rho_{m0}D_m}{\rho_0 D_j+\rho_{m0}D_m} \tag{5-83}$$

式（5-83）给出了界面冲击波压力与爆轰波压力的比值同两种介质冲击波阻抗的近似关系。

2）施主装药与低阻抗隔板界面的初始冲击波参数

（1）界面波系图。

大多数非金属材料和少数金属材料的冲击波阻抗小于炸药。与隔板材料冲击波阻抗大于

炸药的情况不同，爆轰波向隔板入射冲击波的同时，向爆轰产物反射的不是一道冲击波，而是一簇稀疏波。

取施主装药与隔板的中心部分作为参考对象，则界面处附近的波系图如图 5.35 和图 5.36 所示。图中 0 区为未反应施主装药区，j 区为爆轰产物区，m0 区为隔板区，m 区为隔板冲击波后区，r 区为爆轰产物反射波后区。ρ、u、p 分别为介质密度、粒子速度和压力，D_{j} 为施主装药爆速。

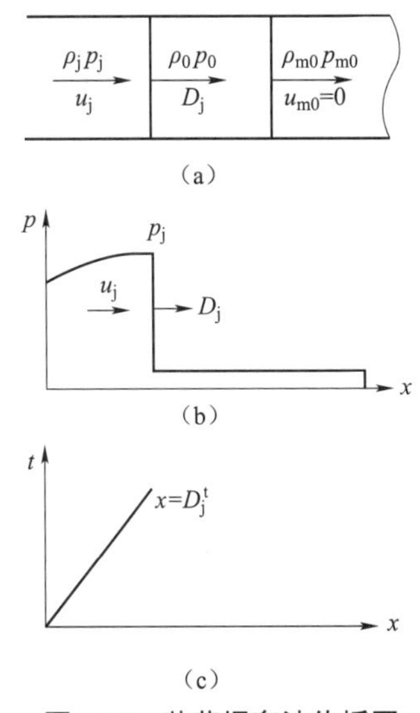

图 5.35　装药爆轰波传播图

（a）波系图；（b）波参数图；（c）波轨迹图

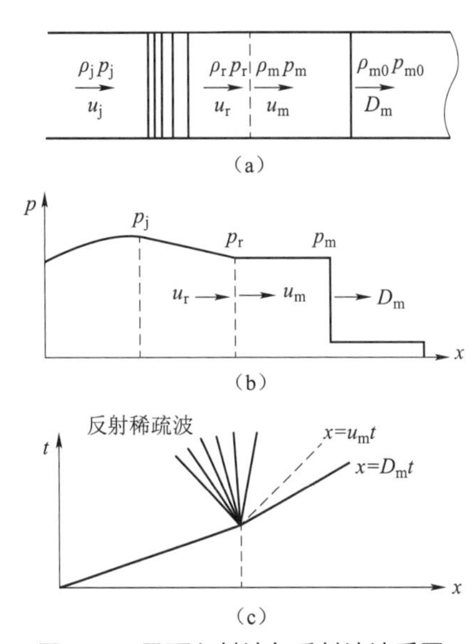

图 5.36　界面入射波与反射波波系图

（a）波系图；（b）波参数图；（c）波轨迹图

（2）隔板冲击波压力与冲击波阻抗关系

以运动的波系作为参照系，则波两端介质的参数如图 5.37 所示。

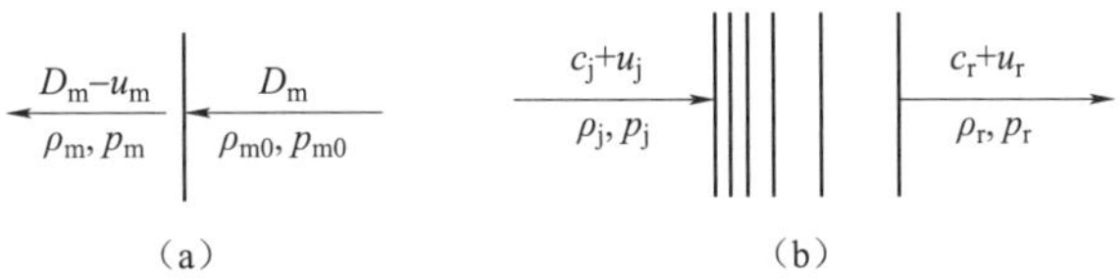

图 5.37　入射波和反射波参数变化示意图

（a）入射冲击波；（b）入射冲击波

运用质量守恒和动量守恒方程，得到隔板冲击波和反射稀疏波参数间的关系：

$$
\begin{cases}
\rho_{\mathrm{m0}} D_{\mathrm{m}} = \rho_{\mathrm{m}}(D_{\mathrm{m}} - u_{\mathrm{m}}) \\
p_{\mathrm{m}} = \rho_{\mathrm{m0}} D_{\mathrm{m}} u_{\mathrm{m}}
\end{cases}
\tag{5-84}
$$

$$
\begin{cases}
\dfrac{\partial}{\partial x}(\rho u) = 0 \\
\dfrac{\partial p}{\partial x} = -\rho u \dfrac{\partial u}{\partial x}
\end{cases}
\tag{5-85}
$$

假设反射稀疏波可以视为一道冲击波，则式（5-85）可简化为

$$\begin{cases}\rho_j(D_r+u_j)=\rho_r(D_r+u_r)\\ p_r-p_j=\rho_j D_r(u_j-u_r)\end{cases} \tag{5-86}$$

式中，$D_r \approx \dfrac{c_j+c_r}{2}$ 为稀疏波簇的波速中值。

根据弱反射波假设：$\rho_0 D_j=\rho_j(D_r+u_j)$，则有

$$\frac{p_m}{p_j}=\frac{2\rho_{m0}D_m}{\rho_0 D_j+\rho_{m0}D_m} \tag{5-87}$$

式（5-83）与式（5-87）对比表明：在反射波进行弱波简化后，高阻抗隔板和低阻抗隔板的冲击波压力与阻抗之间具有相同的关系。即当炸药与隔板冲击波阻抗差别不太大时，式（5-87）具有相对普适性。从推导过程可知，该式同样适用于不同阻抗隔板界面冲击波压力的估算。

根据隔板冲击波动量方程和材料冲击状态方程，可得

$$p_m=\rho_{m0}D_m\frac{D_m-a_m}{b_m} \tag{5-88}$$

联立式（5-87）和式（5-88），可得

$$D_m=\frac{a_m\rho_{m0}-\rho_0 D_j+[(\rho_0 D_j-a_m\rho_{m0})^2+4\rho_{m0}(a_m\rho_0 D_j+2b_m p_j)]^{\frac{1}{2}}}{2\rho_{m0}} \tag{5-89}$$

将式（5-89）代入式（5-88），即可求得施主装药与隔板界面的初始冲击波压力 p_{m0}。

3. 理论计算与实验结果对比

利用施主装药与隔板界面初始冲击波压力的求解方法，计算 45 钢和有机玻璃约束下不同直径施主装药与有机玻璃和 45 钢隔板界面的初始冲击波压力，并与实验结果相对比，相应的对比结果列于表 5.17 和表 5.18 中。

表 5.17　有机玻璃隔板界面初始冲击波压力的计算值与实验中值对比

约束条件	装药直径/mm	p_{m0}/GPa		
		实验中值	计算值	偏差/%
45 钢	1.5	14.48	15.62	7.3
45 钢	3	21.93	20.59	6.6
45 钢	5	22.18	22.26	0.4
45 钢	8	22.26	23.12	3.7
有机玻璃	1.5	9.80	10.26	4.5
有机玻璃	3	21.24	19.83	7.1
有机玻璃	5	22.02	22.29	1.2
有机玻璃	8	22.09	23.31	5.2

表 5.18　45 钢隔板界面初始冲击波压力的计算值与实验中值对比

约束条件	装药直径/mm	p_{s0}/GPa		
		实验均值	计算值	偏差/%
45 钢	1.5	28.83	27.50	4.6
45 钢	3	39.56	41.20	4.1
45 钢	5	44.19	43.76	1.0
有机玻璃	1.5	22.05	21.41	2.9
有机玻璃	3	36.81	39.99	8.7
有机玻璃	5	40.76	42.90	5.3

从表 5.17 和表 5.18 中的对比结果可以看出，计算结果与实验结果基本符合，所有计算条件下实验值与计算值的偏差均在 9%以内，利用该理论方法得到的施主装药与隔板界面初始冲击波压力计算结果是可靠的。

5.2.2.2　隔板冲击波衰减计算

1. 经验公式

冲击波在隔板中传播的过程中，由于波后和边侧的稀疏作用，或者由于波阵面熵增、黏性阻尼损耗以及与应变率有关的本构关系等原因，冲击波在隔板中会不断衰减，波速和波阵面压力逐渐下降，并最终衰减为应力波或甚至声波。大量的实验结果表明，在多种衰减模型和规律中，指数型衰减规律作为冲击波在隔板中的传播规律是最准确的，其表达形式为

$$p_{mx} = p_{m0}\,e^{-\alpha x} \tag{5-90}$$

式中，p_{m0} 为冲击波进入隔板中的初始入射压力（GPa）；p_{mx} 为在隔板中距入射表面 x 处的冲击波压力（GPa）；α 为冲击波在隔板中的衰减系数（mm^{-1}）。

对式（5－90）等号两边同时取自然对数即可得到如下的线性关系式：

$$\ln p_{mx} = \ln p_{m0} - \alpha x \tag{5-91}$$

2. 有机玻璃隔板冲击波压力衰减实验

1）测试原理

实验中利用示波器采集微型锰铜压阻传感器在施主装药爆轰输出经不同厚度有机玻璃隔板衰减后的冲击波作用下的电压变化曲线，即可得到 $\Delta V/V_0$ 的值，将其代入传感器的标定曲线表达式即可计算出施主装药输出冲击波经 x 厚的有机玻璃隔板衰减后的峰值压力 p_{mx}，通过改变装药直径 d 和有机玻璃隔板厚度 x，多次测量 p_{mx} 值，利用数据处理软件拟合即可得到相应装药直径下的衰减系数 α。

本实验的测试系统主要包括：TDS654C 型数字式示波器、MH4E 型 4 通道脉冲恒流源和小型爆炸容器。小型爆炸容器内的试件安装如图 5.38 所示，其主要工作过程为：利用脉冲恒流源起爆 8#工业电雷管，从而引爆施主装药，同时电雷管的下端安装漆包线制成的触发探针因爆轰波的传播而导通，保证脉冲恒流源漆包线制成的触发探针因爆轰波的传播而导通，从而保证脉冲恒流源为微型锰铜压阻传感器供电和示波器触发的同步性，施主装药爆轰输出经

不同厚度有机玻璃隔板衰减后的冲击波峰值压力被微型锰铜压阻传感器感应并由示波器记录。

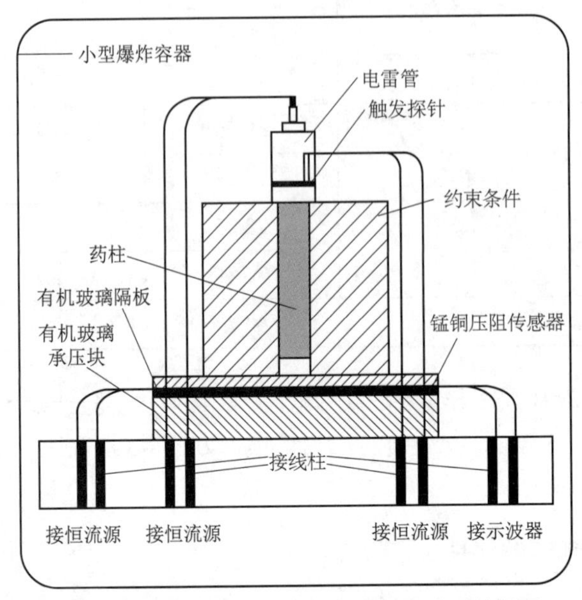

图 5.38　有机玻璃隔板冲击波压力测试系统框图

2）实验规律分析及结论

对于实验测得的 $p_{mx}-x$ 值，采用最小二乘法对实验数据 $\ln p_{mx}-x$ 进行线性拟合，即可得到不同装药条件下有机玻璃隔板对冲击波的衰减关系，同时可以得到有机玻璃片表面所受到的初始冲击波压力，得到的拟合曲线如图 5.39 和图 5.40 所示。

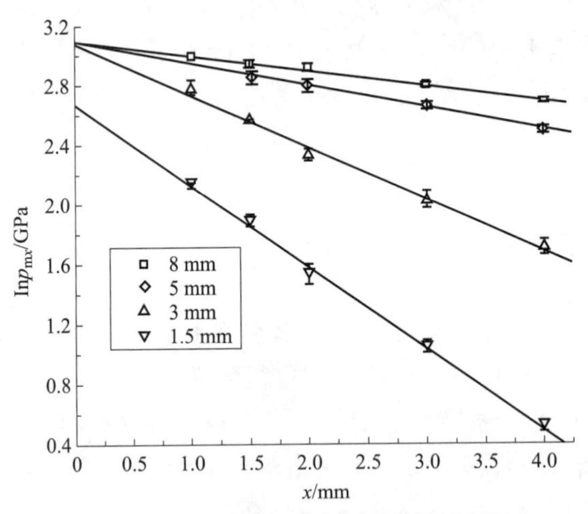

图 5.39　45 钢约束下施主装药经有机玻璃隔板衰减的 $\ln p_{mx}-x$ 图

根据装药直径 d 和衰减系数 α 的一一对应关系，利用数学处理软件对其进行拟合，可以得到其散点图和拟合曲线图，如图 5.41 所示。从以上的实验结果可以看出，在不同的装药直径下，衰减系数 α 的大小是变化的，并且随着装药直径的减小而增大。从理论上分析，随着装药直径的不断减小，侧向稀疏效应引起的爆轰反应区内的能量损失比例越来越大，用于对

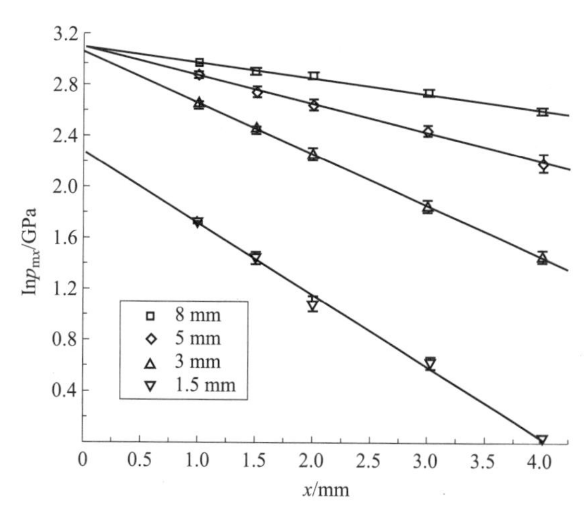

图 5.40　有机玻璃约束施主装药经有机玻璃隔板衰减的 $\ln p_{mx}-x$ 图

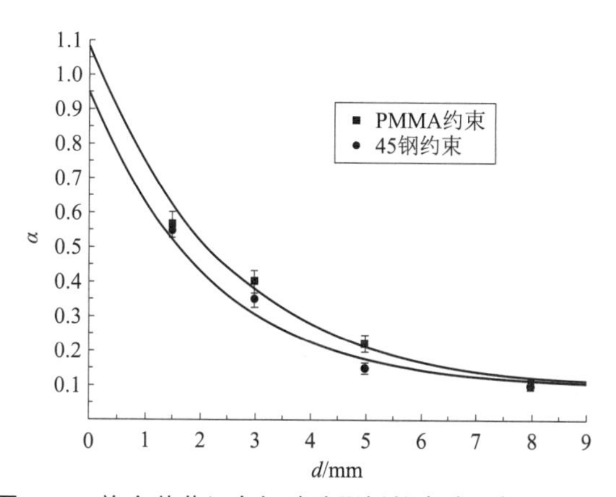

图 5.41　施主装药经有机玻璃隔板的衰减系数变化规律

隔板进行压缩、加热和驱动加速的能量占总能量的比例增大，导致冲击波在有机玻璃隔板中的衰减幅度增大。同一直径的传爆药装药，45 钢约束下的衰减系数比有机玻璃约束要小，说明阻抗大的约束壳体更有益于爆轰波的传播，由于约束壳体的存在，减弱了侧向稀疏波侵入爆轰反应区而引起的能量损失。因此，施主装药爆轰输出冲击波在有机玻璃隔板中传播时，其峰值压力随距离呈指数衰减特征，且衰减指数为装药直径的函数：

$$p_{mx}=p_{m0}e^{-\alpha(d)x} \tag{5-92}$$

其中，45 钢约束时，$\alpha=0.090\,6+0.861\,5e^{-\frac{d}{2.174\,3}}$；有机玻璃约束时，$\alpha=0.092\,4+0.996\,7e^{-\frac{d}{2.380\,5}}$。

通过对不同直径施主装药爆轰输出冲击波经不同厚度有机玻璃隔板的衰减规律进行实验研究，对实验结果进行分析得到以下结论：

（1）施主装药爆轰输出冲击波经有机玻璃隔板传播时，其峰值压力随距离呈指数型衰减，且衰减指数随装药直径也呈指数型变化规律。

（2）装药直径越小，衰减系数越大，当装药直径大于 8 mm 时，衰减系数趋于恒定值：45 钢约束下 α 趋于 0.090 6 mm^{-1}，有机玻璃约束下 α 趋于 0.092 4 mm^{-1}。

3. 45 钢隔板冲击波压力衰减实验

1）测试原理

实验中利用示波器采集微型锰铜压阻传感器在施主装药爆轰输出经不同厚度 45 钢隔板衰减后的冲击波作用下的电压变化曲线，即可得到 $\Delta V/V_0$ 的值，将其代入传感器的标定曲线表达式即可计算出施主装药输出冲击波经 x 厚的 45 钢隔板和 1 mm 厚的有机玻璃保护介质衰减后的峰值压力 p'_{mx}，将得到的 p'_{mx} 值利用有机玻璃隔板的衰减规律计算得到 45 钢和有机玻璃保护介质界面处的压力 p_{sx}，通过改变装药直径 d 和 45 钢隔板厚度 x，多次测量 p'_{mx} 值并计算 p_{sx} 值，利用数据处理软件拟合即可得到相应装药直径下的衰减系数 α。

本实验的测试系统主要包括：TDS654C 型数字式示波器、MH4E 型 4 通道脉冲恒流源和小型爆炸容器。小型爆炸容器内的试件安装如图 5.42 所示，其主要工作过程为：利用脉冲恒流源起爆 8#工业电雷管，从而引爆施主装药；同时，电雷管的下端安装漆包线制成的触发探针因爆轰波的传播而导通，从而保证脉冲恒流源为微型锰铜压阻传感器供电和示波器触发的同步性，施主装药爆轰输出经不同厚度 45 钢隔板和有机玻璃保护介质衰减后的冲击波峰值压力被微型锰铜压阻传感器感应并由示波器记录。

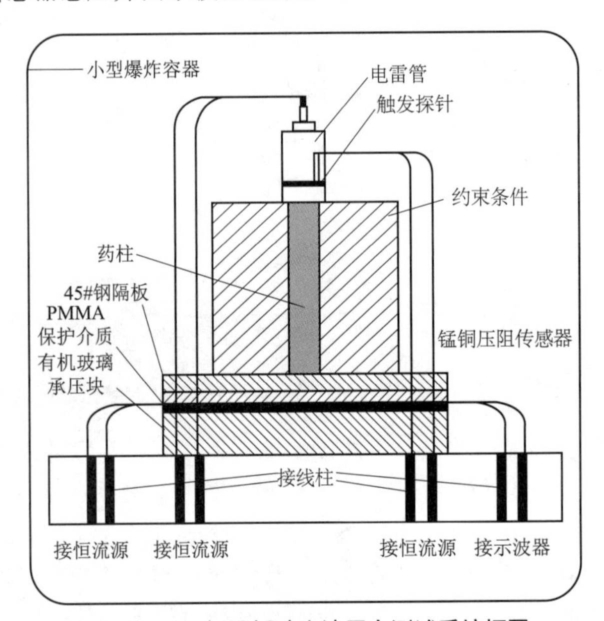

图 5.42　45 钢隔板冲击波压力测试系统框图

2）实验规律分析及结论

根据前节的分析，冲击波在 45 钢隔板中的衰减应符合指数型衰减规律，其表达形式为

$$p_{sx}=p_{s0}\,\mathrm{e}^{-\alpha x} \tag{5-93}$$

式中，p_{s0} 为冲击波进入 45 钢中的初始入射压力（GPa）；p_{sx} 为在 45 钢中距入射表面 x 处的冲击波压力（GPa）；α 为冲击波在 45 钢中的衰减系数（mm^{-1}）。

对式（5－93）等号两边同时取自然对数即可得到如下线性关系式：

$$\ln p_{sx}=\ln p_{s0}-\alpha x \tag{5-94}$$

对于实验测得的 $p_{sx}-x$ 值，采用最小二乘法对实验数据 $\ln p_{sx}-x$ 进行线性拟合，即可得到不同装药条件下 45 钢隔板对冲击波的衰减关系，同时可以得到 45 钢隔板表面所受到的初始冲击波压力，得到的拟合曲线如图 5.43 和图 5.44 所示。

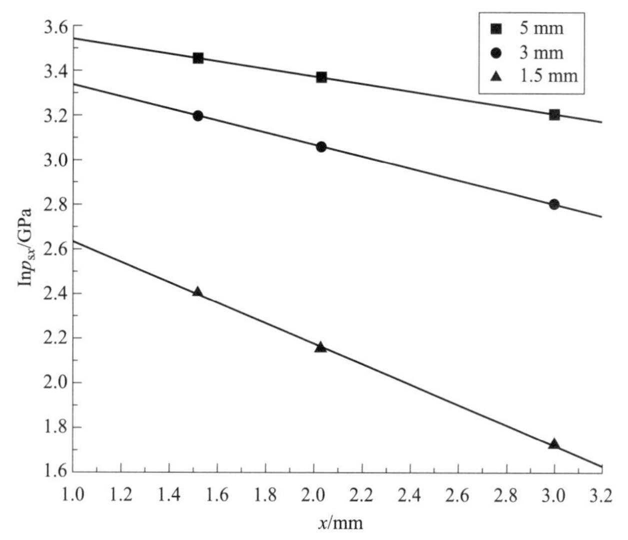

图 5.43　45 钢约束下施主装药经 45 钢隔板衰减的 $\ln p_{mx}-x$ 图

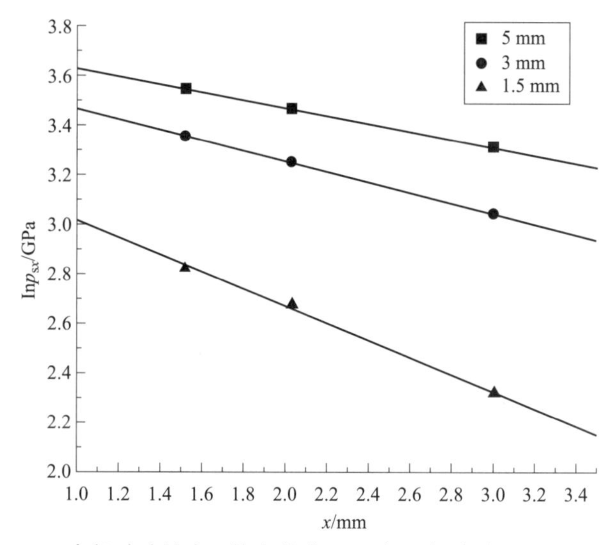

图 5.44　有机玻璃约束下施主装药经 45 钢隔板衰减的 $\ln p_{mx}-x$ 图

根据装药直径 d 和衰减系数 α 的一一对应关系，利用数学处理软件对其进行拟合，可以得到其散点图和拟合曲线图，如图 5.45 所示。

对于 45 钢约束下的施主装药，对实验数据进行拟合可以得到衰减系数随装药直径变化的指数型规律：

$$\alpha = 0.071\,9 + 0.438\,4 e^{-\frac{d}{2.983\,5}} \tag{5-95}$$

对于有机玻璃约束下的施主装药，对实验数据进行拟合可以得到衰减系数随装药直径变化的指数型规律：

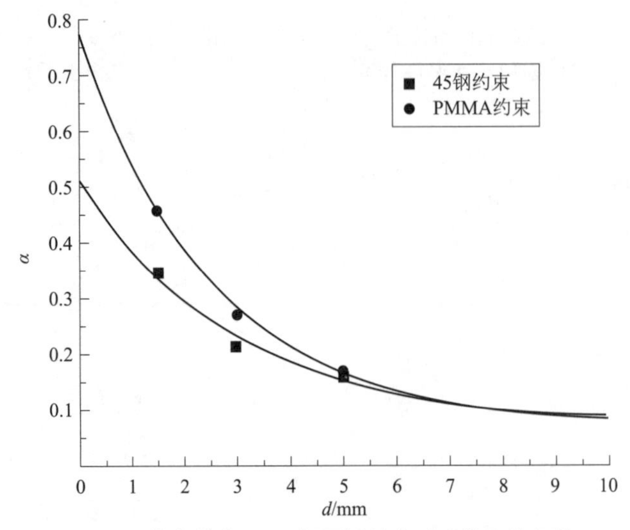

图 5.45　施主装药经 45 钢隔板的衰减系数变化规律

$$\alpha = 0.0724 + 0.7024\mathrm{e}^{-\frac{d}{2.4853}} \tag{5-96}$$

从以上的实验结果可以看出，在不同的装药直径下，衰减系数 α 的大小是变化的，并且随着装药直径的减小而增大。从理论上分析其原因应与有机玻璃隔板类似，只是相同约束和装药直径下，有机玻璃隔板中的衰减系数更大一些，其原因应为 45 钢隔板比有机玻璃隔板更加密实，冲击阻抗更高，冲击波对其压缩更加困难，故冲击波在此过程中耗散的能量要小，压力衰减更慢。根据此现象，对于冲击阻抗介于有机玻璃和 45 钢的隔板材料，如铝等，其衰减系数应介于两者之间。因此，微装药爆轰输出冲击波在 45 钢隔板中传播时，其峰值压力随距离呈指数衰减特征，且衰减指数为装药直径的函数：

$$p_{sx} = p_{s0}\mathrm{e}^{-\alpha(d)x} \tag{5-97}$$

其中，45 钢约束时，$\alpha = 0.0719 + 0.4384\mathrm{e}^{-\frac{d}{2.9835}}$；有机玻璃约束时，$\alpha = 0.0724 + 0.7024\mathrm{e}^{-\frac{d}{2.4853}}$。

通过对不同直径施主装药爆轰输出冲击波经不同厚度 45 钢隔板的衰减规律进行实验研究，对实验结果进行分析得到以下结论：

（1）施主装药爆轰输出冲击波经 45 钢隔板传播时，其峰值压力随距离呈指数型衰减，且衰减指数随装药直径也呈指数型变化规律。

（2）装药直径越小，衰减系数越大，当装药直径增大到一定程度（约 8 mm）时，衰减系数趋于恒定值：45 钢约束下 α 趋于 0.071 9 mm^{-1}，有机玻璃约束下 α 趋于 0.072 4 mm^{-1}。

（3）衰减系数受约束介质冲击阻抗的影响，在同一装药直径下，约束介质冲击阻抗越大，衰减系数越小。

（4）隔板中的冲击波衰减系数受隔板冲击阻抗的影响，在相同装药直径和约束条件下，隔板冲击阻抗越大，衰减系数越小。

4. 量纲分析方法

如图 5.46 利用爆炸相似律对施主装药爆轰输出冲击波在隔板中的衰减规律进行分析，假设影响冲击波压力 p_{mx} 的因素包括：施主装药的装药直径 d，隔板初始冲击波压力 p_{m0}，隔板材料的冲击雨贡纽参数 a_m、b_m，冲击波在隔板中的传播距离 x。

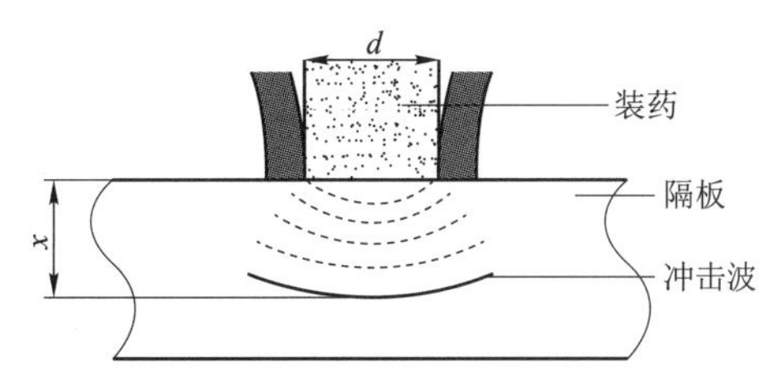

图 5.46　爆轰输出冲击波在隔板中衰减的爆炸相似律示意图

根据Π定理，隔板中的冲击波压力 p_{mx} 与物理量 d、p_{m0}、a_m、b_m 和 x 存在函数关系：

$$p_{mx} = f(p_{m0}, a_m, b_m, x, d) \tag{5-98}$$

从 5 个影响参量中选取 3 个相互独立的物理量：p_{m0}、a_m 和 d 作为基本物理量，则式（5－98）中 6 个物理量之间的函数关系可以化为 3 个量纲为 1 的量之间的函数关系：

$$\Pi = \varphi(\Pi_1, \Pi_2) \tag{5-99}$$

根据量纲一致原理，可以确定无量纲量 Π 、Π_1 和 Π_2 的具体形式：

$$\Pi = \frac{p_{mx}}{p_{m0}},\quad \Pi_1 = b_m,\quad \Pi_2 = \frac{x}{d}$$

因此，量纲为 1 的量的函数关系式（5－99）可以明确表示为

$$\frac{p_{mx}}{p_{m0}} = \varphi\left(b_m, \frac{x}{d}\right) \tag{5-100}$$

对于式（5－100），量纲为 1 的量 b_m 对于某一确定的隔板材料为常数，则式（5－95）可以简化为

$$\frac{p_{mx}}{p_{m0}} = \phi\left(\frac{x}{d}\right) \tag{5-101}$$

式（5－101）表明，对于某一确定的隔板材料，量纲为 1 的量 p_{mx}/p_{m0} 是 x/d 的函数，并且无论 x 和 d 如何变化，只要其比值相等，则 p_{mx}/p_{m0} 必定相等，所以式（5－101）对于不同直径装药同样适用。

由于式（5－96）等号右边的函数形式并未确定，可以将其写成多项式的形式：

$$\frac{p_{mx}}{p_{m0}} = a_0 + a_1\frac{x}{d} + a_2\left(\frac{x}{d}\right)^2 + a_3\left(\frac{x}{d}\right)^3 + \cdots \tag{5-102}$$

式中，a_0、a_1、a_2、a_3、…为待定系数。

由于冲击波在隔板中的传播距离 x 为 0 时，$p_{mx} = p_{m0}$，可以首先确定出 $a_0 = 1$，对于式（5－103）只取到多项式的三次项，式（5－102）化为

$$\frac{p_{mx}}{p_{m0}} = 1 + a_1\frac{x}{d} + a_2\left(\frac{x}{d}\right)^2 + a_3\left(\frac{x}{d}\right)^3 \tag{5-103}$$

待定系数 a_1、a_2、a_3 的具体数值需要通过实验数据的回归才能确定。

1）有机玻璃隔板拟合关系

根据实验结果利用数据处理软件进行分析，得到 p_{mx}/p_{m0} 与 x/d 的拟合关系曲线，如图 5.47 所示。

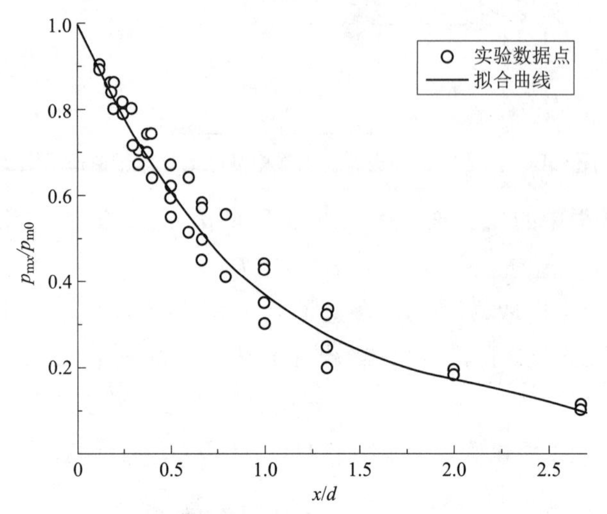

图 5.47　有机玻璃隔板衰减 p_{mx}/p_{m0} 与 x/d 的拟合关系曲线

根据拟合关系曲线，可以确定待定参数：$a_1=-0.963\ 8$，$a_2=0.394\ 6$，$a_3=-0.059\ 9$。因此，式（5－104）的具体表达形式为

$$\frac{p_{mx}}{p_{m0}}=1-0.963\ 8\frac{x}{d}+0.394\ 6\left(\frac{x}{d}\right)^2-0.059\ 9\left(\frac{x}{d}\right)^3 \tag{5-104}$$

适用范围：$0\leqslant\frac{x}{d}\leqslant2.667$。

至此，圆柱形施主装药爆轰输出冲击波在有机玻璃隔板中衰减规律的数学表达式为

当 $0\leqslant\frac{x}{d}\leqslant2.667$ 时，$\frac{p_{mx}}{p_{m0}}=1-0.963\ 8\frac{x}{d}+0.394\ 6\left(\frac{x}{d}\right)^2-0.059\ 9\left(\frac{x}{d}\right)^3$；

当 $2.667\leqslant\frac{x}{d}$ 时，$p_{mx}=p_{m0}e^{-\alpha(d)x}$，其中，45 钢约束时，$\alpha=0.090\ 6+0.861\ 5e^{-\frac{x}{2.174\ 3}}$；有机玻璃约束时，$\alpha=0.092\ 4+0.996\ 7e^{-\frac{x}{2.380\ 5}}$。

2）45 钢隔板拟合关系

根据实验结果利用数据处理软件进行分析，得到 p_{sx}/p_{s0} 与 x/d 的拟合关系曲线，如图 5.48 所示。

根据拟合关系曲线，可以确定待定参数：$a_1=-0.753\ 4$，$a_2=0.326\ 3$，$a_3=-0.059\ 4$。因此，式（5－103）的具体表达形式为

$$\frac{p_{sx}}{p_{s0}}=1-0.753\ 4\frac{x}{d}+0.326\ 3\left(\frac{x}{d}\right)^2-0.059\ 4\left(\frac{x}{d}\right)^3 \tag{5-105}$$

适用范围：$0\leqslant\frac{x}{d}\leqslant2$。

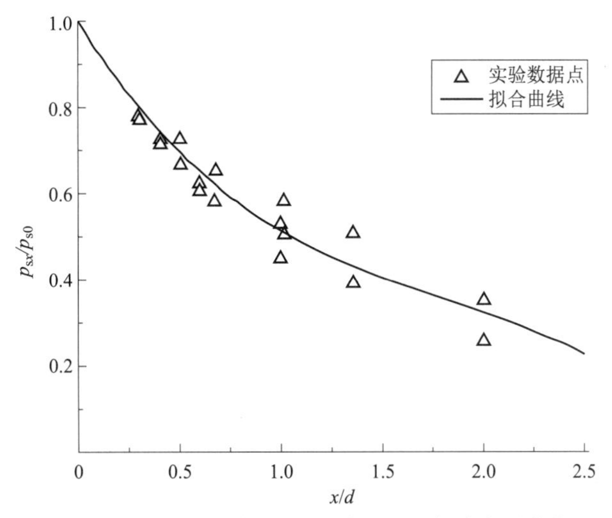

图 5.48　45 钢隔板衰减 p_{sx}/p_{s0} 与 x/d 的拟合关系曲线

至此，圆柱形装药爆轰输出冲击波在 45 钢隔板中衰减规律的数学表达式为

当 $0 \leqslant \frac{x}{d} \leqslant 2$ 时，$\frac{p_{sx}}{p_{s0}} = 1 - 0.753\ 4\frac{x}{d} + 0.326\ 3\left(\frac{x}{d}\right)^2 - 0.059\ 4\left(\frac{x}{d}\right)^3$；

当 $2 \leqslant \frac{x}{d}$ 时，$p_{sx} = p_{s0}\mathrm{e}^{-\alpha(d)x}$，其中，45 钢约束时，$\alpha = 0.071\ 9 + 0.438\ 4\mathrm{e}^{-\frac{d}{2.983\ 5}}$；有机玻璃约束时，$\alpha = 0.072\ 4 + 0.702\ 4\mathrm{e}^{-\frac{d}{2.485\ 3}}$。

5. 隔板与受主装药界面压力计算

隔板和受主装药都属于固体材料，而固体中冲击波的传播问题相当复杂，主要是由于固体材料的状态方程比较复杂，并且在冲击波的传播过程中包含着一次冲击压缩和二次冲击压缩以及等熵膨胀等情况，在此采用 $p-u$ 图[10]的近似解法，如图 5.49 所示。由于施主装药爆轰输出冲击波经隔板传递后已将隔板压缩，隔板密度已经发生变化，所以当隔板与受主装药界面反射回隔板的冲击波对隔板的压缩属于二次压缩，隔板材料的初始冲击雨贡纽关系已

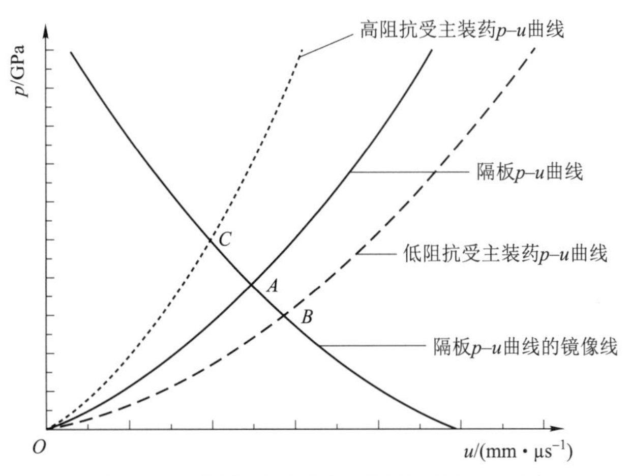

图 5.49　隔板与受主装药界面作用的 $p-u$ 图

不再适用，但由于大多数固体隔板材料初始密度比较大，经过一次冲击波压缩后，结构更加密实，反射冲击波对隔板材料的二次压缩量不会太大，在计算过程中可以用初始冲击雨贡组关系来代替二次压缩的冲击雨贡组曲线[10]。同时忽略隔板和受主装药的初始压力。

图中 A 点为施主装药爆轰输出冲击波经 x 厚的隔板衰减后的状态点，过 A 点作隔板 $p-u$ 曲线的镜像线，与高阻抗和低阻抗受主装药的 $p-u$ 曲线分别相交于 B 点和 C 点，B 点和 C 点的状态即进入受主装药的初始状态。

由于隔板和受主装药的初始压力相比于冲击波压力可以忽略，隔板材料和受主装药的冲击雨贡组关系和冲击波速与粒子速度的近似关系为

对于隔板：

$$\begin{cases} p_{\mathrm{m}} = \rho_{\mathrm{m0}} D_{\mathrm{m}} u_{\mathrm{m}} \\ D_{\mathrm{m}} = a_{\mathrm{m}} + b_{\mathrm{m}} u_{\mathrm{m}} \end{cases} \tag{5-106}$$

对于受主装药：

$$\begin{cases} p_{\mathrm{e}} = \rho_{\mathrm{e0}} D_{\mathrm{e}} u_{\mathrm{e}} \\ D_{\mathrm{e}} = a_{\mathrm{e}} + b_{\mathrm{e}} u_{\mathrm{e}} \end{cases} \tag{5-107}$$

式中，ρ，p，u，D 分别为密度、压力、粒子速度和冲击波速度；下标 m 和 e 分别表示隔板和受主装药。

隔板材料冲击雨贡组曲线的镜像线为

$$p'_{\mathrm{m}} = \rho_{\mathrm{m0}}[a_{\mathrm{m}} + b_{\mathrm{m}}(u'_{\mathrm{m}} - 2u_{\mathrm{m}x})](u'_{\mathrm{m}} - 2u_{\mathrm{m}x}) \tag{5-108}$$

界面连续条件：

$$\begin{cases} u'_{\mathrm{m}} = u_{\mathrm{e}} \\ p'_{\mathrm{m}} = p_{\mathrm{e}} \end{cases} \tag{5-109}$$

联立式（5－107）、式（5－108）和式（5－109）即可求得隔板与受主装药界面的粒子速度 u_{e}：

$$u_{\mathrm{e}} = \frac{(4\rho_{\mathrm{m0}} b_{\mathrm{m}} u'_{\mathrm{m}} + \rho_{\mathrm{m0}} a_{\mathrm{m}} + \rho_{\mathrm{e0}} a_{\mathrm{e}}) - \sqrt{(4\rho_{\mathrm{m0}} b_{\mathrm{m}} u'_{\mathrm{m}} + \rho_{\mathrm{m0}} a_{\mathrm{m}} + \rho_{\mathrm{e0}} a_{\mathrm{e}})^2 - 8(\rho_{\mathrm{m0}} b_{\mathrm{m}} - \rho_{\mathrm{e0}} b_{\mathrm{e}})(\rho_{\mathrm{m0}} a_{\mathrm{m}} u'_{\mathrm{m}} + 2\rho_{\mathrm{m0}} b_{\mathrm{m}} u'^2_{\mathrm{m}})}}{2(\rho_{\mathrm{m0}} b_{\mathrm{m}} - \rho_{\mathrm{e0}} b_{\mathrm{e}})} \tag{5-110}$$

将得到的粒子速度 u_{e} 代入式（5－107）即可得到在受主装药中产生的压力 p_{e}。

计算过程：

（1）根据隔板的冲击波压力衰减曲线可以得到微装药爆轰输出冲击波经 x 厚的隔板衰减后的冲击波压力 $p_{\mathrm{m}x}$。

（2）利用式（5－108）可以求出 $p_{\mathrm{m}x}$ 对应的隔板粒子速度 $u_{\mathrm{m}x}$，代入隔板材料的镜像线方程式（5－109）。

（3）利用式（5－110）即可求得隔板与受主装药界面的粒子速度 u_{e}，将粒子速度 u_{e} 代入式（5－107）即可得到界面产生的冲击波压力 p_{e}，其中常用未反应炸药的冲击雨贡组参数查表可获得。

5.2.3　飞片

飞片是在炸药微装药与其他微装药之间的间隙中设置的金属片，是以金属片飞行动能传递爆炸能量的元件。由于飞片与炸药之间是被加速膛隔开的，同时炸药中不含敏感药剂，起爆阈值能量高，对机械冲击、静电、杂散电流、射频等的抵抗能力强，是一种安全和可靠的起爆方式。

5.2.3.1　飞片起爆机理分析

飞片起爆技术是指利用施主装药爆轰驱动飞片，通过一定长度的空气间隙（也即加速膛）冲击起爆下一级炸药。这种起爆方式的特点是加速膛的长度是依据飞片的材料、质量和上一级炸药释放的能量进行严格设计的，使得飞片在一定能量的条件下被加速到极限速度。装药驱动飞片进行能量传递的过程中，飞片的能量主要是以动能形式存在，而动能与速度的平方成比例。因此，研究飞片的最大速度具有重要意义。图 5.50 所示为典型的飞片起爆结构。

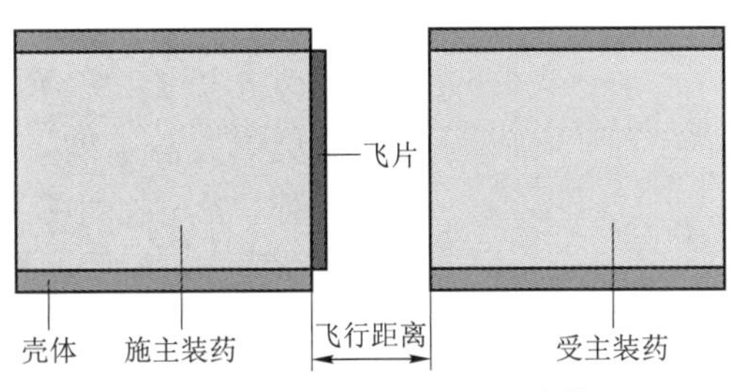

图 5.50　典型的飞片起爆结构

5.2.3.2　飞片速度的影响因素

1. 加速膛长度

加速膛的长度对飞片获得最大速度起着重要作用，当飞片被炸药驱动在加速膛运动时，飞片不断地被加速，一定程度上加速膛的长度决定了飞片最终获得的速度。如果加速膛长度较小，飞片就不能达到它的极限速度；如果加速膛长度太大，飞片在飞行过程中不断压缩前方的空气，使得飞片速度减小。

2. 约束强度

通过研究初级装药约束壳体对不同材料和尺寸的飞片速度的影响，得出装药直径和飞片直径较小时，受约束壳体厚度变化的影响较显著，主要是因为装药直径小时，容易受稀疏波的影响；飞片厚度较小时，飞片速度受约束壳体影响比较小。通过比较验证了约束壳体的厚度选取为 0.2 mm 是合适的。

3. 飞片尺寸

在初级药量一定的条件下，飞片速度随飞片厚度的增加而逐渐较小，减小的幅值与飞片的厚度有关，飞片厚度较小时，其下降趋势较显著；对于厚度相同的飞片，直径小的飞片速度明显大于直径大的飞片速度，主要原因是飞片厚度相同时，直径小的飞片质量小，在初级药量一定的条件下，获得的速度就大。

4. 飞片材料

相同药量的炸药驱动尺寸相同但是材料不同的飞片，其获得的速度不相同，通过实验比较可以得出，尺寸相同的飞片，材料密度小的飞片的速度大，材料密度大的飞片速度小。

5.2.3.3 装药驱动飞片速度实验研究

实验研究飞片速度的方法主要有有机玻璃台阶法、VISAR（Velocity Interferometer System for Any Reflector）法和法布里–珀罗激光干涉法等[11]。VISAR 法测试精度较高，理论上可达 10 m/s，而且可以测得飞片在爆轰驱动下飞行的速度历史，近年来国内学者利用 VISAR 法对不同条件下的飞片速度进行了大量研究，但 VISAR 法也存在缺点：对飞片表面的光反射率要求较高，测试系统操作比较复杂，光纤探头价格昂贵且容易损坏。本章基于法拉第电磁感应定律，设计加工了以高磁场强度的永磁装置，采用以此为主要测量仪器的电磁法测试了火工品小型施主装药驱动不同金属飞片的速度变化规律，并利用 VISAR 法对电磁法进行了标定，结果证明电磁法测得的实验结果是可靠的，电磁法还具有操作简单、实验成本低的特点。

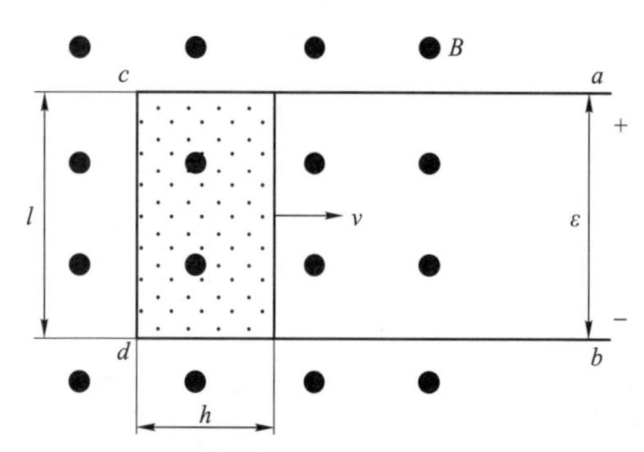

图 5.51 永磁场中矩形线圈感应电流的极性

1. 测试原理

电磁法测试飞片平均速度的主要依据是法拉第电磁感应定律和应力波理论，用电磁速度传感器直接测量爆轰波驱动飞片在一段飞行距离的平均速度。基本原理：利用法拉第电磁感应定律可知，当金属导体在磁场中做切割磁力线运动时，就会在导体的运动部位产生感应电动势，如果导体形成闭合回路，则产生感应电流。如图 5.51 所示，其电动势的大小与导线所包围面积的磁通量对时间的变化率成正比，即

$$\varepsilon = \pm \frac{\mathrm{d}\Phi}{\mathrm{d}t} \tag{5-111}$$

式中，ε 为感应电动势（V）；Φ 为线圈的磁通量（Wb）；t 为时间（s）。

由于磁通量 $\Phi = BS$，式（5–111）可写成

$$\varepsilon = \pm \frac{\mathrm{d}(BS)}{\mathrm{d}t} = \pm \left(B\frac{\mathrm{d}S}{\mathrm{d}t} + S\frac{\mathrm{d}B}{\mathrm{d}t} \right) \tag{5-112}$$

式中，B 为磁感应强度（T）；S 为金属导体切割磁力线的面积（mm^2）。

当导体处于恒定磁场中时，$\frac{\mathrm{d}B}{\mathrm{d}t}=0$，由式（5–112）可得

$$\varepsilon = \pm B\frac{\mathrm{d}S}{\mathrm{d}t} = \pm Blv \tag{5-113}$$

式中，l 为移动导体 cd 的长度（mm）；v 为导体 cd 切割磁力线的速度（mm/μs）。正号表示原矩形框所包围的面积增加，负号表示原矩形框所包围的面积减小。

由式（5–113）可知，当其他参数一定时，磁场强度越大，则产生的感应电动势越强，本章研究的是装药直径小于 5 mm 的施主装药，其驱动飞片的能力相对于大直径装药要弱得

多，为了提高感应电动势的信号强度，设计制作的永磁场的磁场强度为 0.23 T，比文献中的 0.05～0.1 T 提高了一倍以上，保证了测试信号的灵敏度。

电磁速度传感器的结构如图 5.52 所示，其主要部件包括铜箔、有机玻璃板、有机玻璃条、有机玻璃块和聚酰亚胺膜。各部件用胶水黏合，保证铜箔绕成有效的闭合回路。

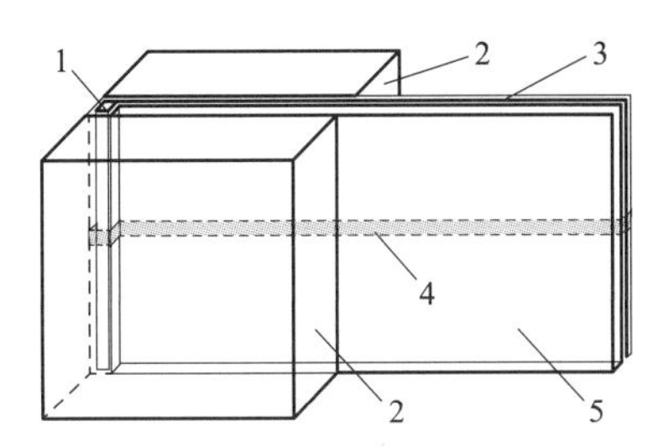

图 5.52　电磁速度传感器结构图

1—有机玻璃条；2—有机玻璃块；3—聚酰亚胺膜；4—铜箔；5—有机玻璃板

2. 实验装置与测试系统

电磁法测试施主装药爆炸驱动飞片平均速度的测试系统连接框图如图 5.53 所示，其工作过程为：起爆电雷管，雷管引爆施主装药，装药爆轰驱动飞片运动，飞片经过定位块内一定距离的飞行后，撞击在电磁速度传感器里闭合回路的前臂上，此过程会在闭合回路的两端产生相应的感生电动势，信号由示波器捕捉。

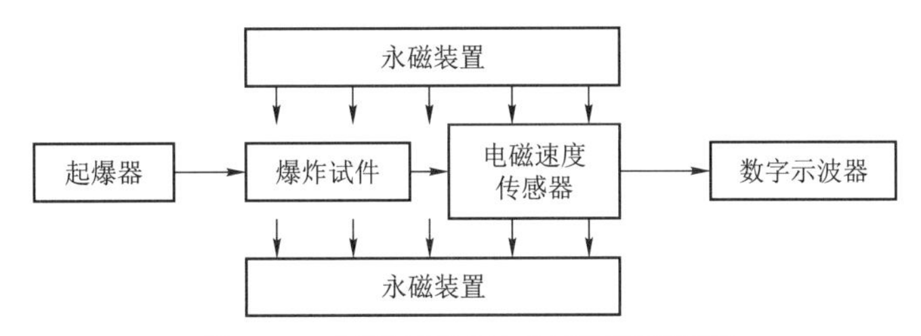

图 5.53　电磁法测试飞片速度测试框图

为了保证电磁法测试施主装药爆炸驱动飞片平均速度的可靠性，对其中一种直径装药驱动飞片的速度采用 VISAR（任意反射面激光干涉测速）法测试，利用该测试结果对电磁速度传感器进行标定。选用的装药：有机玻璃约束，装药直径为 3 mm，装药高度为 38 mm。选用的飞片：钛合金材质，厚度为 0.1 mm。经过实验测试，电磁法得到的速度最大值比 VISAR 法要低 11.24%，则速度最大值 v_{m} 为

$$v_{\mathrm{m}} = 1.112\ 4 v_x \tag{5-114}$$

式中，v_x 为电磁法测得的飞片最大速度，经实验得出，两种方法测得的飞片平均速度偏差在 7.2%以内，电磁法测得的最大速度比 VISAR 法低 11.24%，因此，采用电磁法测试施主装药爆炸驱动飞片的最大速度需用式（5－114）修正，修正后的测试结果是可靠的。

3. 测试条件及测试结果

实验所用传爆药为 JO－9C（Ⅲ）型细颗粒传爆药，药剂造型粉粒度为 40～100 目，装药约束套筒材料为有机玻璃，套筒外径为 20 mm，药筒高度为 38 mm，装药内径为 1.5 mm、3 mm 和 5 mm。装药密度为（1.707±0.005）g/cm^3（90%理论密度），为保证压药密度并避免密度梯度，采用定位压药的方法分多次将施主装药压制成型。飞片分为 5 种，列于表 5.19 中。

表 5.19　飞片的具体参数[12]

飞片材料	牌号	抗剪切强度 τ_f/MPa	飞片密度/（g·cm^{-3}）	飞片厚度/mm	单位面积飞片质量/（g·mm^{-2}）
钛	TA2Y	360～480	4.51	0.1	0.451
不锈钢	1Cr18Ni9	460～520	7.93	0.2	1.586
不锈钢	1Cr18Ni9	460～520	7.93	0.5	3.965
镍铜	B19M	240～360	8.9	0.2	1.78
镍铜	B19M	240～360	8.9	0.5	4.45

利用电磁法对不同直径施主装药驱动不同飞片进行测试，每个实验条件下测试 3 个有效数据。利用分析软件将实验结果拟合得到了相应的飞片速度规律曲线，如图 5.54～图 5.56 所示。

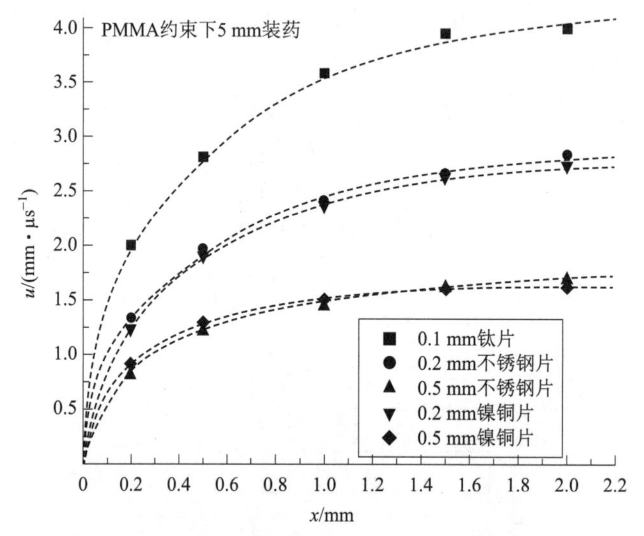

图 5.54　5 mm 装药驱动不同飞片的平均速度规律

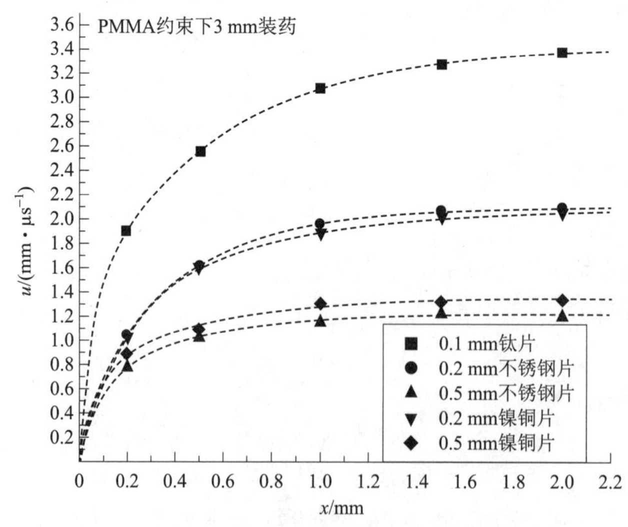

图 5.55　3 mm 装药驱动不同飞片的平均速度规律

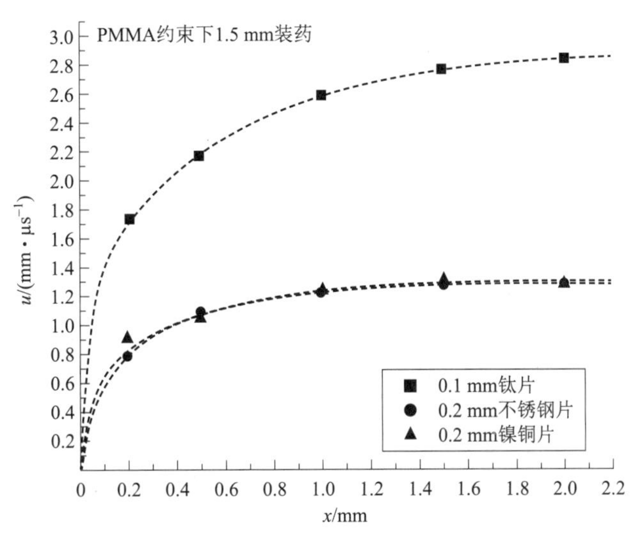

图 5.56　1.5 mm 装药驱动不同飞片的平均速度规律

飞片速度随飞行距离变化的实验规律数学表达可以用统一的形式：

$$v_x = A + B_1\left(1-\exp\left(-\frac{x}{C_1}\right)\right) + B_2\left(1-\exp\left(-\frac{x}{C_2}\right)\right) \tag{5-115}$$

式中，v_x 为飞行距离 x 的飞片速度；A、B_1、B_2、C_1、C_2 均为拟合系数，根据不同的实验条件、装药直径、飞片材料可得到不同的拟合系数。利用数据处理方法可以得到施主装药驱动不同飞片的速度最大值位置及相应的速度最大值，见表 5.20。

表 5.20　不同装药驱动不同飞片的速度最大值位置

飞片材料	飞片厚度/mm	装药直径/mm	速度最大位置/mm	速度最大值/（$\mathrm{mm \cdot \mu s^{-1}}$）
钛	0.1	5	2.19	4.577
钛	0.1	3	1.74	3.749
钛	0.1	1.5	1.70	3.140
不锈钢	0.2	5	1.96	3.134
不锈钢	0.2	3	1.29	2.294
不锈钢	0.2	1.5	0.97	1.375
不锈钢	0.5	5	1.73	1.879
不锈钢	0.5	3	0.93	1.304
镍铜	0.2	5	1.90	3.025
镍铜	0.2	3	1.45	2.239
镍铜	0.2	1.5	1.06	1.396
镍铜	0.5	5	1.22	1.751
镍铜	0.5	3	1.03	1.438

5.2.3.4 飞片起爆能量传递规律

飞片起爆是以施主装药驱动的高速飞片为能量载体撞击受主装药，在受主装药中产生冲击波使之起爆，因此施主装药驱动能量传递问题包括飞片最大速度求解、飞片最大速度出现的位置和飞片撞击受主装药的能量产生问题。

1. 格尼（Gurney）方程

炸药驱动飞片运动的速度理论计算方法有以下几种：Gurney 提出的 Gurney 模型、Aziz 提出的爆轰流体动力学模型、Yadav 建立的数学模型、谢兴华的一维爆炸流场模型、耿俊峰的径向流场模型和张厚生的炸药示性值计算方法。因为 Gurney 方程应用的范围最广，本章主要介绍 Gurney 模型。

Gurney 方程是计算炸药驱动飞片最大速度的常用方法，该方程根据动量守恒定律和能量守恒定律，并采用了几点假设：① 炸药爆轰过程符合瞬时爆轰理论，不考虑冲击波在飞片和产物间的反射和透射；② 爆轰产物的密度为恒定值，且速度随距离呈一维线性分布；③ 炸药的能量全部转换为金属和爆轰产物的动能。Gurney 方程针对对称装药结构和不对称装药结构分为以下几种情况进行求解：

对称装药结构分为三种情况，如图 5.57～图 5.59 所示。

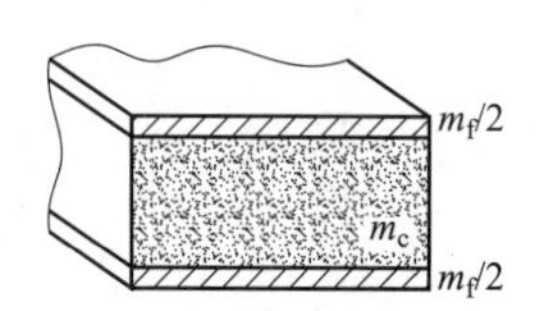

图 5.57　对称平板约束装药

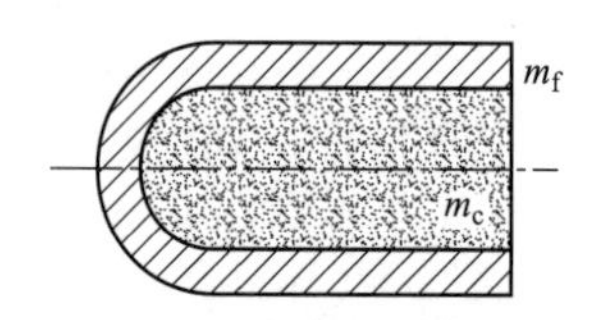

图 5.58　圆筒内的圆柱装药

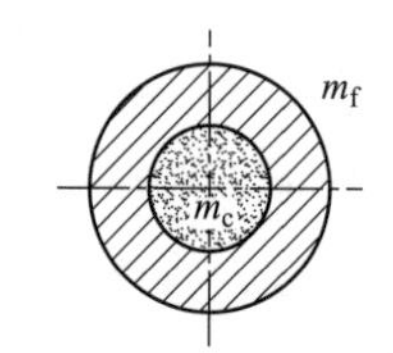

图 5.59　球壳内的球形装药

（1）对称平板约束装药：

$$v_f = \sqrt{2E}(m_f / m_e + 1/3)^{-1/2} \quad （5-116）$$

（2）圆筒内的圆柱装药：

$$v_f = \sqrt{2E}(m_f / m_e + 1/2)^{-1/2} \quad （5-117）$$

（3）球壳内的球形装药：

$$v_f = \sqrt{2E}(m_f / m_e + 3/5)^{-1/2} \quad （5-118）$$

不对称装药结构分为两种情况，如图 5.60 和图 5.61 所示。

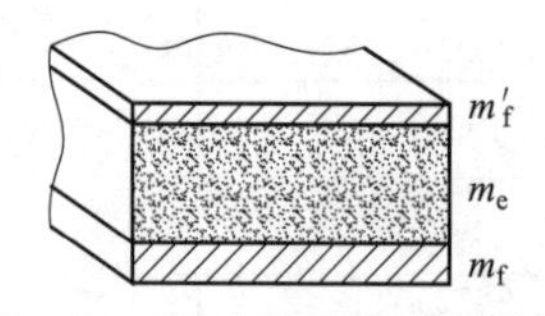

图 5.60　不对称平板约束装药

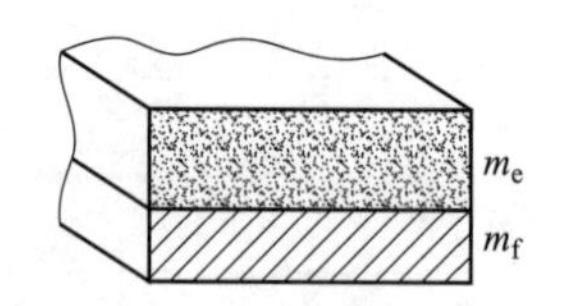

图 5.61　不对称约束半开口装药

（1）不对称平板约束装药：

$$v_f = \sqrt{2E}[(1+F^3)/3(1+F) + m_{f'}F^2 / m_e + m_f / m_e]^{-\frac{1}{2}} \quad （5-119）$$

（2）不对称约束半开口装药：

$$v_{\mathrm{f}}=\sqrt{2E}\left[1+\left(1+2\frac{m_{\mathrm{f}}}{m_{\mathrm{c}}}\right)^{3}\Big/6(1+m_{\mathrm{f}}/m_{\mathrm{e}})+m_{\mathrm{f}}/m_{\mathrm{e}}\right]^{-\frac{1}{2}} \tag{5-120}$$

式中，v_{f} 为金属飞片末速度，即最大速度；$\sqrt{2E}$ 为炸药的 Gurney 特征速度，E 为 Gurney 能，是指单位质量炸药爆炸后释放的热能中转换为气体爆轰产物和金属飞片运动的能量；m_{f}、$m_{\mathrm{f'}}$ 分别为金属飞片质量；m_{e} 为炸药质量；符号 $F=(1+2m_{\mathrm{f}}/m_{\mathrm{c}})/(1+2m_{\mathrm{f}}/m_{\mathrm{c}})$。

对于不同结构的装药形式，可以采用不同形式的 Gurney 方程计算炸药驱动飞片的最大速度，但 Gurney 方程的模型均为驱动侧向飞片，且未考虑装药尺寸的影响。

2. 飞片最大速度计算方法

如图 5.62 所示，施主装药爆轰驱动飞片加速，飞片经过一段飞行距离后高速撞击受主装药，在受主装药中产生冲击波将其起爆。在此选用 Gurney 方程的半开口结构，其主要假设为：① 爆轰反应瞬间完成，不考虑冲击波在飞片表面的反射，认为飞片在瞬间被加速到了最大速度 v_{f}；② 爆轰产物的密度是各向均匀的，其速度分布为其拉格朗日位置的线性函数；③ 炸药的能量全部转换为金属飞片和爆轰产物的动能。

基于以上假设建立的炸药驱动飞片坐标系如图 5.63 所示。对于图 5.63 中的模型，取装药和飞片为研究对象。根据能量守恒定律：

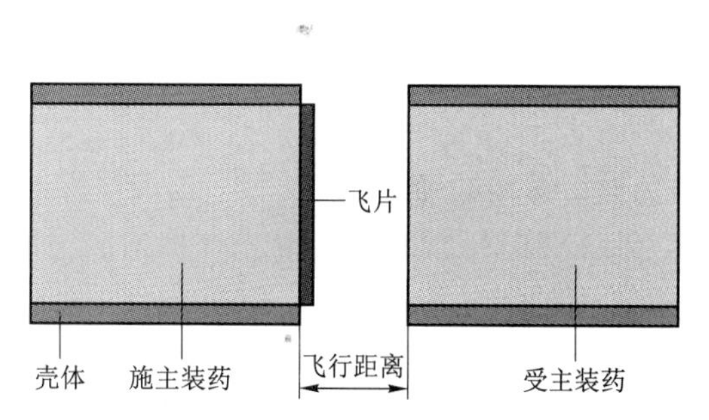

图 5.62　施主装药驱动飞片撞击受主装药

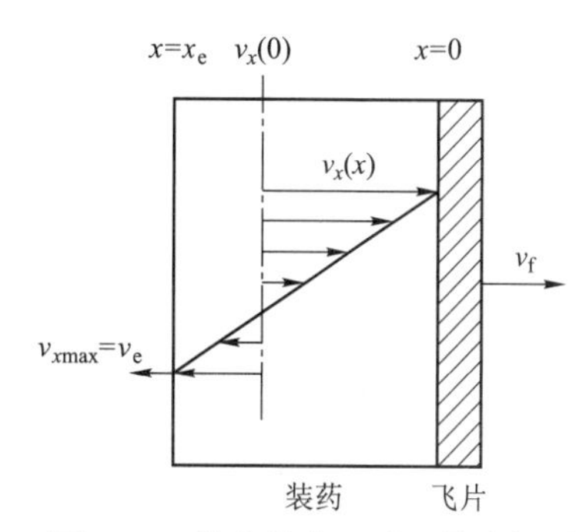

图 5.63　施主装药驱动飞片坐标系

$$m_{\mathrm{e}}E_0=\frac{1}{2}m_{\mathrm{f}}v_{\mathrm{f}}^2+\frac{1}{2}\rho_{\mathrm{e}}\int_0^{x_{\mathrm{e}}}v_x^2(x)\mathrm{d}x \tag{5-121}$$

对式（5-121）积分后可得

$$m_{\mathrm{e}}E_0=\frac{1}{2}m_{\mathrm{f}}{v_{\mathrm{f}}}^2+\frac{1}{6}m_{\mathrm{e}}(v_{\mathrm{e}}^2-v_{\mathrm{e}}v_{\mathrm{f}}+v_{\mathrm{f}}^2) \tag{5-122}$$

根据动量守恒定律：

$$m_{\mathrm{f}}v_{\mathrm{f}}=\rho_{\mathrm{e}}\int_0^{x_{\mathrm{e}}}v_x(x)\,\mathrm{d}x \tag{5-123}$$

积分后可得

$$m_{\mathrm{f}}v_{\mathrm{f}}=\frac{1}{2}m_{\mathrm{f}}(v_{\mathrm{e}}-v_{\mathrm{f}}) \tag{5-124}$$

式中，$v_x(x)=(v_{\mathrm{e}}+v_{\mathrm{f}})x/x_{\mathrm{e}}-v_{\mathrm{f}}$；$m_{\mathrm{f}}$ 为单位面积飞片的质量；m_{e} 为单位面积炸药的质量；v_{f}

为飞片的最大速度；v_e为爆轰产物气体的最大速度；$v_x(x)$为爆轰产物气体在x处的速度。

联立式（5－122）和式（5－124），可以得到

$$v_f=\sqrt{2E_0}\left[\frac{\left(1+2\frac{m_f}{m_e}\right)^3+1}{6\left(1+\frac{m_f}{m_e}\right)}+\frac{m_f}{m_e}\right]^{-\frac{1}{2}} \tag{5-125}$$

式中，$\sqrt{2E_0}$为炸药的 Gurney 特征速度。

有文献给出了 Gurney 特征速度$\sqrt{2E_0}$的表达式：

$$\sqrt{2E_0}=\frac{D_J}{\left(1+2\frac{m_f}{m_e}\right)(\gamma-1)}\left[\frac{\left(1+2\frac{m_f}{m_e}\right)^3+1}{6\left(1+\frac{m_f}{m_e}\right)}+\frac{m_f}{m_e}\right]^{\frac{1}{2}} \tag{5-126}$$

式中，D_J为装药的爆速；γ为爆轰产物的等熵指数。

将式（5－116）代入式（5－125），并用膨胀角模型理论的爆速D_j代替D_J，得到飞片速度的表达式：

$$v_f=\frac{D_j}{\left(1+2\frac{m_f}{m_e}\right)(\gamma-1)} \tag{5-127}$$

3. 有效药量折算角的确定

利用式（5－122）进行计算时，由于一般情况下施主装药较长，装药长度远大于装药直径，并非所有装药量对驱动飞片加速都有贡献，在此，m_e采用有效药量的计算方法。

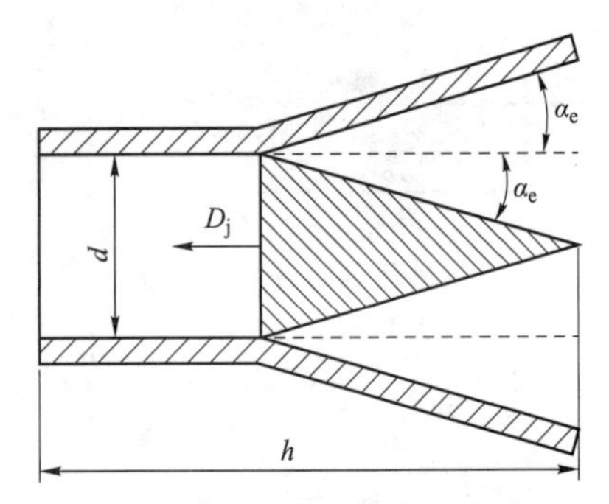

图 5.64　有效药量计算模型示意图

如图 5.64 所示，施主装药爆炸时，爆轰产物径向膨胀而产生稀疏波，稀疏波经过的区域即图中施主装药边缘沿径向的α_e角包含的装药对驱动飞片没有贡献，对于装药高度大于装药直径的情况，实际上对驱动飞片有贡献的是以施主装药直径为底的圆锥形装药，该圆锥形装药即有效药量。当装药直径小于装药长度的无约束药柱爆轰时，有效药量m_e'计算公式[13]为

$$m_e'=\frac{\rho_e\pi d^3}{24\tan\alpha_e} \tag{5-128}$$

式中，d为装药直径；α_e为无约束装药的折算角。

由于式（5－128）的适用条件是无约束药柱，而施主装药的约束条件很强，阻挡了径向稀疏波的侵入，显然折算角应小于无约束药柱。有文献假设有约束装药和无约束装药的折算角之比与径向产物的飞散速度之比呈线性关系，最终给出了有约束装药折算角的计算公式：

$$\theta = \frac{30^\circ}{\sqrt{\frac{2W_m}{W_e}+1}} \tag{5-129}$$

式中，θ 为无约束装药的折算角；W_m 为单位长度外壳的质量；W_e 为单位长度装药的质量。

利用式（5-128）和式（5-129）计算有效药量后代入式（5-127）中，计算得到的飞片最大速度以及与实验值的对比，经实验数据对比发现利用式（5-129）得到的折算角 θ 计算飞片速度与实验值的偏差较大。直接利用实验得到的飞片速度值代入式（5-127）和式（5-128）来反推有约束微装药的折算角 α_e'，得 $\alpha_e' \approx 12.45^\circ$。

为了验证其合理性，将 $\alpha_e' \approx 12.45^\circ$ 代入式（5-128）和式（5-127），将得到的飞片速度计算结果同实验结果相对比，计算结果与实验结果基本符合，所有条件下的偏差均在 15%以内，说明 $\alpha_e' \approx 12.45^\circ$ 对于工程计算有约束施主装药驱动飞片的最大速度是一个很好的近似。

4. 飞片冲击受主炸药产生的能量计算

当飞片高速撞击炸药时，由于金属飞片的冲击阻抗大于炸药的冲击阻抗，因此飞片与炸药的界面产生一道向炸药传播的冲击波，并同时向飞片反射一道冲击波，界面波系图如图 5.65 所示。

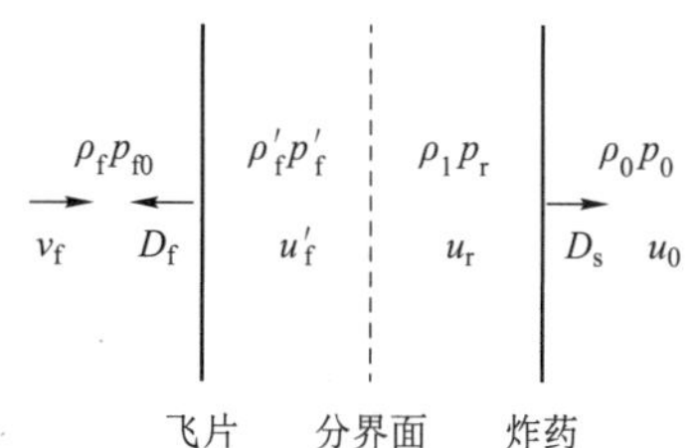

图 5.65　飞片撞击受主炸药后的界面波系图

根据动量守恒定律：

对于炸药：
$$p_r - p_0 = \rho_0 D_s (u_r - u_0) \tag{5-130}$$

对于飞片：
$$p_f' - p_0 = \rho_f (D_f + v_f)(v_f - u_f') \tag{5-131}$$

由飞片和炸药的冲击压缩规律：

对于炸药：
$$D_s = a_e + b_e u_r \tag{5-132}$$

对于飞片：
$$D_f + v_f = a_f + b_f (v_f - u_f') \tag{5-133}$$

由界面连续条件：
$$p_f' = p_r \tag{5-134}$$

$$u_f' = u_r \tag{5-135}$$

联立式（5-130）～式（5-135），可得

$$u_r = \frac{\sqrt{B^2 - 4AC} - B}{2A} \tag{5-136}$$

式中，$A = \rho_0 b_e - \rho_f b_f$；$B = 2\rho_f b_f v_f + \rho_f a_f + \rho_0 a_e$；$C = -\rho_f a_f v_f - \rho_f b_f v_f^2$。

将 u_r 代入式（5-133）和式（5-130）即可得到 D_f 和 p_r。

飞片作用时间：

$$\tau = \frac{2l_f}{D_f} \tag{5-137}$$

式中，l_f 为飞片厚度。

飞片撞击炸药产生的能量 E_C 为

$$E_C = p_r^2 \tau \tag{5-138}$$

常用炸药的临界起爆能量经查表可获得。

习题与课后思考

1. 简述微装药的直径效应。

2. 简述拐角效应及拐角装药的临界爆轰尺寸。

3. 已知某隔板起爆器施主装药直径 d=1.5 mm，装药密度 ρ_0=1.68 g/cm^3，约束为 45 钢，爆速 D_j=7 800 m/s，P_j=23.5 GPa。

试计算：

（1）入射到有机玻璃隔板的初始冲击波压力；

（2）有机玻璃隔板 1.5 mm 处的冲击波压力。

4. 已知施主装药直径为 2 mm，装药密度为 ρ_e =1.72 g/cm^3，D_j=8 000 m/s，γ=2.9。

试计算：该施主装药在有无约束两种条件下驱动 0.2 mm 不锈钢片的最大速度。

参 考 文 献

［1］Dremin A N，Trofimov V S. Nature on the critical detonation diameter of condensed explosives [J]. Combustion，Explosion，and Shock Waves，1969，5(3)：208－212.

［2］Eyring H，Powell R E，Duffey G H，et al. The Stability of Detonation [J]. Chem. Revs.，1949，45：69－181.

［3］Jones H. A Theory of the Dependence of the Rate of Detonation of Solid Explosives on the Diameter of the Charge [J]. Proceedings of the Royal Society (London)，1947，(189A)：415－426.

［4］徐新春. 微通道装药爆轰能量传递规律研究［D］. 北京：北京理工大学，2009.

［5］Dick J J. Numerical Modeling of Detonation [M]. Berkeley，University of California Press，1978.

［6］Campedl A W. The M－3 corner－turning test [R]. LA－VR－88－457，1988.

［7］李生才，冯长根，赵同虎. 拐角角度对爆轰波拐角效应的影响［J］. 爆炸与冲击，1999，19（4）：89－294.

［8］王树山. 爆轰波非常规传播现象及其应用研究［D］. 北京：北京理工大学，1995.

［9］黄正平. 爆炸与冲击电测技术［M］. 北京：国防工业出版社，2006.

［10］张宝平，张庆明，黄风雷. 爆轰物理学［M］. 北京：兵器工业出版社，2001.

［11］经福谦，陈俊祥. 动高压原理与技术［M］. 北京：国防工业出版社，2006.

［12］布拉德，克劳瑟. 材料手册［M］. 张效忠，等译. 北京：科学出版社，1989.

［13］Zukas J A，Walters W P. Explosive Effects and Applications [M]. New York：Springer Verlag，1997.

第 6 章
爆炸输出器件

爆炸输出器件，即爆炸能量输出器件，是指以爆轰波形式向下一级输出爆炸能量的器件，广泛用于传爆系统。本章主要介绍同步爆炸网络和爆炸逻辑网络两部分。

6.1　同步爆炸网络

同步爆炸网络分单点输出和多点输出器件两类。由于多点输出器件中包括单点输出器件，所以本章节介绍单点输出器件。

同步爆炸网络是一类具有单点输入、多点同步输出功能的爆炸网络。依其载体不同分为刚性和柔性两类[1]，刚性爆炸网络是以刚性基板为载体的沟槽型爆炸网络，按输出点的几何分布状况可分为面网络和线网络两种，按输出点与输入点的相对位置又可分为中心式和偏心式。其中面同步爆炸网络主要用于战斗部装药的端面多点同步起爆，以达到精确调整起爆波形及控制起爆方向的目的。线同步爆炸网络主要用于战斗部装药的轴向或侧向多点同步起爆，以达到调整爆轰波传播方向的目的。同步爆炸网络在武器系统中有广泛的应用，如线同步爆炸网络用于定向战斗部的起爆系统中，能有效提高打击目标威力；面同步爆炸网络用于 EFP 战斗部端面起爆，能精确控制爆轰波形，并显著提高装药利用率，进而提高战斗部的威力。

6.1.1　刚性面同步爆炸网络设计原理[2]

6.1.1.1　一般结构及其特征参数

中心式面同步爆炸网络的输出点均匀分布在平面上，输入点位于输出点阵的几何中心，其作用是对主装药端面实施平面多点起爆，以使主装药获得所需爆轰波形。由于战斗部的主装药截面一般为圆形，所以面同步爆炸网络的输出端为正方形点阵，由“工”字形网络通道相连至输入端，如图 6.1 所示。从图中可知，若构成正方形点阵，输出点数应为 4 的幂次。设输出端数为 N，n 为大于 1 的正整数，则有

$$N = 4^n \qquad (6-1)$$

式中，n 为同步爆炸网络的级数。

当 $n=1$ 时，$N=4$，为一级面同步爆炸网络；当 $n=2$ 时，$N=16$，为二级面同步爆炸网络；当 $n=3$ 时，$N=64$，为三级面同步爆炸网络。在实际应用中，一级面同步爆炸网络很少，较

常使用的是二级和三级面同步爆炸网络。

令 a 表示面同步爆炸网络相邻输出点间距，则正方形点阵的边长为

$$L_n = (2^n - 1)a \tag{6-2}$$

由图 6.1 的结构特点可知，L_n 也是每个输出点与中心起爆端的距离。

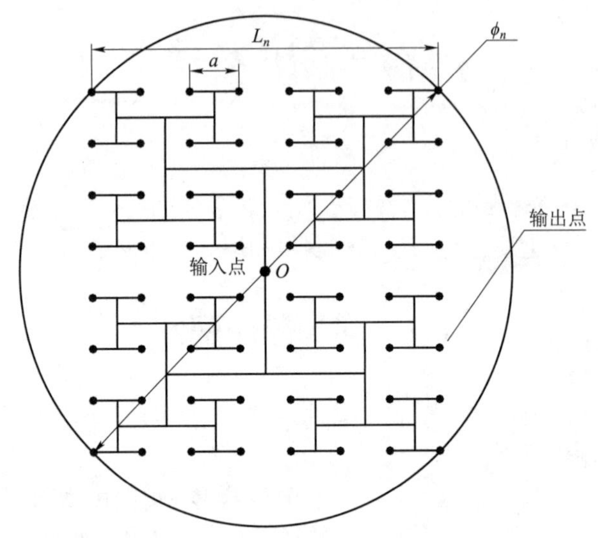

图 6.1　中心式面同步爆炸网络一般结构示意图

正方形点阵的外接圆直径 ϕ_n 为

$$\phi_n = \sqrt{2}(2^n - 1)a \tag{6-3}$$

外接圆直径是面同步爆炸网络能够起爆的最小装药直径。

爆炸网络的级数 n（或输出点数 N）、相邻点间距 a 是面中心同步爆炸网络的两个特征参数，也是两个相互独立的设计参数。在面中心同步爆炸网络设计中，圆形和正方形称为一般形状或正规形状。

6.1.1.2　设计原理与同步时间分析

1. 设计原理

面同步爆炸网络设计是指在给定被起爆装药截面直径 ϕ 的条件下，确定爆炸网络特征参数 a 和 n 值。a 值的确定要依据沟槽装药通道的最小允许间隔 δ_{min}[3]，同时应考虑网络输出节点的尺寸，由于面同步爆炸网络通道的间距为 $a/2$，因此，

$$a_{min} = 2\delta_{min} + \phi_{节点} \tag{6-4}$$

式中，$\phi_{节点}$ 为输出节点装药的直径；a_{min} 为相邻输出点的最小间距。

设计中心式面同步爆炸网络应遵循以下程序：

1）级数 n 的设计

根据给定的被起爆装药截面直径 ϕ 值和相邻输出点的最小间距 a_{min} 值，由式（6-3）确定一个最大可能的 n_{max}，即

$$n_{\max}=\ln\left(\frac{\phi}{\sqrt{2}a_{\min}}+1\right)\Big/\ln 2 \tag{6-5}$$

一般情况下，$n_{\max}$ 不是正整数，因此取小于并接近 $n_{\max}$ 的整数作为 n 值，即

$$n=[n_{\max}] \tag{6-6}$$

式（6-6）中的 n 即所设计的同步爆炸网络的级数。

2）a 值的确定

根据 ϕ 值和 n 值，由式（6-3）可得到 a 值，即

$$a=\frac{\phi}{\sqrt{2}(2^n-1)} \tag{6-7}$$

3）当 $n>1$ 时，去掉与外接圆相交的四个输出点

按式（6-7）设计的网络，必有四点在外接圆上，如图 6.1 所示。由于位于被起爆装药的边界，故这四点没有实际意义，因此在面同步爆炸网络设计的最后步骤要将其删除，网络的实际输出点数应为

$$N'=4^n-4$$

结合战斗部提出的具体要求和装药特性，可以按上述结果设计爆炸网络。

2. 同步时间分析[4,5]

同步爆炸网络的作用时间定义为由爆轰波输入端到各输出端的传播时间，用 t_n 表示。对中心式面同步爆炸网络，其作用时间可表示为

$$t_n=\frac{L_n}{D}+(2n-1)t_{\pi/2}=(2^n-1)\frac{a}{D}+(2n-1)t_{\pi/2} \tag{6-8}$$

式中，D 为装药的爆速；$t_{\pi/2}$ 为爆轰波拐过直角的时间延迟。

同步时间是指多点作用时间的偏差，用 Δt_n 表示。同步时间可利用误差分析的方法从式（6-8）作用时间中得到。式（6-8）中，假设 $t_{\pi/2}$ 与 D 无关，则 t_n 为 a、D 和 $t_{\pi/2}$ 三个独立变量的函数。

设变量误差为正态分布，由误差传播公式可得作用时间的偏差为

$$(\sigma_{t_n})^2=\alpha_1^2\sigma_a^2+\alpha_2^2\sigma_D^2+\alpha_3^2\sigma_{t_{\pi/2}}^2 \tag{6-9}$$

用函数偏微分法对式（6-8）偏微分得

$$\alpha_1=\frac{\partial t_n}{\partial a}=(2^n-1)\left(\frac{1}{D}\right)_0$$

$$\alpha_2=\frac{\partial t_n}{\partial D}=-(2^n-1)\left(\frac{a}{D^2}\right)_0$$

$$\alpha_3=\frac{\partial t_n}{\partial t_{\pi/2}}=2n-1$$

式中，下标 0 表示偏导数在标称值点的值。

已知 $\sigma_a=\Delta a,\sigma_D=\Delta D,\sigma_{t_{\pi/2}}=\Delta t_{\pi/2},\sigma_{t_n}=\Delta t_n$，代入式（6-9）得

$$\Delta t_n = \pm\sqrt{\left[(2^n-1)\frac{\Delta a}{D_0}\right]^2 + \left[(2^n-1)\frac{a_0\Delta D}{D_0^2}\right]^2 + [(2n-1)\Delta t_{\pi/2}]^2} \tag{6-10}$$

从式（6－10）可知，爆炸网络的级数对输出时间精度影响非常大，级数越高，爆轰波从输入端到输出端间的距离越长，同步性偏差也越大。另外，直接影响 Δt_n 的有 Δa 、ΔD 和 $\Delta t_{\pi/2}$。其中 Δa 取决于长度误差，ΔD 取决于装药截面尺寸和装药密度的误差。而 $\Delta t_{\pi/2}$ 除了取决于装药截面尺寸和装药密度的误差以外，还受到交叉通道的垂直度的影响。因此若提高同步时间的精度，必须提高沟槽通道的尺寸加工精度，提高装药密度的一致性。

在一般沟槽装药的条件下，$t_{\pi/2}$ 的值在 150～200 ns，$\Delta t_{\pi/2}$＜10 ns。若采用数控加工设备，则尺寸的加工误差 $\Delta a \approx 0.02$ mm。利用式（6－10）可对同步爆炸网络的同步时间精度进行理论估算。

6.1.1.3　讨论

刚性面中心同步爆炸网络是多点同步爆炸网络中结构较简单的一种，从上面的分析可以看出，影响爆轰波输出时间同步性的主要因素是网络的机械加工精度、装药密度的一致性和爆轰波拐角偏差。同样，爆轰波拐角偏差也受装药的一致性及加工精度的影响。以往国内在设计面中心同步多点爆炸网络时，采用的网络结构比较复杂，给网络的机械加工及装药都带来了很多困难，且造成网络的爆轰波输出时间同步性比较差，网络起爆的可靠性也不好。本研究设计的爆炸网络在结构上采用了拐直角设计，网络设计简单、规范，既有利于机械加工，又便于装药，大大提高了网络的机械加工精度，减小了爆速的偏差，可以达到很高的爆速，有利于降低爆轰波输出时间同步性偏差。同时，研究表明，在战斗部总体设计时，在不影响爆轰波输出波形的前提下，减少网络的级数，既有利于提高输出时间同步性，也便于装药。

6.1.2　刚性直线同步爆炸网络设计原理

6.1.2.1　一般结构及其特征参数

中心式直线同步爆炸网络的输出点分布在直线上，输入点位于输出点阵中心。直线同步爆炸网络由“一入二出”爆炸单元逐级对称叠加组合而成，其一般结构如图 6.2 所示。其中 a 表示相邻两输出点间距；b 表示网络布线宽度；L_n 表示起爆点分布长度；W_n 表示网络的宽度；W 表示直线起爆器的宽度；L 表示直线起爆器的长度，也是被起爆装药的长度。在直线同步爆炸网络的设计中，W 和 L 是给定的约束条件。

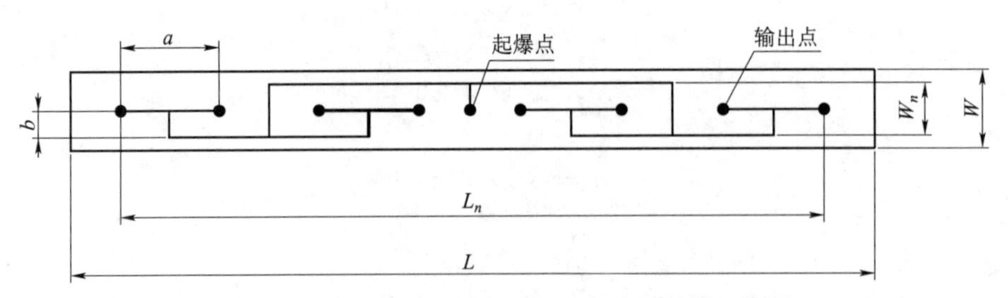

图 6.2　中心式直线同步爆炸网络的一般结构示意图

从图 6.2 可知，若构成线性多点起爆，输出点数应为 2 的幂次。设输出端数为 N，n 为大于 1 的正整数，则有

$$N = 2^n \tag{6-11}$$

式中，n 为同步爆炸网络的级数。当 $n=1$ 时，$N=2$，为一级直线同步爆炸网络，两点同时起爆；当 $n=2$ 时，$N=4$，为二级直线同步爆炸网络，四点同时起爆；其余依此类推。

直线同步爆炸网络的起爆点分布长度 L_n 为

$$L_n = (2^n - 1)a \tag{6-12}$$

网络宽度 W_n 为

$$W_n = b(n-1) + d \tag{6-13}$$

式中，d 为装药通道的宽度，依装药的临界宽度 d_c 而定[3]，在设计线同步爆炸网络时该值应为已知量。

起爆点数 N、起爆点分布长度 L_n 和网络宽度 W_n 是直线同步爆炸网络的三个特征参数。该三个特征参数由网络级数 n、相邻两输出点间距 a、网络布线宽度 b 三个变量决定，因此 n、a、b 为直线同步爆炸网络的设计参数。

6.1.2.2　设计原理与同步时间分析

1. 设计原理

中心式直线同步爆炸网络设计是指在给定起爆器长度 L 及起爆器宽度 W 的条件下，设计爆炸网络的 b、n 及 a 值。

1）b 和 n 的设计

直线起爆器的宽度一般受到严格的尺寸限制，因此 b 值应尽可能小。b 值的选定依据是沟槽装药通道的最小允许间隔 $\delta_{\min}$，同时应考虑输出节点的尺寸。因而 b 的最小取值为

$$b_{\min} = \delta_{\min} + \frac{\phi_{节点}}{2} \tag{6-14}$$

式中，$\phi_{节点}$ 为输出节点的尺寸。

从网络小型化设计考虑，并兼顾爆轰波输出时间同步性，一般取 $b=b_{\min}$。

为充分利用起爆器的允许宽度，网络的边缘通道与起爆器的边界之间的间距通常控制在 $d/2$ 以内，因此起爆器的宽度与网络宽度的关系应为

$$W = W_n + d = b(n-1) + 2d \tag{6-15}$$

式中，n 值的确定应按以下步骤进行：

先由式（6-14）和式（6-15）给出某一确定宽度 W 的直线起爆器的最大级数 $n_{\max}$ 值，表达式为

$$n_{\max} = (W - 2d) / b_{\min} + 1 \tag{6-16}$$

若 $n_{\max}$ 不是正整数，则 n 值取小于并接近 $n_{\max}$ 的整数，即

$$n = [n_{\max}] \tag{6-17}$$

2）a 的设计

按照线性对称起爆的原则，直线同步起爆器的长度与起爆点的分布长度的关系应为

$$L = L_n + a = 2^n a \tag{6-18}$$

将式（6－17）代入式（6－18），便得到 a 值，即

$$a = L / 2^{[n_{\max}]} \tag{6-19}$$

对于常用沟槽型爆炸网络装药，临界宽度 $d_c = 0.6$～1.0 mm，为可靠传爆常取 d=（1.3～1.5）d_c。$\delta_{\min}$ 值依装药条件不同而略有不同，一般在 4～5 mm。可以利用所选网络装药的特性、战斗部给定的信息等，通过上面的计算求得网络设计参数，设计网络。若有时因网络宽度的限制而不得不在 b 小于 $b_{\min}$ 设计网络时，应在输出节点和网络之间设置应力波陷阱，以加快冲击波的衰减。

2. 同步时间分析[60]

中心式直线同步爆炸网络的作用时间 t_n 可表示为

$$t_n = \frac{L'_n}{D} + (2n-1)t_{\pi/2} = (2^n - 1)\frac{a}{2D} + \frac{2^{n-1}b}{D} + (2n-1)t_{\pi/2} \tag{6-20}$$

式中，L'_n 为起爆端到输出端的距离；D 为装药的爆速；$t_{\pi/2}$ 为爆轰波拐过直角的时间延迟。其中，

$$L'_n = \frac{a}{2}(2^n - 1) + b(2^{n-1}) \tag{6-21}$$

对中心起爆直线同步爆炸网络来讲，同步时间偏差应从第一个分岔点到输出端的时间进行计算，因此有

$$t'_n = (2^n - 1)\frac{a}{2D} + (2^{n-1} - 1)\frac{b}{D} + (2n-2)t_{\pi/2} \tag{6-22}$$

假设 $t_{\pi/2}$ 与 D 无关，则 t_n 为 a，b，D 和 $t_{\pi/2}$ 四个独立变量的函数。

设变量误差为正态分布，由误差传播公式可得作用时间的偏差为

$$(\sigma_{t_n})^2 = \alpha_1^2\sigma_a^2 + \alpha_2^2\sigma_b^2 + \alpha_3^2\sigma_D^2 + \alpha_4^2\sigma_{t_{\pi/2}}^2 \tag{6-23}$$

用函数偏微分法对式（6－22）偏微分得

$$\alpha_1 = \frac{\partial t'_n}{\partial a} = \left(\frac{2^n - 1}{2D}\right)_0, \quad \alpha_2 = \frac{\partial t'_n}{\partial b} = \left(\frac{2^{n-1} - 1}{D}\right)_0$$

$$\alpha_3 = \frac{\partial t'_n}{\partial D} = -\left(\frac{(2^n - 1)a}{2D^2}\right)_0 - \left(\frac{(2^{n-1} - 1)b}{D^2}\right)_0, \quad \alpha_4 = \frac{\partial t'_n}{\partial t_{\pi/2}} = 2n - 2$$

式中，下标 0 表示偏导数在标称值点的值。

令 $\sigma_a = \Delta a, \sigma_b = \Delta b, \sigma_D = \Delta D, \sigma_{t_{\pi/2}} = \Delta t_{\pi/2}, \sigma_{t_n} = \Delta t_{\pi/2}$，其中 $\Delta a, \Delta b$ 为装药通道长度误差，$\Delta D, \Delta t_{\pi/2}$ 分别为爆速和拐角延迟时间的误差，则由式（6－23）得

$$\Delta t_n = \pm\sqrt{\left[(2^n - 1)\frac{\Delta a}{2D_0}\right]^2 + \left[\frac{2^{n-1}\Delta b}{D_0}\right]^2 + \left[(2^n - 1)\frac{a_0}{2D_0^2} + (2^{n-1} - 1)\frac{b_0}{D_0^2}\right]^2 (\Delta D)^2 + [(2n-2)\Delta t_{\pi/2}]^2} \tag{6-24}$$

式中，Δt_n 为直线同步爆炸网络的多点起爆同步时间差。

在一般沟槽装药的条件下，$t_{\pi/2} = 150$～200 ns，$\Delta t_{\pi/2}$＜10 ns。若采用数控加工设备，则尺

寸的加工误差 Δa 及 Δb 为 0.02 mm 左右，利用式（6－24）可对同步爆炸网络的同步时间精度进行理论估算。

对式（6－24）进行分析可以看出，起爆同样长度的装药，三级网络比二级网络同步性要差得多。因此在网络设计时，在保证爆轰输出波形的前提下应尽量减小网络级数，同时尽量减小布线宽度 b 值。若想实现较高的起爆同步性，需要提高加工精度和装药质量。

6.1.2.3　讨论

中心式线同步多点爆炸网络与中心式面同步爆炸网络有所不同，网络结构并不十分复杂，但在一般的线同步爆炸网络设计时，往往对网络的宽度作了明确的限制，这就给网络的布线造成了很大的困难，既要保证线起爆输出要求，又要防止沟槽通道间的相互作用，设计难度较大。在进行网络设计时，网络的布线宽度应尽量选最小值，这样既有助于增加爆轰波输出时间同步性，又有助于网络的小型化设计。这时要尽可能在沟槽间布设一些应力波陷阱，防止通道间干扰。另外，在进行线同步多点爆炸网络设计时，要综合考虑爆轰波输出要求及起爆同步性，应减少网络的级数，这样能减少拐角数量，改善爆轰波输出时间同步性。

对于同步性要求不是很严的爆炸网络，可以采用药片整体雕刻填充法装药，装药时要将药条压紧，并保证输出药柱和网络装药紧密接触，这样能使爆轰波输出同步性有所提高。

6.1.3　刚性圆周线同步爆炸网络设计原理

偏心式圆周线同步爆炸网络的输出点分布在圆周上，输入点偏离圆心，是直线同步爆炸网络的变例，主要用于空心装药战斗部的起爆。

6.1.3.1　一般结构及特征参数

对偏心式圆周线同步爆炸网络，其设计方法与中心式爆炸网络有所不同，应将网络输出端设计成周向线同步。为缩短爆轰波传递路径，并减少因拐角效应产生的输出时间偏差，要采用弧形装药。典型的多点偏心同步爆炸网络结构示意图如图 6.3 所示。

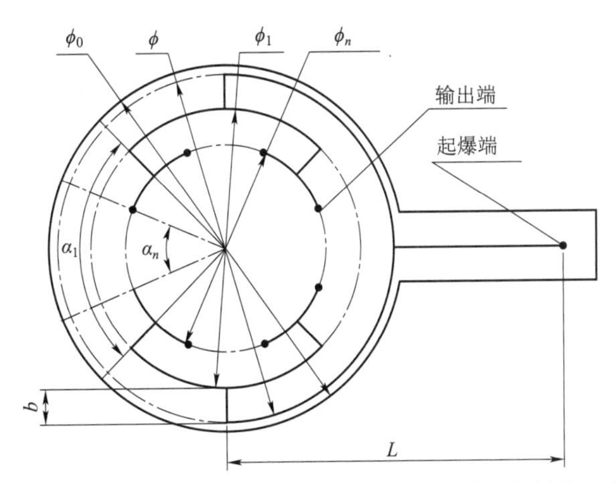

图 6.3　“一入八出”偏心式圆周线同步爆炸网络一般结构示意图

图 6.3 中，L 表示偏心距离，ϕ_n 表示爆炸网络爆轰波输出节圆直径，ϕ_0 表示爆炸网络的

最大外径，α 表示相邻两输出点间的夹角，b 为网络沟槽间距。在偏心同步爆炸网络的设计中，ϕ_0、L 和 ϕ_n 是给定的约束条件。

从图 6.3 可知，若构成偏心式圆周线多点同步起爆，和线性多点起爆类似，输出点数应为 2 的幂次。输出端数和输出点数的关系也同样为

$$N = 2^n \tag{6-25}$$

式中，n 为同步爆炸网络的级数。

偏心式圆周线同步爆炸网络从爆轰波输入的第一个分岔点到输出点间的距离 L_n 为

$$\begin{aligned} L_n &= \frac{\pi\phi}{4} + nb + \sum_{i=1}^{n} \frac{\pi\phi_i}{2^{n+2}} \\ &= \left(\frac{\pi}{4} + \frac{2^n - 1}{2^{n+2}}\right)\phi + \left(n - \frac{\pi}{2}\sum_{i=1}^{n}\frac{n}{2^n}\right)b \end{aligned} \tag{6-26}$$

式中，ϕ 为爆炸网络外节圆直径，b 为网络沟槽间距，二者之间的关系为

$$b = \frac{\phi - \phi_n}{2n} \tag{6-27}$$

起爆点数 N、网络沟槽间距 b 和爆炸网络输出节圆直径 ϕ_n 是偏心式圆周线爆炸网络的三个特征参数，该特征参数由网络级数 n、外节圆直径 ϕ 和沟槽间距 b 三个变量决定，因此 n、ϕ、b 为偏心式圆周线同步爆炸网络的设计参数。

6.1.3.2 设计原理与同步时间分析

1. 设计原理

偏心式圆周线同步爆炸网络设计是指在给定起爆器偏心长度 L、直径 ψ 及爆轰波输出节圆直径 ϕ_n 的条件下，求出爆炸网络的外节圆直径 ϕ、沟槽间距 b 值、爆炸网络的级数 n 值，并设计爆炸网络。

1）b 值的确定

b 值的选定依据是沟槽装药通道的最小允许间隔 $\delta_{\min}$，同时也要考虑输出传爆药柱的尺寸 $\phi_{节点}$，因而 b 的最小取值为

$$b_{\min} = \delta_{\min} + \frac{\phi_{节点}}{2} \tag{6-28}$$

考虑到网络的小型化设计及减少爆轰波传递路径的要求，一般取

$$b = b_{\min} \tag{6-29}$$

2）$\phi_{\max}$ 值的确定

偏心式圆周线起爆器的 $\phi_{\max}$ 一般根据被起爆药的尺寸确定。$\phi_{\max}$ 值确定时，主要参考起爆器的各机构设置及所要求的沟槽通道宽度，$\phi_{\max}$ 的最大取值为

$$\phi_{\max} = \phi_0 - d \tag{6-30}$$

式中，ϕ_0 表示爆炸网络的最大外径；d 表示沟槽通道的宽度。

3）n 值的确定

$\phi_{\max}$ 值及 b 值确定后，由式可求出在某一确定的装药直径下偏心式圆周线起爆器的最大

级数 $n_{\max}$ 值，表达式为

$$n_{\max}=\frac{\phi_{\max}-\phi_n}{2b} \tag{6-31}$$

若 $n_{\max}$ 不是正整数，则 n 值取小于并接近 $n_{\max}$ 的整数，即

$$n=[n_{\max}] \tag{6-32}$$

4）ϕ 值的确定

n 值确定后再由式（6－27）求网络的外接圆直径 ϕ

$$\phi=\phi_n+2nb \tag{6-33}$$

对于常用沟槽型爆炸网络装药，临界宽度 $d_c=0.6\sim1.0$ mm，为可靠传爆常取 $d=(1.3\sim1.5)d_c$。$\delta_{\min}$ 值依据装药条件不同而略有不同，一般在 2～5 mm。将以上各参数求出后，即可设计爆炸网络。

2. 同步时间分析

偏心式圆周线同步爆炸网络的作用时间定义为由爆轰波输入端到各输出端的传播时间，用 t_n 表示：

$$t_n=\frac{L_n}{D}+(2n+1)t_{\pi/2} \tag{6-34}$$

式中，L_n 为起爆端到输出端的距离；D 为装药的爆速；$t_{\pi/2}$ 为爆轰波拐过直角的时间延迟。

对偏心式圆周线同步爆炸网络而言，同步时间偏差应从第一个分岔点到输出端的时间分析计算，因此有

$$\begin{aligned}t_n'&=\frac{L_n'}{D}+2nt_{\pi/2}\\&=\left(\frac{\pi}{4}+\frac{2^n-1}{2^n}\right)\frac{\phi}{D}+\left(n-\frac{\pi}{2}\sum_{i=1}^{n}\frac{n}{2^n}\right)\frac{b}{D}+2nt_{\pi/2}\end{aligned} \tag{6-35}$$

式中，L_n' 为爆轰波从第一分岔点到输出端的距离。

$$\begin{aligned}L_n'&=\frac{\pi\phi}{4}+na+\sum_{i=1}^{n}\frac{\pi\phi_i}{2^{n+2}}\\&=\left(\frac{\pi}{4}+\frac{2^n-1}{2^{n+2}}\right)\phi+\left(n-\frac{\pi}{2}\sum_{i=1}^{n}\frac{n}{2^n}\right)b\end{aligned}$$

式中，ϕ 为爆炸网络节圆外径；b 为网络沟槽间距；D 为装药的爆速；$t_{\pi/2}$ 为爆轰波拐过直角的时间延迟。假设 $t_{\pi/2}$ 与 D 无关，则 t_n 为 b、D、ϕ 和 $t_{\pi/2}$ 四个独立变量的函数。

设变量误差为正态分布，由误差传播公式可得作用时间的偏差为

$$(\sigma_{t_n})^2=\alpha_1^2\sigma_b^2+\alpha_2^2\sigma_d^2+\alpha_3^2\sigma_D^2+\alpha_4^2\sigma_{t_{\pi/2}}^2\text{。} \tag{6-36}$$

用函数偏微分法对式（6－36）偏微分得

$$\alpha_1=\frac{\partial t_n'}{\partial b}=\left(n-\frac{\pi}{2}\sum_{i=1}\frac{n}{2^n}\right)\left(\frac{1}{D}\right)_0$$

$$\alpha_2 = \frac{\partial t'_n}{\partial \phi} = \left(\frac{\pi}{4} + \frac{2^n - 1}{2^n}\right)\left(\frac{1}{D}\right)_0$$

$$\alpha_3 = \frac{\partial t'_n}{\partial D} = -\left(\frac{\pi}{4} + \frac{2^n - 1}{2^n}\right)\left(\frac{\phi}{D^2}\right)_0 - \left(n - \frac{\pi}{2}\sum_{i=1}^{n}\frac{n}{2^n}\right)\left(\frac{b}{D^2}\right)_0$$

$$\alpha_4 = \frac{\partial t'_n}{\partial t_{\pi/2}} = 2n$$

式中，下标 0 表示偏导数在标称值点的值。

令 $\sigma_b = \Delta b, \sigma_D = \Delta D, \sigma_\phi = \Delta \phi, \sigma_{t_n} = \Delta t_{\pi/2}$，其中 Δb 为装药通道长度偏差，$\Delta D, \Delta t_{\pi/2}$ 分别为爆速和拐角延迟时间的偏差，则由式（6－36）得

$$\Delta t_n = \pm\sqrt{\begin{aligned}&\left[n - \frac{\pi}{2}\sum_{i=1}^{n}\frac{n}{2^n}\right]^2\left[\frac{\Delta b}{D_0}\right]^2 + \left[\frac{\pi}{4} + \frac{2^n - 1}{2^n}\right]^2\left[\frac{\Delta \phi}{D_0}\right]^2 + \\ &\left[\left(\frac{\pi}{4} + \frac{2^n - 1}{2^n}\right)\left(\frac{\phi_0}{D_0^2}\right) + \left(n - \frac{\pi}{2}\sum_{i=1}^{n}\frac{n}{2^n}\right)\left(\frac{\phi_0}{D_0^2}\right)\right]^2 (\Delta D)^2 + \left[2n\Delta t_{\pi/2}\right]^2\end{aligned}} \tag{6-37}$$

式中，Δt_n 为同步爆炸网络的多点同步时间差。

在一般沟槽装药的条件下，$t_{\pi/2} = 150 \sim 200$ ns，$\Delta t_{\pi/2} < 10$ ns。若采用数控加工设备，则尺寸的加工误差 Δa 及 Δd 为 0.02 mm 左右。在已知爆炸网络级数及其他各参数的条件下，就可以利用上式对爆炸网络的输出时间同步性进行理论计算，以指导网络的结构设计及各工程参数的设定。

从式（6－37）可以看出，爆炸网络越小，爆轰波输出精度越高。因此在网络设计时，在保证爆轰输出波形的前提下应使网络尺寸及级数最小。若要实现较高的起爆同步性，需要提高加工精度和装药密度，提高装药爆速是提高起爆同步性的有效技术途径。

6.1.3.3 讨论

同步爆炸网络爆轰波输出时间同步性是网络设计的重要指标之一，其影响因素也与前面研究的其他网络基本相同，但是偏心圆周线同步爆炸网络较难设计，其爆轰波输出同步性比较难以控制。在相同的级数条件下，偏心圆周线同步爆炸网络的爆轰波输出同步性比相应的中心爆炸网络要差，因为爆轰波经过的路径长，容易产生更大的机械加工精度偏差和装药爆速偏差。因此在网络设计时，一定要按最短路径设计网络，偏心爆炸网络采用弧形装药也是这个道理。另外，在多点爆炸网络设计时，从提高多点起爆同步性的角度考虑，应减少网络的级数，这样才能减少拐角数量，增加爆轰波输出的同步性。

6.1.4 柔性导爆索接头设计原理

柔性导爆索由于具有良好的柔韧成型性、可远距离传递爆轰波及其爆轰波传递的定向约束性、可靠性、爆速的稳定性，因此在武器弹药系统中得到了广泛应用。在多点起爆战斗部及定向战斗部爆炸序列的研制与设计中，采用柔性导爆索进行起爆与传爆可以简化战斗部设计，提高战斗部的作用效能。但柔性导爆索是一种装药直径较小、爆轰能量较弱的爆轰波传

递器材，需要对其能量进行放大以引爆传爆接头装药[3]。

6.1.4.1　以柔性导爆索为基的能量传递元件设计

以柔性导爆索为基的能量传递元件主要包括输入接头元件、输出接头元件和转换接头元件三类。输入接头元件是以爆炸网络的传爆药柱起爆柔爆索；输出接头元件是以柔爆索为输入、起爆接头装药的能量放大元件，一般与战斗部装药连在一起，直接关系到战斗部装药是否能达到稳定爆轰；转换接头元件主要指“一入二出”结构，是构成网络的基本元件。

三种元件中，输出接头元件设计难度最大。首先，为提高整个爆炸网络的安全性，根据安全性要求，接头装药必须符合许用传爆药要求；其次，用小直径柔性导爆索直接起爆传爆药装药较为困难，这直接关系到柔性同步爆炸网络的可靠性。目前设计的接头主要有直插式结构、台阶式结构及锥套过渡结构等。.

1. 直插式结构

直插式结构如图 6.4 所示。其优点是：控制装药密度方便，工艺一致性好，能保证传爆的可靠性和延时精度，而且加工简单。缺点是：这种装药结构使得爆轰波在传播过程中变化不连续，侧向能量损失较大，影响爆轰波的输出性能。

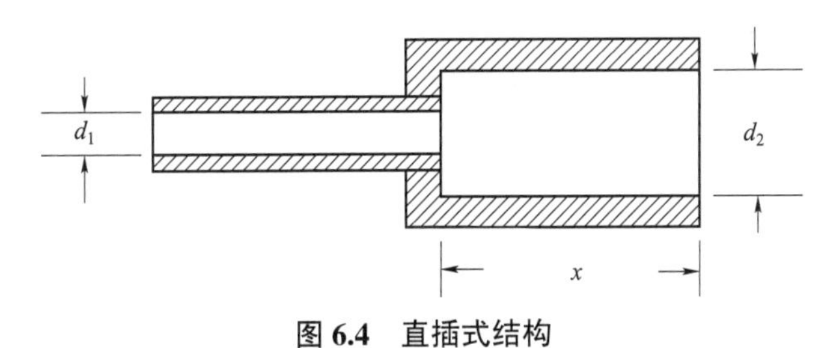

图 6.4　直插式结构

不同导爆索对应不同传爆接头的试验结果如表 6.1 所列。导爆索和传爆接头装药 HNS、JH－14 和 JO（Ⅲ）均是许用传爆药。

表 6.1　不同导爆索对应不同传爆接头的试验结果

导爆索参数			传爆接头参数		传爆情况
材料	芯径/mm	装药	直径/mm	装药	
银	0.5	JO（Ⅲ）	4	HNS	传爆
银	0.5	JO（Ⅲ）	4	JO（Ⅲ）	传爆
银	0.5	HNS	5	JH－14	传爆
银	1.0	JO（Ⅲ）	4	JH－14	传爆
银	2.0	HNS	4	JH－14	未传爆
铅	1.0	HNS	5	JH－I4	传爆
铅	1.0	HNS	4	JH－14	未传爆
铅	1.0	JO（Ⅲ）	5	JH－14	4 发爆，2 发未爆

从表6.1可知，满足直插式结构使用要求的条件是：第一，传爆接头装药直径不小于5 mm；第二，导爆索芯径不小于1 mm，对应爆压远高于HNS、JH－14和JO（Ⅲ）的起爆临界压力（表6.2和表6.3）。但在直插式结构中，如果将导爆索插入下级装药内一定深度，可以更好地接收到传递的爆轰。即先黏结导爆索，使之深入到装药腔体内部，然后再压药。

表6.2　铅导爆索装药JO（Ⅲ）时的爆压

壳体材料	外径/芯径/mm	0.8/0.3	1/0.5	1.55/1.0	2.31/1.28	3.11/2.0
铅	装药密度/（$g \cdot cm^{-3}$）	0.91	1.38	1.68	1.28	1.30
	爆压/GPa	6.91	8.68	12.73	14.92	20.65

表6.3　银导爆索装药HNS时的爆压

壳体材料	外径/芯径/mm	0.8/0.4	1/0.65	3.25/0.77	1.58/1.15	2/1.48
银	爆压/GPa	6.65	8.21	8.53	9.52	10.12

2. 多台阶式结构[6]

多台阶式结构如图6.5所示，它介于直插式结构和内锥套结构之间，加工方便，便于压药和密度控制。使用ϕ1 mm银柔爆索（HNS）采用两个台阶（直径分别为2.2 mm和4 mm）引爆 JO－11C（以超细HMX为主）。一级装药不同装药密度下的引爆试验结果如表6.4所列。

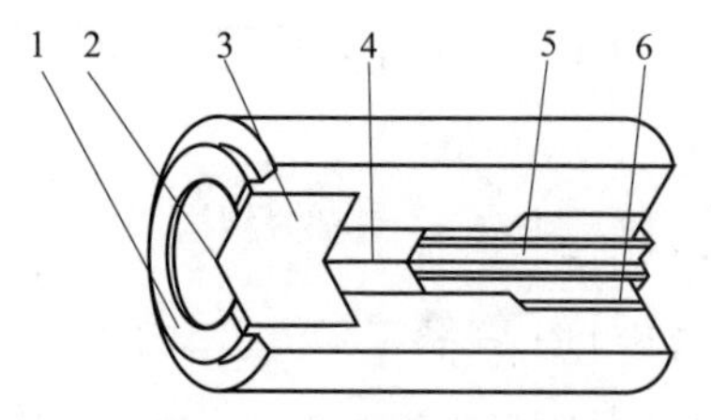

图6.5　多台阶式结构

1—本体；2—盖片；3—第二级装药；4—第一级装药；5—导爆索；6—螺纹接头

表6.4　不同装药密度下的引爆试验结果

装药密度/（$g \cdot cm^{-3}$）	1.20	1.30	1.40	1.50	1.60	1.65	1.70	1.72
试验数量	5	5	5	5	5	5	5	5
传爆数量	4	5	5	5	5	5	5	5
铅板炸孔/mm	7.6～8.2	7.7～8.5	7.8～8.6	7.9～8.8	8.5～8.8	8.1～8.7	8.5～9.0	8.4～9.0

柔爆索起爆传爆接头属长脉冲冲击波起爆。当受主长度较短时，宜采用临界直径小、DDT转换快的超细炸药作受主炸药。此时，若施主直径远小于受主直径（即需考虑径向稀疏波影响）时，受主炸药密度有一最佳范围，过大过小都不利于传爆；若施主直径与受主直径相当，即不考虑径向稀疏波影响时（如隔板起爆器，试验结果如表6.5所示），受主炸药密度较小有利于传爆。而当受主长度较长时，也可采用临界直径大、DDT转换慢的常规传爆药作受主炸药。此时，若施主直径远小于受主直径，即需考虑径向稀疏波影响时，常规传爆药采用何种

密度都难以传爆；若施主直径与受主直径相当，即不考虑径向稀疏波影响时，常规传爆药密度较小有利于传爆。由于 JO－11C 是以超细 HMX 为主的传爆药，当用小直径的柔爆索起爆时，应有一最佳的使用密度，所以，一级装药合适的密度为 1.50～1.65 g/cm^3。也可以采用银柔爆索（ϕ1 mm，HNS）直接引爆 20 μm 细粒 HNS 的传爆接头。

表 6.5　隔板起爆器结构施主受主匹配试验[7]

药剂	施主		受主		起爆率
	直径/mm	密度/（g・cm^{-3}）	直径/mm	密度/（g・cm^{-3}）	
JO－9C	4	1.7	3	1.2	0/10
HNS	4	1.7	3	1.2	0/10
钝化 PETN	4	1.7	3	1.2	2/10
超细 A－5	4	1.7	3	1.04	60/60
	4	1.7	3	1.21	260/260
	4	1.7	3	1.33	20/20
	4	1.7	3	1.36	6/6
	4	1.7	3	1.44	4/6
	4	1.7	3	1.50	1/6

从表 6.5 可知，受主长度较短时，超细 A－5 炸药作受主炸药更易传爆；由于不考虑径向稀疏波影响（由隔板起爆器结构决定），密度较小有利于传爆。但因产品使用时要经过振动等环境，密度过小时，会造成振动环境后密度显著变化。所以，超细 A－5 炸药密度宜选为 1.20～1.35 g/cm^3。与常规 A－5 相比，超细 A－5 的冲击波感度较低，但输出能量则较高，这说明超细 A－5 的 DDT 转换要快得多（表 6.6）[8]。在 MEMS 传爆序列中，采用无底壳的$\phi 6\times 3$ mm 装药通过$\phi 1.0\times 1.2$ mm 孔能可靠起爆$\phi 2\times 3.4$ mm 超细化 JO－9C。所以，超细化 JO－9C 适合微小型装药[9]。

表 6.6　常规 A－5 和超细 A－5 感度与输出能量对比

感度与输出能量 \ A－5 状态	常规 A－5	超细 A－5	备注
撞击感度 H_{50}/cm	28.93	32.90	锤重 2.5 kg；35 mg
冲击波感度/mm	12.03	8.06	密度 1.60 g/cm^3；GJB 2178—1994
输出能量钢凹值/mm	1.978	2.219	密度 1.60 g/cm^3；零隔板下；GJB 2178.1A—2005

3. 锥套过渡结构

锥套过渡结构如图 6.6 所示。它是理想的连接头结构，其装药直径连续变化，使得爆轰波传播及放大过程也是连续的，减小由于结构突变引起的侧向能量损失，最终能达到理想的输出能量。但该结构的缺点是装药密度无法保证均匀，装药也较为困难。在要求耐高温的飞机逃生系统等火工系统中，通常也使用这种传爆接头作为标准连接件，实现传爆接头轴向—

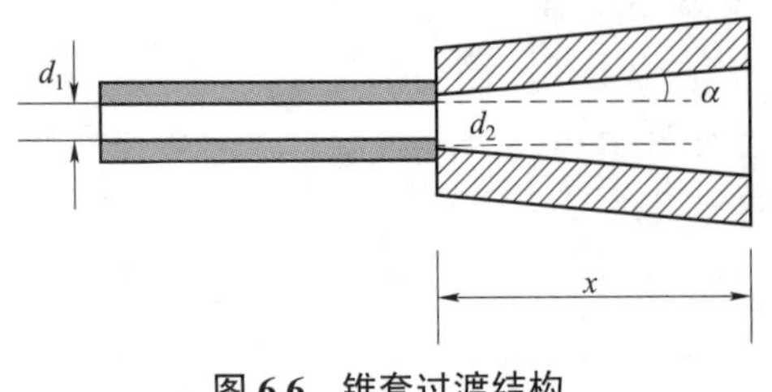

图 6.6 锥套过渡结构

轴向（间距 0～127 mm，推荐使用最大间隙 6.35 mm）、轴向—侧面（0～50.8 mm）、侧面—轴向（0.15～25.4 mm）等施主到受主间的爆轰传递。因为要求耐高温，且典型直径仅为 3.95 mm，所以，从导爆索到传爆接头输出药均使用耐热炸药 HNS，且不能采用常规的直插台阶式能量放大结构。

为了使导爆索输出能量全部被转接头接收，锥套过渡转接头小孔直径应略大于导爆索装药直径。不同半锥角α和导爆索内径 d_1 对爆轰输出能量有较大影响。对图 6.6 所示的锥体能量放大结构进行的数值模拟研究表明：① 锥体装药的稳定爆轰成长距离随半锥角的增加而增加。随着半锥角的增加，锥体开口变大，爆轰波在径向的能量损失增多，使得爆轰能量不能全部用于支撑爆轰波的轴向传播，所以，爆轰成长距离增大。② 锥体装药的稳定爆轰成长距离随导爆索内径增加而缩短。因为导爆索内径增加意味着初始输入能量增加，所以，锥体装药的稳定爆轰成长距离缩短。③ 随着半锥角从 7° 增加到 13°，锥体装药的爆轰输出也在同步增加，但随后随着半锥角增加，锥体装药的爆轰输出反而逐渐降低。说明存在一个最佳锥角。其原因是：一方面，随着半锥角增加，结构装药量将增加，输出也会增加；另一方面，随着半锥角增加，爆轰波的侧向损失也增加，爆轰成长距离增大。在这两个因素的共同作用下，存在一个最佳半锥角，使得爆轰输出最大（与表 6.7 的试验结果相符）。锥段装药 HNS 用定位压平，主装药 HNS 定压压入。不同设计参数下的试验结果如表 6.8 所示。

表 6.7 不同半锥角度对应的爆轰输出测量结果

半锥角度/（°）	7	8	9	12	13	13.5	14
炸坑深度/mm	0.94	0.95	1.03	1.83	2.01	1.80	1.20

表 6.8 锥体能量放大结构不同设计参数下的试验结果

HNS 导爆索芯径/mm	锥套段参数				试验结果
	输入端直径/mm	半锥角度/（°）	长度/mm	约束材料	
0.5	0.7	10	2	钢	7.10
0.5	0.70	14	2	钢	7.95～9.67
0.5	1.0	14	2	钢	9.4～9.98
0.7	0.7	10	2	铜	7.4～8.6

从表 6.8 可知：① 在其他参数不变的情况下，半锥角度 14° 的爆轰输出结果高于 10° 的爆轰输出结果，半锥角度 12.5° 最佳，与数值模拟结果相符；② 锥套段输入端直径应稍大于 HNS 导爆索芯径，使导爆索能量全部使用，对装配造成的偏心有一定纠错能力；③ 与钢材料相比，锥体套采用铜材料较好[10]。

6.1.4.2 以柔爆索为基的转换接头元件设计

在柔性同步爆炸网络中，为满足战斗部的多点同步起爆要求，需要对导爆索的爆轰波输出进行分束，以实现“一入二出”“一入四出”等结构形式。在转换接头的设计中，应考虑同步爆炸网络在战斗部中的布置要求，尺寸及威力都应尽可能小，以不破坏原有战斗部的结构及装药为准则。另外，还要考虑到转换接头的结构对多个分束爆轰波输出同步性的影响，在设计中应尽可能地做到使多路输出信号相对于输入信号呈空间对称结构。

1. “一入二出”转换接头结构

郭洪卫设计的侧向“一入二出”转换接头结构由一个三通元件和两个相同帽壳组成，如图 6.7 所示。三通元件与帽壳之间、三通元件与导爆索之间及帽壳与导爆索之间用 HY－914 快速胶黏剂连接。

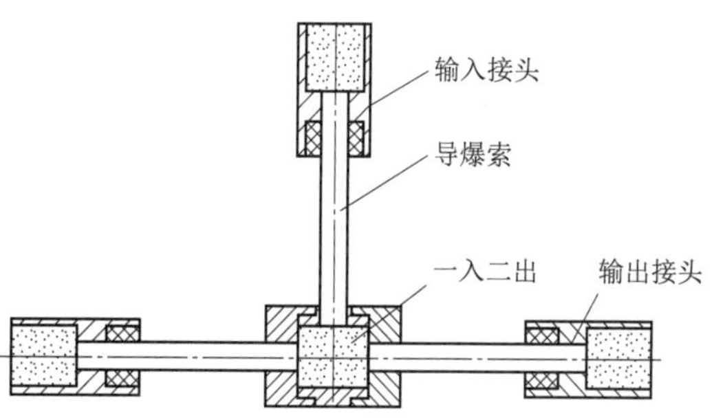

图 6.7　“一入二出”转换接头模块装配示意图

转换接头药柱直径对同步性有较大影响，传爆药柱尺寸越大，同步性越高。不同药柱直径转换接头的输出同步性试验结果如表 6.9 所示。

表 6.9　转换接头药柱直径对输出同步性影响

转换接头药柱直径/mm	t/ns								平均值/ns
		2	3	4	5	6	7	8	
2.0	180	80	200	720					295
2.8	160	260	192	148	312	6			179.7
3.6	60	144	46	22	96	60	35.2	35.2	62.3

从表 6.9 可知，传爆药柱尺寸为$\phi 3.6\times 4.5$ mm 时，同步性时间极差为 22～144 ns，平均同步性时间差为 62.3 ns，能满足同步爆炸网络输出同步性的要求。

2. “一入四出”转换接头结构

采用侧向“一入二出”同步爆炸网络为基本模块设计“一入四出”同步爆炸网络，用三个侧向“一入二出”同步爆炸网络组合成一个“一入四出”同步爆炸网络，其装配原理如图 6.8 所示。

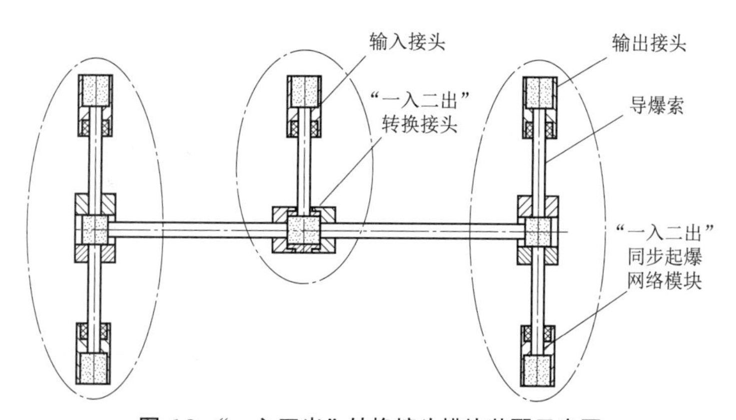

图 6.8　“一入四出”转换接头模块装配示意图

共进行了 6 组同步性时间测试，4 个输出端各设置一个电探测，测试时以首先到达输出端的信号为基准，测试 4 个信号间的时间差，以时间差最大值为同步性偏差，测试结果见表 6.10。

表 6.10 “一入四出”同步爆炸网络输出同步性试验结果

组序号		2	3	4	5	6
同步性时间差/ns	34	10	120	196	280	138

从表 6.10 可知，6 组“一入四出”同步爆炸网络的最大同步性偏差为 280 ns，平均偏差为 130 ns。研究表明，在对空目标定向战斗部起爆系统设计中，要求柔性多点同步爆炸网络的爆轰波输出同步性偏差小于 400 ns，因此，这种同步爆炸网络能够满足使用要求。该结果比侧向“一入二出”同步爆炸网络单元的爆轰波输出同步性稍差，其原因主要与接口网络数量增加有关。接口数量增加，产生同步时间偏差累积。另外，导爆索切割、灌胶等装配工艺都是人工操作，工艺性差也会导致输出时间不同步。在实际应用中可以通过以下几种措施来提高柔性同步爆炸网络的输出同步性：① 提高传爆药柱的密度来增大其起爆威力；② 优化输入接头、输出接头和转换接头的结构设计；③ 改善同步爆炸网络装配工艺；④ 将柔性同步爆炸网络控制在一定的数范围内，减小同步时间偏差累积等。

6.1.5 柔性同步爆炸网络设计原理

6.1.5.1 总体设计思想

为提高战斗部的毁伤效能，控制破片的飞散方向，定向战斗部起爆一般是采取两列多点柔性同步爆炸网络同时起爆的设计方案[11]。在定向战斗部方位选择爆炸网络设计时，有时采取多选一输出的爆炸逻辑网络设计方法，即要求两个或多个输入按时序起爆，才有规定的一个起爆方位有爆轰波输出。这就要求在定向起爆系统设计时，一个方位选择爆炸网络的输出端对应相邻或相间的两个柔性同步爆炸网络的输入端，而不是一个方位选择爆炸网络的输出端对应一个柔性同步爆炸网络的输入端。基于此原理，在柔性同步爆炸网络设计时，每个柔性爆炸网络的输入端均由两个方位选择爆炸网络的输出端控制。

采用一个方位选择爆炸网络控制两个柔性同步爆炸网络的输入端，能控制破片的飞散方向。对于有 n 个起爆方位的定向起爆系统，就需要 2/1 个柔性爆炸网络与之一一对应。因对空目标战斗部一般尺寸都较小，若按这种方式设计柔性同步爆炸网络，将给生产及安装带来极大的困难，工程上难以实现。而使用可控爆炸结，则可以使柔性同步爆炸网络的数量减半，对于有 n 个起爆方位的定向起爆系统，只需要 n 个柔性爆炸网络与之一一对应即可。

例如，利用可控爆炸结构设计的多点同步爆炸网络是由一变二的输入接头、二变一的输出接头、可控爆炸结和柔爆索组成，输入、输出接头和可控爆炸结的数量与战斗部的起爆分位数相同。由于定向战斗部的结构呈圆柱形，各分位起爆点均匀地分布在定向战斗部的圆周上，因此，带可控爆炸结的柔性爆炸网络一般要设计成网状结构。围绕在定向战斗部周围，其输入端与刚性爆炸逻辑网络输出端连接，输出端与战斗部起爆药柱相连接，以实现一个输入信号同时控制相邻或相间的两路输出，完成定向战斗部的多点同步定向起爆。

6.1.5.2　柔性可控爆炸结组网输入、输出逻辑关系式

柔性可控爆炸结网络是具有单向导通功能，按照一定的逻辑规则进行爆轰波输入和输出的柔性同步爆炸网络。柔性同步爆炸网络围绕在定向战斗部周围，可以根据定向战斗部的分位数或刚性爆炸逻辑输出端口数确定该可控爆炸结网络的大小，其输入端与刚性爆炸逻辑网络输出端连接，输出端与分束爆炸网络相连接，以实现一个输入信号同时对两路同步输出，即刚性爆炸逻辑实现定向输出、柔性同步爆炸网络完成同步起爆，以达到对战斗部爆轰波形调节、杀伤元素定向飞散控制等目的。

以六分位爆炸网络为例分析和研究柔性可控爆炸结网络的输入、输出逻辑关系。六分位定向起爆系统柔性爆炸网络结构如图 6.9 所示。

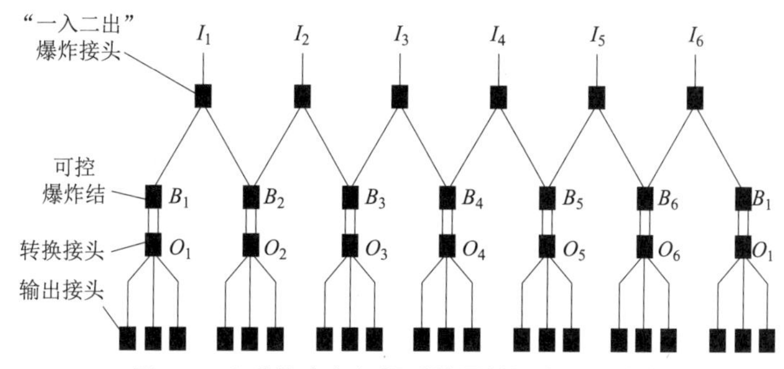

图 6.9　六分位定向起爆系统柔性爆炸网络结构

图 6.9 中，I_1、I_2、I_3、I_4、I_5、I_6 为六分位定向起爆系统柔性爆炸网络的 6 个输入端，也是六分位爆炸逻辑网络的 6 个输出端，分别与刚性爆炸逻辑网络输出端连接；B_1、B_2、B_3、B_4、B_5、B_6 为 6 个柔性可控爆炸结；O_1、O_2、O_3、O_4、O_5、O_6 为柔性可控爆炸结的 6 个输出端，由该输出端实现一变三，实现对战斗部的多点同步起爆；粗实线代表柔爆索。它们的空间结构为圆柱形，围绕在战斗部周围。六分位定向起爆系统柔性爆炸网络的输出端与定向战斗部起爆点的装配关系如图 6.10 所示。

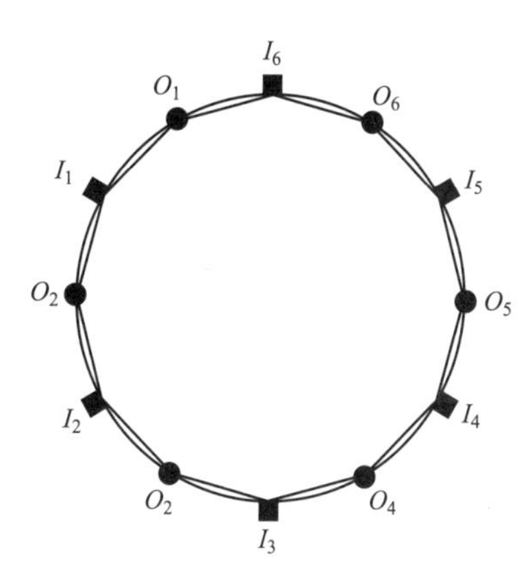

图 6.10　六分位定向爆炸网络输出端与战斗部起爆点的对应关系

当一个端口输入爆轰信号时，利用柔性可控爆炸结的单向导通功能，同时切断另一个输入端的柔性导爆索，切断爆轰波反向输出通道。这样既完成了爆炸网络输入输出逻辑功能，又避免了爆轰信号反向传递而导致的不安全性，可大大提高爆炸网络作用的安全性。当 I_1 输入爆轰波信号时，柔性可控爆炸结 B_1、B_2 作用，爆轰波线路 $I_2 \to O_2$、$I_6 \to O_1$ 被切断，因此 I_2、I_6 没有反向爆轰波输出，爆轰波信号只从输出端口 O_1、O_2 输出，逻辑方程为 $f(I_1)=O_1$，O_2；当 I_2 输入爆轰波信号时，柔性可控爆炸结 B_2、B_3 作用，爆轰波线路 $I_1 \to O_2$、$I_3 \to O_3$ 被切断，因此 I_1、I_3 没有反向爆轰波输出，爆轰波信号只从输出端口 O_2、O_3 输出，逻辑方程为 $f(I_2)=O_2$，O_3；如此可得到六分位可控爆炸结邻位爆炸网络输入输出逻辑关系，见表 6.11。

表 6.11　六分位可控爆炸结邻位爆炸网络输入输出逻辑关系

逻辑方程	I_1	I_2	I_3	I_4	I_5	I_6	输出端
$f(I_1)=O_1$，O_2	1	0	0	0	0	0	O_1，O_2
$f(I_2)=O_2$，O_3	0	1	0	0	0	0	O_2，O_3
$f(I_3)=O_3$，O_4	0	0	1	0	0	0	O_3，O_4
$f(I_4)=O_4$，O_5	0	0	0	1	0	0	O_4，O_5
$f(I_5)=O_5$，O_6	0	0	0	0	1	0	O_5，O_6
$f(I_6)=O_6$，O_1	0	0	0	0	0	1	O_6，O_1
注：I_1、I_2、I_3、I_4、I_5、I_6 分别为 6 个输入端口的爆轰波信号，“1”表示有起爆信号输入，“0”表示无起爆信号输入或输出							

当总体要求战斗部柔性同步起爆系统采取间位起爆时，需要对柔性同步爆炸网络与定向起爆系统的关系进行重新匹配设计，此时，为了满足引信探测系统的要求，柔性导爆索将与方位选择爆炸网络的输出端垂直一一对应。对于六分位定向起爆系统，柔性爆炸网络的输出端与定向战斗部起爆点的装配关系如图 6.11 所示，其输入、输出逻辑关系如表 6.12 所列。

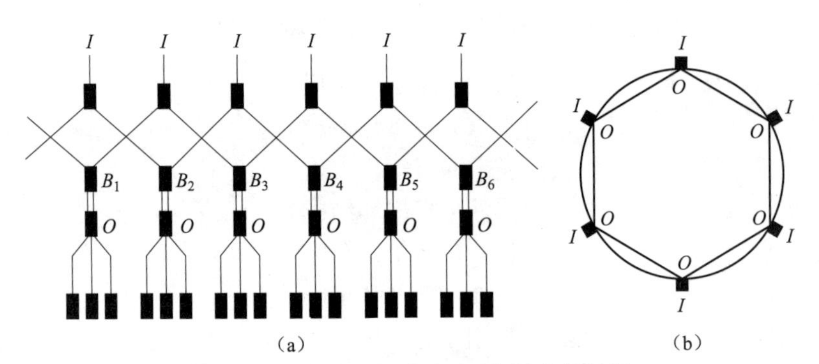

图 6.11　六分位可控爆炸网络间位起爆结构

表 6.12　六分位可控爆炸结间位爆炸网络输入、输出逻辑关系

逻辑方程	I_1	I_2	I_3	I_4	I_5	I_6	输出端
$f(I_1)=O_2$，O_6	1	0	0	0	0	0	O_2，O_2
$f(I_2)=O_1$，O_3	0	1	0	0	0	0	O_1，O_3
$f(I_3)=O_2$，O_4	0	0	1	0	0	0	O_2，O_4
$f(I_4)=O_3$，O_5	0	0	0	1	0	0	O_3，O_5
$f(I_5)=O_4$，O_6	0	0	0	0	1	0	O_4，O_6
$f(I_6)-O_5$，O_1	0	0	0	0	0	1	O_5，O_1

6.2　爆炸逻辑网络

6.2.1　爆炸零门

爆炸逻辑网络是具有逻辑判断和运算功能的爆炸网络，由多种爆炸逻辑元件构成，但最基本的爆炸逻辑元件是爆炸零门。爆炸零门（也称零门）的概念是 20 世纪 60 年代由美国学者 Siliva 提出的[20]，它是指能够切断或破坏爆轰通道装药，从而关闭爆轰传爆通道的爆炸逻辑网络元件。爆炸零门是最简单也是最基本的爆炸逻辑网络元件，复杂的逻辑网络往往是由两个或多个爆炸逻辑零门组成的。所以研制可靠作用的爆炸逻辑零门是爆炸逻辑网络设计及应用的关键技术之一。

6.2.1.1　爆炸零门的类型及可靠性设计

爆炸零门通常为 T 字形结构，其设计理论基础是小尺寸装药爆轰波传播的直径效应、拐角效应和间隙效应等[12－19]。依据零门的基本原理和结构可将其分为三种类型[20]：拐角效应零门、接触零门、间隙零门。

拐角效应零门的原理是小尺寸装药爆轰波传播的拐角效应，其结构为由两个装药尺寸相同，且相互垂直的通道构成，如图 6.12 所示。

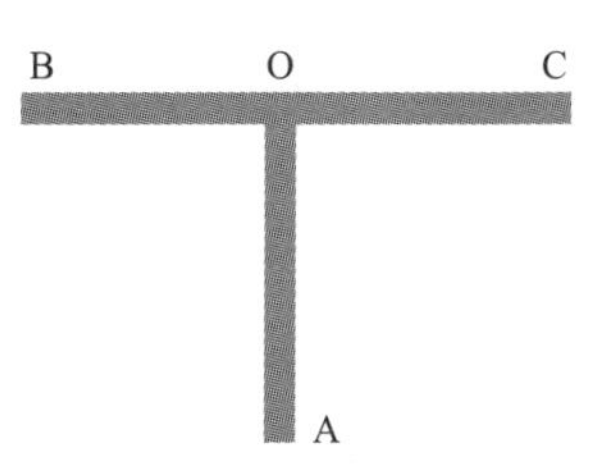

图 6.12　拐角效应零门示意图

依据零门具有的功能，AO 和 BC 两通道的爆轰波需稳定传播。AO 通道的爆轰波不能绕过拐角传播到 B 或 C 端，反之亦然。

接触零门的原理是吉利国[60]等人为改善零门的可靠性而提出来的，其原理与拐角效应零门相同，其结构如图 6.13 所示。

接触零门在结构上与拐角效应零门的不同之处，是在交叉处设置一段比正常尺寸小的通道 DO。该尺寸小于爆轰波稳定传播的临界尺寸，首先保证了 BC 通道的爆轰波不能绕过拐角传播到 A 端，同样 A 端的爆轰波也不会传播到 C 端。而当 A 端的爆轰波传播到 D 处时，则变成冲击波在 DO 中传播，并能破坏 BC 通道的装药结构。

间隙零门是使用较早的零门之一，早期由导爆索制成的爆炸逻辑网络使用的即间隙零门。间隙零门的作用原理是小尺寸装药爆轰波传播的间隙效应。其结构如图 6.14 所示。

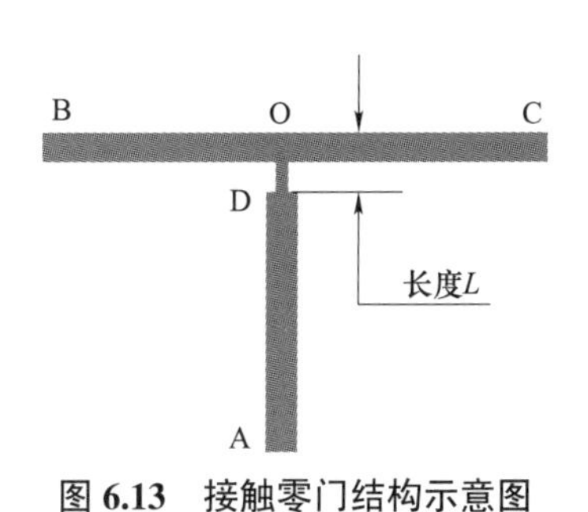

图 6.13　接触零门结构示意图

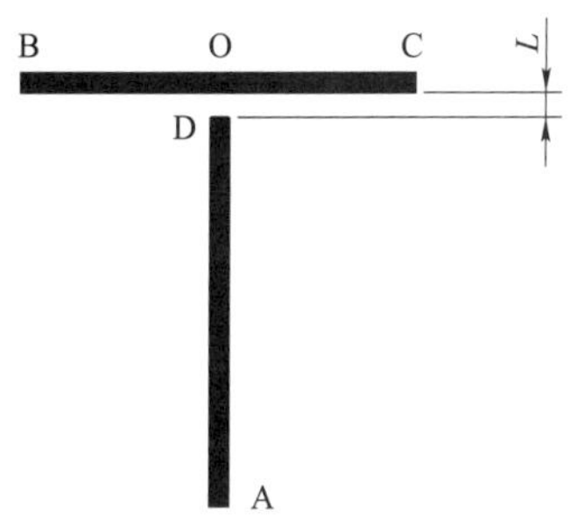

图 6.14　间隙零门结构示意图

与接触零门在结构上的不同之处是，在交叉处设置一段非爆炸性材料的间隙，而当 A 端的爆轰波传播到 D 处时，在间隙 DO 中产生冲击波，并破坏 BC 通道的装药结构。DO 的长度 L 便成为控制能否破坏 BC 装药的特征参数。

6.2.1.2 新型爆炸零门的设计与研究[22]

爆炸零门的设计应能满足以下要求：可靠性高，可靠性窗口宽，零门的关闭时间短。从以上三种类型的零门看，最有可能满足以上要求的是间隙零门。有可能通过对此零门的适当改进增加其可靠性窗口，缩短其关闭时间。

1. 新型爆炸零门的结构及原理

新型爆炸零门是在原有间隙零门的基础上改进而成的[23]，其结构如图 6.15 所示。在原有间隙零门的 O 交叉节点前打一 4 mm×2 mm 的长方形槽，槽与网络沟槽间有一 0.1 mm 宽距离，以便于装药，并对药产生约束作用。

新型爆炸零门的作用原理：在 AD 方向冲击波的作用下，推动 OD 处的间隙 L 打开，切断 BC 处装药，实现关门作用，将部分装药推到 O 处，如图 6.16 所示。因 O 处有泄爆方槽，在 AD 方向冲击波的作用下，BC 处的装药不会产生一般间隙零门所产生的压实作用，从而使 BC 处的装药更容易切断，且断开的距离比较宽，将使间隙零门的可靠性窗口大大加宽。

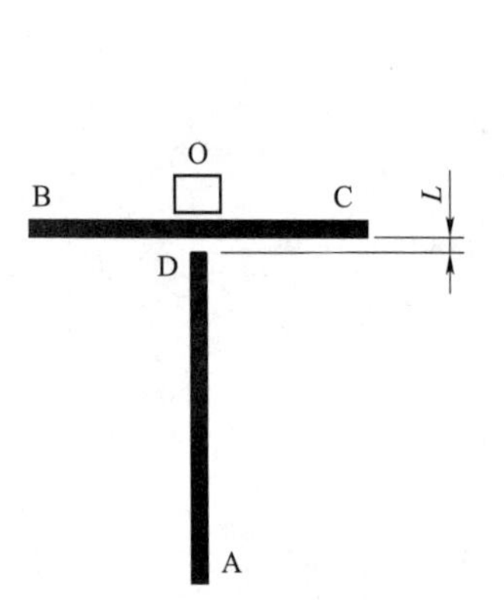

图 6.15 新型间隙零门结构

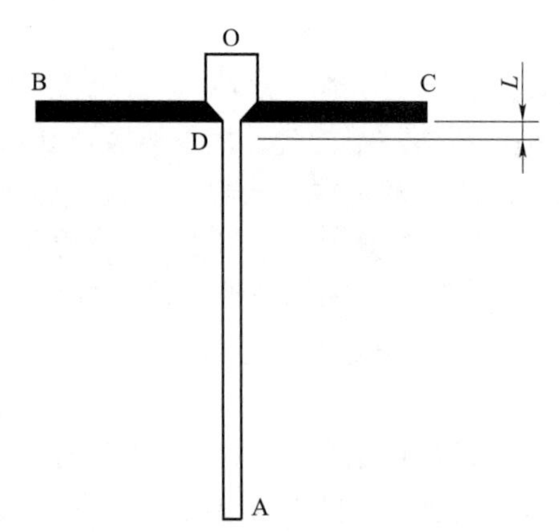

图 6.16 新型间隙零门作用原理

2. 新型间隙零门的可靠性研究

为研究新型间隙零门的可靠性，需要求出零门的可靠性窗口，包括 100%不传爆的最小间隙宽度和 100%切断的最大间隙宽度，即 0 传爆的上限和 100%破坏装药的下限。分别设计了间隙宽度为 0.1 mm、0.2 mm、0.3 mm、0.4 mm、0.5 mm、1.0 mm、1.2 mm、1.4 mm、1.5 mm、2.0 mm、2.5 mm 的 T 形零门元件各 5 发，进行零门可靠性实验，基板材料为黄铜，沟槽宽度均为 1.4 mm，沟槽深度为 1.0 mm，零门关闭效果如图 6.17 所示。实验结果如表 6.13、表 6.14 所示。由数据处理得到 99%不起爆的下限的概率及 99%切断装药的下限的概率就是零门的作用时间窗口，如表 6.15 和表 6.16 所示。

（a）

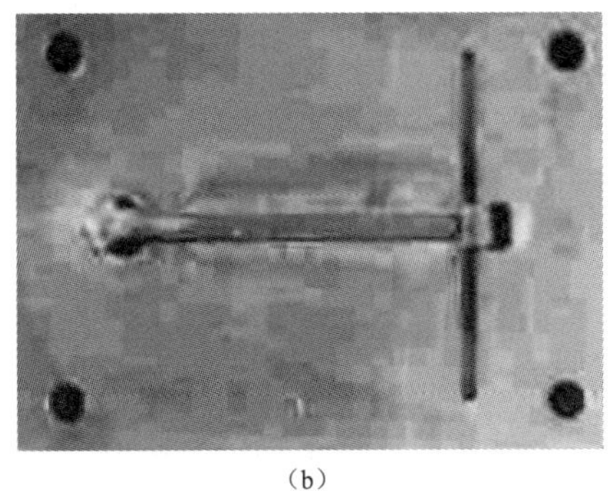
（b）

图 6.17 零门切断垂直通道装药效果图

（a）零门未实现切断垂直装药通道效果图；（b）零门实现切断垂直装药通道效果图

表 6.13 间隙零门传爆可靠性测量结果

间隙厚度/mm	0.14	0.24	0.30	0.40	0.50	1.0
实验数量/发	5	5	5	5	5	5
传爆数量/发	5	5	4	3	0	0
未传爆数量/发	0	0	1	2	5	5

表 6.14 间隙零门切断装药可靠性测量结果

间隙厚度/mm	1.0	1.20	1.30	1.50	2.0	2.5
实验数量/发	5	5	5	5	5	5
切断药条/发	5	5	4	4	2	0
未切断药条/发	0	0	1	1	3	5

表 6.15 数据处理结果

条件	平均值	Iaf0.95	Inf0.95	X0.99	X0.01
间隙厚度/mm	0.37	0.68	0.00	0.55	0.19
标准偏差/%	0.08				

表 6.16 数据处理结果

条件	平均值	Iaf0.95	Inf0.95	X0.99	X0.01
间隙厚度/mm	0.57	0.95	0.34	1.15	0.42
标准偏差/%	0.06				

从以上数据可以看出，改进的零门可靠性窗口大大加宽，可靠性窗口范围为 0.55～1.15 mm，有明显的可靠性窗口。现在机械加工技术比较成熟，这样宽的窗口是比较容易实现的。但此数据是在零门关闭时间为无限长时测定的数据，实际组网实验时，受到零门关闭时间限制及其他因素的影响，零门的可靠性窗口可能会发生某种变化，需要通过进一步的实验

测定分析。

3. 间隙零门关闭时间的实验研究

间隙零门的关闭时间是指间隙打开，切断垂直方向通道装药所需的时间。其关闭时间的长短直接影响零门的可靠性。如果零门关闭所需时间过长，则可能不足以在短时间内切断垂直方向通道装药，从而使爆轰波通过垂直通道，使零门失效；或者要将零门设计得非常大，以保证切断垂直方向通道的装药，这样也无法使零门获得实际应用。所以间隙零门的关闭时间是零门能否实现应用的关键指标。有关零门关闭时间的专门研究未见报道，为了更好地了解间隙零门的特点，对间隙零门的关闭时间进行了研究，实验装置示意图如图 6.18 所示，考虑到拐角效应的作用，实验中设计了两种不同长度的拐弯距离（横向装药通道）b 值，当 b 值较小时，爆轰波处于非稳定爆轰状态；当 b 值较大时，爆轰波处于稳定爆轰状态。

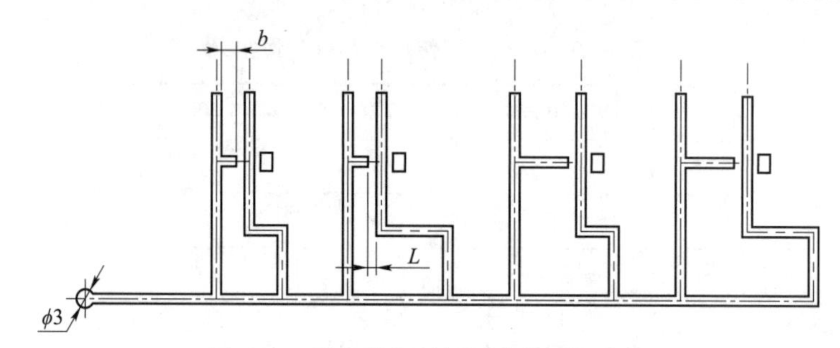

图 6.18 零门关闭时间测定装置示意图

考虑到实际应用的条件，实验共设计了两种关闭时间间隔的间隙零门，一种为 1τ，另一种为 2τ，横向装药通道长度 $b=3.6L$ 时，L 分别为 0.3 mm、0.4 mm、0.5 mm、0.6 mm、0.8 mm。横向装药通道长度 b 为 $8.6L$ 时，零门间隙 L 分别为 0.6 mm、0.7 mm、0.8 mm、1.0 mm、1.2 mm 四种。每种间隙厚度条件下进行 5 发试验，从起爆点起爆，检验零门的实现概率，数据列于表 6.17 和表 6.18。

表 6.17 拐角长度小于 3.6 mm 时，不同间隙条件下零门实现概率

b/mm	3.6.L									
时间	1τ					2τ				
L/mm	0.3	0.4	0.5	0.6	0.8	0.3	0.4	0.5	0.6	0.8
实现/发	3	5	5	5	1	3	5	5	5	2

表 6.18 拐角长度大于 7 mm，小于 8.6 mm 时，不同间隙条件下零门实现概率

b/mm	8.6.L									
时间	1τ					2τ				
L/mm	0.6	0.7	0.8	1.0	1.2	0.6	0.7	0.8	1.0	1.2
实现/发	5	5	3	0	0	5	5	5	0	0

对表 6.17、表 6.18 的实验数据用 NORM 程序进行处理[65,66]，得到置信水平为 95%、99% 实现概率的间隙宽度的可靠性窗口，如表 6.19 所示。

表 6.19　数据处理结果

b/mm	3.6L		8.6L	
时间	1τ	2τ	1τ	2τ
可靠性窗口 L/mm	0.43～0.51	0.43～0.51	0.55～0.61	0.55～0.69

试验表明，零门实现概率与拐弯距离 b、间隙厚度 L 及关闭时间间隔都有很大的关系。对同一种炸药，在相同的约束条件下，其拐角距离是固定的，所以当拐弯距离 b 小于拐角距离时，爆轰波为非稳定的弱爆轰，此时零门的可靠性窗口发生偏移。当拐弯距离 b 大于拐角距离时，爆轰波成长为正常爆轰，此时零门的可靠性窗口在前面测定的可靠性窗口范围内，但关闭时间间隔不同，可靠性窗口的大小也不同，零门关闭时间间隔越短，可靠性窗口越小。从试件爆炸后的印痕也可以看出爆轰波的成长过程，在装药的拐弯距离小于拐角距离时，沟槽扩大较小，表明爆轰波比较弱；而在装药的拐弯距离大于拐角距离时，沟槽扩大逐渐变大，最后达到一稳定槽宽。以上研究表明，在进行爆炸逻辑网络组网试验时，应根据不同的要求，灵活设计不同间隙厚度的零门。

6.2.1.3　圆孔形空气隙改进间隙零门

数值模拟研究得出，当六参数圆形空气隙改进间隙零门作用时，冲击波经过含空气隙的零门间隙后，压力衰减幅度比直接通过相同长度的实心零门间隙小，能够以较短的时间切断信息通道，完成零门的功能，提高零门的作用可靠性。空气隙改进间隙零门原理如图 6.19 所示。

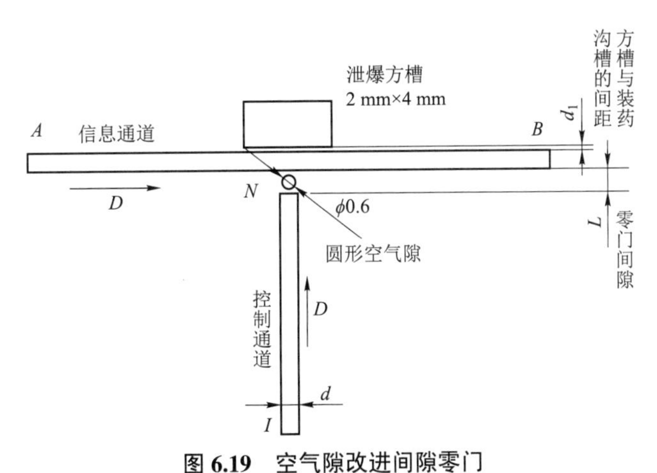

图 6.19　空气隙改进间隙零门

该零门的特征参量：沟槽尺寸 d、间隙厚度 L、方槽与装药沟槽间距 d_1、方槽尺寸、零门作用时间 $n\tau$、圆形空气隙尺寸。在装药尺寸、方槽尺寸、方槽与装药沟槽间距、零门打开时间间隔确定的条件下，间隙厚度、圆形空气隙尺寸是影响零门可靠性的两个最敏感参量，需要对这两个特征参量进行设计，可以给出最佳取值范围。

根据小尺寸装药爆轰波传播特性的研究结果，确定网络用药为细颗粒 JO－9C，设计装药密度为 1.77 g/cm^3；确定装药基板材料为 LZ12，基板沟槽尺寸为 0.8 mm×0.8 mm；方形槽尺寸为 4 mm × 2 mm × 0.8 mm，方形槽距沟槽的距离设定为 0.1 mm。在相邻沟槽间距设计中，根据小尺寸装药沟槽最小间距试验结果，采取裕度设计的方法，取 2 倍最小间距，即设计沟槽间距取 10 mm。在零门间隙设计中，固定圆形空气隙改进间隙零门的空气隙尺寸 $\phi = 0.6$ mm，分别设计间隙厚度 L 为 0.9 mm、1.0 mm、1.1 mm、1.2 mm。沟槽尺寸同样为 0.8 mm × 0.8 mm。其中间隙厚度为 0.9 mm、1.0 mm、1.1 mm 的试验基板 30 块，间隙厚度为 1.0 mm、1.1 mm、1.2 mm 的试验基板 30 块，试验基板的加工原理如图 6.20 所示。为了提高单发测试元件试验的信息量，将零门作用时间分别设定为 3τ 和 5τ 的两个爆炸二极管模块组合在一起，每个试验基板含三个模块。

所设计的测试元件的爆炸效果如图 6.21 所示，圆形空气隙改进间隙零门试验结果见表 6.20。

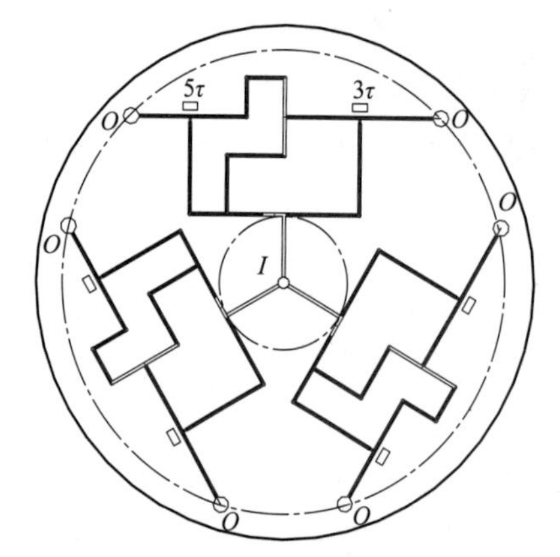

图 6.20　圆形空气隙单元爆炸网络元件原理

图 6.21　爆炸零门试验基板作用效果

表 6.20　圆形空气隙改进间隙零门事件统计

信号时差 t_2	间隙厚度 L/mm	统计项目	统计结果
5τ	0.9	总数/个	30
		成功/个	30
		成功率/%	100
	1.0	总数/个	60
		成功/个	60
		成功率/%	100
	1.1	总数/个	60
		成功/个	60
		成功率/%	100
	1.2	总数/个	30
		成功/个	26
		成功率/%	86.67

续表

信号时差 t_2	间隙厚度 L/mm	统计项目	统计结果
3τ	0.9	总数/个	30
		成功/个	29
		成功率/%	96.67
	1.0	总数/个	60
		成功/个	56
		成功率/%	93.33
	1.1	总数/个	60
		成功/个	36
		成功率/%	60
	1.2	总数/个	30
		成功/个	10
		成功率/%	33.33

从表 6.20 试验结果可以看出，在信号时差 5τ情况下圆形空气隙改进间隙零门的间隙厚度在 0.9～1.1 mm 范围内，成功率为 100%；间隙厚度在 1.2 mm 以上时，成功率较低，不能满足要求。在信号时差 3τ情况下，间隙厚度为 0.9 mm 时成功率才达到 96%左右，其他间隙厚度下成功率更低，均不能满足设计要求。由此结果可以初步确定，在所研究的空气隙间隙零门中，将零门打开时间间隔分别设定为 5τ时，间隙厚度的可靠性窗口较宽，预计能够满足设计要求。

6.2.1.4　作动器零门

作动器零门主要由刻有装药沟槽的网络基板和作动器组成，结构如图 6.22 所示。将作动器按图 6.22 所示安装于控制方槽内，A 为爆轰波输入端，B 为爆轰波输出端，Z 为作动器零门，AB 为由沟槽装药构成的信息通道，其是否输出由作动器实施控制。作动器的剪切销垂直于信息通道沟槽装药 AB，在装药通道另一侧设有类似于泄爆方槽的空腔，沟槽与泄爆方槽相距为 d_1，沟槽与控制方槽相距 d_2。作动器零门的基本作用原理：用电作动器代替爆炸零门的控制通道，给作动器施加设定工作电压时，作动器发火并快速推冲剪切销破坏零门间隙和沟槽装药，剪切销最终卡在切口处实现装药的破坏与隔爆。

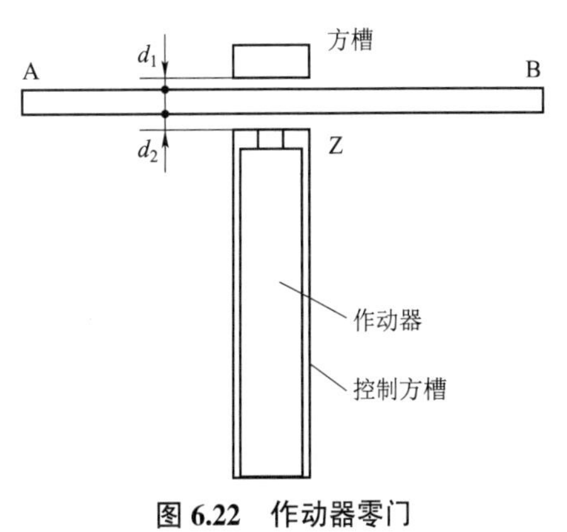

图 6.22　作动器零门

该作动器零门处于不同工作状态时会出现以下三种作用结果：

（1）先由控制系统给作动器提供发火电信号，作动器电激发后推动剪切销切断沟槽装药 AB，再由控制系统给出电起爆信号，爆轰信号由 A 端输入，此时输出端 B 无爆轰波输出。

（2）先从输入端 A 输入爆轰波，再激发或不激发作动器，爆轰波将沿着沟槽装药 AB 传播，并于 B 端输出爆轰波。

（3）只激发点作动器，而输入端 A 无爆轰波输入，输出端 B 将无爆轰波输出。

6.2.2 爆炸与门

6.2.2.1 异步与门的作用原理

用两个六参数圆形空气隙改进间隙零门为基本元件，组合设计异步与门，所设计的异步与门结构原理如图 6.23 所示。其中，I_1、I_2 为两个独立的输入端，T 为三通节点，N_1、N_2 为圆形空气隙改进间隙零门，O 为输出端。图中，$\widehat{TN_1}$ 与 TN_1 之间的距离差为零门 N_1 的延时长度差，是零门的特征参量之一，该距离差为 40 mm，则零门的作用时间设定为 4τ。从该异步与门的原理图中可以看出，若单独从 I_1 端输入爆轰波，则单独考察爆炸零门 N_1 的作用效果；若 I_1、I_2 按时序输入爆轰波，则考察异步与门的作用效果。

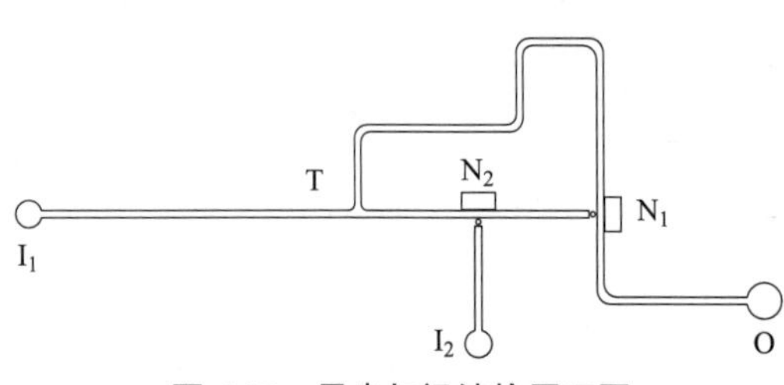

图 6.23　异步与门结构原理图

当 I_1、I_2 按时序输入爆轰波，即 I_2 端先输入爆轰波并率先到达零门 N_2，4τ 时间后 I_1 端输入的爆轰波传播至 N_2，此时零门 N_2 的间隙已被切开，TN_1 间的装药被破坏，爆轰波只能沿三通 T 拐弯传播，并最终由 O 端输出。

6.2.2.2 异步与门的结构尺寸设计

根据圆孔形空气隙改进爆炸零门的研究结果，异步与门设计时基板材料仍选为 LZ12，沟槽尺寸为 0.8 mm × 0.8 mm，零门隔板间隙厚度为 1.0 mm，长方形方槽的尺寸为 4 mm × 2 mm，为了缩小异步与门的结构尺寸，将零门打开的时间间隔设定为 4τ。研究空气隙尺寸、方槽与沟槽间距离对零门作用可靠性的影响。所设计的异步与门的各元件的结构尺寸、基板加工数量如表 6.21 所示。

表 6.21　异步与门各元件的结构尺寸

沟槽尺寸/mm × mm	间隙厚度/mm	空气隙直径/mm	方槽与沟槽距离/mm	数量/个
0.8 × 0.8	1.0	0.6	0.1	40
		0.6	0.2	40
		0.8	0.1	40
		0.8	0.2	40

6.2.2.3 异步与门的试验研究

异步与门的装药仍采用压装法装药，网络用药为细颗粒 JO－9C，设计装药密度为

1.77 g/cm³，网络基板的压装效果如图 6.24 所示。

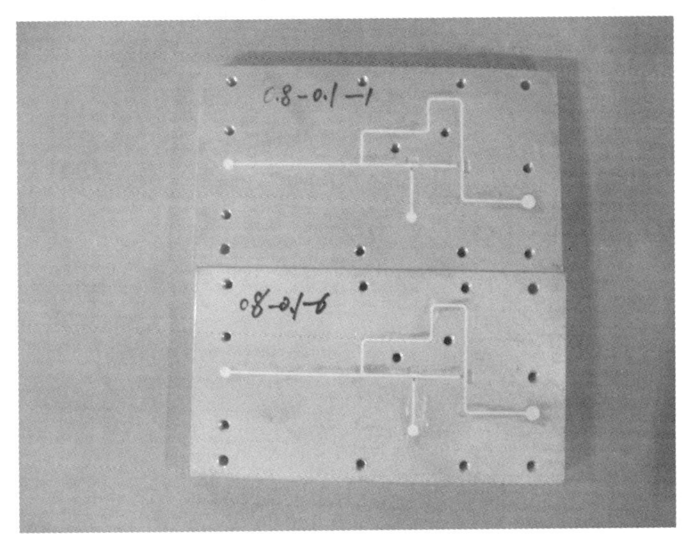

图 6.24 异步与门网络基板压装效果

在异步与门可靠性试验时，用两根直径为ϕ1.58 mm 的柔性导爆索分别接入两个输入端面，利用导爆索的长度调节输入时序。导爆索的安装效果如图 6.25 所示。

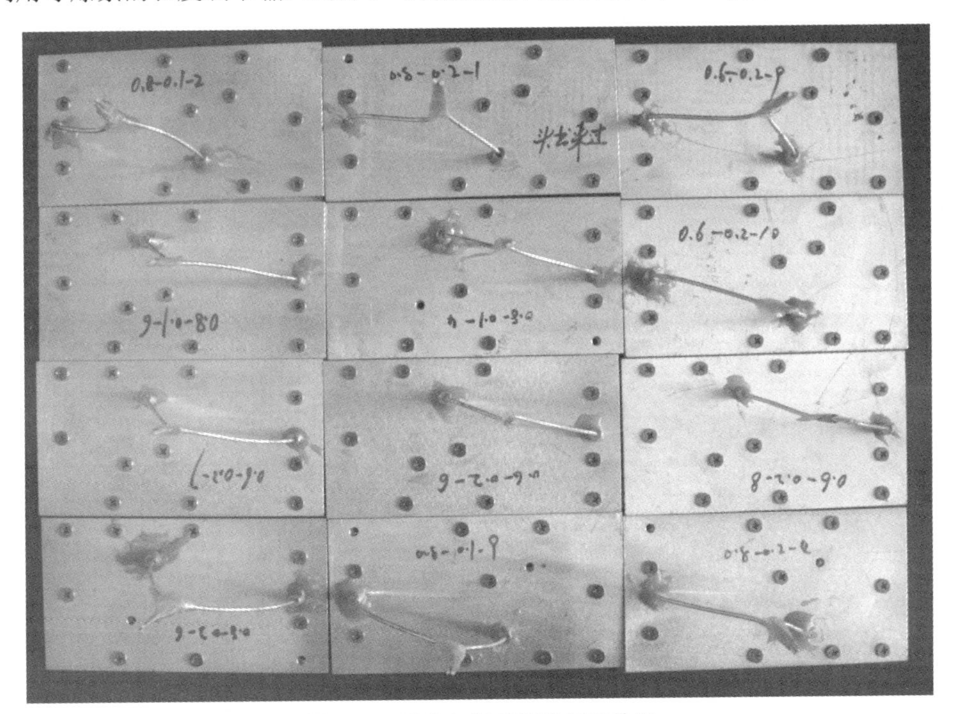

图 6.25 异步与门导爆索安装效果

试验时用一个电雷管起爆导爆索，根据输出端是否有输出判定试验结果，如输出端有输出，则试验成功，否则试验失败。爆炸零门试验爆炸效果见图 6.26，试验结果见表 6.22。

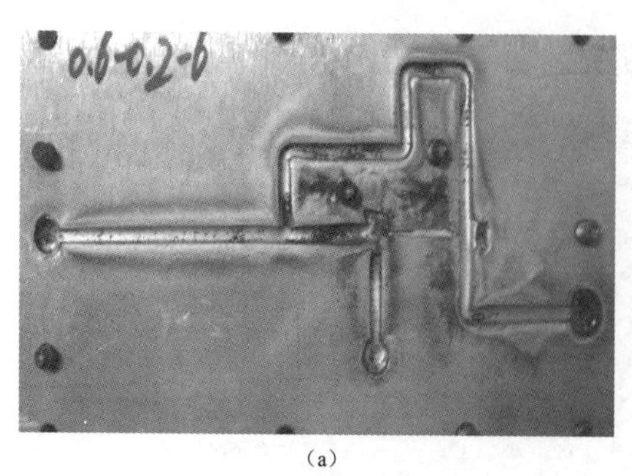

(a)

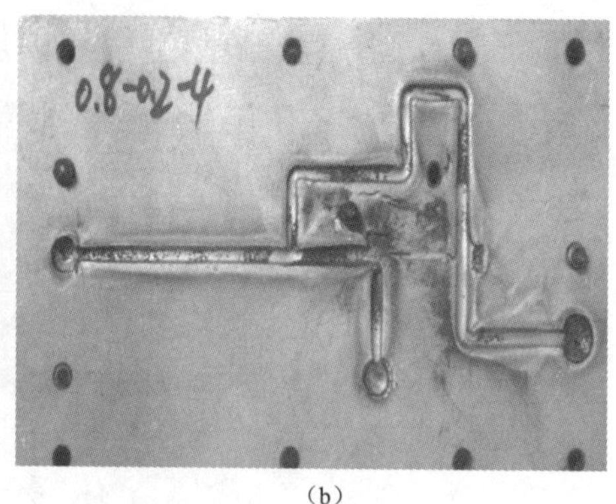

(b)

图 6.26　异步与门可靠性试验效果

(a) 零门间隙含直径为 0.6 mm 的空气隙；(b) 零门间隙含直径为 0.8 mm 的空气隙

表 6.22　异步与门可靠性试验结果

空气隙直径/mm	方槽与沟槽距离/mm	试验个数/个	试验成功数/个
0.6	0.1	40	40
0.6	0.2	40	40
0.8	0.1	40	40
0.8	0.2	40	40

表 6.22 的试验结果初步表明，所设计的异步与门结构合理，可靠性高，可以以此作为爆炸逻辑网络的基本模块，设计结构复杂的爆炸逻辑网络。结合表 4.1、表 4.3 的试验结果，可以确定所设计的空气隙改进间隙零门的特征结构参数为：沟槽尺寸 0.8 mm × 0.8 mm、零门隔板间隙厚度为 0.9～1.1 mm、长方形方槽为 4 mm × 2 mm、圆孔形空气隙ϕ0.6～ϕ0.8 mm、方槽与沟槽间隙距离 0.1～0.2 mm，零门打开的时间间隔≥4τ。以上参数就是所研究的零门特征参量的可靠性窗口，当在零门的设计、加工满足以上要求时，就能保证零门可靠作用。若将沟槽尺寸实现的概率用 $P(E_1)$ 表示，零门隔板间隙厚度实现的概率用 $P(E_2)$ 表示，长方形方槽的尺寸实现的概率用 $P(E_3)$ 表示，圆孔形空气隙的尺寸实现的概率用 $P(E_4)$ 表示，方槽与沟槽间隙距离实现的概率用 $P(E_5)$ 表示，零门打开的时间间隔实现的概率用 $P(E_6)$ 表示，则零门实现功能的概率 $P(E)$ 为：$P(E)=P(E_1)\times P(E_2)\times P(E_3)\times P(E_4)\times P(E_5)\times P(E_6)$。

6.2.2.4　含作动器的新结构异步与门

1. 含作动器零门的异步与门作用原理

当以该异步与门为基本元件组成“多选任意输出”爆炸逻辑网络时，需要同时具备两种功能：① 需要实现爆轰信号输出时，作动器要能安全可靠地作用，实现作动器零门的关闭；② 当要求不输出爆轰信号时，异步与门需要处于自锁状态，并使爆炸零门 N 成功作用，实现关闭功能。因此，进一步分析如图 6.27 所示的异步与门的作用原理，并进行相关的试验研究。

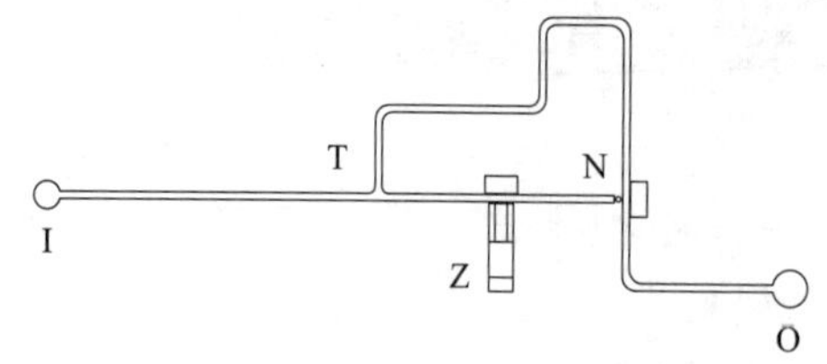

图 6.27　含作动器零门的异步与门结构示意图

图 6.27 中，I 为爆轰波输入端，O 为爆轰波输出端，N 为爆炸零门，Z 为电作动器。电作动器位于爆炸零门和三通之间的控制通道，作动器的剪切销应垂直于控制通道的沟槽装药，并在装药通道另一端留有一定的空气隙，以便当作动器作用时，能将沟槽中的炸药推出，切断信息通道。该异步与门的作用原理：

（1）当需要输出端有爆轰信号输出时，首先由控制系统给作动器提供发火电信号，作动器电激发后推动销子切断沟槽通道装药；然后再由控制系统给出电起爆信号，由输入端输入爆轰信号。此时控制通道装药已经被切断，爆轰波只能经过三通绕行，并于输出端输出爆轰信号。

（2）当作动器无电点火信号输入时，输入端输入的爆轰信号沿直线传播至爆炸零门 N，并在经三通绕行的爆轰波到达之前关闭该爆炸零门，终止爆轰波的传播，终端无爆轰信号输出。

（3）当只给作动器输入电信号时，作动器作动后只会切断控制通道装药，无爆轰信号输出，符合爆炸逻辑网络系统的安全性要求。

由此可知，该新结构原理异步与门的输入/输出逻辑关系与一般的异步与门相同。

2. 含作动器零门的异步与门的试验研究

前面已经对圆形空气隙改进间隙零门、作动器零门以及异步与门进行了较为系统的研究，给出了相应的特征参量与可靠性窗口。从新结构原理异步与门的结构可以看出，本研究提出的新结构原理异步与门，仅用电作动器替换了一个爆炸零门的控制通道，而其他结构不变。因此，新结构原理异步与门的试验研究，主要是研究电作动器切断控制通道的时间，以保证在电作动器的作用下，能可靠切断信息通道，阻断爆轰信号通过。研究中选用的电作动器外形尺寸及工作条件为：总长 15 mm，ϕ3.4 mm，击针行程约 3 mm；发火电压 10 V，发火电容为 15 μF。

为了研究该电作动器可靠切断控制通道的时间，共加工了 60 块新结构原理异步与门试验基板，基板装药及作动器安装效果如图 6.28 所示。基板材料选用 LZ－12，网络用药为 JO－9C Ⅲ型传爆药，设计装药密度为 1.77 g/cm^3。

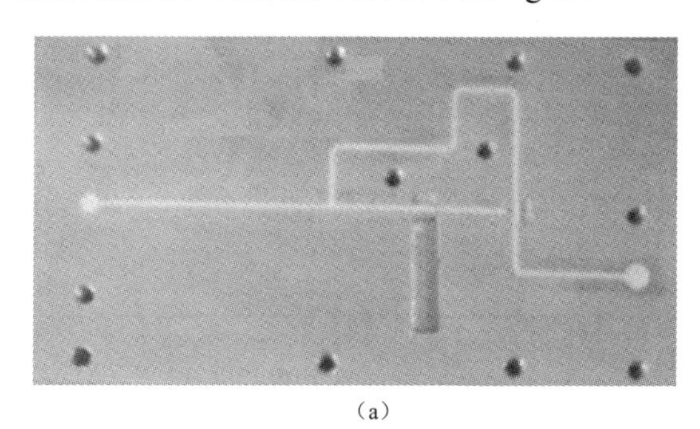

（a）

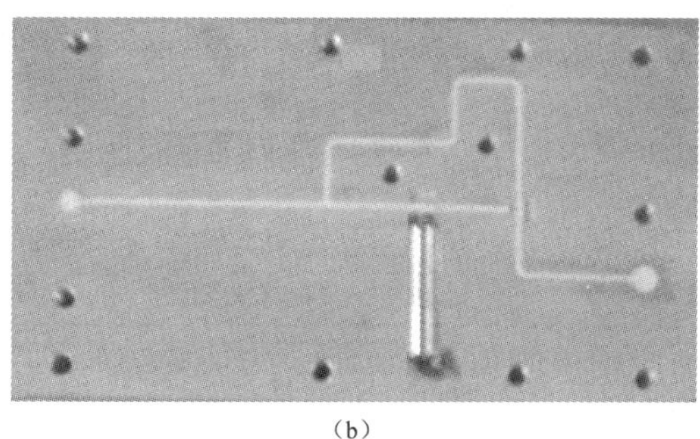

（b）

图 6.28　异步与门装药及作动器安装效果

（a）作动器安装前；（b）作动器安装后

先对该异步与门进行同步输入研究，同时对电作动器与电雷管施加 1 A 的工作电流，通过检查输出端是否有输出，检验新结构原理异步与门的作用效果。如果输出端有输出，则新结构原理异步与门试验成功；否则试验失败。试验效果如图 6.29 所示。

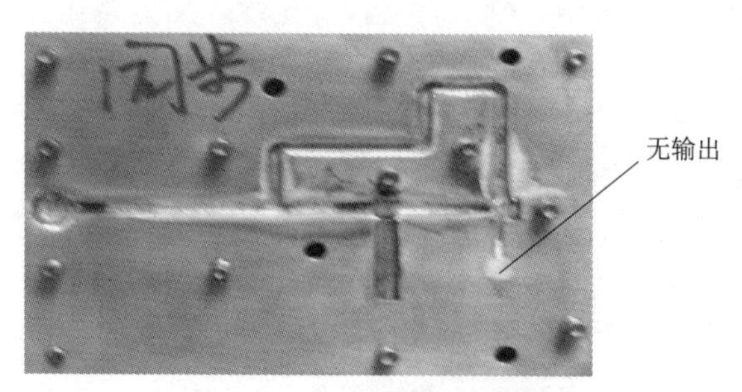

图 6.29 同步输入试验效果

从试验效果图可以看出，当同时给电作动器和电雷管通电时，电作动器在雷管爆炸网络的同时开始作用，但并未成功实现对沟槽装药的破坏和隔爆，异步与门没有实现输出功能。究其原因，可能是由于输入端 I 和作动器间距离太短，$L=45$ mm，爆轰波从输入端沿沟槽传播至作动器用时仅为 $L/D=45\ \text{mm}/(8.053\ \text{mm}/\mu\text{s})=5.59\ \mu\text{s}$，在这么短的时间内作动器不足以充分作动，无法实现隔爆功能。

基于同步试验的结果与分析，设计了电作动器先于电雷管 8 ms、6 ms、4 ms、2 ms、1 ms 作用的试验方案，通过检查输出端是否有输出，检验新结构原理异步与门的作用效果。如果输出端有输出，则新结构原理异步与门试验成功；否则试验失败。新结构原理异步与门作用效果如图 6.30 所示，试验结果如表 6.23 所示。

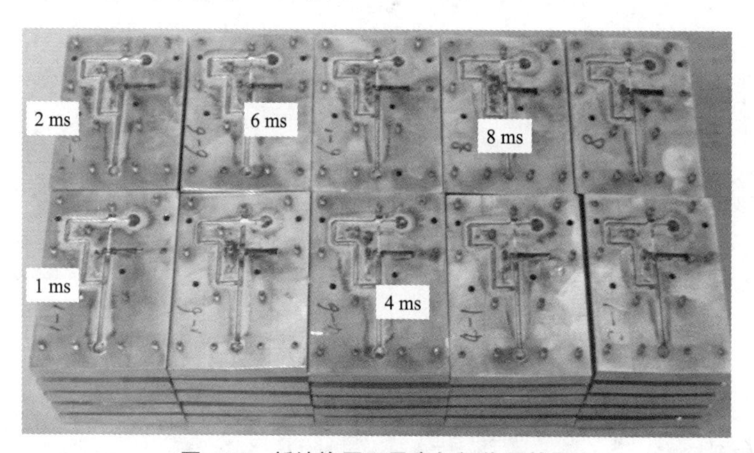

图 6.30 新结构原理异步与门作用效果

表 6.23 新结构原理异步与门试验结果

时间间隔/ms	试验数量/个	试验成功数/个	成功率/%
8	10	10	100
6	10	10	100
4	10	10	100
2	10	10	100
1	10	10	100

从表 6.23 的试验结果看出，所有试验全部成功，电作动器与电雷管作用时间间隔为 1 ms 时也能可靠作用，说明本研究设计的新结构原理异步与门是合理的，两个输入端的时间差可以控制在 1 ms 以内。

6.2.3 “多选一输出”爆炸逻辑网络

6.2.3.1 桥式零门型

1. 桥式零门的结构原理

桥式零门是由 T 形装药的普通爆炸零门经适当改进而成，从而由单一方向的切断关闭功能变成两个方向的相互切断关闭功能，其装药通道为十字交叉型，如图 6.31 所示。其工作原理为：AB 装药通道的爆轰波经过桥式零门 BN，使 CD 通道的装药被切断，CD 爆轰通道被关闭；反之，CD 装药通道的爆轰波将关闭 AB 爆轰通道。

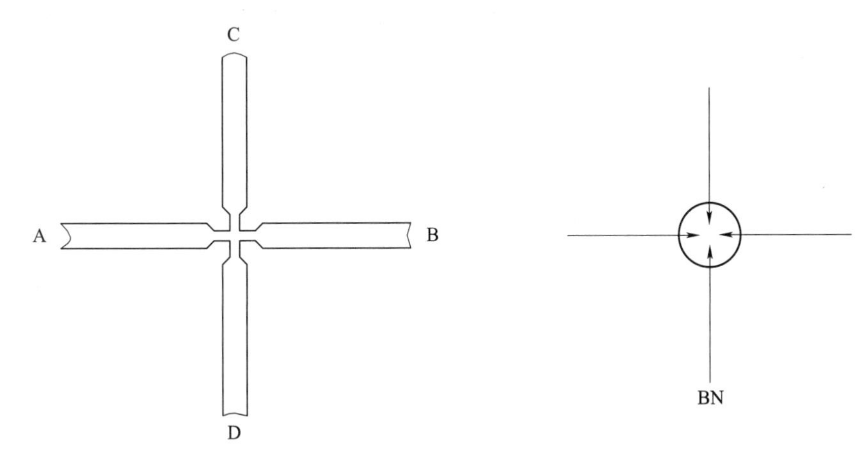

图 6.31　桥式零门结构示意图

2. “二入三出”爆炸逻辑网络的结构原理

“二入三出”爆炸逻辑网络是由一个爆炸整流器和两个桥式零门及爆炸传输线路构成，通过桥式零门和爆炸零门的作用实现其逻辑功能，其逻辑线路图与代表符号如图 6.32 所示，A_OB_O 端的输出设计为由 A_i、B_i 同时输入来实现。“二入三出”爆炸逻辑网络的逻辑关系表见表 6.24。

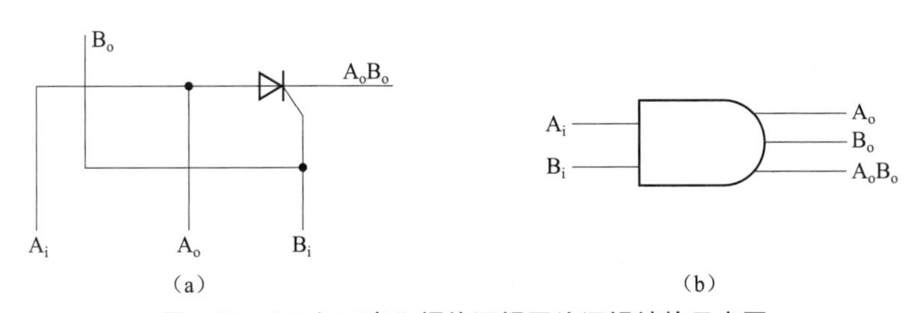

图 6.32　“二入三出”爆炸逻辑网络逻辑结构示意图

（a）逻辑线路图；（b）代表符号

表 6.24 “二入三出”爆炸逻辑网络逻辑关系及真值表

逻辑方程	真值表				
	输入		输出		
	A_i	B_i	A_o	B_o	A_oB_o
$A_i(B_i=0)=A_o$ $B_i(A_i=0)=B_o$ $B_i \cdot A_i=A_oB_o$	1	0	1	0	0
	0	1	0	1	0
	0	0	0	0	0
	1	1（先）	0	0	1

“二入三出”爆炸逻辑网络要求 B_i 端爆轰波到达与门的时间提前于 A_i 端，提前量只有下限要求，无上限要求。因此也称无窗口输入爆炸逻辑网络，对起爆器瞬发度的要求不高。

3.“桥式零门型”多选一输出爆炸逻辑网络

以“二入三出”爆炸逻辑网络为基本模块可以设计“多选择一输出”爆炸逻辑网络。图 6.33 所示为用 4 个“二入三出”爆炸逻辑网络为模块构成的“三输入七输出”爆炸逻辑网络，图中 123 表示 3 个雷管同时输入。

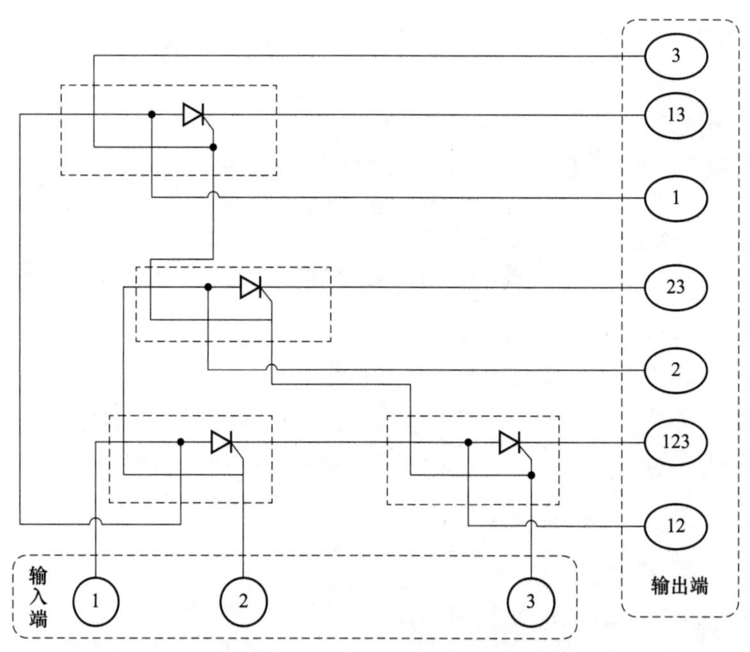

图 6.33 “三入七出”爆炸逻辑网络

也可以“三入七出”爆炸逻辑网络为基本模块设计结构更复杂的爆炸逻辑网络，图 6.34 所示为用 7 个“三入七出与/非与元件”构成的“五入二十五出”爆炸逻辑网络。

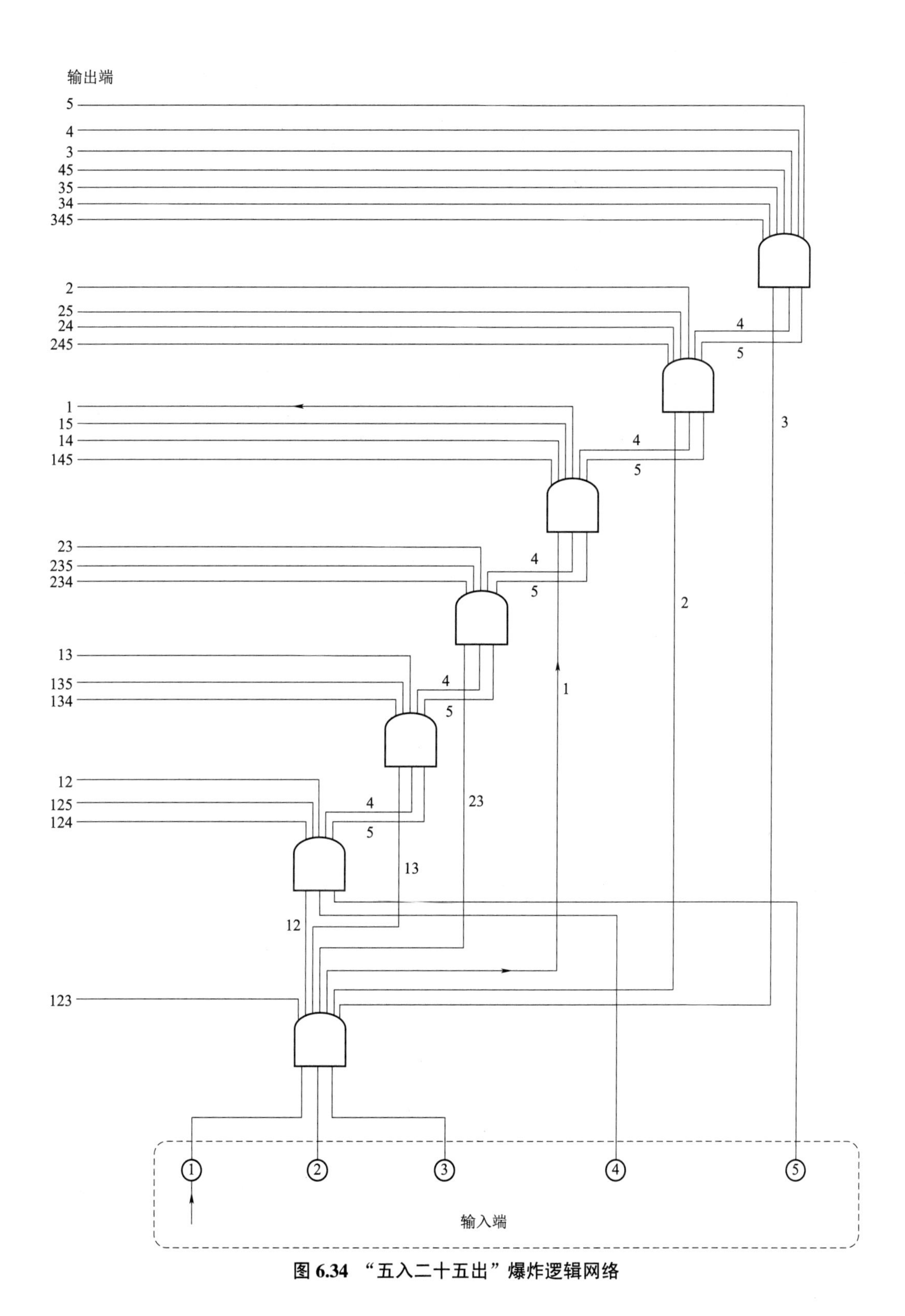

图 6.34 “五入二十五出”爆炸逻辑网络

6.2.3.2 通道转换器型

1. 通道转换器的结构原理

“通道转换器”由两个爆炸零门及爆炸传输线路组成，其基本结构如图6.35所示，A、B为爆轰波输入端，N_1、N_2为爆炸零门，O_1、O_2为爆轰波输出端。当只有A端输入时，没有爆轰波输出；当只有B端输入时，只有O_1端爆轰波输出；当A、B按一定的时序要求输入时，只有O_2端爆轰波输出。由通道转换器可以构成最基本的爆炸逻辑网络——“二入四出”爆炸逻辑网络。

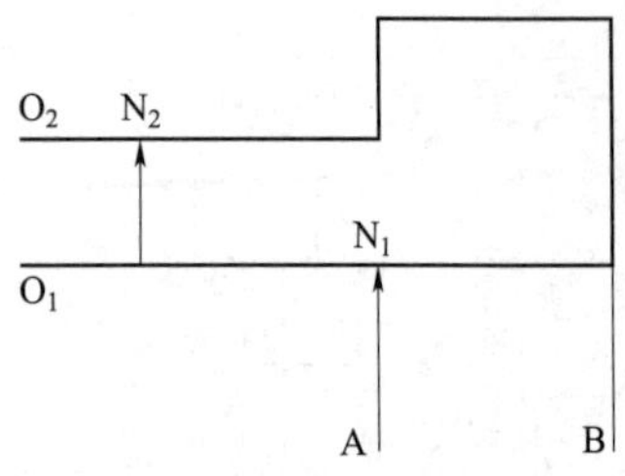

图6.35 通道转换器结构示意图

2.“二入四出”爆炸逻辑网络的结构与逻辑关系

由“通道转换器”组成的最基本的爆炸逻辑网络是“二入四出”爆炸逻辑网络，如图6.36所示。图（a）为爆炸逻辑网络线路图，图（b）为代表符号。表6.25所示为“二入四出”网络爆炸逻辑关系表。

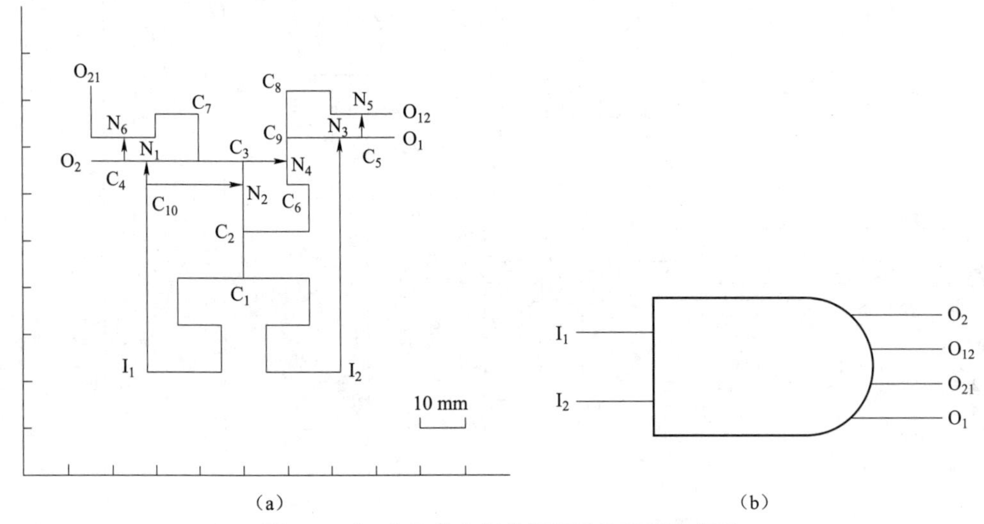

图6.36 “二入四出”爆炸逻辑网络关系示意图

（a）逻辑线路图；（b）代表符号

表6.25 “二入四出”爆炸逻辑网络爆炸逻辑关系

输入		输出			
I_1	I_2	O_1	O_2	O_{12}	O_{21}
1	0	1	0	0	0
0	1	0	1	0	0
1	1（滞后I_1在时间窗口内起爆）	0	0	1	0
1	1（提前I_1在时间窗口内起爆）	0	0	0	1
其他		0	0	0	0

3.“通道转换器”型多输入多选择一输出爆炸逻辑网络

可以“二入四出”爆炸逻辑网络为基本模块进行更复杂的爆炸逻辑网络设计，利用两个“二入四出”爆炸逻辑网络，可以构成“三入七出”爆炸逻辑网络；利用 3 个“二入四出”爆炸逻辑网络，可以构成“三入九出”爆炸逻辑网络；利用 4 个“二入四出”爆炸逻辑网络，可以构成“三入十一出”爆炸逻辑网络；最多利用 5 个“二入四出”爆炸逻辑网络，可以构成“三入十三出”爆炸逻辑网络。在同样输入端数量的情况下，通道转换式“二入四出”爆炸逻辑网络比与/非与式“二入三出”爆炸逻辑网络实现的输出端数量多。图 6.37 所示为以“二入四出”爆炸逻辑网络为基本模块设计多输入多选择输出的爆炸逻辑网络图。

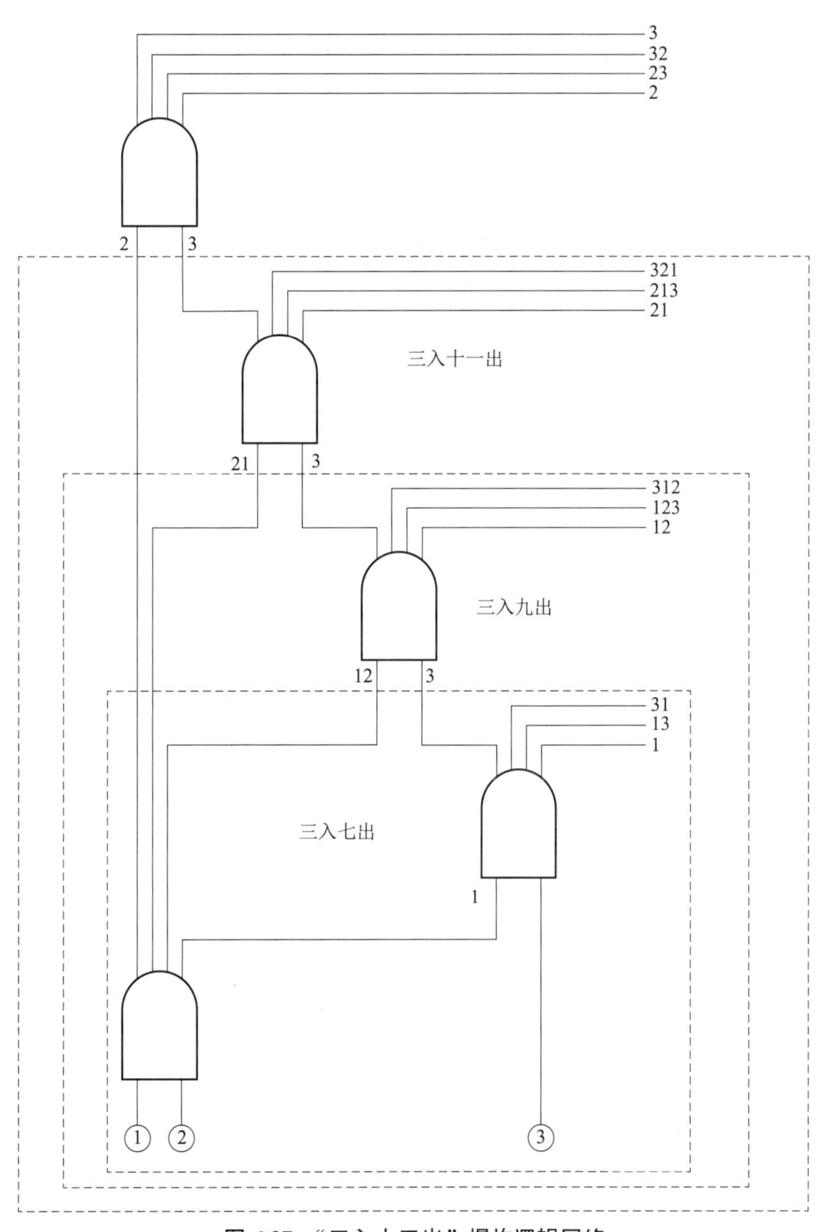

图 6.37　“三入十三出”爆炸逻辑网络

6.2.3.3 讨论

爆炸逻辑网络设计是建立在对网络构成的基本要素充分研究的基础之上的。同时在网络设计时，应以一最基本的、可靠性高的爆炸逻辑网络模块为基本元件进行组网，并根据需要进行适当的调整。两种设计原理各有所长，“二入三出”爆炸逻辑网络线路比较简单，网络较小，可以用来设计很复杂的网络，但桥式零门实现起来比较困难，高可靠性不易实现。“二入四出”爆炸逻辑网络虽然线路比较复杂，但有可能实现较高的可靠性，其缺点是网络较大，不易于设计比较复杂的网络。

6.2.4 “二入四出”爆炸逻辑网络的模块化设计

6.2.4.1 “二入四出”爆炸逻辑网络的结构设计

图 6.38 所示为“二入四出”爆炸逻辑网络结构图，相应的线路图见图 6.36（a)。图中 I_1、I_2 为两个爆轰波输入端，O_1、O_2、O_{12}、O_{21} 为四个爆轰波输出端，网络由 $N_1 \sim N_6$ 六个桥式零门和多条炸药通道组成，$C_1 \sim C_{12}$ 为通道三通节点及拐点。网络的输入/输出爆炸逻辑关系见表 6.26，图 6.38 所示为网络的节点时序。

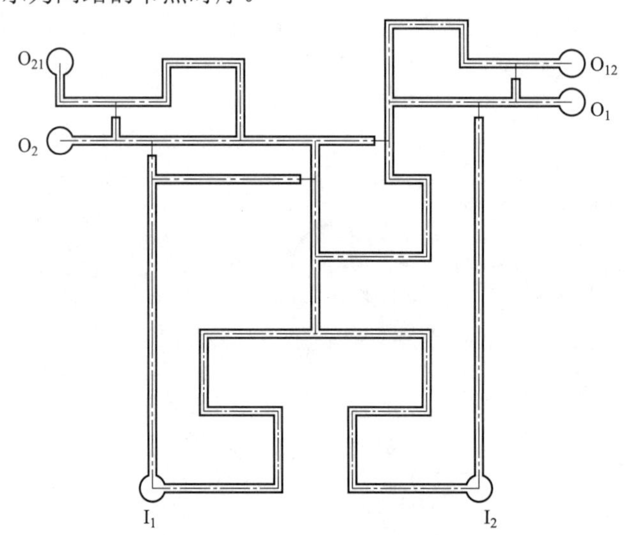

图 6.38 “二入四出”爆炸逻辑网络结构图

表 6.26 “二入四出”网络的节点时序

输出	中间路线	节点时间	全程输出时间
O_1	$I_1-C_1-C_2-C_6.N_4-C_9-N_3-C_5-O_1(I_1-O_1)$		13.65τ
O_2	$I_2-C_1-C_2-N_2-C_3-N_1-O_2(I_2-O_2)$		12.15τ
O_{12}	$I_1-C_{10}-N_2(I_1-N_2)$ $I_2-C_1-C_2-N_2(I_2-N_2)$ $I_2-N_3(I_2-N_3)$ $I_1-C_1-C_2-C_6.N_4-C_9-N_3(I_1-N_3)$ $I_1-C_1-C_2-C_6.N_4-C_9-C_8-N_5-O_{12}(I_1-O_{12})$	6.2τ 8.2 5τ 12.2τ	 14.75τ

续表

输出	中间路线	节点时间	全程输出时间
O_{21}	$I_2-C_1-C_2-N_2(I_2-N_2)$	8.2τ	
	$I_1-C_{10}-N_2(I_1-N_2)$	6.2τ	
	$I_1-C_{10}-N_1(I_1-N_1)$	4.5τ	
	$I_2-C_1-C_2-N_2-C_3-N_1(I_2-N_1)$	10.7	
	$I_2-C_1-C_2-N_2-C_3-C_7-N_{6.}O_{21}(I_2-O_{21})$		14.75τ

当只有 I_1 端起爆时，N_1、N_2 两个零门作用将通道 C_3-C_4、C_2-C_3 切断，I_1 经 $C_1-C_2-C_6$，通过 N_4、N_3 至 C_5 后，分两个方向，向上零门 N_5 作用切断 C_8-O_{12} 通道，向右 O_1 输出。

当只有 I_2 起爆时，零门 N_3 作用切断 C_9-O_1 通道，I_2 经 C_1-C_2，通过 N_2，至 C_3 分两路，向右零门 N_4 切断 $C_{6.}C_9$ 通道，向左通过 N_1 至 C_4 分两路，向上零门 N_6 作用切断 C_7-O_{21} 通道，向左得到 O_2 端输出。

当两端皆有输入时，则输入次序和延迟时间的长短成为决定因素。输入端在规定时间内按次序输入，才会有相应输出。如果需要 O_{12} 输出，则要求 $I_1-C_{10}-N_2$ 通道的爆轰波必须先于 $I_2-C_1-C_2-N_2$ 通道的爆轰波到达零门 N_2，将 C_2-C_3 通道切断。否则 I_2 传来的爆轰波将通过 N_2 拐过 C_3 至 N_4 将 C_6-C_9 通道切断，则 O_{12} 不会有输出；同时，I_2-N_3 通道的爆轰波必须先于 $I_1-C_1-C_2-C_{6.}C_9-N_3$ 通道的爆轰波到达零门 N_3，将 $C_9-C_5-O_1$ 通道切断，以阻止 O_1 端输出。因此要得到 O_{12} 端输出，两输入的时间窗口（I_2 滞后 I_1 输入的时间）为

$$-2\tau<\Delta t_{12}<7.2\tau \tag{6-38}$$

式中，$\tau=d/D$，为爆轰波通过通道单元长度 d（10 mm）的传爆时间；D 为通道内炸药爆速 mm/μs；$\Delta t_{12}=t_2-t_1$。

需要 O_{21} 端输出时，则要求 $I_2-C_1-C_2-N_2$ 通道的爆轰波必须先于 $I_1-C_{10}-N_2$ 通道的爆轰波通过零门 N_2，否则 I_1 来的爆轰波将首先至 N_2 将 C_2-C_3 通道切断，则 O_{21} 不会有输出；同时，I_1-C_{10} 通道的爆轰波必须先于 I_2 来的爆轰波到达零门 N_1，将 C_3-C_4 通道切断，以阻止 O_2 端输出。因此要得到 O_{21} 端输出，两输入的时间窗口（I_1 滞后 I_2 输入的时间）为（$\Delta t_{21}=t_1-t_2$）：

$$2\tau<\Delta t_{21}<6.2\tau \tag{6-39}$$

综合两个时间窗口要求，两端皆输入时的时间轴如图 6.39 所示。对于 t_2-t_1 的时间轴，当在时间窗口内 I_2 滞后 I_1 输入时将产生 O_{12} 输出。当 I_2 滞后 I_1 输入大于 7.2τ 时，将产生 O_1 输出，滞后的极限就是 I_1 端单独输入。由于考虑到时间窗口的存在，设计网络时使 I_2 和 I_1 即使同时输入也将满足时间窗口下限的要求。所以对于本设计 I_2 甚至可以提前 I_1 输入，同时仍然在产生 O_{12} 输出的时间窗口范围内，但最多只可提前 2τ，提前超过 2τ 将产生 O_2 输出，提前的极限情形就是 I_2 端单独输入。网络的独特设计为次序输入的实验研究提供了方便。同理，t_1-t_2 时间轴和上述情况类似，不同的只是 I_1 不可以提前 I_2 输入。

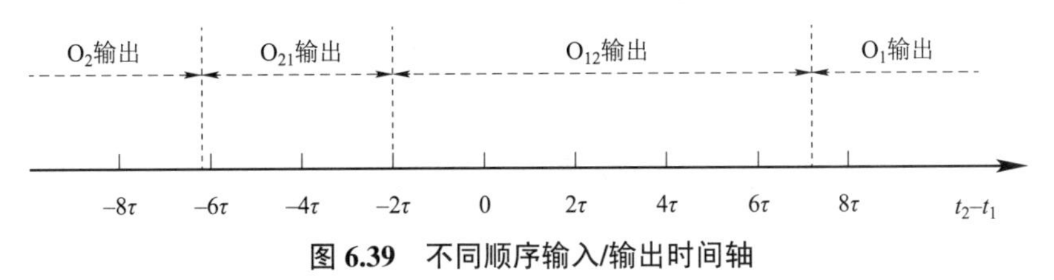

图 6.39 不同顺序输入/输出时间轴

6.2.4.2 “二入四出”模块可靠性试验研究

实验研究以黄铜作基板材料，设计通道截面积为 1.4 mm × 1 mm，实验元件结构示意图如图 6.40 所示，根据零门的不同特点设计相应的零门间隙。在拐弯距离较短，爆轰波拐弯后处于非稳定的弱爆轰时，取间隙厚度 $d_1 = 0.5$ mm；当拐弯后爆轰波处于稳定的正常爆轰，但零门的关闭时间为 1τ 时，取间隙厚度 $d_2 = 0.6$ mm；当拐弯距离很长，零门关闭基本不受约束时，取间隙厚度 $d_3 = 0.8$ mm。试验时用前面研究的橡皮炸药作网络用药，并采用药片整体雕刻填充法装药。装药后将网络压紧，刮平，并盖上 2.5 mm 厚的黄铜盖板，拧紧后进行起爆试验。图 6.41 所示为“二入四出”模块装药效果。

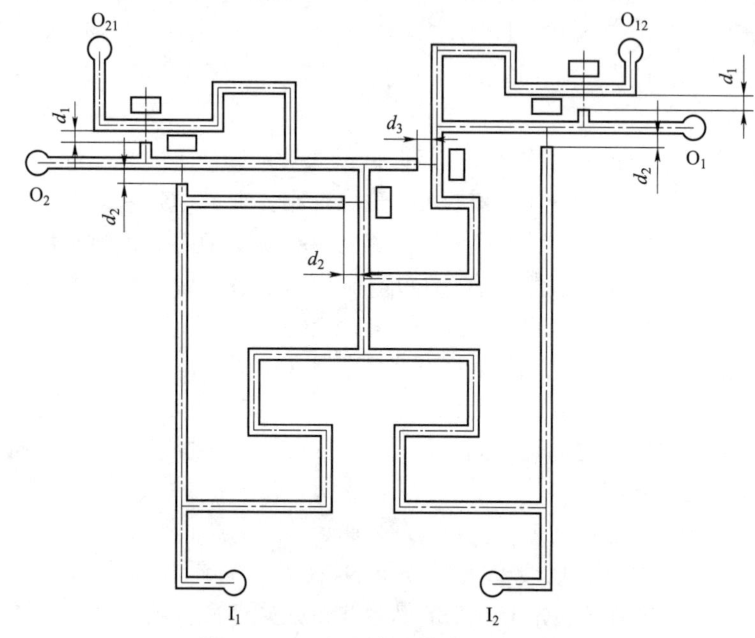

图 6.40 “二入四出”模块加工示意图

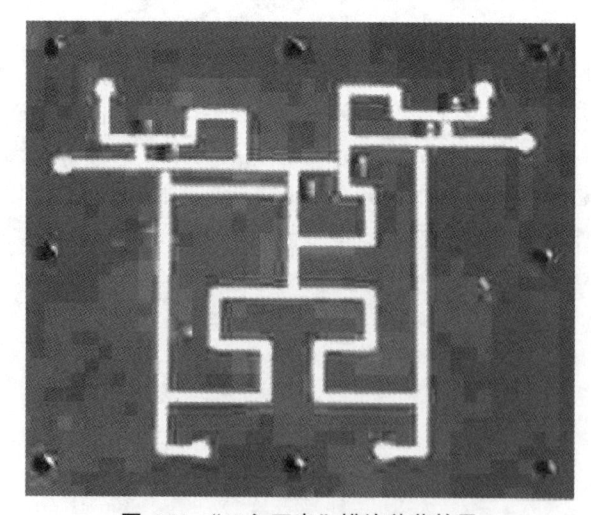

图 6.41 “二入四出”模块装药效果

在进行“二入四出”模块可靠性试验时，实际上是在检验零门和通道的可靠性。即如果零门和通道各元件能满足设计要求，则模块的可靠性就能满足要求。考虑到进行 I_1、I_2 两点时序起爆试验有一定的技术困难，因此研究中分别进行了 I_1、I_2 单点起爆试验，从单点起爆试验结果也可以判断出模块的设计合理性。表 6.27 给出了试验结果，图 6.42 所示为“二入四出”模块爆炸效果。

表 6.27 “二入四出”爆炸逻辑网络试验结果

输入方式	试验数量	试验结果
I_1 单输入	5	5 发成功
I_2 单输入	5	5 发成功

图 6.42 “二入四出”模块爆炸效果

从试验结果可以看出，网络完成了 I_1 单点输入、I_2 单点输入两种不同输入时所对应的相应逻辑输出功能。

6.2.4.3　讨论

在进行“二入四出”爆炸逻辑网络结构设计时，选用了改进的间隙零门结构，从可靠性试验及爆炸后的基板上看到，零门作用的可靠性很高，都在规定的时间窗口内关闭，基本达到了设计要求。网络中所使用的橡胶炸药也能满足要求。但在零门间隙处装药时，不能留有缝隙，装药的紧密度要好。

6.2.5　“多选任意输出”爆炸逻辑网络

“多选任意输出”爆炸逻辑网络，是采用功能模块按分位圆集成的复杂爆炸逻辑网络，将圆形爆炸逻辑网络基板等分为若干个扇形，以异步与门为基本功能模块在各个扇形上设计一个输出端，输出端靠近网络基板的圆周，并将各个异步与门靠近网络基板中心的输入端进行叠加，集成为共用中心输入 I 的分位式爆炸逻辑网络，通过对各个异步与门的输入信号 I_i 进行选择和控制，可获得所需方位上的单点输出或多点同步输出，原理示意图如图 6.43 所示。

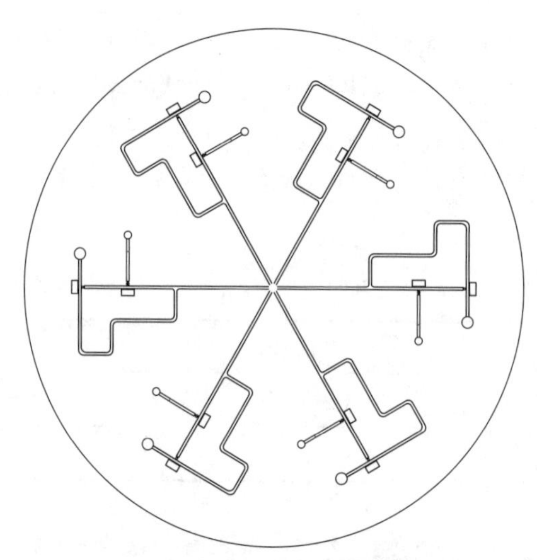

图 6.43 “多选任意输出”爆炸逻辑网络原理

“多选任意输出”爆炸逻辑网络是目前爆炸逻辑网络领域中的前沿技术。从目前对空目标导弹定向战斗部的需求看，为提高战斗部的毁伤效能，简化战斗部结构设计，“多选任意输出”爆炸逻辑网络具有广泛的应用前景。

6.2.5.1 “多选任意输出”爆炸逻辑网络设计理论

1. 模块化设计原理

采用模块化的设计思想设计爆炸逻辑网络的优点是有利于提高爆炸逻辑网络的设计可靠性，通过对组成爆炸逻辑网络的最小单元模块进行大量的试验研究，给出最小单元模块的结构尺寸，就可以此为依据完成爆炸逻辑网络的设计。

前文中分别对两种类型的异步与门进行了设计与试验研究，一种是由两个爆炸零门组成的异步与门，另一种是由一个爆炸零门和一个电作动器零门组成的新结构原理异步与门。通过试验研究，给出了两种异步与门的物理模型，如图 6.44 所示。

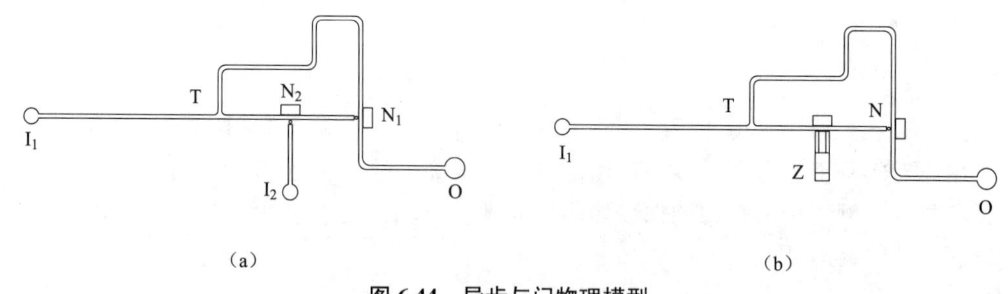

图 6.44 异步与门物理模型

（a）异步与门；（b）新结构原理异步与门

从这两种异步与门的物理模型看，通过对 I_1、I_2 输入端口输入信号的控制，就能控制零门 N_1、N_2 的作用，从而控制输出端口 O 爆轰波的输出，通常将 TN_1 称为控制通道，TN_1 称为信息通道。若控制通道有爆轰波输入，使零门 N_1 作用，则输出端口 O 无爆轰波输出；若控制通道被切断，N_1 无作用，则输出端口 O 有爆轰波输出。根据这两种异步与门的作用原理，从对这两种异步与门的研究结果看，以这两种异步与门为基本模块，采用共用一个信息通道输入端 I_1，而将输出端 O 均布在给定的圆周上，就可以设计“多选任意输出”爆炸逻辑网络。

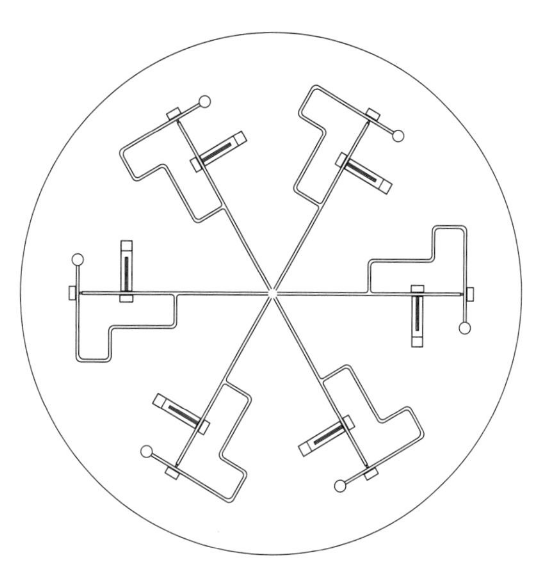

图 6.45　含新结构原理零门的六分位“多选任意输出”爆炸逻辑网络原理

从图 6.43 和图 6.45 可以看出，若按图 6.44（a）所示的异步与门为基本模块设计“多选任意输出”爆炸逻辑网络，由于控制通道上的零门 N_2 为爆炸零门，需要输入爆轰波控制，因此这种爆炸逻辑网络使用雷管的总数量为 $n+1$，其中 n 为输出端的个数。因此，按这种方案设计，雷管的使用量比不使用爆炸逻辑网络还要多一个，违背了研究爆炸逻辑网络的初衷。按照引信设计准则的要求，每一个雷管均需要一套独立的安保机构，工程上难以实现。若按图 6.44（b）所示的异步与门为基本模块设计“多选任意输出”爆炸逻辑网络，则控制通道上的零门 N_2 为作动器零门，可以通过电作动器控制。由于电作动器一般在引信的解保机构中用于切断销子，解除保险，它本身不输出爆轰波，也不需要独立的安保机构，因此按这种方案设计爆炸逻辑网络时，只需一个雷管即可。比较以上两种原理，确定了以图 6.44（b）所示的异步与门为基本模块设计“多选任意输出”爆炸逻辑网络。

2. 设计计算方法

在爆炸逻辑网络设计时，首先应根据总体要求的分位数确定输出端的个数，在满足以上要求的基础上，尽量减小网络的质量，因此计算满足输出端个数要求的网络最小直径是优先考虑的问题。

在新结构原理异步与门的研究中，确定了异步与门模块的结构尺寸，按前面的设计原理进行组网设计时，两个功能模块间的几何关系如图 6.46 所示。

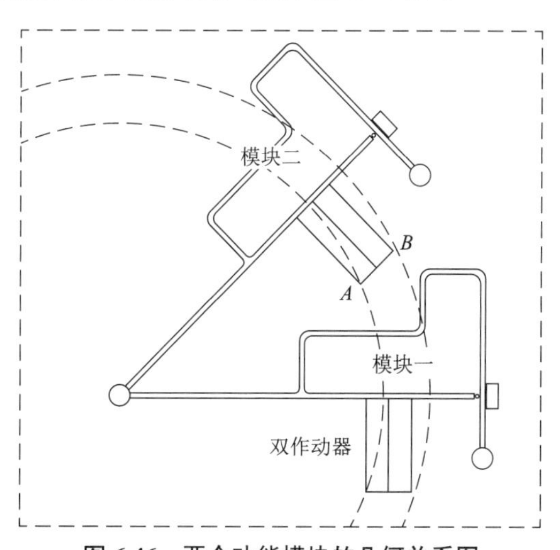

图 6.46　两个功能模块的几何关系图

当需要在一个固定尺寸的网络基板上设计多个功能模块时，随着模块数的增加，各模块之间排列的紧密程度也会增加，此时，分析图 6.46 中功能模块之间的几何关系可知，模块二中作动器端部 *A*、*B* 两点最有可能和模块一接触，而从安全角度出发，作动器和装药沟槽之间至少需要保持 5 mm 以上的间距，因此，必须同时保证 *A*、*B* 两点到沟槽的距离不小于 5 mm。

当 *A* 点距离模块一 5 mm 以上时，为确保 *B* 点的位置也满足安全要求，可通过绕 *A* 点逆时针旋转模块二来实现，效果如图 6.47 所示。绕 *A* 点逆时针旋转模块二可以使两模块的交点右移，即分位式爆炸逻辑网络的直径会不断缩小。同时两模块之间的夹角也会不断增大，导致分位数减小。同理，当 *B* 点距离模块一 5 mm 以上时，为确保 *A* 点的位置也满足安全要求，可通过绕 *B* 点顺时针旋转模块二来实现，效果如图 6.48 所示。绕 *A* 点逆时针旋转模块二可以使两模块的交点左移，分位式爆炸逻辑网络的直径会不断增大，但随着两模块之间夹角的不断减小，爆炸逻辑网络可设置功能模块的分位数不断增多。

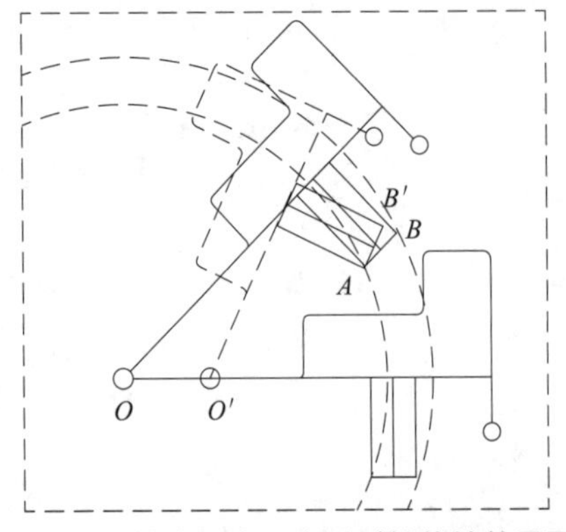

图 6.47　模块二绕 *A* 点逆时针旋转效果图

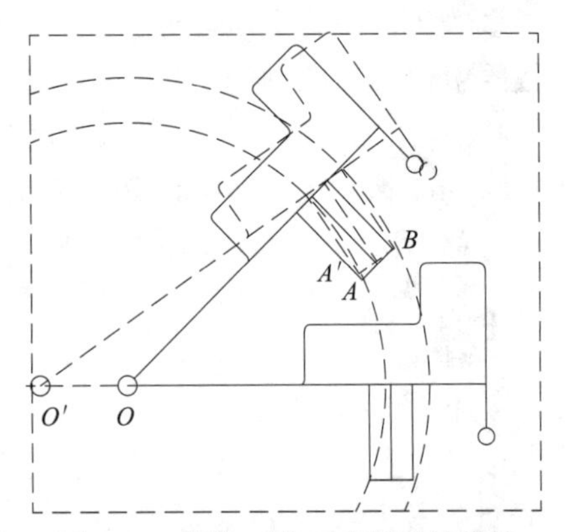

图 6.48　模块二绕 *B* 点顺时针旋转

因此，当需要改变爆炸逻辑网络尺寸或分位数时，只要以 *A*、*B* 两点与模块一中装药沟槽的间距同时等于 5 mm 为临界状态，并结合以上两种旋转方案，就能设计出合理的爆炸逻辑网络结构。基于以上临界状态分析，结合异步与门模块的尺寸，开展爆炸逻辑网络模块化设计研究，模块设计尺寸如图 6.49 所示。

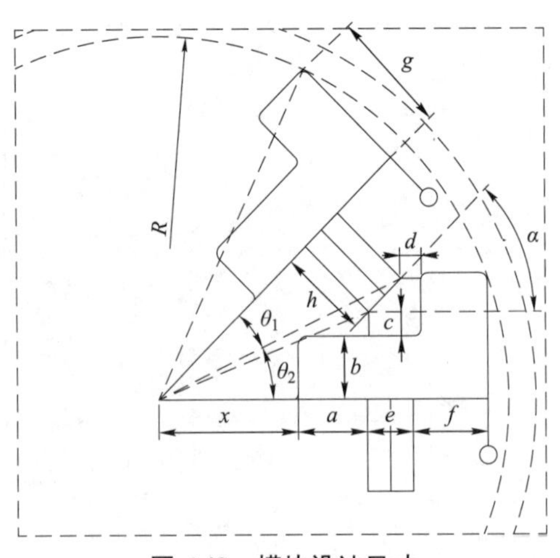

图 6.49　模块设计尺寸

根据作动器异步与门的研究结果，给定了异步与门的结构尺寸，$a=10$ mm，$b=10$ mm，$e=7.07$ mm，$g=20$ mm，$h=15$ mm，需要按此尺寸设计异步与门才能保证其作用可靠性。由装药沟槽和作动器安装槽的几何关系可知，当 $c=5$ mm 且 $d=5$ mm 时，$\alpha=45°$，此时该爆炸逻辑网络的分位数为 8。

由几何关系还可知，此时 $b+c=h=15$ mm，

则
$$\tan\frac{\alpha}{2}=\frac{h}{x+a}\text{，得 } x=26.2$$

由此得出
$$R^2=g^2+(x+a+e+f)^2 \tag{6-40}$$
$$=20^2+(x+30)^2$$

即
$$R=60\ \text{mm}$$

由此可见，当 $R=60$ mm 时，可设计出八分位爆炸逻辑网络，并能满足两模块间最小间距都不小于 5 mm。现以 $R=60$ mm 为临界点，对网络基板设计尺寸与分位数的关系进行分段讨论：

（1）当分位数和 R 不断减小时，可视为模块 2 绕 A 点逆时针转动，旋转后的圆心右移，如图 6.49 所示。

此时，仍有关系式

$$\frac{h}{x+a}=\tan\frac{\alpha}{2} \tag{6-41}$$

$$R^2=g^2+(x+a+e+f)^2 \tag{6-42}$$

设 n 为分位数（模块数），则有

$$n=\frac{2\pi}{\alpha} \tag{6-43}$$

联立以上三式，得

$$R^2=400+\left(20+15\cot\frac{\pi}{n}\right)^2 \tag{6-44}$$

当 $R\leqslant 60$ mm，可由上式计算给定分位数时网络基板的最小设计尺寸和给定网络尺寸对应的最大分位数。

（2）当分位数和 R 不断增大时，可视为模块 2 绕 B 点顺时针旋转，旋转后的圆心左移，如图 6.49 所示。

由几何关系可得

$$\tan\theta_1=\frac{15}{x+a+e}，\quad \theta_1=\arctan\frac{h}{x+a+e}=\arctan\frac{15}{x+17.07} \tag{6-45}$$

$$\tan\theta_2=\frac{20}{x+15}，\quad \theta_2=\arctan\frac{20}{x+15} \tag{6-46}$$

$$n=\frac{2\pi}{\theta_1+\theta_2} \tag{6-47}$$

$$R^2=400+(x+30)^2 \tag{6-48}$$

$$n = \frac{2\pi}{\arctan\frac{15}{\sqrt{(R^2-400)^{1/2}-30}+17.07}+\arctan\frac{20}{\sqrt{(R^2-400)^{1/2}-30}+15}} \quad (6-49)$$

上式便是分位数 n 与网络基板最小半径 R 的关系式，表 6.28 为部分计算结果。

表 6.28　部分计算结果

给定 n	计算 R	给定 R	计算 n
4	40.311 3	35	3.009 0
5	45.299 8	40	3.939 3
6	50.142 1	45	4.938 8
7	54.919 0	50	5.970 4
8	59.665 1	55	7.017 0
9	65.206 9	75	10.769 2
10	70.743 1	80	11.672 6
11	76.277 6	85	12.575 9

从表 6.28 中可以较快地获得设定分位数时所能加工爆炸逻辑网络的最小尺寸和设定网络基板尺寸时对应的分位数，当 $n<4$ 时，网络基板的最小半径 R 与 $n=4$ 时相同，只需调整模块间的夹角即可满足要求。

6.2.5.2　六分位“多选任意输出”爆炸逻辑网络设计研究

含一个爆轰波输入端的六分位爆炸逻辑网络是由 6 个爆炸异步与门组成，如图 6.50 所示，N 表示爆炸零门，T 表示三通，I 表示爆轰波输入端，O 表示爆轰波输出端，下标数字表示序号。当爆轰波输入端 I 单独作用时，爆轰波经由三通 T 后首先由控制通道到达爆炸零门 N 处，

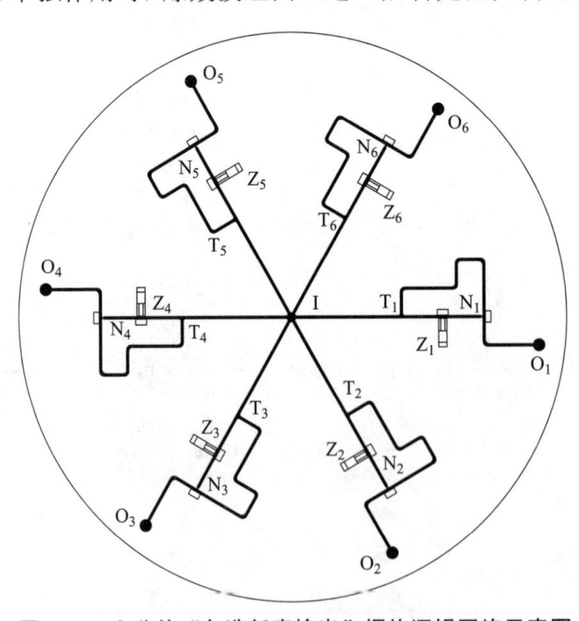

图 6.50　六分位“多选任意输出”爆炸逻辑网络示意图

爆炸零门作用切断由 N 向 O 端的输出，从而由三通 I 通过拐角传过来的爆轰波将不能通过 N 输出到 O。当某一个零门 Z 作用时，零门 Z 切断三通 T 和爆炸零门 N 之间控制通道的直线装药，此时经三通 T 通过拐角传过去的爆轰波将通过信息通道从输出端口 O 端输出。

六分位爆炸逻辑网络的逻辑关系：

当零门 Z_1 先于爆轰波输入端 I 作用时，在 Z_1 的作用下 T_1N_1 间控制通道的直线装药首先被切断。当 I 再输入时，由于 T_1N_1 间的控制通道已被切断，I 处的爆轰波只能通过三通 T_1 后沿拐角方向传播，经信息通道后由输出端口 O_1 输出。而由于零门 Z_2～Z_6 未作用，不能切断 Z_2～Z_6 所在位置控制通道的直线装药，使得由 I 端输入经三通 T_2～T_6 沿控制通道直线传播的爆轰波先于沿拐角及信息通道传播的爆轰波到达爆炸零门 N_2～N_6 处，切断信息通道，即破坏 N_2O_2～N_6O_6 间的沟槽装药，O_2～O_6 输出端口无爆轰波输出。

当零门 Z_1、Z_2 先于爆轰波输入端 I 作用时，在 Z_1、Z_2 的作用下 T_1N_1、T_2N_2 间控制通道的直线装药首先被切断。当 I 再输入时，由于 T_1N_1、T_2N_2 间的控制通道装药已被切断，I 处的爆轰波只能通过三通 T_1、T_2 后沿拐角方向传播，经信息通道后由输出端口 O_1、O_2 输出。而由于零门 Z_3～Z_6 未作用，不能切断 Z_3～Z_6 所在位置控制通道的直线装药，使得由 I 端输入经三通 T_3～T_6 直线传播的爆轰波先于沿拐角及信息通道传播的爆轰波到达爆炸零门 N_3～N_6 处，切断信息通道，即破坏 N_3O_3～N_6O_6 输出装药，O_3～O_6 无爆轰波输出。

其他输出端口的爆轰波输出与此原理相同。依此原理，可以通过控制零门 Z_1～Z_6 与爆轰波输入端 I 的作用与否，控制任意端口的爆轰波输出。表 6.29 列出了六分位爆炸逻辑网络的单输出及邻位和间位输出的逻辑关系。

表 6.29　六分位爆炸逻辑网络的逻辑关系

爆轰信号输入端输入状态							输出状态
I	Z_1	Z_2	Z_3	Z_4	Z_5	Z_6	—
1	1	0	0	0	0	0	O_1
1	0	1	0	0	0	0	O_2
1	0	0	1	0	0	0	O_3
1	0	0	0	1	0	0	O_4
1	0	0	0	0	1	0	O_5
1	0	0	0	0	0	1	O_6
1	1	1	0	0	0	0	O_1、O_2
1	0	1	1	0	0	0	O_2、O_3
1	0	0	1	1	0	0	O_3、O_4
1	0	0	0	1	1	0	O_4、O_5
1	0	0	0	0	1	1	O_5、O_6
1	1	0	0	0	0	1	O_1、O_6
1	1	0	1	0	0	0	O_1、O_3
1	0	1	0	1	0	0	O_2、O_4
1	0	0	1	0	1	0	O_3、O_5

续表

爆轰信号输入端输入状态							输出状态
I	Z_1	Z_2	Z_3	Z_4	Z_5	Z_6	—
1	0	0	0	1	0	1	O_4、O_6
1	1	0	0	0	1	0	O_5、O_1
1	0	0	0	0	0	0	无输出

从表 6.29 可以看出，采用多点任意输出的爆炸逻辑网络设计方案，可以只用一个雷管，结合电作动器就可以实现对任意组合输出端的控制，既可以实现单点输出，也可以实现相连、相间的两点输出。据此原理，也可以实现其他多种组合输出，这对提高战斗部的毁伤效能具有重要意义。

6.2.5.3 六分位“多选任意输出”爆炸逻辑网络试验研究

研究中，以新结构原理异步与门为基本模块，设计了六分位“多选任意输出”爆炸逻辑网络。在六分位“多选任意输出”爆炸逻辑网络设计中，采用的是模块化设计方法，以新结构原理异步与门为基本模块设计爆炸逻辑网络。从新结构原理异步与门结构及试验结果可以看出，空气隙改进间隙零门和电作动器是关键部件，这些关键部件可靠作用，就能保证系统的可靠性。因此，在爆炸逻辑网络设计中，为了保证系统的作用可靠性，关键部件采用了并联结构设计，即在每一个模块中，均有双零门和双作用器对控制通道和信息通道实施爆轰波传输控制，以提高爆炸逻辑网络的可靠性。采用该设计方案后，在电作动器和空气隙改进间隙零门的可靠性为 $\gamma=0.95$，$R=0.99$ 时，每个元件的作用可靠性可达到 $\gamma=0.95$，$R=0.999\,9$，这样，每个新结构原理异步与门模块的可靠性就能达到 $\gamma=0.95$，$R=0.999\,8$。对本研究设计的六分位“多选任意输出”爆炸逻辑网络，简单地按 6 个模块串联计算，其可靠性也可达到 $\gamma=0.95$，$R=0.998\,8$。

在六分位“多选任意输出”爆炸逻辑网络试验样机制造中，试验基板沟槽尺寸、网络装药、装药密度、基板材料等均与所研究的新结构原理异步与门相同。六分位“多选任意输出”爆炸逻辑网络外径 100 mm，适用于装药直径 100 mm 以上的定向战斗部。网络的装药效果及作动器安装如图 6.51、图 6.52 所示。共设计加工了 20 块试验基板，基板材料选用 LZ－12，网络用药

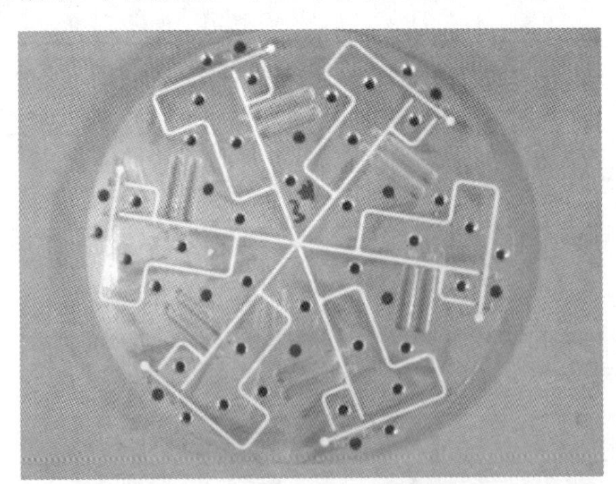

图 6.51　六分位“多选任意输出”爆炸逻辑网络装药效果

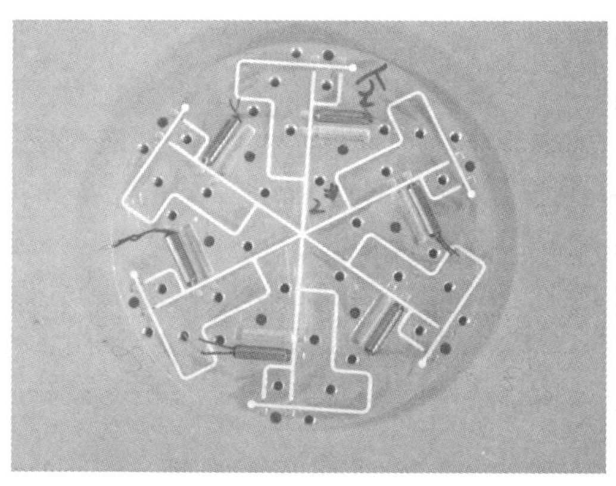
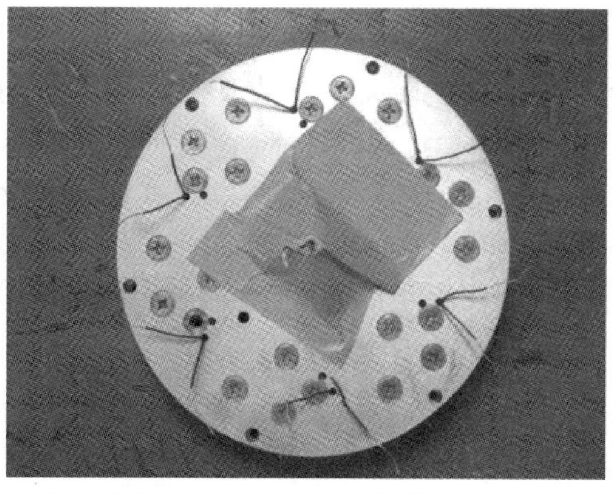

图 6.52　六分位“多选任意输出”爆炸逻辑网络作动器装备图及试验样机

为 JO－9CⅢ型传爆药，装药压力为 33 200 Pa，设计装药密度为 1.77 g/cm^3。取 10 块基板分别进行相邻 2 点、相间 2 点、全输出和全不输出四种作用模式下的起爆试验，试验时取电作动器与电雷管之间的作用时间间隔为 1 ms，网络作用效果如图 6.53 所示，试验结果如表 6.30 所示。

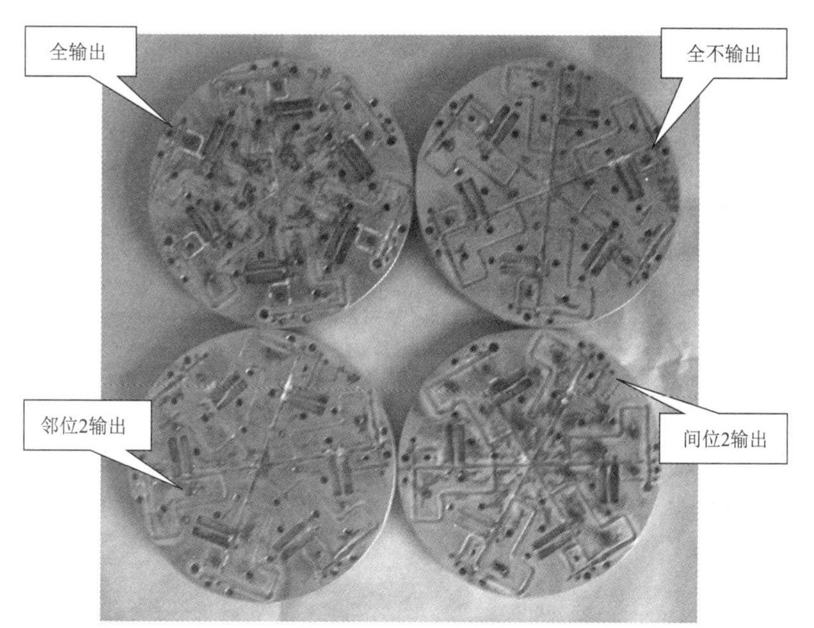

图 6.53　六分位“多选任意输出”爆炸逻辑网络作用效果

表 6.30　六分位“多选任意输出”爆炸逻辑网络试验结果

作用模式	试验数量/个	试验成功数/个
全输出	2	2
全不输出	2	2
间位 2 输出	3	3
邻位 2 输出	3	3

从试验结果看出，在全输出模式下，作动器可靠作用，控制通道被断开，所有输出端均有爆轰波输出；在全不输出模式下，所有爆炸零门均可靠作用，信息通道被断开，所有输出端无爆轰波输出；在间位 2 输出条件下，间位 2 个作动器可靠作用，切断控制通道，相应的输出端有爆轰波输出，其他通道上则是爆炸零门可靠作用，切断信息通道，无爆轰波输出；在邻位 2 输出作用模式下，也得到了相应的预期结果。

以上结果表明，所设计并加工的六分位“多选任意输出”爆炸逻辑网络能够完成预定的功能，实现在规定的输出方位输出爆轰波，初步表明了这种结构原理的合理性。采用这种结构原理设计的定向爆炸网络，不但有自锁功能，提高了系统的安全性，而且所需雷管数量少，结构简单，模块化，能够保证系统的作用可靠性。

习题与课后思考

1. 简述同步爆炸网络的类型及作用。

2. 根据战斗部的总体要求，设计多点起爆网络的缩比样机。给定的信息如下：

（1）起爆网络的外节圆直径为$\phi = 150$ mm；

（2）输出点节圆直径分别为 $\phi_{节点1} = 5$ mm 和$\phi_{节点2} = 10$ mm；

（3）装药采用一种以 RDX 为主体的混合炸药，由此可以确定 $\delta_{min} = 4$ mm，装药爆速 $D = 7.2$ mm/μs，$\Delta D = 0.052$ mm/μs，以及沟槽宽度 $d = 1.6$ mm；

（4）以黄铜作基板，厚度为 10 mm；

（5）爆轰波输出时间同步性小于 500 ns。

3. 根据战斗部的总体要求，设计多点起爆网络的缩比样机。给定的信息如下：

（1）线起爆器长 $L = 264$ mm，宽 $W = 15$ mm，用黄铜作基板，起爆网络总厚度为 15 mm；

（2）用以 RDX 为主体的橡皮炸药作网络装药，装药爆速为 $D = (7.2 \pm 0.052)$ mm/μs；

（3）由橡胶炸药的特性确定沟槽宽度 $d = 1.4$ mm，$\delta_{min} = 4$ mm；

（4）爆轰波输出节圆的直径为$\phi = 5$ mm，爆轰波输入节圆直径为$\phi = 4$ mm；

（5）爆轰波输出同步性偏差小于 900 ns。

4. 简述几种爆炸零门及其作用原理。

参考文献

[1] 蒋德春. 炸药网络及其在常规兵器中的应用 [J]. 爆轰波与冲击波，1996，(3)：6-10.

[2] 温玉全. 刚性爆炸网络若干应用研究 [D]. 北京：北京理工大学，2000.

[3] 严楠. 感度试验设计方法的若干研究 [D]. 北京：北京理工大学，1996.

[4] 何国伟. 误差分析方法 [M]. 北京：国防工业出版社，1978.

[5] Douglas C Montgomery. DESIGN AND ANALYSIS OF EXPERIMENTS [M]. John Wiley and Sons，2017.

[6] 樊龙龙. 柔性爆炸网络用无起爆药起爆接头研究[J]. 舰船电子工程，2015(9)：176-179.

[7] 赵亮. 许用传爆药隔板点火技术的研究 [C]. 第十六届火工年会论文集，2011.

[8] 梁逸群. 超细 A-5 传爆药的制备与表征 [J]. 含能材料，2008 (5)：515-518.

［9］王殿湘. 微小型传爆系列装药研究［J］. 火工品，2008（6）：25－25.
［10］覃剑锋. 柔性导爆索能量放大数值模拟研究［J］. 火工品，2009（6）：26－29.
［11］郭洪卫. 柔性爆炸网络组网技术研究［J］. 火工品，2010（3）：8－10.
［12］Jones E，Mitchell D. Spread of Detonation in High Explosive [J]. Nature，1948，161：98－99.
［13］Herzberg G，Walker G R. Initiation of High Explosive [J]. Nature，1948，161：647.
［14］Bonthux F. Diverging Detonation in RDX and PETN Base－Cured PBX [C]. 7th Symp. (International) on Detonation，Annapolis，USA，1981 (6)：408－415.
［15］Barthma F，Schroder K. The Diffraction of A Plane Detonation wave at Convex Corner [J]. Combustion & Flame，1986 (60)：237－248.
［16］Leiper G A. Reactive Flow Analysis and Its Applications [C]. 9th Symp. (International) on Detonation，Oregon，Portland，1989 (8)：197－208.
［17］Mader C L. Numerical Modeling of Detonation[M]. Berlely，University of California Press，1978.
［18］Lambourn B D. D.C.Swift，Application of Whitham's Shock Dynamics Theory to The Propagation of Divergent Detonation waves [C]. Proc.of the 9th Symp. (Int.) on Detonation，Portland，1989，784－797.
［19］Whitham G B. A New Approach to Problems of Shock Dynamics，Part Ⅰ：Two－Dimensional Problems [J]. Fluid Mech.，1957，1 (2)：146－171.
［20］焦清介，吉利国，蔡瑞娇. 爆炸逻辑零门可靠性研究[J]. 兵工学报，1997：(2)：116－120.
［21］吉利国. 爆炸逻辑网络技术及其应用研究［D］. 北京：北京理工大学，1997.
［22］李晓刚. 定向起爆用爆炸逻辑网络技术的若干研究［D］. 北京：北京理工大学，2008.
［23］Silvia D A. Explosive Circuits [P]. U.S.P 3728965，1973.

第7章
动力输出器件

动力输出器件是指利用燃烧或爆炸能量实现快速和瞬态做功的器件，主要有驱动器件、切割器件、推冲器件、分离器件和点火器件。

7.1 驱 动 器 件

7.1.1 机械做功型驱动类火工器件

在航天系统中，机械做功型驱动类火工器件占有一定的比例，它主要分为弹射类和作动类。弹射类主要包括弹射筒、弹伞器、弹伞筒、火工分离推杆，作动类主要包括驱动器、推冲器、拔销器等。其技术特征是：通过装填的烟火药爆燃产生的压力，驱动类似活塞的器件在活塞筒作线性机械运动，以一定速度或冲力对目标体实施释放移动，达到弹射和作动的目的。作动类火工器件通常按其发火后活塞所处状态分为伸长型和缩回型。伸长型的典型代表是推冲器，缩回型的典型代表是拔销器。

7.1.1.1 机械作用类火工器件的能量测定[1]

机械做功型驱动类火工器件一般为活塞/活塞筒结构，主要有推冲器、弹射器和拔销器。其共同特点是使用压力药筒或起爆器作驱动能量；不同之处是活塞的环境力及受力面积、药筒与活塞之间的初始容积及作用路径不同，而这些不同之处使药筒的做功能力不同，并最终影响作用裕度。

1. 用于弹射器结构的动态试验器件

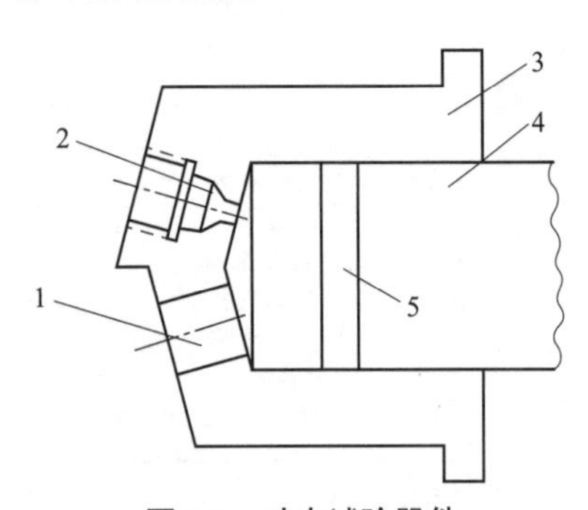

图 7.1 动态试验器件

1—药筒孔；2—压力检测孔；3—圆筒；4—活塞；5—密封环

弹射器的作用特点是具有一自由抛体，相对而言，其受力面积和冲程较大。美国兰利研究中心研制出一种能模拟驱动抛体的动态试验器件，如图 7.1 所示。抛掷物体直径为 1 in，质量为 1 lb，冲程为 1 in。火工元件发火后的能量推动抛体运动 11 in，直到脱离密封环。

确定弹射器作用裕度首先要知道完成弹射 1 in 所需能量和火工元件传递能量。完成弹射 1 in 所需能量：将一小质量物体跌落到活塞上并使之产生 1 in 冲程，其能量为跌落高度与小球质量之积。火工元件传递能量可通过测出抛体速度予以计算，抛体速度则通过装在抛体表面上的电探针测量。抛体表面依次排列5个间隔为0.25 in的铝箔作通断靶。

2. 用于拔销器的能量输出器件

拔销器常用于结构的锁定和释放，如降落伞的脱离、太阳帆板的释放及有效载荷的释放。其主要性能参数为销回缩行程、承载力和销回缩保持时间。活塞式拔销器结构如图7.2所示，主要由销子、剪切销、压力药筒、密封件、吸能帽等组成。拔销器的作用特点是具有一曲折的能量吸收路径。其作用过程：当任一个压力药筒发火后，其输出的高温、高压气体通过2.5 mm的小孔排出，然后进入体积极小的自由容腔后对活塞的销子一端施压（活塞直径为0.4 in）。压力增大到一定值后切断剪切销并推动活塞，活塞向内运动并拉出伸在外面的销子。销子缩回12 mm后，活塞停止于冲击吸能帽内。冲击吸能帽实际上是薄壁钢扁壳，主要用于消除来自活塞和销子的过多能量，且防止其反弹。确定拔销器作用裕度首先要知道完成拔销所需能量和火工元件传递能量。完成拔销所需能量：将一重物沿导轨下落到销上，当下落物体的高度一直降到撞击和锁定活塞所需要的最低水平（能量吸收体轻微变形）时，测出使拔销器完成做功的所需能量。火工元件传递能量由活塞端头的能量吸收体确定。

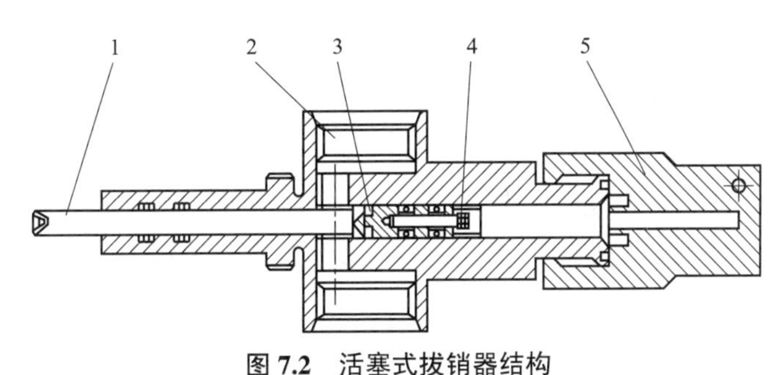

图7.2 活塞式拔销器结构

1—销子；2—压力药筒接口；3—剪切销；4—吸能帽；5—密封件

7.1.1.2 活塞式拔销器设计与应用

拔销器应用较广，常用于结构的锁定和释放，如太阳能帆板释放。当拔销器冗余药筒作用后，拔销器收缩且释放太阳能电池阵传动箱，传动箱解开并展开太阳能电池阵列帆板。拔销器结构（图7.2）与作用过程同前所述。

活塞式拔销器设计[2]主要包括压力药筒选择和密封设计。压力药筒选择要以输出能量为依据，而不是压力峰值；密封设计不仅包括O形密封圈的装配，而且包括影响密封的其他因素。

1. 压力药筒选择

压力药筒的选择依赖于对输出性能参数的确定。通常，压力药筒的输出性能是以在密闭容器（如10 mL）中测量器件发火后的压力波形及最大压力峰值来衡量的。但在用于做功器件时，药筒的输出是在可变容器内燃烧或做功，所以这种定容法不能真实地测量出药筒的输出做功。压力药筒输出做功的能力只能以能量为衡量参数。

首先将能量测试器件放入NASA通用试验拔销器内的冲程端，对选择的三批药筒各测试10个元件，测得其传递能量为（11.4±2.4）N·m、（14.6±2.3）N·m、（6.1±2.2）N·m。

拔销器作用所需能量可通过垂直坠落小球到真实器件上剪断剪切销，并使活塞冲程且锁定在吸能壳内予以确定。完成做功所需能量为跌落高度与小球质量的乘积，已测得所需能量为2.8 N·m。通用试验拔销器配装不同药筒对应的作用裕度和可靠度如表7.1所示。

表7.1 通用试验拔销器装配不同药筒对应的作用裕度与可靠度

药筒型号	1	2	3
传递能量/（N·m）	11.4±2.4	14.6±2.3	7.6±2.2
作用裕度 K	2.93	4.03	1.10
容许限系数 K_L	3.54	7.66	1.45
可靠度下限（置信度0.90）	0.990	0.999 97	0.797

根据NASA通用试验拔销器试验结果，最后选择药筒2作为拔销器驱动设计药筒。将药筒2装入5个真实拔销器内，测量的火工品传递能量为（18.6±2.5）N·m。作用裕度为传递能量与完成功能所需能量之比，即18.6/2.8=5.6，对应正态容许限系数为7.68（n=5），对应可靠度为0.999 26（置信度0.90时）。

2. 密封设计

包括O形密封圈装配在内的密封设计与活塞式推冲器基本相同，但在活塞式拔销器中，影响密封的其他因素还有销子涂层被擦掉、涂层粘连在O形环表面等。另外，为保证电拔销器销子与壳体之间的密封，可在销子与管壳之间的缝隙处通过涂硅橡胶的方法解决。试验表明，湿热试验48 h涂丙烯酸清漆时，20发，6发未作用；不涂时，10发，10发未作用；涂覆涂硅橡胶后，40发均可靠作用。

7.1.1.3 弹射筒设计

1. 弹射筒结构

弹射筒通常由外筒和内筒组成，内筒作为外筒的活塞，具有一定长度的行程，内筒在火药气体压力作用下在外筒内作加速运动，最终，内筒和外筒以一定速度完全脱开。被弹射物体一般与内筒固定。当被弹射物体的质量不太大时，弹射筒的内、外筒通常由剪切销固定[3]。

2. 装药量估算

弹射筒药室的容积增长比较快，要保持药室压力，必须不断补充火药气体。因此，主装药采用燃速比较低的缓燃推进剂，并在起爆器与主装药之间增加助燃剂作为过渡药。弹射筒内火药的燃烧是在变容情况下进行的，火药气体体积和温度通常不断变化。所以，内筒的弹道参数变化是相当复杂的，这可通过将物体运动方程、火药气体方程、火药质量变化关系式及火药燃烧方程联立，进行详细计算。但这种计算比较烦琐，因此，一般在进行工程设计时，对于行程不太长的弹射筒可采用下列经验式计算装药量，即

$$M = \frac{M_T v^2}{2f\eta} \tag{7-1}$$

式中，M_T为被弹射体质量；v为弹射体出口速度；f为火药力；η为能量利用系数，一般取0.2。

在产品试验件完成后，可按式（6–3）确定的装药量为初始装药量进行试验，直到得到满足出口速度和推力的装药量。

3. 剪切销直径确定[4]

剪切销必须满足正常情况下确保安全，而在作用时可靠剪断两项要求。即剪切销的抗剪力 T 应大于剪切销承受的连接荷 Q，而小于火药燃气所产生的最大推力 P。在引入安全系数下，应满足

$$T \geqslant K_1 Q \tag{7–2}$$

$$P \geqslant K_2 T \geqslant K_1 K_2 Q \tag{7–3}$$

一般取 $K_1 \approx 1.5 \sim 2.0$，所以，要求 $T \geqslant (1.5 \sim 2.0)Q$，或 $P \geqslant (3 \sim 4)Q$。

剪切直径为

$$d = \sqrt{\frac{2K_1 Q}{\pi \tau_b}} = \sqrt{\frac{2K_1 Q}{\pi \theta \sigma_b}} \tag{7–4}$$

式中，d 为销子直径；K_1 为安全系数，一般取 1.5～2.0；σ_b 为销子材料的剪切强度极限；θ 为 τ_b/σ_b，值为 0.55～0.65。

4. 火工分离推杆

航天器常用的火工分离推杆（图 7.3）也是一种弹射筒，多用于提供舱段或部件的分离推力[5]。火工分离推杆一般与两个目标体中的一个固连，当两个目标体分离时，活塞在火药压力下，剪断剪切销，推动目标体实现分离。为减少分离时的冲击，可以适当增大初始容积，即火药燃烧瞬间压力可以达到的容积，以减少燃气压力升高的速度。与火工锁不同，在火药燃烧前火工分离推杆基本不受力。

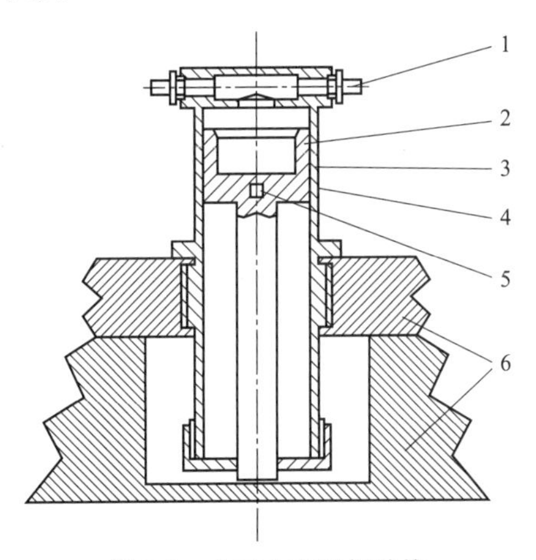

图 7.3　火工分离推杆结构

1—起爆器；2—密封圈；3—活塞推杆；4—壳体；5—剪切销；6—目标体

7.1.2　产气型驱动类火工器件设计

产气型驱动类火工器件通过产生燃气或气体，提供一定的、有限的推力冲量，对目标体实施驱动或分离等功能。产气型驱动类火工器件主要包括小火箭发动机、气体发生器两大类。固体小火箭发动机与液体发动机相比，具有结构简单、体积小、质量轻、造价低、使用方便

等优点；与推冲器相比，又具有功率大、冲击小等优点。用于火箭、导弹、卫星和飞船等航天飞行器的级间分离正/反推、整流罩分离、星箭起旋、筒盖侧推、弹头姿态调整和控制等。小火箭发动机按用途可分为分离火箭、慢旋火箭两类，作分离火箭使用时，它提供推力；作慢旋火箭使用时，它提供力矩。而气体发生器则多作为一种产气动力源火工器件用于各种分离抛撒机构，如气囊式抛撒机构、波纹管式抛撒机构和活塞式抛撒机构[7]。下面以气体发生器为例对其进行介绍。

7.1.2.1 气体发生器设计及应用

气体发生器是在特定时间内产生预定体积的高压气体的火工器件。按应用将气体发生器分为四类：

（1）小型燃气发生器。燃气发生器通常用于产生一高冲量来驱动各种控制、伺服、机械、电系统和器件（如陀螺仪、液压泵和涡轮发动机），产生动力以调整或修正弹道；分离器件的能源[8]。

（2）冲击脉冲发生器，又称大型燃气发生器。它能在较短周期内产生较大体积的气体，如给一弹丸或弹射器件提供运动能量。

（3）冷气体发生器。其输出是在中等压力和相对低温度下产生大体积的气体，多用于囊球类物体及紧急逃逸滑梯充气，完成海上漂浮或导弹子母战斗部柔性抛撒等功能；或完成液体分送或给液体推进剂和灭火材料等热敏流体加压。其设计具有特殊性。

（4）特殊气体发生器。产生惰性氮气或急救呼吸仪器用氧气等。

由于气体发生器体积小、质量轻，并能可靠作用，所以，在飞机、宇宙飞船、导弹和水下运输类武器中，比传统的高压气体瓶或液体压缩系统更有优势且更安全。气体发生器通常由压力室、产生气体的药剂、点火器、喷嘴及为达到预期输出效果所需要的辅助部件组成。根据出气口温度高低的要求不同，气体发生器设计可概括为热气体发生器设计和冷气体发生器设计。下面以热气体发生器为例对其进行介绍。

热气体发生器，又称燃气发生器，是利用火药燃烧产生的高温、高压气体来完成功能的火工器件。结构上与固体火箭发动机类似。它与固体火箭发动机的区别是：工作时不需要产生推力或力矩，只需要有气体流出，即热气体发生器的推进剂能量转换是化学能转变为热能，将具有一定压强的工质流动变为膨胀功，而不是追求高速喷气产生反作用力（推力）。如要求具有一定流速的气源工质驱动舵机动作，或吹动陀螺仪，或要求一定压腔的工质膨胀，靠燃气或燃气—蒸气作为动力推动导弹在发射筒内运动。

燃气发生器的主要技术指标是燃气流量、温度和工作时间。与固体火箭发动机相比，其设计特点是：

（1）结构简单（只需喷口而已，一般喷口直径不小于 6 mm）。

（2）通常选择燃气无烟、清洁、凝固颗粒少、不含有毒物质的双基推进剂。当燃气中残渣多、积炭多时，易引起动力器件中的精密部件、管道、喷喉、活塞、仪表、涡轮等堵塞、卡死、损坏等；而氯化氢气体会导致某些设备腐蚀、损坏，所以，几乎所有应用都有此要求。热气体发生器的功能要求决定选择推进剂的燃速，如对用于高压室推进剂而言，要求选用高燃速双基推进剂，其中弹射类用大型燃气发生器药型多为大初始燃面且增面性规律变化，发射推进用燃气发生器药型多选用多根管形药（初始燃面大，工作时间极短）；而用于作气源且长时间工作的小型燃气发生器选用低燃速双基推进剂，药型多选择端燃药柱。

（3）燃气发生器在结构强度上应有较大的安全系数，即使输出口被堵塞关闭时，发生器也要保证能容纳所有反应产物而不破裂。

大型燃气发生器结构如图 7.4 所示。

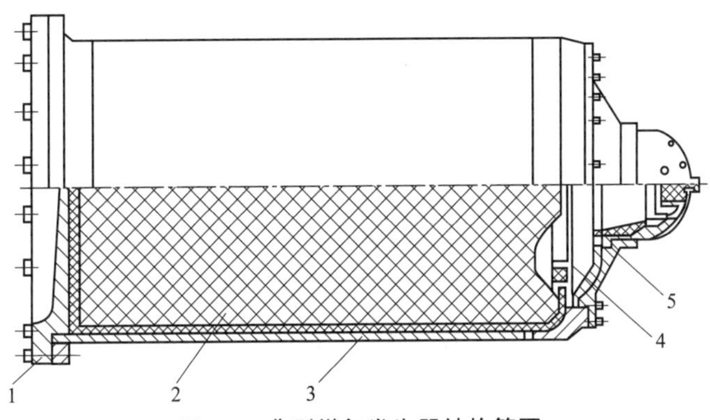

图 7.4　典型燃气发生器结构简图

1—封头；2—药柱；3—壳体；4—点火药盒；5—喷管组件

大型燃气发生器可选择高燃速双基推进剂或硝酸铵（AN）型燃气发生剂（燃速 0.7～8.0 mm/s，可调）；小型燃气发生器可选择双乙酸低燃速双基推进剂，它主要由硝化棉、硝化甘油、硝化二乙二醇、多氧亚甲基等组成，燃烧温度为 2 000 K，燃速约为 5 mm/s，燃烧后无烟。为保证大型燃气发生器在低温下可靠引燃装药，通常药柱端面开有环形槽，并装有高能引燃药环[9]。

壳体应能承受内部燃气高温、高压的作用，所以，通常采用一体化设计，要包括筒体结构、封头及密封设计。对壳体材料的基本要求是材料的延伸率不小于 8%，且强度满足要求，成形工艺好。通常选用高强度高温合金钢，如 30CrMnSiA、PCrNi2Mo 等。圆筒段壁厚 δ_1 可由式（7.5）计算[7]：

$$\delta_1 = \frac{P_m D_n}{2.3\varepsilon[\sigma] + P_m} + C \tag{7-5}$$

$$[\sigma] = \frac{\sigma_b}{n_b} \tag{7-6}$$

式中，P_m 为最大工作压强；D_n 为圆筒段外径；ε 为焊缝强度系数（对氩弧焊，取 0.9～1.0；对真空电子束焊，取 1.0）；C 为工艺附加厚度（因热处理的脱碳和氧化等工艺减薄量及板材的下偏差等）；n_b 为安全系数（对超高强度钢，取 1.15～1.30）；σ_b 为材料在设计强度下的抗拉强度。

平底封头厚度 δ_2 可由式（7.7）计算：

$$\delta_2 = D_c\sqrt{\frac{KP_m}{[\sigma]\varepsilon}} + C \tag{7-7}$$

$$k = \left[D_c - \left(1 + \frac{2r}{D_c}\right)\right]^2 / 4D_c \tag{7-8}$$

式中，D_c为封头直径；k为系数；r为圆筒内壁与平底封头的倒角。

7.1.2.2 气体发生器在气囊式抛撒器件中的应用[10]

在子母战斗部中，常见的子弹抛撒方式有活塞式和气囊式两种，动力源主要采用产气药剂。活塞式抛撒子弹的优点是能量利用率高，子弹抛撒速度快；缺点是子弹抛撒过载大，活塞作用距离较长，容易损坏子弹和弹体结构，从而对弹体结构强度和子弹强度的要求提高，这对于一些要求冲击过载小、不耐冲击的子弹不适用。气囊式抛撒子弹为柔性抛撒，子弹抛撒过载小，适用于冲击过载小、不耐冲击的高性能子弹的抛撒。气囊式抛撒器件是通过气囊充气膨胀推动有效载荷的分离抛撒，利用气囊充气膨胀来延长燃气对有效载荷的作用时间，达到平缓加载的目的。该分离抛撒的过载比中心爆管爆炸式抛撒器件小一个量级。根据气体发生器在气囊中的位置分布可分为内燃式和外燃式两种。

1. 内燃气囊式抛撒器件

内燃气囊式抛撒器件主要由气体发生器、燃气导管和气囊组成，如图 7.5 所示。通常是在每个母舱内使用一套内燃气囊式抛撒器件，并使其位于母舱中心轴处，有效载荷分布于气囊的外围。气体发生器作用后，产生的燃气通过燃气导管的喷孔流入气囊，从燃气导管高压区向气囊低压区膨胀做功，以保证有效载荷在气囊的低压作用下平缓加速，降低了有效载荷的抛撒过载。其优点是结构设计简单，缺点是有效载荷的运动较难精确控制。

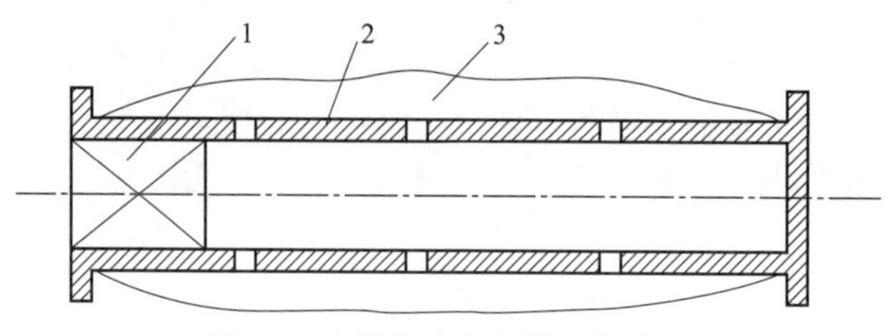

图 7.5 内燃气囊式抛撒器件结构

1—燃气发生器；2—燃气导管；3—气囊

2. 外燃气囊式抛撒器件

外燃气囊式抛撒器件主要由气体发生器、燃气导管、燃气分配器和气囊组成，如图 7.6 所示。有效载荷排列布置如图 7.7 所示。气体发生器作用后，产生的燃气流入燃气导管，当燃气达到一定压力时冲破燃气导管的限压膜片流入燃气分配器，通过燃气分配器的喷孔流入气囊，气囊充气膨胀推动有效载荷加速运动实现抛撒。

外燃气囊式抛撒器件的气体发生器位于气囊外部，通过燃气分配器的合理设计，使燃气均匀地推动各气囊对应的有效载荷运动，可产生一致的抛撒效果。但由于燃气分配器的喷孔限制了气体的流速，不能在气囊高速膨胀过程中加速提供燃气，因此，有效载荷的行程小，持续时间短。外燃气囊式抛撒器件具有内弹道性能稳定可控、点火系统简单可靠等优点，在工程上广泛应用。

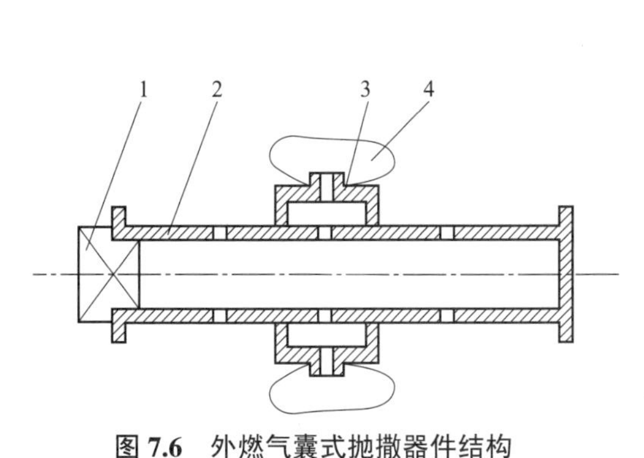

图 7.6　外燃气囊式抛撒器件结构

1—燃气发生器；2—燃气导管；3—燃气分配器；4—气囊

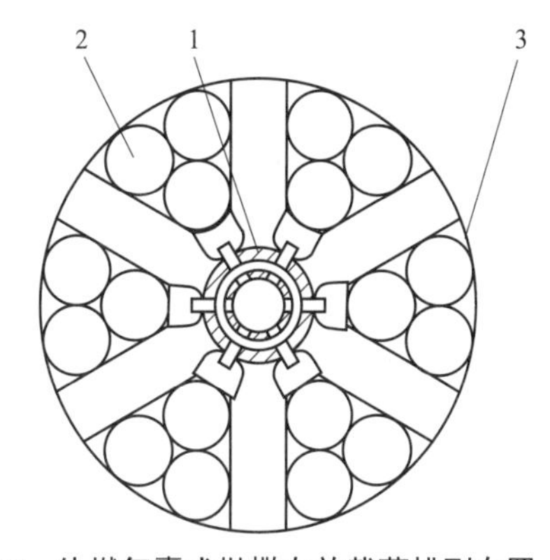

图 7.7　外燃气囊式抛撒有效载荷排列布置

1—抛撒器件；2—有效载荷；3—母弹舱体

为防止燃气泄漏，应采用密封措施。平板密封圈通常采用氟橡胶、退火的紫铜或铝等材料，而 O 形密封圈通常采用耐高温的氟硅橡胶、硅橡胶等材料。在燃气发生器壳体与点火器等螺纹连接处，多采用 O 形密封圈和紫铜平板密封圈的综合密封措施，以保证具有良好的密封性。

7.2　切 割 器 件

在大型运载火箭和导弹系统上，级间分离、星箭分离、卫星整流罩分离等具有大面积分离面的分离机构已经完成了从多点式分离向线型分离的转变。线型分离是指被分离面本来是连续而完整的舱体，用安装在分离面上的索类切割器件将其切割分离成两个或两个以上的部分，从而实施大面积分离。与多点式分离器件相比，线型分离具有工作可靠、安全性高、同步性好、电能消耗低、勤务处理方便等特点。

索类切割器件通常分切割索分离和膨胀管分离两类。切割索分离是利用切割索爆炸后的聚能射流直接将分离面切开，达到分离的目的。它具有能量大、能切割多种结构及材料等特点，适应于承载能力较大、结构厚度较厚的切断与分离，是应用较早较多的线型分离器件。但由于作用时冲击过载高，有污染、碎片产生，所以它不能用于卫星整流罩分离、飞行员逃逸系统等场合。而膨胀管分离是利用金属管内导爆索及填充物的膨胀效应将分离板撑破断裂，实现分离。它具有无污染、冲击过载小等特点，适应于弹内装有高精密仪器设备、光学仪器、太阳能电池、载人飞船的舱段和整流罩的分离，是一种新型的线形分离器件。

7.2.1　聚能切割分离器件设计

聚能切割分离器件的主要性能参数是切割能力和切割分离时间。聚能切割分离器件的核心是聚能切割索设计。聚能切割索是由内装有猛炸药的金属管，被拉制成截面呈 V 形的细长索条。其作用原理：当起爆器起爆聚能切割索后，管内的炸药爆炸，因聚能穿甲效应而形成一股由高温、高压气体和金属汽化后的气体所组成的射流对一定厚度的金属板进行切割（图 7.8）。它具有能量大、能切割多种结构及材料等特点，是应用较早较多的线型分离器件，如美国“阿特拉斯–人马座”火箭、“土星”V 号运载火箭及多种导弹上的绝热隔板分离[11]。

聚能切割索有药条式聚能切割索和金属管聚能切割索两种基本结构。药条式聚能切割索（图 7.9）是由黑索今（RDX）炸药配以辅助成分压制成药条，药条外加一个由硅青铜条压制而成的金属聚能罩。金属管聚能切割索（图 7.10）是将纯黑索今或六硝基芪炸药装在铅、铅锑、银、铜等管内，用模具多次压制而成。聚能切割索所能切割金属的厚度由炸药的威力、装药量、聚能角、炸高（切割索离金属表面的距离）等因素决定。两种基本结构中，金属铅管聚能切割索切割效果更好些。

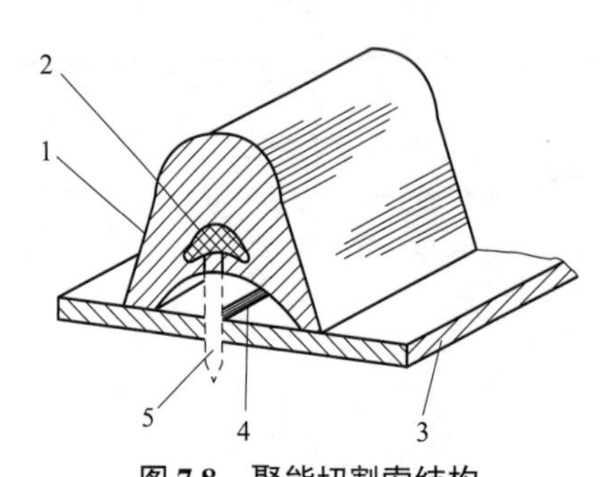

图 7.8　聚能切割索结构

1—金属保护罩；2—猛炸药；3—被切割结构；
4—断裂线；5—爆炸射流

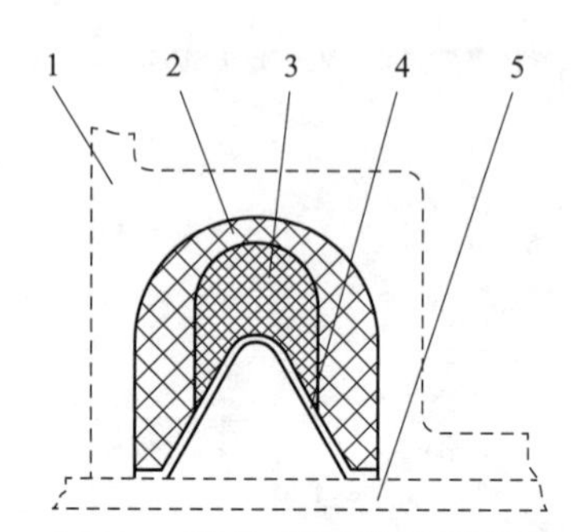

图 7.9　药条式聚能切割索结构

1—金属保护罩；2—猛炸药；3—被切割结构；
4—断裂线；5—爆炸射流

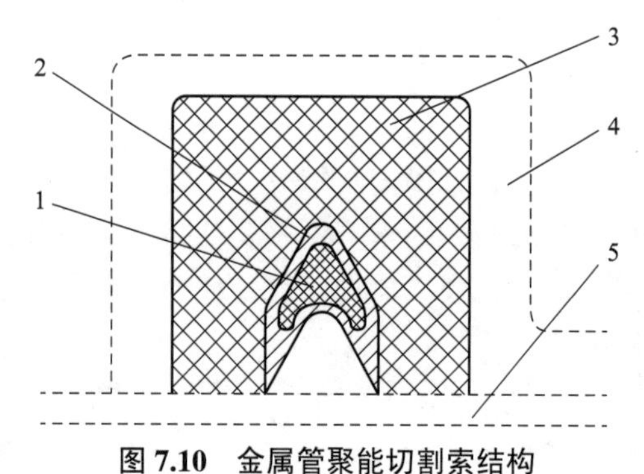

图 7.10　金属管聚能切割索结构

1—装药；2—铅管；3—橡胶保护套；4—金属保护罩；5—被切割结构

金属管聚能切割索的设计主要是金属管尺寸选择、装药选择、横截面尺寸设计等，下面以银管聚能切割索为例说明。可选用纯度在 99.99%以上、内径 15 mm、壁厚 2 mm 的银管，装填六硝基芪炸药，设计的横截面尺寸系列如表 7.2 所示。

表 7.2　银管聚能切割索系列

装药量/g	宽度/mm	高度/mm	聚能角/（°）
3	2	2.2	75
5	3	3.1	75
7	3.5	3.5	90

将表 7.2 中的银管聚能切割索粘入橡胶护套；用聚氨酯胶将橡胶护套及切割索粘在待切

割的靶板上，切割索处于零炸高位置，用电雷管起爆，进行切割试验，试验结果如表 7.3 所示。

表 7.3 银管聚能切割索靶板切割试验结果

装药量/g	靶板材料	靶板厚度/mm	试验结果
3	锻铝	3	切割分离，侵彻深度 2 mm
3	锻铝+玻璃钢	3+2	切割分离，侵彻深度 2 mm
3	45 钢	2	切割分离，侵彻深度 1.2 mm
3	碳纤维	7	切割分离，侵彻深度 1.8 mm
5	锻铝	4	切割分离，侵彻深度 2.7 mm
5	锻铝+玻璃钢	4+2	切割分离，侵彻深度 2.7 mm
5	45 钢	3	切割分离，侵彻深度 1.7 mm
5	碳纤维	7	切割分离，侵彻深度 3 mm
7	锻铝	5	切割分离，侵彻深度 3 mm
7	锻铝+玻璃钢	5+2	切割分离，侵彻深度 3 mm
7	45 钢	3.5	切割分离，侵彻深度 1.9 mm
7	碳纤维	7	切割分离，侵彻深度 4 mm

从表 7.2 可以看出，银管聚能切割索能可靠切割和分离不同厚度的铝板、铝+玻璃钢组合板、钢板、碳纤维板等靶板，是一种用于大面积分离的作用效能高的切割器件。

由于聚能切割索管壁较薄，且外壳可能存在微小裂纹和砂眼，为防止在湿度较大环境下有水汽进入药芯，通常需要对已进行过清洁处理的切割索表面涂“三防”保护剂。另外，在安装切割索分离器件时，切割索与保护罩、保护套应黏结牢固，且要保证切割索的聚能锥应与被分离结构上预制的削弱槽对准，必要时，应通过 X 射线检查确认。

聚能切割索安装时，推荐使用 3M 强力双面胶带替代普通胶黏剂：既解决了线型切割器的快速安装问题，简化施工工艺，提高工作效率；又保证切割器整体密封，使黏结与密封合为一体，提高了黏结强度和抗老化性能。同时，也便于控制安装炸高，确定最佳装药量[12]。

7.2.2 膨胀管分离器件设计

膨胀管分离器件在国外称为 Super–Zip 或 Sure–Sep，在 1969 年和 1987 年美国麦•道公司（McDonnell Douglas）分别对膨胀管分离系统技术和 Sure.Sep 概念注册美国专利（US Patant No.3，486，410 t 和 No.4，687，370）[13]；美国洛克希德（Lockheed Missiles & Space Company）公司早在 1957 年就开展了膨胀管分离器件的研制，并以“爆炸作动器”取得美国专利（US Patant No.3，373，686）[14]。由于其具有的独特优越性，这一分离概念一经提出，立即受到各国的欢迎和重视，并大力发展应用于实际之中，现已在众多型号上获得成功，如美国的“三叉戟”导弹和“北极星”导弹的第三级发动机分离器件、“阿金纳”火箭的级间分离、航天飞机和先进的航空飞机救生舱的分离；日本H–Ⅰ、H–Ⅱ运载火箭的卫星整流罩分离[15]；欧洲航天局的“阿里安”–5运载火箭的星罩分离等。

7.2.2.1 膨胀管分离器件结构及作用原理

1. 结构特点

典型的膨胀管分离器件有两种结构形式：一是连接件为带凹槽的分离板的结构形式，称为分离板式膨胀管分离器件；二是连接件为凹口螺栓的结构形式，称为凹口螺栓式膨胀管分离器件。两种结构形式的膨胀管分离器件在国外均已得到应用，并获得成功。其典型结构如图7.11和图7.12所示。

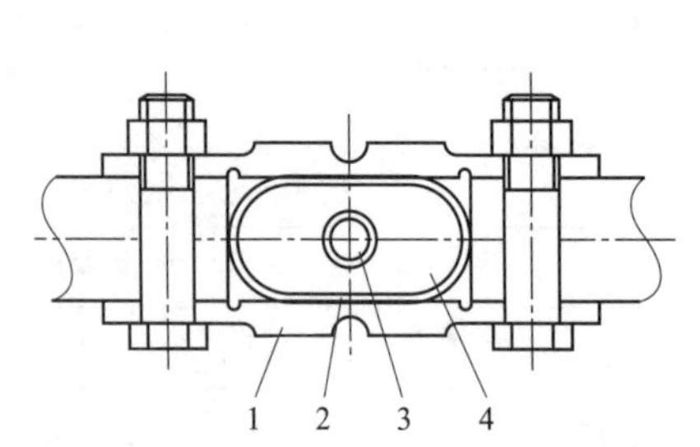

图7.11 典型的分离板式膨胀管分离器件

1—分离板；2—金属扁平管；3—导爆索；4—填充物

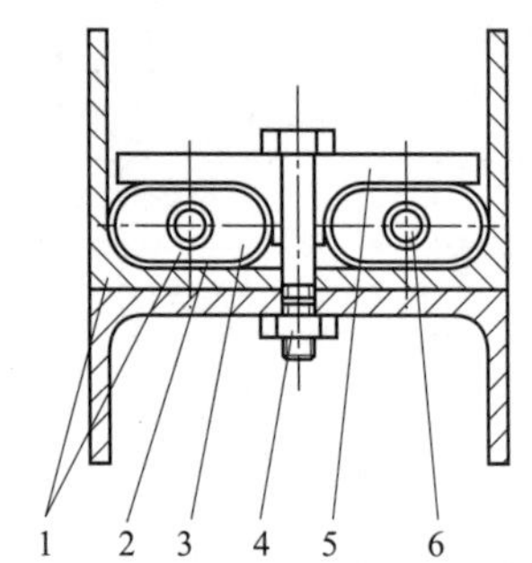

图7.12 典型的凹口螺栓式膨胀管分离器件

1—连接桁；2—金属扁平管；3—填充物；4—凹口螺栓；5—梯形桁；6—导爆索

膨胀管分离器件中的导爆索是整个分离器件的能量源，其装药一般采用黑索今、HNS、PETN等，外壳材料选用铅、银等，其装药量（线密度）则由分离载荷和金属管不破裂的承载能力来决定；填充物在飞行过程中，系统未工作时起到支撑、保护导爆索的作用，在导爆索工作时吸收爆炸冲击、减少金属扁平管内的自由容腔，同时汽化产生气体，为分离提供能量；金属扁平管在系统工作时变形胀圆，将能量传递到分离连接件，以达到分离的目的，同时在系统工作后密封，防止爆炸产物的泄漏，其规格由结构尺寸和分离板连接强度决定；分离板（凹口螺栓）作为系统的分离对象，在工作前连接系统，工作后使系统分离。分离板的具体结构和形状尺寸由分离载荷和使用情况决定。

2. 作用原理

整个分离器件的工作原理遵循的是帕斯卡定律，导爆索爆炸后，其爆炸冲击能量大多被填充物及金属扁平管所吸收，爆炸产生的气体及填充物在爆炸过程中的汽化气体迅速使金属扁平管内部为高压状态，对平椭圆形的金属扁平管做功使其胀圆变形，当金属扁平管内气体的压力足够高时，就足以克服金属扁平管的变形力和分离板（凹口螺栓）的破坏力，达到分离的目的；只要导爆索的装药量及分离板的连接力选择合理，就能保证在分离的同时金属扁平管不破裂，爆炸产物和填充物汽化气体不泄漏，从而达到无污染、无碎片的要求[16]。其作用后的状态如图7.13和图7.14所示。

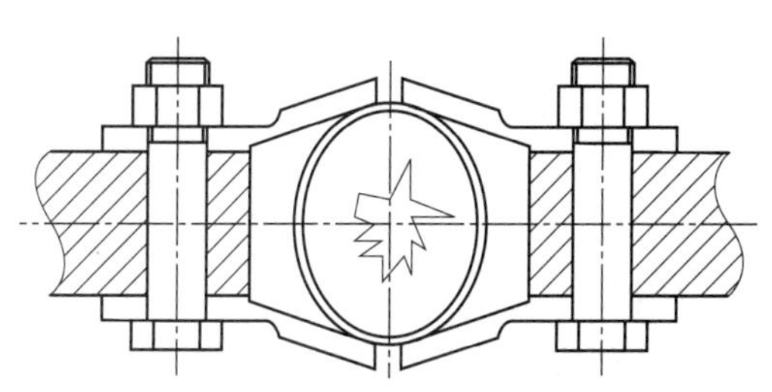

图 7.13　分离板式膨胀管分离器件工作示意图

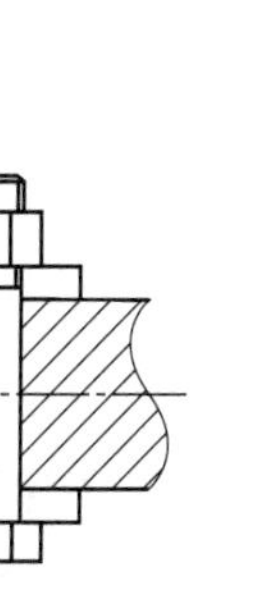

图 7.14　凹口螺栓式膨胀管分离器件工作示意图

膨胀管分离器件作用时，不是将导爆索的爆炸能量直接作用于分离连接件上，而是通过转化为气体膨胀做功的形式达到分离。整个作用系统受力均匀，受冲击载荷低，且爆炸产物始终密封于金属管内，具有线型分离器件的优点，同时也达到了低冲击、无污染的目的。所以，应用于航天器内要求高度清洁、低冲击的地方。

7.2.2.2　膨胀管分离器件设计

1. 凹口螺栓式膨胀管分离器件结构设计[17]

1）凹口螺栓材料的选择

凹口螺栓在火箭飞行时承受由空气动力产生的负荷及伴随空气动力加热产生的热应力的同时，在分离时要被导爆索产生的冲击力可靠拉断。因此，凹口螺栓的材料最好是静强度充分大，对冲击性负荷反而容易切断[18]。导爆索所产生的冲击载荷虽然大，但持续的时间很短（数十 μs）。把这样的载荷加到延展性大的材料上时，在断裂的中途完全卸载，就难以断裂。因此，最好选择延展性小的材料。30CrMnSiA 调质钢具有较高的强度和足够的韧性，能够确保在导爆索短时间的冲击载荷下可靠拉断，同时满足小尺寸下火箭载荷的需要。

2）梯形桁和连接桁的选择

梯形桁和连接桁在分离中对金属扁平管起到刚性约束的作用，利用金属扁平管的膨胀力将凹口螺栓拉断。若梯形桁和连接桁刚度差，在膨胀管分离器件的工作过程中就会产生变形，消耗系统的能量，影响分离效果。同时，对于凹口螺栓式膨胀管分离器件，在膨胀管工作的过程中，凹口螺栓的拉断是有先后的，梯形桁弯曲变形消耗能量，不利于分离。但选用刚度大的钢件会使膨胀管分离器件的结构质量大大增加。刚度与结构质量的矛盾可通过材料铝结构件关键部位加钢衬块的方法解决。经过试验验证，梯形桁选用 11 mm 厚的硬铝较好，连接桁若用铝件必须在两边加钢衬块，以补足所需的刚度。

3）金属扁平管与装药量的匹配

金属扁平管与装药量的匹配关系决定了膨胀管分离器件的做功效率和最终功能的实现。若药量太小，分离的裕度不够，在结构和环境出现偏差时，膨胀管分离器件就有可能出现未分离的现象。若药量太大，金属扁平管就会出现结构损坏，导爆索爆轰产物泄漏，产生冲击和污染。值得注意的是，整个器件在结构上采取了冗余设计，两根导爆索只要有一根工作，系统即可达到分离的目的。因此，为考核结构的冗余特性，需找到能够使膨胀管分离器件单根金属扁平管作用可靠分离的导爆索药量。同时，双根金属扁平管作用是膨胀管分离器件正常工作的状态，需通过试验确定在双根金属扁平管作用下膨胀管分离器件分离的导爆索装药量，为确定导爆索的设计药量提供依据。

2. 分离板式膨胀管分离器件结构设计

1）分离板的选择

级间分离、整流罩的径向分离等环状分离结构，要使用凹口螺栓式膨胀管分离器件是很困难的，在整体结构上一般采用分离板式膨胀管分离器件。由于这些部位的结构尺寸较大（直径大多在 1 m 以上），考虑到分离强度太低，即分离板的分离厚度太薄，结构的承载性、工艺性不好，因此在进行分离板式结构的研究时，分离板选择为几毫米厚、强度较高的 LD10 铝板。

2）分离槽的选择

膨胀管分离时更主要的是依靠金属管膨胀的力量将削弱槽胀断。因此膨胀管分离时对分离板削弱槽的形式有特殊要求，分离槽和削弱槽的深度、形状，削弱槽的数量，分离槽与削弱槽的距离等都对分离效果有很大的影响。

目前通用的有单分离槽形式和双分离槽形式。单分离槽形式是指，分离板为三槽形式，中间一道槽为分离槽，两边的两道槽为弯转槽，结构如图 7.15 所示。双分离槽形式是指，与单分离槽形式相比，分离板少了中间的一道槽，为双槽形式，两道槽均为分离面。从承载能力上来看，两者的区别不大。从分离性能上来看，单分离槽形式充分利用了金属扁平管在分离时中间变形最大的特点，将分离槽设计在中间，有效地利用了金属扁平管的变形量，膨胀管的膨胀变形使分离板向上和向两侧变形，最终将中间分离槽拉断。双分离槽形式也是利用金属扁平管在分离时的变形，但其分离槽在两边，不在中间，膨胀管的膨胀力作用于分离板，使分离板向上变形，最终将一条分离槽剪切断。两者的区别是，单分离槽的分离槽是被拉断，双分离槽的分离槽是被剪切断。由于双分离槽式分离结构的膨胀力需通过分离板作用于分离槽，对分离板的刚度要求较高。从理论分析上，单分离槽形式的要容易分离。两者分离性能的差别要通过具体试验进行验证。

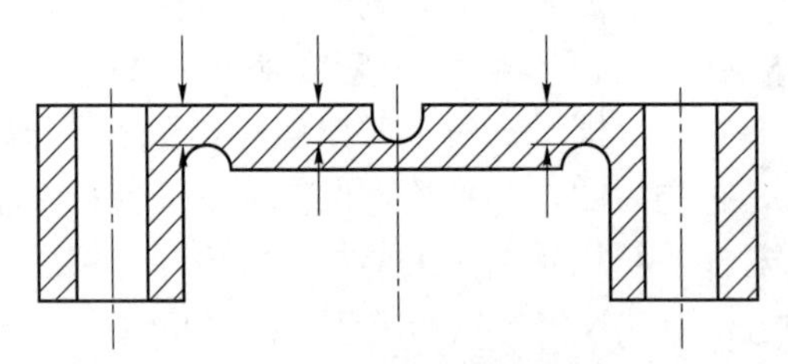

图 7.15　分离板的截面形状

7.3　推冲器件

7.3.1　短脉冲推冲序列原理研究

短脉冲推冲序列原理研究主要包括点火原理、燃烧原理、做功原理及其相互间的能量匹配规律。通过建立数学模型和解方程组的方法，模拟短脉冲推冲序列点火–燃烧机理；用计算和试验的方法，获得做功特征及规律。

1. 短脉冲推冲器点火原理

使用 CFD 软件 Fluent 就点火进行较全面的系统建模、变参数计算与分析。根据计算分析结果，给出快速推冲器点火流量特性，为短脉冲推冲序列设计提供参考依据。

2. 数学模型——控制方程

控制方程是点火机理与点火匹配研究的数学模型，主要由燃气守恒方程、$k-\varepsilon$ 湍流方程和主装药能量方程等组成。

3. 短脉冲推冲器结构点火过程的计算网格划分

在不改变主要特性尺寸的条件下，将快速推冲器计算区域简化为图 7.16 所示的模型。网格划分使用四边形网格。同时，为提高点火燃气与主装药表面间的传热计算精度和流体区域壁面位置的计算精度，在主装药表面处的固体区域和流体区域壁面附近网格进一步细化，网格划分如图 7.17 所示。

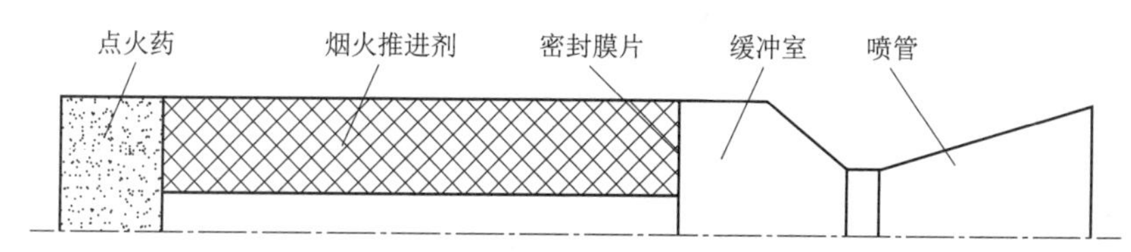

图 7.16　简化的快速推冲器几何模型

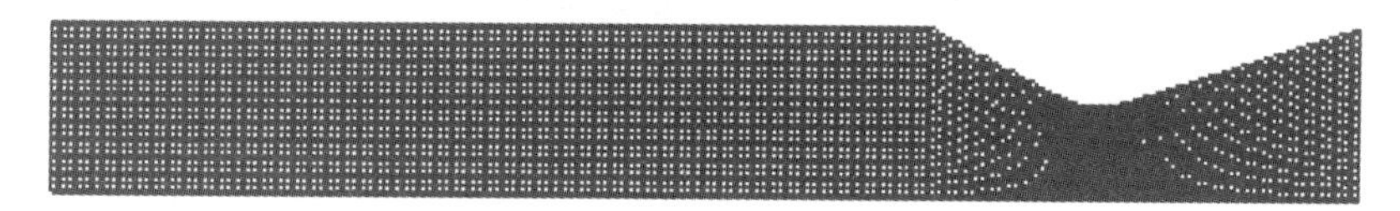

图 7.17　计算区域单元划分

4. 数值计算

根据点火药的物性参数及相关的试验数据，在保证总质量流量及总生成热量的前提下对不同类别点火器燃气流量特性进行了计算。根据点火药在一定容积密闭燃烧释放出气体的 $P-t$ 曲线（图 7.18），通过数值处理即可获得点火燃气流量特性曲线（图 7.19），采用 UDF（用户定义函数）对曲线特性进行描述并以源项形式加入数值计算中。

数值处理公式为式（7–9）～式（7–11）：

$$\psi_i = \left(\frac{1}{\Delta} - \frac{1}{\rho}\right) \Big/ \left(\frac{f}{(1+\theta)p} + \alpha - \frac{1}{\rho}\right) \tag{7-9}$$

$$M_i = \psi_i m_i \tag{7-10}$$

$$\dot{m}_i = (M_{i+1} - M_i)\Delta t \tag{7-11}$$

式中，ψ_i 为相对燃烧量；$\dot{m}_i$ 为质量燃烧速率；Δ 为装填密度；ρ 为点火药密度；f 为点火药火药力；α 为点火药余容，θ 为热损失修正系数，取 $\theta = 0.279$；m_i 为点火药质量；p 为实测压力。

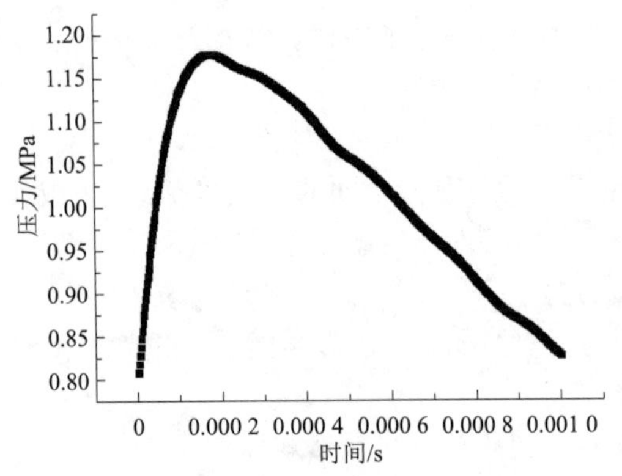

图 7.18　点火燃气的压强–时间曲线

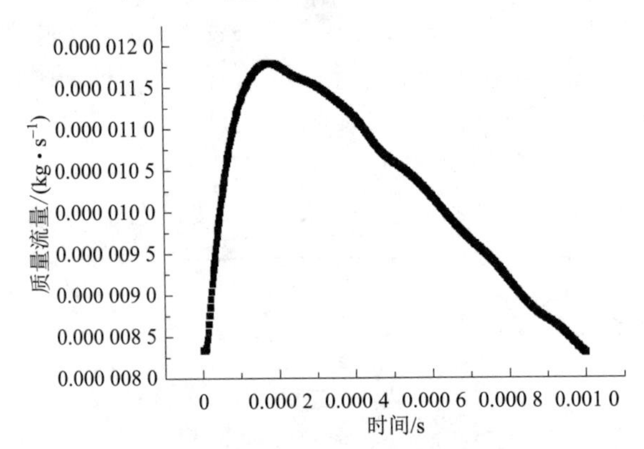

图 7.19　点火燃气的质量流量–时间曲线

为了便于对点火燃气流量特性进行描述，把点火燃气作用时间用 τ 表示，点火燃气上升到最大值的时间用 τ_a 表示。

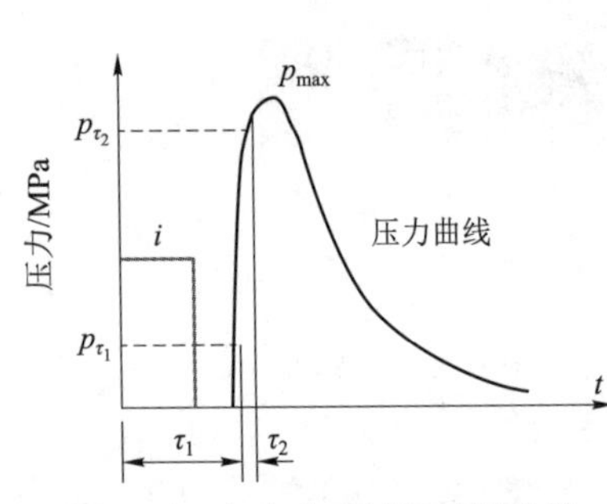

图 7.20　点火启动过程特性参数

对于主装药燃面，当燃面未点燃时，应用壁面边界条件；在燃面点燃后，将紧贴主装药燃面的一层流体单元作为能量源项，采用 UDF 描述加入数值计算中。

5. 点火过程特性参数

点火启动过程相关参数用图 7.20 表示。

图 7.22 中，τ_1 为第一点火延迟时间，当时间达到 τ_1 时，主装药表面发生首次点火（主装药表面温度达到“着火温度”）；τ_2 为第二点火延迟时间，当时间达到 τ_2 时，主装药表面达到全面点燃；p_{τ_1} 为与时间 τ_1 对应的燃烧室压力；p_{τ_2} 为与时间 τ_2 对应的燃烧室压力；p_{max} 为主装药表面全面点燃期间（0～τ_2）燃烧室最大压力；T_{max} 为主装药表面全面点燃期间（0～τ_2）燃烧室最高温度。

根据以上计算结果，可以得到点火燃气流量特性对快速推冲器点火启动过程参数的影响。

6. 计算结果与分析

计算过程中，为了分析比较，采用不同类别和不同药量的点火药，分别进行模拟计算。不同类别点火药点火过程，主要考查点火燃气流量特性对烟火推进剂多孔药床点火时间和烟火推进剂药室内压力分布规律的影响。不同药量点火药点火过程，则主要考查点火药药量对烟火推进剂多孔药床点火时间和烟火推进剂药室内压力分布规律的影响。

图 7.21 模拟的是点火燃气流量上升时间 $\tau=0.2$ ms 时，主装药表面全面着火时燃烧室和喷管内流速、温度和压力分布云图及主装药表面附近流场的温度分布。当主装药表面被全面点燃后，产生的主装药燃气立即进入燃烧室流场并在表面附近形成一个具有较大温度的区域，温度介于 800～1 500 K。由于短脉冲推冲器工作时间较短，要求推冲器点火过程在瞬间完成，既不能因点火燃气流量上升过快导致过大超压和点火冲击而造成主装药结构破坏，也不能因过慢的点火燃气流量上升时间导致全面点火时所需的点火延迟期过长而造成推冲器输出推力上升较慢，影响输出性能指标。因此，点火燃气流量特性与主装药瞬时点火之间必须进行匹配。

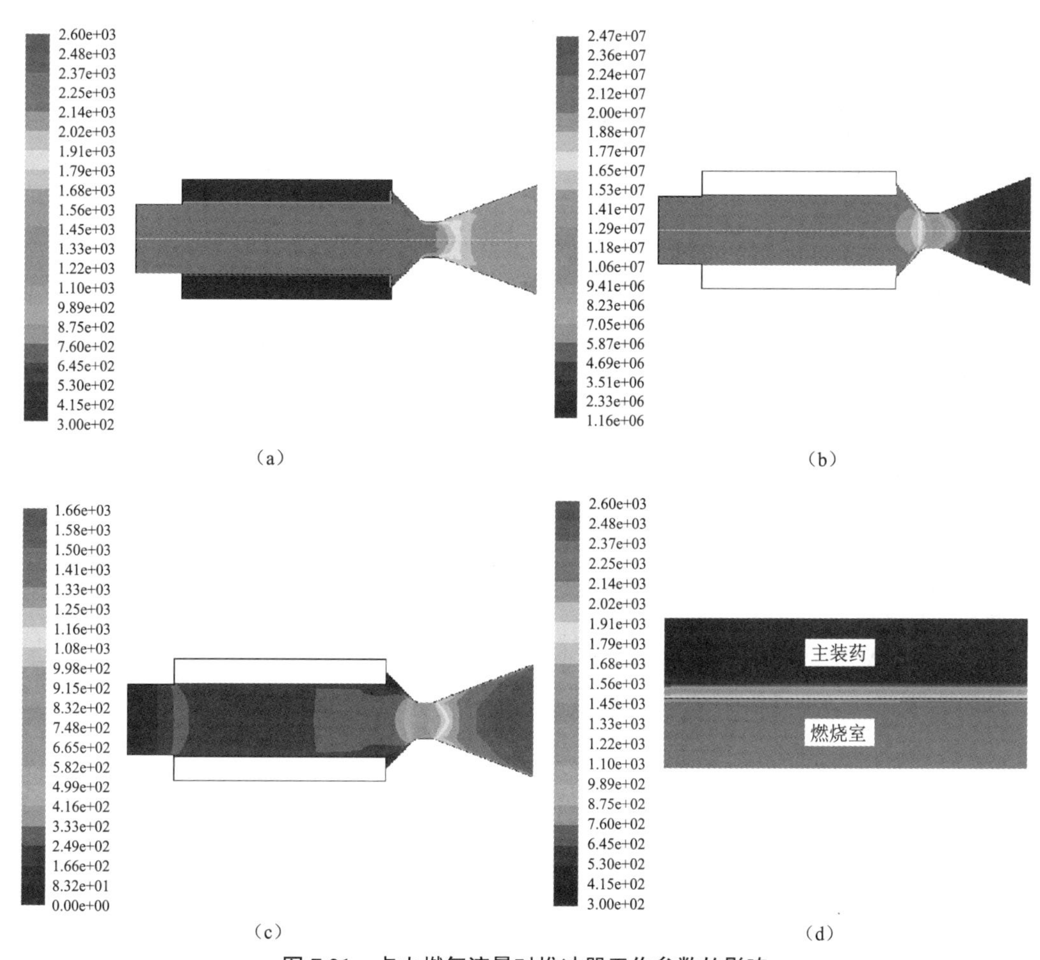

图 7.21　点火燃气流量对推冲器工作参数的影响

(a) $t=0.42$ ms 时计算的温度云图；(b) $t=0.42$ ms 时计算的压力云图；
(c) $t=0.42$ ms 时计算的速度云图；(d) $t=0.42$ ms 时主装药界面区域温度分布图

1）点火药类别与燃气流量特性

计算结果表明，在点火燃气作用时间 τ 一定的情况下，点火燃气上升时间 τ_a 对烟火推进剂颗粒表面点火延迟时间和燃烧室压力有明显影响。随着 τ_a 的增加，点火延迟时间 τ_1 和 τ_2 也增长，点火延迟时间随点火燃气上升时间的变化趋势呈线性关系，点火燃气上升越快，点火延迟时间越短。

对于短脉冲推冲器而言，要在确保点火延迟时间的情况下，燃烧室内的压力和温度增长速度比较平缓，这样可以避免点火期间燃烧室内出现过高的压力和温度。从模拟情况来看，在点火燃气作用时间一定的情况下，可以通过控制点火上升时间来达到这个目的，这就为点火药配方设计和装药提供了理论依据。研究表明，当 $\tau_a=0.3$ ms 时，推冲器的点火延迟时间比较短，且燃烧室内的压力和温度比较适宜。

2）点火药量与点火时间和压力特性

计算表明，点火药量对点火延迟时间的影响，在一定范围内，随着点火药量的增加，点火延迟时间不断减小，它们之间的变化趋势不是线性关系。当点火药量增加到一定量后，再增加药量将不能明显缩短点火延迟时间。从模拟结果来看，点火药量与点火时间的关系与试验规律类似。

模拟表明，点火药量对推力有很大影响，随着点火药量的增大，其燃烧后释放更多的高温燃气，使推冲器燃烧室内具有更高的压力和温度，烟火推进剂药床可以得到更多的热量，促使其温度上升速率加快，缩短点火延迟时间。由于整个药床达到着火温度点需要的热量是一定的，如果不考虑烟火推进剂本身燃烧释放的热量，当点火药燃烧释放的总热量满足整个药床达到点火温度所需热量后，继续增加点火药量只能使燃烧室内具有更大的初始压力和温度，而对缩短点火延迟时间基本没贡献。

综合理论分析和试验结果，本研究选择 40～60 mg 的 B－KNO_3 点火药作为推冲器的点火药量。

7.3.2 短脉冲推冲器燃烧做功原理

推冲器是基于燃气推冲原理，利用气流喷射时的反作用力对弹道进行修正，其输出过程与推冲器点火、燃烧和气体喷射三个过程密切相关。短脉冲推冲器内流场处于一个极其复杂的三维非稳定的气固两相流动状态。同时，由于短脉冲推冲器结构尺寸小、工作时间短，很难对其内流场情况进行准确的测量。因此，能够较为真实地进行输出过程模拟计算对短脉冲推冲器的设计和试验研究都有重要指导意义。

7.3.2.1 物理模型

推冲器的结构简化如图 7.22 所示。其工作过程：当接收到外界激发的点火指令后，点火器的发火元件迅速作用并引燃点火药，点火药燃烧产生的高温高压气体和灼热的固体粒子

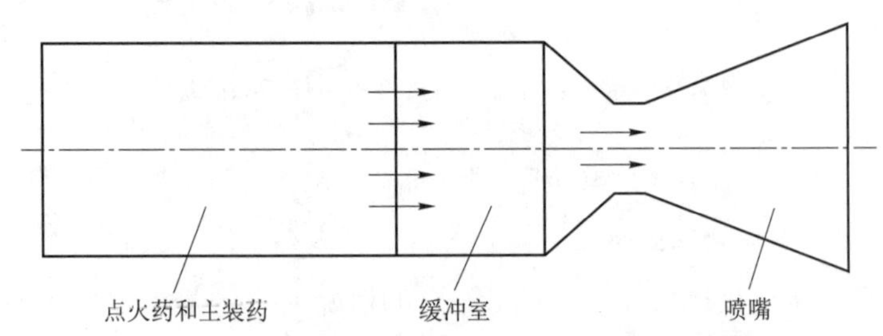

图 7.22　推冲器输出过程的简化物理模型示意图

迅速进入粒状主装药床的空隙，通过对流传热的方式给药粒提供强烈的热刺激，从而点燃主装药床。当主装药室内的压力达到密封膜片的破膜压力时，主装药的燃烧产物和未燃烧完全的药粒迅速破膜进入缓冲室内，药粒在缓冲室中继续燃烧，最终燃烧产物从喷管喷出并产生脉冲推力。显然，该过程中存在较复杂的两相流动和燃烧耦合现象。

7.3.2.2　数学模型

严格来说，在推冲器燃烧室（包括点火药室、烟火推进剂药室和缓冲室）内气流各参数（压强、温度、密度等）为空间坐标 x 和时间 t 的函数关系，应使用一维甚至多维非定常流的通用方程组来确定。但在工程计算中，通常采用简化问题解的办法。假设把燃烧室内部过程的物理参数按整个燃烧室自由容积进行平均，不考虑压强、温度和密度沿燃烧室长度的变化，而计算容积平均压强和平均温度随时间的变化。按容积平均值描述燃烧室内燃烧产物的状态参数随时间变化的方程。

根据短脉冲推冲器内部压力值的变化，将其内流场变化过程分为三个阶段进行模拟，可获得更准确的模拟结果。

依据的基本数学方程式有燃气状态方程、质量生成速率方程、燃气质量流率方程、药粒质量流率方程、燃气质量守恒方程、推冲器推力方程、冲量方程等。

7.3.2.3　模拟结果与分析

图 7.23 所示为破膜压力、缓冲室体积、药粒直径、药量、装药密度对推力影响的模拟波形，将不同条件下计算得到的最大推力绘制成曲线，就可以找到短脉冲推冲序列燃烧–做功的基本规律。

由理论分析得到以下结论：

（1）随着主装药颗粒直径的增大，推冲器工作时间增长，最大推力减小，而总冲则随之增加。分析认为药剂颗粒直径增大，药粒的比表面积则减小，瞬时燃烧面积也减小，单位时间内产生的气体就少，燃烧室内的压力和温度增长速度也就减慢，药剂的燃烧速度相应减小，单个药剂颗粒燃尽时间则增长。因此，可以根据减小药剂颗粒直径的方法获得较大的推力和较短的工作时间，或增大药剂颗粒直径使推冲器的工作时间变长，同时获得较小的推力输出。

在药剂设计中，本子专题对部分药剂组分进行细化，就是为了获得好的点火–燃烧匹配参数和所需的燃速。

（2）随着缓冲室体积的增大，工作时间增长，工作时间和缓冲室体积基本呈线性关系，最大推力和总冲均随之减小，可以通过减小缓冲室体积的方法获得较大的推力和较短的工作时间或增大其体积获得较小的输出推力和较长的工作时间。

（3）破膜压力对脉冲推冲器输出性能有一定的影响。随着破膜压力增大，推力曲线的上升时间变长，输出最大推力和总冲则增大。这说明，由于金属膜片的厚度增加，使燃烧室的破膜压力阈值增高，因此需要的破膜时间加长，破膜时的推力也明显增大。

（4）装药密度对输出推力有一定的影响，但在装药体积一定的情况下，测得的密度–推力规律不明显，这是因为压药密度增加，空腔体积也增加，二者对于推力的贡献相互制约，因此，推力变化规律并不明显。只有保证装药密度变化后剩余空间不变，才可以准确得到密度–推力的变化规律。

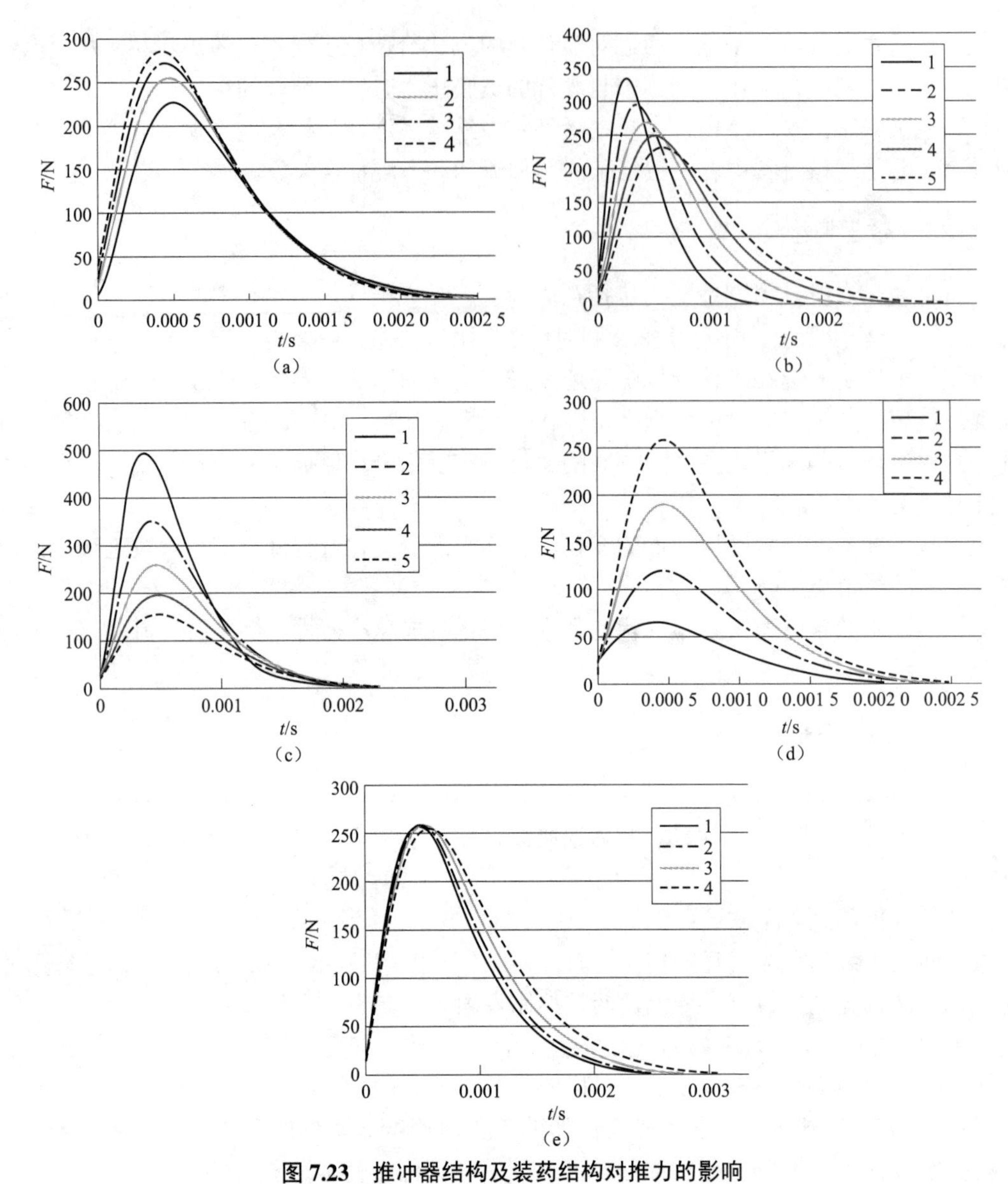

图 7.23　推冲器结构及装药结构对推力的影响

(a) 破膜压力－推力曲线；(b) 缓冲室体积－推力曲线；(c) 药粒直径－推力曲线；
(d) 药量－推力曲线；(e) 密度－推力曲线

(5) 主装药量对推力的影响非常明显，在有限空间内增加主装药量，能明显提高推冲器的输出能量。

7.3.3　短脉冲推冲序列方法研究

7.3.3.1　装药结构设计方法

1. 烟火推进剂火药力、余容计算

对于烟火推进剂做功能力的表征，目前国内外还没有专门的规定。由于烟火推进剂也属于火药的范畴，在此引入火药做功能力的表征参数。建立密闭爆发器定容状态方程，作为烟火推进剂气体状态方程，得到下列公式。

火药力和余容的计算公式：

$$\begin{cases} f = p'_{m2} / \varDelta_2 - \alpha p'_{m1} \\ \alpha = \dfrac{p'_{m2} / \varDelta_2 - p'_{m1} / \varDelta_1}{p'_{m2} - p'_{m1}} \end{cases} \tag{7-12}$$

烟火推进剂火药力、余容的最大压力公式：

$$p'_m = \bar{p}'_m + \Delta p_m - p_{ig} \tag{7-13}$$

由上述公式求得火药力和余容分别为 635.61 kJ/kg 和 1.116×10^{-3} m^3/kg。

2. 装药结构计算方法

用常规计算方法，获得装药结构。主装药量计算值在 0.4～0.6 g 范围内，点火药估算值为 40～60 mg。

点传火装药长度：L_f=1.5 mm；主装药长度（不同药量）：L_{190}=3.8 mm，L_{380}=7.6 mm，L_{570}=11.4 mm；主装药直径：ϕ6 mm；点传火装药密度：ρ_f=0.8 g/cm^3；主装药密度：ρ_m=1.35 g/cm^3。

3. 装药结构设计试验方法

通过试验确定装药结构参数，如火药力、余容、装药密度与平均燃速的关系、装药密度对小尺寸烟火推进剂性能影响、小尺寸柱形烟火推进剂燃烧速度变化、粒状发射药和烟火推进剂燃烧特征参数对照等。参照模拟计算与试验方法得到的规律，对短脉冲推冲器装药结构进行设计。典型装药结构包括无孔装药结构和有孔装药结构，如图 7.24、图 7.25 所示。

图 7.24　无孔装药结构　　图 7.25　有孔装药结构

7.3.3.2　短脉冲推冲器结构设计方法

1. 推冲器结构设计方法

根据计算获得的各种参数、使用单位提出的结构技术指标以及装配的合理性，设计出两种结构的短脉冲推冲器。图 7.26 所示为不锈钢材料的推冲器结构，图 7.27 所示为铝合金材料的推冲器结构。

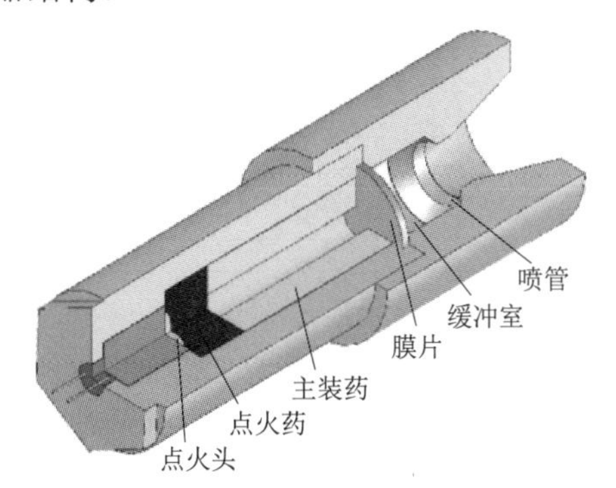

图 7.26　不锈钢推冲器结构与样品

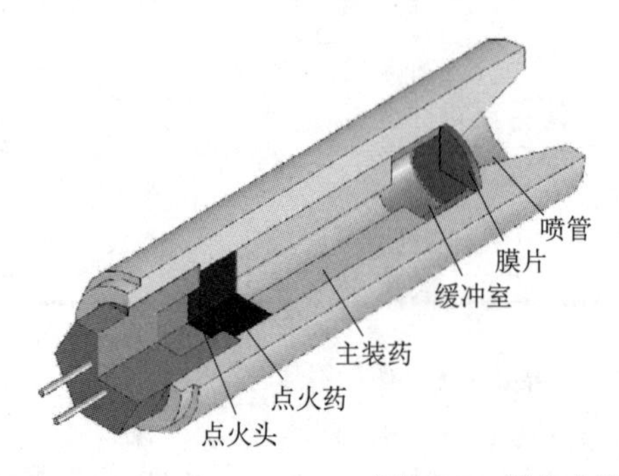

图 7.27　铝合金推冲器结构与样品

2. 基本计算方法

1）壳体强度计算

筒体壁厚的计算只考虑燃气压强的作用。根据最大应力强度理论，筒体的最小壁厚为

$$\delta_{\min}=\frac{\phi p_{\max}D}{2\xi[\sigma]} \tag{7-14}$$

式中，$p_{\max}$ 为高温下筒体内的最大工作压力，在此为 28 MPa；φ 为压力波动系数，根据经验取 1.1；ξ 为焊缝强度系数，小型推冲器不涉及焊接，因此取为 1；$[\sigma]$ 为材料的许用应力，可用 σ_b/n_b 求得。

推冲器壳体材料选用 LC4 高强度铝合金，σ_b=530 MPa，n_b 为安全系数，取为 1.3，$[\sigma]$ =530/1.3=408（MPa）。

将以上数据代入公式得到：$\delta_{\min}=\frac{1.1\times28\times32}{2\times1\times408}=1.208$（mm），为了便于加工和确保有一定的强度余量，取筒体壁厚 δ=2 mm。

2）推冲器几何特征计算

推冲器外形为圆柱形壳体，由换能元、药室和喷管三部分构成。几何特征尺寸：外径 d_0=14 mm，内径 d_i=6 mm；总长度 L=33.5 mm，药室长度 L_p=12 mm，喷管长度 L_n=11 mm；喷管锥角 φ=45°，隔膜厚度 δ_f=0.3 mm；不锈钢材料样品推冲器总质量为 28 g，若换成 LC4 超硬铝，质量约 19 g。

3）喷管设计

包括喷管临界段、喷管收敛段、扩张段、喷管结构与比冲估算。

7.3.3.3　测试方法研究

1. 烟火推进剂燃烧特征参数测试方法

参照一般推进剂的试验方法，设计小容积密闭爆发器，如图 7.28 所示。测试数据见表 7.4、表 7.5。

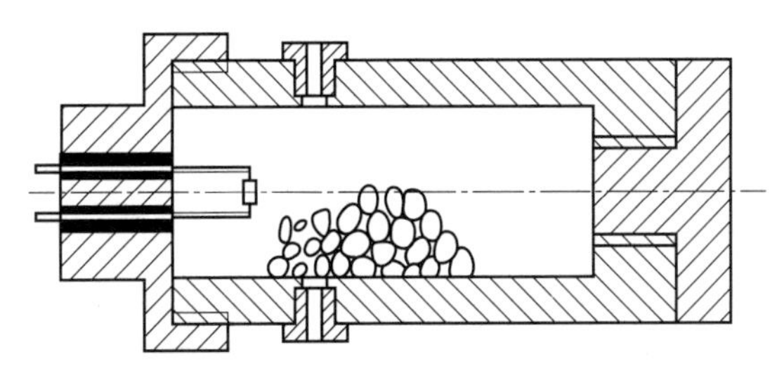

图 7.28　密闭爆发器及测试系统

表 7.4　三种硝胺火药体系配方组成

方案	配比/%				
	KP	RDX	HMX	NQ	NC
1	80	10			10
2	60	30			10
3	45	45			10
4	30	60			10
5	80		10		10
6	60		30		10
7	45		45		10
8	30		60		10
9	80			10	10
10	60			30	10
11	45			45	10
12	30			60	10

表 7.5　烟火推进剂燃烧特征参数测试试验结果

方案	T_{ig}/ms	T/ms	V/（mm·ms^{-1}）	P_m/MPa
1	0.41	0.46	11.65	5.36
2	0.58	0.78	7.53	5.87
3	0.94	0.92	6.91	6.36
4	1.20	1.21	5.74	6.95
5	0.89	0.73	7.96	5.81
6	1.47	1.22	7.69	7.67
7	—	—	—	—
8	—	—	—	—
9	0.29	0.13	37.46	4.87
10	1.66	0.32	14.44	4.62

续表

方案	T_{ig}/ms	T/ms	V/（mm·ms^{-1}）	P_m/MPa
11	2.86	1.28	3.37	4.31
12	—	—	—	—

注：方案参见表 7.4 中 12 种配方。

由试验获得烟火推进剂的 $v-P$、$P-t$ 关系式。

2. 药剂性能部分常规测试方法

按照火工品性能的常规测试方法，对点火药和推进剂进行吸湿性、高低温度、与接触材料相容性、燃烧时间、常温燃速等试验。

3. 小型单摆推力试验方法

利用小型单摆推力试验器件，并对输出参数进行测量，得到表 7.6 的试验数据。

表 7.6　不同 PY 药量的输出推力

序号	药量/mg	推力/N					平均推力/N	冲量/（N·s）	比冲/（N·s·kg^{-1}）
1	190	290	350	351	469	410	374 N	0.374	1 960
2	380	879	996	879	1 055	938	949.4 N	0.949 4	2 500
3	570	1 406	1 232				1 319 N	1.319	2 314

4. 短脉冲推冲器 $F-t$ 输出性能测试方法

设计卧式推力试验器件，测量 $F-t$ 输出曲线，典型波形如图 7.29 所示。

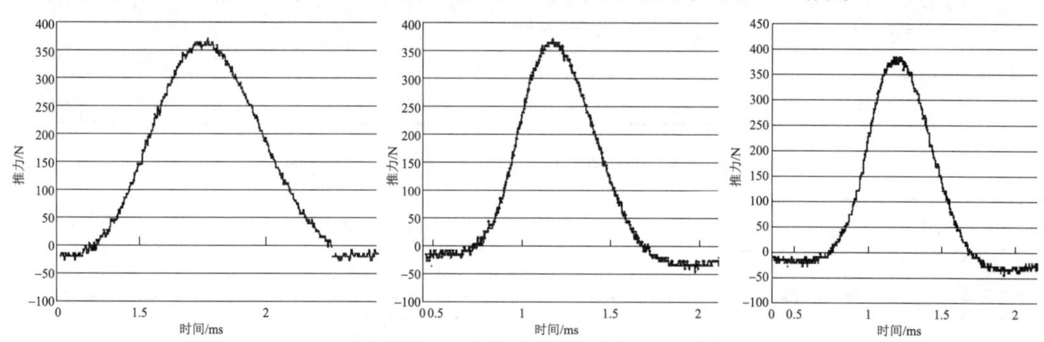

图 7.29　推力试验系统获得的 $F-t$ 波形

7.3.4　原理与方法的验证

综合上述研究内容，主要对推冲序列的点火、燃烧和推冲做功原理进行了基本特征分析，建立了物理模型、数学方程，并通过求解方程获得模拟参数。同时配合理论计算，进行了相关试验研究，以此验证理论的正确性。

7.3.4.1　短脉冲推冲序列原理验证

烟火型推进剂中形成大量微孔，燃烧时部分高温高压气体透入孔隙中，点燃孔隙壁，形成对流燃烧。瞬间燃烧面积和能量传递强度都远远超出常规推进剂平行层燃烧时的状态，因而可获得几百米/秒的高燃速，这是短脉冲推冲器的最显著特点。验证这一特点的依据主要有以下几方面：

1. 高燃速推进剂的特性

根据国内外对高燃速推进剂燃速的定义，本课题研究的烟火推进剂在短脉冲推冲器的装药结构条件下，可获得 600～800 m/s 的表观燃烧速度，属于超高燃速推进剂，因此它的燃烧性能是非平行层燃烧，具有对流燃烧的特征。

2. 计算与试验对比

在药量为 420 mg，喷嘴喉径为 4 mm，装药密度为 1.36 g/cm^3，其他条件相同的情况下，改变膜片的厚度，对推冲器输出推力进行模拟和试验，得到图 7.30 所示的推力曲线。图 7.30（a）的膜片厚度为 0.1 mm，图 7.30（b）使用的膜片厚度为 0.3 mm。由图可知，模拟与试验曲线具有较好的重合性。其他条件下模拟与试验的曲线图也具有较好的一致性。图 7.31～图 7.34 所示为推冲器点火—燃烧—推冲做功的规律曲线，将模拟和试验结果放在同一坐标中比较，具有类似的变化规律。这说明通过试验的方法验证了推冲器理论研究的正确性，对短脉冲推冲序列设计具有一定的参考价值。

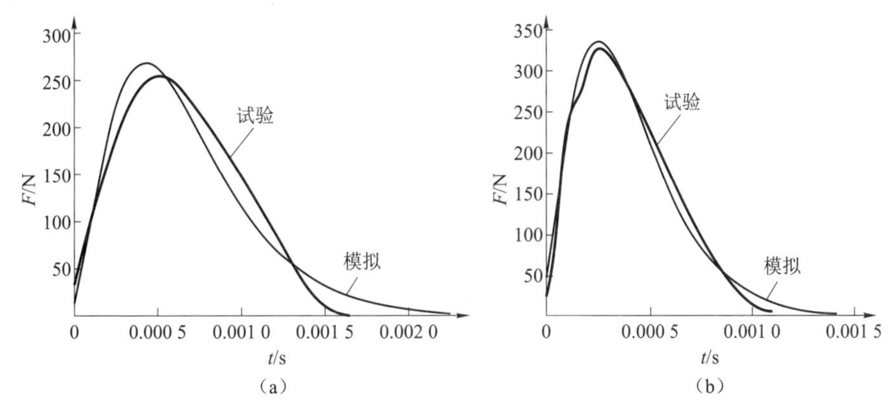

图 7.30　在相同条件下模拟与试验获得的推力曲线

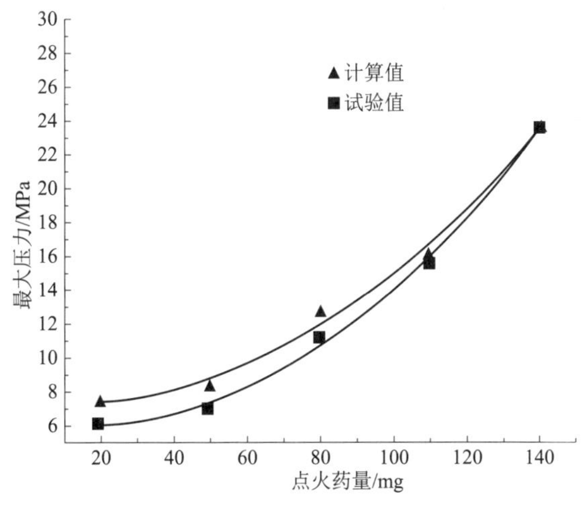

图 7.31　最大压力与点火药量的关系

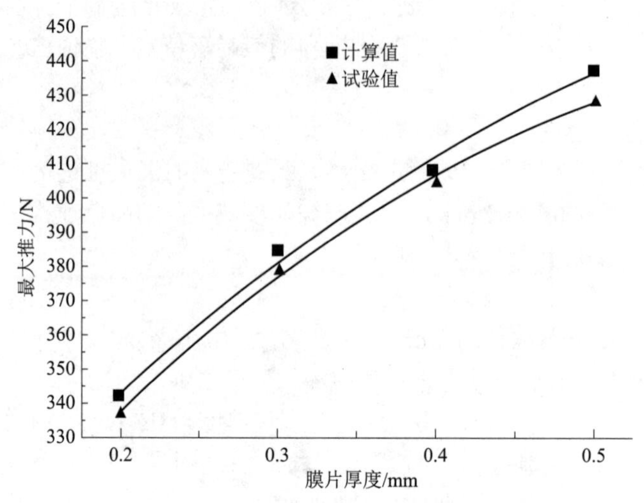

图 7.32　最大推力与膜片厚度的关系

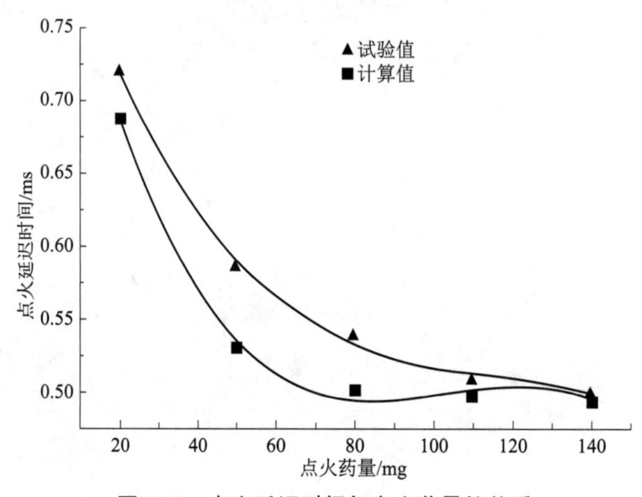

图 7.33　点火延迟时间与点火药量的关系

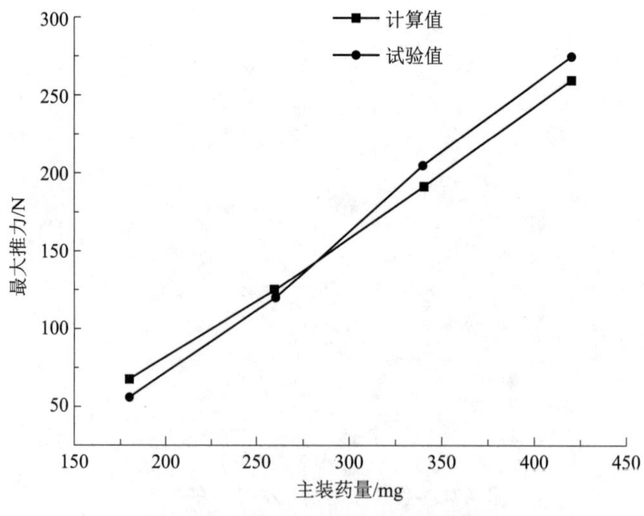

图 7.34　最大推力与主装药量的关系

7.3.4.2　短脉冲推冲序列方法验证

在短脉冲推冲序列研究中使用的方法有烟火型推进剂配方设计和颗粒级配设计方法、装药结构设计方法、短脉冲推冲器结构设计方法、燃速测试方法、$P-t$ 曲线测试方法、小型单摆试验方法、推力试验方法和高速气流环境输出特性测试方法。

在这些方法中，比较有特色的是烟火型推进剂设计方法、燃速测试方法和高速气流环境输出特性测试方法。

1. 烟火型推进剂设计方法

在药剂设计中，采用了模拟仿真、最小自由能计算法、烟火推进剂热分解试验方法、正交试验晶型控制设计法和性能试验等多种方法。通过这些方法的综合应用，可以使设计者全面掌握药剂及其组分的结构特征、热行为、晶型控制条件、能量匹配和传递特性等。

药剂的结构特征从两个方面体现，一是配方设计，二是药剂颗粒级配设计。在配方设计中，主装药选择硝胺类复合型烟火推进剂。在配方设计中，重点解决硝胺类推进剂低压点火难和易瞎火等点火可靠性问题。烟火推进剂主要是由氧化剂、可燃剂和黏合剂等组成的。由于硝胺氧化剂具有能量高、产气量大、燃气洁净的特性，用硝胺物作为氧化剂可以保证药剂的高能量需求。但硝胺火药普遍存在低压点火难、燃速低等燃烧性能问题，为了解决这些问题，可以通过添加快燃物等方法改善药剂燃烧性能。苦味酸钾是一种火焰感度敏感、点火性能良好的单体快燃速延期药和点火药。试验证明，将 KP 引入硝胺火药体系，会对硝胺物的热行为起到调节作用，同时改善硝铵类火药的燃烧性能。

在药剂颗粒级配设计中，选用超细化的高能硝胺类炸药为氧化剂，平均粒径约 2 μm；混以高燃速可燃剂，平均粒径约 20 μm，用黏结剂制成混合药剂，目的是保证具有一定的颗粒间孔隙，创造对流燃烧条件，提高燃速和保持燃烧的稳定性，如图 7.35 所示。

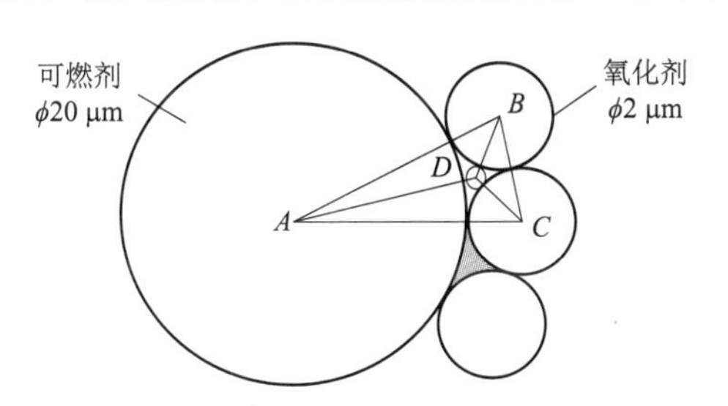

图 7.35　药剂颗粒之间形成空隙示意图

假定药剂颗粒为准圆球形，经推算颗粒之间的空隙直径为 0.47～1.547 μm。在药柱中存在空隙是产生对流燃烧的必要条件。Andrew 指出，多孔隙密实药床中火药的燃气可以由颗粒间孔隙渗透到未反应区，从而加热未反应区，它的燃烧速度比传导型平行层燃烧速度高几个数量级以上。

从理论上分析，将高能烟火型推进剂进行颗粒度级配设计，是为超高燃速对流燃烧提供有利的传质条件，因为它的总表面积具有“三高”的特征，即具有高比表面积、表面高活性原子和基团显著增高、高的比表面能。因此，更有利于点火和燃烧时释放能量，加快传质过程，使燃烧速度显著提高。

用上述方法研制的烟火型推进剂，在燃烧–推冲做功数值模拟和性能试验中都证明：

① 推力（压力）曲线上升时间短，小于 800 μs；② 工作时间短，小于 2 ms；③ 推力在 300～600 N，总冲在 0.3～0.6 N • s。

由此可知，KP 药剂对解决硝胺类推进剂低压点火难和点火可靠性差的问题以及压力曲线上升时间快起主要作用，这与差热分析得到的结论一致；硝胺类炸药对输出能量贡献最大，这由最小自由能计算和试验结果得以验证。

2. 燃速测试方法

采用光纤、CCD 的测速方法，研究推冲器燃烧室内燃速变化规律和局部区域内燃烧传播规律。图 7.36 所示为试验器件。

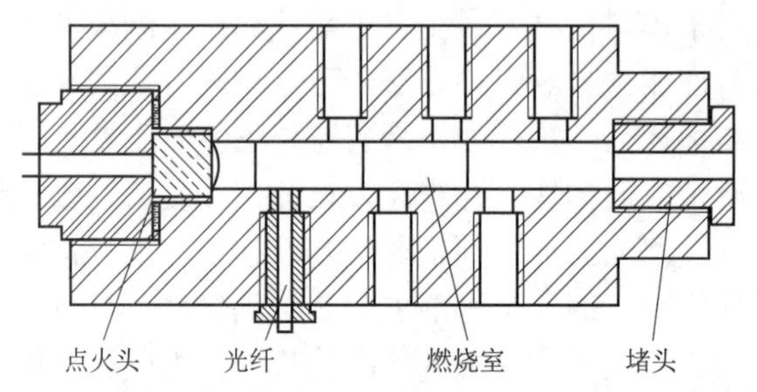

图 7.36　柱型烟火推进剂药床燃烧速度光纤测试器件

光纤分别安装在点火药、推进剂和缓冲室的不同位置，间距 6 mm，测量点火、燃烧和推冲的全过程中燃烧表观速度的变化状态。通过试验得出，Ⅰ区：点燃加热区为 1～2 mm；Ⅱ区：燃烧离散区为 4～8 mm；Ⅲ区：对流燃烧区为 6 mm 以后的整个药床；Ⅳ区：燃烧室空间 4～8 mm。

为了进一步验证该理论模型和测试方法的正确性，采用光纤间距为 2 mm 的试验器件，测量装药燃烧初始阶段的燃速变化过程，并进行重复性试验。试验器件示意图如图 7.37 所示，得到结果如图 7.38 所示。

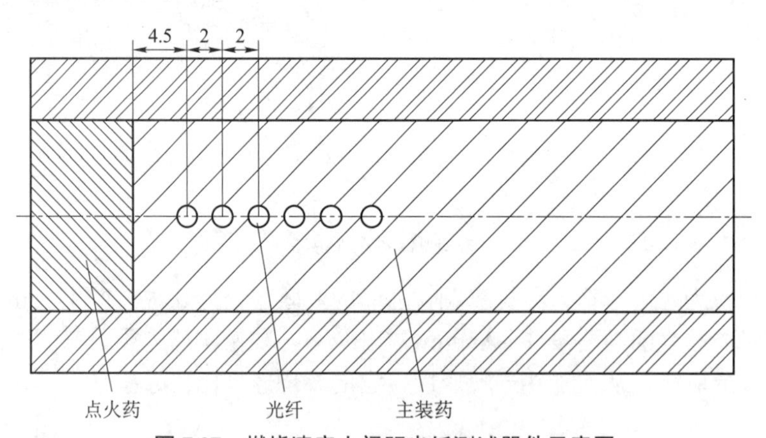

图 7.37　燃烧速度小间距光纤测试器件示意图

从装药 4.5 mm 处到 8.5 mm 处为平行层燃烧，该区的速度–距离曲线基本呈线性，平均燃速为 30 m/s 左右。从 8.5 mm 处到 14.5 mm 处为过渡对流燃烧区，又称不稳定对流燃烧区，燃速变化较大，从 60 m/s 升至 600 m/s，该区的速度–距离曲线基本呈指数关系。在这个区间内，在 10.5 mm 处曲线的斜率变化大，是过渡对流燃烧区的转折点。从 14.5 mm 到 30 mm，该区的燃速变化不大，约为 600 m/s。这是由于火焰前方的药柱不断地形成微孔和热气流的不断渗入，燃烧速度开始保持稳定，燃烧进入稳定对流燃烧区的热量通过热对流来传播。

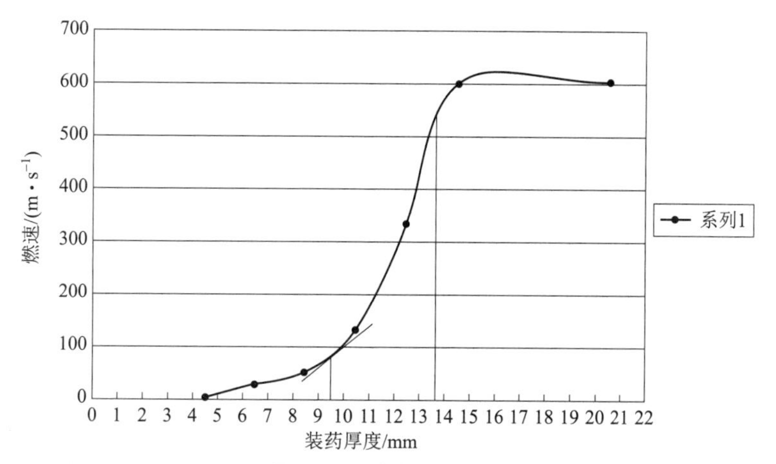

图 7.38　燃速分布曲线

为了进一步验证对流燃烧区域的燃烧特征，将光纤 CCD 放置在推冲器对流燃烧段内，试验器件如图 7.39 所示。CCD 的排列与燃烧面垂直。试验证明，在 3 mm 厚度的燃烧区域内，没有明显的燃烧层面，像素点采到的信号没有先后顺序，说明该区域处于对流燃烧，燃气在颗粒间的空隙中渗透，速度很快。

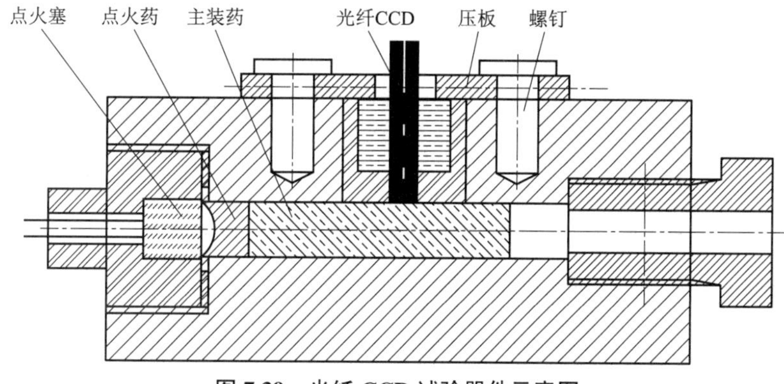

图 7.39　光纤 CCD 试验器件示意图

将烟火推进剂换成延期药和黑火药，在同样条件下重复该试验，得到的是比较有规律的燃烧层面燃烧。

3. 高速气流环境输出特性测试方法

这种测试方法对推冲器装备在弹箭上的工作状态研究具有重要意义。高速气流环境输出特性测试方法给出了气流速度对推冲器推力的影响规律，这是短脉冲推冲器的首次环境试验。

由图 7.40 可以看出，随着马赫数的增加，所需推力呈上升趋势，说明气流速度对推冲器横向推力有一定的影响。弹丸在各不同马赫数下的阻力系数，随着马赫数的增加，其所受空气的阻力变大。

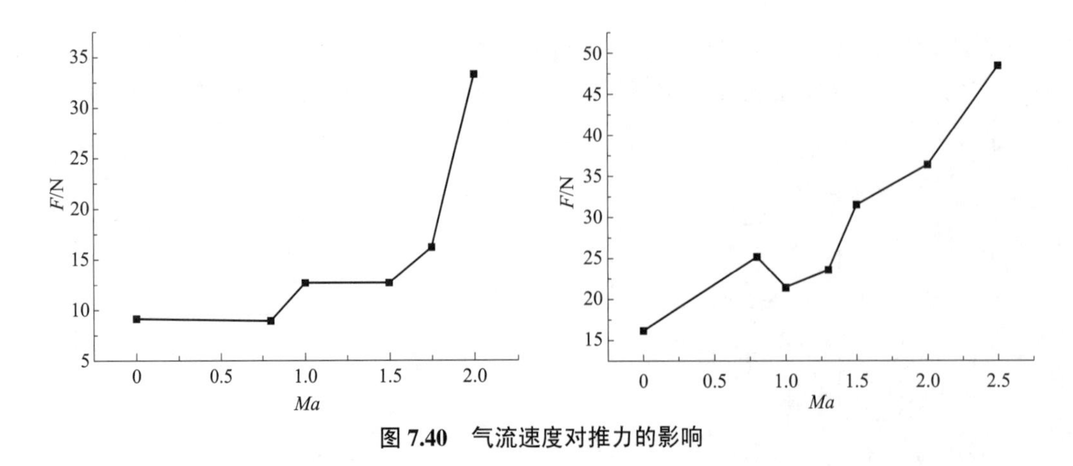

图 7.40　气流速度对推力的影响

在推冲器横向冲量的作用下，使弹丸产生横向移动，其附近的流场分布不再均匀，且随着横向冲量的增大，其不对称性加强，如图 7.41 所示。用理论计算和风洞试验的方法，验证数据的正确性。

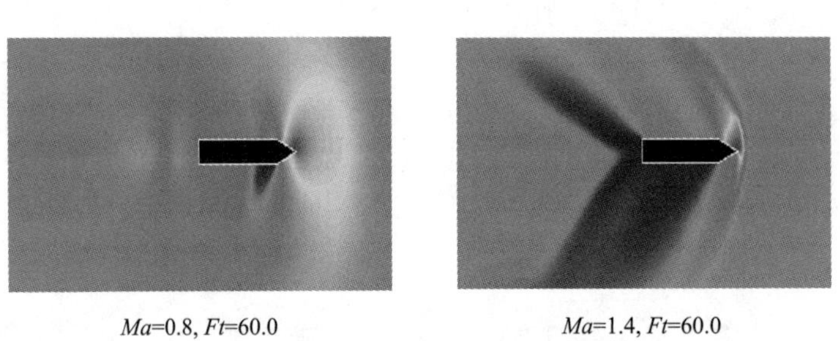

Ma=0.8, *Ft*=60.0　　*Ma*=1.4, *Ft*=60.0

图 7.41　弹丸不同马赫时，在不同推冲器冲量下的压力等势分布

7.4　分离器件

运载火箭级间分离、航天器舱段间分离及舱门盖分离等都需要大量使用连接/解锁型分离类火工器件。该类火工器件的被分离目标体原本是由两个独立的部分，作用前通过火工器件将其连接在一起，当需要分离时，火工器件解锁，解除连接。此种产品主要有爆炸螺栓、爆炸螺母、解锁螺栓、分离螺母、火工锁、包带式分离器件等。螺栓螺母类火工器件在早期的航天系统中应用极其广泛，它又可具体细分为爆炸类与非爆炸类，目前爆炸类螺栓及螺母已较少使用，非爆炸类分离螺栓及螺母应用较多。连接/解锁型分离类火工器件的主要性能参数为承载能力、分离冲量和污染量，部分产品的性能特点如表 7.7 所示。下面以爆炸螺栓和分离/解锁螺栓为例对分离器件进行介绍。

表 7.7　连接/解锁型分离类火工器件性能特点[19]

器件名称	连接载荷/kN	分离过载/g	用途	缺点	优点
爆炸螺栓	～200	＞5 000	连接解锁	分离冲击大，分离力难准确控制，有碎片和污染物产生	结构简单，工作可靠，能量与质量比大，体积小

续表

器件名称	连接载荷/kN	分离过载/g	用途	缺点	优点
钢球式解锁螺栓	～50	<3 000	连接解锁	分离力难准确控制，连接力小	分离冲击小，无碎片和污染物产生
楔块式解锁螺栓	>50	<1 000	连接解锁	结构复杂，质量体积大	连接力大，分离冲击小，无碎片和污染物产生
爆炸螺母	>100	>5 000	连接解锁	分离冲击大，有碎片产生	连接强度大，结构简单，工作可靠，质量较轻
分离螺母	10～500	<1 000	连接解锁	结构复杂，装配难度大	连接强度大，分离冲击小，无碎片和污染物产生

7.4.1　爆炸螺栓设计

7.4.1.1　常规爆炸螺栓结构及作用过程

常规爆炸螺栓是最早应用于航天技术上的一种火工器件，通常又称沟槽式解锁螺栓（图 7.42）。在爆炸螺栓圆柱形药室的外壁上，开一圈环形凹槽，形成一个强度上的薄弱环节。爆炸螺栓作为将两个物体连接在一起的一个连接件，在分离时，当药室内装猛炸药爆炸作用后，药室内的压力升高，当压力增高到开槽部位的断裂强度时，螺栓将断裂，两个被连接的物体分为两体。由于在连接时沟槽式爆炸螺栓必须保证结构的完整性，而在释放分离时，螺栓体又必须断裂，所以，其连接力小于释放时炸药的驱动力，导致释放时的冲击较大。这种常规爆炸螺栓结构简单且在螺栓头和本体分离时不产生碎片；但由于爆炸产物从分离面溢出，对周围设备或环境造成污染，所以不适合在要求高度清洁的环境使用。

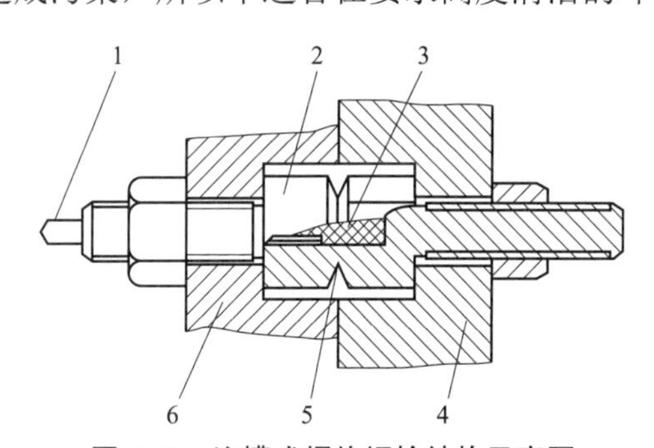

图 7.42　沟槽式爆炸螺栓结构示意图

1—导线；2—爆炸螺栓；3—猛炸药；4，6—被连接结构；5—断裂面

7.4.1.2　无污染爆炸螺栓设计[20]

由于太阳能电池及各种高精度光学仪器在航天器上的应用日益广泛，随之对航天器上使用的火工品提出了更高的要求，要求火工品在工作后没有污染物泄出或泄漏量小于规定的指标。无污染爆炸螺栓就是目前国际上应用较广的一种火工品。相较用于火箭工作环境（1×10^{-2} Pa 的真空环境）的无污染爆炸螺栓，用于卫星工作环境（一般指 1×10^{-4}～1×10^{-6} Pa

的真空环境）的无污染爆炸螺栓设计难度更大，这里除去结构和装药外，最主要的是选择密封型式和密封材料。

无污染爆炸螺栓（以下简称螺栓）主要由两部分结构组成：火工组件（包括点火器和雷管座）和本体组件（包括本体和活塞杆），结构型式如图 7.43 所示。当对螺栓供电时，点火器点燃雷管，雷管起爆后产生高压气体，高压气体推动活塞杆使螺栓的指定部位解锁。螺栓由于采用了多种型式的密封，使雷管起爆后产生的高压气体和污染物密封在螺栓的腔体内，以达到控制污染的目的。

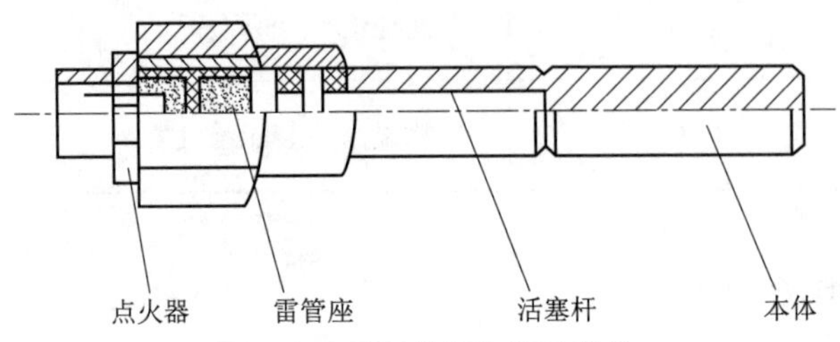

图 7.43　无污染爆炸螺栓结构

1. 螺栓爆炸压力的计算

螺栓爆炸压力的大小取决于雷管中的装药密度和炸药本身的性质，雷管中装药包含起爆药和猛炸药两部分，其中起爆药的药量较少，因此在计算爆炸压力时将装药视为只有猛炸药，按此前提计算爆炸压力，得到的公式为

$$P=\frac{\rho f}{1-\alpha\rho} \tag{7-15}$$

式中，ρ 为炸药装填密度（g/cm^3）；f 为炸药比能；α 为余容（cm^3/g），当压力低于 400 MPa 时，α 可认为是常量。

炸药装填密度 ρ

$$\rho=\frac{T}{\omega} \tag{7-16}$$

式中，T 为炸药量；ω 为药室容积。

令 ω_1 表示螺栓初始药室容积，所以初始装药密度为

$$\rho_1=\frac{T}{\omega_1} \tag{7-17}$$

炸药爆炸的初始压力 P_1

$$P_1=\frac{\rho_1 f}{1-\alpha\rho_1} \tag{7-18}$$

对活塞杆产生的推力 F_1

$$F_1=P_1\cdot S \tag{7-19}$$

式中，S 为活塞杆端面面积。

根据使用要求设计螺栓解锁部位的连接力 F，所以，活塞杆推力的富裕系数 N

$$N=\frac{F_1}{F} \tag{7-20}$$

2. 螺栓腔体内剩余压力的估算

为保证螺栓工作后结构的密封性，对螺栓工作后腔体内剩余压力的估算就十分重要。考虑到无污染爆炸螺栓是密封型的，所以无法对腔体内的压力变化进行测量。为了能对剩余压力进行估算，将炸药起爆后因推动活塞杆使螺栓腔体容积增加、压力降低的过程近似地视为炸药装填密度的减小（试验证明，这样估算出的压力大于炸药爆炸后腔体内的真实剩余压力），所以，令 ρ_2 表示假借装填密度

$$\rho_2 = \frac{T}{\omega_2} \tag{7-21}$$

式中，ω_2 为假借药室容积，$\omega_2=\omega_1+\Delta\omega$，$\Delta\omega$ 是腔体膨胀容积。

所以，螺栓腔体内的剩余压力 P_2

$$P_2 = \frac{\rho_2 f}{1-\alpha\rho_2} \tag{7-22}$$

3. 螺栓结构强度校核

对螺栓腔体结构最小端面进行强度校核，根据薄壁压力容器强度校核公式

$$\sigma_1 - \sigma_r = \frac{2P_1 r^2}{R^2 - r^2} \leqslant [\sigma] \tag{7-23}$$

式中，R 为螺栓腔体外壁半径；r 为螺栓腔体内壁半径；$[\sigma]$ 为螺栓材料强度。

4. 活塞杆稳定性校核

活塞杆是螺栓结构中的一个重要部件，它的稳定性将决定着螺栓是否能正常解锁。

活塞杆稳定性条件为

$$n = \frac{F_{ij}}{F} \geqslant n_\omega \tag{7-24}$$

式中，n 为压杆安全系数；F_{ij} 为临界压力；F 为工作压力；n_ω 为稳定安全系数。

5. 螺栓密封型式选择

选取密封型式及材料是保证螺栓密封性的关键。本章介绍的这种结构的螺栓分为前部、中部和后部三部分密封。

前部密封即活塞杆同螺栓腔体间的密封。对于活塞杆这个运动件的动密封问题，在设计时，对其间的配合间隙进行合理的选择，同时在确保活塞杆稳定性的前提下，要尽可能将活塞杆的长度选长，以增加腔体内气体外泄时的沿程损失，从而提高螺栓的密封性，此外在活塞杆端部采用双密封圈结构。

中部密封即螺栓本体同雷管座间和雷管座同点火器间的连接密封。设计时，除将这两部位的连接螺纹设计成细牙外，还要在上述两连接处采用 O 形密封圈。

后部密封即点火器的壳体同插针之间的密封。由于点火器的壳体设计选用了高强度的 30CrMnSiA 钢，插针选用了同玻璃黏接性能良好的 4j29 可伐合金丝，而两种材料的线膨胀系数不同，这样配对的一组材料要与玻璃封接，就对封接玻璃的性能提出了很高的要求，KL_3C_{207} 高温封接玻璃性能优异。用这种玻璃封接后的点火器，经检测，耐压性大于 100 MPa，气密性，即漏气率小于 1 mPa（1×10^{-8} atm）• mL/s。

电起爆无污染爆炸螺栓的应用

星箭对接机构是指由卫星底部的对接框、连接与分离机构和运载火箭上的卫星支架组成的组合体。连接与分离机构的功能是在地面和火箭动力飞行时，保证星箭可靠地连接；到预定轨道时，保证星箭按规定要求可靠地分离。

在航天技术发展初期，星箭连接与解锁机构大部分采用数对爆炸螺栓，但爆炸螺栓数量越多，星箭分离的可靠性就越低。所以，从 20 世纪 70 年代起，星箭连接与解锁机构开始使用包带式星箭连接机构，如图 7.44 所示[21]。

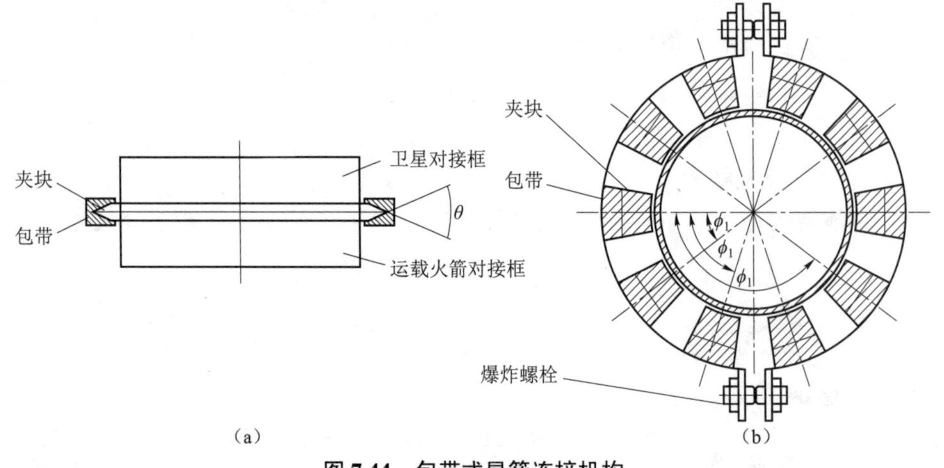

图 7.44 包带式星箭连接机构

包带式星箭连接机构是采用若干个夹块将卫星和运载火箭的对接框夹住, 再用包带(钛合金) 沿圆周方向将夹块箍住，各包带之间用横向并联的两个爆炸螺栓连接。由于只需一个无污染爆炸螺栓作用完成，包带即解开，所以包带式解锁的可靠性很高，而且对卫星冲击小。星箭分离多采用弹簧方案。

7.4.2 分离/解锁螺栓设计

解锁/分离螺栓的特点是其内部只装推进剂或烟火药，螺栓分离力并不是来源于猛炸药的爆炸或爆炸驱动，而是来源于药筒输出压力经其他介质传递后的相互作用。解锁分离螺栓主要包括双端起爆式无污染分离螺栓、剪切销式解锁螺栓和滚珠式解锁螺栓三种。

双端起爆式无污染分离螺栓结构如图 7.45 所示。它的两端各有一对压力药筒、药室、主活塞和次活塞。在两端的主活塞和次活塞之间，各有一个软铅连接塞，在螺栓外壳的中央开有一道环形的凹槽。作用时，两端药室的火药压力推动各自的主活塞，主活塞通过压缩软铅连接塞而得到加强后，传递给次活塞，两个端面顶在一起的次活塞或相互作用，或与对应衬套的台肩作用都将以应力形式拉伸螺栓的外壳，直至在中央的凹槽处断裂，实现分离，并将螺栓分离的两端加速到约 30 m/s。这种分离螺栓的特点是：两个药室在火药燃烧完后仍保持密闭，火药燃气不会泄漏到壳体外面。因此，它是一种无污染分离螺栓。

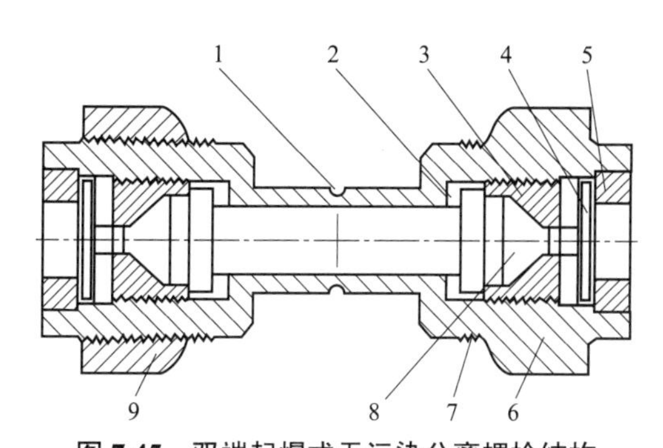

图 7.45　双端起爆式无污染分离螺栓结构

1—破裂凹槽；2—次活塞；3—衬套；4—主活塞；5—定位套；
6—螺栓体底座；7—螺栓体；8—压力放大器

该分离螺栓中的软铅连接塞实际上是一个压力放大器，它将根据其大端面积与小端面积之比来放大来自小端面所受的压力，适合作压力放大器的材料还有硅橡胶。另外，螺栓两端任一个压力药筒都能使螺栓断裂，使用两个压力药筒具有冗余功能。这种螺栓结构简单、工作可靠，使用方便，特别是能够承受巨大的连接力；缺点是断裂时刻的分离力（推力）超过了连接力，会产生相当大的分离干扰。有时在一个分离面上会同时使用数个分离螺栓，为减小分离干扰，分离螺栓在分离面上的分布以轴对称分布为好。美国航天飞机固体火箭助推器与外燃料箱的分离及“半人马座”火箭整流罩分离系统均使用了这种分离螺栓。

剪切销式解锁螺栓结构如图 7.46 所示，主要由螺栓体、套筒、剪切销和动力源组成。螺栓体和套筒靠剪切销固定在一起，当药室压力增加到切断剪切销时，两者解销分离。其分离面是螺栓体和套筒的套接面。剪切销式解锁螺栓加工方便，装配容易，但连接力受剪切销强度限制，只适用于连接力较小的部位，如火箭的回收数据舱容器与盖之间的连接。典型的剪切销式解锁螺栓连接力为 1 000 kg。

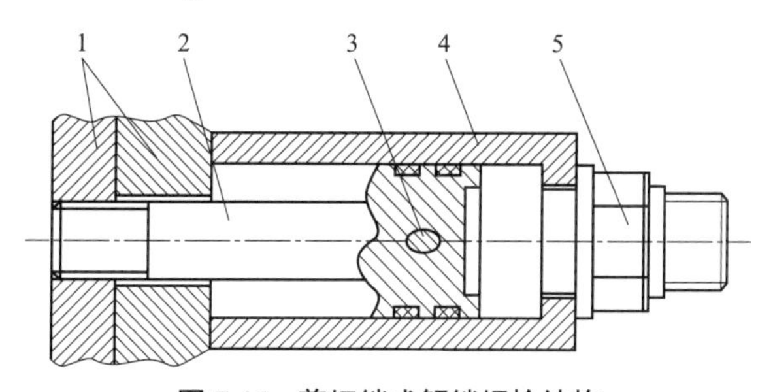

图 7.46　剪切销式解锁螺栓结构

1—目标体；2—螺栓体（内筒）；3—剪切销；4—套筒（外筒）；5—起爆器

7.5　点 火 器 件

点火管主要分为金属点火管和可燃点火管两类，前者由于燃烧时管内压力较高称为高压点火管；而后者由于燃烧压力较低称为低压点火管，主要配合可燃药筒用于绝大多数坦克炮。

7.5.1 金属点火管设计[22]

金属点火管设计主要包括点火管结构设计和点火药装药设计两项内容。火炮中心点火药筒一般由底火、中心点火管、发射药床、药筒四部分组成，其结构如图 7.47 所示。图中 L_d 为点火管长度，h_1 为点火管第一排孔的高度。

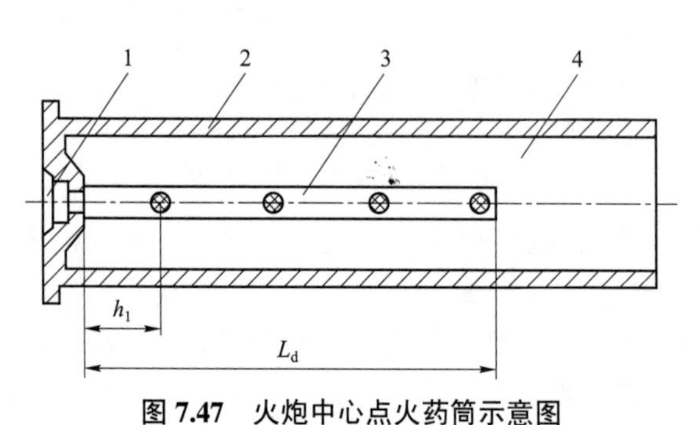

图 7.47 火炮中心点火药筒示意图

1—底火及底火座；2—药筒；3—中心点火管；4—发射药

7.5.1.1 金属点火管结构设计

金属点火管壳体一般多用 20～25 无缝钢管制造，点火管结构设计主要包括点火管的内径 A、长度 L_d、传火孔径 d 及其传火孔的分布。

一般情况下，点火管长度 L_d=（0.6～0.9）L，其中 L 为火药床的长度；点火管的细长比（内径与长度之比）为 1/45～1/25。当细长比过小时，点火管内气体流动的阻力较大，妨碍了管内火焰的传播，点火药本身也不容易同时点燃，点火管内底部的压力较高，即点火管内的压力波动较大，会诱发主装药床出现大幅度的压力波。对于粒状火药床，传火孔多采用四排孔交错分布；对于带状火药床，传火孔分布在点火管两端较为有利。点火管传火孔集中在点火管前端有可能降低大幅值的压力波，传火孔集中在药室前端，能在膛内形成弹底、膛底对称的点火结构。传火孔径 d 一般为 2～8 mm，其取值随点火药粒度变化，点火药粒度较小时取小值。传火孔径小时，点火火焰短；传火孔径大时，点火药粒容易喷出点火管。单位点火药质量的传火孔总面积一般为 1～21 g/cm^2，它是影响管压的另一个重要因素，对于装填密度大的火药床，难以点火，管压可取得大一些，即内衬结构不变，但传火孔总面积可小一些。

点火管第一排孔的高度 h_1 对点火传火性能有着显著的影响，它是控制管内压力变化规律的重要因素。管压随着 h_1 增大而提高：当 h_1 较小时，点火过程中第一排孔的破孔时间早，管内压力上升减慢；而当 h_1 较大时，点火过程中第一排孔的破孔时间迟，管内压力上升加快。就中心点火管结构而言，点火管排气孔打开压力不能过高，否则会使火药燃烧转变为爆轰，产生灾难性后果。为了减少底火燃气对管内点火药的强大点火压力，一般在底火与点火药装药之间留有一空腔。这样底火燃烧气体排到药室后有一个较大的空间，底火施于点火药的压力相对缓和，可防止底火猛度过大。

7.5.1.2　金属点火管装药设计

中心点火管对点火药的主要要求是点火能力强。常用的点火药有黑火药、多孔性硝化棉以及奔奈药条。硝化棉的燃烧反应热比黑火药大，但黑火药在燃烧过程中除产生高温、高压气体外，还产生大量的灼热固体颗粒（约占 60%），它能以极高的速度在发射装药中传播，形成多点点火，并使发射药迅速点燃。除使用奔奈药条外，中心点火管的点火药一般选用黑火药。此外，点火药的粒度对火焰传播和点火持续时间都有很大的影响。粒度大时，点火管内透气性好，有利于火焰的传播，从而达到均匀一致的点火；粒度越大，点火持续时间越长。粒度过小，会出现点火过猛现象，造成膛内局部压力上升，产生大幅度压力波。所以，一般火炮中心点火管多选 2#大粒黑火药作点火药，且管内装填密度不能过高。

7.5.2　可燃点火管设计

7.5.2.1　可燃点火管材料及结构设计

可燃点火管的特点：壳体能随着管内点火药燃烧和燃气释放的过程而燃烧，燃气作为点火能源的一部分点燃主装药。可燃点火管壳体的主要成分是 80%硝化棉、18%牛皮纸浆、1%二苯胺和 1%古尔胶。另外，也有采用聚氨基甲酸酯塑料作可燃点火管的报道。为了同时具有金属点火管和可燃点火管的优点，已出现一种金属可燃点火管，它用可以燃烧的金属铝和镁代替钢作管壁材料。试验表明，这种金属可燃点火管可以使火炮达到使用钢制点火管时同样的弹道性能，火炮发射后 90%以上的铝和镁都燃烧掉。

可燃点火管的管体强度是影响点火过程的重要因素，它不像金属点火管那样具有较高的强度。由硝化棉纸卷制成的可燃点火管，其管体强度只能达到 5 MPa，所以在点火过程中，点火管很快被撕裂，使点火药气体轴向快速流动受到影响。使用可燃点火管达到点火一致性的条件是：在点火初期，可燃点火管能承受底火气体压力的冲击，而在传火完成后又能很快破碎。为此，设计上一般采用在可燃点火管的膛底端加上一段金属支管，用以承受来自底火的冲击，并在可燃点火管装点火药段开一些孔，以削弱其强度。另外，在管壳制造过程中，对硝化棉材料进行多次浸涂处理，不仅可以提高管壳强度，也能进一步提高管壳的燃烧性能。

可燃点火管的通气面积 S_{T} 也是影响点火性能的重要参数。当可燃点火管中装填奔奈药条时，其截面积为

$$S_J = \frac{\pi}{4} n(D^2 - d^2) = \frac{W_{\mathrm{B}}}{L\delta} \tag{7-25}$$

式中，n 为药条根数；D、d 为药条外径和内径；W_{B} 为点火药质量；δ 为点火药密度；L 为药条长度。

试验表明，其通气面积 $S_{\mathrm{T}} = 1.5\, S_{\mathrm{J}}$ 时比较理想，即

$$S_{\mathrm{T}} = 1.5 \frac{W_{\mathrm{B}}}{L\delta} \tag{7-26}$$

从式（7−26）可知，点火药量越大，则通气面积也应越大。这是保证可燃点火管低压传火的必要条件。在管体强度、底火猛度和药量基本确定时，可通过改变点火药形状尺寸和点火管直径来调整通气面积。

7.5.2.2 可燃点火管装药设计

由于可燃点火管的管体强度远低于金属点火管，所以要求可燃点火管的点火药必须有更高的燃烧热值。与黑火药相比，奔奈药条的优点是：① 燃烧热值高，对于在低温下难以点燃的硝基胍三基药的点燃就显示出较大的优越性；② 传播速度快，奔奈药条在传火管内呈束状，减少了管内的轴向气体阻力，其传播速度约是黑火药的4倍，点燃发射药一致性好；③ 吸湿性小，这样在弹药储存、运输和使用过程中，就减少了环境对弹药性能的影响。因此，可燃点火管的点火药多采用奔奈药条，其基本配方是45%硝化棉、55%黑火药，外加1%中定剂。在高初速弹药中，奔奈药条点火药越来越得到广泛应用[23]。

7.5.3 双管点火管[24]

双管点火管器件如图7.48所示，由同轴的内、外管组成，为加快火焰在点火管中的传播，内管一般呈收敛型，其管长可大于外管长度的1/2。点火药集中于点火管的前半部，外管前半部的传火孔可多开一些，而后半部的传火孔则较为稀疏。底火激发产生的高温燃气能通过内管快速达到点火管的前端，点燃管内的点火药，再由点火药燃气破孔点燃发射药。破孔的顺序是由前向后进行。这种点火机制避免了产生底部点火的可能性，使火药床在前半部先点燃，燃气向火药床两端流动，减少了火药床受挤压的程度，达到比较均匀一致的点火。与底部直接点火相比，压力波的传播路径大大减小，因而能有效地抑制压力波的增强。

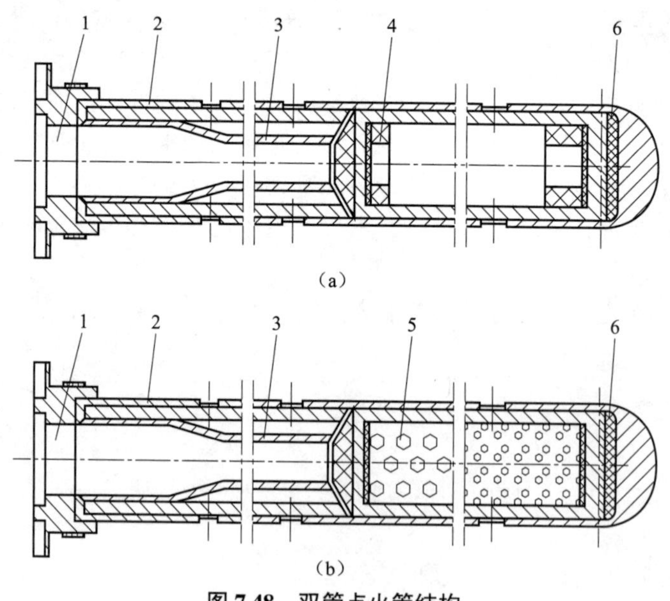

图7.48 双管点火管结构

（a）药饼；（b）散装药

1—底火；2—外管；3—内管；4—药饼串；5—散装黑火药；6—垫片

双管点火管中的点火药装药结构对点火的均匀一致性有一定影响。图 7.50 中点火管的管体材料为黄铜，全长 380 mm，点火管在前部近 1/2 长度上有 8 排孔径为 4.5 mm 的传火孔，每排 9 个孔，孔距 18 mm，起主要的点火作用；在靠近底座一端约 140 mm 长度上有 4 排孔径为 4.5 mm 的传火孔，每排 4 个孔，孔距 36 mm，主要起喷火后平衡管压作用。图 7.50（a）中使用高密度药饼串结构，药饼串由 20 个药饼组成，每个黑火药药饼 2.80 g，密度 1.80～1.90 g/cm^3。图 7.50（b）使用散装的黑火药结构，密度为 1.65～1.78 g/cm^3。两种结构的装药量相同，均为 56 g，装药容积相同。对其进行发火试验，测压点选上、中、下三个部位的特征孔进行测压。测试的最大压力 P_m 和最大压力建立时间 t_m 见表 7.8。

表 7.8　两种装药结构的双管点火管测试结果

装药结构	测试部位	1		2		3		均值	
		P_m/MPa	t_m/ms	P_m/MPa	t_m/ms	P_m/MPa	t_m/ms	P_m/MPa	t_m/ms
药饼	上	2.00	0.52	2.60	1.60	3.47	1.52	2.67	1.21
	中	4.16	0.83	3.53	1.32	2.91	1.26	3.53	1.13
	下	2.61	0.99	4.00	0.65	2.54	1.56	3.05	1.07
散装	上	2.33	1.96	2.93	0.48	0.60	0.69	1.95	1.04
	中	4.89	1.35	4.89	0.31	4.89	0.27	4.89	0.65
	下	8.30	0.33	8.30	0.26	8.30	0.26	8.30	0.28

从表 7.6 可知，采用散装药结构时，三个部位之间的测试值跳动较大，且压力上升很快，最大压力建立时间较短；而采用药饼结构时，则测试值跳动较小。散装黑火药起始燃烧面积较大，猛度也大，燃烧时具有很强的减面性，所以，一开始压力突升，其下端点火压力较高，此处点火火焰传播快，点火猛烈集中，而上端点火压力低得多，火焰穿透能力差。这种输出点燃发射药床时，会使药床局部燃烧剧烈，易造成膛内压力不均匀。高密度药饼串结构是以一定的几何形状压制成型（在单孔药饼基础上，药饼两面增加十字槽，改善了透气性），有序地排列于点火器件管体内，并通过内管固定，底火火焰不会使点火药发生窜位和移动，其本身密度基本稳定，不易产生冲击应力而使点火药破碎，产生压力波动。另外，延迟时间和点火初期的气体生成率可以通过点火药模块的几何形状调整。这种模块化点火药装药特别适合于大口径弹药的点火。

用激光光纤传递点火能量的最突出优点是它能在发射药床中构成安全的、同步性高的多点点火系统。激光不仅可以容易地使点火药及黑火药实现点火，且通过光纤传输能量时，传输速度极快（光速）且柔性好，因此，能容易地放置在火炮药室的任一部位，特别适应于各种装药设计。另外，与电、机械等能量传递方式相比，激光多点点火系统对静电、机械冲击、电磁脉冲等意外刺激钝感，具有安全性好的特点，火炮的激光多点点火系统一般采用多根光纤多点点火（图 7.49），即通过光纤网络安装在药筒发射药内部实现多点点火，光纤网络的各个输出端都连接一个激光点火器。

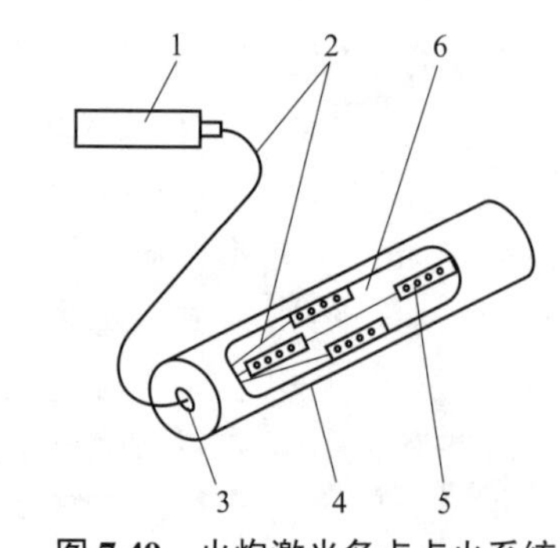

图 7.49　火炮激光多点点火系统

1—激光器；2—光纤；3—光学窗口；4 一火炮药筒；5—激光点火器；6—发射药床

由于光纤以光速传输能量，其速度远高于火工药剂的爆速或燃速，可以认为位于药床中的各个点火器同时点燃。激光多点点火可以更可靠地实现点火的同时性和均匀性，能有效地减少药室内的压力梯度，抑制压力波的形成。应注意的是，激光多点点火技术在原理上是可行的，但实际应用时有较大难度，它需要把火炮系统中传统的击发点火改为激光输出器件，火炮的击发机构也必须对应彻底改造并配置专门的适合实战条件的小型激光器。

习题与课后思考

1. 动力输出器件的作用有哪些？
2. 可燃点火管的优势和设计难点有哪些？
3. 切割器件的种类及各自的优势是什么？

参 考 文 献

[1] 王凯民．航天火工品输出性能试验及作用裕度确定［J］．火工品，1999（3）：51-56．
[2] Bement L J．火工器件功能裕度的测定［J］．导弹火工技术，2001（1）：72．
[3] 王希季，等．航天器进入与返回技术（下）［M］．北京：宇航出版社，1991．
[4] 王国雄．弹头技术（中）［M］．北京：宇航出版社，2009．
[5] 于登云，等．航天器机构技术［M］．北京：中国科学技术出版社，2011．
[6] 刘竹生．航天火工器件［M］．北京：宇航出版社，2012．
[7] 闵斌．防空导弹固体火箭发动机设计［M］．北京：宇航出版社，2009．
[8] 杨旗．低冲击导弹分离器件的设计［C］．16 届火工年会论文集，2011．
[9] 侯林法．复合固体推进剂［M］．北京：宇航出版社，2009．
[10] 刘竹生．航天火工装置［M］．北京：宇航出版社，2012．
[11] 成琦．聚能切割网络系统在航天器和导弹武器上的应用研究［J］．导弹火工技术，2001（1）：67．
[12] 程涛．3M 强力双面胶带在某航空火工系统的应用研究［J］．火工品，2011（4）：1-4．
[13] Vincent Noel．Sure-sep separation system[C]．AIAA-91-0967-CP.1991
[14] Thomas, William B, Betts, et al. ELECTROEXPLOSIVE DEVICE[P]: US5385097 A.
[15] 逄华．日本 H-2 火箭卫星整流罩分离与抛罩试验［J］．中国航天，1991（6）：27-31．
[16] 杜晓东．膨胀管分离器件的初步研究［J］．导弹火工技术，1994（1）．
[17] 谢鲁．膨胀管分离器件的研究［D］．南京：南京理工大学，2006．

[18] 陈绪光（译）. H-Ⅱ火箭卫星整流罩分离机构的开发 [J]. 川崎重工技报，1987.
[19] 高滨. 火工驱动分离器件的应用 [J]. 航天返回与遥感，2004（1）：55-58.
[20] 王传克. 卫星用无污染爆炸螺栓 [J]. 航天器工程，1992，V12（1）：49-53.
[21] 袁家军. 卫星结构设计与分析（下）[M]. 北京：宇航出版社，2004.
[22] 金志明，等. 火炮装药设计安全学 [M]. 北京：国防工业出版社，2001.
[23] 王安仕. 国内外炮药点火结构研究概述 [J]. 火工品，1983（2）：34-41.
[24] 李海庆. 点火管装药结构研究 [J]. 火工品，1997（3）：43-45.

第 8 章
性能测试与试验

前一章介绍了能量输出装置的相关知识，从本章开始将从感度测试、环境适应性试验、输出破片/飞片速度试验技术和输出参量测量技术四个方面来学习性能测试与试验的有关知识。

8.1 感 度 测 试

炸药是危险物质，在一定条件下可被引发并进行快速的化学反应，导致燃烧和爆轰。能引起炸药爆炸反应的能量形式有热、机械（撞击和摩擦或二者的综合作用）、冲击波、爆轰波、激光、静电等，这些可引起炸药爆炸反应的能量叫作初始冲能或起爆能。在外界初始冲能作用下，炸药发生爆炸的难易程度叫作炸药的感度。根据初始冲能的形式，炸药感度可分为热感度、机械感度、冲击波感度、爆轰波感度、静电感度、激光感度等。下面介绍几种主要的感度试验。

8.1.1 撞击感度

撞击感度是最常见的炸药机械感度形式，测定时固定质量的击锤以自由落体撞击炸药，观察炸药撞击后的反应。通常自由落体的速度为 2～10 m/s，因此称为低速撞击作用下的感度。下面主要介绍用于测定撞击感度的几种主要装置（图 8.1～图 8.3）及其表征方法。

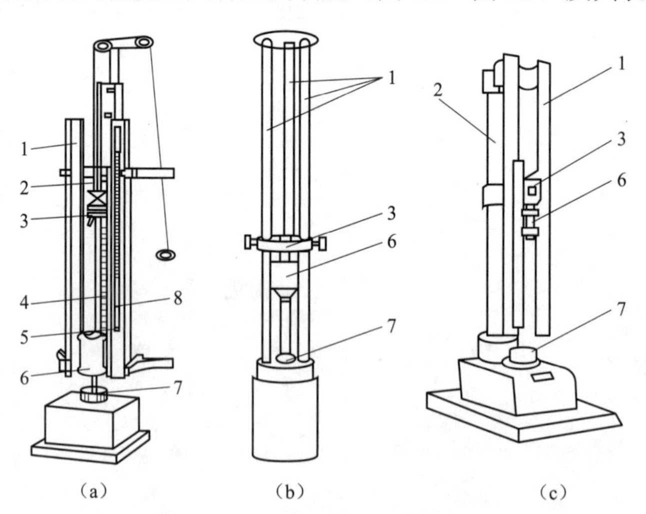

图 8.1 测试撞击感度用的落锤仪

（a）Kast 型落锤仪；（b）俄罗斯 K－44－II 型三柱落锤仪；（c）德国式落锤仪

1—导轨；2—中心支柱；3—落锤释放装置；4—齿板；5—固定落锤用杆；6—落锤；7—定位座；8—标尺

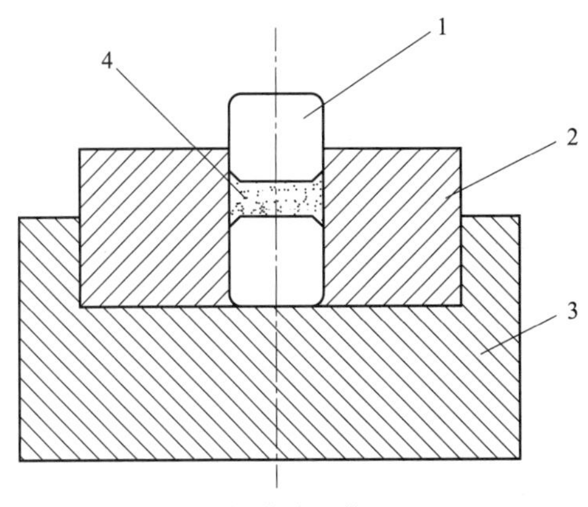

图 8.2　标准撞击仪器

1—击柱；2—导向套；3—底座；4—样品

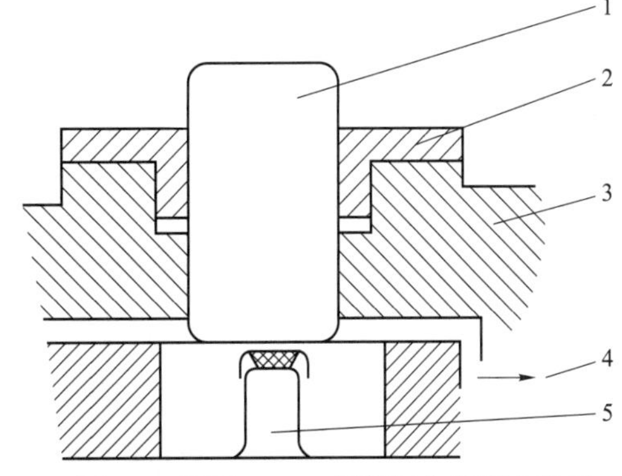

图 8.3　德国 Rotter 型落锤仪用撞击仪器

1—上击柱；2—密封垫；3—导向套；4—排气通道；5—传感器

最常用的表征炸药撞击感度的方法是军用标准中描述的方法。这种方法规定了落锤质量、落高的数值，以该条件下炸药发生爆炸反应概率百分数表示炸药的撞击感度。落锤质量为 5 kg 和 10 kg 两种，落高则为 250 mm。炸药的撞击感度也可用爆炸上、下限表示，上限是指当落锤质量固定时，炸药发生 100%爆炸时的最小落高；下限则指 100%不爆炸时的最大落高。特性落高法是另一种表示撞击感度的方法，该法以炸药爆炸百分数为 50%时相对应的落高 H_{50}（落锤质量固定）表示。

8.1.2　摩擦感度

炸药的摩擦感度可给出很重要的关于其爆炸危险水平的信息，因为这种外界摩擦是一种强加热源，与撞击的机械作用相比，其更长的作用时间更促进了爆炸热点的形成和发展。目前有多种测定不同条件下炸药摩擦感度的仪器，在这些仪器中，炸药承受摩擦的情况不同。摆式摩擦仪有苏式摩擦摆、英式的 Bowden 摆、大型滑落试验仪；其他形式的摩擦感度仪还有 BAM 摩擦仪、鱼雷感度仪等。下面予以简要介绍。

在 K－44－3 型摩擦摆中，粉状炸药被牢牢地固定在钢制的圆柱－滑柱－中间，承受摆锤的冲击。在冲击作用下，上滑柱（图 8.4）被强制移动 1.5～2.0 mm，相应地，炸药也就

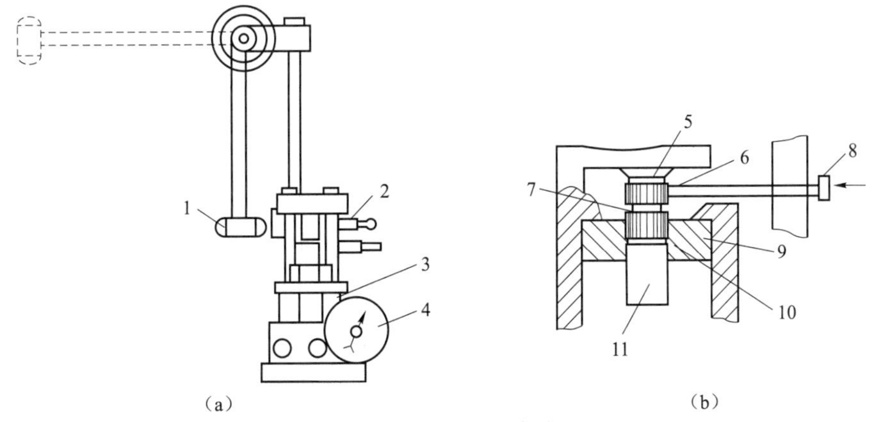

图 8.4　K－44－3 型摩擦摆

1—摆体；2—仪器主体；3—油压机；4—压力表；5—上顶柱；6—上滑柱；7—试样；8—击杆；9—滑柱套；10—下滑柱；11—顶杆

受到强摩擦作用，从而引起炸药的爆炸反应。一般使用两种测定条件：摆角为 90°，挤压压强为 476.6 MPa；或者摆角为 96°，挤压压强为 539.2 MPa。

BAM 摩擦仪由主机、马达、托架、砝码部分组成，如图 8.5 所示。炸药放在图中的摩擦棒、板之间（试样量为 0.01 mL）。将砝码挂在托架 4 的挂钩上，以形成一定的压力（可在 4.9～535 N 调节）。开动仪器后，摩擦棒 2 可以 7 cm/s 的速度往复运动（行程约为 1 cm），给炸药一定摩擦作用，观察炸药是否发生反应。测定在 6 次试验中只发生一次爆炸的最小负载（以 N 表示），作为炸药感度的标志。

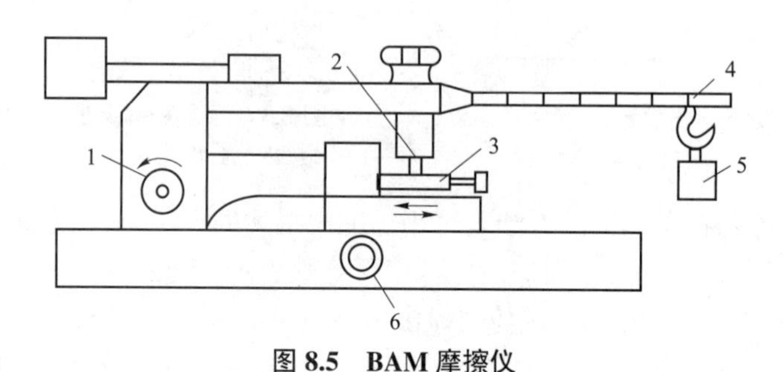

图 8.5　BAM 摩擦仪

1—主机；2—摩擦棒；3—摩擦板；4—托架；5—砝码；6—底座

ABL 摩擦仪和 K－44－3 型摩擦摆构造相似，目的在于测定一定挤压情况下炸药的摩擦感度。仪器由固定轮、平台、摆、油压机等部分组成。图 8.6 表示了该仪器的工作原理。测定时，将炸药均匀地铺在粗糙的平台 2 上。台宽为 6.4 mm，长为 25.4 mm，样品厚度取单个晶粒，即一层炸药试样的厚度。然后降下轮 1，使其与试样接触，借助油压机挤紧（压力可在 44～8 006 N 调节）。然后释放摆锤 3 撞击平台 2，使平台以一定速率被强制滑动 25.4 mm。观察在这种作用下炸药的反应，求出在 20 次试验中不发生爆炸的最大压力，以表示炸药的摩擦感度。

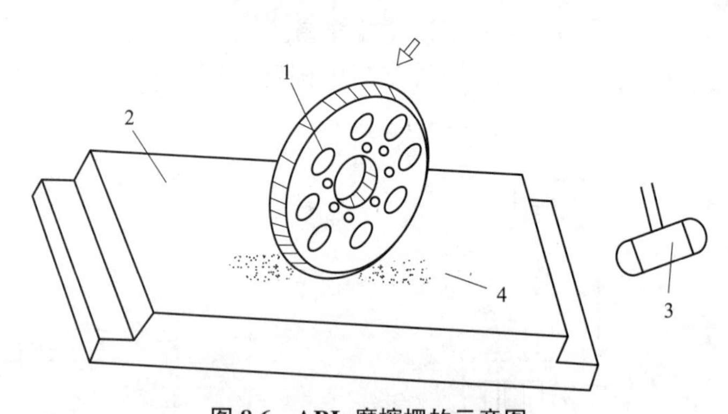

图 8.6　ABL 摩擦摆的示意图

1—固定轮；2—平台；3—摆锤；4—样品

英国的转动摩擦仪是一种与 ABL 摩擦仪类似的仪器，如图 8.7 所示。

大型滑落试验仪也用于评价药剂的机械感度。如图 8.8 所示，大型滑落试验仪是用于测定大量炸药摩擦感度的仪器，是摆式装置。炸药试样呈半球形。试验时将半球形试样悬挂在摆臂的下端，由预定高度摆动下落，滑过一个呈斜面状的靶板，靶板为钢制，表面铺有沙层。

试样滑过靶板时与板呈某个角度。试样制成半球形是为了使作用力集中在球顶的小区域内。

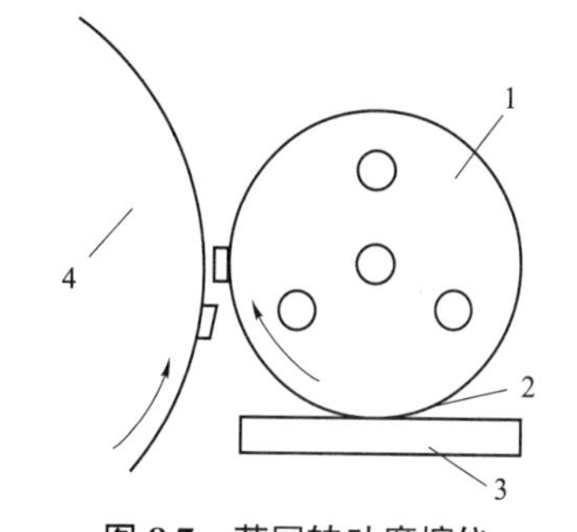

图 8.7　英国转动摩擦仪

1—动钢轮；2—样品；3—击砧；4—主动轮

8.1.3　热感度

在热作用下炸药发生爆炸的难易程度叫作炸药的热感度，热爆炸是炸药的一种重要激发形式。下面介绍除热爆炸外其他热感度的测定方法。通常炸药受热的方式有两类：间接的均相受热（多在容器中）和直接的局部点燃（用高温热源直接引火）。

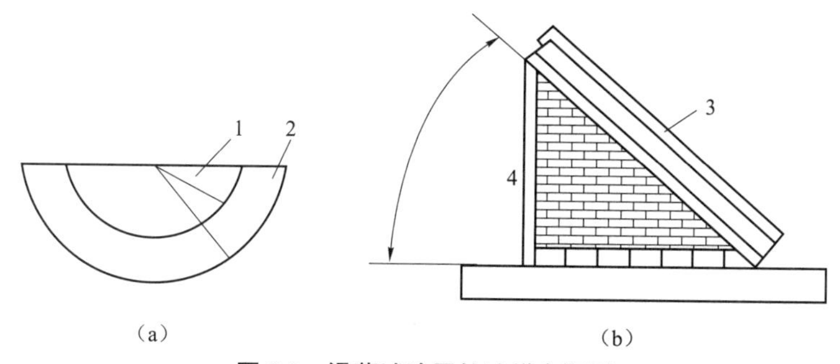

图 8.8　滑落试验用的试样盒靶板

（a）试样半球；（b）靶板

1—惰性物；2—炸药；3—钢板；4—砖座

将少量的炸药（100 mg 以下）置于 8 号雷管中加热，观察在程序升温（加热速率为 10℃/s）或恒温条件下，炸药发生爆炸的温度或受热后出现爆炸的延滞时间。常用延滞期为 5 s 时的温度表示。在图 8.9 中为测定 5 s 爆发点所用的仪器。

此外，放在密闭容器中的炸药在受到明火烤燃时，会发生爆炸，造成灾难性后果，近代战场、仓库经常会遇到这种情况，所以炸药的烤燃试验是评价炸药热感度的重要内容。

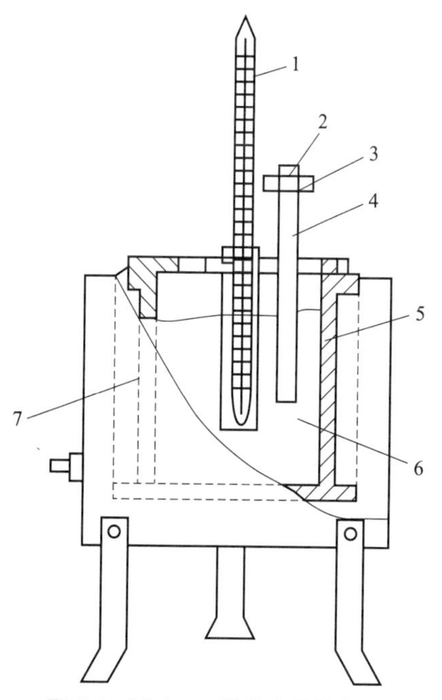

图 8.9　测定 5 s 爆发点用的仪器

1—温度计；2—塞子；3—固定螺母；4—雷管壳；5—加热浴体；6—加热用合金；7—电炉

8.1.4　电磁环境试验

在电火工品生产、使用和储存中，往往会遇到许多意外的电能量，如静电放电、杂散电流及射频感应电流等，它们都可能引起电火工品的意外发火，导致使用中存在安全隐患。作为常规考核试验，火工品耐电磁环境性能一般有杂散电流、静电感度和电磁辐射试验。

8.1.4.1　杂散电流试验

1. 杂散电流环境与效应

正常情况下，电流按照设计要求在指定的导体内流动，但由于某些原因，一部分电流离开了指定导体而流动到原来不应有的导体内，这种漏电流称为杂散电流。杂散电流来源较多，但通常主要来源于架线式电机车牵引网路的漏电和动力照明电网的漏电。随着地上地下铁路电动机车的广泛使用及空中架线电网的普遍化，无处不在的杂散电流对电火工品的运输和使用是一大威胁，当杂散电流超过电火工品的最大安全电流时，一旦进入电火工品桥丝，就会使之意外发火。

2. 杂散电流试验方法

通常将电火工品可能遇到的低频杂散电流干扰的影响，等效为直流脉冲对电火工品电桥的冲击。杂散电流试验原理如图 8.10 所示[1]。

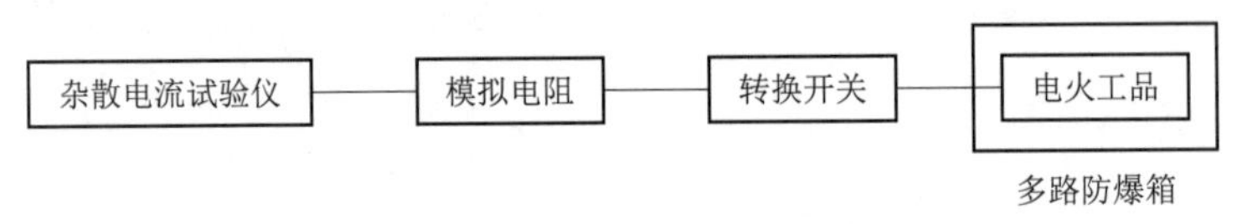

图 8.10　杂散电流试验原理

MIL－STD－23659C《电起爆器通用设计规范》规定每发电火工品经高温储存后，要能经受 2 000 个直流脉冲，每个脉冲持续时间为 300 ms，脉冲速率为 2 个/s，每个脉冲幅度为（100±5）mA[2]。试验所用信号发生器脉冲周期为 500 ms，占空比为 300：200，按持续时间和幅度要求一次向火工品试件连续输送 2 000 个直流脉冲。

8.1.4.2　静电感度试验

除已装配在武器系统中的火工品具有潜在的静电危害外，大量直接的静电威胁发生在火工品的生产、运输、装配等过程中。这些过程几乎都与人的活动有关，人体静电为引起电火工品发生意外作用的最主要和最常见的因素，所以，国外电火工品的设计都是以抗人体静电为主要要求的。

人体动作时各层衣服之间相互摩擦产生静电是人体带电最常见的原因。此外，电场对人体的感应及人体与带电体的接触也会使人体带电。试验证明，在正常情况下，脚穿绝缘性能良好的鞋的人体可充电至 20 kV 或更高电压而不放电。因此一个穿着几层衣服带有静电的人，可以看成一个放电源。当人体与火工品接近时，如间隙足够小，静电电压足以击穿间隙间的介质时，存在人体上的静电能量就会通过被击穿的介质产生火花放电。

在 MIL－STD－322《电起爆爆炸元件的基本鉴定试验》、MIL－1－23659C《钝感电起爆器通用设计规范》及 MIL－STD－1512《电起爆的电爆分系统的设计要求和试验方法》等美国军用标准和规范中也把在这种状态下不发火作为电火工品静电安全的基本要求。使用图 8.11 测量电火工品静电发火所需的电压，如果测出的电压低于 25 kV，就意味着该电火工品具有潜在的静电危险性。

美国从 20 世纪 60 年代中期开始规定以 500 pF、充电 25 kV、串联 5 000 Ω 电阻作为标准人体放电参数。但许多研究人员认为，500 pF 和 5 000 Ω 是人体电容和电阻的平均值，而对火工品抗静电要求而言，应以最危险的情况，即以电容 600 pF、电压 25 kV、串联电阻 500 Ω 代替平均值更为合理[3]。MIL－I－23659E(2007)中要求对脚－脚和脚－壳均先进行串联 5 000 Ω 的静电试验，再进行串联 500 Ω 的静电试验。

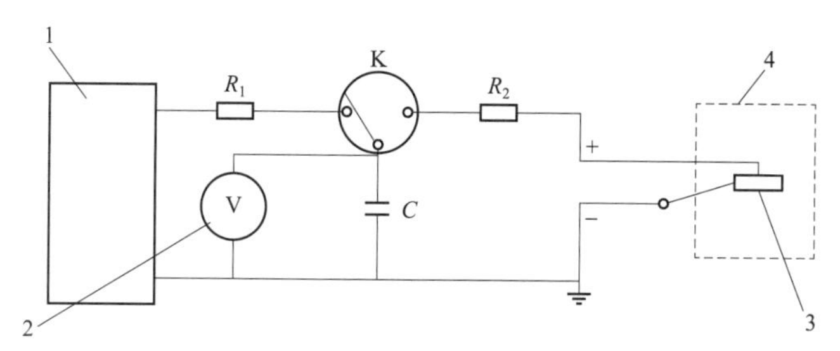

图 8.11 静电火花感度仪原理

1—直流高压电流；2—静电电压表；3—试样；4—爆炸箱；
R_1—充电电阻；R_2—串联放电电阻；K—高压开关；C—电容器

8.1.4.3 电磁辐射试验

电火工品制造、储存和使用时，都处于一定的电磁场环境中。电火工品本身及其相连的有关线路和部件，都可以成为接收天线，把射频能量引入电火工品。电磁辐射对电火工品产生危害的能量传输方式有两种：一是通过直接的电气通道以传导方式注入电磁辐射能量，即传导敏感度；二是通过空间电磁辐射以电磁波形式输入电磁能量，即辐射敏感度。传导敏感度频率范围为（20～400）$\times 10^6$ Hz，目的在于确定火工品导线上的干扰电流。辐射敏感度频率范围为（20～40）$\times 10^9$ Hz，目的在于确定火工品受到规定的辐射场照射时的损害。其中，辐射发射与周围设备的耦合模式，低频时以磁场耦合为主，高频时以电场耦合为主（表 8.1）[4]。GJB 1389A—2005《系统电磁兼容性要求》给出了最严酷条件下的电磁辐射对军械危害的外部电场强度（表 8.2），它对应在舰船上发射机主波束下 50 英尺①处的电场环境[5]。明确要求系统安全性裕度为 16.5 dB（含传导和辐射干扰），即感应最大电流为最大不发火电流的 15%。实际使用过程中，电火工品通常是暴露在周围的电磁场中，绝大多数电磁危害是通过电磁波形式进行的。因此，电磁波形式射频是对电火工品安全性的主要影响因素。

表 8.1 电磁场敏感度频率及测量内容

辐射敏感度 20 Hz～40 GHz		传导敏感度 20 Hz～400 MHz	
20 Hz～200 kHz	磁通密度辐射发射测量	20 Hz～50 kHz	电源线注入传导敏感度
15 kHz～50 MHz	磁场密度辐射发射测量	20 Hz～50 kHz	控制线和信号线传导敏感度
10 kHz～50 MHz	电场强度辐射发射测量	50 kHz～400 MHz	电源线、控制线和信号线
30 MHz～40 GHz	电场强度辐射发射测量		

表 8.2 电磁辐射对军械危害的外部电场强度（不受限制下）

频率/Hz	10 k～2 M	2 M～30 M	30 M～150 M	150 M～225 M	225 M～400 M	400 M～700 M
要求峰值/（$V \cdot m^{-1}$）	70	200	90	90	70	1 940
要求均值/（$V \cdot m^{-1}$）	70	200	61	61	70	260
目前可测峰值/（$V \cdot m^{-1}$）	可测	可测	可测	可测	可测	300

① 1 英尺 = 0.304 8 米。

续表

频率/Hz	700 M～790 M	790 M～1 G	1 G～2 G	2 G～2.7 G	2.7 G～3.6 G	3.6 G～4 G
要求峰值/（V·m⁻¹）	290	2 160	3 300	4 500	27 460	9 710
要求均值/（V·m⁻¹）	95	410	460	490	2 620	310
目前可测峰值/（V·m⁻¹）	可测	6 000	6 000	可测	8 000	4 500
频率/Hz	4 G～5.4 G	5.4 G～5.9 G	5.9 G～6 G	6 G～7.9 G	7.9 G～8 G	8 G～8.4 G
要求峰值/（V·m⁻¹）	7 200	15 970	320	1 100	860	860
要求均值/（V·m⁻¹）	300	300	320	390	860	860
目前可测峰值/（V·m⁻¹）	8 000	8 000	可测	11 200	可测	可测
频率/Hz	8.4 G～8.5 G	8.5 G～11 G	11 G～14 G	14 G～18 G	18 G～40 G	40 G～45 G
要求峰值/（V·m⁻¹）	390	13 380	2 800	2 800	7 060	570
要求均值/（V·m⁻¹）	390	1 760	390	350	420	570
目前可测峰值/（V·m⁻¹）	可测	2 500	可测	3 000	500	不能

注：不受限制是指军械在运输/储存、准备装载、装载在平台上及发射后的瞬间环境。

试验时，将电火工品按其使用状态（主要指发火引线长度及结构屏蔽状态）放入吉赫横电磁波（GTEM）室进行辐照试验（图 8.12）。电磁环境水平按系统所给具体要求进行。在所选试验频率上，每个单频点的施加电场不短于 30 s。电磁辐照试验的基本要求是试验中电火工品不应发火，试验后按发火技术条件进行发火试验，性能应满足技术要求。同时，电磁辐照试验结果还能确定电火工品电磁兼容性设计是否合理。如在频率（10～18）$\times 10^6$ kHz、电场强度 200 V/m 的电磁环境下，测到某电火工品的最大感应电流为 11.22 mA，根据相关标准，

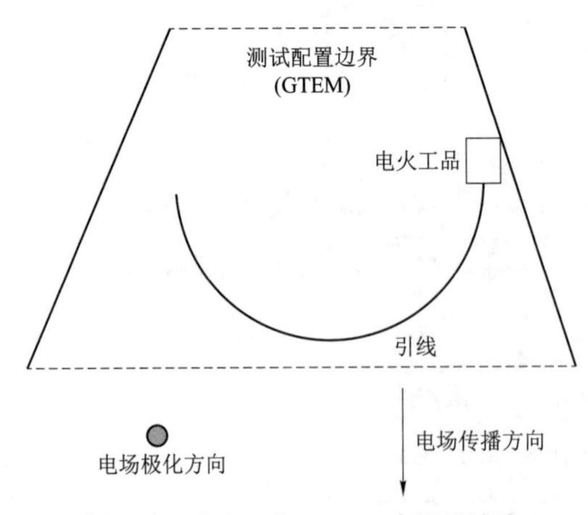

图 8.12　电火工品 GTEM 室辐照试验

要求其许可安全电流值应为 11.22/0.15=74.8（mA），以安全裕度为 2 计算，则安全电流应为 149.6 mA。若该电火工品实际安全电流低于 150 mA，则说明该电火工品设计不合理，应进行重新设计。同理，当某钝感电火工品安全电流 I_0=1 A，以安全裕度为 2 计算，许可干扰电流为 0.5 A×0.15=0.075 A，当在规定的电磁环境下，若测到最大感应电流小于 75 mA，则设计合理。

8.2 环境适应性试验

含能元器件在制造、运输、储存及装配于武器的使用过程中，通常遇到的环境主要有热环境、潮湿环境和力学环境等。面对这些环境，火工品安全性和可靠性能否得到保证，就需要对其环境适应性进行考核。

一般而言，热环境适应性试验通常包括高温、低温和温度冲击三项试验；潮湿环境适应性试验通常包括常温吸湿、湿热、浸水、盐雾、霉菌五类试验；力学环境适应性试验通常包括非刚性约束状态火工品运输振动试验、刚性约束状态火工品运输振动试验、使用环境的火工品高频振动试验、火工品模拟发射环境高过载试验及火工品意外跌落环境力试验五项。这些通用环境试验，能模拟火工品在自然环境、勤务处理和使用环境中可能遇到的各种意外情况和恶劣条件，可以通过这些试验来评价火工品的环境适应性能。

8.2.1 热环境适应性试验

由于温度可造成应力效应并对其他活动均存在广泛影响，所以，热环境是最重要的环境因素。综观历史记载，军事行动的成败往往取决于军队在某一极端温度环境中保持其战斗力的能力。由于同一武器装备可能在北极冬季使用，也可能在沙漠热环境中使用，因此，现代武器装备必须能耐受大范围的温度极值的影响[6]。有关统计表明，武器装备由于温度因素诱发的故障占环境因素的 40%。作为武器装备中起爆与点火的始发元件，火工品不仅要适应这些热环境，且考核也应该严于系统。一般而言，火工品热环境主要包括高温、低温和温度突变环境，对应的试验项目通常包括高温储存及工作试验、低温储存及工作试验、温度冲击试验三种。

8.2.1.1 高温环境与试验

1. 高温环境效应

通常将高温环境对武器装备性能的影响称为高温环境效应。高温对火工品的主要影响包括产品尺寸全部或部分变化、电阻阻值改变、密封材料损坏、火工药剂熔化或加速反应等。这些都会对火工品的可靠性及安全性造成严重影响。

2. 高温试验方法

1）高温试验方法分类

按试验目的划分，高温试验可分为储存试验和工作试验两类。两类高温试验虽然都包括温度条件和性能试验，但主要区别是性能试验之前还是性能试验期间施加温度条件。高温储存试验又称耐受试验，考核产品在极端高温下的耐受能力，通常只要求在给定环境中不产生不可逆的损坏，而不要求在给定环境中性能正常，但恢复到工作环境后，则要求性能正常；

高温工作试验又称适应性试验，它要求产品在给定环境中能可靠工作。

2）高温试验温度参数选取

与高温试验方法分类对应，高温试验温度也分为储存温度和工作温度。储存温度是指产品在不工作状态遇到的最高温度。这一温度既取决于自然气候环境温度（一般为某些地域一年最热季节中出现的温度极值），也取决于诱发温度，即产品在储存或运输情况下可能暴露其中的由日晒而上升的空气温度。根据暴露在太阳辐射下的 M60 坦克各部位温度测量结果，当外部空气温度为 47.5 ℃时，坦克外表面温度约为 65 ℃，内壁面温度约为 63 ℃，内部空气温度为 60 ℃，弹药架温度为 55 ℃，即储存温度一般比外界温度极值高出 15～20 ℃。典型高温日循环温度如表 8.3 所示[6]。

表 8.3 典型高温日循环温度

当地时间	01	02	03	04	05	06	07	08
环境空气温度/℃	35	34	34	33	33	32	33	35
相对湿度/%	6	7	7	8	8	8	8	6
诱发空气温度/℃	35	34	35	33	33	33	36	40
当地时间	09	10	11	12	13	14	15	16
环境空气温度/℃	38	41	43	44	47	48	48	49
相对湿度/%	6	5	4	4	3	3	3	3
诱发空气温度/℃	44	51	56	63	69	70	71	70
当地时间	17	18	19	20	21	22	23	24
环境空气温度/℃	48	48	46	42	41	39	38	37
相对湿度/%	3	3	3	4	5	6	6	6
诱发空气温度/℃	67	63	55	48	41	39	37	35

根据表 8.3 的典型高温日循环温度情况，高温储存温度取诱发空气温度极值，即 71 ℃。

工作温度是指产品在工作状态遇到的最高温度。工作温度极值是依据极端地区极端月逐时测得的数据和时间风险来确定的值。如在 31 天（744 h）逐时测得温度数据中，平均有 7 h 出现或超过某温度值（如 45 ℃），则该温度出现的时间约为该月时间的 1%，此时这一温度称为 1%工作温度极值。当产品按这一极值工作温度设计时，能保证产品在此温度下正常工作，但存在 1%超过工作温度而无法正常工作的风险。我国 1%工作温度极值为 45.5 ℃，为进一步降低风险，通常将工作温度取为 50 ℃[7]。

3）高温试验时间参数选取

根据表 8.3 典型酷热区的温度日循环结果，一天中诱发温度在 60～71 ℃的时间为 6.5～7.0 h[8]。阵地待用储存以一周时间内为限，对应储存温度下的试验持续时间则是一周内所经受高温时间的累加，所以，通常规定储存温度下的试验持续时间为 48 h。在 MIL-STD-810F（2000 年）中，要求按表 8.3 进行储存试验至少 7 个循环，以符合最严酷地区最严酷月份中，极端温度出现频数为 1%的小时数。

工作温度下试验持续时间既取决于产品暴露于高温中直至温度稳定的时间（即“保透”时间），也取决于产品在工作温度下的实际停留时间，通常取两者时间较长者为温度试验持续时间。对于类似弹药等大尺寸产品而言，要使产品内部所有元件“保透”时间通常为 48 h，其温度试验持续时间通常也取为 48 h；但当对小尺寸火工品单独考核时，“保透”时间则较短，一般为 2 h 或 4 h。所以，火工品储存温度 7 ℃试验持续时间通常确定为 48 h，工作温度 50 ℃试验持续时间通常可确定为 4 h。

4）高温试验程序

目前的高温试验程序通常是分别进行储存试验和工作试验：一组产品经高温储存后，在完全恢复到使用温度（通常为自然温度）下进行功能试验；另一组产品经高温工作后，迅速进行功能试验。这种试验程序不但不能节省时间和试样，而且人为地将储存和工作要求分开，所以，并不是一种最佳的程序。但如果将高温储存试验和高温工作试验相结合，如产品经高温储存后直接进行高温工作试验，之后迅速在工作温度下进行功能试验，这种温度梯度试验程序将节省时间和试样，同时由于高温工作温度也处于所考核的工作温度范围，所以也符合“存后恢复到使用温度”的要求。在连续高温储存及工作试验中，产品在高温下的时间较长，所以，这种高温试验程序对产品考核更严格，实际使用环境也有这种情况，如弹药中午放到野外高温环境下，下午在使用高温下发射；弹药放入已发射多次的高温炮膛内待发射。

5）高温试验方法

试验方法 1：将高温箱控制在（71±2）℃，把产品存放在高温箱内保温 48 h 后，继续将产品放入已恒温在（50±2）℃的高温箱中保持 4 h，之后，拿出产品在 5 min 内按规定对产品进行高温性能试验。

试验方法 2：将高温箱控制在（71±2）℃，把产品存放在高温箱内保温 48 h 后，恢复到常温，然后再将产品放入已恒温在（50±2）℃的高温箱中保持 4 h，之后，拿出产品在 5 min 内按规定对产品进行高温性能试验。

8.2.1.2　低温环境与试验

1. 低温环境效应

低温环境对武器装备性能的影响称为低温环境效应。与高温环境效应相比，低温环境对火工品的性能影响更大。其主要影响包括激活特性变差，火工药剂脆化或降低反应速率，产品尺寸全部或部分变化，密封材料出现裂纹等。这些都会对火工品的可靠性和安全性造成严重影响。

2. 低温试验方法

与高温试验方法类似，低温试验按试验目的也同样划分为储存试验和工作试验两类。我国范围内，风险率 10%、预期暴露期 5 年的低气温承受极值为−54.6 ℃，所以，我国范围低温储存温度一般取−54 ℃工作温度。低温储存试验时间一般取温度稳定后再保持 24 h，低温工作试验时间一般取“保透”时间[7]。对于爆炸物、弹药等产品，由于在温度稳定后性能可能还会继续恶化，所以，在 MIL−STD−810F（2000 年）中，要求这些产品温度稳定后，最少要进行 72 h 储存试验。小尺寸火工品低温工作试验时间的“保透”时间一般为 4 h。

低温试验方法：将低温箱控制在−（54±2）℃，把产品存放在低温箱内保温 72 h 后，继续将产品放入已恒温在-（40±2）℃的低温箱中保持4 h之后，拿出产品在5 min内按规定对产品进行低温性能试验。

低温试验方法2：将低温箱控制在-（54±2）℃，把产品存放在低温箱内保温72 h后，取出恢复到常温，然后再将产品放入已恒温在-（40±2）℃的低温箱中保持4 h，之后，拿出产品在5 min内按规定对产品进行低温性能试验。

8.2.1.3 温度冲击环境与试验

1. 温度冲击环境与效应

在武器装备实际使用过程中，经常会遇到温度突变（温度变化率大于或等于10 ℃/min）的环境，典型环境包括：导弹、火箭在几分钟内从地面高温环境飞到高空的低温环境；飞机携带装备从沙漠高温机场起飞到高空或从高空空投装备到高温地面环境；把装备从热的掩体中搬到-40 ℃的外部环境等。而温度循环则是野战环境下每天的温度变化，由于温度冲击环境更为苛刻，所以一般情况下仅做温度冲击试验。

剧烈的温度变化导致火工品发生故障的概率比单纯的高温或低温还要大。温度突变环境除能诱发与高温、低温环境相同的环境影响效应外，反复的热胀冷缩还会造成火工品涂层的龟裂和脱落，玻璃-金属密封电极塞的破裂，热密封处和外壳接缝处的开裂，灌封材料破碎，药层分离或药柱产生裂纹[8]。

2. 温度冲击试验方法

温度冲击试验的温度上、下限通常对应高温储存温度和低温储存温度，即71 ℃和-54 ℃。在已制定的火工品相关标准中，高、低温持续时间一般为4 h或2 h。在1989年发布的MIL-STD-810E中，将高低温持续时间更改为1 h或达到温度稳定的时间（以长者为准）；在2000年修订的MIL-STD-810F《环境工程考虑和实验室试验》中，将温度稳定时间定义为“至少应保证试件整个外部的温度一致”的时间[7,8]。火工品作为小尺寸的元件，“保透”时间较短，所以，高低温持续时间可取为1 h。从理论上来说，这样更为科学合理，避免小尺寸火工品试样在高、低温上保持过长的时间，从而节省时间和费用。温度冲击试验方法为：按下列状态交替地把产品存放在高温箱和低温箱内，按-（54±2）℃，1 h→（71±2）℃，1 h，依次进行三个温度循环，产品从一个温度箱转移到另一个温度箱的时间间隔不得超过5 min，完成后，产品在室温下至少恢复2 h才可进行功能试验。

8.2.2 潮湿环境试验技术

自然气候中的潮湿条件是由地理和气候条件所决定的。自然潮湿环境在湿热带地区一年四季都会出现，在中纬度地区会季节性地出现，但是，有时往往也会受局部环境所影响，如在车辆、轮货舱等密闭场所中，由于通风不良和阳光照射，使内部的湿度排不出去，温度也较高，故易形成高温高湿环境（即湿热环境）。所以，产品除受到自然气候影响外，更多也更普遍地受到这种湿热环境的影响。一般而言，火工品潮湿环境主要包括生产及周转过程中开放吸湿环境、使用过程中的密闭湿热环境、野战条件下的长期储存湿热环境和浸水环境，对应的试验项目通常包括常温吸湿试验、恒温湿热试验、交变湿热试验和浸水四种。

潮湿环境对火工品的影响途径为：水或水蒸气通过壳体或间隙进入火工品内部，与火工药剂发生化学反应，使药剂变质导致长储作用可靠性降低；在电火工品中，这种变质药剂还会与发火件桥丝材料反应，使桥丝腐蚀断开，进一步导致作用功能失效。

海上或沿海地区的潮湿环境主要是由含盐离子形成的盐雾，所以，舰载武器或海岸武器应进行盐雾试验。而湿热环境极有利于霉菌的生长和繁殖，对武器造成损坏，所以，部分产品也要求进行霉菌试验。但盐雾和霉菌对火工品的影响仅限于外观、密封性或绝缘电阻等，一般不会造成发火与功能失效等严重缺陷。

8.2.2.1　常温吸湿环境与试验

1. 常温吸湿环境

我国最潮湿地区为长江以南的湿热区和亚湿热区，其最高绝对湿度为 29 g/m^3，相对湿度在大于 95%时的最高温度为 29 ℃。据统计，在全球 9 个气候区中，最潮湿地区的年最高绝对湿度平均值为 35 g/m^3，相对湿度在大于 95%时的最高温度为 35 ℃。在空气流通的条件下，除波斯湾等个别地区外，一般不会长期出现温度大于 30 ℃、同时相对湿度大于 95%的自然环境[7]。

2. 常温吸湿试验方法

在火工品生产和引信或弹药装配火工品过程中，其工房环境一般为空气流通良好的自然环境。常温吸湿试验方法可用于考核火工品在这些过程中的耐潮湿环境能力。试验参数通常取为（30±2）℃，且相对湿度不小于 95%，而试验持续时间取决于产品暴露于工房环境的实际时间，一般取 1 天或 2 天[9]。在火工品潮湿环境试验中，常温吸湿试验是最基本的耐潮湿环境能力的考核试验，适合于考核各类非密封结构火工品的防潮能力。

8.2.2.2　湿热环境与试验

湿热环境一般是指空气湿度大、环境温度高的环境。火工品湿热试验的目的在于，确定可能在湿热环境或可能在高湿度环境中储存或使用的火工品耐湿热环境的能力。尽管最好的考核方法是将火工品放在实际自然环境进行试验，但从后勤保障、成本或试验进度方面考虑，这种方法总是难以进行的。所以，火工品湿热试验不是完全重现复杂的湿热环境，而是为检验湿热条件对产品质量的影响，通过人工模拟方法创造类似条件考核火工品耐湿热环境的能力。湿热试验适用于对各类密封型火工品进行考核。

1. 恒温湿热环境及试验方法

装有火工品的弹药往往在超过自然潮湿条件的湿热环境中使用，这种严酷条件通常称为诱发潮湿环境。例如，坦克、坑道、帐篷、飞机密闭舱内，由于通风不良，局部潮湿不容易散发，相对湿度可以达到 95%～100%，而温度可能达到 30～45 ℃。恒温湿热环境主要通过吸附、吸收和扩散三种作用形式使产品性能变化[9]。

对火工品单独进行恒温湿热试验时，温度通常取（40±2）℃，相对湿度取 90%～95%[10]。而试验持续时间取决于产品暴露于这种诱发潮湿环境的实际时间，一般取 1 天、2 天或更长时间。

2. 交变湿热环境及试验方法

1）交变湿热环境及影响机理

装有火工品的弹药在野战条件下的长期储存环境是极其严酷的，不仅要经受极端高温及极端低温的交替影响，同时还要经受湿热环境的影响。产品的性能恶化往往是由产品表面受潮和整体受潮两种现象所造成的。在交变湿热环境的升温、高温、降温、低温四个阶段中，除具有恒温湿热环境的吸附、吸收和扩散三种作用形式外，在升温阶段的凝露现象和降温阶段的呼吸作用也较为严重。对表面裸露的产品而言，交变湿热环境所引起的表面水蒸气吸附和升温阶段的凝露现象是造成表面受潮的主要原因；而整体受潮主要是由高温阶段的水蒸气扩散和降温阶段的“呼吸”作用形成的，在降温阶段，呼吸作用的抽吸现象会促使潮气渗入产品空腔内部[7]。

交变湿热通常又称为温度–湿度试验。为了在短期内重现野战条件下的长期储存环境对火工品的影响，在不歪曲自然环境影响的前提下，从温度、相对湿度和试验周期三方面考虑，采用较自然环境更严酷的试验条件进行加速试验。当产品因结构关系，以“凝露”为主要受潮机理或由于空气交流的“呼吸”作用时，必须采用交变湿热方法试验[11]。交变湿热试验方法分极限温度交变湿热试验方法和高常温度交变湿热试验方法两种，前者比后者更严酷。湿热试验方法总的发展趋势是力求使试验结果与实际环境影响相一致，即希望产品在试验中所发生的故障或失效的类型与频率和实际使用中所发生的故障或失效的类型与频率相一致，不希望试验条件过严于实际条件而造成不必要的浪费，也不希望降低试验条件，使考核不当而贻误使用。

2）极限温度交变湿热试验方法

MIL–STD–331《引信和引信元件的环境与性能试验》[12]、MIL–STD–322《引信电起爆元件的基本评价试验》及 MIL–STD–1512《电爆分系统的设计要求与试验方法》[12,13]均使用了极限温度交变湿热试验方法。极限温度交变湿热试验共两个循环，一个循环为 14 天，其单个循环的试验程序如下：

（1）室温，1 h→541 ℃，6 h→室温，1 h→71 ℃，相对湿度 95%，6 h→室温，1 h，重复 3 次。

（2）室温，1h→–62 ℃，72 h→54 ℃，6 h→室温，1 h→71 ℃，相对湿度 95%，16 h→室温，1h，重复 3 次。

（3）–54 ℃，6 h→室温，1 h→71 ℃，相对湿度 95%，64 h，重复 2 次。

两个循环完成后，取出产品在室温下至少放置 1 h 后才可进行功能试验。其中选择 71 ℃、相对湿度 95%这一极限温度试验条件，一方面是便于找出缺陷，另一方面可缩短试验时间。虽然多年来一直采用各种不同的温度–湿度循环试验，但是仍未得出其试验条件与实际储存条件之间的真实关系。选择 14 天为一个基本循环是因为这个时间比含雷汞雷管失效所需时间略短一些。由于火工品已经不再使用雷汞起爆药，所以，火工品应能经受更严格的试验，如经受两个循环共 28 天的温度–湿度循环试验。由于湿气会加速火工品药剂及密封材料（如 O 形密封圈）的损坏，所以，在高温下采用了 95%的相对湿度。

3）高常温度交变湿热试验方法

在 1989 年发布的 MIL–STD–810E《环境试验和操作指南》中[12]，提出高常温度交变湿热试验方法。对弹药而言，以 24 h 为一个循环，进行 20 个循环。其单个循环的试验程序为：40 ℃，相对湿度 90%，相对湿度 95%，4 h，重复 3 次。在 2000 年发布的 MIL–STD–810F《环境工程考虑和实验室试验》中[6]，提出更严格的常温度交变湿热试验方法。以 48 h 为一个循环，至少应进行 5 个循环，即整个试验在相对湿度（95±4）%条件下，进行以下温度循环：升温 30～60 ℃，4 h→60 ℃，8 h→降温 60～30 ℃，4 h→30 ℃，21 h→降温 30～20 ℃，

1 h→20 ℃，4 h→升温 20～30 ℃，1 h→30 ℃，5 h。

8.2.2.3　浸水环境与试验

1. 浸水环境与效应

在弹药（装有火工品）使用过程中，有可能部分或全部地渗浸在水中，如在海滨操练或涉水而过；而在运输和储存过程中，也有可能受到水的浸蚀，如雨中发射暴露火工品的弹药或弹药库被水浸没等。更为常见的是火工品装配前存放于南方高湿度库房表面出现凝露的情况。这些都是或类似浸水的典型环境。与湿热效应相同，水浸入火工品内部时，会使装药受潮，从而降低其燃烧或爆炸特性，导致作用功能劣化，影响长储性能。

2. 浸水试验方法

为考核火工品防水能力，在 1984 年发布的 MIL－STD－322B《引信电起爆元件的基本鉴定试验》中规定了火工品浸水试验方法，即将产品放入深 51～75 mm 的（21±3）℃水中，浸泡 48 h[13]。而在 1989 年 MIL－STD－331 B《引信和引信元件的环境与性能试验》中，将浸水试验方法规定为将产品放入深 10.7 m（压力为 100 kPa）的（21±5）℃水中，浸泡 1 h[14]。在 1990 年发布的 MIL－STD－810E《环境试验和操作指南》中，提出水温度应为 8～28 ℃（这也与我国大部分地区大多数时间的水温一致）；同时，为模拟日晒发热后的坦克和装甲车涉深水的作战环境，规定产品温度要高于水温 27 ℃，水深为 1 m[12]。浸水试验相关标准参数对比如表 8.4 所示。

表 8.4　浸水试验相关标准参数对比

参数	MIL－STD－322B	MIL－STD－331B	MIL－STD－810E
水温度/℃	21±3	21±5	8～28
水深度/cm	5.1～7.5	1 070	100
浸泡时间/h	48	1	2
产品温度/℃			高于水温 27
扭力差/kPa	0.74	100	19.6

比较 MIL－STD－322B 和 MIL－STD－810E 浸水试验参数可知，浸泡时间与压力差之积近似相同。所以，为简化试验，火工品浸水试验方法可确定为水温度 8～28 ℃，水深度（75±5）mm，浸泡时间 48 h。

8.2.2.4　霉菌环境与试验

1. 霉菌环境与效应

霉菌在自然界分布很广，种类繁多，遍及世界各国，它是一群细小的生物，会以孢子繁殖，霉菌的孢子直径一般仅有 1～10 μm。在流动的空气中极易传播，一般凡是空气可达之处都有孢子的存在，霉菌多以腐生和寄生方式生活。产品长霉的环境条件主要有温度、相对湿度和营养物质等。温度是影响霉菌生长与存活的最重要因素之一，大多数霉菌的最佳生长温度为 22～30 ℃；湿度是霉菌生长的必要条件，一般霉菌生长最适宜的相对湿度为 85%～

100%；在霉菌生命的各个阶段，维持霉菌生长都需要吸收一定的营养物质，如碳、氮、钾、磷、硫和镁等[7]。

霉菌通过改变产品的物理性能而对产品的功能和使用产生影响。霉菌侵蚀分为直接和间接两种。纤维材料、动植物胶黏剂等天然材料及含脂肪酸、聚酯等合成材料为非抗霉性材料，霉菌会把它们作为食物而起破坏作用，最易于受霉菌的直接侵蚀；抗霉性材料也会因生长在灰尘、汗迹、油脂等表面积垢上的霉菌而破坏其底层材料，导致间接侵蚀。对火工品而言，这些霉菌造成的后果主要是破坏密封、使金属件腐蚀、绝缘性能下降等。

2. 霉菌试验

在霉菌试验中，霉菌箱提供了霉菌生长的温度、湿度条件，而营养物质是依靠产品提供的。在适宜的温度、湿度条件下，产品长霉与否，长霉程度如何，主要由产品是否提供营养物质和供给多少营养物质而定的。

霉菌试验选择最适宜霉菌生长和繁殖的条件，即温度（30±1）℃，相对湿度 90%～100%。选用的菌种有黑曲霉、黄曲霉、杂色曲霉、绳状青霉和球毛壳霉五种（表 8.5），它们是世界上分布最广、对军用器材侵蚀能力较强且比较稳定的一组菌种。首先，采用无机盐溶液配置含试验菌种的孢子悬浮液；其次，检查孢子悬浮液的活力，并用纯棉条做成对照样本；再次，对所试产品进行接种、培养，至少进行 28 天；最后，检查产品，并评价产品的长霉量等级（表 8.6）[8]。

表 8.5　菌种及其受影响的材料

菌种	受影响的材料
黄曲霉	皮革、纺织物
黑曲霉	纺织物、绝缘材料、乙烯基等
杂色曲霉	皮革
绳状青霉	纺织物、塑料、棉织物
球毛壳霉	纤维素

表 8.6　外观评价

校霉量	等级	说明
不生长	0	产品表面没有霉菌生长
微量生长	1	霉菌生长分散、稀少或非常有限
轻微生长	2	在产品表面上有断续或松散伸展霉菌菌落。包括连续伸展丝状生长在全部表面的菌丝，但铺在表面上的菌丝更明显
中量生长	3	霉菌大量生长，产品明显呈现结构变化
严重生长	4	霉菌大规模生长

霉菌试验中应注意的问题：第一，当装备长期处于湿热环境，且所用火工品不完全密封而外露于该环境时，应按产品形式而不是所用材料进行霉菌试验；第二，所试产品应保持原

始交付状态，试验前不应进行处理；第三，应使用新配制的孢子悬浮液，并确定任何菌种可以在各自的培养基的整个表面上旺盛生长，具有活力；第四，试验条件要保证 7 天后纯棉条对照样本上的霉菌生长情况良好；第五，霉菌试验后外观评价等级不大于 1 级时，则可认为火工品合格。

8.2.2.5　盐雾环境与试验

1. 盐雾环境与效应[7]

盐雾是一种极其微小的流体，细粒溶解在气相中而扩散成的雾。大气中盐雾的出现和分布与气候环境条件及地理位置有着密切关系。盐雾是海洋性大气的显著特点之一。离海洋越远的大气中，含盐量越低。离海岸不同距离处的盐雾含量如表 8.7 所示。

表 8.7　离海岸不同距离处的大气中盐雾含量

地点	离海岸距离/km	盐含量/（mg・cm^{-3}）		
		平均值	最大值	最小值
广州	50	0.017 3	0.024 2	0.009 8
福州	25	0.113		
陵水	15	0.115	0.275	0.036
汕头	8	0.335 7	0.578 0	0.220 0
海口	7	0.279 4	0.440 0	0.151 0
湛江	7	0.360	0.613 0	0.212 0
舟山	4	0.530 0	1.375 0	0.264 0
厦门	2	0.711 0		

地球上各海洋中海水含盐的浓度不尽相同，此外，盐雾的传递很容易受到物体的阻隔。阻隔越多，盐雾量就越低。户内外盐雾含量如表 8.8 所示。

表 8.8　户内外盐雾含量　　mg/cm^3

测试点	户内	户外	户内外距离
榆林试验站	0.091 2	0.421	3 m
福州	0.008	0.139	远
厦门电机厂	0.093	0.761	远
汕头招待所	0.066	0.293	远

雾易附着在物体表面成为湿气膜或水膜，溶解在水中的盐类是装备变质的一个重要因素。沿海地区的盐雾、温度和湿度等构成的盐雾环境会影响该地区的装备产品。盐雾对暴露其中的装备的影响主要包括腐蚀影响、电气影响和物理影响三类。装备表面的金属有时几乎全部被腐蚀；盐沉积会引起电子装备的损坏、产生导电层、降低绝缘材料的绝缘电阻；盐雾

颗粒会导致产品活动部件的阻塞、卡死等。所以，对军用装备进行盐雾试验考核是十分必要的。对应用于沿海地区装备中的火工品而言，盐雾造成的后果主要是金属表面腐蚀、绝缘性能下降及作动装置内活动部件的阻塞等。

2. 盐雾试验

盐雾试验是模拟海洋大气对产品影响的一种加速腐蚀试验。盐雾试验的主要影响因素是试验温度、雾的特性－盐雾沉降率、盐溶液中氯化钠含量及 pH 值、喷雾方式、试验周期和样品的放置等。

1）盐溶液

目前国内外的盐雾试验均使用单一的 5%氯化钠溶液，它既有较高的腐蚀速度，又接近海水中氯化钠的浓度。地球上海水含盐浓度为 1%～4.1%（表 8.9）。盐溶液 pH 值基本为 6.5～7.2。

表 8.9 世界各地海水中含盐量

海洋	太平洋	大西洋	地中海	红海	黄海、东海、南海	黑海
含盐量/%	3.4～3.7	2.5～3.8	3.7～3.9	小于 4.1	3.0～3.4	1.70～1.85

2）温度

温度对盐雾试验的影响具有两面性：一方面，温度提高会加速分子的热运动，腐蚀加快；另一方面，温度提高首先会降低氧在溶液中的溶解度，而溶液中氧浓度过低会降低腐蚀速率，其次会使溶液蒸发，导致浓缩和盐析，对加速腐蚀不利。所以，盐雾试验的温度采用（35±2）℃，该温度模拟了许多国家的夏季最高平均温度。

3）盐雾沉降率

盐雾试验的加速腐蚀作用，除腐蚀介质氯离子本身的腐蚀作用外，还受金属表面液膜中氧的扩散影响。当雾滴不断沉降到金属表面时，液膜中氧的含量始终保持在接近饱和的状态，因此腐蚀不断进行。有关资料表明，当沉降率在（0.767～3.0）mL/80 cm^2•h 时，腐蚀速度较稳定，试验结果的重现性较好。虽然 MIL－STD－810C 规定沉降率为（0.5～3.0）mL/80 cm^2•h，此值的上下限范围偏宽，但国内生产的离心式盐雾箱要达到上限较困难，所以，盐雾沉降率一般规定为（1～2）mL/80 cm^2•h。

4）喷雾方式

盐雾试验一般采用连续喷雾和间断喷雾两种方式。间断喷雾可使金属表面有周期性的干湿交替，能反映腐蚀产物的吸湿性对腐蚀的影响，所以，更接近于实际工作和储存状态。而连续喷雾可使金属表面一直保持湿润和足够的盐液膜厚度，试验条件比较稳定，且容易控制。所以，一般采用连续喷雾方式。

5）试验周期

至少应进行两个循环的 24 h 暴露盐雾、24 h 干燥环境暴露交替试验。即暴露于盐雾大气环境（35 ℃下盐雾沉降率为（1～3）mL/80 cm^2/h）24 h—暴露在干燥条件（环境温度，相对湿度小于 50%）24 h。因为从湿到干的转换期内，腐蚀速率要高得多，所以，这种方法比连续暴露于盐雾大气中更接近于真实的使用环境，且具有更大的破坏潜力。

6）样品放置

由于盐雾是以垂直方向降落的，所以腐蚀几乎全发生在迎雾面。因此，产品做盐雾试验时，最好按其正常使用状态放置产品。

盐雾试验中应注意的问题：第一，盐雾试验应单列进行，因为将湿热、霉菌和盐雾试验放在一个产品试验过于苛刻；第二，盐雾应自由降落到产品上，而不能直接喷到产品上；第三，盐雾试验后，产品表面应无明显的腐蚀，且其电阻、绝缘电阻、发火与输出功能应满足要求。

8.2.3　力学环境试验技术

8.2.3.1　力学环境及其试验方法概述

1. 火工品力学环境

火工品作为武器的重要配套产品，其勤务过程既包括火工品本身从生产地到装配地的运输环境，也包括武器从装配、装卸、运输、储存到使用等作业过程。在这段时期内，火工品及所用弹药都要受到外界诸多环境力的作用，存在许多诱发产品可靠性及安全性降低的因素。综合而言，这些环境力可分为运输环境力、使用环境力和意外环境力三类。

武器从生产到使用的各个过程都离不开运输。运输环境力是指运输过程必须经受的力，它一般包括运输振动和运输冲击。火工品随所配用武器运输时，运输状态是火工品与装配体之间的刚性约束，即需要以紧固约束状态按配用武器的运输振动和运输冲击试验对火工品进行运输适应性考核；火工品本身从生产地到装配地的运输时，运输状态是火工品在包装箱体内的非刚性约束，即需要以火工品非刚性约束状态的包装箱按运输颠簸和振动试验进行试验考核。

使用环境力通常是指使用过程必须经受的力，一般包括高频振动、发射冲击及作用过程冲击等。而意外环境力则是指整个作业过程中意外经受的力，一般包括无损跌落和安全跌落。

2. 火工品力学环境试验方法概述

力学环境试验的目的是确定产品在力学环境条件下的适应性以及评价其结构的完整性。力学环境试验主要有现场试验和人工模拟试验两类。现场试验是一种将试验样品放置于实际使用中直接进行试验的方法。作为武器配套件而言，武器系统的动态飞行试验实际上就是火工品的现场试验，但这毕竟数量较少且会使系统存在风险，所以，火工品力学环境试验更多地采用人工模拟试验。人工模拟试验又称实验室试验，它一般有三种方式，即规定机械运动、规定试验机和规定结构响应谱。规定机械运动是规定一种接近实际环境的机械运动来模拟或根据试验产品失效等效原理来规定一种机械运动，这种方式的特点是需要各项运动特征参数，具有较高的再现性；规定试验机是用试验产品失效等效原理而引出的一种试验方法，其特点是无须测量运动特征参数，但在某些情况下再现性较差；规定结构响应谱主要用于冲击试验中，它是通过某种规定的冲击脉冲激励一个具有一系列不同固有频率的单自由度响应曲线（冲击响应谱），来衡量冲击运动对结构的影响[15]。

我国的力学环境试验基本上是等效采用或等同采用了国际标准或美国军用标准。采用这种标准化的人工模拟试验方法：一方面，可以按照使用目的比较真实地模拟实际环境的影响，使试验具有模拟性；另一方面，使不同单位不同实验室所做的试验具有再现性，这对产品的出厂检验和入厂验收均有益处。

8.2.3.2 刚性约束状态火工品运输试验

1. 运输振动环境与效应

在三种运输方式中，陆上运输环境比海上或空中更为复杂，且所有海上或空中运输的前后也都包括陆上运输，因此，可以将陆上运输作为基本运输环境。陆上运输环境又包括公路运输和铁路运输，而公路运输比铁路运输更为复杂，因此，通常以公路运输作为典型的运输环境。

运输环境可分解为运输振动和运输冲击两类。振动是机械系统相对平衡位置的振荡运动。产品在振动环境下有两种失效模式：一是故障，即当振动幅值超过一定值后，产品的性能下降或功能失效，这种故障主要取决于振动峰值；二是疲劳破坏，即产品在振动环境中的应力幅值达到了可能引起疲劳损伤的程度，且其应力循环次数累计到一定数量时产品产生疲劳破坏。疲劳破坏取决于应力幅值和应力循环次数[16]。产品的这两种失效形式对产品的共振频率特别敏感，当振动频率与火工品固有谐振频率一致时，均可能出现因共振引起的火工品结构破坏或使用性能下降。

2. 运输振动试验方法

1）运输振动试验条件

运输振动试验通常是以振动台来模拟产品在运输过程中所经受的振动环境，可采用正弦振动或随机振动来模拟。不同等级的运输试验条件如表 8.10 和表 8.11 所示。其中，A 级适合于较好路面行驶的车辆运动，如卡车；B 级适合于部分越野轮式车辆运动、两轮拖车运输；C 级适合于履带式战斗车辆或轮式战斗车辆长时间的运输[17]。对应试验曲线如图 8.13 和图 8.14 所示。

表 8.10 不同等级运输振动的试验条件（正弦振动）

等级	频率范围/Hz	振幅（峰－峰）/mm	加速度（峰值）/g	试验时间
A	5～7	7.5		每轴向 40 min（1 000 km）
	7～200		1.5	
B	5～9	7.5		每轴向 40 min（1 000 km）
	9～200		2.5	
C	5～9	7.5		每轴向 30 min（500 km）
	9～40		−2.5	
	40～50	0.4		
	50～500		4	

表 8.11　不同等级运输振动的试验条件（随机振动）

等级	频率范围/Hz	功率谱密度/（$g^2 \cdot Hz^{-1}$）	总均方根加速度（峰值）/g	试验时间
A	5～50	0.02	1.64	每轴向 30 min（1 000 km）
	50～200	在 200 Hz 处降至 0.004		
B	50～100	0.03	2.3	每轴向 30 min（1 000 km）
	100～200	在 200 Hz 处降至 0.02		
C	5～50	0.1	5.6	每轴向 20 min（500 km）
	50～500	在 500 Hz 处降至 0.02		

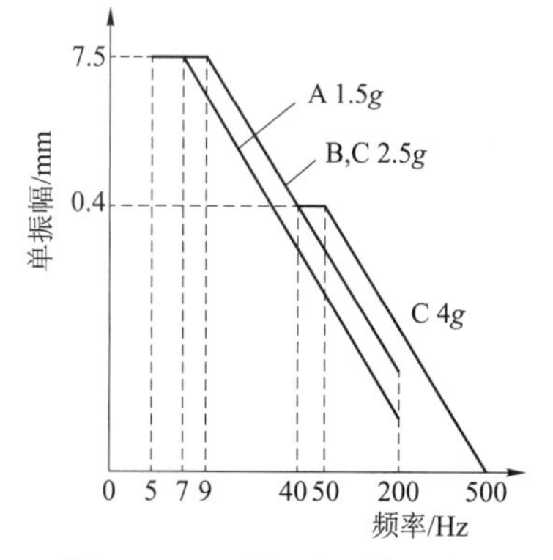

图 8.13　正弦振动运输试验曲线

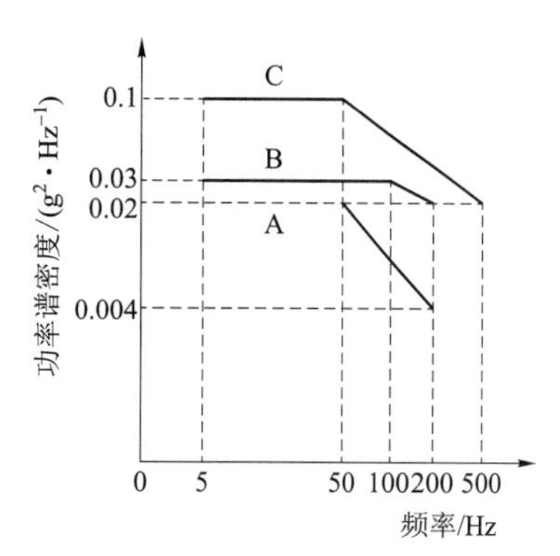

图 8.14　随机振动运输试验曲线

在 1984 年发布的 MIL－STD－322B《引信电起爆元件的基本评价试验》中，规定用正弦波形模拟路面运输诱发的连续激励环境（振动）[13]，表 8.12 的正弦运动参数基本概括了路面运输振动的严酷情况。

表 8.12　推荐的运输振动的试验条件（正弦振动）

频率范围/Hz	5～11	11～37	37～52	52～500
振幅（峰－峰）/mm	10		1.0	
加速度（峰值）/g		2.50		5.00
一次扫描时间/min	30（5 Hz－500 Hz－5 Hz）			
扫描方式	对数变化			
振动方向	轴向对称产品为输出端向下和水平；非轴向对称产品为三个相互垂直轴			
每方向振动时间/h	6			

2）试验中的有关技术问题[7]

试验时，必须在电动振动机上装配坚固的安装夹具，且安装夹具使用的零部件的固有频率至少为试验所用最高频率的 3 倍；对于轴向对称产品而言，振动方向与输出端垂直和水平两个方向，而非轴向对称产品的振动方向为三个相互垂直轴的每一轴。振动持续时间是根据预期的运输总里程来确定的。

在以往的试验中，扫描方式多采用线性扫描，即振动频率随扫描时间呈线性变化。其缺点在于不同频率上振动应力交变次数相差悬殊，高频段振动应力交变次数太多，而低频段振动应力交变次数又太少。振动引起的结构疲劳损伤除受应力大小影响外，还与施加的应力交变次数密切相关。所以，这种线性扫描方式难以体现相应的影响机理。而采用对数连续扫描方式（也称指数扫描）则较好地克服了线性扫描的不足。对数连续扫描即振动频率随扫描时间呈指数规律变化，其优点是扫描频率以倍频程带宽相同进行表征。这样，虽然高频段的振动频率高，但每个频率点上扫描停留时间则相应被压缩，而低频段的情况恰恰相反。因此，高低频段的单位频率带宽内的振动次数大致相同。这种对数连续扫描方式在火工品相关的国军标中已普遍采用。

3. 运输冲击试验方法

1）运输冲击环境

运输过程必定会遇到一些冲击，它是骤然的、剧烈的能量释放、转换和传递，冲击的持续时间短暂，但这种冲击力的加速度较大；冲击的过程一次性完成而不呈现经常性和重复性。如铁路运输车辆挂钩过程中，铁路车辆挂钩时可产生高达 30～50 g 的冲击加速度[18]；弹药在空投运输过程中，主要受开伞惯性加速度和着地冲击加速度的影响，开伞惯性加速度最大值约为 10 g，当降落伞以 5.2 m/s 的速度下落时，着陆冲击加速度峰值约为 260 g。运输冲击是一种瞬态过程，引起失效的机理往往是以峰值破坏为主。

2）运输冲击试验参数

运输冲击试验通常采用产生冲击波形的冲击机（冲击台）进行多向冲击试验。冲击有半正弦波、梯形波和后峰锯齿波三种波形。由于半正弦波易于实现，所以一般选用此波形。但后峰锯齿波有较好的再现性，所以试验条件具备时，应优先选用后峰锯齿波作为冲击脉冲波形（图 8.15）。试验时，通常将产品试样按实际使用的安装方式刚性安装在冲击试验设备上，通过改变下落速度或高度、撞击面材料以及材料的厚度和硬度，使试样受到不同波形、峰值加速度和持续时间的冲击脉冲的冲击。各类运输的冲击参数如表 8.13 所示[15]（作为对比，同时也列出了使用过程中分离及爆炸冲击参数）。一般结构件运输冲击试验的基本参数是半正弦波，加速度峰值为 15g，持续时间为 11 ms；当结构件带有火工品时，运输冲击试验的加速度峰值应为 1.5 倍（即 22.5 g），通常取 25 g。

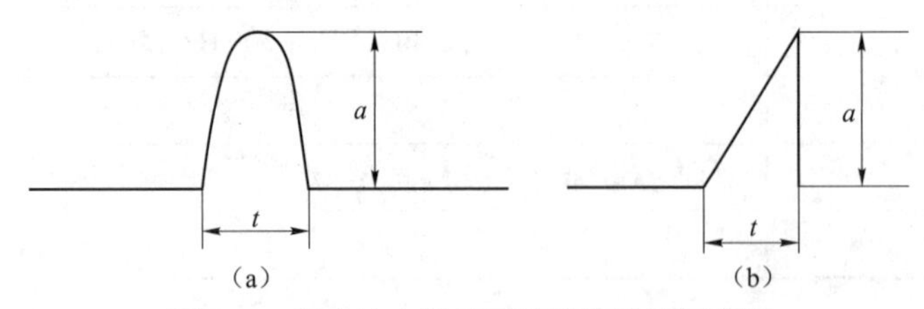

图 8.15　运输冲击的半正弦波和后峰锯齿波

MIL－STD－23659C《电起爆器通用设计规范》中要求钝感电火工品经受 200 g、1.5 ms 和 65 g、9 ms 的冲击[2]。

表 8.13　各类运输冲击参数

运输冲击等级	加速度（峰值）/g		持续时间/ms	运输及安装情况
	一般构件	含火工品构件		
A	15	25	11	对应冲击包装运输的基本试验
B	30	*45*	11	标准陆运运输可靠安装
C	50	75	11	越野车运输可靠安装；标准陆运散装
D	100	150	6	标准陆运严酷装卸冲击；分离冲击
E	500	750	1	爆炸激励冲击

8.2.3.3　非刚性约束状态火工品运输试验

1. 火工品运输与模拟试验

火工品运输主要是指从火工品厂运输到总体装配厂之间的过程，是火工品在其寿命期内经历的第一个力学环境。其特点是：第一，独立运输，其产品状态是非刚性约束，且带包装；第二，抽样检验，靠实际现场运输对每批产品进行抽样验收是不现实的，不仅成本高、时间长，而且路面标准也不完全一致。所以，火工品运输力学环境试验更多地采用人工模拟试验。人工模拟试验又称实验室试验。

火工品从生产厂到装配厂的运输过程中，如果卡车上装载量较少，车辆在行驶过程中经常会遇到路面坑洞、路牙、刹车等情况，引起的颠簸将使处于非刚性约束状态的火工品包装箱在货舱底板上上下跳动，甚至会出现倒塌以及相邻包装箱间的碰撞等情况。由跳动和推撞产生的冲击表现为持续时间短的瞬态（与路面直接产生的瞬态持续时间相比），但冲击过载较大。如运输工具刹车时，包装箱间的碰撞所产生的冲击过载可达 300 *g*。这种运输冲击同样是一种瞬态过程，引起失效的机理也是以峰值破坏为主。

刚性约束状态火工品运输试验有振动试验和运输颠簸两种。振动试验是将低量级、长时间的环境等效为高量级、短时间的试验，主要是模拟火工品在恶劣运输条件下比较长时间的强烈振动冲击；运输颠簸主要是模拟火工品各种实际运输状态下的跑车颠簸。通过这些试验确定火工品结构是否具有运输安全性和坚固性。

2. 振动试验

1）目前各类产品振动试验情况

目前国内模拟火工品运输的试验方法主要是振动试验。各类火工品振动试验情况见表 8.14。

表 8.14　目前各类产品振动试验情况

名称	类别	振动试验时间	来源
火帽	针刺、电	2 h	GJB 3653.2—1999 火工品检验验收规则：火帽
	撞击	0.5 h	
雷管	电	1 h	GB 2002—1994 电雷管规范或按 GJB 345
	针刺	2 h	GJB 2003—1994 针刺雷管规范

续表

名称	类别	振动试验时间	来源
底火	电	2 h	WJ 1971—1990 电底火
	撞击枪弹	8～16 min	相关产品
卫星火工装置		三个方向分别振动 30 min	GJB 1307—1991 卫星火工装置规范
爆炸螺栓		三个方向分别振动 30 min 或按 GJB 573.11 进行	GJB 1832—1993
工业火工品		10 min	相关产品
点火具		2 h	GJB 1885—1994 点火具规范
引信内装火工品	102 mm，每个方向 1 750 次，一个产品共经受三个方向合计 5 250 次		GJB 345 引信用电火工品的鉴定试验

就其方法而言，分为单臂振动和四臂振动两类。四臂振动是主要来源于 MIL－STD－322B《引信电起爆爆炸元件的基本评鉴定试验》及 MIL－STD－331《引信和引信元件的环境与性能试验》[12,13]，它是将火工品装入模拟引信内，以三个不同位置装入振动臂上的螺纹座或夹具上。用等效试验负载校准振动试验机（适用质量大于 3.6 kg），振动臂落高 102 mm。脉冲形状为 1/2 正弦波，冲击加速度 230 g，持续时间为 2.0 ms，频率为（35±5）次。但仅是安全性试验。在产品达到规定技术要求后，建议追加一定量的试件在三个方位上分别进行两次 1 750 次振动，或连续进行到试件破坏为止。

目前，国内振动试验与美国标准 MIL－STD－331《引信和引信元件的环境与性能试验》不同：

（1）试验目的和要求不同。国内振动试验主要模拟火工品本身从生产厂到总装厂的陆地运输过程所经历的冲击，且试验后，火工品不仅要保证安全，且应作用可靠。该试验一定程度上代替火工品自身的运输试验。而美国标准 MIL－STD－331 的振动试验主要是考核产品的安全性。

（2）方法不同。国内振动试验采用单臂，落高 150 mm，一个产品只进行一个方向试验，时间从 5 min 到 2 h 不等，而国外要求一个产品必须经受三个方向振动，落高 102 mm，一个产品共经受 5250 次振动。

（3）产品约束状态不同。国内振动试验时，产品是装入产品盒内，产品盒再装入包装箱内压紧（实际产品周围仍是弱约束）；而且美国标准 MIL－STD－331 振动试验是产品装入模拟引信的强约束体内，产品呈强约束状态（实际上相当于同引信一起试验）。

2）振动试验标准确定依据[19]

（1）实际运输状况与振动试验。

振动主要考核火工品本身从生产地到总装厂的陆地运输过程所经历的冲击。火工产品一般是先装成产品盒，再装入产品运输箱。其特点是：① 由于每个火工品实际运输时的状态只有一个方向，所以，振动试验应按每个产品只进行一次振动来确定。② 产品在每个产品盒内只有一个方向，但在装箱过程中，产品盒可以横放、竖放，所以，小型产品振动一般应考核三个方向，而大型产品可按实际产品盒装箱方向确定。③ 产品质量不一样，运输过程中遇到颠簸时所弹跳的高度不一样，产品质量越小，弹跳的高度越高；反之，则越低。

（2）振动试验振幅及时间确定。

平稳路面产生的振动较小，往往以很高的频率、很小的振幅产生振动。不平稳路面产生的振动较大，往往以很低的频率、很大的振幅产生振动。但对考核而言，适合采用很高的频率、很大的振幅产生振动来进行模拟运输试验。以火工品比引信冲击过载多 1.5 倍考虑，一般规定产品落高为 150 mm。

在落高已确定情况下，振动时间的确定应按实际包装后运输路面、里程后的性能与振动试验一定时间后的性能对比确定。要求振动试验后的性能应与实际运输后的性能基本相当。如某厂点火具是非金属壳体的产品，按实际包装进行运输后，其作用时间均值约 20 ms，最大值不大于 35 ms，满足技术要求；而进行振动试验 30 min 后，其作用时间均值约 30 ms，部分超出不大于 35 ms 的技术要求；而振动试验 10 min 后，作用时间均值与实际运输后的作用时间相当，所以，确定按振动 10 min 进行模拟运输试验。

由于产品及包装箱质量的不同会导致在运输过程中弹跳高度不同，为试验方便，因质量不同而导致的弹跳高度不同只能采用试验次数等效。所以，模拟运输振动试验的时间可依据产品质量及尺寸的大小而提出对应的要求。以 1 000 km 为标准，规定每个产品仅要求进行振动一次试验。尺寸小于 15 mm 时，按三个方向考核，但每个产品仅进行一次振动，试验时间 2 h；尺寸大于 15 mm 而小于 50 mm 时，按三个方向考核，但每个产品仅进行一次振动，试验时间 1 h；尺寸大于 50 mm 时，按一个方向（按实际装箱）考核，振动试验时间 0.5 h（与小型引信尺寸和振动时间基本相同）。每超过 200 km，振动时间可再加 10 min。当然，也可参考同类产品的多年经验进行试验，如枪弹撞击底火数年来一直按振动 8～16 min 进行验收试验，这说明延续以往同类产品振动的试验时间是可行的。

3）振动试验装置

振动试验俗称打板试验，模拟火工品在恶劣运输条件受冲击加速度长时间、反复作用时的状态。如经过一定时间的振动后，试验样品不应发生相对移动、变形、破坏、发火或爆炸等。振动试验所用振动试验机（图 8.16）是一种定性的试验设备，可产生周期性的冲击振动。试验时，将放置火工品的试验箱（火工品在箱内不得松动）固定在振动机的上板上。当振动机的偏心轮连续转动时，周期性地抬起上板，使上板绕铁链转动。在偏心轮转到最高点时，上板及火工品试验箱自由落下，撞击下板，然后再抬起，再撞击下板，依次重复，从而使火工品受到一定时间、一定频率和一定振动力的冲击[1]。

火工品振动试验的试验参数一般为落高 150 mm、频率为 1 Hz、振动时间 2 h。其冲击力度约为 250 g，持续时间为 2.0 ms。从使用振动试验以来，虽然运输工具变化很大，但所遇到的恶劣运输环境基本未变，因此，相关标准仍继续用它来检验火工品的安全性和坚固性。

引信由于单位包装的质量高于火工品，所以，运输过程遇到颠簸时，包装箱高度弹跳的高度较小，所以，引信标准规定落高 102 mm。

3. 颠簸试验[20]

汽车实际运输时遇到的过载如表 8.15 所示。颠簸试验所用颠簸试验机（图 8.16）可以模拟各种实际运输条件下的跑车颠簸振动，见表 8.16[21]。

表 8.15　不同运输条件下的过载

运输条件				过载值/g		1 000 km 内过载平均次数
路面	速度/($km \cdot h^{-1}$)	产品箱固定方式	汽车载质量/%	最大值	平均值	
有深达 10～40 cm 凹坑的沥青、卵石或泥土压的恶劣路面	50（有凹坑时 20～30）	不固定	10～50	40	1.5	约 4.7×10^6
			50～100	20	1.5	
		绳索固定	10～50	30	1.5	
			50～100	15	1.5	
		刚性固定	任意	5	1.1	
沥青或水泥路面	80	不固定	任意	3.5	0.5	
		刚性固定	任意	2	0.35	

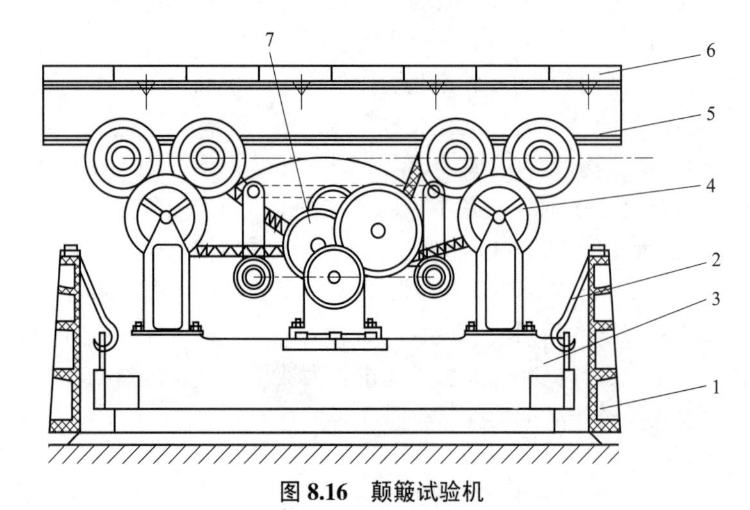

图 8.16　颠簸试验机

1—底座；2—拉力弹簧；3—铸铁台；4—传动系统；5—接应轮；6—工作台；7—电动机

表 8.16　颠簸试验台各种工作状态的垂直方向过载

接应轮类型	工作状态		平均过载值/g		最大过载值/g	1 h 内过载平均数
	序号	频率/Hz	工作台中心	工作台边缘		
无轮箍的铸铁轮	1	4	1.5	3.6	16	4.7×10^6
	2	6.5	1.5	3.7	22	
	3	9	2.4	3.5	29	
	4	11.5	5.0	8.7	40	
带橡皮轮箍的铸铁轮	5	4	0.5	0.6	2.5	0.96×10^6
	6	6.5	0.9	1.3	5.5	
	7	9	1.7	2.1	8	
	8	11.5	2.1	2.4	9	

由于振动试验的过载值要远大于颠簸试验，所以，振动试验作为一项常规试验，更多地用于非刚性约束状态火工品运输试验，但对于较大尺寸的火工品装置或系统而言，使用颠簸试验更符合实际运输情况。

8.2.2.4　使用环境的火工品高频振动试验

导弹、飞机等在飞行过程中，都会产生高频振动。发动机起动关机过程推力变化、跨声速脉动压力及火箭带攻角通过跨声速时的冲击等引起的高频振动属于正弦振动，由发动机喷流噪声和跨声速气动噪声带来的高频振动属于随机振动。正弦振动是一种确定型振动，它的振动量随时间的变化规律可以用精确的数学关系式来表达，振动参数有位移、速度、加速度、力等；而随机振动是指振动随时间交替变化的情况无法用精确的数学关系式来表达，只能用概率论或统计学的方法来描述，统计特征参数有幅度域（概率密度、概率分布、均值、均方差）、时间域（自相关函数、互相关函数）、频率域（自功率谱、功率谱密度函数）等。高频振动试验是考核在使用期内承受振动环境的能力，即高频振动试验结束后，产品应能可靠工作[14]。不同作战平台和武器运动阶段的高频振动频率与类型如表 8.17 所示。

模拟作战条件下的振动试验，一般按火工品在弹、引信中的实际装配情况设计，刚性地装夹到夹具上。

表 8.17　不同作战平台和武器运动阶段的高频振动频率与类型

平台	空中发射		地面发射（牵引式火炮发射除外）		舰上发射	
阶段	发射前/挂飞飞行	自由飞行	发射前	自由飞行	发射前	自由飞行
频率/Hz	20～2 000	20～2 000	5～2 000	20～2 000	5～50	20～2 000
类型	正弦/随机振动	随机振动	正弦振动	随机振动	正弦振动	随机振动

1. 正弦振动试验

导弹发射前及亚声速和超声速飞行过程中的正弦振动试验条件如表 8.18 所示，括号内数据为火工品试验条件，其幅值为对应数据的 1.5 倍。通常认为机械传递的振动的最高频率为 2000 Hz，陆上、舰艇和螺旋桨飞机上发射的导弹上限频率为 500 Hz[17]。

表 8.18　导弹及火工品振动试验条件

发射前导弹及火工品	频率范围/Hz	5～15	16～25	26～0	41～50
	振幅（峰－峰）/mm	1.52（2.28）	1.02（1.58）	0.51（0.76）	0.13（0.20）
亚声速导弹及火工品	频率范围/Hz	15～25	25～137	137～177	177～2 000
	振暢（峰－峰）/mm	1.68（2.52）		0.055（0.08）	
	加速度（峰值）/*g*		4.2（6.3）		7（10.5）
超声速导弹及火工品	频率范围/Hz	15～25	25～87	87～173	173～2 000
	振幅（峰－峰）/mm	1.68（2.52）		0.14（0.21）	
	加速度（峰值）/*g*		4.2（6.3）		17（25.5）

在 1984 年发布的 MIL－STD－322B《引信电起爆元件的基本评价试验》中，规定用正弦波形模拟火工品在飞机运输和亚声速导弹飞行中诱发的连续激励环境（高频振动）[13]，表 8.19 所示的正弦运动参数基本概括了导弹发射前及亚声速导弹火工品高频振动的严酷情况。

表 8.19　推荐的高频振动试验条件（正弦振动）

频率范围/Hz	5～14	14～23	23～74	74～2 000
振幅（峰－峰）/mm	2.54		1.0	
加速度（峰值）/g		1.0		10.0
一次扫描时间/min	20（5 Hz－2 000 Hz－5 Hz）			
扫描方式	对数变化			
振动方向	产品为三个相互垂直轴的每个轴			
每方向振动时间/h	3			

在 MIL－STD－23659C《电起爆器通用设计规范》中，规定了用于航天运载火箭的钝感火工品的高频振动参数，如表 8.20[2]所示，基本概括了导弹发射前及超声速导弹火工品高频振动的严酷情况。

表 8.20　钝感火工品高频振动参数

频率范围/Hz	10～50	50～2 000
振幅（峰－峰）/mm	3.0	
加速度（峰值）/g		25.0
一次扫描时间/min	15	15
扫描方式	对数变化	
振动方向	产品输出端向上、向下和水平	
每方向振动时间/h	两次	

2. 随机振动试验

武器使用过程中，遇到的大多数振动为随机振动，所以，振动试验应优先选用随机振动。随机振动的严酷等级由频率范围、功率谱密度、总均方根加速度和试验时间决定，总均方根加速度可根据频率范围和功率谱密度计算得出。亚声速及超声速导弹飞行过程的随机振动试验条件见表 8.21，括号数据为火工品试验条件，其功率谱密度为对应数据的 2 倍[17]。

表 8.21　导弹飞行过程的随机振动试验条件

亚声速导弹	频率范围/Hz	15～221	221～300	300～1 000	1 000～2 000
	功率谱密度/($g^2 \cdot Hz^{-1}$)	0.08（0.16）	按 4 dB/oct 上升	0.12（0.24）	按－6 dB/oct 下降
	振动时间/min	每向 10			

续表

超声速导弹	频率范围/Hz	15～66	66～300	300～1 000	1 000～2 000
	功率谱密度/（$g^2 \cdot Hz^{-1}$）	0.08（0.16）	按 4 dB/oct 上升	0.6（1.2）	按 −6 dB/oct 下降
	振动时间/min	每向 10			

常规炮弹用典型火工品（1DT182 独脚电雷管）及航天用点火器的随机振动试验条件见表 8.22[22]。

表 8.22 典型火工品随机振动试验条件

试验条件	1DT182 独脚电雷管		航天用点火器		
频率范围/Hz	20～1 000	1 000～2 000	10～100	100～400	400～2 000
功率谱密度/（$g^2 \cdot Hz^{-1}$）	0.3	按 −6 dB/oct 下降	0.01～0.8，按 6 dB/oct 上升	0.8	0.8～0.16，按 −3 dB/oct 下降

实际试验时，随机振动往往采用低限进行。它是一种最低要求，凡通过这种试验的产品就可在实际使用中具有一定的可靠性。试验条件见表 8.23[23]。

表 8.23 随机振动低限试验条件

频率范围/Hz	20～1 000	1 000～2 000
功率谱密度/（$g^2 \cdot Hz^{-1}$）	0.04	按 −6 dB/oct 下降
振动时间/min	每向 3	

8.2.3.5 火工品模拟发射环境高过载试验

1. 锤击试验[20]

1）锤击试验装置

火炮发射时，质量不良的火工品可能发火或爆炸，引起膛内爆炸事故。同时，在对目标作用过程中，火工品同样会受到惯性力的作用，而使弹丸提前作用，影响作用效果。锤击试验的目的：模拟发射时的惯性力（或加速度），以检验火工品在发射时的安全性和作用可靠性。

锤击试验又称马歇特试验。锤击试验所用锤击试验机如图 8.17 所示。它是用重 37 kg 的重砣带动装在锤柄上的击锤，使击锤旋转一定角度，打击在击砧上。利用击锤和击砧碰击时产生的惯性力模拟发射惯性力。锤击试验机中的击锤安装在半圆轮上的击锤柄上，半圆轮又固定于机轴上。机轴的另一端穿过护板，与棘轮结合在一起。通过控制棘轮可以使机轴固定在一定的位置。棘轮共有 30 个齿。如以击锤接触击砧面时相应的棘轮位置为零位，则棘轮从零位开始每转动一个齿（12°）时，与它同轴的半圆轮也就转过同样的角度。半圆轮的转动一方面使击锤升高，另一方面也将挂有重锤的皮带绕在轮上，提高重砣的位置。一旦释放棘轮，击锤就在重砣的牵引下骤然下落，打击在击砧上。

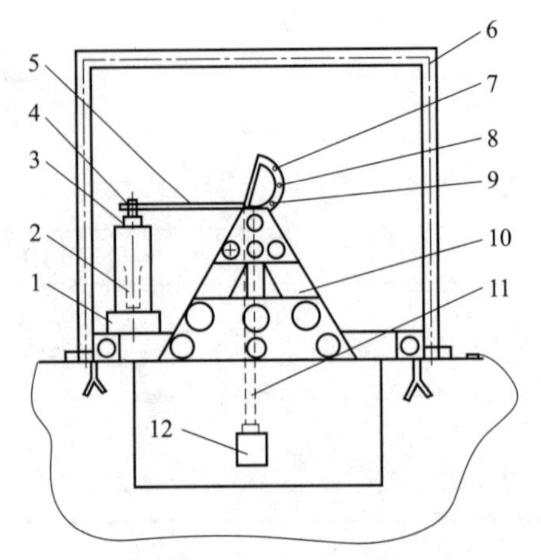

图 8.17　锤击试验机

1—绝板；2—击砧座；3—击砧；4—击锤；5—键柄；6—护板；
7—半圆轮；8—机轴；9—轴承；10—机架；11—皮带；12—重砣

试验时，将装有火工品的试验辅助工具旋在击锤上，并拧紧到位。转动机轴，使棘轮转过若干个齿，然后释放棘轮，使火工品经受强烈的振动。棘轮转的齿数越多，锤击产生的惯性加速度就越大，各齿对应的冲击加速度值可由铜柱测压测出，如表 8.24 所示。

表 8.24　锤击齿数与对应的惯性加速度

齿数	1	2	3	4	5	6	7	8	9
加速度/g	1 000	1 777	2 700	3 500	4 200	4 700	5 800	6 850	7 400
齿数	10	11	12	13	14	15	16	17	18
加速度/g	9 200	11 000	12 900	14 700	16 500	18 300	19 000	20 400	22 250
齿数	19	20	21	22	23	24	25		
加速度/g	23 000	24 000	25 000	26 000	29 000	33 000	35 000		

锤击试验只能模拟火炮发射时加速度的极值，不能模拟发射过程中加速度的变化规律，其冲击加速度的作用时间（23 齿时约为 120 μs）远比火炮膛内发射加速度持续时间短，其大小和变化也不完全与实际相符；但由于这种试验的模拟效果较好，且已经过长期使用，具有简单实用的特点，所以，目前在我国及俄罗斯仍广泛使用。火工品通常采用 23 齿进行试验，过载系数为 29 000 g，其加速度为 17～18 m/s^2，相当于从 16 m 高度处的投弹试验[24]。

2）高感度雷管锤击试验

由于锤击试验是模拟发射时的惯性力，所以，高感度雷管的出厂和入厂验收中均规定要进行此项试验。在某高感度雷管验收试验中，出现过出厂合格而入厂锤击发火的情况。其主要原因是火工品生产厂与引信厂所使用的锤击工装（图 8.18 和图 8.19）不一致。

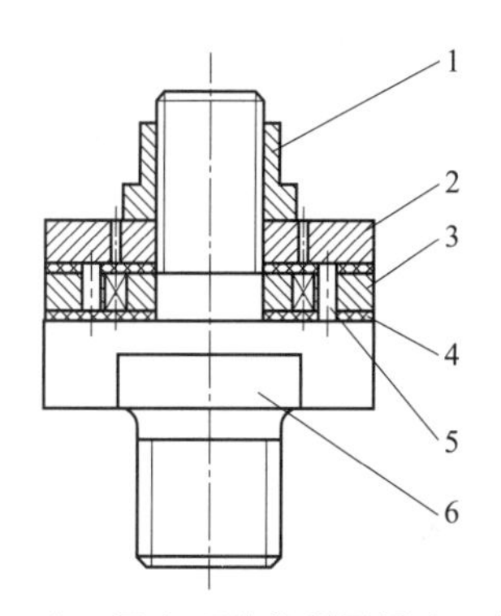

图 8.18　火工品出厂验收所用锤击工装

1—螺母；2—盖板；3—中圈；4—大纸垫；5—定位销；6—本体

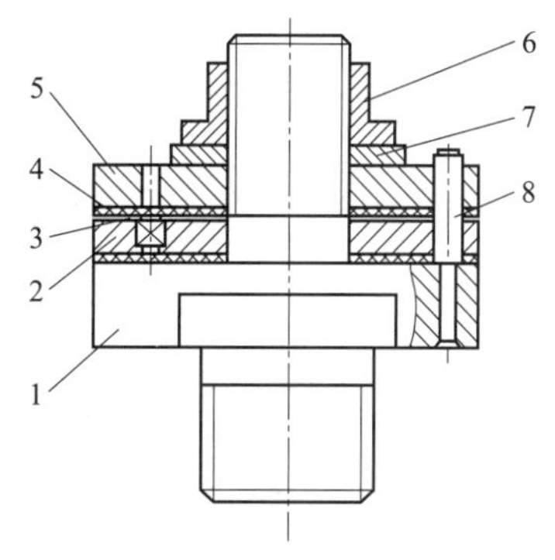

图 8.19　火工品入厂验收所用锤击工装

1—本体；2—中圈；3—小纸垫圈；4—大纸垫；5—盖圈；6—螺母；7—垫圈；8—定位销

火工品生产厂所使用的锤击工装中，中圈为通孔，上下各有一纸垫，中圈高度略低于雷管高度上限。所以，雷管高度的区别可通过上下纸垫予以调整。在引信厂所使用的锤击工装中，中圈为台阶孔，且其台阶有一定弧形，从而使雷管输出端不能完全到位，导致个别高度处于上限的雷管的输入端凸出于中圈上表面。当进行锤击试验时，由于这些雷管输入端凸出中圈上表面，使小纸垫圈很难放正，造成锤击发火。在另一高感度雷管的入厂验收中，也发生过横向锤击发火的情况。其主要原因是中圈材料硬度不符合要求，标准要求中圈材料硬度为 48～52 HRC，实际所用中圈材料硬度仅为 9 HRC，从而使锤击时发生塑性变形，挤压雷管发生爆炸。

3）锤击试验与引信实际使用的区别

火工品在实际引信中的状态如图 8.20 所示[25]。隔爆件及周围介质为硬铝，雷管装入前，雷管孔内涂 AB 胶，装入后经三点点铆，雷管底部不垫垫片。隔爆件与引信上下体之间的设计间隙为 0.1～0.365 mm。显然，与图 8.20 相比，图 8.18 锤击工装中火工品的受力状态要好得多，而图 8.19 的锤击工装与实际情况更相符。但从引信装配雷管过程可知，雷管高度的微差决不会使之凸出隔爆件，也不会与隔爆件的上下体直接接触。而图 8.19 锤击工装却存在雷管凸出隔爆件的可能。所以，作为一种一致性检验手段，用图 8.18 所示的锤击工装能消除试验工装对结果的影响。至于试验与实际使用的受力差别，可通过使用实际隔爆件试验或提高锤击过载值予以调整。如引信实际过载为 16 齿，可对火工品进行 23 齿的锤击试验。从设计方面考虑，锤击发火的主要原因是产品压药压力不够，或药剂之间压力不匹配，或压合件运动所致。所以，要从设计上保证火工品的耐过载能力。

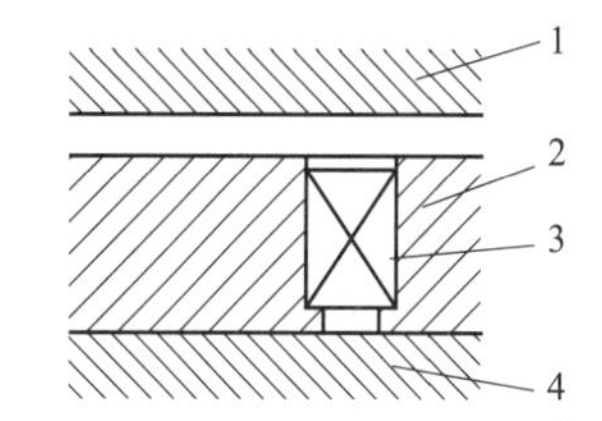

图 8.20　雷管在引信隔爆件中的状态

1—引信上体；2—隔爆件；3—雷管；4—引信下体

4）等效模拟循环锤击试验方法[26]

某定型针刺火工品随子弹药进行弹药适配性强度试验时，出现在隔爆位置发火的异常失效问题。经分析，该失效主要是因火工品不能经受火炮发射过程中的过载所致。由于该火炮发射过程中既有轴向过载，又有径向过载，且会反复振荡多次，所以，采用等效模拟循环锤击试验方法对改进火工品的耐过载能力进行考核验收。

等效模拟循环锤击试验方法是按照“等效实际响应，不等效实际激励”的思想进行设计的一种试验方法。具体方法：初步预估经受过载的大小与方向，对装有火工品的子弹引信进行多次锤击试验后，观察子弹引信受损情况，并与回收的约束火工品引信的实际损坏程度进行对比，最后调整确定锤击大小、方向和次数。如在对发射环境激励及引信对环境激励的响应情况不完全清楚的情况下，为解决一定型引信适配某弹药出现的异常失效，所用的等效模拟循环锤击试验方法为：引信头向下经（30 000±1 000）g 锤击 3 次引信头向上经（30 000±1 000）g 锤击 1 次→引信横向每间隔 60°经（20 000±1 000）g 锤击 1 次，共 6 次。

在解决装配针刺火工品的子弹药与弹药适配性问题的初期，曾用上述等效模拟循环锤击试验方法对针刺火工品及改进后针刺火工品进行了试验（表 8.25）。

表 8.25　针刺火工品改进前后等效模拟循环锤击试验结果

项目	第一轮		第二轮		第三轮	
结果	试验数/发	发火率/%	试验数/发	发火率/%	试验数/发	发火率/%
改进前	51	11.7	25	20	15	26.7
改进后	20	0	20	0	20	5

从表 8.25 可知，改进后的针刺火工品的耐过载能力有了显著提高。观察经过一轮等效模拟循环锤击试验后的子弹引信受损情况，发现比回收子弹引信实际损坏程度严重，主要原因是子弹引信受力环境比母弹引信要好些。所以，对子弹引信用针刺火工品进行试验时，将上述等效模拟循环锤击试验方法修改为：子弹引信头向下经（25 000±1 000）g 锤击 3 次→子弹引信头向上经（25 000±1 000）g 锤击 1 次→子弹引信横向每间隔 60° 经（20 000±1 000）g 锤击 1 次，共 6 次。火炮实际发射试验表明，能通过该方法试验的火工品能经受子弹引信在火炮内的复杂发射过载而不发火。

为解决针刺火工品生产阶段的一致性验收问题，要求将产品装入专用锤击工装（不加纸垫）内，经受模拟发射过载的如下等效循环锤击试验：雷管输入端向下经（30 000±1 000）g 锤击 3 次→雷管输入端向上经（30 000±1 000）g 锤击 1 次→锤击工装横向每间隔 60°经（20 000±1 000）g 锤击 1 次，共 6 次。等效循环锤击试验后，产品应不发火，且能从锤击工装中自由退出。用该方法对改进前的产品进行试验，发现改进前产品试验后部分不能从工装中自由退出，且产品尺寸明显变化。

2. 空气炮试验与膛内过载模拟试验

1）空气炮试验

在火炮发射的弹药中，要求火工品能承受极高水平的后坐加速度和撞击过载。如美国 M100 电雷管和 1DT182 独脚电雷管技术指标中分别要求进行 13 000g、1 ms 和 25 000g、1 ms 的冲击过载[22]，但美国相关火工品通用标准中，并未规定出相应的高过载试验考核方法。从相关报告可知，美国是采用空气炮试验来考核火工品的耐高冲击过载指标[27]。

在未出现锤击试验前，通常是通过将火工品装入模拟弹中，从一定高度撞击到钢板上，观察火工品的耐高冲击过载性能。但这样试验的落高达 16 m 以上（对应落速大于 18 m/s），且落姿不好掌握，试验重复性差。若采用空气炮（分立式和卧式两种结构，立式结构见图 8.21），就克服了这些不足[20]。

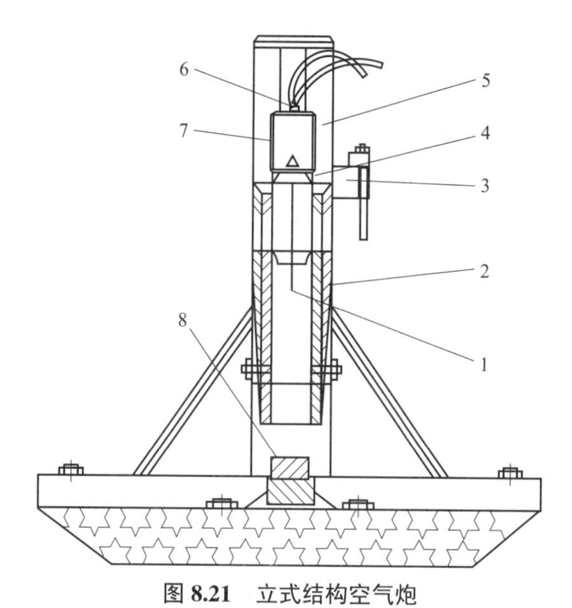

图 8.21　立式结构空气炮

1—试验弹；2—身管；3—控制机构；4—控制闩；5—工作气缸；
6—气源接头；7—辅助工具；8—砧台

与锤击试验相比，空气炮试验装置可以获得更大的加速度和较长的作用时间。试验时，被试产品装于试验弹上，由控制闩将弹固定在一定位置。工作气缸通过接头与压缩空气瓶连接。当工作气缸中的气压达到预定值时，控制机构使控制闩自动脱开，试验弹在空气压力的推动下撞击砧台。工作气压与惯性加速度的对应关系如表 8.26 所示。

表 8.26　空气炮工作气压与惯性加速度的对应关系

气压/atm	1.5	2.5	3.5	4.5	5.5	6.5	7.5	8.5
加速度/g	4 500	11 000	16 500	20 600	26 800	29 800	37 200	40 800

2）膛内过载模拟试验[27]

鉴于空气炮模拟的过载持续时间仍与实际存在较大差距，特别是小口径引信用火工品（5～10）$\times10^4$ g 的高过载要求，迫使人们又回到利用火药弹道炮模拟实际发射过程。

在试验过程中，将装有被试火工品的试验弹装入模拟炮中，用火药将其发射出去，用安装在模拟炮药室上的压力传感器采集膛内压力信号，根据压力标定系数，计算膛内峰值压力，并测出压力持续时间，从而得到被试火工品所经受的膛内过载值。为完整收集被试火工品，可采用长回收管加压气阻回收法，只要计算好回收管的长度和调节好回收管中的气体预充压值，就能确保回收过程中所经受的反向过载小于正向过载的 1/10，从而保证从模拟炮发射出来的高速试验弹的“软着陆”，无损地落入收弹箱内。当气体预充压值为 4.7 kg/cm^2 时，能保证速度为 650 m/s 的试验弹的“软着陆”。

8.2.3.6 意外环境力跌落试验

在火工品及其配用武器的装配、装卸、运输过程中，会出现两种意外跌落的可能：一是火工品运输箱装卸时从卡车上跌落或火工品从装配工作台上意外跌落；二是弹药在从码头向舰船上起吊搬运或在甲板上搬运时出现的意外跌落。

1. 2 m 跌落试验

大型运载火箭和洲际导弹通常是发射前才在发射现场安装钝感起爆器，在此安装过程中，无保护的起爆器有可能在 1.5～2.0 m 情况下意外跌落到钢地面。另外，火工品运输箱装卸时可能会从卡车上跌落，其典型高度为 2 m，火工品是以非刚性约束状态装入运输箱内。

常规武器装配火工品时，火工品可能从工作台上意外跌落，此时火工品的状态为裸露的无保护状态，典型跌落高度为 0.8～1.0 m。由于这些跌落完全可能发生，且直接影响到装配人员的安全，所以要求火工品经受这些跌落后必须安全，且在外观（特别是螺纹）未受损情况下也应作用可靠。另外，从卡车尾板上跌落，未包装的试样小于 2 kg 时，跌落高度为 1.2～1.5 m，此时可用 1.5 m 考核。所以，常规火工品可做 1.5 m 无保护跌落试验或装入引信内与其一起进行 1.5 m 跌落试验[28]。

2 m 跌落后，产品外形若发生明显变化，可剔除，但安全性必须满足要求；若产品外形未发生明显变化，性能应满足要求。但类似拔销器等火工品试验时，可能会使销子弯曲，此时外观受损，则可以不要求作用可靠。

火工品最初是多发包装在一个纸盒内，然后装入包装箱内进行运输。发生意外跌落时，火工品可能从包装纸盒内跌落到地面上。近几年，相对贵重的火工品出现单发铝塑袋包装，所以，2 m 跌落试验应以产品实际单发包装状态进行试验为佳。对于单发包装火工品，允许带包装进行试验。包装状态的产品不应发火及结构损坏，且性能应符合要求。

在 1984 年发布的 MIL－STD－23659C《电起爆器通用设计规范》中，提出要对无保护状态的火工品进行输出端朝上、朝下和水平三个方向 6 ft（1 ft=0.304 m）的跌落试验。这种要求覆盖了上述两种情况。试验时，可将跌落高度归一化为 2 m。但 AIAAS－113－2005《运载火箭和宇宙飞船使用爆炸系统和爆炸装置的准则》中提出火工元件鉴定时，2 m 跌落试验要求 1 发产品要跌 3 次（输出端向上、向下和水平各 1 次）[29]，不仅苛刻，而且与实际情况不符，因为意外跌落毕竟是个小概率事件。国外相关标准要求的无损跌落高度统计如表 8.27 所示。

表 8.27 国外相关标准无损跌落高度统计

无损跌落高度	2 m	1.83 m	1.5 m
产品	EED、EFI、SCB、EBW	EED	EFI
标准	AIAA S－113－2005	MIL－DTL－23659E	MIL－DTL－23659E 附录 A

2. 12 m 跌落试验

弹药在从码头向舰船上搬运或在甲板上起吊搬运时，由于偶然跌落，弹药或包装箱就会与地面或舰船的甲板碰撞，典型的轮船运输码垛高为 12 m。另外，配备到空降部队的弹药，在运输过程中也会出现这样的意外跌落。由于火工品是装在弹药中，所以，此时火工品的状态为刚性约束状态。试验时，可按实际配重、安装条件将火工品装在模拟弹中带包装进行试验，试样在试验中不许发火，试验后应能安全处理。

航天用钝感火工品是运载火箭发射前数日才装入每个舱段，一个舱段长度可能就有 12 m 以上，竖起后可能会存在火工品有跌落现象，且该意外跌落时，火工品状态是无保护的。所以，在 MIL－STD－23659C 中，提出要对无保护状态的火工品进行 40 ft 的安全跌落试验[2]。在 AIAA－113－2005《运载火箭和宇宙飞船使用爆炸系统和爆炸装置的准则》中则要求进行 13.3 m 试验。试验时，可将跌落高度归一化为 12 m。

8.3　传爆元件输出性能测试

8.3.1　爆压测试方法

爆压测试方法主要有自由表面速度法、水箱法、压阻法、压电法和电磁法等[9]，其中锰铜压阻传感器由于具有制造工艺简单、温度系数小、性能稳定、测试精度高、测试范围广（1 MPa～50 GPa）等特点，所以压阻法在动态压力测量中应用广泛。本节主要介绍微型锰铜压阻传感器，并建立微装药爆压的测试方法。

8.3.1.1　测试原理

微装药爆轰波是典型的二维定常流动，如图 8.22（a）所示。其中爆轰波以稳定的速度传播，但波形呈曲面，波阵面压力在中心处最大，并沿径向衰减，呈轴向对称分布。

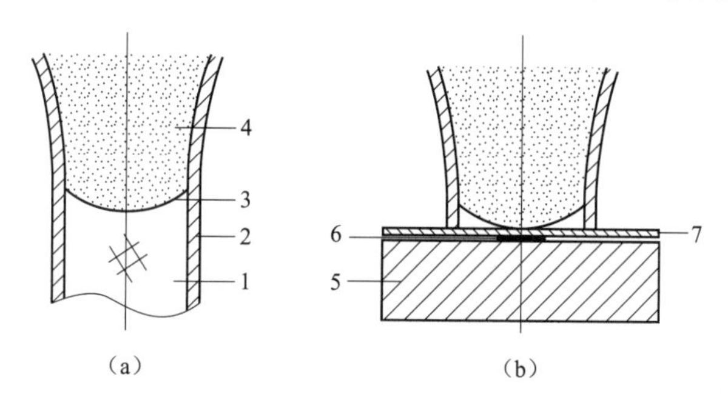

图 8.22　阻抗匹配法测量界面中心的压力原理示意图

（a）微装药爆轰波传播示意图；（b）微型锰铜压阻传感器布置示意图

1—装药；2—壳体；3—曲面爆轰波；4—爆轰产物；5—有机玻璃承压块；

6—微型锰铜压阻传感器敏感元；7—1 mm 厚有机玻璃片

本方法采用微型锰铜压阻传感器（图 8.23）测量距离装药与有机玻璃界面 1 mm 处有

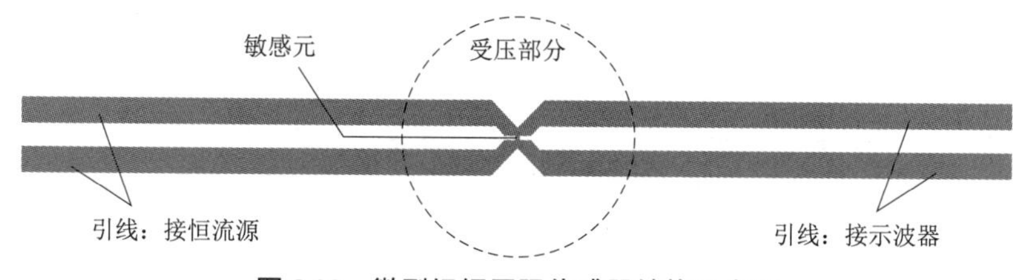

图 8.23　微型锰铜压阻传感器结构示意图

机玻璃介质中的冲击波压力 p_{m1}，见图 8.22（b），然后利用有机玻璃的冲击波衰减规律及界面阻抗匹配反算爆轰波压力。

令 p_j、p_{m0}、p_{m1} 分别表示所测微装药的爆压、微装药与有机玻璃界面的压力及距离界面 1 mm 处有机玻璃中的冲击波压力（GPa）。

利用测得的 p_{m1}，根据冲击波在有机玻璃中的衰减规律计算 p_{m0}：

$$p_{mx} = p_{m0}\,e^{-\alpha(d)\,x} \tag{8-1}$$

式中，p_{mx} 为距离装药与有机玻璃界面 x 处的冲击波压力。

则爆压的表示式（推导过程见 5.1.1 节）为

$$p_j = p_{m0}\frac{\rho_{m0}D_{m0} + \rho_0 D_j}{2\rho_{m0}D_{m0}} \tag{8-2}$$

式中，ρ_{m0}、ρ_0 分别为有机玻璃和装药密度（g/cm^3）；D_{m0}、D_j 分别为有机玻璃中冲击波初始速度和微装药的爆速（mm/μs），其中 D_j 为 2.3 节的测量值。

根据动量守恒方程和材料的冲击雨贡纽关系得到的式（2－36）计算 D_{m0}：

$$D_{m0}^2 - aD_{m0} - bp_{m0}/\rho_{m0} = 0 \tag{8-3}$$

8.3.1.2　试验样品制备

锰铜压阻传感器敏感单元的设计采用常用的 H 形结构设计，由于本书研究的微装药的装药直径均在 5 mm 以下，侧向稀疏效应导致爆轰反应的能量损失已经不可忽略，使爆轰波阵面呈弯曲状，如果将装药轴线处的爆轰波阵面近似为平面波，则锰铜压阻传感器的敏感区尺寸越小，测量结果的精度越高。

微型锰铜压阻传感器敏感元的形状为长方形，尺寸为 0.127 mm×0.254 mm，厚度为 10 μm，双面包覆聚酰胺（密度为 1.02～1.15 g/cm^3）成型膜，微型锰铜压阻传感器实测总厚度为 30～50 μm，如图 8.24 所示。

图 8.24　H 形微型锰铜压阻传感器实物

从响应时间上看，假设在有机玻璃中冲击波的作用下，聚酰胺成型膜和锰铜箔构成的微型锰铜压阻传感器内的平均冲击波速度与有机玻璃内冲击波速度相同（设 D_{m1}=5 mm/μs），冲击波在传感器材料间反射一次后压力处于平衡，则微型锰铜压阻传感器的响应时间为

$$\tau = \frac{2\times\delta}{D_{m1}} = \frac{2\times(30\sim50)\mu m}{5\ mm/\mu s} = 12\sim20\ ns \tag{8-4}$$

即经过 12～20 ns 后微型锰铜压阻传感器的压力与有机玻璃介质中的压力一致。

采用 ϕ130 mm 一级轻气炮对微型锰铜计进行标定，标定压力范围 0.66～25.4 GPa，试验装置如图 8.25 所示。

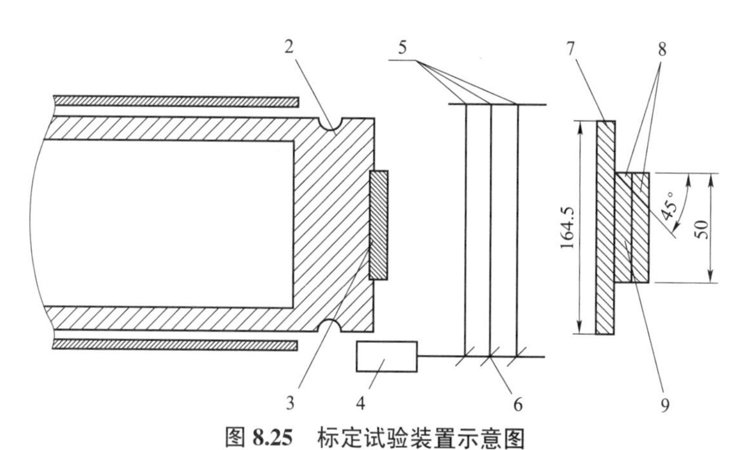

图 8.25　标定试验装置示意图

1—炮管；2—炮弹；3—飞片；4—光电管；5—光束分离镜；6—激光管；
7—首层靶板；8—第二、三层靶板；9—传感器布放区

采用密度不同的四种材料做靶和飞片材料，以取得从低到高不同的压力。四种材料的密度和加工尺寸见表 8.28。

表 8.28　标定试验飞片、靶材料参数

材料	有机玻璃	LY12 硬铝	H62 铜	钨
密度（$g \cdot cm^{-3}$）	1.18	2.773	8.37	17.45
厚度/mm	4	4	4	4
直径/mm	50	50	50	50

传感器安装：在第一个界面上安装两片待标定的微型锰铜压阻传感器，在第二个界面安装两片 PVDF 应力计。PVDF 应力计可以进行时间测量，而且节约了微型锰铜压阻传感器的用量。每个测量截面上安两片传感器，得到的时间取平均值，可以提高时间测量精度。弹速测量采用激光测速法，相对误差小于 0.5%。

微型锰铜压阻传感器的 $p-\Delta R/R$ 曲线为

$$p=\begin{cases}53.22\dfrac{\Delta R}{R}, & 0\sim5.907\ \text{GPa}\\ 1.978+35.28\dfrac{\Delta R}{R}, & >5.907\ \text{GPa}\end{cases} \tag{8-5}$$

标定试验数据点和拟合曲线如图 8.26 所示。

试验采用某单位研制的 JO－9C（Ⅲ）型细颗粒传爆药，药剂造型粉粒度为 40～100 目，装药约束套筒材料为 45 钢和有机玻璃，套筒外径为 20 mm，药筒高度为 38 mm，装药内径为 0.9 mm、1.5 mm、2 mm、3 mm、4 mm 和 5 mm。装药密度为（1.707±0.005）g/cm^3（90%理论密度），为保证压药密度并避免密度梯度，采用定位压药的方法分多次将微装药压制成型。图 8.27 所示为压制微装药的典型实物。

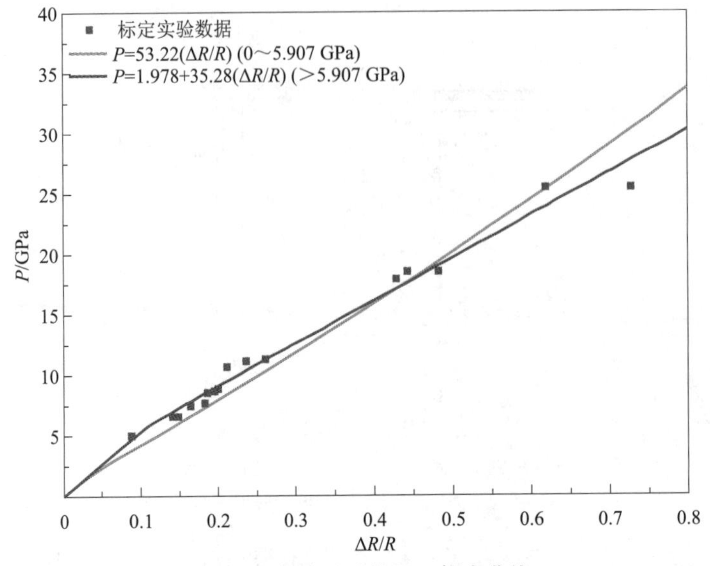

图 8.26　标定试验数据及拟合曲线

（a）

（b）

图 8.27　微装药压制实物图

（a）未装药的药筒；（b）压好的微装药

8.3.1.3　测试系统

将微型锰铜压阻传感器嵌于两块ϕ20 mm 的有机玻璃块中，上片作为传感器的保护介质，厚度为 1 mm；下块作为承压块，厚度为 10 mm，如图 8.28 所示。图 8.29 所示为微装药结构。

本试验的测试系统主要包括 TDS654C 型数字式示波器、MH4E 型 4 通道脉冲恒流源和小型爆炸容器。待测微装药试件与微型锰铜压阻传感器的安装如图 8.30 所示，系统装置连接如图 8.31（b）所示。

小型爆炸容器内的试件安装如图 8.30（a）所示，其主要工作原理为：利用脉冲恒流源起爆 8#工业电雷管，从而引爆微装药，同时电雷管的下端安装漆包线制成的触发探针因爆轰波的传播而导通，从而保证脉冲恒流源为微型锰铜压阻传感器供电和示波器触发的同步性，微装药爆轰输出的冲击波峰值压力被微型锰铜压阻传感器感应并由示波器记录。

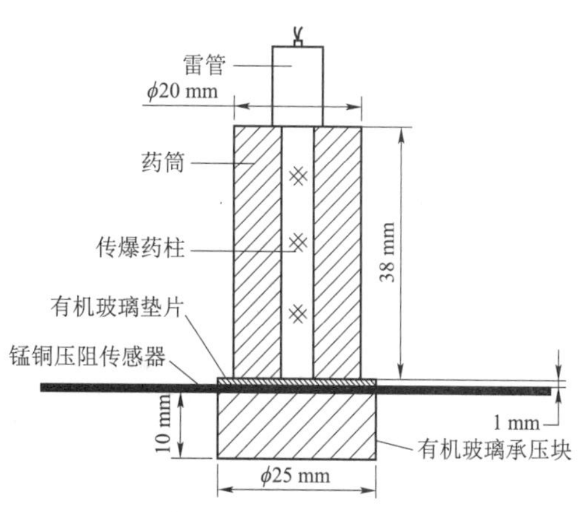

图 8.28　嵌入有机玻璃介质内的微型锰铜压阻传感器

图 8.29　待测微装药结构

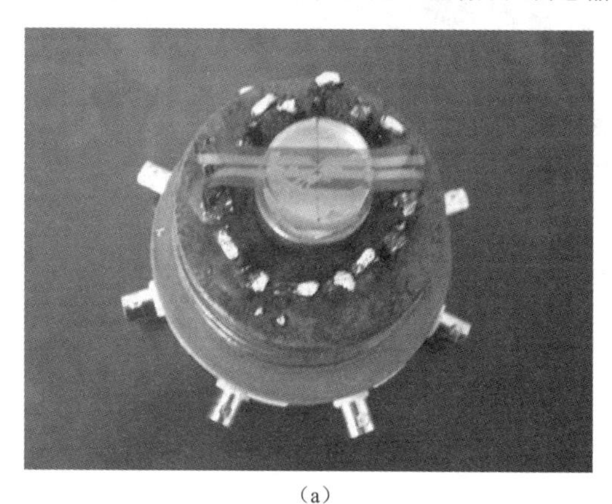

（a）

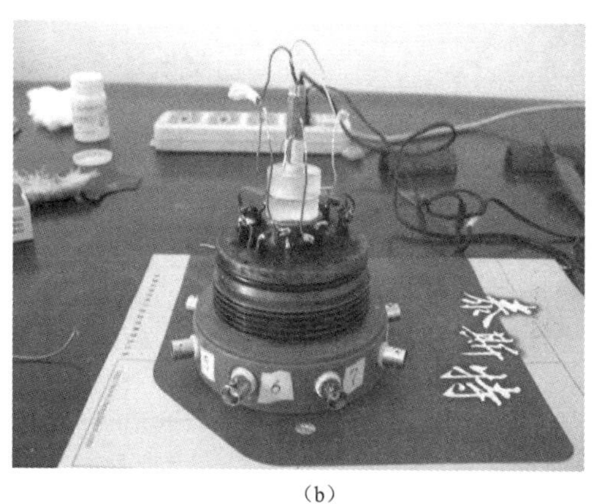

（b）

图 8.30　待测微装药试件与微型锰铜压阻传感器的安装

（a）微型锰铜压阻传感器的安装；（b）待测微装药试件的安装

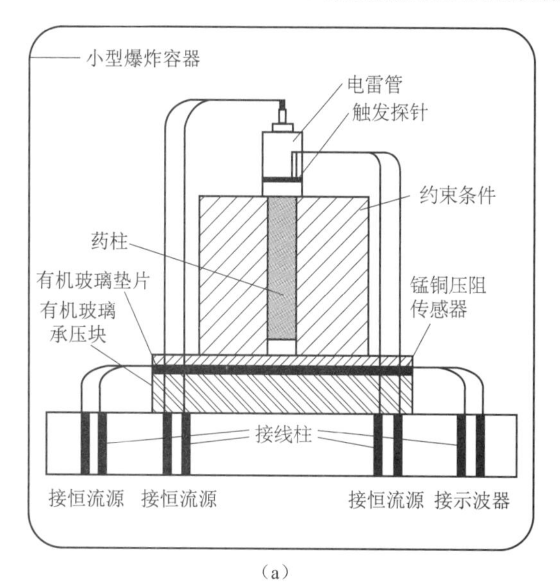

（a）

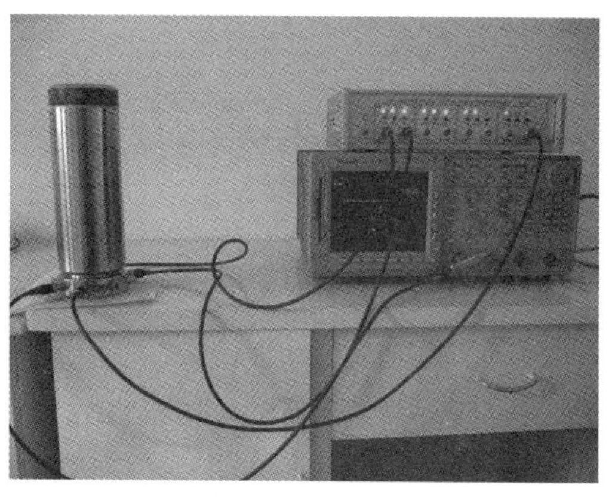

（b）

图 8.31　测试系统框图与测试系统装置

（a）测试系统框图；（b）测试系统装置

8.3.1.4　数据处理

图 8.32 所示为数字示波器记录的测量信号，图 8.33 所示为从中获取的压力信号。

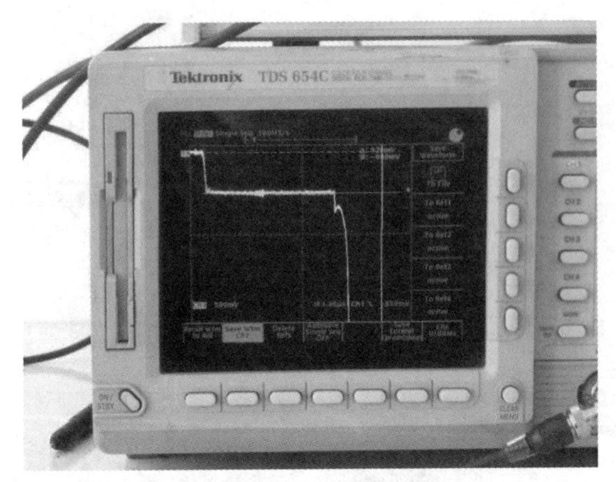

图 8.32　实验记录信号

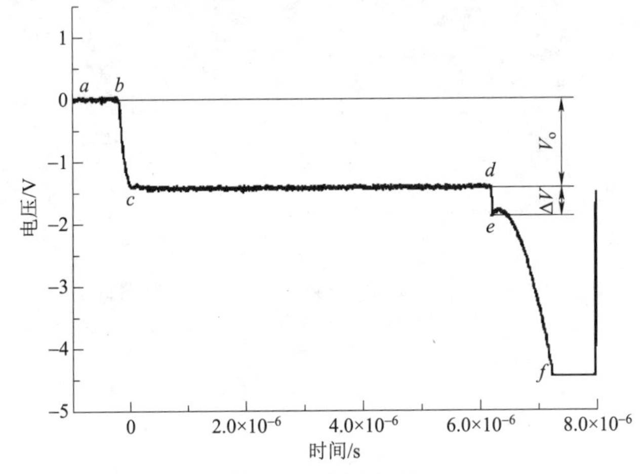

图 8.33　压力信号

$\Delta V/V_0$ 的数据判读与 p_{m1} 数据处理步骤为：

（1）从图 8.33 中读出峰值 $\Delta V/V_0$ 及上升时间 τ_M。

（2）按式（8−5）计算 $p_{m1}^{(1)}$。

（3）按式（8−3）计算 $D_{m0}^{(1)}$。

（4）代入微型锰铜压阻传感器量的厚度 δ 按式（8−4）计算 $\tau^{(1)}$。

（5）若 $|\tau_M-\tau^{(1)}|/\tau_M \leqslant 10\%$，则 $p_{m1}^{(1)}=p_{m1}$，$D_{m0}^{(1)}=D_{m0}$。

（6）若 $\left|\tau_M-\tau^{(1)}\right|/\tau_M > 10\%$，则对记录的 $\Delta V/V_0(t)$ 曲线进行三次幂函数拟合。

（7）在拟合的 $\Delta V/V_0(t)$ 曲线上，计算 $\tau^{(1)}$ 对应的 $\Delta V_M/V_0^{(2)}$。

（8）重复步骤（2）～（5）、（7）n 次，直到满足（5），则 $\tau^{(n)}=\tau$；$p_{m1}^{(n)}=p_{m1}$，$D_{m0}^{(n)}=D_{m0}$。然后将得到的 p_{m1} 代入式（8−1）计算 p_{m0}，再将得到的 p_{m1} 代入式（8−2）计算爆压 p_j。

数据统计：

（1）在一个测试点重复 n 发可进行数据判读试验，获得$(p_{j1}, p_{j2}, \cdots, p_{jn})$。

（2）对数据进行统计得到爆压中值 $\overline{p}_j = \frac{1}{n}\sum_{i=1}^{n} p_{ji}$ 和标准偏差 $S_{p_j} / \overline{p}_j = \left(\frac{\sum_{i=1}^{n}(p_{ji} - \overline{p}_j)^2}{n-1}\right)^{\frac{1}{2}} / \overline{p_j}$。

（3）若 $\overline{S}_{p_j} \leqslant 5\%$，则在该测试点 $p_j = \overline{p}_j$，$S = S_{p_j}$。

（4）若 $\overline{S}_{p_j} > 5\%$，则需要剔除过高或过低的数据，并补充相应数量的试验发数。

（5）重复步骤（1）～（3），直到满足（3）。

误差分析：

由爆压计算公式可知

$$p_j = \frac{\rho_{m0}D_{m0} + \rho_0 D_j}{2\rho_{m0}D_{m0}} p_{m1}e^{\alpha} = f\left(\frac{\rho_0 D_j}{\rho_{m0}D_{m0}}\right) p_{m1}e^{\alpha} \tag{8-6}$$

则

$$\varepsilon_{p_j}^2 = \varepsilon_{p_{m1}}^2 + \varepsilon_{\alpha}^2 + \varepsilon_f^2 = \varepsilon_{\Delta V_m/V_0}^2 + \varepsilon_{fc}^2 + \varepsilon_{\alpha}^2 + \varepsilon_f^2 \tag{8-7}$$

式中，ε_{p_j} 为爆压计算误差，$\varepsilon_{p_{m1}}$ 为有机玻璃冲击波压力测试误差，$\varepsilon_{\Delta V_m/V_0}$ 为测量误差，ε_{fc} 为微型锰铜压阻传感器标定误差，ε_{α} 为试验数据回归 α 的误差，ε_f 为采用阻抗匹配法计算爆压的误差。

已知 $\varepsilon_{fc} = 2.5\%$，$\varepsilon_{\alpha} = 1\% + 2.5\%$，$\varepsilon_f = 3.5\%$，$\varepsilon_{\Delta V_m/V_0} = 2.5\%$，则 $\varepsilon_{p_j} = 6.1\%$。

8.3.2　飞片速度测试方法

实验研究飞片速度的方法主要有电探针法、电磁法、激光干涉测速仪（Velocity Interferometer System for Any Reflector，VISAR）和光子多普勒测速技术（Photonic Doppler Velocimetry，PDV）等。根据测速原理，可以分为平均速度测试方法和瞬时速度测试方法。

8.3.2.1　平均速度测试方法

平均速度测试方法主要有点探针法和电磁法，可以测量一段距离内飞片的平均速度。本节主要对电磁法进行介绍。

1. 测试原理

电磁法测试飞片平均速度的主要依据是法拉第电磁感应定律和应力波理论，用电磁速度传感器直接测量爆轰波驱动飞片在一段飞行距离的平均速度。

基本原理：由法拉第电磁感应定律可知，当金属导体（图 8.34）在磁场（图 8.35）中作切割磁力线运动时，就会在导体的运动部位产生感应电动势，如果导体形成闭合回路，则产生感应电流。如图 8.36 所示，其电动势的大小与导线所包围面积的磁通量对时间的变化率成正比，即

$$\varepsilon = \pm \frac{\mathrm{d}\Phi}{\mathrm{d}t} \tag{8-8}$$

式中，ε 为感应电动势（V）；Φ 为线圈的磁通量（Wb）；t 为时间（s）。

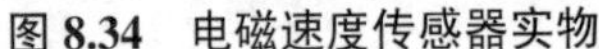

图 8.34　电磁速度传感器实物

图 8.35　永磁场实物

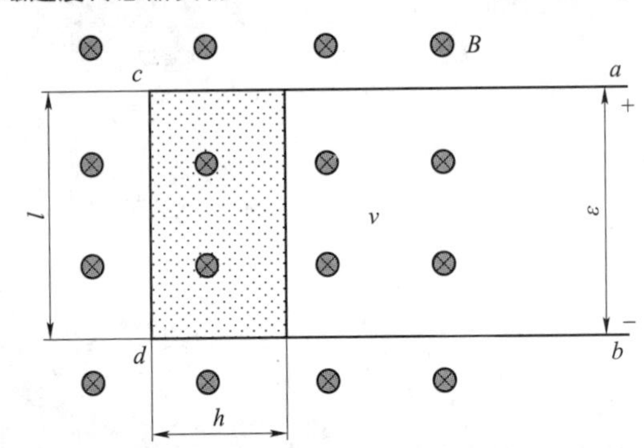

图 8.36　永磁场中矩形线圈感应电流的极性

由于磁通量 $\Phi = BS$，式（8－8）可写成

$$\varepsilon = \pm \frac{\mathrm{d}(BS)}{\mathrm{d}t} = \pm\left(B\frac{\mathrm{d}S}{\mathrm{d}t} + S\frac{\mathrm{d}B}{\mathrm{d}t}\right) \tag{8-9}$$

式中，B 为磁感应强度（T）；S 为金属导体切割磁力线的面积（mm^2）。

当导体处于恒定磁场中时，$\frac{\mathrm{d}B}{\mathrm{d}t} = 0$，由式（8－9）可得

$$\varepsilon = \pm B\frac{\mathrm{d}S}{\mathrm{d}t} = \pm Blv \tag{8-10}$$

式中，l 为移动导体 cd 的长度（mm）；v 为导体 cd 切割磁力线的速度（mm/μs）。

正号表示原矩形框所包围的面积增加，负号表示原矩形框所包围的面积减小。

由式（8－10）可知，当其他参数一定时，磁场强度越大，则产生的感应电动势越强。

2. 电磁速度传感器的设计与标定

电磁速度传感器的结构如图 8.37 所示，其主要部件包括铜箔、有机玻璃板、有机玻璃条、有机玻璃块和聚酰亚胺膜。各部件用 502 胶水黏合，保证铜箔绕成有效的闭合回路。

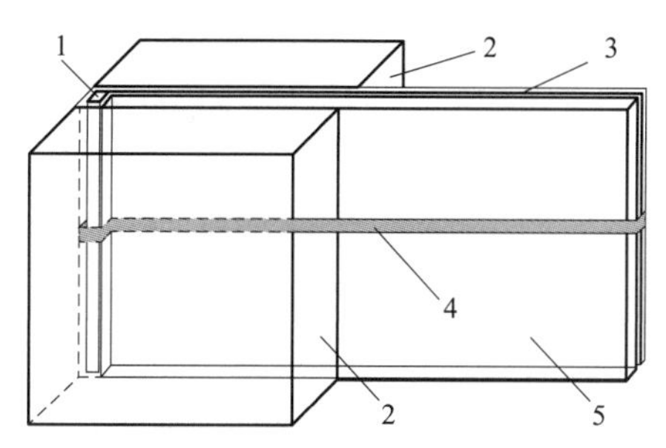

图 8.37　电磁速度传感器结构

1—有机玻璃条；2—有机玻璃块；3—聚酰亚胺膜；4—铜箔；5—有机玻璃板

为了保证电磁法测试微装药爆炸驱动飞片平均速度的可靠性，对其中一种直径装药驱动飞片的速度采用 VISAR（任意反射面激光干涉测速）法测试，利用该测试结果对电磁速度传感器进行标定。

选用的装药：有机玻璃约束，装药直径为 3 mm，装药高度为 38 mm。

选用的飞片：钛合金材质，厚度为 0.1 mm。

测得的飞片速度曲线如图 8.38 中实线所示。

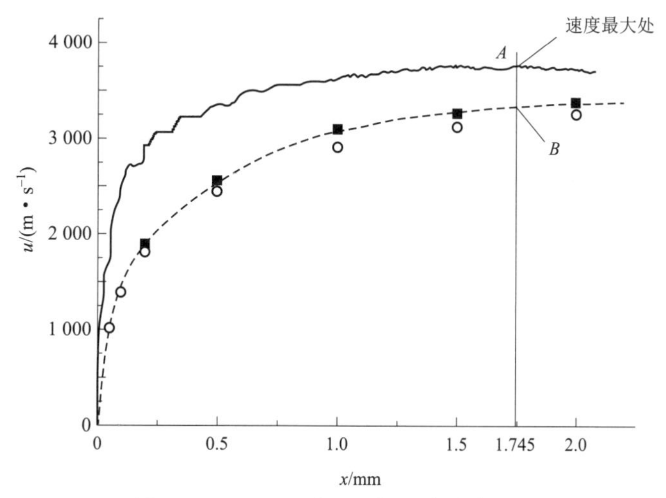

图 8.38　VISAR 法测得的飞片速度曲线

利用 VISAR 法测得的飞片速度曲线，可以计算得到与电磁法相同飞行距离下飞片的平均速度，其对应各点如图 8.38 中圆点所示，方点为电磁法测得的平均速度值，从图中可以看出，两种测试方法得到的平均速度随距离的变化趋势相同，两种方法得到的飞片速度结果见表 8.29。

表 8.29　电磁法与 VISAR 法测得的飞片速度对比

飞行距离 /mm	VISAR 法测得的当地速度 /（mm • μs^{-1}）	VISAR 法测得的平均速度 /（mm • μs^{-1}）	电磁法测得的平均速度 /（mm • μs^{-1}）	平均速度偏差/%
2	3.722	3.256	3.380	3.8
1.5	3.748	3.123	3.261	4.4

续表

飞行距离 /mm	VISAR法测得的当地速度 /（mm·μs^{-1}）	VISAR法测得的平均速度 /（mm·μs^{-1}）	电磁法测得的平均速度 /（mm·μs^{-1}）	平均速度偏差/%
1	3.630	2.883	3.090	7.2
0.5	3.348a	2.445	2.551	4.3
0.2	2.928	1.823	1.886	3.5

从图 8.38 可以看出，飞片速度的增大幅度随着飞行距离的增大而逐步减小，由于电磁法测得的速度值均为平均速度，故实际的速度最大值应该大于图中速度曲线上的速度最大值之前，VISAR 法得到的速度最大值处为图中 A 点，其值为 3.755 mm/μs，相应位置处电磁法得到的平均速度值为图中 B 点，其值为 3.333 mm/μs，比 VISAR 法要低。

3. 试验装置与测试系统

电磁法测试微装药爆炸驱动飞片平均速度的测试系统连接框图如图 8.39 所示，其工作过程为：起爆电雷管，雷管引爆微装药，装药爆轰驱动飞片运动，飞片经过定位块内一定距离的飞行后，撞击在电磁速度传感器里闭合回路的前臂上，此过程会在闭合回路的两端产生相应的感生电动势，信号由示波器捕捉。

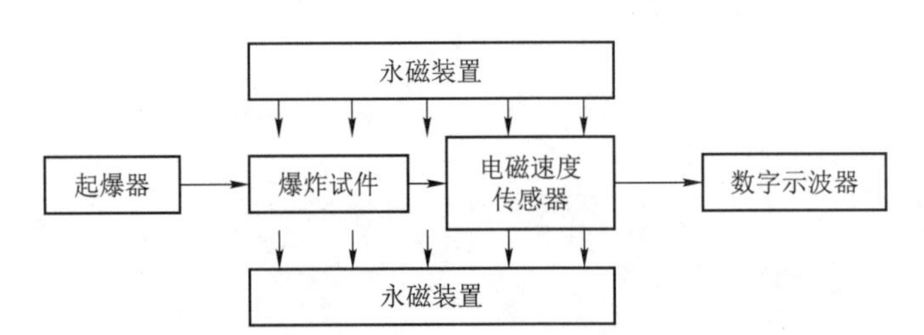

图 8.39　电磁法测试飞片速度框图

爆炸试件实物如图 8.40 所示，爆炸试件的安装如图 8.41 所示：用 502 胶水将微装药内孔、飞片、蓝宝石定位块内孔和电磁速度传感器闭合回路的端面对正黏合，以保证微装药爆轰时可以驱动飞片沿蓝宝石定位块的内孔圆周顺利剪切成型。

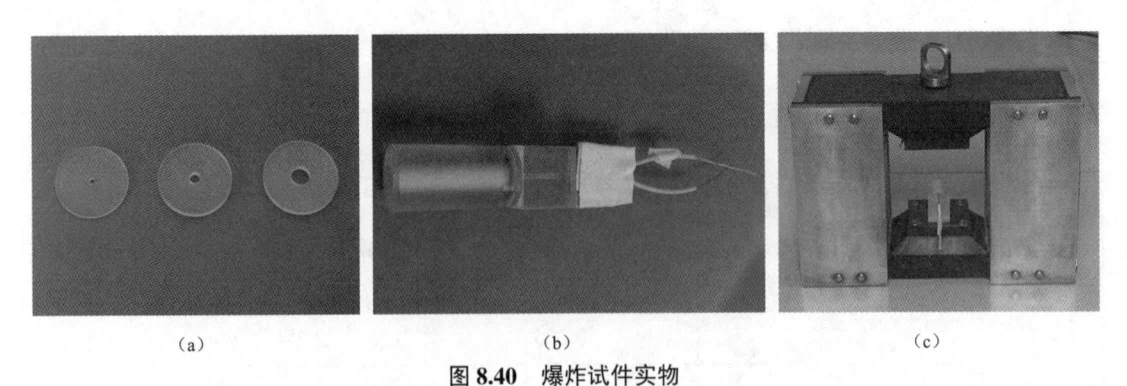

（a）　（b）　（c）

图 8.40　爆炸试件实物

（a）蓝宝石定位块；（b）爆炸试件；（c）安放在永磁场中的爆炸试件

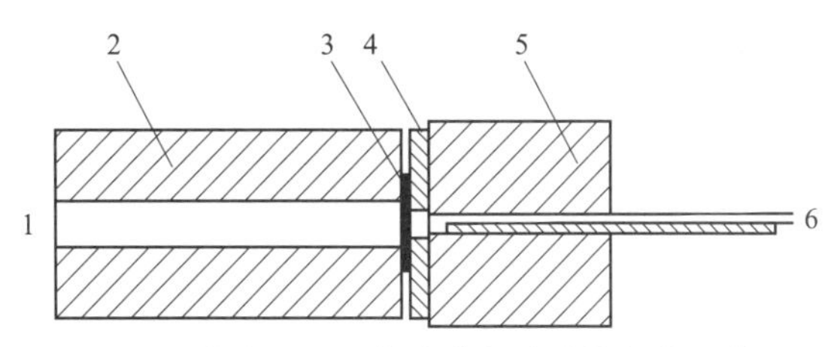

图 8.41　电磁法测飞片速度爆炸试件安装示意图

1—接起爆雷管；2—微装药；3—飞片；4—定位块；5—电磁速度传感器；6—接示波器

4. 数据判读与数据处理

信号的判读方法（典型信号和实测信号如图 8.42 和图 8.43 所示）：微装药爆炸时，驱动飞片沿装药轴线爆轰波方向传播，并近似为一维运动。t_0 时刻为飞片在爆轰波冲击作用下剪切成型后开始在定位块中飞行的时刻，由于飞片压缩磁场并使电磁速度传感器内产生正感生电动势，此时信号波形上呈现一个正向突跃。t_1 时刻为飞片撞击在电磁速度传感器内闭合回路前臂上的时刻，由于飞片与前臂的高速碰撞，向传感器内传播一道冲击波，使得闭合回路

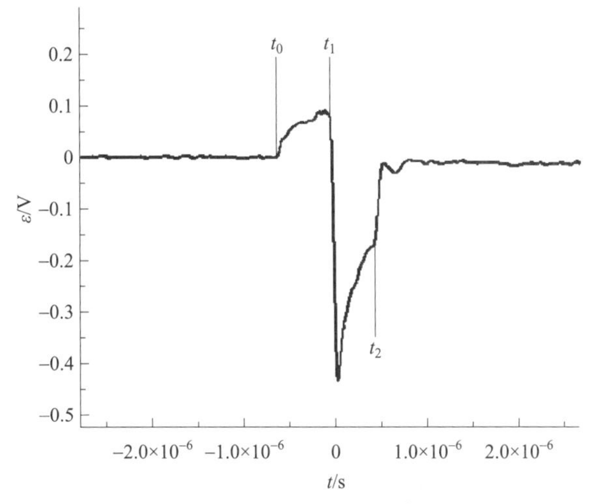

图 8.42　电磁法测飞片速度典型信号

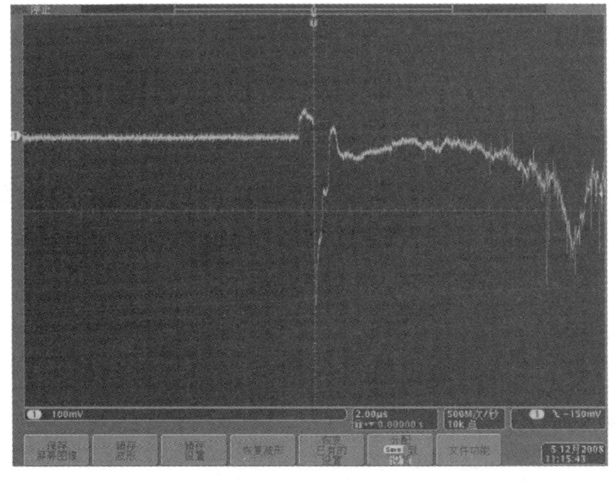

图 8.43　电磁法测飞片速度典型实测信号

的面积迅速减小，故在信号波形上产生一个负向突跃。t_0 到 t_1 的时间差即飞片在定位块空腔内的飞行时间。t_2 时刻为飞片撞击在电磁速度传感器上产生的冲击波到达闭合回路后臂的时刻，此时会引起闭合回路面积的迅速增大，故在信号波形上再次产生一个正向突跃。

飞片的平均速度：

$$\bar{v} = \frac{x}{t_1 - t_0} \tag{8-11}$$

式中，x 为定位块厚度（mm）。

5. 数据统计与误差分析

数据统计：

（1）在一个测试点重复 n 发可进行数据判读试验，获得（$\bar{v}_1$，$\bar{v}_2$，…，$\bar{v}_n$）。

（2）对数据进行统计得到中值 $\bar{\bar{v}} = \frac{1}{n}\sum_{i=1}^{n}\bar{v}_i$ 和标准偏差 $S_{\bar{v}} / \bar{\bar{v}} = \left(\frac{\sum_{i=1}^{n}(\bar{v}_i - \bar{\bar{v}})^2}{n-1}\right)^{\frac{1}{2}} / \bar{\bar{v}}$。

（3）若 $S_{\bar{v}} \leqslant 5\%$，则在该测试点 $v = \bar{\bar{v}}$，$S = S_{\bar{v}}$。

（4）若 $S_{\bar{v}} > 5\%$，则需要剔除过高或过低的数据，并补充相应数量的试验发数。

（5）重复步骤（1）～（3），直到满足（3）。

误差分析：

由飞片平均速度计算公式可知，$\bar{v} = \frac{x}{t_1 - t_0}$，则

$$\varepsilon_{\bar{v}}^2 = \varepsilon_x^2 + \varepsilon_t^2 \tag{8-12}$$

式中，$\varepsilon_{\bar{v}}$ 为飞片平均速度计算误差；ε_x 为飞片飞行距离的测试误差；ε_t 为飞片飞行时间的测试误差。

ε_t 由示波器的时间扫描误差给出，为 0.05%；ε_x 与千分尺的测试精度 λ_0 有关，$\lambda_0 = 0.002\ \text{mm}$，$\varepsilon_x = \frac{\lambda_0}{x} = \frac{0.002\ \text{mm}}{(0.2\sim2)\text{mm}} = (0.1\sim1)\%$，则有：$\varepsilon_{\bar{v}} = (\varepsilon_x^2 + \varepsilon_t^2)^{0.5} = (0.11\sim1)\%$。

8.3.2.2　瞬时速度测试方法

20 世纪 90 年代初期，美国桑迪亚国家实验室采用 VISAR 对飞片速度进行了测试研究，在冲击片雷管研究及诊断中起到了关键作用。2012 年，南京理工大学的叶迎华等人采用光子多普勒测速（PDV）技术，完成了飞片速度的测试方法，使得飞片速度测试简单化、低成本化，可广泛用于生产验收。本节主要介绍 PDV 测试方法。

1. PDV 测速原理

PDV 是利用多普勒效应原理和迈克尔逊光纤干涉技术，通过多普勒光波与参考光波干涉得到的频差获得目标运动速度的一种先进测速技术。单光源光子多普勒测速仪原理如图 8.44 所示。该测速系统硬件部分主要由 1 550 nm 光纤激光器、光纤探测器、环形器、示波器等组成。激光通过光纤传输到分束器分成两路光，一路传输到探头，另一路传输到耦合器。由运动表面反射的带有频移信号的反射光经过光纤传输到耦合器。原始光和反射光在耦合器内发

生干涉形成频差光信号，并且由高速探测器和数字示波器记录和分析。

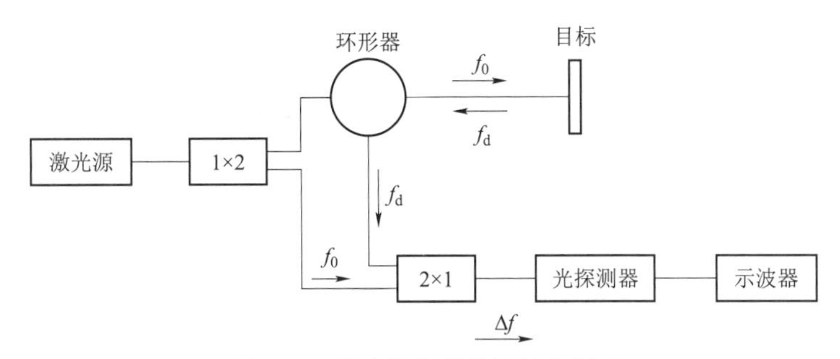

图 8.44　单光源多普勒测速仪原理

其测速原理：频率为 f_0 的激光入射到以速度 $v(t)$运动的物体表面上，由于多普勒效应，从物体表面反射回来的信号光频率为

$$f_d = f_0[1+2v(t)/c] \tag{8-13}$$

式中，c 为真空中的光速。

反射光与入射光频率之差称为多普勒频移。它携带了物体运动速度的信息，PDV 频差与目标运动速度的关系可以表达为

$$\Delta f = f_d - f_0 \tag{8-14}$$

$$V(t) = \frac{\lambda_0}{2} f_{\text{beat}} = \frac{\lambda_0}{2}(f_d - f_0) \tag{8-15}$$

式中，Δf 为探测返回信号与参考信号的频差；f_d，f_0 分别为探测返回信号频率和参考信号频率；λ_0 为探测光的波长。

当实际系统采用 1 550 nm 波长激光作为探测和参考光时，1 000 m/s 速度对应 1.29 GHz 频差值。量程仅受数字示波器频带宽度限制，目前量程上限 1 000 m/s，精度高于 2%。

2. PDV 信号处理与分析实例

待测目标：EFI 桥箔为 Cu 箔、厚度为 4.4 μm、尺寸为 0.4 mm×0.4 mm，加速膛孔径为 0.5 mm、厚度为 0.5 mm、材料为 T10 硬质不锈钢，Kapton 薄膜厚度为 50 μm。

试验采用高压放电原理对 EFI 提供电爆炸能量，在不同充电电压作用下，EFI 桥箔爆炸的剧烈程度不同。示波器采集的多普勒频移信号用基于小波分析或 SFFT 方法的 MATLAB 软件平台处理后，可以得到飞片的瞬时速度曲线。

测试结果表明，飞片在 2 500 V 电压下，频率从零在约 400 ns 时间内增加到 5.4×10^9 Hz，飞片的速度最大值为 4 200 m/s。

3. PDV 技术优点

PDV 技术是目前最先进的新一代测速技术，具有信噪比高、测量范围宽、体积小、成本低、不需要现场调试等优点，而且测试速度只受数字示波器频带宽度限制，可以获得的测量速度上限达到 10 000 m/s 量级，是替代 VISAR 的新一代测试技术。在 PDV 技术的基础上，还可以实现低成本的多维多通道测量，并且测量系统具有信噪比高、速度测量范围宽、体积小和低成本等优点。2012 年，南京理工大学已研制成功国内首台实用化的超高速 PDV 测速系统，并且成功地应用于微小目标超高速速度的测试分析，证明了在测试小目标（尺寸小于几毫米）方面 PDV 比 VISAR 和 DISAR 在超高速测量和有效信号获取率方面具有更明显的优势。

8.4 发火组件输出性能测试

8.4.1 作用时间测试技术

时间对火工品来说是一个重要参数，它是决定火工品特性和功能的重要指标之一。当火工品受到外界能量刺激后，产生爆燃并逐步达到爆轰，爆轰成长过程需要一定的时间，时间的长短取决于火工品内部各层装药的种类、药量、密度及外壳等条件的约束。通常将火工品从输入端接受规定的外部能量刺激到燃烧或爆炸所用的时间定义为作用时间。

火工品作用时间测试原理如图 8.45 所示[36]。起爆装置起爆火工品的同时，输出一个开始计时信号，使计时器开始计时；火工品输出由光靶探测，通过停止计时电路输出停止计时信号，使计时器停止计时，计时器显示的时间即火工品作用时间。

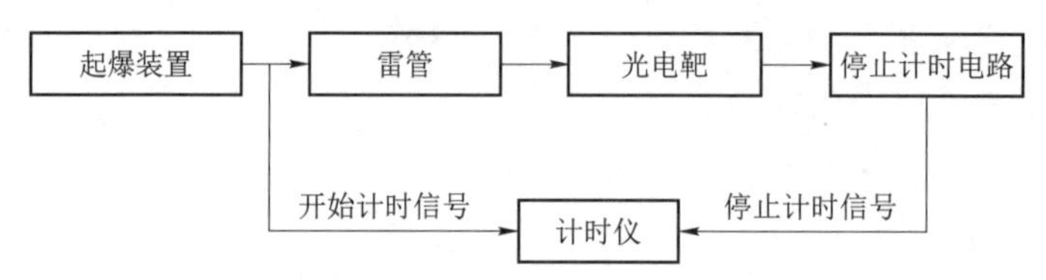

图 8.45 火工品作用时间测试原理

由于火工品的种类很多，因此其作用时间的含义也各不相同。如延期药的延期时间为燃烧从药柱一端传播至另一端所需的时间；火帽的火焰延续时间为火帽被击发发火至火焰熄灭为止的延续时间；雷管作用时间为雷管接受外界能量刺激至底部装药爆炸所用的时间；导爆索传爆时间为爆轰波从索的一端传至另一端所用的时间。

测试火工品作用时间主要需要解决下列问题：

1）选择测量范围与待测时间相适应的测时仪器

常用的测时仪器有计时器、爆速仪和各种示波器等。根据火工品的作用时间和其他时间参数，确定所需测量范围的仪器。

2）采用适当的方式使仪器获得启动和停止计时信号

启动计时信号需要在给火工品施加外界能量的同时获得，火工品的初始激发能可以是热、电、光等多种形式，测试时必须采用适当有效的方法，将这些不同形式的能量转化为仪器可以接收的电脉冲启动信号。停止计时信号是利用火工品作用过程中产生的物理化学效应，通过从模拟量到电信号的转换而获得的。

3）确定试验所用装置和电路

试验装置主要指火工品固定装置、爆炸防护装置、提取信号装置和起爆装置等。试验电路主要是为弱信号和干扰大的信号而设计的，称为外线路。当用传感器采集计时信号时，需对弱信号进行放大，并经过整形，使信号成为单一脉冲。对外线路的要求主要有：① 不得影响被测对象在工作过程中的各项参数；② 驱动测时仪器开启和关闭的信号应与被测物的始、末信号同步；③ 整形后的计时脉冲信号应是单一信号，不应有杂散或随机信号的干扰使计时器误动作。

按时间长短分类，火工品作用时间的测试方法包括微秒、毫秒和秒量级火工品的测试；按获取信号手段分类，包括探针法、靶线法、声电法、光电法和高速摄影法等。探针法、光电法和高速摄影法适合测量微秒级火工品，也可测量毫秒级火工品。靶线法和声电法只适合测毫秒和秒量级火工品，本节将以光电法为例进行详细介绍。

8.4.1.1 光电法测试原理

利用物体在作用过程中产生的光亮作为计时信号，这里指的光是可见光和红外光，波长在 2～0.3 μm 范围内，这是一般爆炸燃烧产物反应时的光波波段。采光器件种类很多，主要依据的是光电效应理论，也就是把光信号转换为相应的电信号。起爆方式为电容放电起爆，如图 8.46 所示。当开关 K 从 a 拨到 b 时，电容 C 对雷管放电，同时信号Ⅰ触发存储示波器开始采样。雷管爆炸产生的强光，使光电二极管 VD_1 的阻值迅速下降，引起开关管 VD_2 导通，信号Ⅱ送入示波器。信号Ⅰ和信号Ⅱ的时间间隔，就是所测雷管的作用时间。

8.4.1.2 光电法测试系统

电雷管光电法测试系统装置如图 8.46 所示。

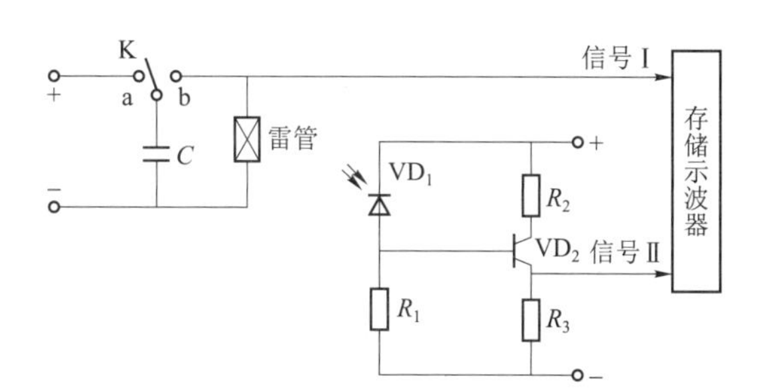

图 8.46 电雷管光电法测试系统

8.4.1.3 光电法测试步骤

（1）把光电二极管固定在爆炸箱内，前面用 3 mm 厚的透明玻璃或有机玻璃遮挡保护。

（2）按图 8.46 把光电二极管接入电路并调好电路。VD_1 的时间响应小于 10^{-7} s，VD_2 的时间响应小于 20 ns。

（3）选用直径为ϕ2.5 mm 微型雷管放入爆炸箱内，使其输出端朝向光电二极管，到二极管的距离在 40 mm 左右。接出雷管引线，关闭爆炸箱门。

（4）起爆电路开关拨至充电位置，接通雷管。

（5）采用 HP 54501A 数字存储示波器，其响应频率为 100 MHz（0.01 μs）。调整取样电压灵敏度 200 m V/div，水平扫描速率 10 μs/div，一通作为触发通道，只要 R_2 上有电压输出，示波器就开始采样信号，当内存存满后，自动停止采样。

（6）起爆。从示波器上读出微型雷管作用时间，每个样品需测试 10 次左右。

在使用此法时，注意保护玻璃应经常擦洗和更换，否则影响测试精度。

8.4.1.4 光电法测试结果处理

计算作用时间的算术平均值、均值和标准差。

8.4.2 发火能量测试

电火工品主要有灼热桥丝火工品、金属桥带火工品和半导体桥（SCB）火工品。半导体桥火工品的能量加载方式有恒流放电和电容放电两种。用低能量（小于 3 mJ）短脉冲（小于 20 μs）电流触发时，能使半导体桥产生能量输出。半导体桥正常使用要求快速电流脉冲（上升时间约 100 ns），才能使桥汽化产生热等离子流。但是在低加速速度下，输入电流不到 10 A 时，半导体桥尽管不产生等离子放电，也能像热桥丝一样起电热作用，传导加热装药至点火。

本节将以半导体桥火工品为例，介绍半导体桥换能元和发火件在恒流放电和电容放电两种激励条件下的爆发电流及电压的理论计算及其爆发判断依据。

8.4.2.1 半导体桥换能元爆发电流测试

1. 测试原理

本试验主要测量恒定电流通过 SCB 换能元时，5 min 内使换能元 50%爆发的电流，这一电流值叫作产品的临界爆发电流。本试验采用 D－最优化法，Neyer D－最优化法利用 D－最优化设计理论，把试验的安排、数据的处理和似然函数方程的精度统一起来加以考虑。根据试验目的和数据分析来选择试验点，不仅使得在每个试验点上获得的数据含有最大的信息，从而减少试验次数，而且使数据的统计分析具有一些较好的性质。该方法从测试样品的数据中获取最充分的统计信息，并能利用前面全部的测试结果来计算下一个刺激水平，但它需要利用计算机进行详细的计算以得出刺激水平[40]。

用高速数字示波器记录 SCB 两端的电压和电流信号，通过电压和电流信号的计算得到电阻信号，同时借助示波器记录 SCB 的通电时间，示波器的记录长度设为 500 s。最后用显微镜观测作用后桥面的状况。

2. 试验样品及试验装置

SCB 样品如图 8.47 所示，用显微镜（OLYMPUS BX51）对样品桥面进行观察和测量，显微图如图 8.48 所示。根据国军标 GBJ 3 756－1999[41]统计样品的电阻和尺寸的平均值及标准偏

图 8.47 SCB 样品

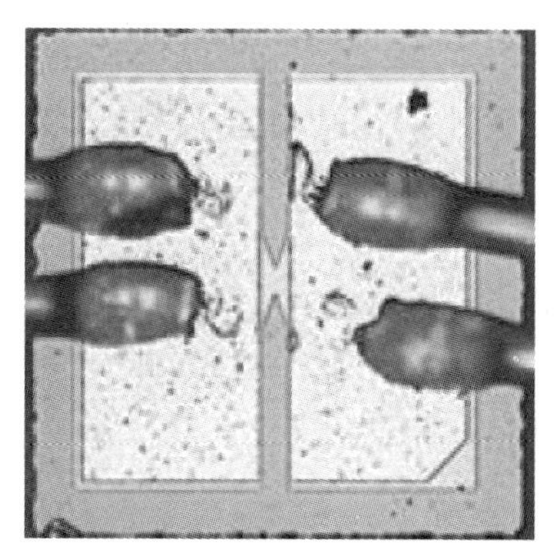
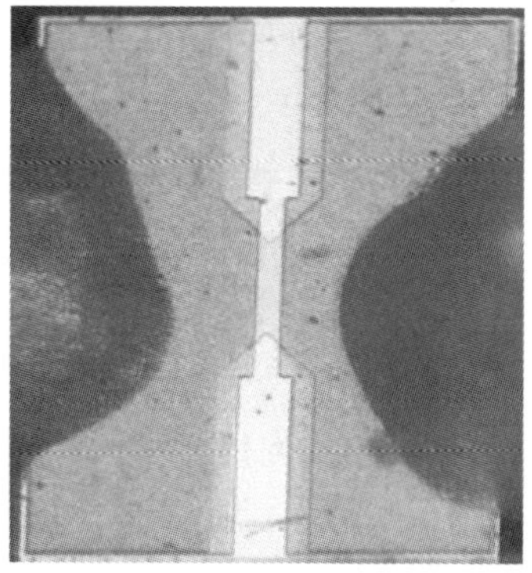

图 8.48　样品显微图

（a）1#～4#（放大 150 倍）；（b）5#（放大 30 倍）

差。常见 SCB 样品的几何参数和电阻见表 8.30，A 指桥的表面积，$A=l\left(w-\dfrac{l}{2}\cot\dfrac{\theta}{2}\right)$；$m$ 为 SCB 桥区的质量，$m=\rho_s A\delta$；ρ_s 为硅的密度，取 2 323 kg/m^3[42]。

表 8.30　SCB 电阻和几何参数

样品编号	N_D/cm^{-3}	l/μm	w/μm	θ/（°）	A/μm^2	m/×10^{-9}g	R_0/Ω
1#		21±0.5	50.5±0.5	60±1.0	679	3.15	4.27±0.26
2#	7.7×10^{19}	20.5±0.5	70.5±0.5	40±2.0	868	4.03	3.88±0.26
3#		2.6±1.0	90.5±1.0	40±1.0	1 424	6.96	3.97±0.22
4#		30.5±1.0	75.5±1.0	60±1.5	1 497	6.96	3.97±0.20
5#	1.05×10^{20}	80±1.0	380±1.0	90±1.0	27 200	126.46	0.80±0.20

切割后 1#～4#样品硅衬底的长度和宽度都为 0.47 mm，厚度为 0.7 mm，陶瓷塞直径为 4.4 mm，5#样品硅衬底的长度为 1.5 mm，宽度为 2.0 mm，厚度为 1.0 mm，陶瓷塞直径为 6 mm。

等效电阻法是爆发电流的一种测试方法，这种装置简单直观，应用较多。本试验测试设备如图 8.49 所示，主要包括 AgilentE3634A 恒流稳压源、TEK TDS7104 示波器、TCPA300 放大器、TCP312 电流探头、滑线变阻器等。

（a）

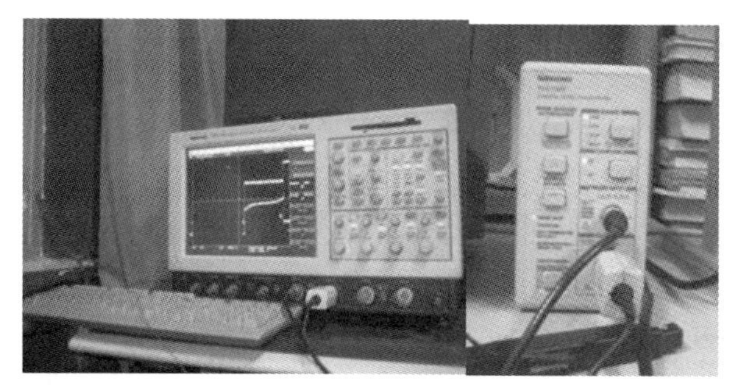

（b）

图 8.49　恒流激励试验设备

（a）恒流稳压源；（b）信号采集设备

3. 测试系统

测试系统如图 8.50 所示。

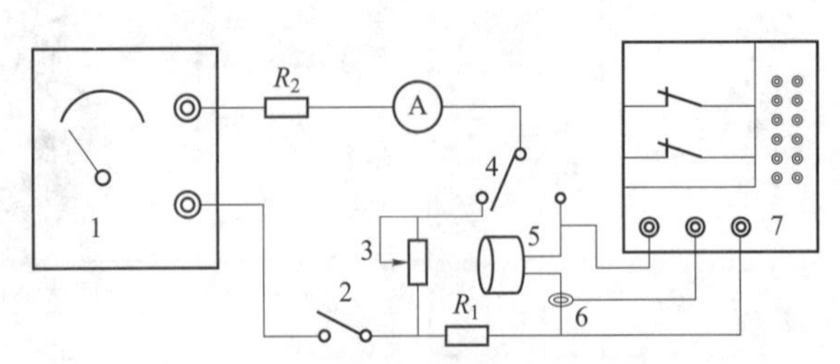

图 8.50　恒流激励时爆发测试装置

1—恒流源；2，4—开关；3—滑动变阻器；5—SCB；6—示波器电流探头；7—示波器电压探头

4. 试验步骤

（1）先断开开关 2，将滑线变阻器接入回路，设定恒流源的输出电流。

（2）断开开关 2，将 SCB 换能元接入回路，闭合开关 2，为 SCB 换能元通电 5 min。

（3）若换能元不爆发，按 D－最优化法重新设定电流，换一发产品继续试验，若换能元爆发，重新设定另一电流，换产品，直到将所设定的样本量（20 个）试验完毕。

5. 数据处理

本试验严格按照 D－最优化法程序进行，得出 SCB 的 50%爆发电流 $\hat{\mu}_0$ 和标准差 $\hat{\sigma}_0$，然后经过计算得出 99.9%爆发电流和 0.1%爆发电流。假设 SCB 的感度服从正态分布，计算 99.9%爆发电流的公式为：$\hat{x}_{0.999} = \hat{\mu}_0 + u_p\hat{\sigma}_0$，计算 0.1%爆发电流的公式为：$\hat{x}_{0.001} = \hat{\mu}_0 - u_p\hat{\sigma}_0$，其中 $u_{0.999}$=3.09。定义 99.9%爆发的电流为全爆发电流，0.1%爆发的电流为不爆发电流。

8.4.2.2　半导体桥换能元爆发电压测试

1. 测试原理

本试验主要测量电容放电激励时，SCB 换能元 50%爆发的电压，这一激励电压值叫作产品的临界爆发电压。本试验选用 D－最优化法测试 SCB 的临界爆发电压，为了得到电容放电激励时 SCB 的电阻变化规律，用高速数字存储示波器记录 SCB 作用过程中的电压和电流信号，利用示波器的运算功能得出 SCB 电阻的变化规律，然后用电子显微镜观测作用后桥面现象。

2. 试验样品及试验装置

试验样品同 8.4.2.1 节内容 2，电容放电起爆装置使用南京理工大学自发研制的 ALG－CM 储能放电起爆仪，该装置性能优越，操作简单，能够根据实际需要外接一定规格的电容，可任意调节输出电压 0～150 V，放电开关采用快速电子开关，发火电路中线路电阻 R_c 约为 1 Ω。利用 LeCroy Wavepro 960 瞬态数字示波器（400 MHz、2.5 Gs/s）和 CP150 电流探头（150 AMP、10 MHz）采集响应过程中电压和电流信号。测试设备如图 8.51 所示，在试验中选用 10 μF 钽电容作为激励 SCB 电爆的储能电容，因为钽电容精度高、漏电流小、内阻小，因此对 SCB 测试结果影响小。

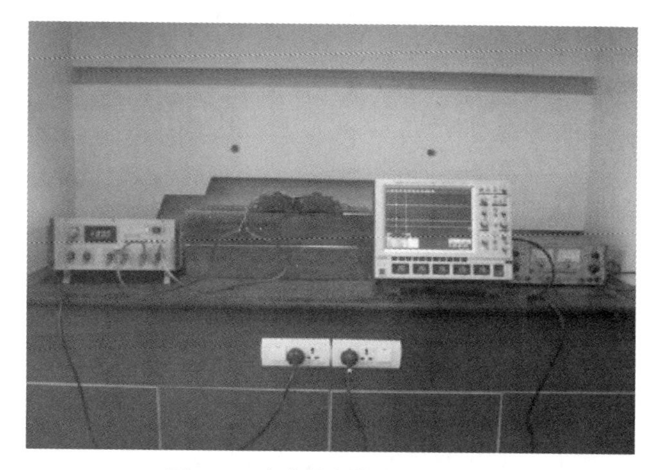

图 8.51　电容放电感度测试装置

3. 测试系统（图 **8.52**）

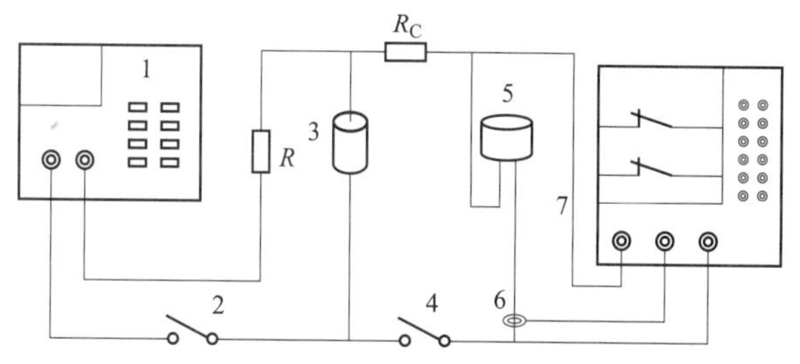

图 8.52　电容放电激励时测试电路原理

1—稳压源；2—充电开关；3—钽电容；4—放电开关；5—SCB；6—示波器电流探头；7—示波器电压探头

4. 实验步骤

（1）将 SCB 换能元接入电路。

（2）闭合开关 2，给电容充电至要求的电压。

（3）断开开关 2，闭合开关 4 起爆。

（4）换一发产品，按 D－最优化程序所需电压，重新为电容充电，继续试验，直到将设定的样本量试验完毕。

5. 数据处理

根据试验现象把电容放电激励时电压波形中出现两个峰值作为爆发判据，把电压波形第二峰值后电阻突降（电流有持续过程）的现象作为爆发后产生等离子体的判据（图 8.53）。

本试验严格按照 D－最优化法程序进行，得出不同 SCB 的 50%爆发电压 0 和标准差 0，然后经过计算得出 99.9%爆发电压和 0.1%爆发电压。假设 SCB 的感度服从正态分布，计算 99.9%爆发电压的公式为：$\hat{x}_{0.999}=\hat{\mu}_0+u_p\hat{\sigma}_0$；计算 0.1%爆发电压的公式为：$\hat{x}_{0.001}=\hat{\mu}_0-u_p\hat{\sigma}_0$。定义 99.9%爆发的电压为全爆发电压，0.1%爆发的电压为不爆发电压。

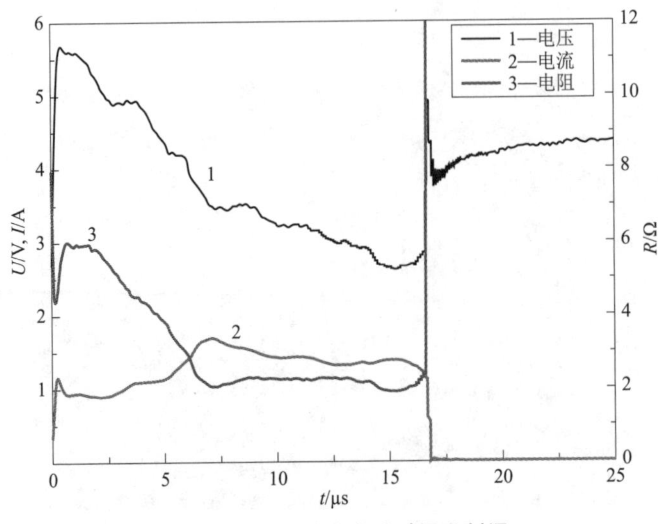

图 8.53　电容放电激励时爆发判据

8.4.2.3　半导体桥发火件电热发火电流测试

1. 测试原理

本试验主要测量恒定电流通过 SCB 发火件时 5 min 内使 SCB 50%发火的电流，这一电流值叫作产品的临界发火电流。恒流激励时，测试临界发火电流采用等效电阻法，用 D－最优化法测试 SCB 发火件的 50%发火电流和标准偏差，然后计算出发火件的安全电流和全发火电流。

2. 试验样品及试验装置

试验所用 SCB 换能元样品与 8.4.2.1 节内容 2 相同，药剂选用细化的 LTNR 和细化的 PbN_6，分别对 SCB 换能元与这两种药剂组成的发火件进行研究，样品如图 8.54 所示。装药参数见表 8.31。通过对这两种发火件试验现象的对比，得出药剂对发火件的影响规律。

图 8.54　SCB 发火件试验样品

表 8.31　药剂参数

名称	装药方式	装药压力/MPa	装药量/mg	粒度/μm	压药厚度/mm
细化 LTNR	压药	20	20	15	1.5
细化 PbN_6	压药	40	30	5	1.5

3. 测试系统

测试系统同 8.4.2.1 节内容 3。

4. 试验步骤

（1）先断开开关 2，将滑线变阻器接入回路，设定恒流源的输出电流。

（2）断开开关 2，将 SCB 发火件接入回路，闭合开关 2，为 SCB 发火件通电 5 min。

（3）若发火件不发火，按 D – 最优化法重新设定电流，换一发产品继续试验，若发火件发火，重新设定另一电流，换产品，直到将所设定的样本量（20 个）试验完毕。

5. 数据处理

本试验严格按照 D – 最优化法程序进行，得出不同发火件的 50%发火电流 $\hat{\mu}_0$ 和标准差 $\hat{\sigma}_0$，然后经过计算得出 99.9%发火电流和 0.1%发火电流。假设发火件的感度服从正态分布，计算 99.9%发火电流的公式为：$\hat{x}_{0.999} = \hat{\mu}_0 + u_p\hat{\sigma}_0$；计算 0.1%发火电流的公式为：$\hat{x}_{0.001} = \hat{\mu}_0 - u_p\hat{\sigma}_0$。定义 99.9%发火时的电流为全发火电流，0.1%发火时的电流为安全电流。

8.4.2.4　半导体桥发火件电爆发火电压测试

1. 测试原理

本试验主要测量电容放电激励，SCB 发火件的 50%发火的电压，这一电压值叫作产品的临界发火电压。

2. 试验样品及试验装置

试验样品同 8.4.2.3 节内容 2，实验装置与 8.4.2.2 内容 2 相同。

3. 测试系统

测试系统同 8.4.2.2 节内容 3。

4. 试验步骤

（1）将 SCB 发火件接入电路。

（2）闭合开关 2，给电容充电至要求的电压。

（3）断开开关 2，闭合开关 4 起爆。

（4）换一发产品，按 D – 最优化程序所需电压，重新为电容充电，继续试验，直到将设定的样本量试验完毕。

5. 数据处理

在某一确定的储能电容下，能使发火装药发火的最小 SCB 初始放电电压称为临界发火电压。本试验严格按照 D – 最优化法程序进行，得出不同 SCB 发火件的 50%发火电压 $\hat{\mu}_0$ 和标准差 $\hat{\sigma}_0$，然后经过计算得出 99.9%发火电压和 0.1%发火电压。假设 SCB 发火件的感度服从正态分布，当 $p = 0.999$ 时，$u_{0.999} = 3.09$，计算 99.9%发火电压的公式为：$\hat{x}_{0.999} = \hat{\mu}_0 + u_p\hat{\sigma}_0$，计算 0.1%发火电压的公式为：$\hat{x}_{0.001} = \hat{\mu}_0 - u_p\hat{\sigma}_0$。定义 99.9%发火的电压为全发火电压，0.1%发火的电压为安全电压。

8.4.3　引燃型发火组件输出测试

以做功形式输出的火工品有点火和动力源两类，如底火、点火具、作动器、压力药筒、抛放弹等。这些火工品是利用其内部装填的火药或烟火药的燃烧所产生的高温、高压气体来实现点火或推动活塞的目的。衡量这类火工品的输出能力是测量其输出气体产物的压力随时间变化的曲线，简称 $P\text{–}t$ 曲线，比较成熟的测量方法有压电法和应变法两种。

密闭爆发器是测量 $P\text{–}t$ 曲线必备装置，它是一个小型的压力容器，其功能是接收火工品输出的燃烧产物气体，并将气体压力传递给压力计。本节将以压电法为例进行介绍。

8.4.3.1　压电法测试原理

测试原理：对装在密闭爆发器内的火工品施加规定的激发能量，火工品发火后产生的气体压力作用在压力传感器上，使其产生一个和压力变化相对应的电信号，经电荷放大器放大后，由记录系统处理给出曲线。利用计算机对时间曲线进行处理，获得以下特征数据：

最大压力 p_m；最大压力上升时间 t_m；压力上升速率：$(dp/dt)_m = p_m/t_m$

8.4.3.2　压电法测试系统

测试系统一般由发火触发同步装置、密闭爆发器、压力传感器、电荷放大器、数字记忆示波器和计算机处理系统组成（图 8.55）[37]。

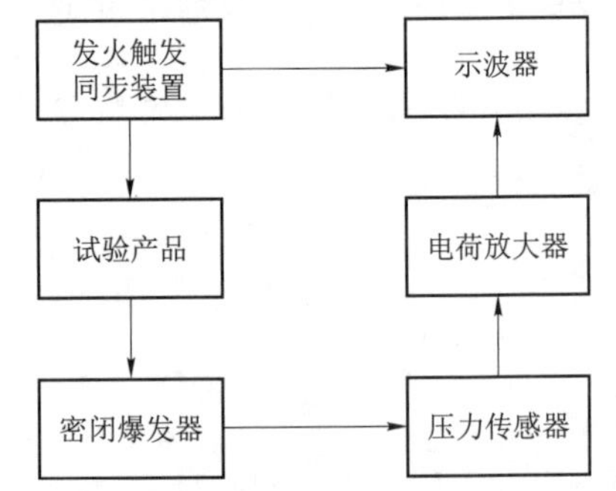

图 8.55　火工品输出气体压力测试系统框图

8.4.3.3　压电法测试步骤

1. 试验器件选择

1）密闭爆发器选择

密闭爆发器主要模拟实际使用时的自由容积，其大小一般是根据总体对火工品的要求而定。对小药量、高燃速、压力持续时间短的火工品通常对应的密闭爆发器容腔较小；对大药量、燃速低、压力持续时间长的火工品通常对应的密闭爆发器容腔较大。

2）传感器选择

传感器将待测非电物理量转换为电信号。对于瞬发度高（作用时间一般为 10 ms）的小型点火具、点火器、电爆管、压力药筒和动力源火工品而言，压力作用时间和峰值上升时间较短，压力峰值较大，要求测试系统必须频带宽，不受温度影响，抗干扰性强。所以，应选择容积较小的密闭爆发器和以谐振频率较高的压电晶体式压力传感器构成的测试系统（频率大于 150 kHz），从而保证系统对输出压力的变化速率反应快、灵敏度高。而对体积较大的点火具和动力源火工品，压力作用时间和峰值上升时间较长，压力峰值相对较小，因此，应选择容积较大密闭爆发器和谐振频率不高（频率大于 20 kHz）、价格便宜的应变压力传感器构成的测试系统，这样可使 $P\text{–}t$ 曲线稳定、平滑、波动小。

3）信号调节与处理器的选择[38]

放大器将转换的电信号放大。从传感器输出的信号较小，通常在毫伏或毫安级，或者是不便于直接记录的电参量。实际测量时，传感器的输出与环境噪声混杂在一起，微弱信号既不能被后续的数据采集系统直接采样，也不能直接驱动记录仪表。调节与处理是指将信号进行电学处理，调整至能被数据采集器接收，或能驱动记录设备的信号。信号调理是对信号起增益作用，对噪声干扰起抑制作用，信噪比是它的一项重要指标。信号调理不仅包含线性放大，还包含特定要求的滤波。测试系统选择的信号调理器应与传感器匹配：如果选择应变式或压阻式传感器，则应选择动态电阻应变仪（频率大于 50 kHz）；如果选用压电式传感器，则应选择电荷放大器（频率大于 200 kHz）。

为保证数据采集信号不失真，A/D 数据采集板的选择应满足：① 信号为周期性信号，采用并行采集方式时，采集板的工作频率 $F_s \geqslant 20F_x$（F_x 为被测信号频率）；采用串行采集方式时，$F_s \geqslant 20 \times n \times F_x$（$n$ 为采集板的工作通道数）。② 信号为非周期性信号，并行采集方式时，$F_x \geqslant 1\,000$ Hz；串行采集方式时，$F_s \geqslant 1\,000 \times n$。

2. 安装调试测试系统

（1）将压力传感器与密闭爆发器用螺纹连接紧密；将传感器的输出端接到电荷放大器的电荷输入端；接好示波器与计算机之间的数据通信电缆。

（2）按压力传感器的灵敏度调试电荷放大器的归一化旋钮，选择适当的电压灵敏度（mV/MPa）；依据预计的输出电压波形调节示波器的量程和采样速率。

（3）安装火工品：将火工品与密闭爆发器做密封连接，使火工品输出引线与发火触发同步装置接通。

（4）启动发火触发同步装置，完成动态信号采集、存储和处理。

（5）清洗传感器和密闭爆发器。

（6）重复步骤（3）～（5），每组样品至少测试 3 次，完成一组样品的测试。

8.4.3.4　压电法数据处理

对一组试样的 P–t 曲线进行计算机处理，得出最大压力 p_m 和最大压力上升时间 t_m。根据结果计算得到平均最大压力值 $\bar{p}_m$、最大压力标准偏差 S_{pm}、平均最大压力上升时间及其标准偏差 $\bar{t}_m$ 以及平均压力上升速率：

$$\left(\frac{d\bar{p}}{dt}\right) = \frac{\bar{p}_m}{\bar{t}_m}$$

8.4.3.5　误差分析

下面就压力的测试误差做一个分析。由测试系统的原理可知，压力的转换关系为

$$p = K_1^{-1} K_2^{-1} K_3 \text{div}$$

式中，K_1 为传感器灵敏度（pC/MPa）；K_2 为电荷放大器灵敏度（mV/pC）；K_3 为示波器灵敏度（mV/div）；div 为压力点在示波器的读数。

根据相对误差原理，压力测量的相对误差为

$$\left|\frac{\Delta P}{p}\right| = \left|\left|\frac{\Delta K_1}{K_1}\right| + \left|\frac{\Delta K_2}{K_2}\right| + \left|\frac{\Delta K_3}{K_3}\right| + \left|\frac{\Delta \text{div}}{\text{div}}\right|\right|$$

习题与课后思考

1. 简述撞击感度的测试方法。
2. 火工品常用的环境适应性试验有哪些？简述其中一项的技术指标。
3. 简述常用的火工品输出破片/飞片的速度测量方法及原理。

参考文献

[1] 李国新. 火工品实验与测试技术 [M]. 北京：北京理工大学出版社，1998.
[2] TMIL－STD－23659C 电起爆器通用设计规范 [S]. 1984.
[3] 王凯民，等. 军用火工品设计技术 [M]. 北京：国防工业出版社，2006.
[4] NATO STANAG4370 AECTP500：Electrical environmental tests [S]. 1997.
[5] MIL－STD－1385B 预防电磁场对军械危害的一般要求 [S]. 美军标，1996.
[6] 美国工程设计手册（环境部分）之二：自然环境因素 [R]. 航空 301 所，译，1986.
[7] GJB 150 军用设备环境试验方法实施指南 [S]. 中华人民共和国军用标准.
[8] MIL－STD－810F 环境工程考虑和实验室试验 [S]. 美军标，1996.
[9] 艾鲁群. 国外火工品手册 [M]. 北京：兵器标准化研究所，1988.
[10] GJB 5309. 火工品湿热试验法 [S]. 中华人民共和国.
[11] 高峻. 军品质量检验技术 [M]. 北京：国防工业出版社，2004.
[12] MIL－STD－810E 环境试验和操作指南 [S]. 美军标，1966.
[13] MIL－STD－322B 引信电起爆元件的基本鉴定试验 [S]. 美军标，1966.
[14] 马力. 常规兵器环境模拟试验技术 [M]. 北京：国防工业出版社，2007.
[15] 力学环境试验技术编写组. 力学环境试验技术 [M]. 西安：西北工业大学出版社，2003.
[16] 徐明. 振动环境实测数据归纳处理技术 [M]. 军用标准化，1998（3）：2.
[17] 曹柏桢，等. 飞航导弹战斗部与引信 [M]. 北京：宇航出版社，1995.
[18] 美国工程设计手册 3，环境部分：诱发环境因素 [M]. 航空 301 所，译，1988.
[19] 王凯民. 火工品自身运输模拟试验方法研究 [C]. 2013 年火工年会论文集，2013.
[20] 刘伟钦. 火工品制造 [M]. 北京：国防工业出版社，1988.
[21] QJ/T815.1—1994 产品公路模拟运输试验方法 [S]. 中国航天工业总公司航天工业行业标准，1994.
[22] 许碧英，等. 九十年代美国火工品产品汇编 [O]. 213 所，1996.
[23] 熊敦礼，等. 航空制造工程手册（机载设备环境试验）[M]. 北京：航空工业出版社，1995.
[24] 叶迎华. 火工品技术 [M]. 北京：北京理工大学出版社，2007.
[25] 赵玉清. 小型针刺雷管在引信锤击试验中的安定性研究 [J]. 探测与控制学报，2002（2）：58.
[26] 尚克志. 等效模拟循环锤击试验方法 [J]. 探测与控制学报，2008（6）：5.
[27] 李锦荣. 41 号针刺延期雷管膛内过载模拟试验 [J]. 火工品，1996（1）：5.
[28] MIL－HDBK－757 美国军用手册：引信 [S]. 美军标.
[29] AIAA S－113－2005 运载火箭和宇宙飞船使用爆炸系统和爆炸装置的准则.
[30] 王凯民. 传爆序列界面能量传递技术研究 [D]. 北京：北京理工大学，2002.
[31] 孙承韩. 应用爆轰物理 [M]. 北京：国防工业出版社，2000.
[32] 胡绍楼. 激光干涉测速技术 [M]. 北京：国防工业出版社，2001.
[33] 钱勇. 爆炸箔起爆器飞片速度测试研究 [J]. 火工品，2009（2）：42.

［34］陈朗. 激光速度干涉仪测量炸药驱动金属的运动速度［J］. 兵工学报，2003，1.

［35］叶迎华. 光子多普勒测速（PDV）技术［D］. 南京：南京理工大学，2012.

［36］满光荣. 火工品动态压力测试方法研究［C］. 213 所学术论文集，2007.

［37］GJB 5309.24－2004 火工品试验方法：点火压力一时间曲线测定.

［38］付永杰. 火工品试验动态参数测试技术研究［D］. 北京：北京理工大学，2007.

［39］Bement L J.A Manual for Pyrotechnics Design [J]. Development and Qualification. N95－31358，1995.

［40］袁俊明，刘玉存. Neyer D－最优化的新感度试验方法研究［J］. 火工品，2005（2）：26－28.

［41］GJB 3756－99，测量不确定度的表示及评定［S］. 北京：中国人民解放军总装备部，1999.

［42］W. M. 罗森诺，等. 传热学基础手册（上册）[M]. 齐欣，译. 北京：科学出版社，1992.

第 9 章
火工系统数值仿真

未来战场环境日趋复杂，火工系统在武器弹药系统中所遭受的各种环境也越来越严酷，含能元器件在设计初期，就应当充分研究其在正常工作时的作用过程与机理，以及在各种严酷环境条件下（如强电磁、强过载环境等）能否安全可靠工作，及时发现其薄弱环节。

通过开展含能元器件多物理场工作过程仿真，可以方便快捷地展示元器件的工作过程，判断其设计是否合理，是否满足技术指标，含能元器件能否安全可靠地工作，对产品设计具有重要的指导意义。通过开展火工系统力学行为数值模拟研究可以揭示火工品强冲击损伤和失效机理，总结动力响应规律，展现物理细节过程，进行结构及材料的优化设计，进而改进产品的系统构成，提高武器弹药和航天器的安全性和可靠性。

本章主要介绍常用的多物理场仿真与非线性动力学仿真的基本原理及常用软件，并对两类软件的经典算例进行了介绍，最后对含能元器件作动过程进行了数值模拟。

9.1　多物理场仿真软件

自然界存在四种场：位移（应力、应变）场、电磁场、温度场和流场。工程中使用的分析软件通常仅可进行这些场的单场分析。但是，自然界中这四个场之间是相互联系的，现实世界不存在纯粹的单场问题，所遇到的所有物理问题都是多场耦合的。只是受到硬件或软件的限制，人为将它们分成单场现象，各自进行分析。有时这种分离是可以接受的，但在许多问题中这样计算将得到错误的结果。因此，在条件允许时，应该尽量进行多场耦合分析。

9.1.1　基本原理

多物理场仿真软件是基于有限元理论的数值仿真软件。有限元方法（Finite Element Method，FEM）是 1950 年之后提出来的，主要是依据变分原理来进行求解计算的一种数值方法。随着科学技术的进步，尤其是计算机技术和数值分析方法的迅速发展，有限元理论在技术实现上取得巨大成就，从之前的固体力学领域拓展到如今的电磁学、热学、声学、地球科学等领域。从最初的线性、静态分析发展到现在的动态、非线性等复杂问题的计算，并且可以实现多物理场耦合计算，有限元法是目前应用最广、计算最有效的数值方法之一。

有限元的主要思想其实就是“零凑整”“直代曲”。具体可以理解为两个方面：一是离散，二是分片插值。所谓“离散”，就是将一个连续的区域分解成一定量的单元（element），称为网格（mesh），每两个单元之间相连的点称为节点（node），两个单元之间相互发生作用只能通过节点传递，经过离散后，就是将一个包含无穷多质点的连续区域划分为一定数量的单元和节点组成的组合体，其目的就是将连续区域含有无限自由度的连续变量微分方程和边界条件变换成有限个节点的变量的代数方程组，从而方便计算机计算求解。“分片插值”就是针对不同的单元选择不同的插值函数，并在每个单元内完成积分计算，由于每个单元内的几何形状简单，相对容易满足边界条件，而且通过低价多项式就可以得到整个连续区域的合适精度，因此对于整个求解区域来说，只要插值函数满足一定的条件，只需通过缩小单元尺寸，则有限元的解就能收敛并且满足相应的精度[1,2]。

9.1.2　软件介绍

9.1.2.1　COMSOL Multiphysics 多物理场仿真模块

COMSOL 公司于 1986 年在瑞典成立，目前已在全球多个国家和地区成立分公司及办事机构。COMSOL Multiphysics 起源于 MATLAB 的 Toolbox，最初命名为 Toolbox1.0，后来改名为 Femlab1.0（FEM 为有限元，LAB 取自于 MATLAB），这个名字也一直沿用到 Femlab3.1。从 2003 年 3.2a 版本开始，正式命名为 COMSOL Multiphysics。COMSOL Multiphysics 以其独特的软件设计理念，成功地实现了任意多物理场、直接、双向实时耦合，在全球的数值仿真领域里领先并得到广泛的应用。

COMSOL Multiphysics 是一个专业有限元数值分析软件包，是对基于偏微分方程的多物理场模型进行建模和仿真计算的交互式开发环境系统，是专为描述和模拟各种物理现象而开发的基于有限元分析的软件包。COMSOL Multiphysics 软件是全球第一款真正的多物理场耦合分析软件，是方便、易用、高效、专业模拟的计算平台。

用户可以针对具体的实际问题建立微分方程、设定边界条件，也可选择不同的模型进行叠加，实现多个物理场耦合，该仿真软件最大的优点就是用户可以直接添加相应的物理模型，直接定义各种参数进行建模仿真，避免了用户自己建立偏微分方程，减轻了用户的压力并且节约了时间。

COMSOL 包含 8 个模块，这 8 个模块包含的应用范围几乎涵盖了所有的工程领域。具体模块和应用领域如下[3]：

（1）AC/DC 模块。AC/DC 模块主要是针对稳态的电场、磁场及其他物理场问题进行瞬态和时谐分析。这一模块一般运用于电子元器件、高低压电器、传感器、等离子、生物医学电、地球物理等领域。

（2）声学模块。声学模块主要用于仿真流体和固体中的声波传递过程，并进行时谐分析、特征频率分析和瞬态分析。该模块主要应用于气动声学、光声效应、电子声学、超声学等领域的模拟。

（3）化学工程模块。化学工程模块主要是模拟传递现象（计算流体力学、质量和能量传递过程完全耦合），还可以模拟化学反应工程和反应器设计模拟。主要应用于电化学工程、流体机械、反应器设计和多相流体流动等。

（4）地球科学模块。地球科学模块包含多孔介质流体流动、热传递和溶质运移。主要用于多孔介质中油和气体的流动、地下水流动、隧道开挖和土壤中污染物质扩散以及地球物理和环境科学的多物理问题。

（5）传热模块。传热模块主要包含热辐射模型、热传导模型、热对流模型以及生物传热模型。主要用于解决电子工业、热处理过程、加工、医疗技术和生物工程的问题。

（6）MEMS 模块。MEMS 模块用于解决微流体和压电效应在内的各种传感器、执行器问题。主要用于解决电学、光学、磁学、声学等物理问题。

（7）RF 模块。RF 模块主要用于模拟高频电磁场。主要用于天线、波导、微波以及光学元件的模拟。

（8）结构力学模块。结构力学模块用于模拟各种计算力学、黏弹性材料、超弹性材料，同时电—热—固耦合模式和压电模式也可用于结构阻尼介电质和耦合损耗。

COMSOL Multiphysics 建立各种物理现象的数学模型并进行数值模拟计算。在使用 COMSOL Multiphysics 软件的过程中，用户可以自己建立普通的偏微分方程，也可以使用 COMSOL Multiphysics 提供的特定的物理应用模型。这些特定的物理应用模型包括预先设定好的模块和在一些特殊应用领域内已经通过微分方程和变量建立起来的用户界面。COMSOL Multiphysics 软件通过把任意数目的这种物理应用模块，整合成对一个单一问题的描述，使得建立耦合问题变得更为容易。

COMSOL Multiphysics 模型库囊括了各种工程领域内的所有模型。每一个模型都包含了非常完善的相关文档。由于这些模型文件都已经包括网格划分和运行计算的信息，所以可以自己打开这些文件，并试着进行相应的各种后处理操作和显示。另外，可以应用、扩充或者修改这些工程模型，使它符合个人需求。因此，这些模型库提供了建立自己模型的基础和起点。

能够独立于 MATLAB 运算的 COMSOL Multiphysics 软件系统为进一步改进软件提供了一个很好的基础和平台。COMSOL Multiphysics 提供了与市场上主流的 CAD 软件进行接口的直接界面。在已有的三角形、四面体网格划分模型基础上，又新增加了四边形、六面体和棱柱体网格模型。为了更好地进行自动求解运算，COMSOL Multiphysics 还提供了强大的运算求解能力。

COMSOL Multiphysics 软件系统具备了在 Linux、Solaris 和 HP－UX 等系统下的 64 位处理能力，可以在 AMD64/Linux 平台上进行 64 位计算。通过 COMSOL Multiphysics 的多物理场功能，可以选择不同的模块，同时模拟任意物理场组合进行耦合分析；使用相应模块直接定义物理参数创建模型；使用基于偏微分方程的模型可以自由定义自己的方程。

通过 COMSOL Multiphysics 的交互建模环境，可以从开始建立模型一直到分析结束，而不需要借助任何其他软件。COMSOL Multiphysics 的集成工具，可以确保有效地进行建模过程的每一步骤。通过便捷的图形环境，COMSOL Multiphysics 使得在不同步骤之间（如建立几何模型、设定物理参数、划分网格、求解以及后处理）进行转换相当方便，即使改变几何模型尺寸，模型仍然保留边界条件和约束方程[4]。

9.1.2.2 ANSYS Multiphysics 多物理场仿真模块

1. 概述

在不断拓展的仿真应用中，工程师和设计者必须精确预测复杂产品在多种物理场相互作用的自然界中的真实行为。ANSYS 多物理场解决方案使得用户能够评估他们的设计在真实世界多物理场条件下的运作状况。ANSYS 提供的软件使得工程师、科学家们能够在简单统一的工程仿真环境中模拟结构力学、热传递、流体流动和电磁学相关问题及其多物理场相互作用的问题。

ANSYS Mulitiphysics 为多物理场和单一物理场分析都提供了全面的解决方案。该产品包含结构、热、流体和高–低频电磁场分析功能，包含多物理场直接耦合场单元和 ANSYS 多场求解器，从而同时提供直接耦合和顺序耦合求解多物理场问题的解决方案。将工业界领先的结构、热、流体和电磁各学科求解器技术与开放的 ANSYS Workbench 环境、灵活的仿真方法和并行产品组合包结合起来，ANSYS Mulitiphysics 为用户提供足够的手段解决真实世界的、具有挑战性的多物理场问题。

多物理场带来的更多好处：针对所有物理场的高品质求解器，如结构力学、热传递、流体流动和电磁场，统一的多物理场仿真环境，全参数化多物理场分析，多物理场仿真的并行求解。

2. 功能特色

1）可靠的求解器技术

ANSYS 多物理场解决方案建立在可靠的求解器技术之上，已被世界顶尖大学和公司的几十年应用所证实。在所有物理学科中的技术深度和宽度是理解不同物理学科之间相互作用所必需的。ANSYS 将工业领先的结构、热、流体和电磁各学科求解器技术与开放的 ANSYS Workbench 环境、灵活的仿真方法和并行的产品组合包结合起来，为用户提供足够的手段解决真实世界的、具有挑战性的多物理场问题，如图 9.1 所示。

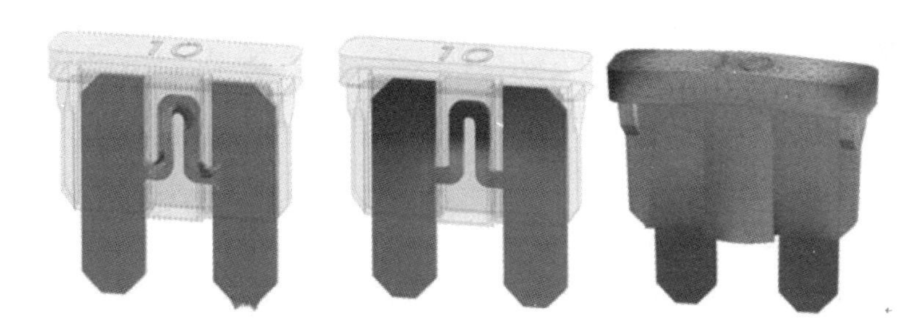

图 9.1　汽车刀片保险丝耦合电传导、热传递和热应力分析的多物理场分析

2）统一仿真环境

ANSYS Workbench 平台是一个强大的多物理场仿真环境，为 ANSYS 核心功能的应用增添了利器，为 CAD 接口、几何修复、网格划分、结果后处理提供通用工具，并赋予协同工作能力。ANSYS Workbench 环境使得多物理场仿真能够在这样一个开放、适应的软件架构中完成。感应加热炉电磁–流体耦合如图 9.2 所示。

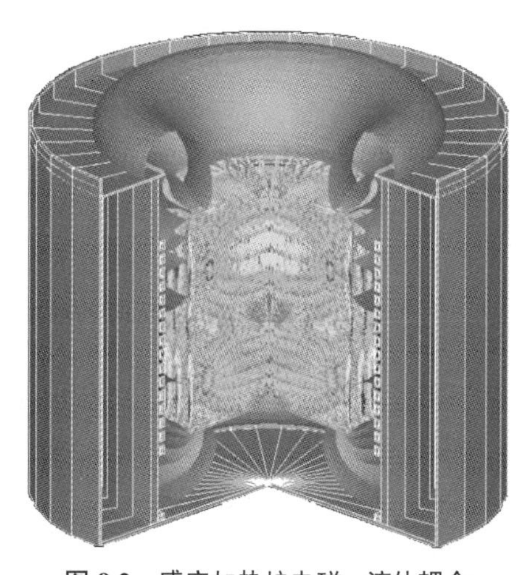

图 9.2　感应加热炉电磁–流体耦合

3）灵活的仿真方法

ANSYS 多物理场解决方案提供了两个被公认的求解技术来求解多物理场问题，包括直接耦合求解与顺序耦合求解。这两种途径提供了灵活的仿真方法来求解广泛的直接耦合和顺序耦合的多物理场问题，如感应加热、静电激励、焦耳热生成和流固耦合作用

（FSI）。

4）直接耦合场单元

直接耦合场单元允许用户仅使用一个有限单元模型，选择合适的耦合物理场选项，就能求解耦合场问题。直接耦合场求解技术通过允许用户创建、求解和后处理一个简单的分析模型，极大地简化了各种各样多物理场问题的模拟。

5）顺序耦合求解

顺序耦合技术允许工程师们通过将多个单一物理场的模型耦合到统一的仿真环境中，用 ANSYS Workbench 中的自动多物理场耦合技术求解多物理场问题。该平台对于热–应力分析、微波加热和流固耦合等多物理场问题，支持单向和双向顺序求解。

多物理场耦合的关键在于各场分析数据的无缝传递，如果没有协同统一的数据库，或者不是同一家公司的产品，分析数据的传递通常是无法达到无缝的要求的。ANSYS 不仅提供结构、流体、热、电磁单场分析功能，而且这些分析在统一的模拟环境、数据库中进行。经过多年的不断发展和完善，以先进的分析技术和理念引领着多物理场仿真的发展方向。

3. 典型应用

1）流固耦合

- 汽车燃料喷射器、控制阀、风扇、水泵；
- 航天飞机机身及推进系统及其部件；
- 可变形流动控制设备，生物医学上血流的导管及阀门，人造心脏瓣膜；
- 纸处理应用、一次性尿布制造过程；
- 喷墨打印机系统。

2）压电应用

- 换能器、应变计、传感器；
- 麦克风系统；
- 喷墨打印机驱动系统。

3）热–电耦合

- 载流导体、汇流条；
- 电动机、发电机、变压器；
- 断路器、电容器、电感；
- 电子元件和电子系统；
- 热–电冷却器。

4）MEMS 应用

- MEMS 梳状驱动器（电–结构耦合）；
- MEMS 扭转谐振器（电–结构耦合）；
- MEMS 加速计（电–结构耦合）；
- MEMS 微泵（压电–流体耦合）；
- MEMS 热–机械执行器（热–电–结构耦合）；
- 其他大量的 MEMS 装置。

混合动力汽车发动机定子电磁–结构分析如图 9.3 所示。

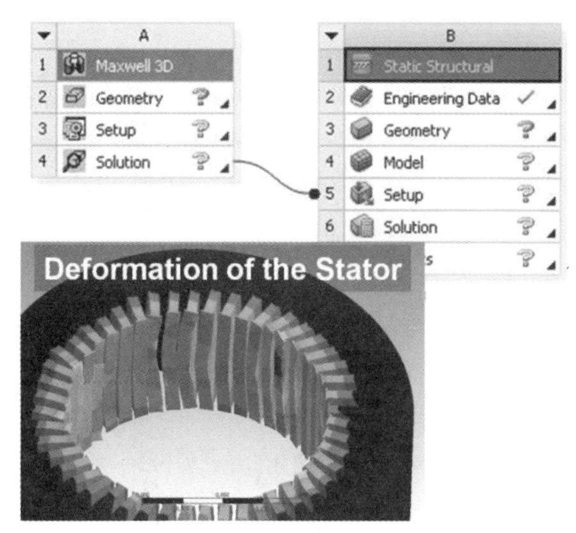

图 9.3　混合动力汽车发动机定子电磁－结构分析

9.1.3　仿真算例

高压气体放电灯（HID）的多物理场仿真[5]：

依据 HID 灯的多物理场过程和 HID 灯的典型结构和参数，利用 COMSOL 软件建立 HID 灯的多物理场模型，主要分为以下几个步骤：

（1）全局定义，主要是定义整个建模过程中用到的物理参数，方便用户修改和检查。

（2）几何图形绘制，根据之前查阅的几何结构尺寸，绘制模型的几何结构，绘制好几何结构后，可依据模型的材料属性，可以在 COMSOL 材料库中添加，也可以自己定义材料属性。

（3）物理场添加，物理场添加是整个建模过程的核心，依据模型的物理场过程，选择并添加适合的物理场。

（4）网格剖分，网格剖分是有限元求解计算的重要部分，网格单元的大小尺寸决定计算结果的精度和准确性，同时网格密集对计算机的内存要求很高，因此合理的网格剖分尺寸是计算求解的核心。

（5）求解计算，根据模型的大小和网格剖分的疏密程度，计算时间可能为几分钟或者几个小时以上。

（6）可视化处理，结构图出现后，可以在 COMSOL 中进行图形处理，将结果清晰地呈现在用户眼前。

以下是各个步骤的具体操作过程。

几何模型主要分为三个区域：气体区域、电极区域和灯壁区域。为建立好几何模型，可以在相应的区域内添加材料，COMSOL 中可以在材料库中选取材料，用户也可自行定义材料的相关物理属性，本书中自定义了气体区域和灯壁区域材料，具体物理参数按照“全局参数”设置，电极区域选取了材料库中的“钨”。选取好材料后就可以进行下一步“物理场添加”。HID 灯简化二维几何模型如图 9.4 所示。

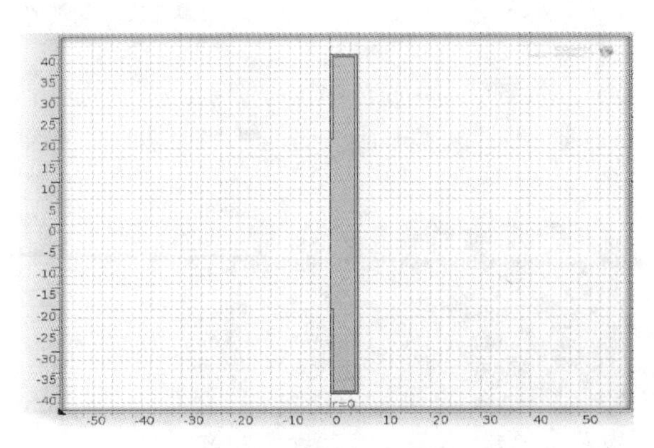

图 9.4　HID 灯简化二维几何模型

在实际网格剖分中，要权衡网格疏密程度和计算时间，在计算机内存允许的情况下，设定合理的网格剖分尺寸。对于模型较大的，可以分区域划分，在有源区域或特殊区域剖分密集一些，控制最大最小尺寸。整个区域采用逐步剖分方式，从有源区域到边界区域加大网格尺寸来控制网格数目。对于本书的模型，模型比较简单，所以选择自由三角形网格剖分，最大单元尺寸：4.24 mm；最小单元尺寸：0.024 mm；最大单元生长率：1.3；曲率解析度：0.3；狭窄区域解析度：1。然后点击“构建选定”。网格剖分设置及结果如图 9.5 中所示。

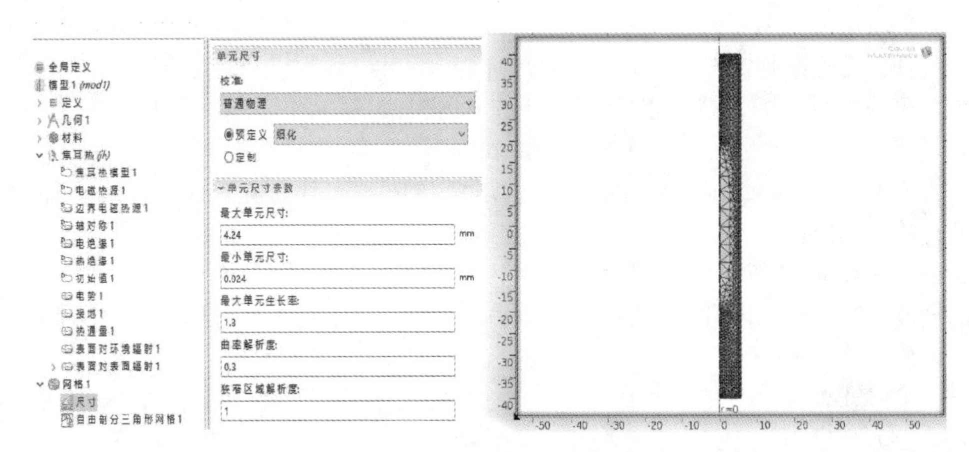

图 9.5　HID 灯二维模型的网格剖分

COMSOL 软件提供的求解器类型包括：稳态求解器、瞬态求解器、本征值求解器、参数求解器等。本模型选择稳态求解器，选择好求解器后，点击“求解”，右键选择“计算”，等待约 30 s，得到二维模型的温度分布图，如图 9.6 所示。

COMSOL 软件可以对结果图形后处理，可以绘制一维绘图组：点绘图、线图、全局图、表图、Nyquist 图、直方图等；二维绘图组：面箭头、等值线图、流线图、粒子轨迹等；三维绘图组：切面图、等值面、面箭头图、粒子轨迹等。此外，还可以对点、曲线结果图进行积分后处理、拉伸旋转生成高维度图，甚至可以生成动画等。

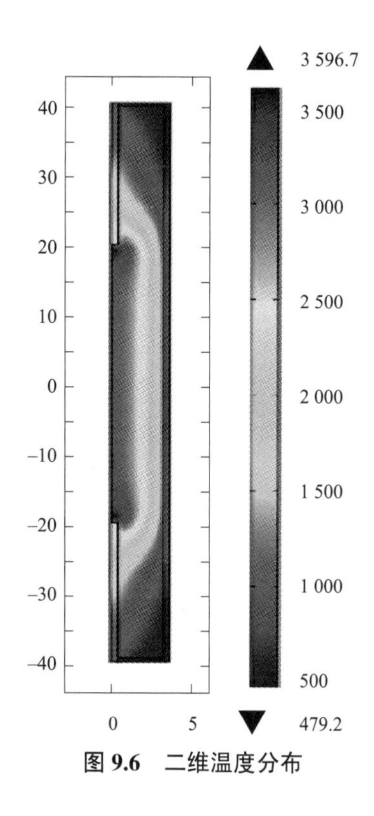

图 9.6　二维温度分布

9.2　非线性动力学仿真及软件

线性分析在结构方面就是指应力应变曲线刚开始的弹性部分，也就是没有达到应力屈服点的结构分析。非线性分析包括状态非线性、几何非线性以及材料非线性。非线性可能有以下几种情况：

（1）大应力效应：当结构中有较大应力时，即使变形很小，以初始的和变形后的几何形态写出的平衡方程差别可能很大。

（2）大变形效应：当结构经历大变形时，变形前后的平衡方程差别很大，即使应力较小时也是如此。

（3）材料非线性：材料的应力–应变关系不是完全的线性，或者是塑性材料。

（4）人为指定：如指定了拉压限制，结构中包含黏滞阻尼单元或者其他非线性单元的情况。

9.2.1　基本原理

非线性程序的结构、算法与使用和一般的线性程序有很大不同，为了正确理解和使用，即正确填写各种控制变量、单元与材料和功能控制数据，需对非线性程序采用的基本理论和算法有初步的了解。

引起结构非线性的原因很多，主要可分为以下三种类型。

1. 状态变化（包括接触）

许多普通结构表现出一种与状态相关的非线性行为。例如，一根只能拉伸的电缆可能是松弛的，也可能是绷紧的；轴承套可能是接触的，也可能是不接触的；冻土可能是冻结的，也可能是融化的。这些系统的刚度由于系统状态的改变而突然变化。状态改变或许和载荷直接有关(如在电缆情况中)，也可能是由某种外部原因引起的(如在冻土中的紊乱热力学条件)。接触是一种很普遍的非线性行为，接触是状态变化非线性类型中一个特殊而重要的子集。

2. 几何非线性

结构如果经受大变形，其变化的几何形状可能会引起结构的非线性响应。如图 9.7 所示的钓鱼竿，在轻微的载荷作用下，会产生很大的变形。随着垂向载荷的增加，杆不断弯曲导致动力臂明显减少，致使杆在较高载荷下刚度不断增加。

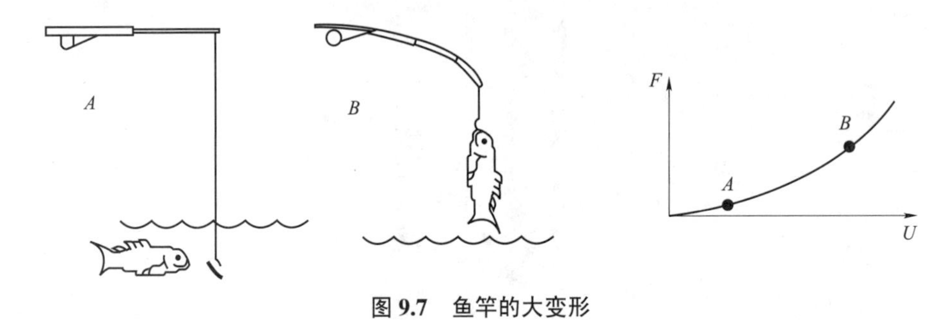

图 9.7 鱼竿的大变形

3. 材料非线性

非线性的应力－应变关系是结构非线性的常见原因。许多因素可以影响材料的应力－应变性质，包括加载历史（如在弹－塑性响应状况下）、环境状况（如温度）、加载的时间总量（如在蠕变响应状况下）等。

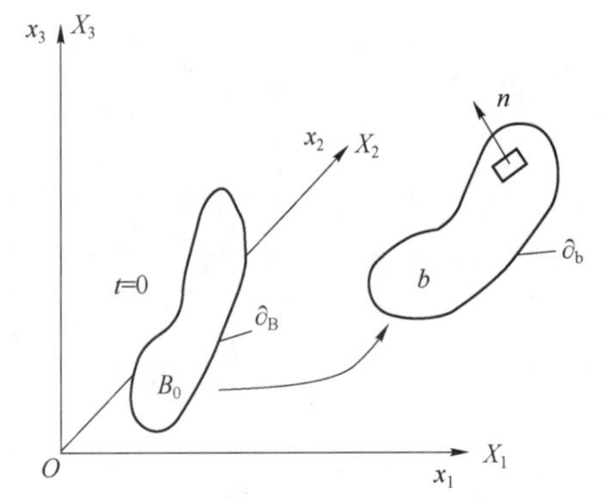

图 9.8 Lagrange 坐标下的微元变化

由于 ANSYS/LS－DYNA 程序功能和规模很大，采用的有关理论和算法非常多，这里选择一些基本原理和算法进行简单介绍[6,7]。LS－DYNA 程序主要算法采用 Lagrange 描述增量法。取初始时刻质点的坐标为 X_α（α=1，2，3）。在任意 t 时刻，该质点的坐标为 x_i（i=1，2，3）。Lagrange 坐标下的微元变化示意图如图 9.8 所示。这个质点的运动方程是

$$x_i = x_i(X_\alpha, t) \quad (9-1)$$

在 t=0 时，初始条件为

$$x_i(X_\alpha, 0) = X_\alpha \quad (9-2)$$

$$\dot{x}_i(X_\alpha, 0) = V_i(X_\alpha) \quad (9-3)$$

式中，V_i 为初始速度。

1）动量方程

$$\sigma_{ij,j} + \rho f_i = \rho \ddot{x}_i \quad (9-4)$$

该解满足面力边界条件

$$\sigma_{ij} n_i = t_i(t) \quad (9-5)$$

在边界 ∂b_1 处，位移边界条件为

$$x_i\left(X_\alpha,t\right)=D_i(t) \tag{9-6}$$

在边界 ∂b_2 处，接触面间断处的跳跃条件为

$$\left(\sigma_{ij}^{+}-\sigma_{ij}^{-}\right)n_i=0 \tag{9-7}$$

当 $x_i^{+}=x_i^{-}$ 接触时沿内部 ∂b_3 边界。式中，σ_{ij} 为柯西应力；f_i 为单位体积力；$\ddot{x}_i$ 为加速度；n_j 为 ∂b 边界单元的外法向。

2）质量守恒方程

$$\rho V=\rho_0 \tag{9-8}$$

式中，ρ 为当前质量密度；V 为现时构型的体积；ρ_0 为初始质量密度。

3）能量方程

$$E=VS_{ij}\dot{\varepsilon}_{ij}-(p+q)\dot{V} \tag{9-9}$$

用于状态方程计算和总的能量平衡。式中，$\dot{\varepsilon}_{ij}$ 为应变率张量；q 为体积黏性阻力。

偏应力

$$S_{ij}=\sigma_{ij}+(p+q)\delta_{ij} \tag{9-10}$$

压力

$$p=-\frac{1}{3}\sigma_{ij}\delta_{ij}-q=-\frac{1}{3}\sigma_{kk}-q \tag{9-11}$$

可得

$$\int_v(\rho\ddot{x}_i-\sigma_{ij,j}-\rho f)\,\delta x_i\mathrm{d}v+\int_{\partial b_1}(\sigma_{ij}n_j-t_i)\,\delta x_i\mathrm{d}s+\int_{\partial b_2}(\sigma_{ij}^{+}-\sigma_{ij}^{-})n_j\delta x_i\mathrm{d}s=0 \tag{9-12}$$

式中，δx_i 满足在 ∂b_2 上的所有边界条件。

由散度定理可得

$$\int_v(\sigma_{ij}\delta x_i)_{,j}\mathrm{d}v=\int_{\partial b_1}\sigma_{ij}n_j\delta x_i\mathrm{d}s+\int_{\partial b_2}(\sigma_{ij}^{+}-\sigma_{ij}^{-})n_j\delta x_i\mathrm{d}s \tag{9-13}$$

并且

$$(\sigma_{ij}\delta x_i),j-\sigma_{ij}=\sigma_{ij}\delta x_{i,j} \tag{9-14}$$

由此可将伽辽金法弱形式平衡方程改写为

$$\delta\pi=\int_v\rho\ddot{x}_i\delta x_i\mathrm{d}v+\int_v\sigma_{ij}\delta x_{i,j}\mathrm{d}v-\int_v\rho f_i\delta x_i\mathrm{d}v-\int_{\partial b_1}t_i\delta x_i\mathrm{d}s=0 \tag{9-15}$$

此即虚功原理。

在有限元网格的节点上添加关于参数和时间的轨迹，在单元 n 上可以近似

$$\delta\pi=\sum_{m=1}^{n}\delta\pi_m=0 \tag{9-16}$$

得到

$$\sum_{m=1}^{n}\left\{\int_v\rho\ddot{x}_i\varphi_i^m\mathrm{d}v+\int_{v_m}\sigma_{ij}^m\varphi_{i,j}^m\mathrm{d}v-\int_{v_m}\rho f_i\varphi_i^m\mathrm{d}v-\int_{\partial b_1}t_i\varphi_i^m\mathrm{d}s\right\}=0 \tag{9-17}$$

式（9－17）中

$$\varphi_i^m = (\varphi_1, \varphi_2, \cdots, \varphi_k)_i^m \tag{9-18}$$

式（9－17）写为矩阵方程：

$$\sum_{m=1}^{n}\left\{\int_{v_m}\rho \boldsymbol{N}^t \boldsymbol{N}\boldsymbol{a}\mathrm{d}v + \int_{v_m}\boldsymbol{B}^t\boldsymbol{\sigma}\mathrm{d}v - \int_{v_m}\rho \boldsymbol{N}^t \boldsymbol{b}\mathrm{d}v - \int_{\partial b_1}\boldsymbol{N}^t \boldsymbol{t}\mathrm{d}s\right\}^m = 0 \tag{9-19}$$

式中，$\boldsymbol{N}$ 为差值矩阵；$\boldsymbol{\sigma}$ 为应力向量；$\boldsymbol{B}$ 为应变－位移矩阵。

$$\sigma^t = (\sigma_{xx}, \sigma_{yy}, \sigma_{zz}, \sigma_{xy}, \sigma_{yz}, \sigma_{zx}) \tag{9-20}$$

$\boldsymbol{a}$，$\boldsymbol{b}$，$\boldsymbol{t}$ 分别是节点加速度向量、体力加载向量和施加的面力载荷。

$$\begin{bmatrix}\ddot{x}_1\\ \ddot{x}_2\\ \ddot{x}_3\end{bmatrix} = \boldsymbol{N}\begin{bmatrix}a_{x1}\\ a_{y1}\\ \vdots\\ a_{yk}\\ a_{zk}\end{bmatrix} \tag{9-21}$$

$$\boldsymbol{b} = \begin{bmatrix}f_x\\ f_y\\ f_z\end{bmatrix}, \boldsymbol{t} = \begin{bmatrix}t_x\\ t_y\\ t_z\end{bmatrix} \tag{9-22}$$

9.2.2 仿真软件

目前，在爆炸冲击效应技术领域主要的数值模拟方法包括有限单元法[2]、有限差分法、有限体积法等。有限差分法是先建立微分方程组（控制方程），然后利用网格覆盖空间域和时间域，用差分近似代替控制方程中的微分，进行近似的数值求解，有限差分法在流体力学和爆炸力学中得到广泛应用。有限元单元法是先将连续的求解域分解成有限个单元，组成离散化模型，然后求其数值解。有限元包括结构有限元和动力有限元，动力有限元适合于计算边界形状复杂或者包含物质界面的强动载问题计算，便于编制通用程序，在冲击问题的模拟计算方面得到了迅速发展和广泛应用。有限体积法是在物理空间将偏微分方程转化为积分形式，然后在物理空间中选定的控制体积上把积分形式守恒定律直接离散的一类数值方法，适用于任意复杂的几何形状的求解区域，是在吸收了有限元法中函数的分片近似的思想，以及有限差分法的一些思想发展起来的高精度算法，目前已在复杂区域的高速流体动力学数值模拟中得到广泛应用。

有限差分法和动力有限元法的发展已经较为成熟，是目前冲击荷载作用下的动力结构响应数值计算中应用最多的两种方法，但结构为不连续介质时（如裂隙岩体、混凝土等），人们又发展了离散元法、有限块体法、数值流形法等来解决此类问题的计算。

20 世纪七八十年代，国外（主要是美国）以 Sandia、Lawrence Livermore 等国家实验室为代表的一大批研究机构，对于爆炸冲击效应数值模拟进行了大量的研究，编制了许多有影响的计算机程序。这些程序从离散方法上分为三类：有限差分法、有限元法和有限体积法。从采用的坐标类型大体可以分为两种类型，即拉格朗日型和欧拉型，后来又在此基础上发展了任意拉格朗日－欧拉方法（ALE）和耦合拉格朗日－欧拉方法（CEL）等。

目前，比较流行的计算爆炸与侵彻的商业通用软件有 Ansys/LS－DYNA、Abaqus、Dytran、Autodyn 等。其中 LS－DYNA[8]能够模拟真实世界的各种复杂问题，特别适合求解各种 2D、3D 非线性结构的高速碰撞、爆炸和金属成型等非线性动力冲击问题，同时可以求解传热、流体以及流固耦合问题。LS－DYNA 的材料模型非常丰富，目前有 140 多种金属和非金属可供选择，还可以考虑材料失效、损伤等相关性质；单元类型众多，如二维实体单元 2D Solid 162、三维实体单元 3D Solid 164、梁单元 3D Beam 161 和壳单元等，各类单元又有许多种理论算法供用户选择；强大的接触分析功能，有多种接触类型可以选择，适用于变形体、刚体、板壳结构等的接触分析，处理接触－碰撞界面主要采用对称罚函数法、节点约束法等；完善的初始条件、载荷和约束功能，其中有初始速度、起爆点（面）、节点载荷、体力载荷、压力载荷、节点约束、固连约束；另外 LS－DYNA_971 还具有 SPH（Smoothed Particle Hydrodynamics）光滑质点流体动力算法，可以用于研究很大的不规则机构。Abaqus 是一套先进的通用有限元系统，可以分析复杂的固体力学和结构力学系统，尤其是在驾驭非常庞大复杂的问题和模拟高度非线性问题上，Abaqus 使用起来十分简便，可以很容易地为复杂问题建立模型；具备非常丰富的单元库，可以模拟任意几何形状，其丰富的材料模型库可以模拟大多数典型工程材料的性能；不仅能够解决结构分析问题，而且能够分析热传导、质量扩散、电子元器件的热控制、声学、土壤力学和压电分析等广泛领域中的问题。在前处理模块需要定义物理问题的模型，生成一个 Abaqus 输入文件，提交和监控分析作业，并分析显示结果。在分析计算阶段使用 Abaqus/Standard 或 Abaqus/Explicit 求解输入文件中所定义的数值模型，通常以后台方式运行，分析结果保存在二进制文件中，以便于后处理。后处理阶段可以用来读入分析结果数据，以多种方法显示分析结果。另外，MSC 公司的 Dytran 软件是在 LS－DYNA3D 的框架下，在程序中增加荷兰公司开发的 PICSES 的高级流体动力学和流体－结构相互作用功能，以及物质流动算法和流固耦合算法。它采用基于拉格朗日格式的有限元方法模拟结构的变形和应力，用基于纯欧拉格式的有限体积法描述材料流动，对通过流体与固体界面传递相互作用的流体－结构耦合分析；但在处理冲击问题的接触算法上还远不如当前的 LS－DYNA3D 全面。

另外，TrueGrid 作为一款专业通用的网格划分前处理软件，支持大部分有限元分析（FEA）以及计算流体动力学（CFD）软件。它采用命令流的形式来完成整个建模过程，可以支持外部输入的 IGES 数据，也可以在 TrueGrid 中通过 Block 或 Cylinder 命令来创建基本块体，然后使用 TrueGrid 强大的投影功能完成各种复杂的建模。它可以方便快捷地生成优化的、高质量的、多块结构的六面体网格模型，非常适合为有限差分和有限元软件做前处理[9]。

9.2.3　经典算例展示

9.2.3.1　弹靶侵彻

1. 问题描述

一个半径为 4 cm、长为 20 cm 的圆柱形金属弹丸，以 800 m/s 的速度垂直撞击尺寸为 64 cm×64 cm×3 cm 的金属靶板。弹丸与靶板材料均为钢，计算弹丸贯穿靶板的变形过程，分析弹丸和靶板的破坏形态。

2. 物理建模

弹靶侵彻是典型的侵彻碰撞问题，弹丸初始速度较高，属于高速撞击范围。弹丸尺寸与靶板相比要小得多，靶板远端受到的弹丸作用很小，可认为靶板是无限域。由于弹靶侵彻的轴对称特性，并为减小计算量，利用 LS－DYNA 软件，采用 1/2 模型建模。计算模型使用三维实体 Solid 164 单元进行划分，靶板与弹丸直接作用区域网格加密。在对称界面上施加对称约束，弹丸和靶板之间采用侵蚀接触算法，在靶板边界处施加非反射边界，采用 cm－g－μs 单位制。

3. 材料参数

由于弹靶侵彻属于高速碰撞，在计算过程中会出现材料大变形问题，由于 Johnson－Cook 模型能够很好地描述金属材料（介质）在大应变、高应变率和高静水压力下的动态力学行为，因此在金属材料冲击爆炸问题的数值分析中得到广泛应用。

$$P=\frac{\rho_0 C^2\mu\left[1+\left(1-\frac{\gamma_0}{2}\right)\mu-\frac{a\mu^2}{2}\right]}{\left[1-(S_1-1)\mu-S_2\frac{\mu^2}{\mu+1}-S_3\frac{\mu^3}{(\mu+1)^2}\right]}+(\gamma_0+\alpha\mu)E \tag{9-23}$$

4. 结果分析

弹靶侵彻过程如图 9.9 所示。由图可知，弹丸与靶板在接触位置形成冲击波，并向外传播。在侵彻过程中，弹丸头部发生墩粗变形，靶板穿孔背部出现凸起。

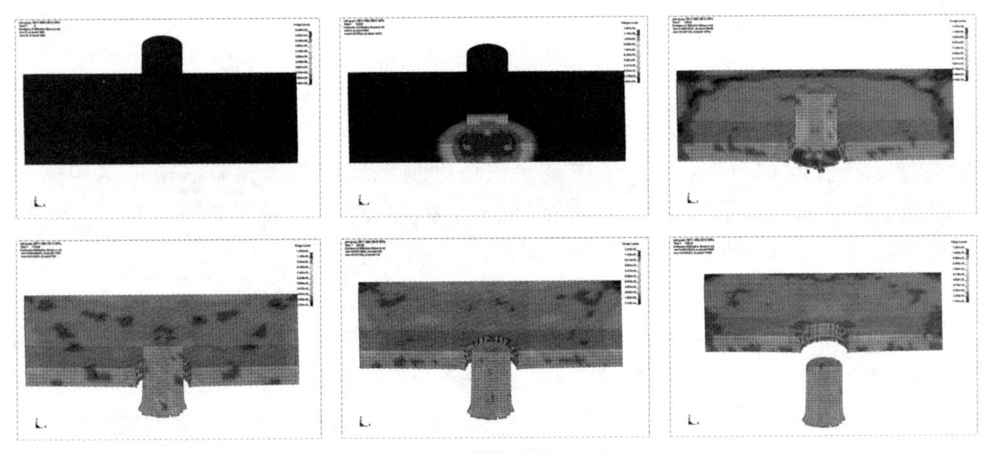

图 9.9 弹靶侵彻过程

提取弹丸的速度－时间曲线，如图 9.10 所示。由图可知，在撞击发生瞬间，弹丸速度迅速下降，之后，在穿孔过程中，速度下降趋势开始减缓，当完全贯穿后，弹丸速度保持不变，剩余速度约为 600 m/s。

9.2.3.2 炸药的破坏效应

1. 问题描述

一个半径为 2 cm、长为 10 cm 的圆柱形装药，底部放有一个半径为 5 cm、厚为 2 cm 的钢板，装药与钢板中心轴重合，如图 9.11 所示。装药在顶部中心处起爆，观测钢板的变形过程，分析其破坏形态。

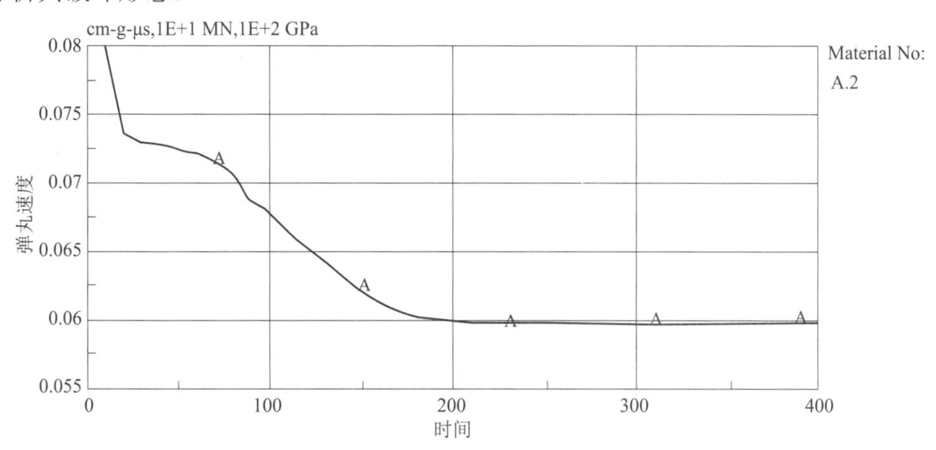

图 9.10　弹丸的剩余速度曲线

2. 物理建模

数值模型由炸药、空气和钢板三部分组成，其中炸药和空气两种材料采用欧拉网格建模，为 Solid 164 单元，使用多物质 ALE 算法；钢珠采用拉格朗日网格建模，与空气和炸药材料间采用耦合算法。由于结构的对称性，为提高计算效率，建立 1/4 模型，在对称面施加对称边界，在空气域外侧施加无反射边界，模拟无限大空气域。采用 cm−g−μs 单位制。有限元模型如图 9.12 所示。

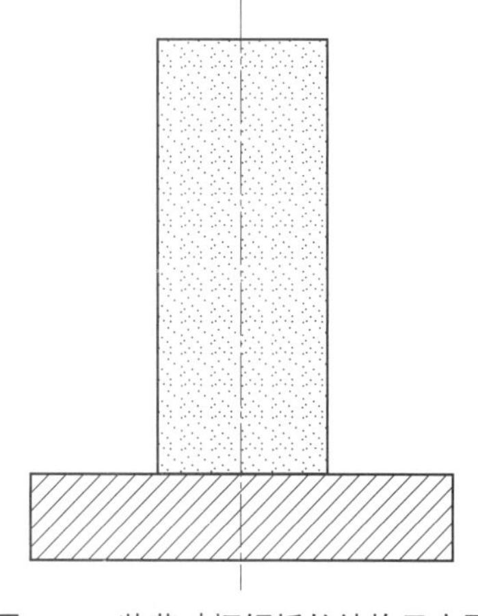

图 9.11　装药破坏钢板的结构示意图

3. 材料参数

1）空气

欧拉网格中填充的空气用理想气体状态方程描述：

$$P=(\gamma-1)\rho E_{\mathrm{g}} \tag{9-24}$$

式中，γ 为绝热指数，对于理想气体有 γ=1.4；ρ 为密度，空气的初始密度为 0.001 225 g/cm^3；初始压力为一个标准大气压；E_{g}=2.068×10^{-5}，是气体比内能。

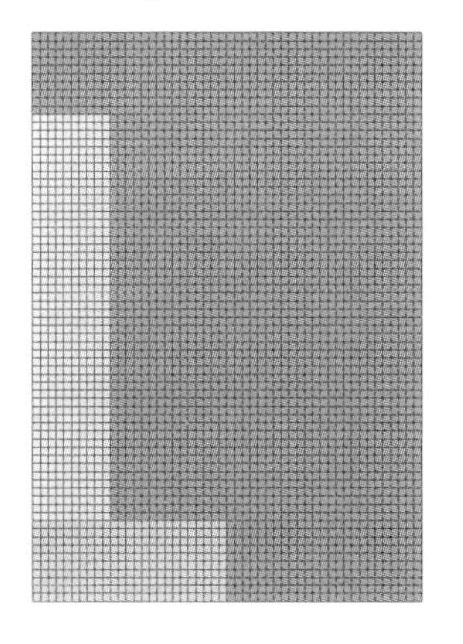
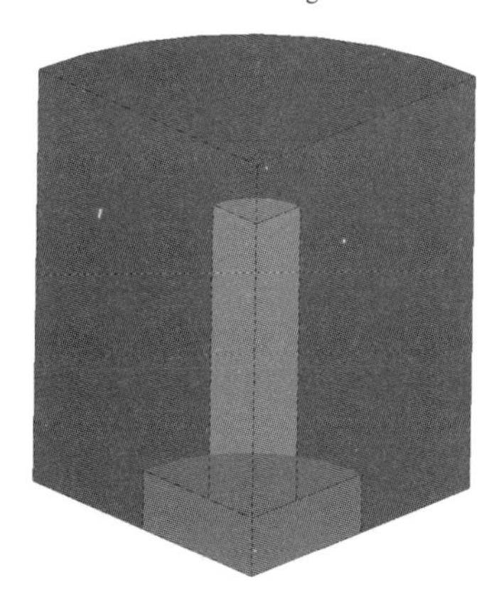

图 9.12　有限元模型

2）装药

爆轰产物 JWL 状态方程不显含化学反应，能够精确描述爆轰产物的等熵膨胀过程，其具体形式为

$$p(V,E)=A\left(1-\frac{\omega}{R_1V}\right)e^{-R_1v}+B\left(1-\frac{\omega}{R_2V}\right)e^{-R_2v}+\frac{\omega E}{V} \tag{9-25}$$

式中，P 为爆轰产物的压力（Pa）；V 为爆轰产物的相对比容，$V=v/v_0$，量纲为 1，$v=1/\rho$ 是爆轰产物的比容，v_0 是爆轰前炸药的初始比容；E 为炸药比内能（J/m^3）；A、B、C、R_1、R_2、ω 为常数。常用炸药的 JWL 状态方程参数列于表 9.1。

表 9.1　常见炸药的 JWL 参数

炸药种类	C－J 参数				JWL 参数				
	ρ_0/（g·cm^{-3}）	D/（m·s^{-1}）	P_{CJ}/GPa	e_0/（kJ·cm^{-3}）	A/GPa	B/GPa	R_1	R_2	ω
TNT	1.63	6 930	21	6	373.8	3.75	4.15	0.9	0.35
B 炸药	1.65	8 300	30	8.9	611.3	10.65	4.4	1.2	0.32
8 701	1.7	8 315	28.8	8.5	854.5	20.5	4.6	1.35	0.25

3）钢板

在炸药爆轰作用于钢板时，主要有三个特征：高温、高压和高应变率。为准确描述钢板在此状态下的响应规律，采用 Johnson－Cook 模型描述。Johnson－Cook 模型常用于模拟金属材料从低应变率到高应变率下的动态行为，该模型采用变量乘积关系描述了应变率、温度和应变的影响，本构方程如下：

$$\sigma_{vp}=\left[A+B\varepsilon_{vp}^{n}\right]\left[1+C\ln\frac{\varepsilon_{vp}'}{\varepsilon_0'}\right]\left[1-(T^*)^m\right] \tag{9-26}$$

式中，σ_{vp} 为 von Miese 流动应力；ε_{vp} 为黏塑性应变；A 为屈服强度；B 为材料塑性硬化系数；C 为黏塑性硬化指数；n 为应变率敏感指数；ε_{vp}' 为真实黏塑性应变率；ε_0' 为参考应变率；m 为温度软化指数；T^*为量纲为 1 的温度，其计算公式为

$$T^*=(T-T_r)/(T_m-T_r) \tag{9-27}$$

式中，T_m 为材料的熔点温度；T_r 为参考温度，一般取为实验时室温；T 为温度，单位采用国际制单位。表 9.2 所示为铸铝合金 ZL114A 的 Johnson－Cook 模型参数。

表 9.2　钢珠的 Johnson－Cook 模型参数

A/GPa	B/GPa	C	n	m	T_m/K	ε
0.792	0.51	0.014	0.26	1.03	1 793	1

4. 结果分析

装药爆轰及对钢板的作用过程如图 9.13 所示。由图可知，装药起爆后形成爆轰波向前传

播，冲击波传播到钢板后，在钢板中传播振荡，且钢板在高温高压的爆轰产物作用下，逐渐发生凹陷，同时在背面形式凸起，如图 9.14 所示。

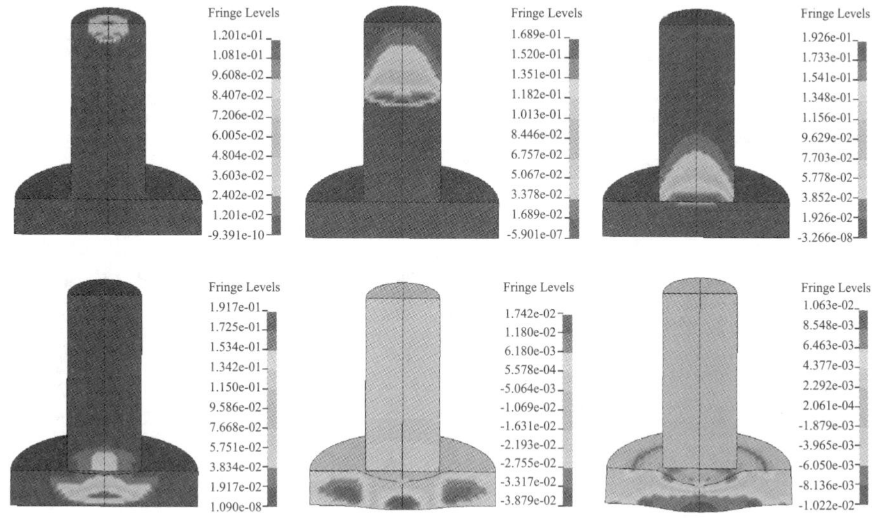

图 9.13　装药爆轰及对钢板的作用过程

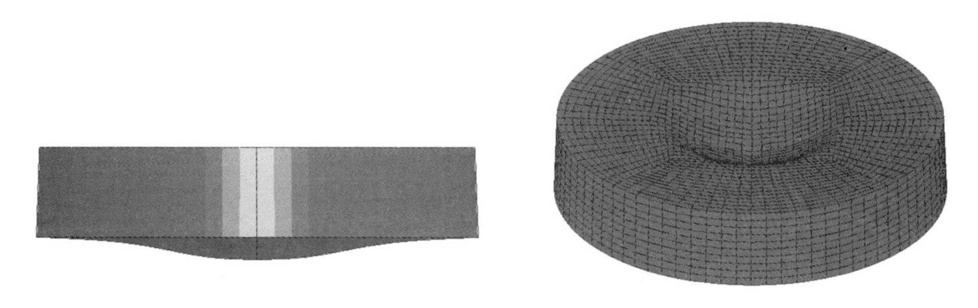

图 9.14　钢板的变形过程

9.3　含能器件作动过程仿真[10]

本节简单介绍三种典型含能器件的作动过程仿真，为进行微观机理性的研究提供新思路。三个仿真算例分别采用多物理场仿真软件 COMSOL Multiphysics 以及非线性动力学仿真仿真软件 AUTODYN 完成。下面将从求解类型选择、材料选择、物理建模、网格划分、求解设置、后处理等环节，对数值仿真的主要过程进行概括性介绍。

9.3.1　换能元设计

9.3.1.1　微平面换能元设计与计算软件介绍

输入微平面换能元的参数后，可用于计算微平面换能元与发火件的电阻、临界爆发电压、临界爆发电流、临界发火电压、临界发火电流、全发火电压和安全电流等参数。所计算的结果可用于指导微平面发火组件发火电压和安全电流的设计。

若计算机中已安装完整版的 MATLAB，直接双击微平面换能元设计与计算软件，进入软件运行界面，如图 9.15 所示。

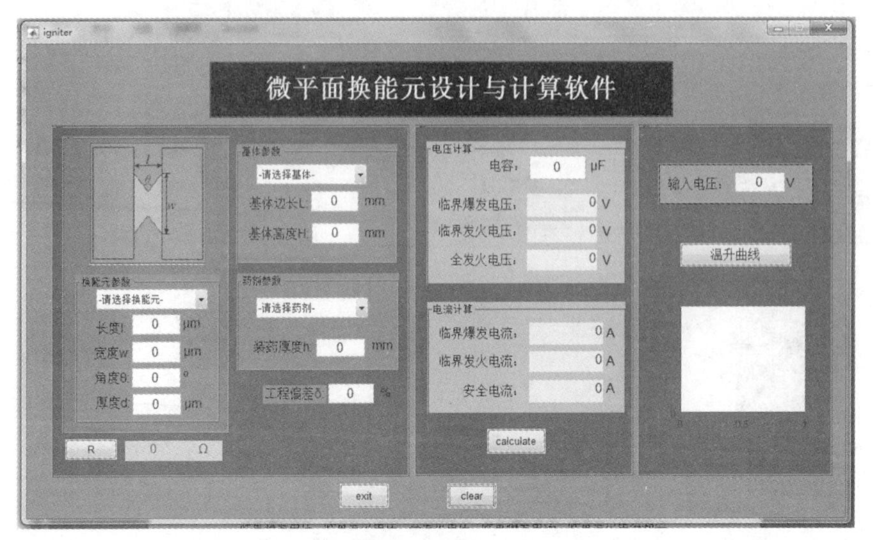

图 9.15　微平面换能元设计与计算软件界面

9.3.1.2　电阻计算

在换能元模块中选择换能元的材料，输入换能元的几何参数，包括长度 l、宽度 w、角度 θ 和厚度 d，单击“R”按钮，可直接计算预设计的换能元电阻。电阻值可以在界面中显示出，如图 9.16 所示。

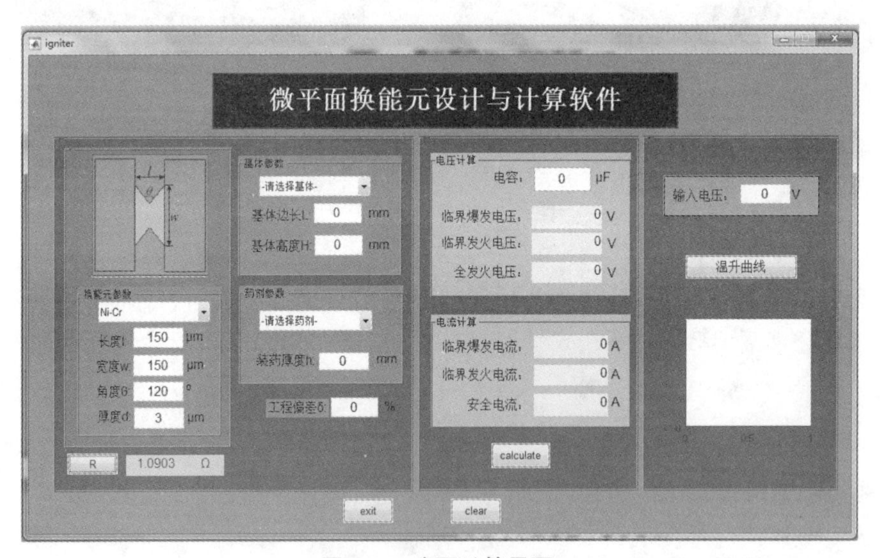

图 9.16　电阻计算界面

9.3.1.3　安全电流和发火电压计算

计算出换能元的电阻值后，在基体模块中选择基体的材料，输入基体边长 L 和基体高度

H，在药剂模块选项列表中选择药剂种类，输入装药厚度，再输入工程偏差 δ，在电压计算模块中输入电容参数，单击“calculate”按钮，可直接计算出临界爆发电压、临界发火电压、全发火电压、临界爆发电流、临界发火电流和安全电流等参数，如图 9.17 所示。

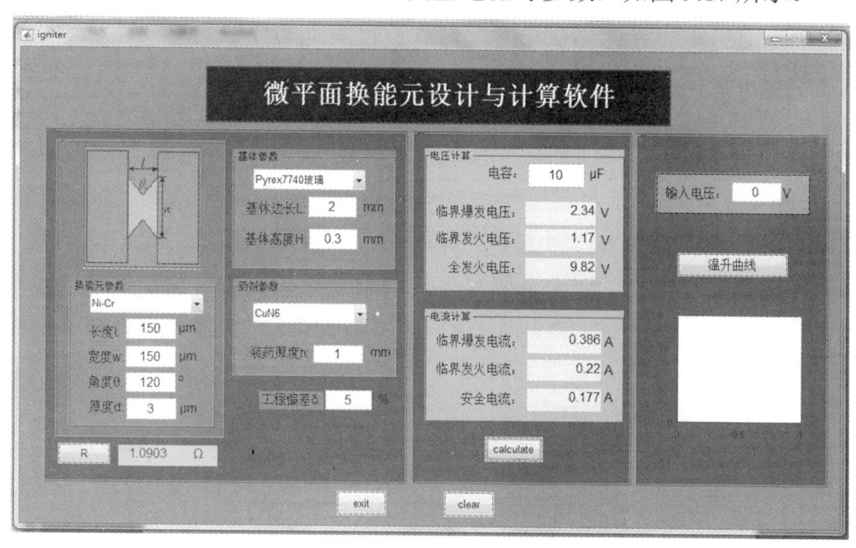

图 9.17　安全电流和发火电压计算

9.3.1.4　升温曲线计算

得知发火组件的临界发火电压后，输入激励电压，可算出桥膜温度随时间的变化曲线，如图 9.18 所示。

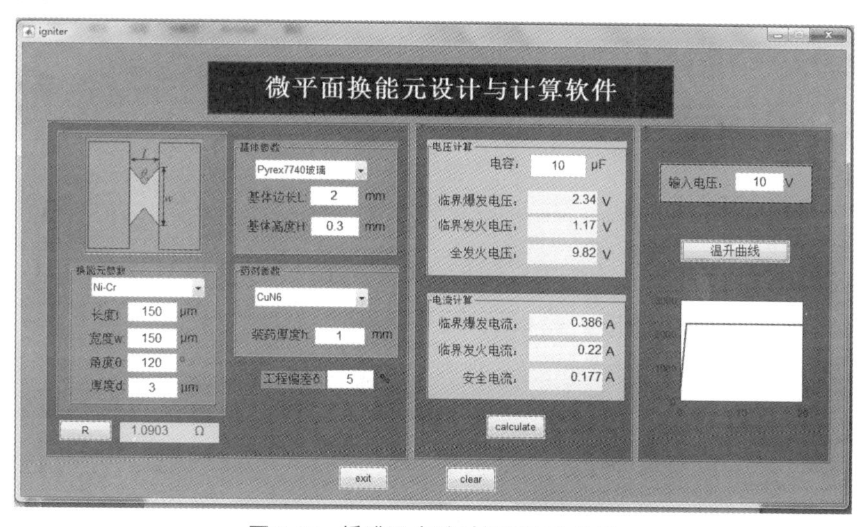

图 9.18　桥膜温度随时间的变化曲线

9.3.1.5　复位

单击“clear”按钮，可恢复至打开软件时的状态，如图 9.16 所示，即将界面中输入的参数和计算出的参数全部清零，便于重新计算。

9.3.2 火工品力学响应仿真

在 Hopkinson 杆冲击针刺雷管的试验中，观测到火工品的外壳出现屈曲变形，变形特征与壳体的屈曲模态有关。研究壳体在轴向冲击载荷作用下的屈曲变形规律对于研究火工品的损伤变形规律具有重要意义。

9.3.2.1 Hopkinson 压杆试验技术的原理

SHPB 试验装置的机械系统由高压气枪及控制系统、撞击杆（子弹）、输入杆、试件、输出杆、吸收杆、阻尼器和装置平台等主要部件构成；测量记录系统由光电靶测速系统、贴在输入杆和输出杆中部的应变片、超动态应变仪、数据采集和分析系统，以及计算和分析软件等主要硬件和软件构成。系统中子弹、输入杆、输出杆和吸收杆为同质材料，均采用钨合金钢材料（65Si2MnWA）制成，如图 9.19 所示。

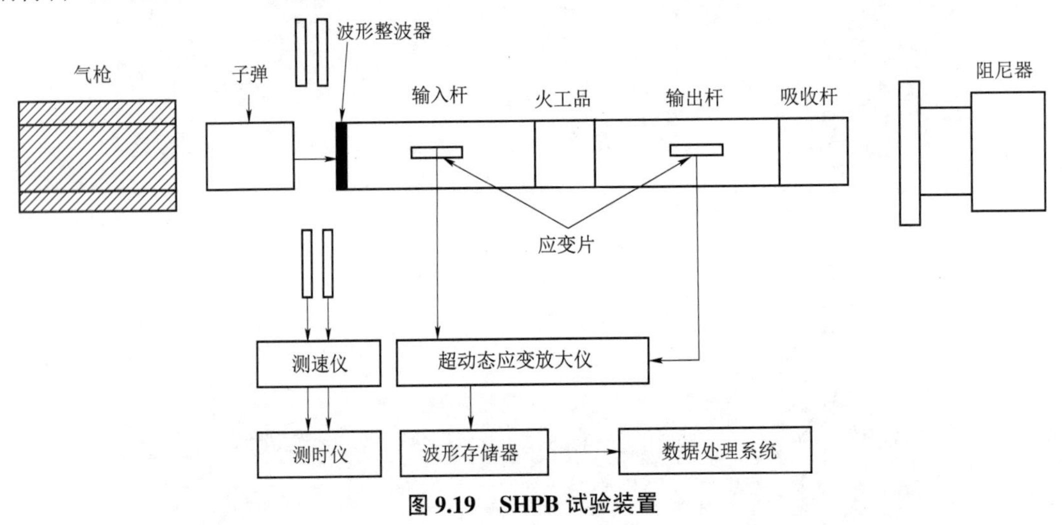

图 9.19 SHPB 试验装置

9.3.2.2 计算模型

图 9.20 所示为试验中所采用的雷管结构，其中雷管的壳体材料为不锈钢（1Cr18Ni9Ti），

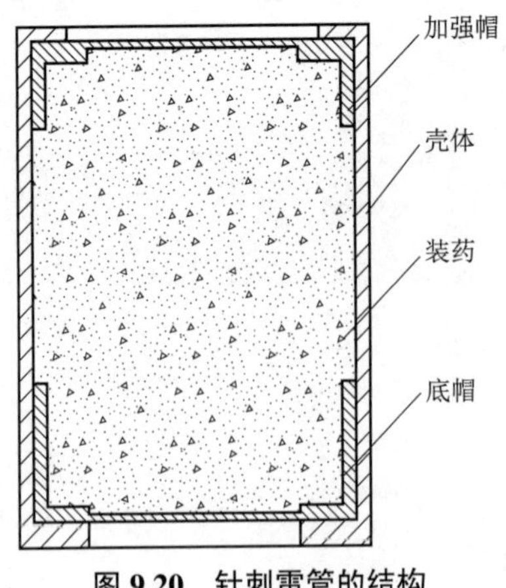

图 9.20 针刺雷管的结构

加强帽和底帽为紫铜，装药为 $B/BaCrO_4$ 延期药。图 9.21 所示为 Hopkinson 杆简化图，杆材料为 65SiMn2WA 钢。材料参数如表 9.3 所示。

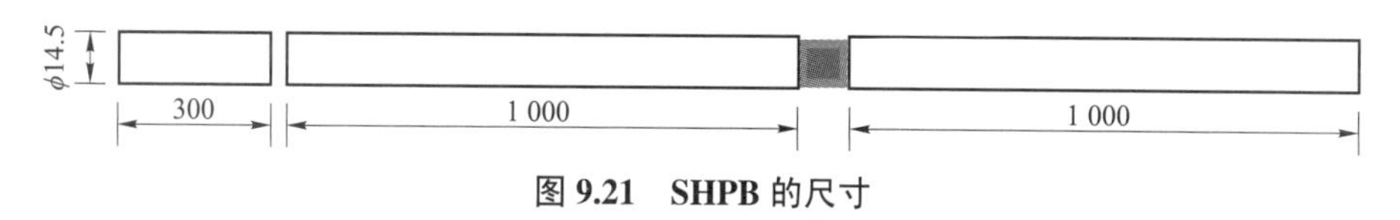

图 9.21　SHPB 的尺寸

表 9.3　材料参数

材料	密度/（kg・m⁻³）	弹性模量/GPa	泊松比	剪切模量/GPa
65SiMnWA	7 678	195	0.29	75.58
紫铜	8 900	110	0.34	41.04
$B/BaCrO_4$	2 600	13.3	NA	1.60×10^{-5}
不锈钢	7 850	200	0.285	77.82

9.3.2.3　材料及本构模型

试验中采用的针刺雷管外壳为不锈钢，加强帽和底帽为紫铜，装药为 $B/BaCrO_4$ 延期药。鉴于模拟火工品动态过载，材料的应变率效应会对结构的响应产生一定的影响，所以不锈钢的本构采用基于 Cowper－Symonds 应变率的塑性随动模型，紫铜采用 Johnson－Cook 模型，而 $B/BaCrO_4$ 延期药采用黏弹性模型，Hopkinson 杆的变形在弹性范围内，采用线弹性模型。

9.3.2.4　算法及边界条件

由于针刺雷管的尺寸较小，直径和长度一般为几毫米，而分离式 Hopkinson 杆试验装置的长度总共为 2.3 m，模型尺寸相差较大，采用三维模型计算的耗时太长，又因为模型具有轴对称特性，所以采用二维轴对称方法。在仿真计算之前，需要先选择合适的算法，才可能达到正确的结果。研究表明，采用二维 ALE 算法模拟火工品的变形与试验吻合较好。

LS－DYNA 从 971R4 版本引入二维的流固耦合算法，为解决问题提供了方便。火工品装药采用欧拉算法、其他拉式算法、耦合计算。

图 9.22 所示为仿真结果与试验结果的对比，二者变形相差不大，虽然在雷管的输入端有

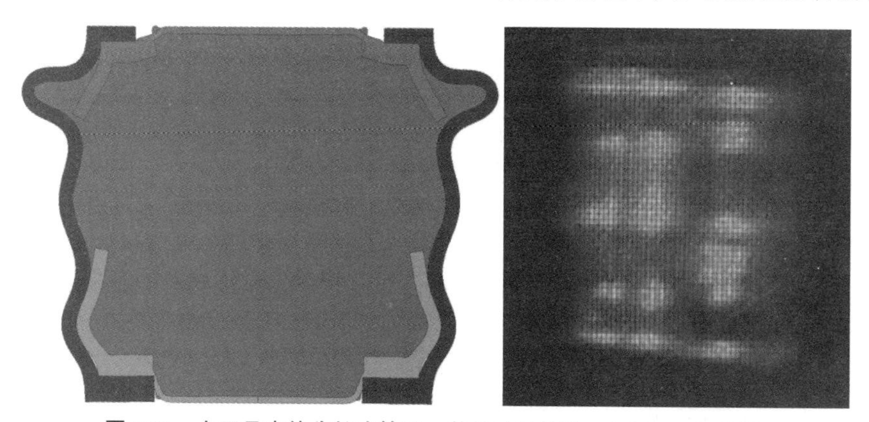

图 9.22　火工品壳体为拉式算法、其他欧拉算法，1 500 μs 时结果

一小部分装药穿透了加强帽，发生了渗漏现象，但通过比较上图的变形与试验结果相差较小，在工程上是可以接受的。图 9.23 所示为 Lagrange 算法中的网格重分与流固耦合在同一时刻的比较，二者变形很接近。综合分析，二维 ALE 算法能保证在合理的计算时间内取得较为理想的结果，所以本书选择二维 ALE 算法。

图 9.23　320 μs 时网格重分（左）和流固耦合（右）的变形图

9.3.2.5　数值模拟结果分析

以撞击杆速度为 10.1 m/s 时的仿真结果为例，进行分析。由于试验中，Hopkinson 杆冲击加载火工品为多次加载，这里将计算时间设为 1.5 ms，以保证达到和试验中相同的冲击次数。通过后处理，发现在三次冲击之后，火工品的变形已经很小了，所以取前三次的结果进行比较分析。

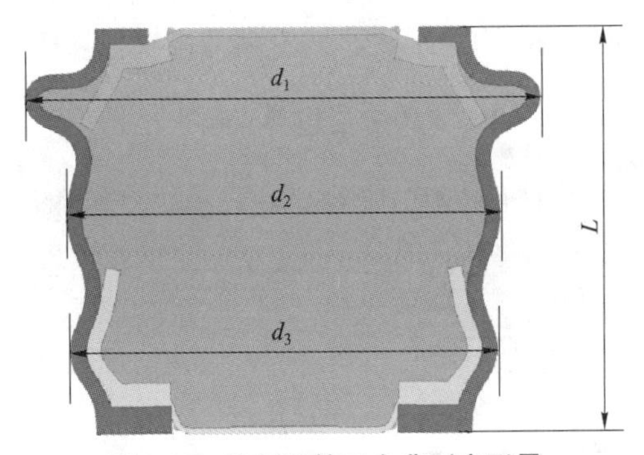

图 9.24　针刺雷管四个典型变形量

选取如图 9.24 所示的四个典型量来表征针刺雷管在冲击过载下的变形情况，即总长 L、输入端直径 d_1、中间直径 d_2 和输出端直径 d_3，已知雷管原直径为 d_0，原总长为 L_0。

表 9.4　试验与仿真的结果对比

子弹速度/（m·s^{-1}）	变形率/%							
	输入端 d_1		中间 d_2		输出端 d_3		总长 L	
	试验	仿真	试验	仿真	试验	仿真	试验	仿真
3.85	1.37	1.46	0.59	0.69	3.89	4.15	2.43	2.61
10.10	19.69	21.50	17.06	15.28	10.25	9.72	23.38	22.15
15.44	31.31	29.58	44.97	46.54	14.65	15.76	44.23	45.96

表 9.4 列出了试验与仿真的数据，为了更直观地分析结果，将结果绘图，如图 9.25～图 9.28 所示。

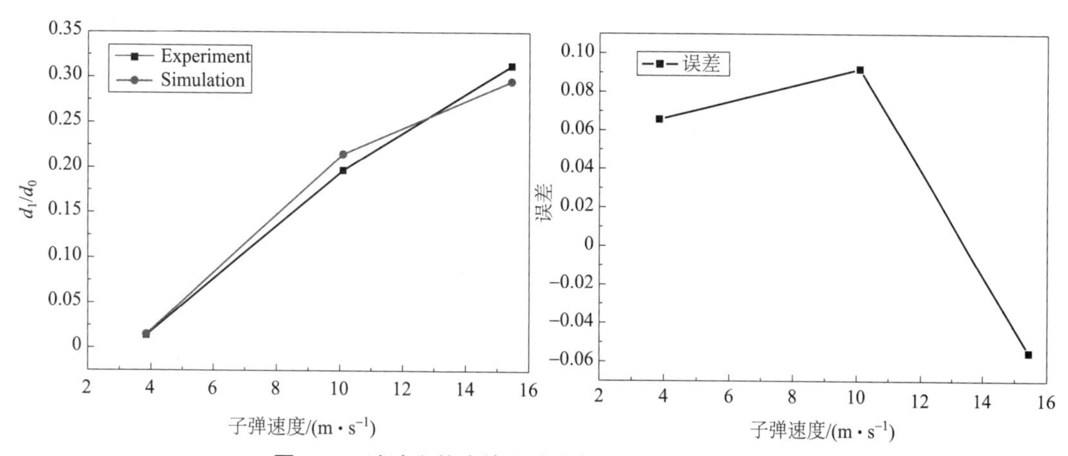

图 9.25　试验和仿真输入端直径的相对变形量及误差

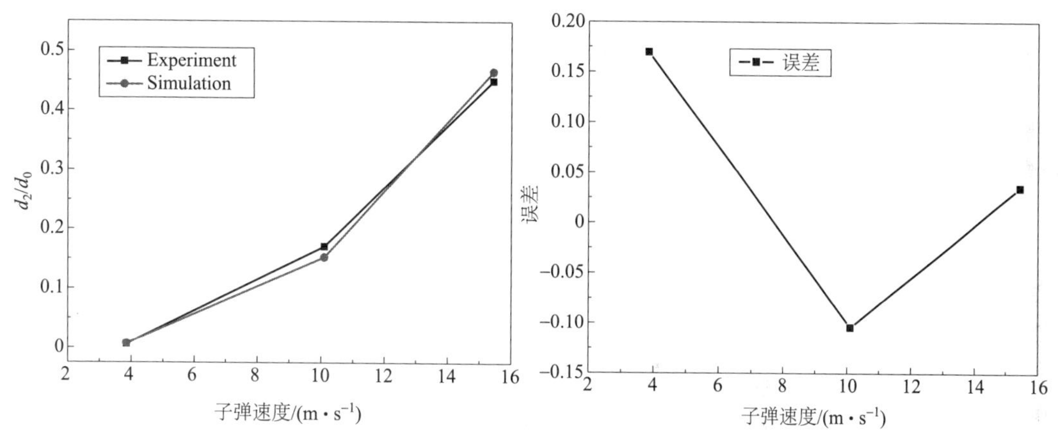

图 9.26　试验和仿真中间直径的相对变形量

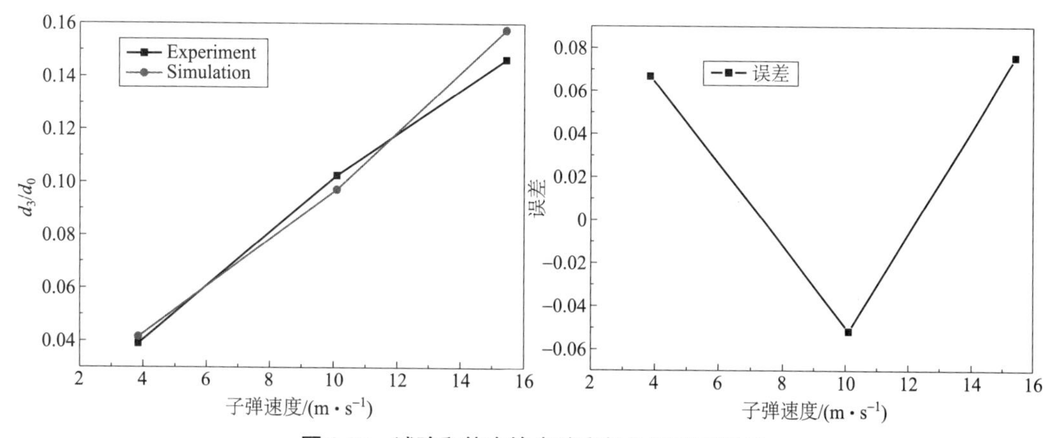

图 9.27　试验和仿真输出端直径的相对变形量

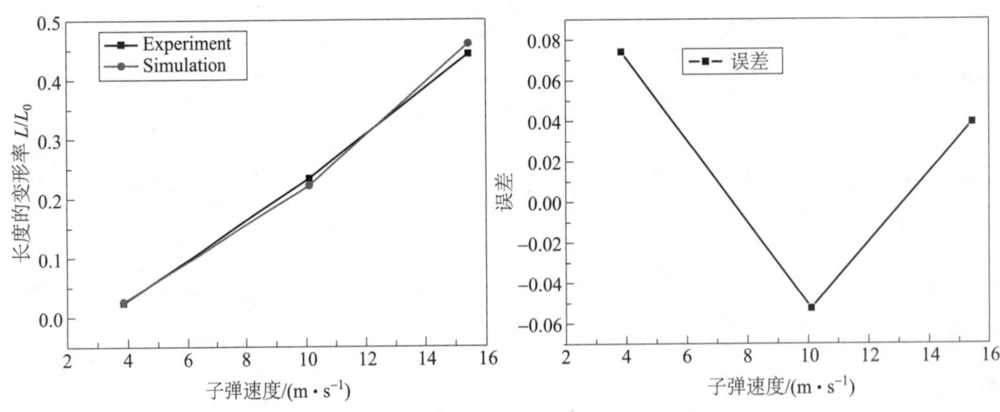

图 9.28　试验和仿真总长的相对变形量

以上给出了四个表征量的试验与仿真结果的对比及误差图。其中输入端直径变化、输出端直径变化和总长变化的仿真计算值与试验值的误差相对较小，在 10%之内，与试验吻合较好；而雷管中间直径的变形与试验的差距相对较大，最大超过了 15%。但是从整体上看，两者符合较好，误差基本在可接受范围之内。

比较不同 Hopkinson 杆冲击速度下雷管各部分的变形情况。随着冲击速度的增大，雷管轴向发生屈曲压缩，径向发生墩粗，雷管各部分变形量随速度呈线性变化。

比较不同速度下雷管整体结构的变形情况。首先在速度较低时，表征雷管变形的三个直径变化相差不大，是因为速度较低时，试件的应变率较低，加载过程的动力学特征不明显，类似于静力学压缩；而速度较高时，试件的应变率很高，试件在冲击载荷的作用下，出现非均匀变形，输入端（被冲击端）的变形量明显大于输出端（另一端）。

另外需要说明的是，流固耦合算法在低速时，装药和雷管壳体、加强帽及底帽耦合得很好，没有发生流体的渗漏现象；在速度相对较高时，发生了轻微流体渗漏现象，但从试验与仿真结果的对比来看，渗漏对经过的影响很小，可以忽略。

9.3.3　换能元与发火件的有限元仿真

9.3.3.1　物理建模

为了对金属膜桥电热过程能够有更全面的认识，给金属膜桥的研究设计提供指导。采用 COMSOL 多物理场仿真软件对电热过程数值求解。由于金属膜桥在厚度方向上仅有 0.3 μm，与其他方向的尺寸差异很大，因此对金属膜桥使用壳单元来简化计算。

在选择了三维瞬态求解器之后，选择壳模型、电路模型、电流（壳）模型和固体传热模型。为了进行参数化建模，对桥区厚度、长度、宽度、发火电压、发火电流等参数进行全局定义，这样在后续的规律性研究中直接改变几个参数变量就可以实现不同影响因素下的快速计算。其次，即进行模型建立，通过建立二维图再拉伸得到三维几何体，如图 9.29 所示。本书分别建立了不带药剂的换能元模型和带药剂的发火件模型。换能元模型用来评估换能元在不同激励下的温度响应规律，便于与试验值对比。发火件模型能够实现不同激励下临界发火电压和临界发火电流的计算。

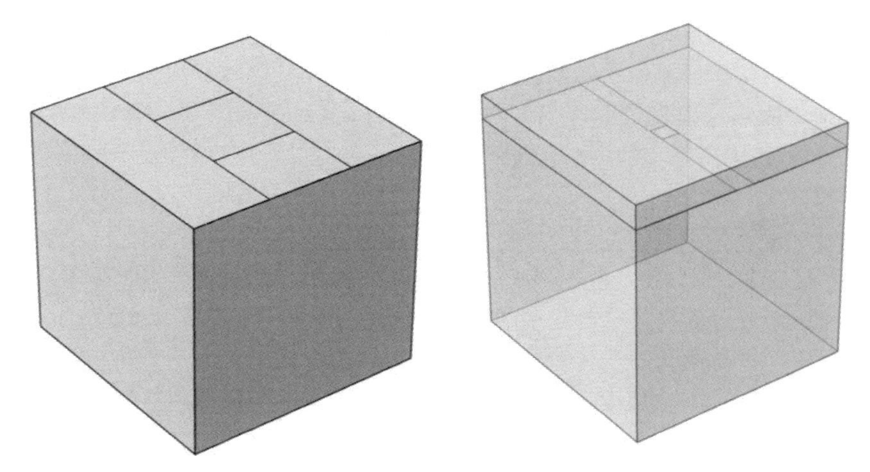

图 9.29 换能元和发火件的物理模型

在电路模型中，设置电容和外部接口，电容参数设置如图 9.30 所示，可以看到，软件的输入界面十分人性化，操作简便，只需要按要求输入数据即可。

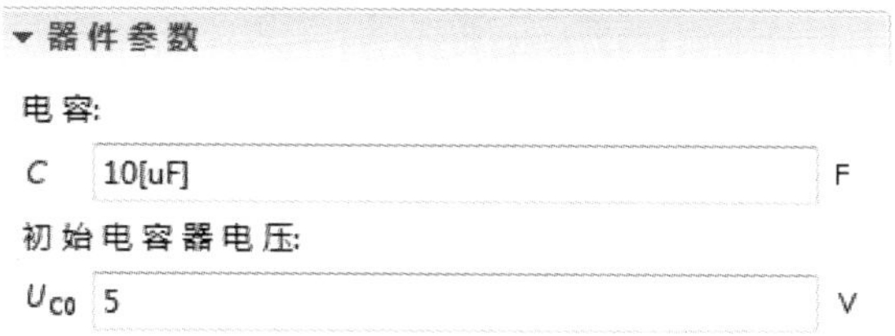

▾ 器件参数

电容:

C 10[uF] F

初始电容器电压:

U_{C0} 5 V

图 9.30 电容器参数设置

在固体传热模型中，设置整个基底与外界环境的对流热传导系数、表面对环境辐射系数等。同样，需要定义传热模型与电路模型的耦合，即桥区的热量来自电路的焦耳热，如图 9.31 所示。其中 q_prod 为电路模型中预先定义的焦耳热。

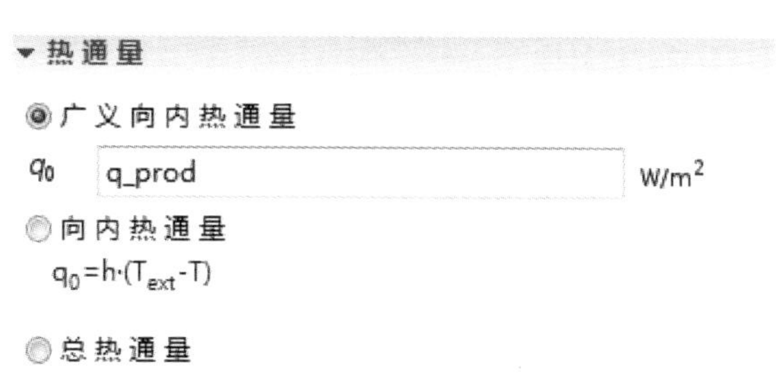

图 9.31 焦耳热耦合设置

在物理场设置完毕之后，对网格进行划分，因桥区部分是研究的重点，因此对桥区进行网格细化。而后设置求解参数即可。

9.3.3.2 参数设置

在建模时，分别设定两个金属焊盘的电势为 0 和电流 I，由于金属膜桥的玻璃基底是黏接在 PCB 基板上的，能够迅速导热，因此设定基底为恒温边界条件，其他的面均为热辐射和热对流边界条件。由于恒流作用时间较长，一般在 1～5 s，因此在电桥升温的过程中，热对流和热辐射造成的热量损失是不可忽略的。考虑实际热对流的影响，取对流换热数为 6 W/（m^3 • K）[11]。计算中所用到的材料种类和参数如表 9.5 和表 9.6 所示。

表 9.5 桥膜和焊盘材料参数

材料牌号	密度/（kg • m^{-3}）	常压热容/（J • kg^{-1} • K^{-1}）	导热系数/（W • m^{-1} • K^{-1}）	电阻率（20 ℃）/Ω • m	电阻温度系数/（K^{-1}）	表面发射率
Cr20Ni80	8 400	460	15	1.09×10^{-6}	1.01	0.70[109]
Au	19 300	127	315	2.40×10^{-8}	0.003 24	0.02

表 9.6 玻璃基底参数

标准名称	材料牌号	密度 /（kg • m^{-3}）	比热容 /（J • kg^{-1} • k^{-1}）	导热系数 /（W • m^{-1} • K^{-1}）
Pyrex 玻璃	Pyrex－7740	2 230	980	随温度变化

值得注意的是，Pyrex 玻璃的导热系数随温度有一定的变化，在恒流激励下，导热系数的变化会对热传导产生重要影响，因此，数值仿真中玻璃的导热系数为[12]：

$$C_p = C_p(298.15\ \text{K})\times\left(0.768\,8+0.215\,8\times\frac{T}{298.15}+0.015\,7\times\left(\frac{T}{298.15}\right)^2\right)$$

$C_p(298.15\ \text{K})=12\ \text{W}/(\text{m}\cdot\text{K})$，其中，$T$ 为对应时刻下的基底温度。所以，本书使用的多物理场仿真技术实现了双向耦合能力，电由于焦耳热的作用生成了热，热引起的温升反过来又引起导热系数和电阻率的变化。在发火件模型中，还需要斯蒂芬酸铅的参数，如表 9.7 所示。

表 9.7 药剂斯蒂芬酸铅（LTNR）参数

药剂种类	密度 /（kg • m^{-3}）	比热容 /（J • kg^{-1} • K^{-1}）	导热系数 /（W • m^{-1} • K^{-1}）	燃烧热 /（J • kg^{-1}）	指前因子 /s^{-1}	活化能 /（J • mol^{-1}）
斯蒂芬酸铅	3 020	699	0.10	5.04×10^6	$1\times10^{15.4}$	1.88×10^5

9.3.3.3 模型验证与分析

在进行实际的规律性仿真试验之前，需要验证仿真工具和相关设置的正确性。首先对 180 μm×180 μm×0.3 μm（长×宽×厚度）金属膜桥进行了电热规律仿真。同时，考虑到试验中传感器接触到桥区时会起到一定的散热作用，所以本书建立了带传感器和不带传感器的两种模型。

图 9.32 所示为不带传感器时 160 mA 恒流激励下金属膜桥不同时刻的温度分布云图。从图中可以看出，在电流作用下，电桥温度迅速上升，且随着时间的延长，电桥通过热传导把能量传递给玻璃基底，导致玻璃基底的温度也在上升。图 9.33 显示了带传感器时金属膜桥的温度分布云图。可以看出，在 MFB 升温过程中，也有一部分的热量传递给了传感器，导致传感器温度也有一定的升高，对比图 9.18 和图 9.19 可以看出，加入传感器模型后，MFB 温

度有一定的降低，这主要就是因为传感器起到了一定的散热作用。

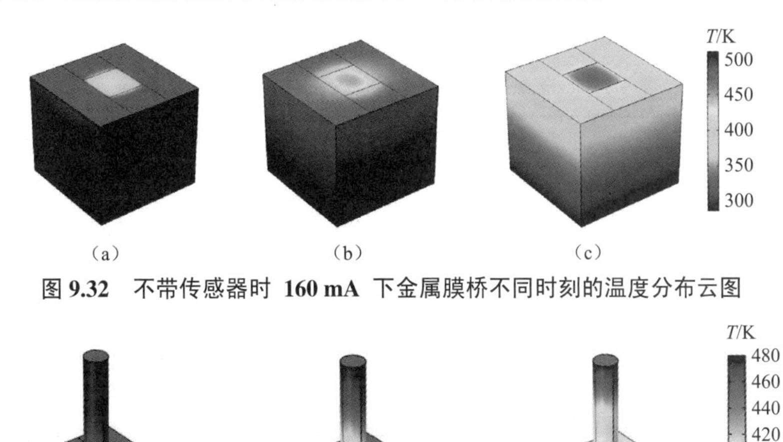

图 9.32　不带传感器时 160 mA 下金属膜桥不同时刻的温度分布云图

T/K
480
460
440
420
400
380
360
340
320
300

(a)　(b)　(c)

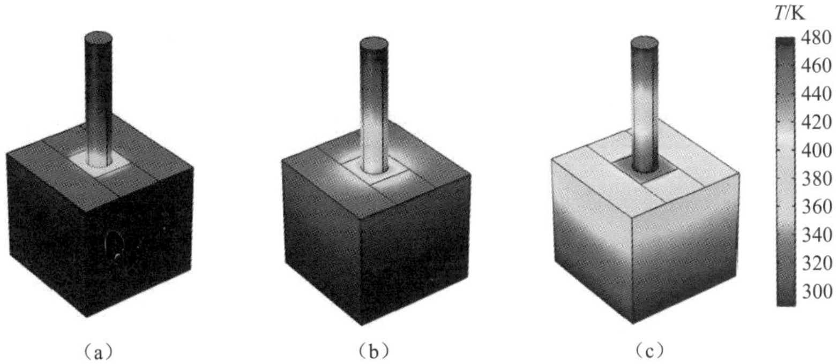

图 9.33　带传感器时 160 mA 下金属膜桥不同时刻的温度分布云图

图 9.34 所示为不同电流激励下桥区中心点温度随电流输入时间变化规律的仿真计算结果。由图可见，电桥温度一开始快速上升，然后缓慢上升，最后达到稳定。这就是说，一是在电流激励时，换能元的温度刚开始在一个非稳定状态，随着时间增加，换能元由电能输入带来的热量与外界环境的散热达到了一个平衡的状态，最终达到了一个稳定状态。二是随着激励电流的增加，换能元温度也在迅速增加，且上升的幅度也越来越大。三是随着电流的增大，桥区中心温度到达稳定值的时间也在延长，这说明电流增大导致温度提高以后，整个金属膜桥到达热平衡的时间也在延长。

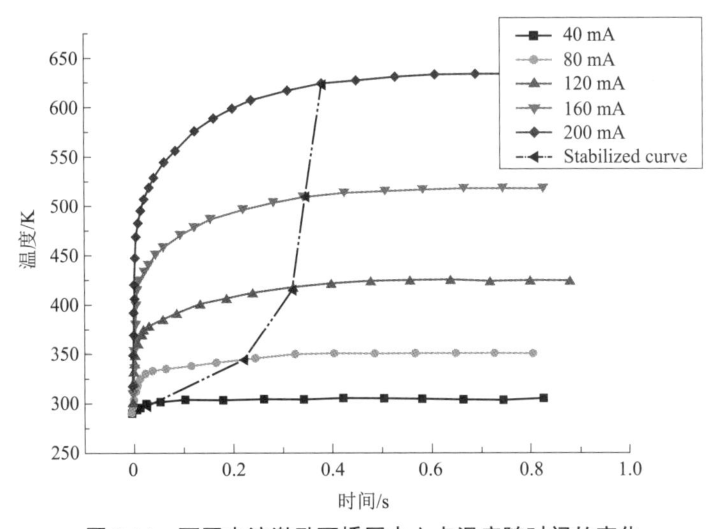

图 9.34　不同电流激励下桥区中心点温度随时间的变化

总结了不同电流激励下金属膜桥温度测试值和仿真值的对比结果，测试温度为测量三次温度以后得到的平均值，仿真值记录了桥区中心点和桥区平均温度，如表 9.8 所示。

表 9.8 不同电流激励下金属膜桥温度测试值和仿真值

电流/mA	试验平均值/K	不带传感器的仿真值				带传感器的仿真值			
		中心/K	误差/%	平均/K	误差/%	中心/K	误差/%	平均/K	误差/%
0	289.2	289.2	0	289.2	0	289.2	0	289.2	0
40	298.5	298.5	0	302.3	1.3	301.9	1.1	300.8	0.8
80	330.5	343.1	4.0	341.1	3.3	339.8	2.9	335.4	1.6
120	386.5	414.6	7.3	403.6	4.4	401.0	3.8	391.3	1.2
160	472.5	508.6	7.6	486.5	3.0	483.7	2.4	467.1	−1.1
200	596.2	621.3	4.2	587.0	−1.5	583.1	−2.2	558.0	−6.4

从表中可以看出，仿真和测试得到的金属膜桥温度很接近，最大误差为 7.6%，而桥区平均温度的仿真值和试验值误差更小，在 5%以内，这充分印证了测试系统的正确性和可靠性。

从表中还可以看出，不带传感器时桥区中心点的温度仿真值都比实测值要高，造成实测温度偏低的原因主要有两方面：一是测量时，光纤探头接触了桥区，桥区将一部分热量传递给了探头，造成有传感器的温度要比没有传感器的温度低；二是光纤探头测量的是桥区中心区域的平均温度，而仿真得到的数值是桥区中心一个点的温度，这从仿真的桥区平均温度也可以判断出来。

9.3.4 爆轰波在弯曲装药中的传播仿真

9.3.4.1 数值模型

采用 AUTODYN 软件中的流固耦合算法来模拟错位式传爆序列的爆轰成长与能量传递过程。如图 9.35 所示，计算模型是以实物为基础，采用二维模型，模型中使用的药剂有 PbN_6、CL－20、JO－11c、PBXN－5。各部件的结构尺寸与实际尺寸一致，包括由$\phi 0.9\times 3$ mm 的微型雷管、4.9 mm×0.8 mm 片状药、$\phi 0.9\times 3$ mm 导爆药、$\phi 2.2\times 6$ mm 传爆药以及套筒组成，所有药柱和空气采用欧拉网格，网格尺寸为 0.005 cm，欧拉边界施加流出边界；壳体使用拉格朗日网格，网格尺寸为 0.01 cm；采用 cm－g－μs 单位制。在微型雷管的顶部设置起爆点模拟叠氮化铅的起爆，在传爆药底部设置观测点以记录冲击波压力。

9.3.4.2 材料模型

本书中涉及的材料包括起爆药 PbN6、CL－20 炸药、JO－11c 炸药、约束壳体和空气。只有正确的材料模型才能保证结果的可信度，所以材料模型的选择至关重要。

1. 点火增长模型

CL－20 炸药、JO－11c 炸药因装药直径小，在爆轰波传播过程中会受到侧向稀疏波的影响，所以微尺寸炸药有典型的非理想爆轰特性。为准确描述其冲击起爆和爆轰成长过程，需要引入三项式点火增长模型来描述反应区内炸药的反应过程[124]：

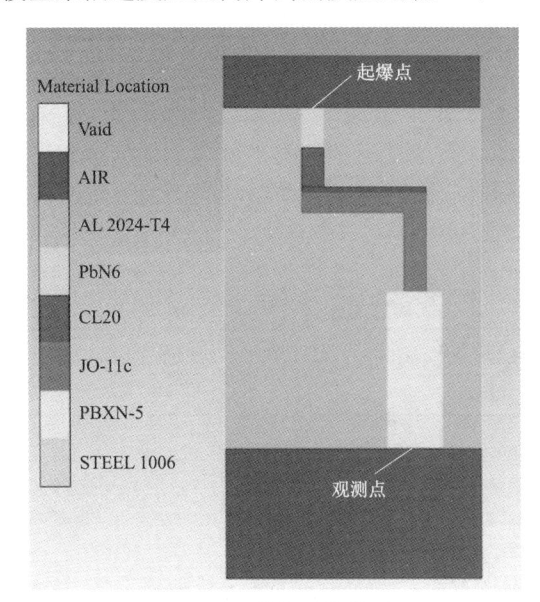

图 9.35　数值计算模型

$$\frac{\mathrm{d}F}{\mathrm{d}t}=I(1-F)^{b}\left(\frac{\rho}{\rho_0}-1-\alpha\right)^{x}+\text{（点火项）}$$

$$G_1(1-F)^{c}F^{d}P^{y}+\text{（成长项）}$$

$$G_2(1-F)^{e}F^{g}P^{z}\text{（完全反应项）}\qquad(9-28)$$

式中，F 为炸药的反应度，取值为 $0\leqslant F\leqslant 1$，$F=0$ 表示炸药完全未反应，$F=1$ 表示炸药完全反应；t 为时间；ρ 为密度；ρ_0 为初始密度；I，G_1，G_2，a，b，x，c，d，y，e，g 和 z 是常数。Cl--20 的状态方程参数取值见 AUTODYN 材料库。试验中所用的 JO－11c 装药成分配比与 LX－10 相同，其状态方程和反应速率方程参数取自文献。JO－11c 的参数如表 9.9 所示[13]。

表 9.9　JO－11c 的参数

未反应物	产物	反应速率	
A=9 522 Mbar	A=8.524 Mbar	a=0.1	x=2.5
B=－0.059 44 Mbar	B=0.180 2 Mbar	b=0.667	y=1
R_1=14.1	R_1=4.6	c=0.667	z=2
R_2=1.41	R_2=1.3	d=0.111	
ω=0.886 7	W=0.38	e=0.333	
ρ_0=1.842 g/cm^3	D=0.88 cm/μs	g=1	
	E_0=0.102 Mbar	$I=7.43\times10^{11}$	
	P_{cj}=0.37 Mbar		

2. 约束壳体

为准确描述材料在高压状态下的状态，采用冲击状态方程来描述材料的状态方程：

$$u_s=c_0+u_p \tag{9-29}$$

式中，u_s 和 u_p 分别为固体介质冲击波速度和波阵面上的粒子速度；c_0 为介质弹性波速；s 为试验常数。对于约束壳体硬铝，c_0=0.532 8 cm/μs，s=1.338。已知材料的雨贡纽参数，则可借助冲击波的质量和动量关系得到相应的状态方程。由于 Johnson－Cook 模型能够很好地描述金属材料（介质）在大应变、高应变率和高静水压力下的动态力学行为，因此在金属材料冲击爆炸问题的数值分析中得到广泛应用。作动器的壳体和滑块采用的都是 7075－T6 铝合金，其模型参数如表 9.10 所示。[14]

表 9.10　7075－T6 铝合金的力学性能参数

密度/(g・cm^{-3})	剪切模量/MPa	A/MPa	B/MPa	n	C	m	T_m/K
2.084	27.48×10^3	448	343	0.41	0.01	1	893

其中，A、B、n、C、m、T_m 均为 Johnson－Cook 模型参数。

3. 空气

空气采用的本构模型与式（9－24）相同。

点火后，整个传爆序列中爆轰过程的压力变化过程如图 9.36 所示。

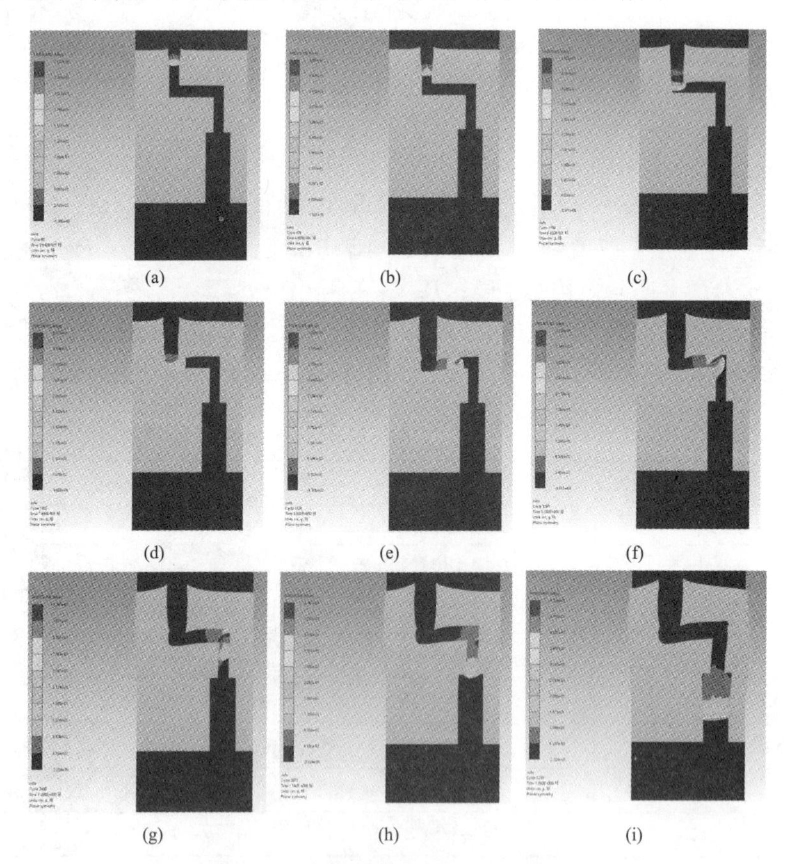

图 9.36　传爆序列压力变化过程云图

（a）0.28 μs；（b）0.44 μs；（c）0.64 μs；（d）0.74 μs；（e）1.00 μs；（f）1.16 μs；（g）1.28 μs；（h）1.50 μs；（i）1.94 μs

图 9.36（a）中 t=0.28 μs，可以明显看到爆轰波阵面在起爆药柱中传播，且爆轰波阵面有一定弯曲，这是由于模型中对起爆药采用点起爆模式和起爆药的非理想爆轰效应波阵面压力为 25.22 GPa。需要注意的是，根据爆轰学理论，爆轰波在药柱中传播时，其前沿存在一个 Von－Neumann 峰，随着化学反应的进行，压力急剧下降，在反应终了端面压力降至 C－J 压力。C－J 面后为爆轰产物的等熵膨胀流动区，在该区内压力随着膨胀而平缓下降。由此可见，25.22 GPa 的压力不能认为是起爆药的爆压。

图 9.36（b）中 t=0.44 μs，最大压力为 48.99 GPa，爆轰波已经传爆微型雷管中的输出药 CL－20 中，表明微型雷管起爆成功。图 9.36（c）中 t=0.64 μs，爆轰波到达片状传爆药中；图 9.36（d）中 t=0.74 μs，爆轰波成功在片状药中实现拐角传播；图 9.36（f）中 t=1.16 μs，爆轰波到达片状药末端，并成功引爆 ϕ0.9×3 mm 导爆药，在片状药中实现拐角传播；图 9.36（g）中 t=1.28 μs，爆轰波在导爆药中传播；图 9.36（h）中 t=1.50 μs，爆轰波到达导爆药与传爆药界面；图 9.36（i）中 t=1.94 μs，传爆药被成功引爆，此时的爆轰波压力为 52.39 GPa。

在 AUTODYN 中反应率是由 ALPHA 变量来表示的，其中 ALPHA=1 表示炸药完全反应，当 ALPHA=0 表示炸药没有反应。如图 9.37 所示，是传爆过程中 ALPHA 值的分布图。

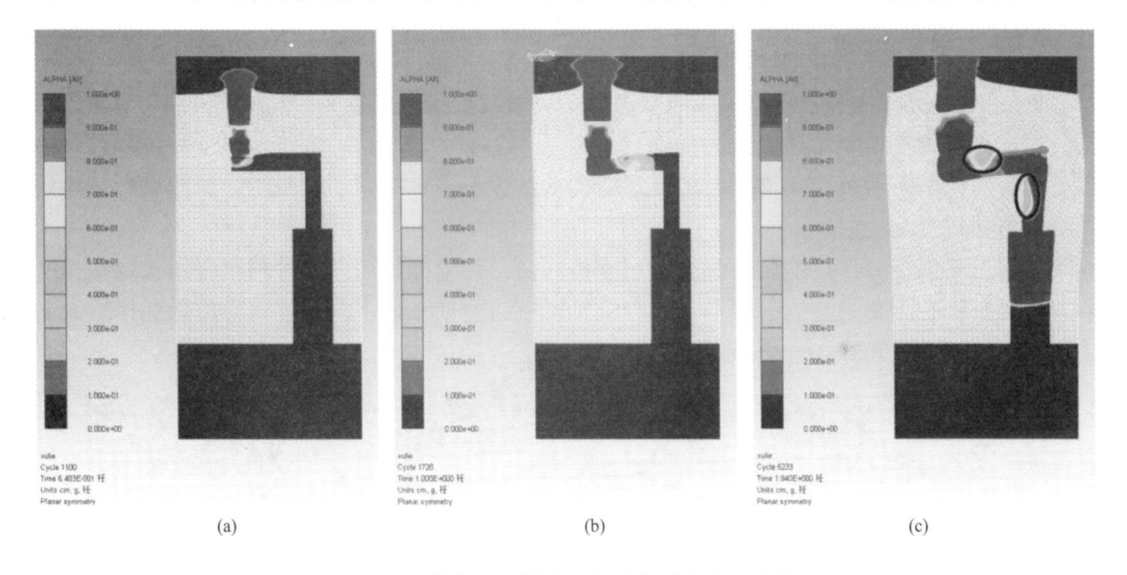

图 9.37　传爆序列爆轰过程中的反应率分布图

图 9.37 反映了整个传爆过程中导爆药柱和传爆药柱在爆轰传爆过程中的反应情况。由图中可以看出，一是在微型雷管的起爆药和猛炸药之间的接触部分没有完全反应；二是在两次拐角爆轰中，由于拐角效应导致在传爆药被起爆后，拐角处的药剂并未被起爆，如图 9.37（c）中的黑框所示。建立模型时，在传爆序列底部设置了观测点。将观测点压力提取出来再绘图，得到典型压力曲线如图 9.38 所示，峰值压力为 24.78 GPa。试验得出的传爆序列输出压力试验值为 26.45 GPa，可以看出，数值模拟结果与试验值偏差较小，误差为 6.31%，说明采用数值模拟方法来计算微尺寸传爆序列的爆轰成长过程是可靠的。

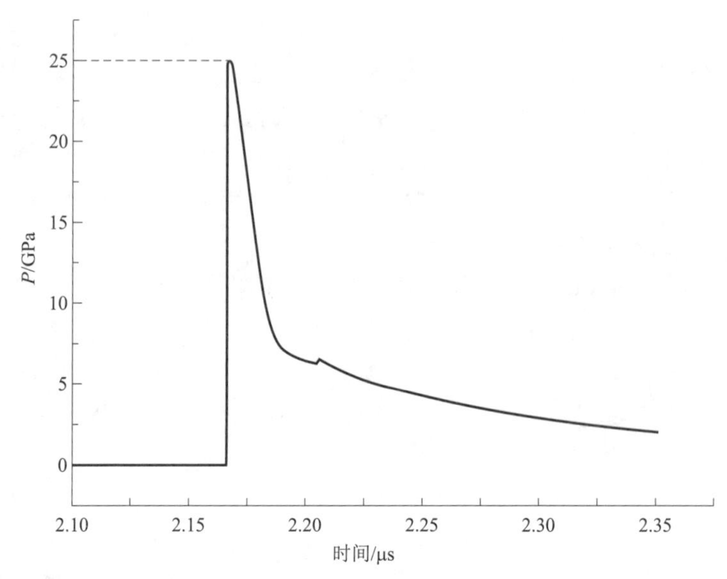

图 9.38　数值模拟得到的传爆序列输出压力曲线

9.3.5　装药驱动飞片仿真

采用 AUTODYN 软件建立的二维模型，主要由微型微尺寸装药、壳体、飞片、加速膛组成。壳体材料为不锈钢，微装药为叠氮化铅，尺寸为$\phi 0.9\times 3$ mm。微炸药引爆后，炸药爆轰把飞片剪切成型，再驱动飞片经过加速膛运动后，撞击下一级装药并引爆，完成爆轰传递过程，如图 9.39 所示。

采用流固耦合算法，微装药和空气用欧拉网格，约束壳体以及飞片材料采用拉格朗日网格，起爆药柱的一端设置点起爆模式。在欧拉网格边界处设置流出边界条件，近似模拟无限域计算空间。采用 mm—mg—ms 单位制。

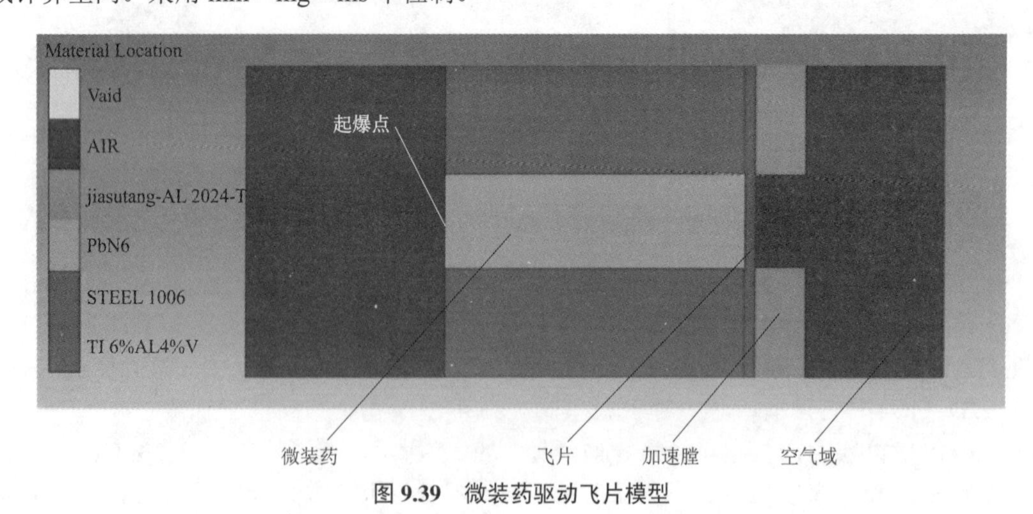

图 9.39　微装药驱动飞片模型

图 9.40 所示为$\phi 0.9\times 3$ mm 装药驱动 0.1 mm 钛飞片剪切成型，并加速运动的典型图像。可以看到，飞片经历了剪切作用、加速运动等阶段，飞片不是完全的平面形状，姿态呈一定弯曲，这主要是由于飞片在剪切过程中有一定的迟滞作用引起的。

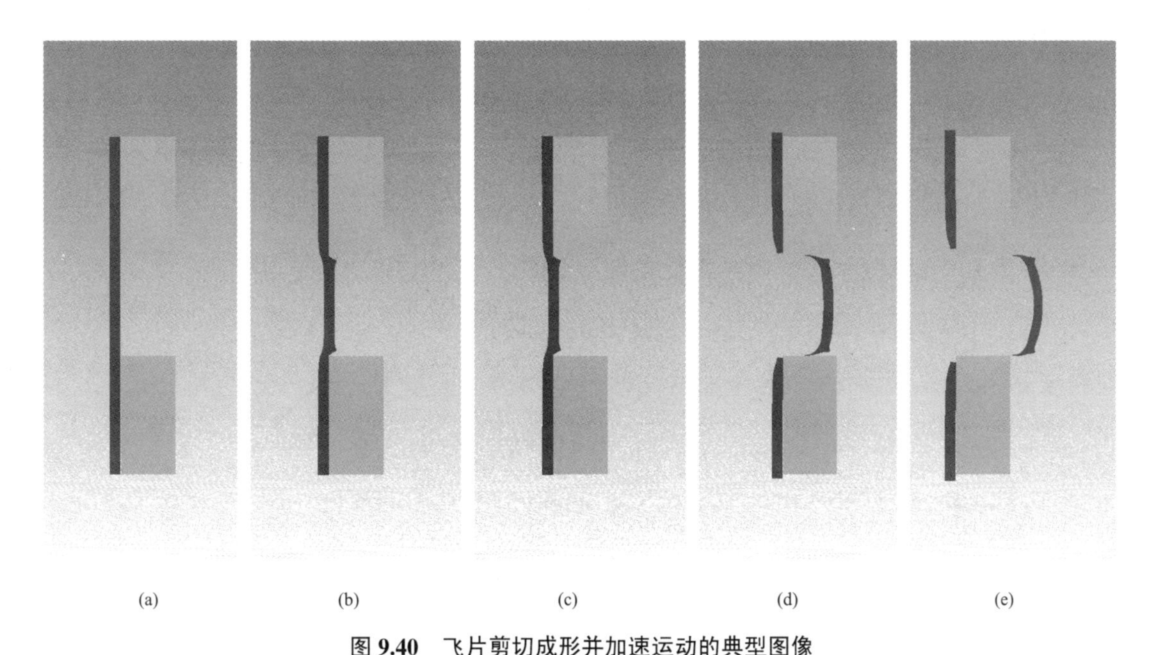

图 9.40　飞片剪切成形并加速运动的典型图像

（a）初始状态；（b）剪切作用；（c）剪切成形；（d）加速运动；（e）脱离加速膛

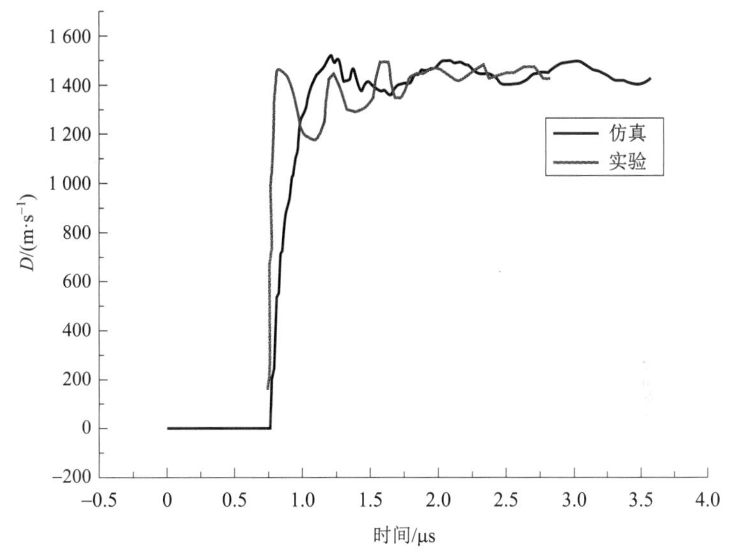

图 9.41　微装药驱动飞片速度历程的仿真和试验对比

将仿真得到的钛飞片速度历史曲线进行叠加，得到图 9.41。可以看出，结果较为一致，仿真得到的钛片速度为 1 523 m/s。在主要时间段内两条曲线基本重合，两者速度峰值误差为 4.8%。

习题与课后思考

1. 非线性程序与线性程序有哪些区别？
2. 模拟装药驱动飞片时，常用的模型有哪些？材料模型、失效模型如何表述？

参 考 文 献

[1] 李景涌．有限元法［M］．北京：北京邮电大学出版社，1999．

[2] 曾攀．有限元分析基础教程［M］．北京：清华大学出版社，2008．

[3] COMSOL Multiphysics V4．x 手册［K］．中仿科技，2010，10．

[4] 郝亚锋．基于 MEMS 的静电控制加速度微开关分析及测试［D］．西安：西安电子科技大学，2011．

[5] 巩媛．高强度气体放电灯的 COMSOL 模型研究［D］．西安：西安石油大学，2017．

[6] 时党勇，李裕春，张胜民．基于 ANSYS/LS－DYNA8．1 进行显式动力分析［M］．北京：清华大学出版社，2005．

[7] 白金泽．LS－DYNA3D 理论基础与实例分析［M］．北京：科学出版社，2005．

[8] LS－DYNA Keyword User's Manual, Version 971. Livermore Software Technology Corporation, 2011.

[9] Robert Rainsberger. TrueGrid User's Manual, Version 2.3.0 XYZ Scientific Applications, Inc., 2006.

[10] 鲍丙亮．微尺寸起爆系统关键技术及应用研究［D］．北京：北京理工大学，2016．

[11] Rohsenow W M．Handbook of Heat Transfer Fundamentals［M］．Second Edition．McGrew－Hill，1985．

[12] Assael M J，Gialou K，Kakosimos K，et al．Thermal Conductivity of Reference Solid Materials［J］．International Journal of Thermophysics，2004，25（2）：397－408．

[13] Bao B，Yan N，Zhu F．Research on the Influence of Charge Diameter upon the Output Pressure of Small－Sized Explosives［J］．Central European Journal of Energetic Materials，2015，12（4）：623－635．

[14] 肖云凯，方秦，吴昊，等．Johnson－Cook 本构模型参数敏感度分析［J］．应用数学和力学，2015（S1）：21－28．